"十三五"国家重点出版物出版规划项目

材料科学研究与工程技术系列图书·化学化工精品系列图书

3D/4D 打印功能高分子材料

姜再兴 高国林 张大伟 等编著

哈尔滨工业大学出版社

内 容 简 介

本书首先概括性地介绍了功能高分子材料、3D/4D 打印技术，然后介绍了 3D/4D 打印高吸水性树脂材料、3D/4D 打印形状记忆高分子材料、3D/4D 打印液晶高分子材料、3D/4D 打印医用高分子材料、3D/4D 打印自愈合高分子材料的定义、发展、现状、特点、原理、制备方法、表征方法以及近几年最新的前沿文献报道。本书有较强的系统性，循序渐进、由浅入深，化学相关专业的本科生可以通过每章前面部分对基础知识的介绍，了解和掌握相关基础理论知识，研究生或相关专业教师也可以通过每章最新前沿文献的报道，快速了解相关专业的前沿进展。

本书内容涵盖广泛，既可以作为化学相关专业本科生的专业教材，也可以作为高分子材料专业研究生的前沿课程的参考教材。

图书在版编目(CIP)数据

3D/4D 打印功能高分子材料/姜再兴等编著. —哈尔滨:哈尔滨工业大学出版社,2021.10
ISBN 978-7-5603-9750-4

Ⅰ.①3… Ⅱ.①姜… Ⅲ.①快速成型技术-高分子材料 Ⅳ.①TB4

中国版本图书馆 CIP 数据核字(2021)第 214785 号

策划编辑　王桂芝
责任编辑　李青晏
出版发行　哈尔滨工业大学出版社
社　　址　哈尔滨市南岗区复华四道街 10 号　邮编 150006
传　　真　0451-86414749
网　　址　http://hitpress.hit.edu.cn
印　　刷　哈尔滨圣铂印刷有限公司
开　　本　787 mm×1 092 mm　1/16　印张 31.25　字数 741 千字
版　　次　2021 年 10 月第 1 版　2021 年 10 月第 1 次印刷
书　　号　ISBN 978-7-5603-9750-4
定　　价　98.00 元

(如因印装质量问题影响阅读，我社负责调换)

前　言

　　功能高分子材料是具有化学反应活性、光敏性、导电性、催化性、生物相容性等特殊功能的高分子及其复合材料，具有传递、转换或者储存物质、能量和信息的作用。功能高分子材料研究领域近二三十年来发展最为迅速，与其他领域交叉最为广泛。3D 打印是以数字模型文件为基础，运用粉末状金属或塑料等可黏合材料，通过逐层打印的方式来构造物体的技术；4D 打印是基于 3D 打印技术和智能材料新兴的制造技术，是 3D 打印结构在形状、性质和功能方面有针对性的演变。4D 打印技术能够实现材料的自组装、多功能和自我修复，是一种具有可预测功能的材料制备技术，可以实现材料特定性质的改变，从而使其满足各个领域中的应用需求。对 4D 打印的深入研究必将推动材料、机械、力学、信息等学科的进步，这一新技术的发明与应用势必引起制造行业的巨大变革，因此，本书将这一新兴的技术介绍给读者。

　　本书由姜再兴、高国林、张大伟、李冰、董继东、井晶、马丽娜共同撰写，对功能高分子材料及 3D/4D 打印技术进行了详细的介绍。全书共分 7 章，分别为功能高分子材料总论、3D/4D 打印技术总论、3D/4D 打印高吸水性树脂材料、3D/4D 打印形状记忆高分子材料、3D/4D 打印液晶高分子材料、3D/4D 打印医用高分子材料、3D/4D 打印自愈合高分子材料。

　　本书是为高等学校理科及工科高分子材料专业高年级本科生撰写的，也适用于低年级研究生和其他与高分子材料相关专业的学生。本书内容涉及面较宽，阐述深入浅出，附有详细的参考资料，可供广大科技工作者参考阅读。

　　由于 3D/4D 打印技术是一种基于高分子材料的新兴技术，学科的交叉性大、知识结构的变动快，加上作者水平的限制，本书在内容选择和文字表达上均可能存在疏漏，敬请广大读者批评指正。

作　者
2021 年 8 月

目　　录

第 1 章　功能高分子材料总论 ··· 1

　1.1　功能高分子材料概论 ·· 1

　1.2　功能高分子材料的发展 ··· 5

　1.3　功能高分子材料的研究方法 ··· 8

　1.4　功能高分子材料的设计与制备 ·· 12

　1.5　功能高分子材料简介 ·· 20

　参考文献 ··· 24

第 2 章　3D/4D 打印技术总论 ·· 25

　2.1　3D 打印技术概论 ··· 25

　2.2　3D 打印技术的分类 ·· 27

　2.3　3D 打印材料简介 ··· 40

　2.4　3D 打印的发展趋势 ·· 46

　2.5　4D 打印技术概述 ··· 47

　2.6　4D 打印技术的发展趋势 ·· 59

　参考文献 ··· 60

第 3 章　3D/4D 打印高吸水性树脂材料 ··· 65

　3.1　高吸水性树脂材料概述 ··· 65

　3.2　高吸水性树脂材料的制备 ·· 69

　3.3　高吸水性树脂材料的吸水机制 ·· 73

　3.4　4D 打印高吸水性树脂材料 ··· 75

　参考文献 ··· 162

第 4 章　3D/4D 打印形状记忆高分子材料 ·· 165

　4.1　形状记忆高分子材料 ·· 165

　4.2　形状记忆聚合物的制备方法 ··· 176

　4.3　4D 打印形状记忆高分子材料 ·· 185

参考文献 · 214

第5章 3D/4D 打印液晶高分子材料 · 226
5.1 液晶高分子材料概述 · 226
5.2 液晶高分子材料的合成方法 · 231
5.3 液晶高分子的表征方法 · 235
5.4 3D/4D 打印智能液晶高分子材料 · 239
参考文献 · 353

第6章 3D/4D 打印医用高分子材料 · 355
6.1 生物医用高分子材料概述 · 355
6.2 生物医用高分子材料条件 · 356
6.3 3D/4D 打印医用高分子材料 · 360
参考文献 · 421

第7章 3D/4D 打印自愈合高分子材料 · 423
7.1 自愈合高分子材料概述 · 423
7.2 自愈合高分子材料自愈合机制 · 430
7.3 3D/4D 打印自愈合高分子材料 · 446
参考文献 · 472

附录 部分彩图 · 483

第1章 功能高分子材料总论

1.1 功能高分子材料概论

高分子材料从20世纪40~50年代开始发展以来,至今已经在国民经济和国防建设的各个领域获得了广泛的应用,成为不可或缺的材料。它与陶瓷材料、金属材料和复合材料构成了材料中的四大支柱材料。

功能高分子材料一般是指一类具有化学反应活性、光敏性、导电性、催化性、生物相容性等特殊功能的高分子及其复合材料,具有传递、转换或者储存物质、能量和信息的作用。功能高分子材料近30年来发展极为迅速,广泛应用于各个领域。它是以高分子物理、高分子化学、有机化学、无机化学、高分子材料学等相关学科为前提,并且与物理学、医学、电学、光学、生物学以及仿生学等学科紧密结合,主要研究高分子材料的变化规律以及实际应用。

随着现代技术的不断发展和成熟,对功能高分子材料的研究也在不断深入,功能高分子材料体系的自身发展规律也在不断完善。本章通过归纳总结大量文献,概括了功能高分子材料的基础知识(定义、分类、特点)、发展以及研究方法等内容,使读者对于功能高分子材料有一个全方位的认知。

1.1.1 功能高分子材料的定义

聚合物材料就是人们常说的高分子材料,长期以来,人们对高分子材料的认识为:分子是由许多重复单元组成的,分子量很大(一般大于10^4),而且没有确定值,只有一定的分子量分布范围。由于其分子量巨大,一般具有以下特点:①难以形成完整的晶体;②在常规溶剂中溶解困难或缓慢;③没有明确的熔点;④不具有导电性质;⑤一般呈现化学惰性等。高分子材料根据其性质和用途可分为五大类:化学纤维、塑料、橡胶、油漆涂料、黏合剂。通用高分子材料的应用面极广,涉及家电、化工、冶金、汽车和电子等国民经济的各个重要领域。高分子材料的这些物理化学性质以及应用已经为大多数人所知。

随着社会经济和科学技术的不断发展,人们对高分子材料的性能与质量也提出了更高的要求,如希望高分子材料具备导电性、感光性、吸附性、组织相容性等特性,希望材料能够有更好的力学性能等。因此,人们对光、电、磁、生物活性以及高分子材料的结构和性能开展深入研究,得到了具有特殊功能的聚合物材料,这就是常说的"功能高分子材料"。

功能高分子材料,简称功能高分子(functional polymers),又称特种高分子(speciality polymers)或精细高分子(fine polymers),是 20 世纪 60 年代发展起来的一种新材料,指在合成或天然高分子原有力学性能的基础上,再赋予传统使用性能以外的各种特定功能而制得的一类新型高分子,通过在高分子主链或侧链上连接具有反应性的官能团,获得具有不同功能的复合材料。目前对功能高分子材料的研究主要集中在其结构和性能之间的关系上,通过优化功能高分子材料合成方法,开发出新型功能高分子材料,不断扩展其应用领域。

近些年来,在新材料领域中,正在形成一门新的分支学科——智能高分子材料,也称机敏材料。智能高分子材料是指在感受环境条件变化的信息后,能进行判断、处理并做出反应以改变自身的结构与功能,与外界环境相协调、具有自适应性的高分子材料。智能高分子材料通常不是一种材料,而是一个材料系统,是一个由多种材料单元通过有机复合或科学组装而构成的材料系统。因此一种智能高分子材料往往包含多种功能高分子材料。

到目前为止,人们对功能高分子材料的研究仍在不断深入,许多未知领域仍有待人们研究和开发。

1.1.2 功能高分子材料的分类

功能高分子是一门多学科相互交叉渗透、蓬勃发展的新兴学科,本书主要介绍以下两种分类方式。

1. 按照功能特性分类

日本著名功能高分子专家中村茂夫教授认为,功能高分子材料按照功能特性可以分为以下四大类。

(1)力学功能材料。

①强化功能材料,如超高强材料、高结晶材料等。

②弹性功能材料,如热塑性弹性体等。

(2)化学功能材料。

①分离功能材料,如分离膜、离子交换树脂、高分子络合物等。

②反应功能材料,如高分子催化剂、高分子试剂等。

③生物功能材料,如固定化酶、生物反应器等。

(3)物理化学功能材料。

①耐高温功能材料,如高分子液晶等。

②电学功能材料,如导电性高分子、超导性高分子、感电子性高分子等。

③光学功能材料,如感光性高分子、导光性高分子、光敏性高分子等。

④能量转换功能材料,如压电性高分子、热电性高分子等。

(4)生物化学功能材料。

①人工脏器用材料,如人工肾、人工心肺等。

②高分子药物,如药物活性高分子、缓释性高分子药物、高分子农药等。

③生物分解材料,如可降解性高分子材料等。

2. 按照性质、功能和实际用途分类

功能高分子材料按照性质、功能和实际用途可以划分为 8 大类,扼要介绍如下。

(1) 反应型高分子材料。

反应型高分子材料主要包括高分子试剂、高分子催化剂和高分子染料,特别是高分子固相合成试剂和固定化酶试剂等。反应型高分子材料具有化学活性,能够参与或促进化学反应,具有很强的催化作用,几乎没有副产物产生。主要的工作原理是将小分子反应活性物质通过离子键、共价键、配位键、氢键以及物理吸附作用与高分子骨架结合,参与各类化学反应。

(2) 光敏型高分子材料。

光敏型高分子材料主要包括各种光稳定剂、光涂料、光刻胶、感光材料、非线性光学材料、光导材料和光致变色材料等。光敏型高分子材料的工作原理是在光的作用下,材料内部发生物理变化,如产生电流或者变色等,同时也会产生一些化学变化,在光的作用下分子结构发生分解,显示一定的功能和作用。

(3) 电功能型高分子材料。

电功能型高分子材料主要包括导电高分子材料、电绝缘性高分子材料、高分子介电材料、高分子驻极体、高分子光导材料以及高分子电活性材料等。电功能型高分子材料主要表现为在一定环境作用下具有较强的电学功能,如热电、光电功能等。不同种类的电功能型高分子材料其构成有一定的区别,根据其构成形式可以分为结构型电功能型高分子材料和复合型电功能型高分子材料两种。

(4) 分离型高分子材料。

分离型高分子材料是一种具有选择性透过能力的膜型材料,同时也是具有特殊功能的高分子材料,包括各种分离膜、缓释膜和其他半透性膜材料、离子交换树脂、高分子螯合剂、高分子絮凝剂等。使用分离型高分子材料分离物质具有以下突出的优点:较好的选择性、透过性,透过产物和原产物位于膜的两侧,便于产物的收集;分离时不发生相变,同时也不耗费相变能。从功能的角度,分离型高分子材料具有识别物质和分离物质的功能,此外,它还有转化物质和转化能量等其他功能。

(5) 吸附型高分子材料。

吸附型高分子材料主要包括高分子吸附性树脂、高吸水性高分子等。吸附型高分子材料根据吸附原理可以分为化学型、物理型、亲和型等,主要是指对具体特定离子和分子具有选择性吸附作用的高分子材料,其吸附功能根据其结构和形态的不同有着不同的使用功能和范围,同时也和使用环境有着密切的关系,如温度、介质等。其核心功能主要体现在对复杂物质的分离、纯化、富集和检测等。

(6) 液晶高分子材料。

液晶高分子材料属于一种比较新型的功能高分子材料,一般而言,它是分子水平的微观复合,主要是由树脂基体和纤维在宏观表面上复合衍生出来的,也可以理解为在柔性高分子基体中已接近分子水平的复合材料。液晶高分子材料的突出特点是强度高、模量大,在复合材料、液晶显示技术等方面都有非常广泛的应用。

(7)医用功能高分子材料。

在生物体产生生理系统疾病时,一些特殊的功能高分子材料在对疾病的诊断、治疗、修复或替换生物体组织或器官上有增进或恢复其功能的作用,此类特殊的功能高分子材料称为医用功能高分子材料,包括医用高分子材料、药用高分子材料和医药用辅助材料等。

(8)环境降解高分子材料。

高分子材料在许多条件下均可发生降解反应,如在光的作用下可以发生光降解,在机械力的作用下可以发生机械降解,在生物的作用下可以发生生物降解,等等,具有此类功能的高分子材料称为环境降解高分子材料。

许多高分子材料兼具多种功能,如通过高分子改性能够制备具有导热性、导磁性和导电性的多功能高分子材料;不同功能之间也可以相互交叉和转换,如具有光电效应的材料能够实现光功能和电功能的可逆转换。因此,以上划分也不是绝对的,仍需不断完善。

1.1.3 功能高分子材料的特点

与通用高分子材料相比,功能高分子材料主要有如下特点。

(1)用量少、品种多。通常,功能高分子材料是为了满足某一特定的需要而制备的,它的用量少、品种多。应用范围的局限性造成了功能高分子材料的用量少,如离子交换树脂,每一种离子交换树脂只能适用于某一特定的场合;应用对象的多样性又决定了功能高分子材料的品种多这一特点,如需要分离不同的对象(如液体、气体等)时,需要用到多种高分子分离膜。

(2)专一性强。一般来说,某一特定的功能高分子材料只有一种特定的功能。它们之所以具有特定的功能,是由于在其大分子链中结合了特定的功能基团,或大分子与具有特定功能的其他材料进行了复合,或者二者兼而有之。如吸水树脂,它是由水溶性高分子材料通过适度交联制得,遇水时将水封闭在高分子的网络内,吸水后呈透明凝胶状,因而产生吸水和保水功能。

(3)可以通过多种途径增加或增强功能高分子材料的功能。如,通过共聚方法制备含有两种或两种以上官能团的高分子材料,或在同一高分子材料上连接不同的功能基团,通过它们之间的相互作用来增加或增强功能高分子材料的功能。

功能高分子材料的高性能和专用性的特点使其广泛应用于各个领域。也正是因为其优异的性能,国内外对功能高分子材料的开发和应用投入了大量的人力和物力,功能高分子材料已经成为高分子材料学科的重要研究方向之一。

1.2 功能高分子材料的发展

1.2.1 功能高分子材料发展的背景

1. 经济发展的需要

1920年,施陶丁格(H. Staudinger)发表了划时代的文章《论聚合》。在这篇论文里,他明确指出橡胶、淀粉、赛璐珞和蛋白质等物质的化学本质都是由化学键连接重复单元形成的分子量很大的聚合物,很多有机化学反应都可以将小分子通过共价键连接得到分子量很高的化合物。之后不久,他提出了大分子(macromolecules)的概念。随后,高分子材料以惊人的速度发展起来,至20世纪60年代,高分子材料工业化已基本完善,从各方面为人们的生活提供便利。功能高分子材料作为一个完整的学科则是从20世纪80年代中后期开始的。

20世纪70年代,世界石油市场发生了戏剧性的转变。1973年和1978年爆发两次世界性的石油大危机,使石油价格猛涨。以石油为主要原料的高分子材料成本呈直线上升,商品市场陷入极为困难的处境。在这样的经济背景下,迫使人们试图用同样的原材料去制备价值更高的产品。功能高分子材料在这种外部条件促使下迅速地发展了起来。

从表1.1可以看出,发展功能高分子材料可以获得更高的经济效益。

表1.1 各种高分子材料的产量和价格比

品种	主要产品举例	产量/(万t·年$^{-1}$)	价格比
通用高分子材料	LDPE、HDPE、PVC、PP、PS	>1 000	1
中间高分子材料	ABS、PMMA	100~1 000	1~2
工程高分子材料	PA、PC、POM、PBT、PPO	20~80	2~4
特种高分子材料	有机氟材料、耐热性高分子、各种功能高分子	1~20	10~100

2. 科学技术发展的需求

20世纪80~90年代,科学技术有了迅速发展。能源、信息、电子和生命科学等领域的发展对高分子材料提出了新的要求,要求高分子材料在基本性能和功能上进一步提高,在绿色合成化学、环境友好加工上做出更大的进步,以适应和改善由于工业快速发展而带来的环境污染、能源紧缺及人类生存空间缩小等问题。

(1) 新能源的要求。

太阳能和氢能源将成为今后的主要能源。太阳能的利用,使得光电转换高分子材料得到极大发展。目前,硅材料已进入光电转换的实用阶段,然而,按现在的能量转换效率,对单晶硅的需求量太大。以日本为例,若利用太阳能达到当前日本电力的1%,就需100 μm厚度的单晶硅至少2.7万t,这相当于日本目前单晶硅总产量的90倍。从能耗和经济效益看,都是很不现实的。为此,人们把注意力转向可高效转换太阳能的功能高分子材料。氢能源的利用,则使具有极高分离效率又极为经济的高分子分离膜有了长足的发展。

(2)交通和宇航技术的要求。

既高速又节约能源是交通运输和宇航事业迫切需要解决的课题。采用功能高分子材料可在一定程度上解决该难题。就目前的成就来看,波音 757、767 飞机采用 Kavlar 增强材料(一种由高分子液晶纺丝而成的高强纤维增强材料),可省油 50%。汽车工业采用高分子材料可实现轻型化,从而达到省油和高速的目的。

(3)微电子技术的要求。

高度集成化是微电子工业发展的趋势。存储容量将从目前的 16 KB 发展到 256 KB。此时相应的电路细度仅为 1.5 μm。因此,高功能的光致抗蚀材料(感光高分子)已成为微电子工业的关键材料之一。

(4)生命科学的要求。

随着生命科学的发展,人类对生活质量以及对生活环境的要求越来越高,对高分子材料提出新的功能要求。如,生物分离介质的研制成功,使生命组成的各种组分得以精细的分级,对生命科学的贡献是十分重大的;可降解性高分子材料的研制成功,将大大减缓白色污染对人类的危害。

新型的功能高分子材料在尖端科学技术领域和工农业生产以及日常生活中扮演着越来越重要的角色,21 世纪人类社会生活必将与功能高分子材料密切相关。当然,目前对于功能高分子材料领域的研究仍处于探索阶段,有待于进一步的探索和研究。

1.2.2 功能高分子材料的发展历程

功能高分子材料的发展可以追溯到很久以前,如光敏高分子材料和离子交换树脂都有很长的历史。功能高分子材料科学作为一个完整的、独立的学科是从 20 世纪 80 年代中后期开始的。

最早的功能高分子材料可追溯到 1935 年离子交换树脂的发明。20 世纪 50 年代,美国人开发了用于打印工业的感光高分子,后来又发展到电子工业和微电子工业。1958年,Hogel 发现了聚乙烯基咔唑的光电导性,打破了多年来人们认为高分子材料只能是绝缘体的观念。1966 年 Little 提出了超导高分子模型,预测了高分子材料超导和高温超导的可能性,随后在 1975 年发现了聚氮化硫的超导性。1977 年,白川英权和 MacDiamid 等人发现聚乙炔经过掺杂可具有金属导电性,因而促使聚苯胺、聚吡咯等一系列导电高分子出现。1993 年,俄罗斯科学家报道了在经过长期氧化的聚丙烯体系中发现了室温超导体,这是迄今为止唯一报道的超导性有机高分子。20 世纪 80 年代,高分子传感器、人工脏器、高分子分离膜等技术得到快速发展。1981 年,Newman 等人发现了尼龙 11 的铁电性,1994 年塑料柔性太阳能电池在美国阿尔贡实验室研制成功。

从 20 世纪 50 年代发展起来的光敏高分子化学,其在光聚合、光交联、光降解、荧光以及光导机理等研究方面都取得了重大突破,特别在过去 20 多年中有了飞速发展,并在工业上得到广泛应用。如光敏涂料、光致抗蚀剂、光稳定剂、光可降解材料、光刻胶、感光性树脂、光致发光和光致变色高分子材料都已经实现工业化。近年来高分子非线性光学材料也取得了突破性的进展。

反应型高分子材料是在有机合成和生物化学领域的重要成果,主要包括高分子试剂、高分子催化剂和高分子染料等。在科研以及生产过程中,反应型高分子材料得到广泛应用,对于提高合成反应的选择性、简化工艺过程以及化工过程的绿色化方面做出了贡献。由此发展而来的固相合成方法和固定化酶技术开创了有机合成机械化、自动化、有机反应定向化的新时代,在分子生物学研究方面起到了关键性作用。

电功能型高分子材料的发展促使导电聚合物、聚合物电解质、聚合物电极的出现。此外超导、电致发光、电致变色聚合物也是近些年来的重要研究成果,其中,电致发光材料在一些领域里已经取代了液晶材料而占有主要市场。此外众多化学传感器和分子电子器件的发明也得益于电活性聚合物和修饰电极技术的发展。

分离型高分子材料与分离技术的发展在复杂体系的分离技术方面独辟蹊径,开辟了气体分离、苦咸水脱盐、液体消毒等快速、简便、低耗的新型分离替代技术,也为电化学工业和医药工业提供了新型选择性透过和缓释材料。目前高分子分离膜在海水淡化领域已经成为主角,拥有制备 18 万 t/d 纯水能力的设备。

医用功能高分子材料是目前发展非常迅速的一个领域。高分子药物、高分子人工组织器官、高分子医用材料在定向给药、器官替代、整形外科和拓展治疗中做出了相当大的贡献。

功能高分子材料是一门涉及范围广泛、与众多学科相关的新兴边缘学科,包括有机化学、无机化学、光学、电学、结构化学、生物化学、电子学、医学等,是目前国内外异常活跃的一个研究领域。

可以说,功能高分子材料在高分子科学中的地位,相当于精细化工在化工领域内的地位。因此也有人称功能高分子为精细高分子,其内涵是指其产品的产量小、产值高、制造工艺复杂。由于高分子材料结构及结构层次的多样性,其功能性远未被充分挖掘,因此还有极大的发展空间,不断深入研究高分子结构与功能性之间的关系,并发展精确的合成方法是今后开发新功能高分子材料的原则。

1.2.3 功能高分子材料的发展趋势

可以预测,在今后很长的历史时期中,功能高分子材料的研究将代表高分子材料发展的主要方向。随着科技的进步,高分子材料的发展速度也在渐渐变快。人们的生产和生活离不开高分子材料,随着对高分子材料的需求越来越多,对其要求也在逐年上升。高分子材料的发展趋势也随着人们的需求逐年变化。总体来说,高分子材料是朝着高功能性、高智能化的趋势发展,并且越来越趋于一体化。对于其性能的变化,主要是由于应用于不同的建设领域,如随着航空领域等高科技领域的发展需求,对高分子材料的抗热性以及耐磨性的要求也逐年提高。要对高分子材料的内控性能进行深入的分析及研究,对其功效进行大胆的创新,使其弊端越来越弱化,扩大其优势,虽然根据目前的发展状况,高分子材料未能满足人们的大部分发展需求,但是可以进一步进行性能的改良及创新工作,例如改良其导热性,使其作为金属的替代品,而其良好的吸水性能可以运用到医学领域。总之,要着重研究其功能性,使其作为高能耗材料的替代品,为我国的科技事业做出更大的贡献。

1.3 功能高分子材料的研究方法

1.3.1 功能高分子材料的结构与性能关系

1. 化学组成、结构对高分子材料功能性的影响

化学组成是区别不同高分子材料的最基本要素,不同化学组成的高分子材料有不同的性能和功能。如聚乙烯是由乙烯单体聚合而成,聚丙烯是由丙烯单体聚合而成,聚氯乙烯是由氯乙烯单体聚合而成。由于单体不同,聚合物的性能也不可能完全相同。

同时,高分子的化学结构影响高分子链的物理性质,从而影响高分子的功能。同样的单体虽然化学组成完全相同,但由于合成工艺不同,生成的聚合物结构,即链结构或取代基空间取向不同,性能也不同。如聚乙烯中的 HDPE、LDPE 和 LLDPE,它们的化学组成完全相同,由于分子链结构不同,即直链与支链,或支链长短不同,其性能也会不同。

2. 官能团种类对高分子材料功能性的影响

当聚合物官能团的性质对材料的功能性起主要作用时,高分子骨架只起到支撑、分隔、固定和降低溶解度等辅助作用。以交联的聚苯乙烯为例,当聚苯乙烯连接不同的官能团时,如强酸性官能团磺酸基和强碱性官能团季胺基,得到的功能高分子材料虽然具有相同的高分子骨架,但因为所连接的官能团不同,高分子材料的功能性不同。连接磺酸基的聚苯乙烯,由于磺酸基具有强酸性,作为酯化反应的催化剂,也可以与水中阳离子进行交换,可以用于水处理剂;连接季胺基的聚苯乙烯,由于季胺基是强碱性基团,可以作为酯进行水解反应的催化剂,也可以作为阴离子交换树脂,用于湿法冶金和水处理等。再例如,聚合物上连接液晶基元,则聚合物具有液晶性;若某一聚合物具有导电功能,则该聚合物一定具有导电的结构单元。

在某些情况下,官能团的引入对功能高分子材料的功能性起到辅助的作用,更多的是改善高分子材料的性质,如提高溶解度、降低玻璃化转变温度等。众所周知,聚乙烯是不溶于水的聚合物,若将羧基、羟基、氨基等基团引入聚乙烯的主链,形成的聚丙烯酸、聚乙烯醇和聚乙烯胺均溶于水。

3. 高分子骨架对高分子材料功能性的影响

观察并对比大量高分子化合物和低分子化合物,带有相同官能团的两种物质,其化学和物理性质不尽相同。很明显,这是高分子骨架对高分子材料的功能性产生的高分子效应。

例如,一些聚氨基酸具有良好的抗菌活性,但其相应的低分子氨基酸却并无药理活性,实验结果显示,2.5 $\mu g/mL$ 的聚 L-赖氨酸可以抑制大肠杆菌,但小分子的 L-赖氨酸却无此药理活性。相反的情况也同样存在,在有些情况下,低分子药物高分子化后,药效随高分子化而降低,甚至消失。例如,著名的抗癌药 DL-对(二氯乙基)氨基苯丙氨酸在变成聚酰胺型聚合物后，完全失去药效。

通过上面两个例子，可以很清楚地了解到高分子骨架的引入对高分子材料的功能有着重要的作用。研究高分子骨架对高分子材料功能性的影响是功能高分子材料的一个重要研究课题。下面简述高分子骨架在功能高分子中的作用。

(1) 高分子骨架的支撑作用。

在功能高分子材料中，官能团是通过连接在高分子骨架上起作用的，或者是通过高分子骨架与其他性质的官能团相互作用加强了功能，高分子骨架的支撑作用对高分子材料的性质和功能产生了比较大的影响。如，在相对刚性的高分子骨架上相对稀疏地连接功能基团，制成具有类似合成反应的"稀释"作用的高分子试剂，各个功能基团之间减少相互干扰。类似地，在高分子骨架上相对密集地连接功能基团，可以制得各个功能基团之间相互作用而产生的"浓缩"状态。

(2) 高分子骨架的物理效应。

高分子骨架的引入，最直接的作用是使功能高分子材料的挥发性和溶解性大大降低，特别地，若引入交联型聚合物作为骨架，则其在溶剂中只能发生溶胀，而不能溶解。这大大提高了功能高分子材料的稳定性，延长了功能高分子材料的存储时间，同时通过引入高分子骨架，有利于消除或降低某些材料的不良气味和毒性。官能团以共价键的形式结合在高分子链上，使其在溶剂中的溶解度降低，有利于功能高分子材料的回收再生和重复利用。

(3) 高分子骨架的模板效应。

"模板效应"是指利用高分子骨架的空间结构，包括高分子构型和构象，在其周围建立起特殊的局部空间环境，在应用时提供一个场所或场，形如在浇铸过程中使用模板的作用，这种作用与酶催化反应有相近的效应，可以大大提升化学反应的选择性，有利于光学异构体的合成。

(4) 高分子骨架的稳定作用。

引入高分子骨架能够显著提高材料的熔点和沸点，降低挥发性，因此引入高分子骨架可以提高部分小分子试剂的稳定性。另外，高分子化后的材料分子间作用力大大提升，材料的力学性能也得到极大的改善。

(5) 高分子骨架的邻位效应。

在功能高分子材料中，高分子骨架上邻近功能基团的一些结构和基团对功能性基团的性能具有明显的影响力，这种作用称为高分子骨架的邻位效应。利用高分子骨架的邻位效应，可以制备有机合成中难以制备的化合物。

(6) 高分子骨架的半透性和包络作用。

多数高分子骨架都有一定的半透性，即允许某些气体或液体通过，而对另一些物质没有透过性，或者透过性很小。这是因为在高分子骨架中存在无定形区域或微孔结构，或者对透过物质具有一定的溶解性，被透过物质分子在高分子骨架中做扩散运动。高分子骨架的半透性和包络作用在功能高分子材料中起重要作用，如高分子缓释药物的缓释作用等。

4. 聚集态结构对高分子材料功能性的影响

聚集态结构是指高聚物分子链之间的几何排列和堆砌结构,包括晶态结构、非晶态结构、取向态结构以及织态结构。高分子的聚集态结构对于高分子材料的功能性产生很大的影响。同一种高分子材料处于不同的聚集态时,所展现出的功能性会有很大的差异。例如,众所周知聚氨酯是性能比较好的膜材料,它在成膜过程中,会形成无定形区和有序区,这两种状态分别对应不同的功能。如果想利用聚氨酯作为分离膜,则材料必须具有一定的结晶性,适当控制无定形区域的大小和分布,会使膜材料具有更好的性能。

5. 超分子结构对高分子材料功能性的影响

超分子通常是指由两种或两种以上分子依靠分子间相互作用结合在一起,组成复杂的、有组织的聚集体,并保持一定的完整性使其具有明确的微观结构和宏观特性。超分子聚合物网络(Supramolecular Polymer Networks,SPNs)是一类利用超分子作用力将共价键聚合物交联而成的功能材料。

SPNs 的一个关键特性是兼具共价键聚合物和超分子作用力。一方面,SPNs 具有共价键聚合物自身的光、电、热、磁等性能,以及结构和机械稳定性;另一方面,超分子作用力赋予 SPNs 易加工性、可回收性、刺激响应性、自愈性和形状记忆等性能,而这些综合特性在传统共价聚合物体系中是无法体现的。

SPNs 在各个领域发挥着多种多样的作用,例如多重响应性聚合物材料、聚合物共混、荧光传感、弹性体微球、超分子凝胶、分子驱动器、自修复材料、可注射水凝胶、硅微粒阳极层、超分子黏合剂、伤口敷料剂、光捕获体系、阴离子传感以及信息加密等。迄今为止所取得的进展表明,大环主客体相互作用赋予了超分子聚合网络可逆性和响应性,从而使得其具有良好的可加工性、可循环性、自愈性、形状记忆以及环境响应性。另外,共价键聚合物骨架使得超分子聚合物网络表现出良好的机械性能、结构稳定性以及功能多样性。这两者的结合使得超分子聚合物网络具有优良的性质以及广泛的应用。为了促进这一领域的持续发展,可以通过研发新型主客体识别体系、拓展主客体识别新的性质以及引入新型共价键聚合物等方式,制备构筑满足人们需求和社会发展的功能性超分子聚合物网络。作为超分子化学、高分子科学和材料科学完美结合的产物,超分子聚合物网络材料具有光明的前景。

1.3.2 功能高分子材料的表征方法

任何材料的性能都与其化学和物理结构紧密相关。因此,研究功能高分子材料的化学组成、分子结构、聚集态结构以及宏观结构成为功能高分子材料学科研究的重要内容之一,只有对材料的结构有一个充分清晰的认知,才能更好地掌握材料性能。本书就功能高分子材料的化学组成、化学结构、聚集态结构以及宏观结构四个方面阐述功能高分子材料的表征方法。

1. 功能高分子材料化学组成的表征方法

功能高分子材料的化学组成研究包括元素组成分析以及化学组成分析。元素组成分析是研究材料的元素及组成,而化学组成分析则是对材料是由什么分子构成进行研究。

与小分子化合物材料的化学组成分析相同,一般采用化学分析法、元素分析法、质谱法和色谱法。不同的是,由于是高分子化合物材料,往往需要借助热裂解法,将高分子化合物放入裂解炉,在无氧条件下对其进行加热,然后利用各种物理化学方法对裂解产物进行分析,进而得到所需高分子化合物的信息。通过化学分析法和元素分析法可以得到高分子化合物的化学组成信息。质谱法除了可以得到元素组成信息之外,被电子轰击造成的碎片离子的质量和丰度数据对推断高分子材料的结构也有一定的作用。色谱法可以对裂解碎片进行分离分析,也可以对高分子中的小分子进行分离鉴定,是热裂解分析中最常用的分析方法。对于高分子材料分子量的测定,一般采用端基分析法、渗透压法、黏度法和凝胶渗透色谱法,得到的是平均分子量。用不同的方法测得的分子量具有不同的含义。其中凝胶渗透色谱法得到的是绝对分子量,其他方法得到的一般都是相对分子量。

2. 功能高分子材料化学结构的表征方法

化学结构分析是了解分子中各种元素的结合顺序和空间排布情况的重要手段,而这种结构顺序和空间排布是决定材料千变万化性质的主要因素之一。过去对化合物进行结构分析主要采用化学分析法(官能团分析)和合成模拟法。随着近代仪器分析方法的出现和完善,仪器分析法目前已经成为主要的结构分析方法。红外光谱法、紫外光谱法、核磁共振波谱法和质谱法被称为近代化学结构分析的四大波谱。在功能高分子结构分析中,红外光谱主要提供分子中各种官能团的信息,核磁共振波谱和质谱主要提供分子内元素依次连接次序和空间分布信息,紫外光谱则可以提供分子内发色团、不饱和键和共轭结构信息。光电子谱对于测定有机和无机离子,以及元素的价态也是非常好的工具。

3. 功能高分子材料聚集态结构的表征方法

功能高分子材料的聚集态结构包括高分子的结晶态结构、取向态结构、液晶态结构和共混体系的织态结构。对高分子聚集态结构分析最有力的工具是电子显微镜和扫描电子显微镜(简称扫描电镜)。电子显微镜和扫描电镜具有高分辨率,可以提供大量可靠的聚集态结构信息。除了电子显微镜之外,X 射线衍射、小角度 X 射线散射、热分析法等也可以为聚集态结构分析提供补充信息。

4. 功能高分子材料宏观结构的表征方法

功能高分子材料的宏观结构是指建立在聚合物化学结构、晶体结构和聚集态结构之上的相对大尺寸的结构。高分子膜材料的厚度、孔形和孔径,高分子吸附材料的孔隙率、孔径和外形,复合材料的相关尺寸都属于这一范畴。这些性质对于依靠表面特征发挥功能作用的那些功能高分子材料来说有重要意义。如用于化学反应的高分子试剂和高分子催化剂;用于分析、分离、收集痕量化学物质用的高分子吸附剂;用于气体和液体分离的高分子膜材料等都属于这一类。

高分子材料的表面结构可以用电子显微镜或光学显微镜直接观察,孔隙率和比表面积可以用吸附法或吸收法测定,粒径则可采用激光散射等方法测定。对于通过多功能复合法得到的功能高分子材料,除了上面提到的方法之外,其宏观结构还可以通过光分析以及电分析等方法间接测定。

1.3.3 功能高分子材料的性能测定和机理研究

一般来说，对于功能高分子材料的性能测定，目前并没有统一的方法，而是根据材料所应用的领域具体测定其性能。例如，电功能型高分子材料可采用电导测定方法测定其导电能力，分离型高分子材料要用真空渗透等方法测定透过能力，光敏型高分子材料要用光学和化学方法测定其对光的敏感度和光化学反应程度，医用功能高分子材料要用生物学和医学方法检验其临床效果，反应型高分子材料要用反应动力学和化学热力学等方法测定其反应活性和催化能力，等等。功能高分子材料的性能测定不仅要考虑功能高分子材料自身的特点，更要考虑其实际应用所需的性能以及应用环境的约束。

功能高分子材料的作用机理研究是其研究领域最高层次，是最活跃的前沿领域，难度很大，不仅要求研究手段要先进，同时存在许多现有理论难以解释的现象。

功能高分子材料表现出的功能都是分子内各官能团、聚合物骨架、材料的形态结构等因素综合作用的结果，而表现出来的性能则是其结构的外在表现形式。功能高分子材料的作用机理研究一般要将性能研究与各个结构表征手段相结合，才能给出作用机制模型。由于功能高分子材料性质研究涉及的学科非常广泛，要想对某种现象给出一个合理的解释，必须在了解某一功能高分子的化学性质和结构基础上，进行应用性质的研究，还需要借鉴和移植其他学科的成果和技术，利用逆向思维等思考方式。

1.4 功能高分子材料的设计与制备

1.4.1 概论

功能高分子材料的特点在于它们具有特殊的功能性，因此，在制备这些功能高分子材料时，分子设计成为十分关键的研究内容。设计一种能满足一定需要的功能高分子材料是高分子化学研究的一项主要目标。具有良好性质与功能的高分子材料的制备成功与否，在很大程度上取决于设计方法和制备路线的制订。

1. 材料的功能化设计

功能高分子材料所具有的特定的功能是与材料的特定结构相联系的。为了制备功能高分子材料，必须对其结构进行设计，并按一定的方法实现这种设计。

材料的功能显示过程是指向材料输入某种能量，经过材料的传输或转换等过程，再作为输出而提供给外部的一种过程。功能材料按其功能的显示过程又可分为一次功能材料和二次功能材料。

（1）一次功能材料是指当向材料输入的能量和从材料输出的能量属于同一种形式时，起能量传输部件作用的材料。以一次功能为使用目的的材料又称为载体材料。一次功能主要有以下 8 种。

① 力学功能，如黏性、惯性、流动性、成型性、超塑性、高弹性、恒弹性、振动性和防震

性等。

②声功能,如隔音性、吸音性等。

③电功能,如导电性、超导性、绝缘性和电阻性等。

④热功能,如传热性、隔热性、吸热性和蓄热性等。

⑤磁功能,如硬磁性、软磁性、半硬磁性等。

⑥光功能,如遮光性、透光性、折射光性、反射光性、吸光性、偏振光性、分光性、聚光性等。

⑦化学功能,如吸附作用、气体吸收性、催化作用、生物化学反应、酶反应等。

⑧其他功能,如放射特性、电磁波特性等。

(2)二次功能材料是指当向材料输入的能量和从材料输出的能量属于不同形式时,起能量转换部件作用的材料,材料的这种功能称为二次功能或高次功能。二次功能按能量的转换系统可分为如下四类。

①光能与其他形式能量的转换。如光合成反应、光分解反应、光化反应、光致抗蚀、化学发光、感光反应、光致伸缩、光生伏特效应和光导电效应。人工光合成是相对于自然光合作用而言,绿色植物光合作用体系是在太阳光下可将水和CO_2转化为糖类等生物质,而人工光合成太阳能燃料是一个模拟自然的过程,通过光催化、光电催化、电催化等途径将水和CO_2直接转化为太阳能燃料,如图1.1所示。

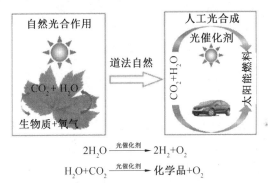

图1.1 自然光合作用与人工光合成

②电能与其他形式能量的转换。如电磁效应、电阻发热效应、热电效应、光电效应、场致发光效应、电化学效应和电光效应等。热电效应是当受热物体中的电子(空穴)因随着温度梯度由高温区向低温区移动时,所产生电流或电荷堆积的一种现象。如图1.2所示,横向热电效应不再区分电子和空穴,二者的效应等价并相互叠加,电荷空穴补偿导致横向热电效应增强。在实际应用中,不再需要N型和P型材料的串联结构。另外,由于热流和电流方向垂直,Wiedemann-Franz定律的限制被解除,可以相对独立地优化电导率和热导率。

③磁能与其他形式能量的转换。如光磁效应、热磁效应、磁冷冻效应和磁性转变效应等。如图1.3所示,交流发电机主要利用了磁能与电能的相互转换。

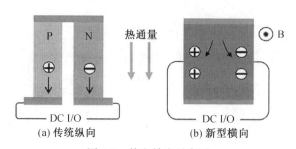

图 1.2　热电效应示意图

DC—直流电机；I/O—输入输出信号

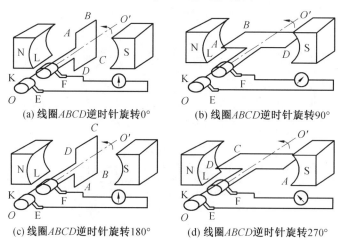

图 1.3　交流发电机的原理图

ABCD—矩形线圈；N—北磁极；S—南磁极；
E 和 F—电刷；K 和 L—滑环

④机械能与其他形式能量的转换。如形状记忆效应、热弹性效应、机械化学效应、压电效应、电致伸缩、光压效应、声光效应、光弹性效应和磁致伸缩效应等。压电效应指某些电介质在沿一定方向上受到外力的作用而变形时，其内部会产生极化现象，同时在它的两个相对表面上出现正负相反的电荷。当外力去掉后，它又会恢复到不带电的状态，这种现象称为正压电效应。当作用力的方向改变时，电荷的极性也随之改变，原理如图 1.4 所示。

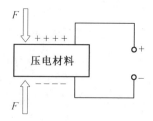

图 1.4　压电效应原理图

F—施加的力

无论哪种功能材料,其能量传递过程或者能量转换形式所涉及的微观过程都与固体物理(原子层次、共同规律性)和固体化学(分子层次、特性)相联系。正是这两门基础科学为新兴学科——功能材料科学的发展奠定了基础,从而也推动了功能材料的研究和应用,把功能材料推进到功能设计的时代。所谓功能设计,就是赋予材料以一次功能或二次功能特性的科学方法。

2.功能高分子材料的设计

功能高分子材料的制备通常是通过化学或物理的方法将功能基团或结构引入高分子骨架的过程。功能高分子材料的特点在于它们特殊的"性能"和"功能",因此,在制备功能高分子材料时,设计方法和制备路线成为十分关键的因素。功能高分子材料功能设计的途径主要有如下几种。

(1)通过分子设计合成新功能。

分子设计包括高分子结构设计和官能团设计,它是使高分子材料获得具有一定化学结构的本征性功能特征的主要方法,因而又称为化学方法。例如,通过高分子结构设计和官能团设计,在高分子结构中引入感光功能基团,从而合成出感光高分子材料。合成可供选择的方法有:共聚合、接枝聚合、嵌段聚合、界面缩聚、交联反应、官能团的引入、模板聚合、管道聚合、交替共聚以及用高聚物作为支持体的聚合等。

(2)通过特殊加工赋予材料以功能特性(物理方法)。

例如,高分子材料通过薄膜化制作偏振光膜、滤光片、电磁传感器、薄膜半导体、薄膜电池、接点保护材料、防蚀材料等,尤其是在超细过滤、反渗透、精密过滤、透析、离子交换等方面获得了广泛的应用。高分子材料纤维化可用于二次电子倍增管或作为离子交换纤维。对于高分子材料来说,最引人注目的是塑料光纤的开发应用。

(3)通过两种或两种以上具有不同功能或性能的材料复合获得新功能。

例如,借助纤维复合、层叠复合、细粒复合、骨架复合、互传网络等方法来获得具有新功能的复合材料。关于这方面的理论,近些年来提出了复合相乘效应公式,如 A 组分具有 X/Y 功能(即对材料施加 X 作用,可得 Y 效应,例如加压生电),B 组分有 Y/Z 功能,则复合之后可产生 $(X/Y)\times(Y/Z) = X/Z$ 的新功能。根据这个原理,已试制出温度自控塑料发热体等一批新型复合功能高分子材料。

(4)通过对材料进行表面处理以获得新功能。

将上述各种方法进行适当组合可以得到所需要的各种功能材料。

1.4.2 功能高分子材料的制备方法

功能高分子材料的制备一般是指通过物理的或化学的方法将功能基团与聚合物骨架相结合的过程,从而实现预定的功能和性能。在实际应用中,虽然功能高分子材料种类繁多,制备方案千变万化,但是归纳起来,制备方法主要有以下四类,即功能小分子材料的高分子化、高分子材料的功能化、功能高分子材料的多功能复合以及在高分子骨架上引入多种功能基团。

1. 功能小分子材料的高分子化

许多重要的功能高分子材料是从相应的功能小分子材料发展而来的。这些已知功能小分子材料一般已经具备所需要的部分主要功能，但是从实际使用角度来讲，存在不足，无法满足使用要求。对这些功能小分子材料进行高分子化反应，赋予其高分子的功能特点，将其"功能化"，即有可能开发出新的功能高分子材料。

比如，小分子过氧酸（分子中含有过氧基酸）是常用的强氧化剂，在有机合成中是重要的试剂。但是，这种小分子过氧酸的主要缺点在于稳定性不好，使用过程中容易发生爆炸和失效，而且不便于储存，反应后产生的羧酸也不容易除掉，经常影响产品的纯度。将其引入高分子骨架后形成的高分子过氧酸，挥发性和溶解性下降，稳定性提高，方便应用。

N,N-二甲基联吡啶是一种小分子氧化还原物质，其在不同氧化还原态时具有不同的颜色，经常作为显色剂在溶液中使用。经过高分子化后，可将其修饰固化到电极表面，便可以成为固体显色剂和新型电显材料。

分子液晶是早已经发现并得到广泛使用的功能小分子材料，但是流动性强、不易加工处理的弱点限制了其在某些领域中的使用。利用高分子链将其连接起来，成为高分子液晶，在很大程度上可以克服上述不足。

功能小分子材料的高分子化可利用聚合反应，如共聚、均聚等；也可将功能小分子材料通过化学键连接的化学方法与聚合物骨架连接，将高分子化合物作为载体；甚至可以通过物理方法，如共混、吸附、包埋等将功能小分子材料高分子化。

（1）带有功能性基团的单体聚合。

带有功能性基团的单体聚合主要包括下述两个步骤：首先通过在功能小分子材料中引入可聚合基团得到单体，然后进行共聚或均聚反应生成功能聚合物；也可在含有可聚合基团的单体中引入功能性基团得到功能性单体。这些可聚合功能性单体中，可聚合基团一般为双键、羧基、羟基、氨基、环氧基、酰氯基、吡咯基、噻吩基等。

丙烯酸分子中带有双键，同时又带有活性羧基，经过自由基均聚或共聚，可形成聚丙烯酸及其共聚物，可以作为弱酸性离子交换树脂、高吸水性树脂等。将含有环氧基团的低分子量双酚 A 型环氧树脂与丙烯酸反应，得到含双键的环氧丙烯酸酯，这种单体在制备功能性黏合剂方面有广泛的应用（图 1.5）。

除了单纯的连锁聚合和逐步聚合之外，采用多种单体进行共聚反应制备功能高分子也是一种常见的方法。特别是当需要控制聚合物中功能基团的分布和密度时，或者需要调节聚合物的物理化学性质时，共聚通常是最有效的解决方法。

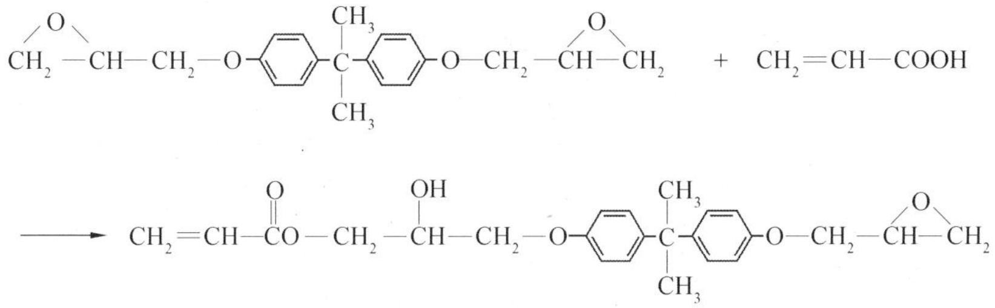

$$\text{CH}_2\text{—CH—CH}_2\text{—O—}\underset{\underset{\text{CH}_3}{|}}{\overset{\overset{\text{CH}_3}{|}}{\text{C}}}\text{—O—CH}_2\text{—CH—CH}_2 + \text{CH}_2\text{=CH—COOH}$$

$$\longrightarrow \text{CH}_2\text{=CH—C—O—CH}_2\text{—CH—CH}_2\text{—O—}\underset{\underset{\text{CH}_3}{|}}{\overset{\overset{\text{CH}_3}{|}}{\text{C}}}\text{—O—CH}_2\text{—CH—CH}_2$$

图 1.5 含双键的环氧丙烯酸酯的制备

(2) 带有功能性基团的小分子与高分子骨架结合。

这种方法主要是利用化学反应将活性功能基团引入聚合物骨架,从而改变聚合物的物理化学性质,赋予其新的功能。通常用于这种功能化反应的高分子材料都是比较廉价的通用材料,在选择聚合物母体时应考虑许多因素,首先考虑的是比较容易发生化学反应从而引入活性功能基因的聚合物骨架,此外还要考虑价格低廉,来源丰富,具有机械、热、化学稳定性,等等。目前常见的种类包括聚苯乙烯、聚氯乙烯、聚乙烯醇、聚(甲基)丙烯酸酯及其共聚物、聚丙酰胺、纤维素以及一些无机聚合物,其中使用最多的是聚苯乙烯。聚苯乙烯分子中的苯环比较活泼,可以进行一系列的芳香取代反应,如磺化、氯甲基化、卤化、硝化、锂化、烷基化、羧基化,等等。

例如,对聚苯乙烯中的苯环依次进行硝化和还原反应,可以得到氨基取代聚苯乙烯;经过溴化后再与丁基锂反应,可以得到含锂的聚苯乙烯;与氯甲醚反应可以得到聚氯甲基苯乙烯等活性聚合物;硅胶表面存在大量的硅羟基,这些羟基可以通过与三氯硅烷等试剂反应,直接引入功能基。引入了这些活性基团后,聚合物的活性得到增强,在活化位置可以与许多功能小分子化合物进行反应,从而引入各种功能基团。

(3) 功能小分子材料通过聚合包埋与高分子材料结合。

该方法是利用生成高聚物分子的束缚作用将功能小分子材料以某种形式包埋固定在高分子材料中来制备功能高分子材料。该方法主要有两种,一种是在聚合反应之前,将功能小分子材料加入单体溶液中,在聚合过程中,生成的聚合物将小分子包埋。这种方法得到的功能高分子材料,聚合物骨架与功能小分子材料之间的固化通过聚合物包络作用来完成,没有化学键的作用。另一种是以微胶囊的形式将功能小分子材料包埋在高分子材料中,微胶囊是一种以高分子为外壳、功能小分子材料为核的高分子材料。

2.高分子材料的功能化

高分子材料的功能化是对已有普通聚合物进行功能化处理,赋予这些常见的高分子材料特定功能,成为功能高分子材料。通过普通高分子材料的功能化制备功能高分子材料,包括化学改性和物理共混两种方法。

其中化学改性主要是利用接枝反应在聚合物骨架上引入特定活性功能基,从而改变聚合物的物理化学性质，赋予其新的功能。适合进行接枝反应的常见材料品种包括聚苯乙烯、聚乙烯醇等。例如：聚乙烯醇接枝其他功能性基团，如图 1.6 所示。物理共混可以用于当聚合物或者功能小分子材料缺乏反应活性，不能或者不宜采用化学方法进行功能化，或者被引入的功能性物质对化学反应过于敏感，不能承受化学反应条件的情况下对聚合物进行功能化改性。比如，某些酶的固化、某些金属和金属氧化物的固化等，这种功能化方法也常用于对电极表面进行功能聚合物修饰的过程。

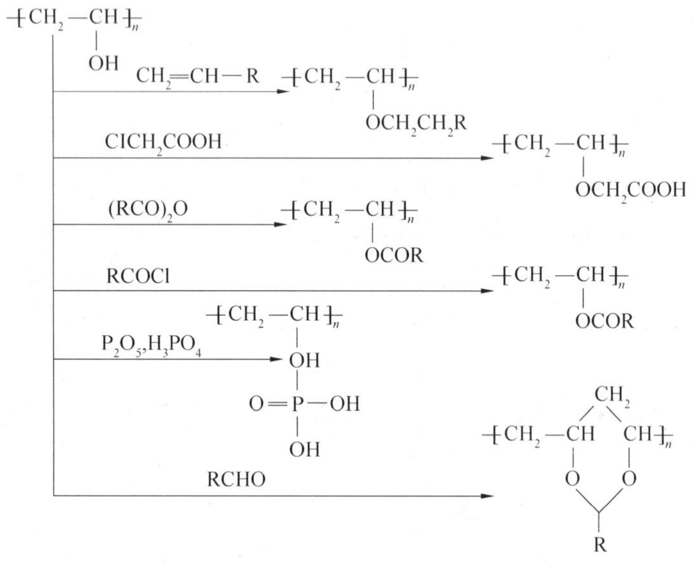

图 1.6　聚乙烯醇接枝其他功能性基团

吕小兵等人公开了一种高分子材料功能改性方法。该方法将待改性的聚合物置于 Co 或高能电子加速器辐照下，产生聚合物陷落自由基或聚合物过氧化合物，置于低温下冷藏；在一定条件下，将其在超临界二氧化碳或近临界二氧化碳溶剂中与烯烃单体进行接枝共聚合反应，得到化学改性的高分子材料。

3. 功能高分子材料的多功能复合

将两种以上的功能高分子材料以某种方式结合，有可能产生新的性质，即具有任何单一功能高分子均不具备的性能，这样将形成全新的功能材料，这一结合过程被称为功能高分子材料的多功能复合过程。多功能复合材料可以具有多种功能，同时还可能因产生复合效应而出现新的功能。

例如，带有可逆氧化还原基团的导电聚合物，其导电方式是没有方向性的。但是，如果将带有不同氧化还原电位的两种聚合物复合在一起，放在两电极之间，可发现导电是单方向性的。这是因为只有还原电位高的、处在氧化态的聚合物能够还原另一种还原电位低的、处在还原态的聚合物，将电子传递给它。这样，在两个电极上交替施加不同方向的电压，将都只有一个方向电路导通，呈现单向导电。

4. 在高分子骨架上引入多种功能基团

在高分子骨架上引入多种功能基团是通过在同一高分子骨架中，引入两种以上的功能基团得到新型功能高分子材料的一种方法。利用这种方法制得的功能高分子材料，或者集多种功能于一身，或者两种功能起协同作用，产生新的功能。

例如，在离子交换树脂中，离子取代基邻位引入氧化还原基团，如二茂铁基团，以该法制成的功能材料对电极表面进行修饰，修饰后的电极对测定离子的选择能力受电极电势的控制。当电极电势升到二茂铁氧化电位以上时，二茂铁被氧化，带有正电荷，吸引带有负电荷的离子交换基团，构成稳定的正负离子对，使其失去离子交换能力，被测阳离子因不能进入修饰层而不能被测定，也就是说此时阳离子被屏蔽，不给出测定信号。

这里值得指出的是，以上提到的功能高分子材料的制备方法仅是实际被采用的一部分，对今后在新型功能高分子材料的研究和制备中仅能作为参考。随着人们对现有功能高分子材料性质认识的不断深入，将会有更多特性功能被开发出来。开阔思路、拓展视野、勇于创新是功能高分子化学研究中必须遵循的方针。

1.4.3 功能高分子材料的合成新技术

1. 离子型活性聚合

与自由基聚合反应一样，离子型聚合也可分为链引发、链增长、链终止三个步骤。离子型聚合与自由基聚合的根本区别在于聚合活性种不同。离子型聚合的活性种是带电荷的离子，通常是碳阳离子或碳阴离子，因此离子型聚合可分为阳离子聚合和阴离子聚合两大类。离子的稳定性和反应活性不仅取决于离子本身的结构与性质，而且强烈依赖于其所处的环境，同一离子在不同的环境中能表现出完全不同的性质，另外，离子型聚合对实验条件的要求十分苛刻，微量的水、空气或杂质都会对聚合过程产生强烈的影响。

2. 基团转移聚合

所谓基团转移聚合，是以 α-不饱和酸、β-不饱和酸、酮、酰胺和腈类等化合物为单体，以带有硅、锗、锡烷基等基团的化合物为引发剂，用阴离子型或路易斯酸型化合物作为催化剂，选用适当的有机物为溶剂，通过催化剂与引发剂之间的配位，激发硅、锗、锡等原子与单体羰基上的氧原子结合成共价键，单体中的双键与引发剂中的双键完成加成反应，硅、锗、锡烷基团移至末端形成"活性"化合物的过程。以上过程反复进行，得到相应的聚合物。

3. 活性自由基聚合

自由基聚合是工业上生产聚合物的重要方法，世界上有70%以上的塑料源于自由基聚合，这是因为它可以使大多数乙烯基单体在简单的工艺条件下发生聚合。但是，自由基聚合仍有不尽人意之处，其引发速率慢、链增长速率快、容易发生链转移和链终止反应等，这些决定了自由基聚合产物分子量分布较宽，聚合物的分子量和结构难以控制，甚至发生支化和交联反应等，而阴、阳离子型聚合以及逐步增长聚合都能够较好地控制链增长。

实现可控活性自由基聚合的基本思路是：在自由基聚合体系中引入一个可以和增长自由基之间存在偶合-解离可逆反应的单体，抑制增长自由基的浓度，减少双基终止和转移反应的发生。增长自由基是指聚合体系中能够进行增长反应的链自由基和引发剂分解产生的初级自由基。

自由基始终处于活化与失活(终止)的快速变化之中,增长自由基或和单体加成,或和稳定自由基可逆结合,有效地抑制了双基终止和链转移反应,聚合过程中活性中心的总数不变,使得聚合反应具有可控"活性"特征。"活性"自由基聚合并不是真正意义上的活性聚合,只是一种可控聚合,聚合物的分子量分布(Mw/Mn)可控制在 1.10~1.30。

1.5 功能高分子材料简介

1.5.1 反应型高分子材料

反应型高分子材料是指具有化学活性,能够参与或促进化学反应进行的高分子材料,主要包括高分子试剂和高分子催化剂。

试剂和催化剂是有机合成反应中最重要的两种物质,对反应的成功与否常起着决定性的作用。常见的催化剂和化学试剂通常是小分子化合物。小分子催化剂和化学试剂在使用中存在一些局限性,如反应呈均相反应时,试剂和产物难于分离,贵重的催化剂难于回收使用,有时化学稳定性也不理想。将小分子试剂或催化剂用化学键合的方法或物理方法与特定的高分子相结合,或者将带有可聚合基团的试剂或催化剂直接聚合,即可构成高分子试剂或高分子催化剂。高分子试剂与高分子催化剂的优越性如下。

(1)具有更高的稳定性和安全性。高分子骨架的引入对功能性基团及催化剂分子具有一定的屏蔽作用,可大大提高其稳定性;高分子化后可大大减小试剂的挥发性,提高安全性。

(2)易回收、可再生和重复使用,可降低成本和减少环境污染。

(3)化学反应的选择性更高,利用高分子载体的空间立体效应,可实现立体选择合成及分离。

(4)可使用过量试剂使反应完成,同时不会使后处理变复杂。

(5)后处理较简单,在反应完成后可方便地借助固-液分离方法将高分子试剂或高分子催化剂与反应体系中其他组分相互分离。

1.5.2 电功能型高分子材料

电功能型高分子材料主要包括导电高分子材料、电绝缘性高分子材料、高分子介电材料等,导电高分子材料是由具有共轭 π 键的高分子经化学或电化学"掺杂"使其由绝缘体转变为导体的类高分子材料。它完全不同于由金属或炭粉末与高分子共混而制成的导电塑料。通常导电高分子材料是由高分子链和与链非键合的一价阴离子或阳离子共同组成的,即在导电高分子结构中,除了具有高分子链外,还含有由"掺杂"引入的一价对阴离子(P 型掺杂)或对阳离子(N 型掺杂)。

从广义的角度来看,导电高分子可归为功能高分子的范畴。导电高分子具有特殊的结构和优异的物理化学性能,这使它在能源、光电子器件、信息、传感器、分子导线和分子器件、电磁屏蔽、金属防腐和隐身技术方面有广阔的应用前景。按照材料的结构,可将导电高分子分成两类,一类是结构型(本征型)导电高分子;另一类是复合型导电高分子。

(1)结构型导电高分子。

结构型导电高分子本身具有"固有"的导电性,由聚合物结构提供导电载流子(包括电子、离子或空穴)。这类聚合物经掺杂后,电导率可大幅度提高,其中有些甚至可达到金属的导电水平。迄今为止,国内外对结构型导电高分子研究得较为深入的种类有聚乙炔、聚对苯硫醚、聚对苯撑、聚苯胺、聚吡咯、聚噻吩以及 TCNQ 传荷络合聚合物等。目前,对结构型导电高分子的导电机理、聚合物结构与导电性关系的理论研究十分活跃。应用性研究也取得很大进展,如用导电高分子制作的大功率聚合物蓄电池、高能量密度电容器、微波吸收材料、电致变色材料等都已获得成功。但总体来说,结构型导电高分子的实际应用尚不普遍,关键的技术问题在于大多数结构型导电高分子材料不稳定,导电性随时间明显衰减。此外,导电高分子的加工性往往不够好,也限制了它们的应用。科学家们尝试通过改进掺杂剂品种和掺杂技术,采用共聚或共混的方法,克服导电高分子的不稳定性,改善其加工性。

(2)复合型导电高分子。

复合型导电高分子材料是在本身不具备导电性的高分子材料中掺入大量导电物质,如炭黑、金属粉、箔等,通过分散复合、层积复合、表面复合等方法构成的复合材料,其中以分散复合最为常用。与结构型导电高分子不同,在复合型导电高分子中,高分子材料本身并不具备导电性,只充当了黏合剂的角色。导电性是通过混合在其中的导电性的物质(如炭黑、金属粉末等)获得的。由于复合型导电高分子材料制备方便,有较强的实用性,因此在结构型导电高分子尚有许多技术问题没有解决的今天,人们对其有着极大的兴趣。复合型导电高分子可用作导电橡胶、导电涂料、导电黏合剂、电磁波屏蔽材料和抗静电材料,在许多领域发挥着重要的作用。

1.5.3 液晶高分子材料

液晶高分子材料是一类分子结构呈自发有序分布的高分子溶液及熔体所组成的液晶材料。某些物质受热熔融或被溶剂溶解后,虽然它有液体的流动性,但却保持着晶态物质分子的有序性,体现出晶体的各向异性,形成一类兼有晶体和液体部分性质的过渡态,这种中间状态称为液晶态。按分子排列的形式和有序性的不同,液晶有三种结构类型:近晶型、向列型和胆甾型。此外,液晶高分子材料中还有少数分子呈盘状,这些液晶相态归属于盘状液晶。

液晶是某些物质在从固态向液态转换时形成的一种具有特殊性质的中间态或过渡态,过渡态的形成与分子结构有内在联系。分子结构在液晶的形成过程中起主要作用,决定液晶的相结构和物理化学性质。研究表明,能够形成液晶的物质通常在分子结构中具有刚性部分,称为致晶单元。从外形上看,致晶单元通常呈现近似棒状或片状的形态,这样有利于分子的有序堆砌,这是液晶分子在液态下维持某种有序排列所必需的结构因素。在液晶高分子材料中这些致晶单元被柔性链以各种方式连接在一起。

在致晶单元的端部通常还有一个柔软、易弯曲的取代基(R),这个端基单元是各种极性的或非极性的基团,对形成的液晶具有一定的稳定作用,因此也是构成液晶分子不可缺少的结构因素。常见的 R 包括—R′、—OR′、—COOR′、—CN、—OOCR′、—COR′、—CH=CH—COOR′、—Cl、—Br、—NO_2 等。

与其他高分子材料相比,液晶高分子材料具有液晶相所特有的分子取向序和位置序;与其他液晶化合物相比,又具有高分子量和高分子化合物的特性。高分子量和液晶相序赋予液晶高分子材料高强度和高模量、热膨胀系数最小、微波吸收系数最小、铁电性或反铁电性等特色性能,可作为结构材料用于防弹衣、航天飞机、人造卫星、船舶、火箭和导弹等的制造;由于它具有对微波无吸收,极小的线膨胀系数,突出的耐热性,很高的尺寸精度和尺寸稳定性,优异的耐辐射、耐气候老化、阻燃、电、机械、成型加工和耐化学腐蚀性,它可用于微波炉具,纤维光缆的包覆,仪器、仪表、机械行业设备以及化工装置等;作为功能材料它具有光、电、磁及分离等功能,可用于光电显示、记录、存储以及气液分离材料等。

1.5.4 分离型高分子材料

分离型高分子材料是一种具有选择性透过能力的膜型材料,也是具有特殊传质功能的高分子材料,通常称为分离膜,也称为高分子功能膜。用膜分离物质一般不发生相变、不耗费相变能,同时具有较好的选择性,且膜把产物分在两侧,很容易收集,是一种能耗低、效率高的分离材料。从功能上来说,高分子功能膜具有物质分离、识别物质、能量转化和物质转化等功能。

按被分离物质的不同,高分子分离功能膜可分为气体分离膜、液体分离膜、固体分离膜、离子分离膜和微生物分离膜等。按膜孔径的大小可分为:5 000 nm 以上,微粒过滤膜;100~5 000 nm,微滤膜,可用于分离血细胞、乳胶等;2~100 nm,超滤膜,可用于分离白蛋白、胃蛋白酶等;0.5~5 nm,纳滤膜,可用于分离二价盐、游离酸和糖等;0.1~1 nm,反渗透膜(超细滤膜),可在分子水平上分离 NaCl 等。

按膜的结构主要分为两类,一类是致密膜,其是一种刚性、紧密无孔的膜,可以由聚合物熔融挤出成膜或由聚合物溶液浇铸成膜;另一类是多孔膜,其是一种刚性膜,其中含有无规则分布且相互连接的多孔结构,可由烧结法、拉伸法、径迹蚀刻等方法获得。

1.5.5 医用功能高分子材料

医用功能高分子材料是指用于生理系统疾病的诊断、治疗、修复或替换生物体组织或器官,增进或恢复其功能的高分子材料。研究领域涉及材料学、化学、医学、生命科学。虽已有五十多年的研究历史,但其蓬勃发展始于 20 世纪 70 年代。简单地说,医用功能高分子材料是指在生理环境中使用的高分子材料,它们中有的可以全部植入体内,有的可以部分植入体内而部分暴露在体外,或置于体外而通过某种方式作用于体内组织。

近十年来,由于生物医学工程、材料科学和生物技术的发展,医用功能高分子材料及其制品正以其特有的生物相容性、无毒性等优异性能获得越来越多的医学临床应用。

医用功能高分子材料必须满足以下基本要求:

(1)无急性毒性、致敏、致炎、致癌和其他不良反应;
(2)具有良好的耐腐蚀性能以及良好的加工性能;

(3)体内使用的医用功能高分子材料还必须具有良好的组织相容性、血液适应性和适宜的耐生物降解性。

医用功能高分子材料主要有金属、陶瓷和高分子材料。其使用高分子材料的优点：组成、性能和形状（固体、纤维、织物、膜和凝胶）上具有多变性，易于加工成复杂的形状和结构，并且易于与其他材料复合以克服单一材料功能的不足，因此高分子材料几乎遍布了生物医学的各个领域。

常用生物医用功能高分子材料有聚乙烯、聚氨酯、聚四氟乙烯、聚甲基丙烯酸甲酯、聚对苯二甲酸乙二酯、硅橡胶、聚砜、聚乳酸、聚羟基乙酸等。

1.5.6　智能高分子材料

智能高分子材料是一种能从自身的深层或内部获取关于环境条件及其变化的信息，随后进行判断、处理和做出反应，以改变自身的结构与功能，并使之很好地与外界相协调、具有自适应性的材料。智能高分子材料又称智能聚合物、机敏性聚合物、刺激响应型聚合物、环境敏感型聚合物，是一种能感知周围环境变化，并且针对环境的变化采取相应对策的高分子材料。智能高分子材料是通过分子设计和有机合成的方法使有机材料本身具有生物所赋予的高级功能，如自修复与自增殖能力、认识与鉴别能力、刺激响应与环境应变能力等。也就是说，智能高分子材料是在材料系统或结构中，将传感、控制和驱动三种功能集于一身，通过自身对信息的感知、采集、转换、传输和处理发出指令，并执行和完成相应的动作，从而赋予材料系统或结构健康自诊断、工况自检测、过程自监控、偏差自校正、损伤自修复等智能功能和生物特征。

智能高分子材料按基质不同可分以下几种：

(1)金属系智能高分子材料。如：形状记忆合金、形状记忆复合材料。

(2)无机非金属基智能高分子材料。如：电流变体、压电陶瓷、光致变色材料和电致变色材料等。

(3)高分子系智能材料。如：刺激响应水凝胶、智能高分子膜、智能高分子胶黏剂等。

(4)复合和杂化型智能高分子材料。组成其的基本材料组元有压电材料、形状记忆材料、光导纤维电（磁）流变流、磁致伸缩材料等。

由于高分子材料在结构上的复杂性和多样性，可以在分子结构、聚集态结构、共混、复合、界面和表面甚至外观结构等诸方面，单一或多种结构综合利用，来达到材料的某种智能化。智能高分子材料的研究涉及众多的基础理论研究，如信息、电子、生命科学、宇宙、海洋科学等领域，不少成果已在高科技、高附加值产业中得到应用，已成为高分子材料的重要发展方向之一。

1.5.7　其他功能高分子材料

高吸水性树脂是一种含有强亲水性基团并通常具有一定交联度的高分子材料。它不溶于水和有机溶剂，吸水能力可达自身质量的 500~2 000 倍，最高可达 5 000 倍，吸水后立即溶胀为水凝胶，有优良的保水性，即使受压也不易挤出。吸收了水的树脂干燥后，吸水能力仍可恢复。其作用机理为：高吸水性树脂吸收的主要是被束缚在高分子网状结构内的水。据测定,当网格的有效链长为 $10^{-9} \sim 10^{-8}$ m 时,树脂具有最大的吸水性。网格太小,水分子不易渗入;网格太大,则不具备保水性。此外,树脂中亲水性基团的存在也是必不可少的条件,亲水性基团吸附水分子,并促使水分子向网状结构内部渗透。水分子进入高分子网格后,由于网格的弹性束缚,水分子的热运动受到限制,不易重新从网格中逸出,因此,具有良好的保水性。差热分析结果表明,吸水后的树脂在受热至 100 ℃ 时,失水仅 10% 左右;受热至 150 ℃ 时,失水不超过 50%,可见其保水性之优良。

多功能高分子材料由于其功能的多样化,在生产生活中的应用越来越广泛。功能高分子材料近年来逐渐向着多功能化方向发展,电磁材料、导电材料、光热材料等相继出现。此外,随着科学技术的不断进步,研究人员对高分子结构与性能之间关系的研究也逐渐深入,制备出越来越多的具有特殊功能的新型功能高分子材料,进一步扩大了功能高分子材料的范围。相信随着对高分子材料结构的深入研究,兼有两种或更多功能的高分子材料将进一步得到扩展,有望应用于航空航天、医疗、食品等各个领域。

参 考 文 献

[1] 王国建. 功能高分子材料[M]. 上海:同济大学出版社,2014.
[2] 韩鹏,李海英. 浅谈功能高分子材料的研究现状及其发展前景[J]. 当代化工研究,2017(4):106-107.
[3] 陈卫星,田威. 功能高分子材料[M]. 北京:化学工业出版社,2014.
[4] 辛志荣,韩冬冰. 功能高分子材料概论[M]. 北京:中国石化出版社,2009.
[5] XIA D, WANG P, JI X, et al. Functional supramolecular polymeric networks: The marriage of covalent polymers and macrocycle-based host-guest interactions[J]. Chemical Reviews, 2020, 120(13): 6070-6123.
[6] 李仁贵,李灿. 人工光合成太阳燃料制备途径及规模化[J]. 科技导报, 2020, 38(23): 105-112.
[7] CHEN X. Harvesting transverse thermoelectricity in topological semimetals[J]. Science China Physics, Mechanics & Astronomy, 2020, 63(3): 1-2.
[8] 施建广. 通过对教材中一句话的理解来认识交流发电机的工作原理[J]. 物理教师, 2018, 39(4): 24-26.
[9] 陈龙,余俊杰,程恒怡,等. 压电效应发电的摇摆椅设计及节能效益分析[J]. 自动化技术与应用, 2019, 38(3): 142-144, 145.
[10] 赵文元,王亦军. 功能高分子材料[M]. 北京:化学工业出版社,2013.
[11] 吕小兵,王忆铭,王彦娟,等. 一种高分子材料功能化改性方法:CN200610200037.4[P]. 2006-08-16.

第 2 章 3D/4D 打印技术总论

2.1 3D 打印技术概论

2.1.1 3D 打印技术的概念

3D 打印是快速成型技术的一种,是一种以数字模型文件为基础,运用粉末状金属或塑料等可黏合材料,通过逐层打印的方式来构造物体的技术。3D 打印通常是采用数字技术材料打印机来实现的,常在模具制造、工业设计等领域被用于制造模型,后逐渐用于一些产品直接制造,已经有使用这种技术打印而成的零部件。该技术在珠宝、鞋类、工业设计、建筑、工程施工、汽车、航空航天、医疗产业、教育、地理信息系统、土木工程、枪支以及其他领域都有所应用。

2.1.2 3D 打印技术的发展历史

3D 打印技术的核心制造思想最早起源于 19 世纪末的美国,到 20 世纪 80 年代后期,3D 打印技术才逐渐发展成熟并被广泛应用。3D 打印装置实际上是利用光固化和层叠等技术的快速成型装置。它与普通打印工作原理基本相同,打印机内装有液体或粉末等"打印材料",与计算机连接后,通过计算机控制把"打印材料"一层一层叠加起来,最终把计算机上的蓝图变成实物。

最早从事商业性 3D 打印制造技术的是美国科学家 Charles Hull。1986 年,Charles Hull 离开了原本的公司,成立一家名为"3D Systems"的新公司,开始专注发展 3D 打印技术。这是世界上第一家生产 3D 打印设备的公司,它所采用的技术当时被称为"立体光刻",是基于液态光敏树脂的光聚合原理工作的。1988 年,Charles Hull 的公司生产出世界上首台以立体光刻为基础的 3D 打印机 SLA-250,其体积非常庞大。

1988 年,美国人 S. Crump 发明了一种新的 3D 打印技术——熔融沉积成型(FDM),并于 1989 年成立 Stratasys 公司。该技术利用蜡、ABS、PC、尼龙等热塑性材料来制作物体,该工艺适合于产品的概念建模及形状和功能测试,不适合制造大零件。

1991 年,美国 Helisys 公司推出第一台叠层法快速成型(LOM)系统。

1989 年,美国人 C. R. Dechard 发明了选择性激光烧结(SLS)技术,这种技术的特点是选材范围广泛,如尼龙、蜡、ABS、金属和陶瓷等材料粉末都可以用作原材料。

1992 年,Stratasys 公司推出了第一台基于 FDM 技术的 3D 工业级打印机。同年,DTM 公司推出首台选择性激光烧结(SLS)打印机。

1993 年,麻省理工学院教授 E. Sachs 创造了三维打印(3DP)技术,将金属、陶瓷的粉末通过黏接剂黏在一起成型,同年麻省理工学院获3D打印技术专利。

1995年,美国Z Corp公司从麻省理工学院获得唯一授权并开始开发基于3DP技术的打印机。

1996年,3D Systems、Stratasys、Z Corp三家公司分别推出了型号为Actua-2100、Genisys、2402的三款3D打印机产品,第一次使用了"3D打印机"的称谓,从此快速成型便有了更加通俗的称呼——"3D打印"。

1998年,Optomec公司成功开发LENS激光烧结技术。

2005年,Z Corporation公司成功研制市场上首台高精度彩色3D打印机Spectrum Z510。同年,英国巴斯大学的A. Bowyer发起了开源3D打印机项目RepRap,目标是通过3D打印机本身,能够造出另一台3D打印机。2008年,第一台基于RepRap的3D打印机发布,代号为"Darwin",它能够打印自身50%元件,体积仅一个箱子的大小。

2009年,B.Pettis带领团队创立了著名的桌面级3D打印公司——MakerBot,MakerBot打印公司源自RepRap开源项目。MakerBot出售DIY套件,购买者可自行组装3D打印机。国内的创客开始了仿造工作,个人3D打印机产品市场由此蓬勃兴起。

2010年美国Organovo公司研制出全球首台3D生物打印机。这种打印机能够使用人体脂肪或骨髓组织制作出新的人体组织,使3D打印人体器官成为可能。

2011年,英国南安普顿大学的工程师设计和试驾了全球首架3D打印的无人飞机。这架无人飞机的建造用时为7 d,费用为5 000英镑。3D打印技术使得飞机能够采用椭圆形机翼,有助于提高空气动力效率。若采用普通技术制造此类机翼,通常成本较高。

2012年11月,苏格兰科学家利用人体细胞首次用3D打印机打印出人造肝脏组织。

2013年,麦肯锡公司将3D打印列为12项颠覆性技术之一,并预测到2025年,3D打印对全球经济的价值贡献将为2千亿~6千亿美元。

2015年3月,美国Carbon 3D公司发布一种新的光固化技术——连续液态界面制造(CLIP),利用氧气和光连续地从树脂材料中打印出模型。该技术比目前任意一种3D打印技术要快25~100倍。

如今,3D打印正在改变汽车、建筑、医疗等领域的生产研发方式。生物3D打印正在成为医学领域的一大主题,它可能为烧伤受害者制造人体组织,同时也是创建人体器官以进行器官移植的一种方法。随着智能制造,控制技术、材料技术以及信息技术等不断发展,3D打印技术也将会被推向一个更加广阔的发展平台。

2.1.3 3D打印技术的原理

日常生活中使用的普通打印机可以打印计算机设计的平面物品,而3D打印机与普通打印机工作原理基本相同,只是打印材料有些不同,普通打印机的打印材料是墨水和纸张,而3D打印机内装有金属、陶瓷、塑料、砂等不同的"打印材料",是实实在在的原材料。首先是运用计算机设计出所需零件的三维模型,然后再根据工艺需求,按照一定规律将该模型离散为一系列有序的单位,通常在Z向将其按照一定的厚度进行离散,把原来的三维CAD模型变成一系列的层片;然后再根据每个层片的轮廓信息,输入加工参数,然后系统后自动生成数控代码;最后成型一系列层片并自动将它们连接起来,得到一个三维物理实体,如打印机器人、玩具车、各种模型,甚至是食物,等等。之所以通俗地称其为"打印机",是因为参照普通打印机的技术原理,其分层加工的过程与喷墨打印十分相似。这项打印技术称为3D打印技术。

2.2 3D打印技术的分类

2.2.1 按照打印材料的成分分类

1. 基于聚合物的3D打印技术

(1) 光聚合固化(Stereo Lithography Appearance,SLA)快速成型技术。

光聚合固化快速成型技术,又称为立体光刻打印成型技术。在计算机控制下,氦-镉激光器或氩离子激光器发射出紫外激光,按零件各分层截面数据对液槽中的液态光敏树脂表面逐点扫描,使被扫描区域的树脂薄层产生光聚合反应而固化,形成零件的一个薄层;当一层树脂固化完毕后,工作台将下降,在原先固化好的树脂表面再敷上一层新的液态树脂,刮板将黏度较大的树脂液面刮平,然后再进行下一层的激光扫描固化;新固化的一层牢固地黏合在前一层上;如此重复直到整个成型零件制作完毕。光聚合固化快速成型技术原理图如图2.1所示。

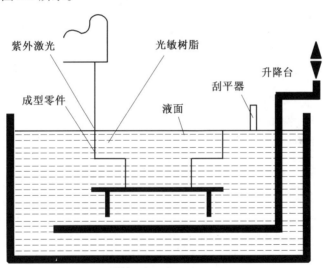

图 2.1 光聚合固化快速成型技术原理图

优势:外观非常好、成型速度快、原型精度高,非常适合制作精度要求高、结构复杂的原型。

劣势:强度较弱,一般主要用于原型设计验证方面,然后通过一系列后续处理工序将原型快速转化为工业级产品,打印尺寸小。

(2) 选择性激光烧结(Selective Laser Sintering,SLS)成型技术。

选择性激光烧结成型技术采用压辊将一层粉末平铺到已成型工件的上表面,数控系统操控激光束按照该层截面轮廓在粉层上进行扫描照射而使粉末的温度升至熔化点,从而进行烧结并与下面已成型的部分实现黏合。当一层截面烧结完后工作台将下降一个层厚,这时压辊又会均匀地在上面铺上一层粉末并开始新一层截面的烧结,不断重复铺粉、烧结的过程,最后进行打磨、烘干等处理,直至整个模型成型。选择性激光烧结成型技术原理示意图如图2.2所示。

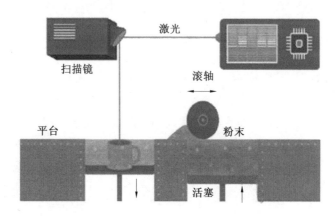

图 2.2 选择性激光烧结成型技术原理示意图

优势:可以采用多种材料,激光烧结的成品精度高、强度大,但是最主要的优势还是在于金属成品的制作。

劣势:首先粉末烧结的表面粗糙,需要后期处理;其次使用大功率激光器,除了本身的设备成本外,还需要很多辅助保护工艺,整体技术难度较大,制造和维护成本非常高,普通用户无法承受,所以目前应用范围主要集中在高端制造领域。

(3)熔融沉积(Fused Deposition of Modeling,FDM)成型技术。

熔融沉积成型技术的原理是将丝状的热熔性材料在喷头中进行加热熔化,通过带有微细喷嘴的挤出机把材料挤压出来。喷头可以沿 X 轴的方向进行移动,工作台则沿 Y 轴和 Z 轴方向移动(不同的设备其机械结构的设计可能不一样),熔融的丝材被挤出后随即会沉积在制作面板或前一层已固化的材料上。一层材料沉积完成后,工作台将按预定的增量下降一个厚度,然后重复以上的步骤,直到工件完全成型。熔融沉积成型技术原理示意图如图2.3所示。

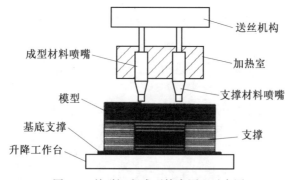

图 2.3 熔融沉积成型技术原理示意图

优势：制造简单，成本低廉。

劣势：由于出料结构简单，难以精确控制出料形态与成型效果，同时温度对于 FDM 成型效果影响非常大，精度差。

(4) 材料喷射（Poly Jet，PJ）打印成型技术。

材料喷射打印成型技术的喷射打印头沿 X 轴方向来回运动，工作原理与喷墨打印机十分类似，不同的是喷头喷射的不是墨水而是光敏聚合材料。当光敏聚合材料被喷射到工作台上后，UV 紫外光灯将沿着喷头工作的方向发射出 UV 紫外光对光敏聚合材料进行固化。完成一层的喷射打印和固化后，设备内置的工作台会极其精准地下降一个成型层厚，喷头继续喷射光敏聚合材料进行下一层的打印和固化，直到整个工件打印制作完成。材料喷射打印成型技术原理示意图如图 2.4 所示。

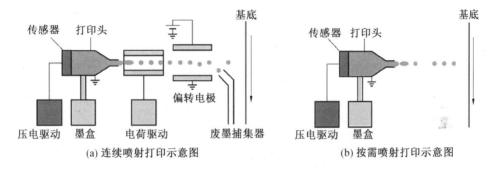

图 2.4　材料喷射打印成型技术原理示意图

优点：①质量高。最高可达 16 μm 的分辨率，确保获得流畅且非常精细的部件与模型。②精确度高。精密喷射与构建材料性能可保证细节精细与薄壁。③清洁。适用于办公室环境，采用非接触式树脂载入/卸载，容易清除支撑材料，容易更换喷射头。④快捷。可同时构建多个项目，且无须事后凝固。⑤多用途。Full Cure 材料品种多样，可适用于不同几何形状、机械性能及颜色部件，材料喷射打印成型技术还支持多种型号（多种颜色）材料同时喷射。

缺点：①需要支撑结构。②耗材成本相对高。与 SLA 一样，PJ 使用光敏树脂作为耗材，成本相对较高。③强度较低。由于材料是树脂，成型后强度、耐久度与 SLA 一样，都不是很高。

(5) 三维打印（Three Dimension Printing，3DP）成型技术。

三维打印成型技术与选择性激光烧结成型技术类似，采用粉末材料成型，如陶瓷粉末、金属粉末。所不同的是材料粉末不是通过烧结连接起来的，而是通过喷头用黏接剂（如硅胶）将零件的截面"打印"在材料粉末上面。用黏接剂黏接的零件强度较低，还须后处理，除去模型上多余的粉末。首先设备会把工作槽中的粉末铺平，接着喷头会按照指定的路径将液态黏接剂（如硅胶）喷射在预先粉层上的指定区域中，此后不断重复上述步骤直到工件完全成型后除去模型上多余的粉末材料即可。三维打印工艺成型速度非常快，适用于制造结构复杂的工件,也适用于制作复合材料或非均匀材质材料的零件。三维打印成型技术原理示意图如图2.5所示。

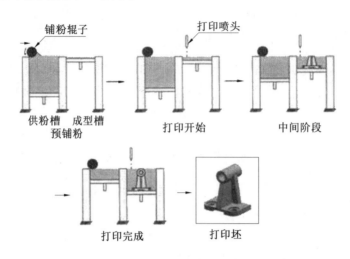

图 2.5　三维打印成型技术原理示意图

优势:①加工速度快;②设备具有较低的制造成本与运行成本;③能够制造彩色零部件;④成型材料无味、无毒、无污染、低成本、多品种、高性能;⑤高度柔性,生产过程不受零件的形状、结构等多种因素的限制,能够完成各种复杂形状零件的制造。

劣势:①成型精度不高:3DP 成型技术的成型精度分为打印精度和烧结等后处理的精度;②制件强度较差,由于采用粉末黏结原理,初始打印坯强度不高。

(6)叠层实体制造(Laminated Object Manufacturing,LOM)技术。

叠层实体制造技术是根据三维 CAD 模型中每个截面的轮廓线,在计算机控制下,发出控制激光切割系统的指令,使切割头做 X 和 Y 方向的移动。供料机构将地面涂有热熔胶的箔材(如涂覆纸、涂覆陶瓷箔、金属箔、塑料箔材)一段段送至工作台的上方。激光切割系统按照计算机提取的横截轮廓用 CO_2 激光束对箔材沿轮廓线将工作台上的纸割出轮廓线,并将纸的无轮廓区切割成小碎片。然后,由热压机构将一层层纸压紧并黏合在一起。可升降工作台支撑正在成型的工件,并在每层成型之后,降低一个纸厚,以便送进、黏合和切割新的一层纸。最后形成由许多小废料块包围的三维原型零件,取出,将多余的废料小块剔除,最终获得三维产品。叠层实体制造技术原理示意图如图2.6所示。

(7)定向能量沉积(Directed Energy Deposition,DED)成型技术。

定向能量沉积成型由激光或其他能量源在沉积区域产生熔池并高速移动,材料以粉末或丝状直接送入高温熔区,熔化后逐层沉积成型。多种材料可用于定向能量沉积成型技术,包括不锈钢、铜、镍、钴、铝和钛。与粉末床熔融技术不同,在这种工艺中,注入打印头的金属粉末可以在输出过程中被连续改变。因此,它能够制造出传统方法无法完成的特殊物体。

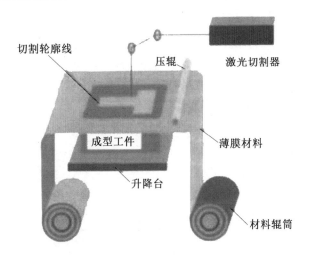

图 2.6　叠层实体制造技术原理示意图

2. 陶瓷材料 3D 打印技术

相对于高分子树脂材料和金属材料的 3D 打印,陶瓷材料 3D 打印技术的研究和应用较少。先进陶瓷材料具有优异的力学性能、热学性能以及稳定的物理化学性能,被广泛应用于石油化工、航空航天、核能、汽车等工业领域。随着我国国民经济和工业的不断发展,传统的制作工艺已经不能满足某些特殊领域的需求,迫切需要一种新型的成型技术——陶瓷材料 3D 打印技术。

与传统制陶工艺(淘泥、揉泥、拉坯、印坯、修坯、捺水、画坯、上釉、烧窑、成品)相比,陶瓷材料 3D 打印技术是将陶瓷坯体由三维实体加工变为由点到线、由线到面、由面到体的离散堆积成型过程,极大地降低了制造复杂度,突破了传统制坯技术在形状复杂性方面的技术瓶颈,能够快速制造出传统制坯工艺难以加工,甚至无法加工的复杂形状及结构特征,极大地拓展了陶瓷在各个领域的应用。

J. N. Stuecker 等以莫来石粉末为原料,加入聚电解质分散剂等物质得到莫来石细丝。随后利用 FDM 技术,制备了孔径分布为 100~1 000 μm 的多孔莫来石陶瓷坯体,如图 2.7 所示。

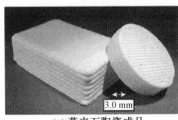
(a) 莫来石陶瓷成品

(b) 放大后的莫来石细丝

图 2.7　莫来石陶瓷坯体

(1)陶瓷喷墨打印(Ceramic Ink Jet Printing,CIJP)成型技术。

陶瓷喷墨打印成型技术是从三维打印成型发展而来的,同时结合了用于文字输出的喷墨打印机的原理。该技术是将待成型的陶瓷粉与各种有机物和溶剂配制成陶瓷墨水

(固相体积分数通常只有 5%),通过打印机将这种陶瓷墨水按计算机指令一层一层喷打到平台上,形成所要求的尺寸和形状的陶瓷坯体。陶瓷喷墨打印成型技术原理示意图如图 2.8 所示。

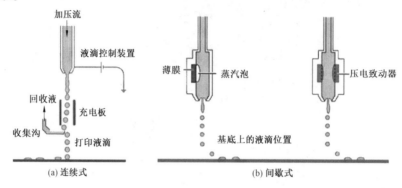

图 2.8 陶瓷喷墨打印成型技术原理示意图

目前制约陶瓷喷墨打印成型技术发展的因素主要集中在两个方面:一个是陶瓷喷墨墨水的制备;另一个是陶瓷喷墨打印头堵塞的问题。陶瓷墨水一般由无机非金属材料、分散剂、黏接剂、表面活性剂和其他系列辅料组成。陶瓷墨水的粒径、黏度、流动性、表面张力、pH 值和有机添加剂等都会对墨水的稳定性造成影响,选用适当粒径的原料和分散剂有利于提高浆料的稳定性。受限于打印针头的尺寸,墨水的粒径需远小于打印针头的直径才可以顺利出墨,保证打印的精度和质量。为确保打印设备能够连续工作,通常是通过添加分散剂和采用机械研磨的方法制备陶瓷喷墨墨水,从而提高浆料的稳定性。

(2)三维打印(3DP)成型技术。

三维打印成型技术采用辊子将陶瓷粉末预先铺平,然后将黏接剂溶液按零件截面形状从喷头中喷出,使粉末黏接在一起形成零件形状,层层叠加直至成型出设计的三维模型,剩余陶瓷粉末可继续使用。三维打印成型技术原理示意图如图 2.9 所示。目前,以氧化锆、锆英砂、氧化铝、碳化硅和氧化硅等陶瓷粉体为原材料,基于三维打印成型技术制造陶瓷模具的方法已经得到了良好的发展并实现市场化,其中,硅溶胶是最常用的陶瓷颗粒黏接剂。

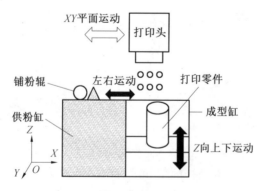

图 2.9 三维打印成型技术原理示意图

(3)熔化沉积(Fused Deposition of Ceramies,FDC)成型技术。

熔化沉积成型技术是将陶瓷粉末与制备的黏结剂混合,并挤压成细丝状,然后将其送入熔化器中。在计算机的控制下,根据模型的分层数据,控制热熔喷头的路径,对半流动的陶瓷材料进行挤压,使其在指定位置冷却成型。一层完成,接着打印下一层,直至完成零件的加工,熔化沉积成型技术原理示意图如图2.10所示。

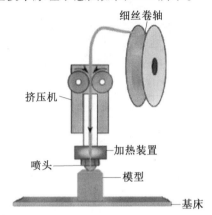

图 2.10　熔化沉积成型技术原理示意图

(4)浆料直写(Direct Ink Writing,DIW)成型技术。

浆料直写(DIW)成型技术最早由 Cesarano 等提出,并建立如图 2.11 所示的设备模型,将陶瓷制备成具有固化特性的陶瓷悬浮液,出料装置安装在 Z 轴方向上,由计算机软件控制 Z 轴在 X-Y 平面上运动,同时从针头挤出陶瓷悬浮液,其在 pH 值、光照、热辐射等固化因素作用下实现固化,完成一层打印后,Z 轴上升一定高度,继续下一层的打印过程,逐层累加直到打印完成。

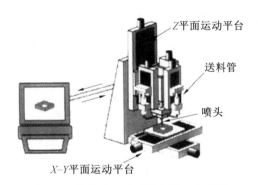

图 2.11　浆料直写成型技术原理示意图

(5)选择性激光烧结/熔融(Selective Laser Sinetering/Melting,SLS/SLM)成型技术。

选择性激光烧结(SLS)成型技术与选择性激光熔融(SLM)成型技术都是利用激光束的能量对打印材料进行打印。选择性激光烧结成型技术原理示意图如图 2.12 所示,压辊将粉状材料平铺在工作平台上,形成粉状薄层,激光按照计算机设计的路径逐点扫描粉体表面进行烧结,完成此层烧结后工作平台下降一定高度,压辊再次平铺粉状材料,经激光扫描后形成新的黏接层,逐层累加直到完成打印。

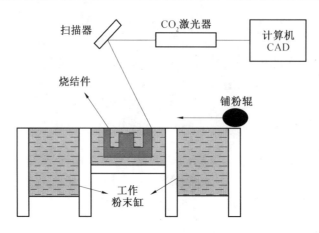

图 2.12 选择性激光烧结成型技术原理示意图

选择性激光熔融成型技术的成型过程和原理与选择性激光烧结成型技术的相似,不同点是 SLM 成型技术材料采用的是陶瓷粉末材料,通过激光束直接照射陶瓷粉末将其烧结成型。SLM 成型技术关键在于预热和烧结温度,目前来看,对于不同陶瓷的最佳预热和烧结温度仍需不断探索。

(6)光聚合固化(SLA)快速成型技术。

光聚合固化快速成型技术,又称为立体光刻打印成型技术。光聚合固化快速成型技术使用的材料为光敏树脂和陶瓷粉末混合而成的浆料。陶瓷的光聚合固化快速成型技术主要采用紫外线激光束(直径一般在几十微米左右),照射能够迅速固化光敏液态树脂与陶瓷粉末混合均匀的浆料,通过控制光的路径选择性地辐照某一层液体,最终成型出部分区域固化的零部件,使用该方法制备的陶瓷坯件精度与均匀度高,通过进行后处理可提高其力学性能,得到高性能的陶瓷件。光聚合固化快速成型技术原理示意图如图 2.13 所示。光固化成型的陶瓷毛坯件还需热处理、烧结等工艺来增强坯体的致密度以及机械强度,故如何配制出适应特定波长、高固含量、低黏度、均匀的陶瓷浆料成为此技术的关键。

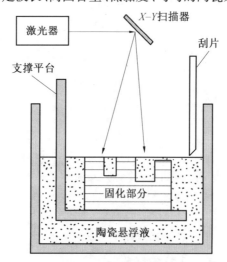

图 2.13 光聚合固化快速成型技术原理示意图

(7)叠层实体制造(LOM)成型技术。

叠层实体制造成型技术采用的打印材料是陶瓷薄片,其工作原理是将陶瓷薄片通过材料辊筒和压辊放置在升降工作平台上,在计算机的控制下,利用激光切割器切割陶瓷薄片形成加工件的一层截面,升降工作台下降一定高度,材料辊筒和压辊将未打印的陶瓷薄片放置在成型工件上,利用黏结剂或热压将薄膜与已成型工件黏结,采用激光切割器按设计切割未加工薄片,逐层切割累加成型。叠层实体制造成型技术原理示意图如图2.14所示。LOM利用陶瓷薄片的切割累加成型,是直接由面到体的成型方式,省略了其他技术由点到线、由线及面的加工过程。

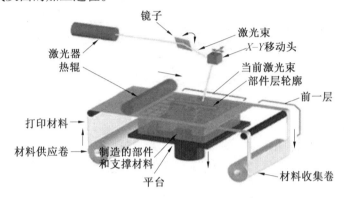

图2.14 叠层实体制造成型技术原理示意图

综上所述,这7种陶瓷3D成型方法各有利弊,详见表2.1。相关技术人员需要考虑平衡时间成本、经济成本、精度、尺寸等多方面因素,选择适合自己的陶瓷3D打印成型方法。

表2.1 七种陶瓷3D成型方法对比

方法	陶瓷喷墨打印成型技术	三维打印成型技术	熔化沉积成型技术	浆料直写成型技术	选择性激光烧结/熔融成型技术	光聚合固化快速成型技术	叠层实体制造成型技术
原材料	陶瓷墨水	陶瓷粉	丝材	陶瓷悬浮液	陶瓷粉	陶瓷树脂浆料	陶瓷片
成型尺寸	小	大	大	大	大	小	大
成本	低	低	低	低	低	高	高
支撑	不需	不需	需要	需要	不需	不需	不需
复杂性	复杂	复杂	复杂	简单	复杂	简单	复杂
二次处理	不需	不需	不需	不需	不需	需要	不需
激光	不需	不需	不需	不需	需要	需要	需要

3.金属材料3D打印技术

在工业领域中,金属材料3D打印技术是先进制造发展的一个重要方向,也是3D打印技术体系中非常有潜力的技术。自20世纪90年代起,我国对金属材料3D打印技术已经有相应技术的研究,并且在钛合金和生物医疗方面也取得了一定成就。现在主流的金属材料 3D 打印技术有 5 种：纳米颗粒喷射金属（NPJ）成型技术、选择性激光烧结（SLS）成型技术、选择性激光熔融（SLM）成型技术、激光近净（LENS）成型技术和电子束熔化（EBM）成型技术。其中 SLS、SLM、LENS、EBM 是应用较为广泛的金属材料 3D 打印技术。

(1) 纳米颗粒喷射金属（NPJ）成型技术。

2016 年，来自以色列的 XJet 公司展示了其公司最新研发的纳米粒喷射金属材料 3D 打印技术，这项技术采用的原理和材料都不同于以往的 3D 打印技术，是利用 3D 打印机喷射纳米液态金属墨水，然后沉淀成型，完成后，加热蒸发掉多余的金属液体，就可以得到所需的零件。这种金属材料 3D 打印技术的速度要比普通激光打印快 5 倍，极大地提高了效率，并且可以减少材料浪费，节省成本，几乎可以实现任何复杂的形状。但是，采用这种方式进行打印，打印件对温度的耐受能力比传统金属 3D 打印更低。

(2) 选择性激光烧结（SLS）成型技术。

选择性激光烧结（SLS）成型技术是最早出现的金属材料 3D 打印技术，主要是以冶金机制为基本原理，使用激光束来扫描已铺好的零件粉末，使其温度升到熔化点烧结成型，然后充分冷却形成实体模型。该系统由扫描系统、激光系统、粉末压床、铺粉滚筒以及粉末输送系统等组成。工作过程是先将金属粉末预热，预热后的温度要低于烧结点温度，一侧供粉缸中添加给定量的粉末后，在粉末床上利用铺粉滚筒均匀铺开粉末，利用计算机系统控制激光束按照给定功率与速度扫描第一层截面轮廓，使粉末烧结为设定厚度的实体轮廓片层，并以未烧结粉末为支撑，烧结完第一层粉末。将粉末床转移到下一个分层，上移供粉缸，重复上述动作，上一层实体片层会与下一层黏接，逐层烧结即可对整个三维实体零件进行烧结。SLS 成型技术是现在金属材料 3D 打印技术的一个非常热门的发展方向，它的制造工艺简单、制作时间短，不需要其他的结构来支撑，能够烧结多种金属材料，并且材料的利用率相当高。SLS 成型技术也可用于制造金属或陶瓷零件，但所得到的制件致密度低、成型耗量大，且需要经过后期致密化处理才能使用。

选择性激光烧结成型技术用于金属粉末打印的方法主要有两种，分别为间接烧结原型件法和直接烧结金属原型件法，两者区别见表 2.2。

表 2.2 间接烧结原型件法和直接烧结金属原型件法区别

序号	打印技术	材料	后处理工艺	特点
1	间接烧结原型件法	聚合物与金属的混合粉末，或者聚合物包覆金属粉末	脱脂、高温烧结、浸渍等	成型件中含有未熔固相颗粒，造成产品孔隙率高、致密度低、拉伸强度差、表面粗糙度高等
2	直接烧结金属原型件法	低熔点与高熔点金属粉末混合	浸渍低熔点金属、高温烧结、热等静压等	低熔点金属粉末首先熔化，用以黏结高熔点固相金属粉末，产品的相对密度可达到 82% 以上

(3) 选择性激光熔融(SLM)成型技术。

选择性激光熔融(SLM)成型技术是在 SLS 技术基础上发展起来的,是当前金属 3D 打印中最为普遍的一种技术。SLM 成型技术成型原理与 SLS 一致,不同之处在于 SLM 成型技术通过高能激光将金属粉末完全熔化,生成液态熔池并快速冷却形成固态熔道,制品机体组织稳定、致密,加工精度较高,力学性能优良,符合使用要求。SLM 打印的过程中首先利用专业软件对需要打印的零件三维数模进行扫描切片分成,得到数据之后,使用高能激光束对获得的轮廓数据逐层选择性熔化金属粉末,然后逐层铺所需要的金属粉末,制造出三维实体零件。在这个过程当中,内部环境会受到惰性气体的保护,也就是说不需要担心金属在高温环境下与空气结合产生不良的反应。选择性激光熔融成型技术原理示意图如图 2.15 所示。但从目前来看,SLM 成型技术的打印速度偏低,机器价格昂贵,需要添加支撑结构。图 2.16 展示了 SLM 成型技术的部分制品。

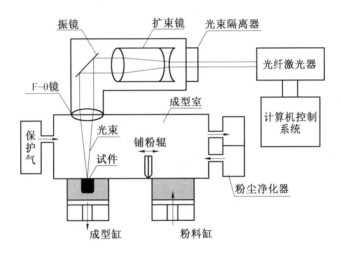

图 2.15 选择性激光熔融成型技术原理示意图

图 2.16 选择性激光熔融成型技术复杂结构制造(工业和医疗)

(4)激光近净(LENS)成型技术。

激光近净(LENS)成型技术是一种新的快速成型技术,它由美国 Sandia 实验室首先提出。它将激光熔覆(Laser Cladding)成型技术和选择性激光烧结(SLS)成型技术相结合,既保持了选择性激光烧结成型技术成型零件的优点,又克服了其成型零件密度低、性能差的缺点。它最大的特点是制作的零件密度高、性能好,可作为结构零件使用。该技术的缺点是需使用高功率激光器,设备造价昂贵;成型时热应力较大,成型精度不高。

激光近净成型技术的工作原理同选择性激光烧结成型技术相似,采用大功率激光束,按照预设的路径在金属基体上形成熔池,金属粉末从喷嘴喷射到熔池中,快速凝固沉积,如此逐层堆叠,直到零件形成。如图 2.17 所示,LENS 系统主要由激光系统、粉末输送系统和惰性气体保护系统组成。

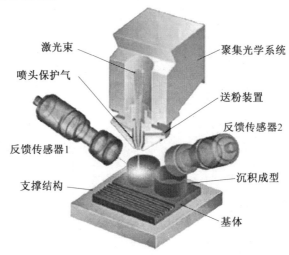

图 2.17　激光近净成型技术原理示意图

(5)电子束熔化(EBM)成型技术。

电子束熔化(EBM)成型技术采用高能高速的电子束选择性地熔化金属粉末层或金属丝,熔化成型,层层堆积直至形成整个实体金属零件。电子束熔化成型原理示意图如图 2.18(a)所示,即将零件的三维实体模型数据导入 EBM 设备,然后在 EBM 设备的工作舱内平铺一层微细金属粉末薄层,利用高能电子束经偏转聚焦后在焦点所产生的高密度能量使被扫描到的金属粉末层在局部微小区域产生高温,导致金属微粒熔融,电子束连续扫描使一个个微小的金属熔池相互融合并凝固,连接形成线状和面状金属层。电子束熔化成型工艺步骤示意图如图 2.18(b)所示。

EBM 工艺过程与 SLM 非常相似,区别在于 EBM 所使用的能量源为电子束,而 SLM 使用的能量源为激光。EBM 的电子束输出能量通常比 SLM 的激光输出功率大一个数量级,扫描速度也远高于 SLM,因此 EBM 在构建过程中,需要对造型台整体进行预热,防止成型过程中温度过高而带来较大的残余应力。EBM 有许多优点,在高密度的基础上完全熔化粉末,较高的部件密度确保了部件强度,非烧结粉末可回收利用;但是,缺点也非常明显,可打印的尺寸、可选择的材料有限,材料仅限于钛或铬钴合金,机器和材料价格昂贵。

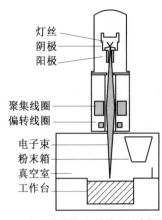
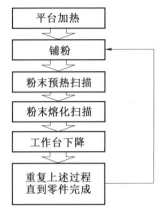

(a) 电子束熔化成型原理示意图　　(b) 电子束熔化成型工艺步骤示意图

图 2.18　电子束熔化成型技术

2.2.2　按照 3D 打印材料的状态分类

按照 3D 打印材料的状态,3D 打印技术分类见表 2.3。

表 2.3　按照 3D 打印材料的状态,3D 打印技术分类表

类型	累积技术	基本材料
挤压成型	熔融沉积(FDM)成型技术	热塑性塑料、共晶系统金属、可食用材料
线状成型	电子束自由(EBF)成型技术	几乎任何合金
粒状成型	直接金属激光烧结(DMLS)成型技术	几乎任何合金
	电子束熔融(EBM)成型技术	钛合金
	选择性激光熔融(SLM)成型技术	钛合金、钴铬合金、不锈钢、铝
	选择性热烧结(SHS)成型技术	热塑性粉末
	选择性激光烧结(SLS)成型技术	热塑性塑料、金属粉末、陶瓷粉末
粉末层喷头 3D 打印	三维打印(3DP)成型技术	石膏、热塑性塑料、金属粉末、陶瓷粉末
层压成型	叠层实体制造(LOM)成型技术	纸、金属膜、塑料薄膜
光聚合成型	光聚合固化(SLA)快速成型技术	光硬化树脂
	材料喷射(PJ)打印成型技术	光硬化树脂
	数字光处理(DLP)成型技术	液态树脂

2.3 3D 打印材料简介

2.3.1 3D 打印材料分类

在 3D 打印领域,3D 打印材料一直扮演着重要的角色,又称 3D 打印耗材,是 3D 打印技术发展的重要材料。3D 打印材料是 3D 打印技术发展的重要物质基础,在某种程度上,材料的发展决定了 3D 打印能否得到更广泛的应用。3D 打印材料分类见表 2.4。

表 2.4 3D 打印材料分类表

材料名称	产品分类	产品特性	应用领域
ABS 塑料	将 PS、SAN、BS 的各种性能有机地统一	冲击强度极好,尺寸稳定性好,电性能、耐磨性、抗化学药品性、成型加工和机械加工较好	产量最大,应用广泛
PLA 塑料	—	相容性、可降解性、机械性能和物理性能良好	适用于吹塑、热塑等各种加工方法
工程塑料	工业 ABS 材料	强度高、韧性好、耐冲击	可进行机械加工(钻孔、攻螺纹)、喷漆及电镀
	PC 材料	高强度、耐高温、抗冲击、抗弯曲	应用于电子消费品、家电、汽车制造、航空航天、医疗器械等领域
	尼龙材料	质量轻、耐热、摩擦系数低、耐磨损等	应用于汽车、家电、电子消费品、艺术设计及工业产品等领域
	PC-ABS 材料	高强度及耐热性	大多用于汽车、家电及通信行业
	PC-ISO 材料	很高的强度	应用于药品及医疗器械行业,用于手术模拟、颅骨修复、牙科等专业领域
	PSU 类材料	热塑性材料里面强度最高、耐热性最好、抗腐蚀性最优的材料	用于航空航天、交通运输及医疗行业
		强度高、耐火性	用在轻质建筑领域

续表2.4

材料名称	产品分类	产品特性	应用领域
光敏树脂	somosNEXT	类PC新材料,钢性和韧性好	应用于汽车、家电、电子消费品等领域
	somos11122	防水和尺寸稳定性	适合用在汽车、医疗以及电子类产品领域
	somos19120	保留灰烬和高精度等特点	铸造专用材料
	环氧树脂	含灰量极低,不含重金属锑	制造极其精密的快速铸造型模
橡胶类材料	—	硬度、断裂伸长率、抗撕裂强度和拉伸强度较大	适合于要求防滑或柔软表面的应用领域
金属材料	钛合金、钴铬合金、不锈钢和铝合金材料等	纯净度高、球形度好、粒径分布窄、氧含量低	石化工程应用、航空航天、汽车制造、注塑模具、轻金属合金铸造、食品加工、医疗、造纸、电力工业、珠宝、时装
	贵金属材料	立体、方便	金属饰品制造
陶瓷材料	—	高强度、高硬度、耐高温、低密度、化学稳定性好、耐腐蚀等优异特性	可作为理想的炊具、餐具和烛台、瓷砖、花瓶、艺术品等家居装饰材料
复合型石膏粉末	—	纹路比较明显,使物品具有特殊的视觉效果	应用于制作模型、人像、建筑模型等室内展示物
蓝蜡和红蜡	—	表面光滑	可用于标准熔模材料和铸造工艺的熔模铸造应用,制作珠宝、服饰、医疗器械、机械部件、雕塑、复制品、收藏品等

2.3.2 聚合物基3D打印材料

1.高分子丝材

高分子丝材是适用于FDM型3D打印机的主要耗材,满足高机械强度、低收缩率、适合熔融温度和无毒环保等要求。高分子丝材主要有丙烯腈-丁二烯-苯乙烯共聚物(ABS)、聚乳酸(PLA)、聚碳酸酯(PC)、聚苯砜(PPSF)、聚对苯二甲酸乙二醇酯-1,4-环己烷二甲醇酯(PETG)和聚醚醚酮(PEEK)等。

(1) ABS 塑料。

ABS 是丁二烯、丙烯腈和苯乙烯的共聚物,具有强度高、韧性好、耐冲击、易加工等优点,以及良好的电绝缘性能、抗腐蚀性能、耐低温性能和表面着色性能等,在家用电器、汽车工业、玩具行业等领域有广泛应用,目前有多种颜色可以选择。ABS 因具有良好的热熔性和易挤出性,是最早应用于 FDM 打印的高分子丝材。但 ABS 材料遇冷收缩率大,制品易收缩变形,易发生层间剥离及翘曲等,限制了其应用。同时,由于 ABS 打印温度高达 230 ℃以上,会因材料的部分分解而产生异味,打印过程耗能也较高。

通过改性 ABS 可以改善以上不足。如聂富强等公开了一种 3D 打印专用 ABS 材料的制备方法:采用连续本体法,将聚丁二烯粉碎后加入单体丙烯腈和苯乙烯的混合树脂中,加入稀释剂后,在特定温度下引发连续本体聚合反应,得到 ABS 树脂。该方法投资低、操作及后处理简单、所得产品纯净,用其制作的丝材适应 230~270 ℃的打印温度,适用于大多数桌面型 FDM 3D 打印机。

(2) 聚乳酸(PLA)。

PLA 是一种环境友好的可生物降解型塑料,其最终降解产物是二氧化碳和水。因 PLA 具有优良的力学性能、热塑性、成纤性、透明性、可降解性和生物相容性,所以 PLA 一般情况下不需要加热床,被广泛用作 FDM 打印耗材,尤其应用于打印生物材料领域。但其韧性差、制品脆,需要增韧改性才能满足 3D 打印的多种需求。

成都新柯力化工科技有限公司公开了一种 3D 打印改性 PLA 材料及其制备方法,该发明主要利用低温粉碎混合反应技术改性 PLA,提高了 PLA 的韧性、抗冲击强度和热变形温度,增韧改性后的 PLA 材料适合于大多数 FDM 型 3D 打印设备,打印温度为 200~240 ℃,热台温度为 55~80 ℃,打印过程中材料的收缩率小,打印过程流畅、无气味,成型产品尺寸稳定、表面光洁、不翘曲。作者研发了系列全生物降解的 PLA 共混物,通过利用 PLA 段的受限结晶性质,降低了打印温度,所得成品收缩率显著低于纯 PLA 制品。

(3) 聚碳酸酯(PC)。

PC 几乎具备了工程塑料的全部优良特性,无味、无毒、强度高、抗冲击性能好、收缩率低,具有良好的自阻燃特性和抗污性等。将 PC 制成 3D 打印用丝材,其强度比 ABS 丝材高约 60%,可以作为最终零部件使用甚至应用于超强工程制品。如德国拜耳公司开发的 PC2605 可用于防弹玻璃、树脂镜片、车头灯罩、宇航员头盔面罩、智能手机机身、机械齿轮等异型构件的 3D 打印制造。PC 的不足在于颜色单一、着色难。另外,通常 PC 材料中残留的双酚 A 是一种潜在致癌物,因此只能选用食品级 PC 制作 3D 打印用丝材。

(4) 聚苯砜(PPSF)。

PPSF 俗称聚纤维酯,是所有热塑性材料中强度最高、耐热性最好、抗腐蚀性最强的材料,广泛应用于航空航天、交通以及医疗等领域。Stratasys PPSF 已通过航空航天和医疗应用认证,定位为生产辅助医疗设备的原料,可以在蒸汽高压灭菌器中灭菌。它用于化学工业中实验室设备的零件制造。在各种快速成型的工程塑料中,PPSF 性能最佳,可用于 3D 打印制造高承受负荷的制品,是替代金属、陶瓷的首选材料。

(5) 聚对苯二甲酸乙二醇酯-1,4-环己烷二甲醇酯(PETG)。

PETG 是最近才应用于 3D 打印的一种无毒、符合环保要求的生物基聚酯。PETG 是一种低结晶度共聚酯,疏水性良好,具有高光泽表面和良好的注塑加工性能。PETG 用作 3D 打印材料时,兼具了 PLA 和 ABS 的优点,且打印温度低,几乎没有气味,材料收缩率非常低,产品尺寸稳定性好。因此 PETG 及其衍生物在 3D 打印领域将具有更为广阔的应用前景。

(6)聚醚醚酮(PEEK)。

PEEK 具有优异的耐磨性、生物相容性和化学稳定性等优点,其弹性模量最接近人骨,是理想的人工骨替换材料,适合长期植入人体,基于熔融沉积成型原理的 3D 打印技术安全方便、无须使用激光器、后处理简单,通过与 PEEK 材料结合制造仿生人工骨。吴文征等公开了一种 PEEK 仿生人工骨的 3D 打印制造方法,利用 PEEK 由 3D 打印方法制造仿生人工骨,省去了制造模具的时间和成本,缩短了制造周期,同时可用造型软件随时调整制品形状。该技术实现了熔点高、黏度大、流动性差的生物相容的结晶性聚合物 PEEK 人工骨的 3D 打印制造。

2.光固化树脂

光固化树脂即光敏树脂,光敏树脂一般由预聚体(低聚物)、活性稀释剂(稀释单体)、紫外光引发剂以及其他助剂组成。光敏树脂是 SLA 3D 打印机的主要材料。适用于光固化 3D 成型技术的光固化树脂必须是挥发性小,在一定波长的紫外光(250～420 nm)照射下能够引发聚合反应,迅速固化,不会堵塞喷头的液态树脂。光敏树脂的固化性能直接影响打印精度和产品品质。因此研发高性能光固化树脂材料是 3D 打印专用光敏树脂的重点。按照固化反应机理,光敏树脂可分为自由基型光敏树脂、阳离子型光敏树脂和自由基-阳离子混合型光敏树脂。

(1)自由基型光敏树脂。

自由基型光敏树脂采用光敏预聚体+自由基引发剂聚合得到。自由基光固化体系是一种传统的光固化体系,该体系的研究起步早,研究更完备。该体系中光敏预聚物是丙烯酸酯类预聚物,主要有聚氨酯丙烯酸酯、环氧丙烯酸酯等,活性稀释剂常用的有 N-乙烯基吡咯烷酮(NVP)、1,6-己二醇二丙烯酸酯(HDDA)和三丙二醇二丙烯酸酯(TPGDA)等。自由基引发剂在紫外光作用下分解出自由基,引发丙烯酸酯的双键断裂,从而引发双键之间的相互聚合,成为分子量较大的聚合物。自由基型光敏树脂具有光敏性好、固化速率快、黏度低、产品韧性好、成本低等优点;但是在固化时收缩率较大,制品容易翘曲变形,此外,基团的转化率低,需进一步的后固化工艺处理。

(2)阳离子型光敏树脂。

阳离子型光敏树脂主要有环氧树脂和含乙烯基醚基团的树脂两大类。阳离子型引发剂在紫外光作用下分解为超强质子酸,引发低聚物和活性稀释剂聚合。阳离子型光敏树脂的优势在于固化体积收缩率小、活性中间体寿命长、固化反应程度高、成型后不需二次固化、耐受氧气等。因此阳离子型光敏树脂固化成型得到的制品尺寸稳定、精度高,力学性能也十分优异。但阳离子型光敏树脂固化反应速率低、体系黏度高,一般需添加较多的活性稀释剂才能满足打印要求。阳离子型光固化体系研究起步较晚,并且该体系的聚合需在低温、无水的情况下发生,聚合温度对聚合速率和聚合度产生极大的影响,选择合适的引发剂以及合适的聚合温度对阳离子型光固化体系有着重要的意义。

(3)自由基-阳离子混合型光敏树脂。

早期商品化的光敏树脂主要是自由基型光敏树脂。1995年后,光敏树脂主要是自由基-阳离子混合型光敏树脂,由丙烯酸酯树脂、乙烯基醚、环氧预聚物及单体等组成。对于混合体系,自由基聚合在紫外光辐照停止后立即停止,而阳离子聚合在停止辐照后继续进行。因此当自由基型光敏树脂和阳离子型光敏树脂体系结合时,产生光引发协同固化效应,最终产物的体积收缩率可显著降低,性能也可实现互补。

国内针对SLA光敏树脂的研究近年来发展较为迅速。段玉岗等研发了一种用于激光固化快速成型的低翘曲光敏树脂,具备自由基和阳离子双固化特点,有效解决了固化物收缩变形的问题。唐富兰等将改性纳米二氧化硅原位分散到自由基-阳离子混合型光敏树脂中,当二氧化硅质量分数为1%~2%时,SLA打印制品的弯曲强度和硬度均明显提高。刘甜等以二缩水甘油醚和丙烯酸为主要原料,合成了低黏度的二缩水甘油醚二丙烯酸酯预聚物,应用于3D打印,所得制品的体积收缩率约5%,柔韧性也优于双酚A型环氧丙烯酸酯型光敏树脂。上海杰事杰新材料(集团)股份有限公司公开了一种用于3D打印的聚苯乙烯微球改性光敏树脂,所制备的聚苯乙烯微球改性光敏树脂具有成型速度快、力学强度高和尺寸稳定性好等优点,可用于打印制造具有复杂结构的部件。魏燕彦等公开了一种氧化石墨烯/光固化树脂复合材料及其制备方法和应用,将氧化石墨烯纳米材料分散于光固化树脂中,得到氧化石墨烯/光固化树脂纳米复合材料,断裂伸长率和最大弯曲应变得到提高,冲击强度提高2倍,所得3D打印制品力学性能显著增强。

3. 聚合物粉末

选择性激光烧结(SLS)成型技术是一种以激光为热源烧结粉末材料成型的快速成型技术。任何受热后能熔化并黏结的粉末均可作为SLS 3D打印原材料,包括高分子、陶瓷、金属粉末及它们的复合粉末等。高分子粉末由于所需烧结能量小、烧结工艺简单、打印制品质量好,已成为SLS打印的主要原材料。满足SLS技术的高分子粉末材料应具有粉末熔融结块温度低、流动性好、收缩小、内应力小和强度高等特点。

目前常见的、适用SLS 3D打印技术的热塑性树脂有聚苯乙烯(PS)、尼龙(PA)、聚碳酸酯(PC)、聚丙烯(PP)和蜡粉等。热固性树脂(如环氧树脂、不饱和聚酯、酚醛树脂、氨基树脂、聚氨酯、有机硅树脂和芳杂环树脂等)由于强度高、耐火性好等优点,也适用于SLS 3D打印成型工艺。

徐林等制备了不同铝粉含量的尼龙-12覆膜复合粉末,激光烧结成型后,尼龙与铝粉表面黏接良好,烧结过程中尼龙熔融,铝粉均匀分布在尼龙基体中,随着铝粉含量增加,烧结件的弯曲强度和模量显著提高,抗冲击强度降低,铝粉含量增多能有效抑制尼龙基体的收缩,从而提高烧结件的精度。广东银禧科技股份有限公司公开了一种选择性激光烧结聚丙烯粉末成型技术,采用深冷粉碎的方法得到聚丙烯粉末,由气流筛选机分级收集得到的800~200目的聚丙烯粉末具有较好的烧结性能,SLS打印得到的成型件具有较高的力学性能和尺寸精度。上海杰事杰新材料(集团)股份有限公司发明并公开了一种选择性激光烧结尼龙聚乙烯共混粉末成型技术,该技术使颗粒形态及流动性好,同时具备了宽的烧结窗口,所得制品具备优良的理化性能和外观质量,可满足汽车、机械模具、电子仪器等领域的SLS打印制件需求。

4. 高分子凝胶

高分子凝胶是高分子通过化学交联或物理交联形成的充满溶剂(一般为水)的网状聚合物,具有良好的智能性。海藻酸钠、纤维素、动植物胶、蛋白胨和聚丙烯酸等高分子凝胶材料可用于 3D 打印。高分子凝胶在一定的温度及引发剂、交联剂的作用下进行聚合后,形成特殊的网状高分子凝胶制品。对于凝胶体系,通过改变离子强度、温度、电场和引入化学物质,凝胶溶胀或收缩体积发生相应变化,可用于形状记忆材料、传感材料;凝胶网状的可控性可用于智能药物释放材料;高分子凝胶的含水量、生物相容性和力学性能可调控至与人体软组织或组织器官相接近,可以包裹细胞,输送养分和排泄代谢物。高分子凝胶可广泛用于构建组织工程支架,如耳朵、肾脏、血管、皮肤和骨头等人体器官都已经可以利用高分子凝胶进行 3D 打印制造。

T. M. Seck 等以 PLA 和聚乙二醇为原料,采用 SLA 技术制备了 3D 水凝胶支架、24 面体的多孔支架和非多孔支架。这些支架具有较高的力学性能和良好的孔隙连接性,细胞在支架上可以黏附分化。K. Arcaute 等以聚乙二醇双丙烯酸酯(PEG-DA)为原料,利用 SLA 技术制备了具有多内腔结构的水凝胶神经导管支架,经冻干/溶胀后,能较好地维持材料的初始形态,适合体内移植。J. T. Butecher 等以聚乙二醇双丙烯酸酯/海藻酸盐复合原料制备了主动脉水凝胶支架,该水凝胶的弹性模量可在 5.3~74.6 kPa 内调节,可用来制备尺寸较大、精度更高的瓣膜。段升华等公开了一种 3D 打印水凝胶材料,该材料是聚N-异丙基丙烯酰胺类三嵌段共聚物,并含有细胞生长因子及营养组分、水、温敏性聚合物和生物大分子;该材料具有与人体软组织相仿的力学性质,用于人体内时,免疫排斥小、抗过敏、生物降解性好。上述相关技术进展表明凝胶类 3D 打印材料未来在人类健康方面将有不可替代的作用。

2.3.3 陶瓷基 3D 打印材料

1. 氧化铝陶瓷材料

氧化铝作为众多陶瓷原料的主要成分,在自然界中的含量仅次于 SiO_2,来源广、成本低,是目前应用最广、产量最大、用途最宽的陶瓷材料。与传统工艺相比,3D 打印陶瓷具有制作周期短、成本低、可操作性强等优势。因此采用 3D 打印技术制备的氧化铝陶瓷,在建筑、航空航天和电子消费品等领域获得了广泛应用。

2. 磷酸三钙陶瓷材料

磷酸三钙陶瓷是一种合成材料,其化学组成在人体骨骼中广泛存在,在医疗领域作为一种良好的骨修复三维支架而被广泛应用,还可用于预防和治疗钙缺乏的疾病。

3. 有机前驱体合成的陶瓷材料

目前,采用 3D 打印结合有机前驱体合成的陶瓷材料种类主要有 SiC、Si_3N_4、SiOC、SiNC 等。有机前驱体合成的陶瓷材料的核心工艺过程为采用有机前驱体(如聚碳硅烷、聚氮硅烷、聚硅氧烷)经热解制备陶瓷材料,具体包括有机小分子通过缩合反应成为有机大分子,再经过进一步交联成为有机-无机中间体先驱体,后经热解及晶化烧结成为陶瓷材料。

2.3.4 金属基 3D 打印材料

现有增材制造对金属基粉体材料的性能要求为细粒径（$d_{50}=20\sim40~\mu m$）、低氧含量（<0.1%）、高球形度、高松装密度、无空心粉、夹杂少等。高压氩气雾化制粉、同轴射流水-气联合雾化制粉在增材制造金属基粉体材料制备方面的应用将逐渐弱化，等离子旋转电极雾化制粉、等离子火炬制粉、无坩埚电极感应熔化气体雾化制粉将成为增材制造金属基粉体材料制备的主流方法。

2.4 3D 打印的发展趋势

3D 打印技术目前已经步入了飞速发展的时代，被引入了"第三次工业革命"的大背景，以 3D 打印技术为代表的快速成型技术被看作是引发新一轮工业革命的关键要素。目前，相关研究领域的学者都对 3D 打印技术给予了高度的关注和极大的热情，这为提升"中国制造"的整体实力提供了一个绝佳的机会，为 3D 打印的普及应用与深化发展提供了一个良好的平台。

2.4.1 向多元化发展

3D 打印材料的单一性在某种程度上制约了 3D 打印技术的发展。以金属 3D 打印为例，能够实现打印的材料仅为不锈钢、高温合金、钛合金、模具钢以及铝合金等几种最为常规的材料。3D 打印仍然需要不断地开发新材料，使 3D 打印材料向多元化发展，并能够建立相应的材料供应体系，这必将极大地拓宽 3D 打印技术的应用范围。

2.4.2 向大型化发展

航空航天、汽车制造以及核电制造等工业领域对钛合金、高强钢、高温合金以及铝合金等大尺寸复杂精密构件的制造提出了更高的要求。目前现有的金属 3D 打印设备成型空间难以满足大尺寸复杂精密工业产品的制造需求，在某种程度上制约了 3D 打印技术的应用范围。因此，开发大尺寸金属 3D 打印设备将成为一个发展方向。

2.4.3 向智能化发展

目前 3D 打印设备在软件功能和后处理程度方面还有许多问题仍需要优化处理。如，在成型的过程中材料需要支撑，软件智能化和自动化需要进一步提高；加工完成后，得到的构件需要后处理，去除构件上多余的粉末和支撑构件。这些问题都影响到 3D 打印设备的推广和使用，设备智能化也是未来 3D 打印发展的趋势之一。

2.4.4 向一体化、轻量化制造发展

3D 打印技术可以优化复杂零部件的结构，在保证性能的前提下，将复杂结构经变换重新设计成简单结构，从而起到减轻质量的效果；3D 打印技术也可实现构件一体化成型，从而提升产品的可靠性。

加快推进增材制造技术研发及产业化,对于提升我国制造业的整体创新能力,取得在数字化制造、智能制造方面发展的主动权,抢占先进制造业发展制高点具有重要意义。

2.5 4D 打印技术概述

2.5.1 4D 打印技术的定义

4D 打印技术是基于 3D 打印技术和智能材料的一种新兴的增材制造技术,是 3D 打印结构在形状、性质和功能方面有针对性的演变。其能够实现材料的自组装、多功能和自我修复,是一种具有可预测功能的材料制备技术。其可以实现材料特定性质的改变,从而满足各个领域中的应用需求。

1. 4D 打印技术的内涵

4D 打印技术是一种新兴的增材制造技术。其内涵是 3D 打印成型件可随着时间和外界刺激进行形状、性能和功能变化,3D 打印成型件增加一个时间维度而形成 4D 结构,即 4D 打印技术 = 3D 打印技术/材料 + 时间维度。

2. 4D 打印技术的外延

智能材料及其增材制造工艺是 4D 打印技术应用的核心。用于 4D 打印的智能材料可感知外界的力、热、光、电、声和水等物理因素,主要为形状记忆合金、形状记忆聚合物、形状记忆陶瓷、形状记忆水凝胶、形状记忆复合材料、压电材料、磁致伸缩材料、电致活性聚合物和光驱动型聚合物等。在 4D 打印中应用最广泛的智能材料为形状记忆材料(图2.19)。

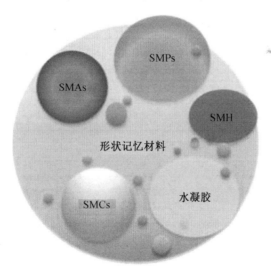

图 2.19 4D 打印技术中的形状记忆材料
SMPs—形状记忆聚合物;SMAs—形状记忆合金材料;
SMCs—形状记忆陶瓷材料;SMH—形状记忆水凝胶

2.5.2 4D 打印技术的发展历程

2013年，美国麻省理工学院自动化实验室的创始人 S. Tibbits 首次提出 4D 打印的概念，2014年将 4D 打印概念表述为是一种因环境相互作用而随时间变化的复杂自发结构的新设计(图 2.20)。同年，M. L. Dunn 等用 4D 打印技术打印出一块平板，实现了该平板在特殊条件下的自折叠(图 2.21)。

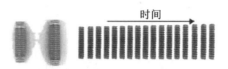

(a) 左：线性拉伸基元渲染图；右：制作的原始物体在水中随时间拉伸的视频帧

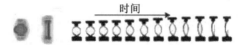

(b) 左：环状拉伸基元渲染图；右：制作的原始物体在水中随时间拉伸的视频帧

(c) 左：折叠基元渲染图；右：制作的原始物体在水中随时间拉伸的视频帧

图 2.20　S. Tibbits 等提出的 4D 打印模型

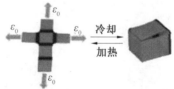

(a) 打印的平面十字形状平板经编程步骤后自行组装成所需的盒子形状

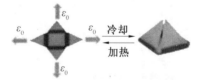

(b) 打印的星状平板经编程步骤后自行组装成所需的金字塔形状

图 2.21　M. L. Dunn 等研制的自折叠平板

2015年,D. J. Hunter-Smith等将时间作为第四维引入3D打印过程中,建立4D打印模型,描绘材料随时间的变化,诠释了4D打印的概念。同年,新加坡南洋理工大学Wei Min Huang等提出了四种主要的4D打印方法,并简要讨论了这些方法的主要特点。

2016年,美国佐治亚理工学院、我国西安交通大学和新加坡科技设计大学的研究者组成的团队将对环境敏感的形状记忆聚合物(SMP)和水凝胶集成到多材料的3D打印结构中,创建了可以在两个稳定的状态之间可逆切换的组件,无须使用机械加载进行切换。同年,该团队研究3D打印形状记忆聚合物和有机聚合物基体,在基体中编排不同热效应的形状记忆纤维,通过改变温度,实现弯曲形变和初始形状之间的相互转化。

2017年,Zhang等利用大豆油环氧化丙烯酸酯作为液态树脂制备三维生物医用支架,并评估其与人类骨髓间充质干细胞的生物相容性。所制备的支架具有优异的形状记忆效应,能够发挥4D打印的功能,这项研究显著推动了可再生植物油和4D打印技术在生物医学领域的发展。

2017年,在材料科学领域,美国佐治亚理工学院、我国西安交通大学和新加坡科技设计大学的研究者开发了一种在高分辨率三维结构中打印复合聚合物的方法,通过加热直接快速转化为新的永久结构。

2017年,4D打印技术在应用科学与工程方面也有着重大的研究进展。Sina Naficy等开发了一系列用于3D打印的具有热敏性的水凝胶墨水,建立了简单的模型来预测打印结构的弯曲特性,其中包括弯曲曲率和弯曲角度。这个模型可以用来确定各种材料组合的最佳参数,以创建所需形状转变的水凝胶结构。

在生物工程方面,研究者利用活细胞的吸湿性和生物荧光行为设计仿生可穿戴设备,这种穿戴设备对人体汗水具有多功能的反应(图2.22)。

图2.22 4D打印的仿生可穿戴设备

4D打印技术在人们的日常生活中同样具有很大的发展潜力,研究者将4D打印技术应用于食材中,由普通食物材料(蛋白质、纤维素或淀粉)制成的、可食用的2D食物可以在烹饪过程中转变成3D食物(图2.23)。

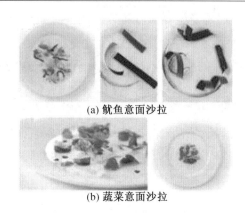

(a) 鱿鱼意面沙拉

(b) 蔬菜意面沙拉

图 2.23 4D 可变形食物设计思路

2.5.3 4D 打印的实现要素

4D 打印的实现要素包括智能或刺激响应材料、3D 打印设备、刺激因子、智能化设计过程。

1. 智能或刺激响应材料

4D 打印产物能够根据应用场景的特定需求、刺激因子的特定作用条件的自发变化，展现出"智能"特性，研究者将构成这类特殊物质的基本材料称为"智能材料"(Smart Material)。智能或刺激响应材料是实现 4D 打印中最关键的组成部分，具有自我感知、反应性、形状记忆、自适应等特性。从结构形状角度，激励响应材料可以分为形状改变材料和形状记忆材料。"刺激响应"是构成 4D 打印材料的基本属性之一，该命名方式侧重于材料能够接受预设刺激，并产生一定反馈结果的能力。目前，智能水凝胶和形状记忆聚合物(SMP)是两类主要的 4D 打印智能(高分子)材料。其中，SMP 因更好的结构稳定性以及更复杂的形变机理而成为研究的重点。

2. 3D 打印设备

在通常情况下，4D 打印结构是通过打印设备将不同材料合理分布并一次成型的结构体。材料的属性(如溶胀比、膨胀率以及热膨胀系数)不同可以使打印结构在外部的刺激下，按照编程好的方式变化成为可能。随着 4D 打印技术的发展，部分 3D 打印设备可以进行 4D 打印，如材料喷射成型技术 3D 打印设备、选择性激光熔融成型技术 3D 打印设备以及选择性激光烧结成型技术 3D 打印设备等。

3. 刺激因子

刺激因子是用来改变 4D 打印结构体形状、属性和功能的触发器。研究者在 4D 打印领域中已经运用的刺激因子包括：水、温度、紫外线，光与热的组合以及水与热的组合。刺激因子的选择取决于打印结构体的应用领域，这同样也决定了 4D 打印结构体中智能材料的选择。

4D 打印结构体能够基于一个或者多个刺激因子改变形状、属性和功能。但是，需要充分考虑特定材料的刺激因子与结构体形态改变之间的交互机制，以使结构体按照预定方式发生变化。例如,在目前 4D 打印技术的研究过程中,一个主要的交互机制为限制性热力作用机制(Constrained Thermo Mechanics)。在这种机制下,刺激因子为温度的变化,智能材料具备形状记忆效果。

4.智能化设计过程

尽管智能材料自身在打印对象形态变化中扮演着至关重要的角色,但是,在某些情况下,只是简单地将智能材料放于刺激因子之下,并不能实现 4D 打印结构所需形态结构的变化。因此,需要对交互机制、可预测行为和需求参数进行充分考虑以及复杂的设计,确保能够达到可控结果,这便是智能化设计过程。

2.5.4 4D 打印的研究思路

4D 打印技术具有重要的科学研究价值和广阔的应用前景,因此有必要对其进行深入的研究。图 2.24 展示了 4D 打印技术总体研究思路及预期成果。首先,基于 4D 打印理论进行智能构件的设计。不同于 3D 打印先建模、后生产的流程,4D 打印由于其能够变化的特性,在数字化建模之初,就将材料的触发介质、时间等变形因素,以及其他相关数字化参数预先植入打印材料中对材料进行合理安排以保证最后的打印效果。智能构件成型之后,选择合适的评测方法和仪器,对其性能、形状的可控变化进行评测。最后,对 4D 打印成型的智能构件进行技术验证。值得注意的是,4D 打印过程中需要有适当的数学模型的支持,主要对结构体基于时间的形态变化过程,包括变化后的形态进行预测。

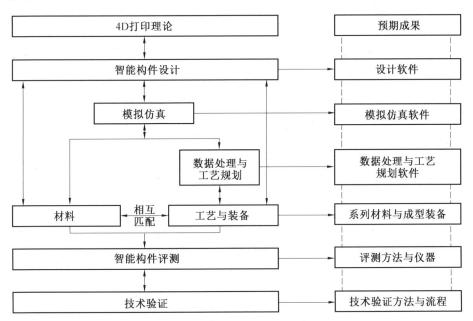

图 2.24 4D 打印技术总体研究思路及预期成果

可以预见,未来 4D 打印设备会朝标准化、模块化的方向发展。4D 打印技术会慢慢走向成熟,广泛应用于智能材料的制造,并且在各个领域中得到广泛应用。

2.5.5　4D 打印技术的特点

(1)实物可从一种形态转换成另一种形态,提供了最大限度的产品设计自由度。
(2)可在打印部件中嵌入驱动、逻辑及感知等能力,且无须额外的时间和成本。
(3)可在同一批次产品中定制生产。
(4)生产个性化产品是 4D 打印的独特优势。
(5)可先打印极其简单的结构,然后通过外部刺激转变成具有复杂功能的结构和系统。
(6)一旦制造出 4D 打印材料并嵌入动态功能,生产成品的功能将超过预期。
(7)可从根本上消除供应链和组装线。
(8)利用设计和编程实现物质世界的数字化。
(9)数字文件可发送到世界任何地点,并收集合适的三维像素,制造所需产品。
(10)三维像素的设计和制造将成为新兴行业,所带来的影响将异常深远。
(11)将激发科学家和工程师想象各种多功能动态物体,之后进行物质编程,并利用 4D 打印实现,"物质程序化"这一新领域可能将兴起。

2.5.6　4D 打印的驱动方式

4D 打印技术的智能材料具有丰富的外界驱动方式和驱动机制,包括热驱动、光驱动、磁驱动、水驱动和电驱动等。

1. 热驱动

热驱动方式主要应用于形状记忆合金和热敏型形状记忆聚合物。热驱动过程如图 2.25 所示。弗罗茨瓦夫科技大学 D. Podstawczyk 博士团队开发了由皂石(LAP)、聚(N-异丙基丙烯酰胺)(PNIPAAm)和藻酸盐(ALG)互穿网络组成的新型 4D 热敏墨水,用于直接打印形状变形结构。通过外界热条件对 4D 打印构件进行热驱动,构件的形态结构发生变化,在温度刺激下将 3D 蜂窝状水凝胶圆盘自卷成管状结构,如图 2.26 所示。

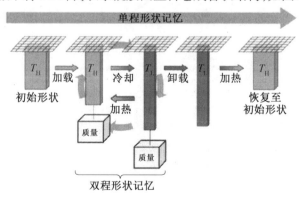

图 2.25　热驱动过程

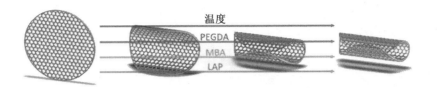

图 2.26 水凝胶在热驱动作用下的变形过程

PEGDA—聚乙二醇(二醇)二丙烯酸酯;MBA—N,N′-亚甲基双丙烯酰胺;LAP—皂石

2. 光驱动

光驱动方式主要应用于光敏型形状记忆聚合物,聚合物通过光照吸收能量,转化为热量,吸收的热量在聚合物内聚集使得温度升高,引发形状记忆效应,构件恢复至原始形状。Hui Yang 等人采用 FDM 3D 打印,以具有光热效应的炭黑改性聚氨酯 SMP 为基材,打印了以光诱导形状记忆聚氨酯的向日葵花,在光驱动下 280 s 即可实现绽放,如图 2.27 所示。

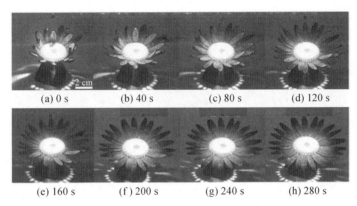

图 2.27 光强为 87 mW/cm² 的辐照下 4D 打印向日葵的形状回复过程

3. 磁驱动

磁驱动方式主要应用于磁性形状记忆合金和形状记忆聚合物。磁驱动是通过在聚合物内部添加具有磁性的颗粒而实现变形的精确控制,通过调节外部磁场的变化而进行构架的形状变化。相对于其他驱动方式来说,磁驱动可应用到难以加热的场景中,如人体内部,而且磁场对人体的伤害性较小,因此,磁驱动 4D 打印方式在生物医疗领域具有很广泛的应用前景。图 2.28 展示了 4D 打印出的形状记忆聚合物在磁场作用下的变形过程。

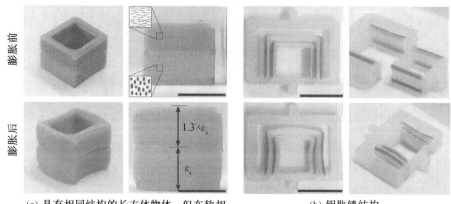

(a) 具有相同结构的长方体物体，但在软相中包含以不同方向磁性排列的各向异性血小板

(b) 钥匙锁结构

图 2.28 形状记忆聚合物在磁场驱动作用下的变形过程

ε_s—膨胀应变率

4. 水驱动

水驱动的智能材料主要根据材料的吸水特性进行设计，最终达到所需的变形结构。S. Tibbits 教授在 2013 年展示的 4D 打印绳状结构就是利用水刺激细绳的芯材，这是一种遇水能够发生弯曲或膨胀的亲水性材料，芯材的外层包裹着一种硬质材料，不同的厚度将产生不同大小的阻力，设计好的细绳在遇水时芯材发生弯曲而外层不同部位的材料根据厚度的差异产生不同的阻力，由此使整个细绳弯曲成预设的形状，其变形示意图如图 2.29 所示。

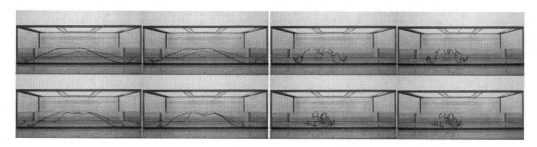

图 2.29 4D 打印绳状结构在水中的变形

5. 电驱动

德国耶拿大学 P. Oliver 等人使用 Omnijet 100 打印机在聚对苯二甲酸乙二酯基体上喷墨打印银粉颗粒，通过等离子烧结成团聚电极层，中间压电薄膜层通过喷墨打印机将含聚偏二氟乙烯（PVDF）颗粒的溶液喷涂在电极表面，然后放在 130 ℃ 的真空中加热，以保证压电晶体团聚，上表面电极同样采用等离子烧结的方法成型，打印成型结构示意图如图 2.30 所示。实验中给该成型结构施加 110 V 电压后，测得该结构的上下变形幅度为

4.5 μm，表明了喷墨打印用于压电材料打印的可行性。

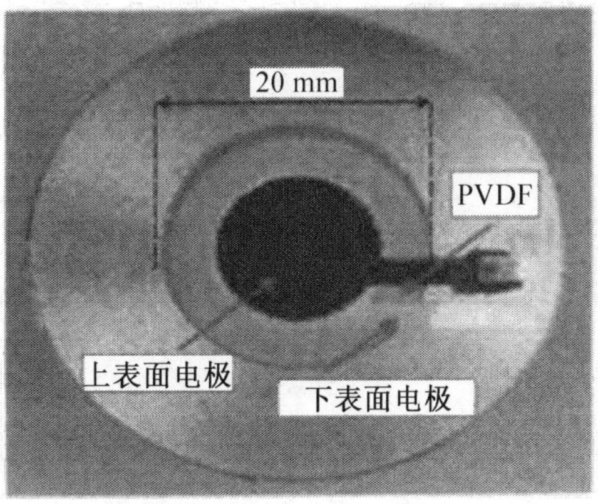

图 2.30　PVDF 喷墨打印成型结构示意图

2.5.7　4D 打印技术的实现方式

4D 打印技术是以常用的 3D 打印技术为基础而实现的。本书的第 2.2 节已经对 3D 打印技术的分类做了详细的论述，这里就不再重复介绍。目前可用于实现 4D 打印技术的主要有熔融沉积（FDM）成型技术、光聚合固化（SLA）快速成型技术、数字光处理（DLP）成型技术、材料喷射（Poly Jet）打印成型技术、浆料直写（DIW）成型技术、选择性激光烧结（SLS）成型技术以及选择性激光熔融（SLM）成型技术。

1. 熔融沉积（FDM）成型技术

FDM 是一种常见的 3D 打印技术，这种打印技术是将热塑性丝状材料从加热的喷嘴中熔融，并按照设定的轨迹挤出以构建 3D 物理模型。FDM 是实现 4D 打印技术较简单的一种打印方式。以形状记忆聚合物（SMPs）为例，FDM 技术可直接用于热塑性 SMPs、热响应动态共价键交联的热固性 SMPs 及其复合材料的 4D 打印，后续的研究重点可集中于继续研发可直接用于 FDM 打印技术的、具有较好变形能力的热塑性 SMPs，以及将 FDM 打印技术与其他可能的技术手段结合以增加 FDM 打印技术对热固性 SMPs 的适用性。

香港大学 Y. Yang 等人对 DiAPLEXMM-4520 型形状记忆聚合物采用熔融沉积成型技术打印出火箭模型、飞机模型、花瓣、抓手等结构，通过对抓手结构局部加热，结构变形能够抓起中性笔的笔帽，如图 2.31 所示。

(a) 原来的形状　　　(b) 加热至 T_g 以上，握住笔帽　　　(c) 放热和物体运输

图 2.31　4D 打印形状记忆材料

W. J. Hendrikson 等人利用形状记忆聚氨酯制备了不同孔隙结构的支架，如图 2.32 所

示,发现该支架在恢复初始形状的过程中会带动接种在上面的细胞发生形态的改变,进一步可诱导细胞生长,这种支架在人体骨、肌肉、心血管等组织再生中具有很大的应用潜力。

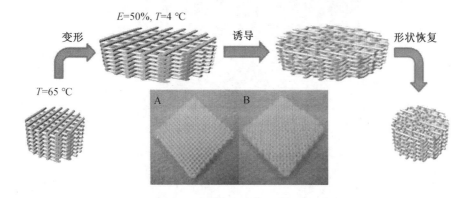

图 2.32 熔融沉积成型技术制备不同孔隙结构的培养支架

2. 光聚合固化(SLA)快速成型技术

光聚合固化(SLA)快速成型技术是现如今被广泛应用的一种 3D 打印技术,这种打印技术以液体光敏型材料为打印耗材。根据成型机理不同,该成型技术可分为光扫描型 SLA 和数字光投影型 SLA,基于其技术特点,光扫描型 SLA 多用于具有快速成型能力的光固化型 SMP 的 4D 打印。

S. Miao 等人利用光固化成型可再生大豆油环氧丙烯酸酯制备了具有高生物相容性的支架,不仅能促进人骨髓间充质干细胞的生长,而且能在 $-18\ ℃$ 维持折叠的形态,并在人体正常体温($37\ ℃$)时恢复到初始状态,打印支架如图 2.33 所示。

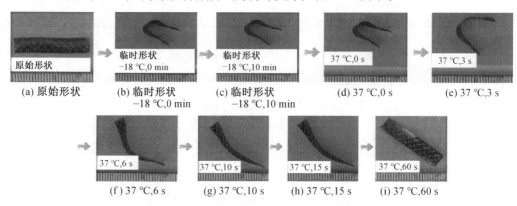

图 2.33 光固化制备大豆油支架材料的变形图

3. 数字光处理(DLP)成型技术

数字光处理(DLP)成型技术是一种自上而下的技术,利用 DLP 投影技术,将产品界面图形投影到液体树脂表面,在投影过程中,将激光聚焦到打印材料表面,被照射的树脂逐层固化,进而成型三维结构。DLP 打印机的分辨率取决于像素大小,而对于光扫描型 SLA 打印机,它的打印分辨率取决于激光光斑尺寸。DLP 技术可以提高底版打印的精度、分辨率以及平滑度,提高工艺效率,同时可以图案化控制材料性能,材料的每个"像素"单位的性能可以完全不同,而且方便控制光线强弱,实现材料性能的"梯度"变化。

4. 材料喷射(PJ)打印成型技术

材料喷射打印成型技术最早是以色列 Objet 公司于 2000 年初推出的专利技术。这种技术采用的是喷射头,其工作原理与喷墨打印机类似。而 PJ 技术是 Stratasys 公司的专利,目前打印材料均为该公司提供,可打印的形状记忆聚合物的可设计性相对较差。美国佐治亚理工大学的 Ge 等人率先采用 PJ 技术实现了 4D 打印形状记忆聚合物。

5. 浆料直写(DIW)成型技术

浆料直写(DIW)成型技术是 3D 打印的一个重要分支。浆料直写成型技术打印复杂结构的实现是通过计算机软件控制可移动的三维平台设备,将打印所采用的"墨水"按照预先设定的轨迹在压力作用下挤出进行逐层打印而达到三维结构的目的。浆料直写成型技术是开放式的,可用于多种材料的三维成型。浆料直写打印成型的实现更多地依赖于打印"墨水",通过对"墨水"的流变性能进行调控,DIW 技术可用于固化前具有剪切稀化行为、可溶于快速挥发性溶剂及可"后交联"的 SMPs 的 4D 打印。

与其他几种打印技术相比,浆料直写成型技术除可用于 4D 打印 SMPs 外,还可以用于 4D 打印形状记忆功能性微纳米复合材料,打破了 4D 打印形状记忆结构热驱动的限制,这对真正意义上实现 4D 打印及 4D 结构的应用十分重要。

哈尔滨工业大学冷劲松等人采用浆料直写成型技术,将形状记忆聚合物溶液与 Fe_3O_4、苯甲酮、光敏剂混合,打印出 Fe_3O_4/PLA 形状记忆纳米复合材料支架,可在使用前进行折叠以减小尺寸,通过磁场驱动,当其置于交变磁场中时,折叠的支架能自行扩张,整个过程仅需 10 s。

2.5.8 4D 打印技术的应用

4D 打印技术的出现不仅使复杂三维立体结构的成型成为可能,同时还赋予所打印结构刺激响应行为,成型后的三维结构在外界刺激的作用下可主动实现形状及结构等的转变,也为更多领域的技术研究开拓了方向。4D 打印技术具有广阔的应用前景,必将成为推动高端制造领域发展的技术之一。

1. 航空航天领域

在航空航天领域,往往需要空间设备能够响应外界条件发生可控的自变形。形状记忆材料在航空航天领域应用广泛,针对用于航天航空领域的空间可展开结构的形状记忆高分子,若采用传统的方法制造,构件结构复杂、可设计自由度低、制造难等一系列问题将会出现。如果采用 4D 打印技术,可以减少结构的复杂程度、降低成本、提高航天器的性能。4D 打印技术所具有的"形状、性能和功能可控变化"的特征在柔性变形驱动器、新型热防护技术、航天功能变形件等智能构件的设计制造中将展现出绝对的优势。

如,R. Barrett 等人设计出一种小型卫星可展开反射器,其结构图如图 2.34 所示,该卫星的反射面由形状记忆材料构成,通过对材料预先进行编程,让其完成预设的目标。首先将反射器表面加热至温度高于 T_g,将其进行折叠放入发射装置中,再将其冷却至 T_g 以下,反射器折叠的形状将被固定,等待卫星进入运行轨道后重新加热结构,卫星将会按照编程好的程序展开反射面。这种设计可以提高系统可靠性,同时减小质量,减少能量消耗,降低发射成本。

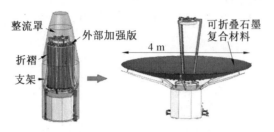

图 2.34　小型卫星可展开反射器

2. 生物医疗领域

人体器官非常复杂且个体化差异较大,而 3D 打印的无模具加工特点正适合于个体化差异较大的样品成型,因此,生物医疗领域内对 3D 打印的需求非常高。麻省理工学院数学家丹雷维夫曾表示,4D 打印有利于新型医疗植入物的发明,比如心脏支架,如果采用 4D 打印技术制造,未来则不需要给病人做开胸手术,4D 打印出来的智能材料可通过人体的血液循环到达心脏指定位置,完成自组装形成支架。目前,已经提出多种生物相容性的材料,比如 PCL、PLA 等材料来制造用于医学护理的支架。图 2.35 所示为 4D 打印形状记忆聚合物血管支架,利用 4D 打印出来的支架具有记忆初始形状的特性,在疏通完血管之后,可以防止血管再狭窄,避免支架血栓的发生率,4D 打印可实现血管支架的复杂形状-快速制造-自膨胀功能的一体化设计。

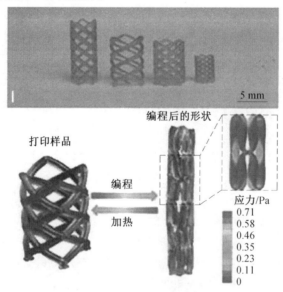

图 2.35　4D 打印形状记忆聚合物血管支架

3. 软体机器人领域

相较传统的刚性机器人,4D 打印制造的软体机器人具有体积小、灵活、质量小、环境适应能力强、结构调整能力强以及噪声低等优点,因此,软体机器人是 4D 打印技术的典型应用之一。目前软体机器人的驱动方式主要有两大类:一类是流体驱动,即通过 3D 打印技术打印制备内部具有流道的软体机器人,利用气体、液体等流体,使得软体机器人内部腔体膨胀、收缩达到控制变形和运动的要求;另一类是材料本身具有制动能力,即直接使用智能材料进行打印,获得可控制变形和运动的机器人。由于智能材料和 4D 打印的结合仍在不断研究中,目前在软体机器人领域,流体驱动软体机器人往往在实际需求中应用更广泛。

2.6 4D 打印技术的发展趋势

从 2013 年提出 4D 打印技术到目前为止,4D 打印技术已经应用于人们生产生活的多个领域中,为生产生活提供了极大的便利。但是,4D 打印技术以及其在智能材料结构中的应用研究仍处于起步的阶段,在未来,4D 打印技术的发展方向将会集中在以下几个方面。

2.6.1 智能材料与成型设备的 4D 打印研究

目前 4D 打印的材料以传统的智能材料为主,可用于进行 4D 打印的材料较少,主要是刺激响应材料,但并不是所有的刺激响应材料都可以进行 4D 打印。另外,可用于 4D 打印的刺激响应材料仅对某种特定的刺激做出响应,4D 打印智能材料的刺激方式和变形形式比较单一。因此,需要开发 4D 打印新材料,进一步地,要深入研究新材料和其成型工艺以及成型设备的匹配性,研究其可编程和复合材料的可成型性。

此外,4D 打印的设备也需要不断进行研发,来配合未来更多种智能材料协调变形的 4D 打印构件的制备。目前依赖于传统的 3D 打印工艺和装备。需要研究专用于 4D 打印的新工艺与新装备,建立材料-工艺-性能-功能的关联模型,满足智能构件的变形、变性和变功能的需求。因此,4D 打印设备应该朝着专业化、高精度、多材料、大型化的方向发展。

2.6.2 生物仿生的 4D 打印研究

在植物界中,当含羞草受到外力触碰或温度改变时,叶片会立即闭合。猪笼草具有奇异的捕虫器官——捕虫笼,受到昆虫的刺激,捕虫笼能关上盖子捕捉昆虫,消化并吸取营养。究其原因,这些植物的茎、叶、花等器官拥有独特的微观组织结构,使得它们的形态可以随着周围环境的变化(诸如湿度或温度)而做出相应的改变,引起花开花闭、叶卷叶舒。科学家们由此受到启发,发展出仿生 4D 打印技术。仿生 4D 打印技术是一种新兴技术,该技术的最大优点在于能够打印仿真活体生物结构如组织、器官等。但是,仿生 4D 打印的研究处于初级阶段,要真正实现对人体器官、组织等的精确打印并成功用于人体仍存在诸多困难。

当然,仿生 4D 打印也取得了一定的成功。通过仿生 4D 打印技术,研究者成功打印出一种兰花形貌的结构。在浸水膨胀过程中,兰花的形貌可以随时间推移展现出动态的表面曲率变化，"花瓣"可以围绕中央漏斗状花冠进行弯曲、扭转和皱裂。通过形貌设计、理论计算和 3D 打印相结合的 4D 打印技术，借助仿生材料和几何学的性质实现对时间和空间维度的有效控制，制备出其他技术无法比拟的产品。仿生 4D 打印技术开辟了制备自发变形架构产品的新纪元，未来将在组织工程、生物医学设备、柔性机器人等诸多领域引起广泛关注。总之，生物仿生的 4D 打印研究也是未来的一个发展趋势。

2.6.3 国防领域的 4D 打印研究

当 4D 打印技术真正应用到国防领域，那它必然将成为军事战斗力的一个增长点。在未来，用 4D 打印制作的军用防护服，不但轻薄耐用，而且具有很强的综合能力，可以防雨防毒，甚至防刀防弹，还能根据周边的环境自动调节颜色，与周边环境完美融合，极大地提高军人在战场的战斗力，能够在战场上更好地保护军人的生命安全。除了打印防护服外，4D 打印技术还可以用来打印自修复材料，它能使武器装备在出现裂缝或被射弹击中时，通过预先的编程，实时对缝隙或弹孔进行修复；打印战机的自适应机翼和尾翼，它能根据战机所在环境（如高度、气压、速度）的不同，自动调节或改变形状和大小，时刻保持战机处于最佳飞行状态，确保它能够以最佳状态完成作战任务等。

4D 打印技术在 3D 打印技术的基础上引入了时间和空间的维度，通过对材料和结构的主动设计，使构件的形状、性能和功能在时间和空间维度上实现可控变化，满足一系列的应用需求。3D 打印技术要求构件的形状、性能和功能稳定，而 4D 打印技术要求构件在形状、性能和功能可控变化。4D 打印技术这种极具颠覆性的新兴制造技术在航空航天、汽车、生物医疗和软体机器人等领域具备广阔的应用前景。对 4D 打印的深入研究必将推动材料、机械、力学、信息等学科的进步，这一新技术的发明与应用势必引起制造行业的巨大变革。

参 考 文 献

[1] 周鹏, 郭龙, 赖书城, 等. 光固化 3D 打印快速成型技术[J]. 物联网技术, 2017, 7(4): 97-98.

[2] 柳朝阳, 赵备备, 李兰杰, 等. 金属材料 3D 打印技术研究进展[J]. 粉末冶金工业, 2020, 30(176): 88-94.

[3] 何冰, 赵海超, 蹤雪梅. 熔融沉积成型技术在工程机械关键零部件研发中的应用[J]. 工程机械, 2014, 45(12): 39-42.

[4] 黄琦金, 沈文锋, 宋伟杰. 反应喷墨打印技术及其在功能材料领域的研究进展[J]. 化工进展, 2015, 34(5): 1332-1339.

[5] 张迪涅, 杨建明, 黄大志, 等. 3DP 法三维打印技术的发展与研究现状[J]. 制造技术与机床, 2017(3): 38-43.

[6] 李妙妙, 邬国平, 林超, 等. 高技术陶瓷 3D 打印制备方法研究进展[J]. 江苏陶瓷, 2016, 49(2): 14-17.

[7] STUECKER J N, III J C, HIRSCHFELD D A. Control of the viscous behavior of highly

concentrated mullite suspensions for robocasting[J]. Journal of Materials Processing Technology, 2003, 142(2): 318-325.

[8] TENG W D, EDIRISINGHE M J. Development of ceramic inks for direct continuous jet printing[J]. Journal of the American Ceramic Society, 1998, 81(4): 1033-1036.

[9] DERBY B. Inkjet printing of functional and structural materials: Fluid property requirements, feature stability, and resolution[J]. Annual Review of Materials Research, 2010, 40(1): 395-414.

[10] 徐文, 杜俊斌, 陈晓佳. 陶瓷3D打印工艺的选择[J]. 机电工程技术, 2017, 46(8): 108-111.

[11] CARNEIRO O S, SILVA A F, GOMES R. Fused deposition modeling with polypropylene [J]. Materials and Design, 2015, 83: 768-776.

[12] CESARANO J, SEGALMAN R, CALVERT P. Robocasting provides mold less fabrication from slurry[J]. Inductral Ceramics, 1998, 148: 94-102.

[13] 程迪. Al_2O_3 陶瓷零件的SLS成型及后处理工艺研究[D]. 武汉: 华中科技大学, 2007.

[14] ZHOU M, LIU W, WU H, et al. Preparation of a defect-free alumina cutting tool via additive manufacturing based on stereolithography-optimization of the drying and debinding processes[J]. Ceramics International, 2016: 11598-11602.

[15] AHN D, KWEON J H, CHOI J, et al. Quantification of surface roughness of parts processed by laminated object manufacturing[J]. Journal of Materials Processing Tech, 2012, 212(2): 339-346.

[16] 武王凯, 周琦琛, 费宇宁, 等. 金属3D打印技术研究现状及其趋势[J]. 中国金属通报, 2019(5): 186, 188.

[17] 曾光, 韩志宇, 梁书锦, 等. 金属零件3D打印技术的应用研究[J]. 中国材料进展, 2014(6): 376-382.

[18] 张春雨, 陈贤帅, 孙学通. 金属3-D打印制造技术的发展[J]. 激光技术, 2020, 44(3): 393-398.

[19] FROES F H, DUTTA B. The additive manufacturing (AM) of titanium alloys[J]. Advanced Materials Research, 2014, 1019: 19-25.

[20] BIAMINO S, PENNA A, ACKELID U, et al. Electron beam melting of Ti-48Al-2Cr-2Nb alloy: Microstructure and mechanical properties investigation[J]. Intermetallics, 2011, 19(6): 776-781.

[21] 李志扬, 聂富强, 钟明成, 等. 一种基于3D打印新型ABS材料的制备方法: CN201310595735.9[P]. 2014-03-12.

[22] 陈庆, 李兴文, 曾军堂. 一种3D打印改性聚乳酸材料及其制备方法: CN201310450893.5[P]. 2013-12-25.

[23] 吴文征, 赵继, 姜振华, 等. 聚醚醚酮仿生人工骨的3D打印制造方法: CN201310675564.0[P]. 2014-04-09.

[24] 段玉岗, 王学让, 王素琴, 等. 一种用于激光固化快速成型的低翘曲光敏树脂的研究[J]. 西安交通大学学报, 2001, 35(11): 1155-1158, 1174.

[25] 唐富兰, 莫健华, 薛邵玲. 纳米 SiO_2 改性光固化成型材料的研究[J]. 高分子材料科学与工程, 2007, 23(5): 210-213.

[26] 刘甜, 胡晓玲, 方淦, 等. 用于3D打印光固化树脂的制备和性能测试[J]. 工程塑料应用, 2014, 10: 20-23.

[27] 杨桂生, 李枭. 一种用于3D打印的聚苯乙烯微球改性光敏树脂及其制备方法: CN201410007989.9[P]. 2014-05-07.

[28] 魏燕彦, 马凤国, 林润雄. 一种氧化石墨烯/光固化树脂复合材料及其制备方法和应用: CN201410054242.9[P]. 2014-05-28.

[29] 刘洪军, 李亚敏, 黄乃瑜. SLS工艺制造的高分子原型材料选择[J]. 塑料工业, 2006, 34(6): 61-63.

[30] 徐林, 史玉升, 闫春泽, 等. 选择性激光烧结铝/尼龙复合粉末材料[J]. 复合材料学报, 2008, 25(3): 25-30.

[31] 史玉升, 闫春泽, 朱伟, 等. 选择性激光烧结聚丙烯粉末材料的制备及应用方法: CN201410303273.3[P]. 2014-09-10.

[32] 杨桂生, 赵陈嘉. 选择性激光烧结用尼龙共混聚乙烯粉末材料及其制备方法: CN201310187465.8[P]. 2014-11-26.

[33] SECK T M, MELCHELS F P W, FEIJEN J, et al. Designed biodegradable hydrogel structures prepared by stereolithography using poly(ethylene glycol)/poly(D,L-lactide)-based resins[J]. Journal of Controlled Release Official Journal of the Controlled Release Society, 2010, 148(1): 34-41.

[34] ARCAUTE K, MANN B K, WICKER R B. Fabrication of off-the-shelf multilumen poly (ethylene glycol) nerve guidance conduits using stereolithography[J]. Tissue Engineering Part C Methods, 2011, 17(1): 27-38.

[35] HOCKADAY L A, KANG K H, COLANGELO N, et al. Rapid 3D printing of anatomically accurate and mechanically heterogeneous aortic valve hydrogel scaffolds[J]. Biofabrication, 2012, 4(3): 035005.

[36] 段升华, 潘静雯. 一种3D生物打印水凝胶材料及其应用: CN201410363077.5[P]. 2014-10-22.

[37] 王亚男, 王芳辉, 汪中明, 等. 4D打印的研究进展及应用展望[J]. 航空材料学报, 2018, 38(2): 70-76.

[38] BODAGHI M, DAMANPACK A R, LIAO W H. Adaptive metamaterials by functionally graded 4D printing[J]. Materials and Design, 2017, 135: 26-36.

[39] NAFICY S, GATELY R, GORKIN R, et al. 4D printing of reversible shape morphing hydrogel structures[J]. Macromolecular Materials and Engineering, 2017, 302: 1600212.

[40] LEIST S K, ZHOU J. Current status of 4D printing technology and the potential of light-reactive smart materials as 4D printable materials[J]. Virtual and Physical Prototyping,

2016, 11(4): 249-262.

[41] ZAFAR M Q, ZHAO H. 4D printing: Future insight in additive manufacturing[J]. Metals and Materials International, 2019, 26(9): 1-22.

[42] RAVIV D, ZHAO W, MCKNELLY C, et al. Active printed materials for complex self-evolving deformations[J]. Scientific Reports, 2014, 4: 7422.

[43] GE Q, DUNN C K, QI H J, et al. Active origami by 4D printing[J]. Smart Material Structures, 2014, 23(9): 094007.

[44] CHAE M P, HUNTER-SMITH D J, DE-SILVA I, et al. Four-dimensional (4D) printing: A new evolution in computed tomography-guided stereolithographic modeling. Principles and application[J]. Journal of Reconstructive Microsurgery, 2015, 31(6): 458-463.

[45] ZHOU Y, HUANG W M, KANG S F, et al. From 3D to 4D printing: Approaches and typical applications[J]. Journal of Mechanical Science and Technology, 2015, 29(10): 4281-4288.

[46] MAO Y, DING Z, YUAN C, et al. 3D printed reversible shape changing components with stimuli responsive materials[J]. Scientific Reports, 2016, 6: 24761.

[47] WU J, YUAN C, DING Z, et al. Multi-shape active composites by 3D printing of digital shape memory polymers[J]. Scientific Reports, 2016, 6: 24224.

[48] MIAO S, ZHU W, CASTRO N J, et al. 4D printing smart biomedical scaffolds with novel soybean oil epoxidized acrylate[J]. Scientific Reports, 2016, 6: 27226-27236.

[49] DING Z, YUAN C, PENG X, et al. Direct 4D printing via active composite materials[J]. Science Advances, 2017, 3(4): 602890-1602896.

[50] WANG W, YAO L, CHENG C-Y, et al. Harnessing the hygroscopic and biofluorescent behaviors of genetically tractable microbial cells to design biohybrid wearables[J]. Science Advances, 2017, 3(5): e1601984.

[51] WANG W, YAO L, ZHANG T, et al. Transformative appetite: Shape-changing food transforms from 2D to 3D by water interaction through cooking[C]. New York: Association for Computing Machinery (ACM), 2017:6123-6132.

[52] 史玉升, 伍宏志, 闫春泽, 等. 4D打印:智能构件的增材制造技术[J]. 机械工程学报, 2020, 56(15): 15-39.

[53] WESTBROOK K K, MATHER P T, PARAKH V, et al. Two-way reversible shape memory effects in a free-standing polymer composite[J]. Smart Material Structures, 2011, 20(6): 065010.

[54] PODSTAWCZYK D, NIZIOŁ M, SZYMCZYK-ZIÓŁKOWSKA P, et al. Development of thermoinks for 4D direct printing of temperature-induced self-rolling hydrogel actuators[J]. Advanced Functional Materials, 2021, 31(15):1-10.

[55] YANG H, LEOW W R, WANG T, et al. 3D printed photoresponsive devices based on shape memory composites[J]. Advanced Materials, 2017, 29(33): 1701621-1701627.

[56] KOKKINIS D, SCHAFFNER M, STUDART A R. Multimaterial magnetically assisted 3D printing of composite materials[J]. Nature Communications, 2015, 6: 8643.

[57] TIBBITS, SKYLAR. 4D printing: Multi-material shape change[J]. Architectural Design, 2014, 84(1): 116-121.

[58] PABST O, BAR-COHEN Y, BECKERT E, et al. All inkjet-printed electroactive polymer actuators for microfluidic lab-on-chip systems[C]. San Diego: Society of Photo Optical Instrumentation Engineers, 2013: 86872.

[59] YANG Y, CHEN Y, WEI Y, et al. 3D printing of shape memory polymer for functional part fabrication[J]. The International Journal of Advanced Manufacturing Technology, 2016, 84(9-12): 2079-2095.

[60] HENDRIKSON W J, ROUWKEMA J, CLEMENTI F, et al. Towards 4D printed scaffolds for tissue engineering: Exploiting 3D shape memory polymers to deliver time-controlled stimulus on cultured cells[J]. Biofabrication, 2017, 9(3): 1-14.

[61] MIAO S, ZHU W, CASTRO N J, et al. 4D printing smart biomedical scaffolds with novel soybean oil epoxidized acrylate[J]. Scientific Reports, 2016, 6: 27226.

[62] WEI H, ZHANG Q, YAO Y, et al. Direct-write fabrication of 4D active shape-changing structures based on a shape memory polymer and its nanocomposite[J]. ACS Applied Materials and Interfaces, 2016, 9(1): 876-883.

[63] BARRETT R, TAYLOR R, KELLER P, et al. Deployable reflectors for small satellites[C]. New York: Elsevier Inc, 2007:1-6.

第3章　3D/4D打印高吸水性树脂材料

3.1　高吸水性树脂材料概述

3.1.1　高吸水性树脂的定义

在生产和生活过程中,人们经常使用一些能够吸收水的物质,这类能吸收和保持水的物质被称为吸水性材料。在20世纪50年代之前,吸水性材料由天然物质和无机物组成,如纤维素、纸、布、脱脂棉、硅胶、氧化钙等。但这些材料是利用其毛细作用进行吸水,吸水能力低,所吸水量最多仅为自身质量的20倍,一旦受到外力作用,则很容易脱水,且保水性差。在20世纪60年代,美国开发出了高吸水性树脂(Super Absorbent Resin),该高吸水性树脂是由高分子电解质组成的三维网络,不溶于水和有机溶剂,吸水能力甚至能达到自身质量的成百上千倍,还能够在一定条件下实现去溶胀,且吸水能力在干燥后仍可恢复。由于这些出乎意料的性能,高吸水性树脂引起了人们广泛的关注。

高吸水性树脂是一种典型的功能高分子材料,能吸收自身质量数百倍甚至几千倍的水,并有很强的保水能力,因此又称为高吸水性聚合物或超强吸水剂。从化学结构上来说,高吸水性树脂是有着许多亲水基团、低交联度或部分结晶的高分子聚合物。与普通吸水材料相比,高吸水性树脂具有吸水率高、保水性好、质量小、受压后不易脱水、增黏性强等优点,因此近年来各国都在研究和开发方面投入大量人力和物力,并在科研和生产方面都取得了较快发展,被广泛应用在各行各业中。如在农业领域,可用作土壤改良剂、保水材料;在建筑领域,可用作优良的止水材料;在医疗卫生领域,高吸水树脂可作为添加剂用于制造婴儿纸尿片、医用药棉、手帕、卫生巾等吸收材料。此外,高吸水性树脂还可以用作瓜果蔬菜的储存、包装和运输中的调湿剂,3D/4D打印过程中的打印墨水等。

3.1.2　高吸水性树脂的分类

高吸水性树脂按不同的分类方法,有着不同的类别,常见的分类方法见表3.1。

表 3.1　高吸水性树脂的分类

分类方法	类别
原料来源	淀粉类； 纤维素类； 合成聚合物类
亲水基团引入方式	亲水单体直接聚合； 疏水性单体羧甲基化； 疏水性聚合物用亲水单体接枝； 腈基、酯基水解
交联方法	辐射交联； 自身交联网状化反应； 用交联剂网状化反应； 在水溶性聚合物中引入疏水基团或结晶结构
产品形状	粉末状； 颗粒状； 薄片状； 纤维状

1. 按原料来源分类

高吸水性树脂从其原料角度出发主要分为两类：纯合成高吸水性树脂和天然高分子改性高吸水性树脂。纯合成高吸水性树脂主要指对聚丙烯腈、聚乙烯醇和聚丙烯酸等人工合成水溶性聚合物进行交联改性，使之具有高吸水性树脂的性质。其优点是结构明确、质量稳定，可进行大规模的工业化生产，特别是吸水后机械强度较高，热稳定性较好。但是生产成本较高，吸水率偏低。目前常见的纯合成高吸水树脂主要有聚丙烯酸类（聚丙烯酸钠交联物、丙烯酸-乙烯醇共聚物、丙烯腈聚合皂化物等高聚物）、聚乙烯醇类（聚乙烯醇交联聚合物、乙烯醇-其他亲水性单体接枝共聚物等高聚物）和聚丙烯酰胺体系等。在结构上，以羧酸盐基团作为亲水官能团的树脂因其具有离子性质，吸水能力易受水中盐浓度和酸碱度的影响；而以羟基、醚基、胺基等作为亲水官能团的树脂属于非离子型聚合物，吸水能力基本不受盐浓度的影响，但其吸水性能较离子型低很多。

天然高分子改性高吸水性树脂是指对淀粉、纤维素、甲壳质等天然高分子进行结构改造得到的高吸水性材料。其优点是生产成本低、材料来源广泛、吸水能力强，而且产品具有生物降解性，不造成二次污染，适合作为一次性使用产品。但是产品的机械强度低，热稳定性差，特别是吸水后的性能较差，不能应用在吸水性纤维、织物、薄膜等领域。淀粉和纤维素是具有多糖结构的高聚物，最显著的特点是分子中具有大量羟基作为亲水基团，经过结构改性后还可以引入大量离子化基团，增加吸水性能。常见的天然高分子改性高吸水性树脂有淀粉-丙烯腈接枝聚合水解物、淀粉-丙烯酸共聚物、淀粉-丙烯酰胺接枝聚合物、纤维素接枝共聚物、纤维素衍生物交联物、多糖类（琼脂糖、壳多糖）、蛋白质类等。

2. 按亲水基团引入方式分类

按亲水基团引入的方式,可将高吸水性树脂分为 4 类:亲水单体直接聚合类;疏水性单体羧甲基化类;疏水性聚合物用亲水性单体接枝共聚类;含腈基、酯基、酰胺基等官能团的水解型树脂。

3. 按交联方法分类

交联方法可分为辐射交联法、自身交联法、交联剂交联法和在水溶性聚合物中引入疏水基团或结晶结构的方法。

辐射交联法是指采用高能射线辐照使反应物交联形成网状结构,如聚氧化烯烃、聚乙烯醇的射线辐照进行交联;自身交联法是通过反应物的自交联形成网状结构,如聚丙烯酰胺、聚丙烯酸盐等的自交联;交联剂交联法是指用交联剂在材料内形成网状结构,如高分子交联剂交联的水溶性聚合物、多反应官能团交联剂交联的水溶性聚合物等;在水溶性聚合物中引入疏水基团或结晶结构的方法是指水溶性聚合物引入疏水基或形成结晶度较高的聚合物使之不溶于水,如含长链碳的醇与聚丙烯酸的酯化反应从而得到不溶性的高吸水性聚合物。

4. 按产品形状分类

按产品形状分类,可将高吸水性树脂分为粉末状、颗粒状、薄片状、纤维状等类型。其中纤维状和薄片状材料便于在特殊场合使用。此外,高吸水性树脂由于采用原料不同,制备方法各异,产品牌号繁多,单从产品名称上不易判断其结构归属。

当高吸水性树脂处于溶胀状态时,俗称水凝胶。除了上述的 4 种分类方法外,还可以从水凝胶的响应性能、尺寸进行分类。

根据对外部环境刺激的响应情况,水凝胶可以被分为传统水凝胶和智能水凝胶。传统水凝胶对外部环境的变化并不敏感,而智能水凝胶对外界温度、光、磁、pH、压力、介电常数、生物分子等条件的变化会做出响应。目前研究较多的有热响应型水凝胶、pH 响应型水凝胶、磁响应型水凝胶等。

根据水凝胶的尺寸可以分为微凝胶和宏观凝胶,根据形状不同可以分为凝胶微球、凝胶纤维、凝胶膜和凝胶块等。

3.1.3 高吸水性树脂的结构特点

高吸水性树脂之所以能够吸收高于自身质量数百倍甚至上千倍的水分,其特殊的结构起到了决定性作用。主要具有以下几个特征:

从物理性质看,树脂具有三维网络交联型结构,这样才能在与水相互作用时不被溶解,保持其非流动的状态。事实上用于制备高吸水性树脂的原料多为水溶性的线型聚合物,若不经交联处理,吸水后将部分成为流动性的聚合液或者形成流动性糊状物,不能达到保水的目的。而经过适度交联后,吸水后的凝胶不仅能快速溶胀,而且不会溶解。这是由于水被包裹在呈凝胶状的分子网络内部,在液体表面张力的作用下不易挥发与流失。当交联度过高时,虽然保水性能优异,但是吸水空间减少使得吸水倍率会大幅降低。

从化学性质看,大分子链中应具有强亲水性基团,如—SO_3H、—COOH、—$CONH_2$、

—OH等,且吸水基团极性越强,含量越多,吸水率越高,保水性能越好。这类聚合物分子能与水分子形成氢键,因此对水有很高的亲和性,与水接触可以迅速吸收并溶胀,吸水后材料仍能保持固体状态。

聚合物内部应具有较高浓度的离子性基团,大量离子性基团的存在可以保证体系内较高的离子浓度,从而在体系内外形成渗透压,在渗透压作用下,环境中的水具有向体系内部扩散的趋势,因此较高的离子性基团浓度也会保证树脂吸水能力的提高。

聚合物应具有较高的分子量,随着分子量增加,吸水能力提高,吸水后的机械强度也增加。

3.1.4 高吸水性树脂的发展历史

1. 国外发展

20世纪50年代,美国Goodrich公司开发出交联聚丙烯酸,其在当时被作为增黏剂使用。20世纪60年代初期,交联聚乙烯醇、交联聚氧化乙烯等交联亲水性高分子聚合物作为园艺和土壤保水剂进入市场。这些交联聚合物的吸水率只能达到自身质量的10~30倍,因此还不能被称为高吸水性树脂,但这些亲水性材料的开发成为高吸水性树脂研究的基础。

1961年,美国农业部北方研究所首次将淀粉接枝于丙烯腈,在农业和园艺中用作植物生长和运输时的水凝胶,保持周围土壤的水分。1966年,G. F. Fanta等人完成了水解淀粉接枝丙烯腈共聚物高吸水性聚合物的合成和性能研究,并成功实现了工业化,产品代号为P-PAN,吸水率为100~300(质量比),吸水后溶胀为凝胶,加压下水不容易被挤出,具有良好的保水性能。1974年,美国化学周报报道农业部农业服务局在Peoria等单位研制开发了玉米淀粉与丙烯腈接枝共聚水解产物,吸水能力强,保水性能高,即使加压也不与水分离,甚至还具有吸湿、放湿性,这些特性都超过了以往的高吸水性树脂。

1975年,日本三洋化成株式会社的增田房义用丙烯酸代替丙烯腈研发出了淀粉接枝丙烯酸钠超吸水性树脂,吸水率为300(质量比),解决了丙烯腈共聚物的残留单体有毒、不安全等问题。尽管吸水率低于淀粉接枝共聚物,但其在生产成本和卫生性能等方面更具有应用价值。在20世纪70年代中期,日本开展了以纤维素为原料的制备高吸水树脂的研究,将丙烯酸、丙烯酰胺、丙烯酸酯、乙酸乙烯酯等单体接枝在纤维素上获得了各种高吸水性树脂,得到了片状、粉状和丝状产品。

20世纪80年代出现了以天然化合物及其衍生物(壳聚糖、海藻酸盐、蛋白质等)为原料制备的高吸水性树脂,同时还出现了高吸水复合材料,因其能够改善高吸水性树脂的耐盐性、吸水速率和水凝胶强度,得以迅速发展。

20世纪90年代后,高吸水性树脂的研究更是迅猛发展,如开发了对环境友好的聚氨基酸系高吸水性树脂、具有超快吸水性能的多孔高吸水性树脂、具有多重敏感性的智能型高吸水性树脂、高吸水性聚合物泡沫、可生物降解的复合纤维或无纺布材料、芳香性卫生用品等。

进入21世纪,高吸水性树脂在品种、合成方法、性能及应用领域等方面的研究日趋成熟。

2. 国内发展

我国从 20 世纪 80 年代开始研制高吸水性树脂。1982 年中科院化学研究所的黄美玉等最先以二氧化硅为载体，以聚-7-硫丙基硅氧烷为引发剂，制备出吸水能力为自身质量 400 倍的聚丙烯酸钠类高吸水性树脂。1985 年，北京化工研究院申请了国内第一项高吸水性树脂的专利。

近 30 多年来，我国已有四五十个单位从事过此方面的研究工作。为了提升高吸水性树脂的综合性能，广大科研工作者不断优化和改进已有的合成体系，努力探索新的合成方法，如辐射引发法、微波辐射法、泡沫体系分散聚合法、二步加热法、红外光谱分析法等先进技术在合成研究过程中均得到了一定程度的应用。

具有生物降解性的高吸水性树脂对环保具有非常重要的意义，可生物降解型高吸水性树脂的研究热点集中在天然高分子类高吸水性树脂，天然高分子类高吸水性树脂大分子骨架结构在微生物的作用下断裂为小的链段，降低高分子的分子量，从而加速降解成 CO_2 和 H_2O 等小分子化合物进入大自然的循环。生物降解型高吸水性树脂主要有纤维素类、海藻酸钠类、聚乳酸类、聚氨基酸类、壳聚糖类、微生物合成类。尽管纤维素、海藻酸钠、聚乳酸组分被微生物降解后，接枝或交联的其他单体组分仍保留下来，未达到完全降解，但与合成类的高吸水性树脂相比，天然高分子类高吸水性树脂的可降解性能已十分优越。

20 世纪 90 年代末，我国已将高吸水性树脂在农业领域的应用列为重大科技推广项目。黑龙江省开展的种子培育研究和吉林省开展的移植苗木研究均取得了可喜成就，河南、新疆等省和自治区也在研究利用高吸水性树脂改良土壤，中国科学院兰州化学物理研究所、兰州大学、西北师范大学等单位也开展了高吸水性树脂的研究工作，开发出一系列新型有机-无机复合材料、可生物降解以及耐盐、耐高温的高吸水性树脂，并成功地应用于西北的油田堵水、干旱土壤改良等工作。

高吸水性聚合物在我国有着巨大的市场潜力，如何加强高吸水性聚合物各方面的研究，并开发出性能良好、价格低廉的产品，都需要研究者做进一步的努力。

3.2 高吸水性树脂材料的制备

3.2.1 淀粉类高吸水性树脂材料的制备

淀粉（amylum）属于葡萄糖的聚合体，含有大量羟基，有很强的亲水性。将粮食作物经简单加工便可以得到淀粉，原料来源广泛，且大部分生产淀粉的植物都是可再生的，因而采用淀粉合成高吸水性树脂可以大幅度降低原料成本。

淀粉类高吸水性树脂主要有两种形式：一种是淀粉与丙烯腈进行接枝反应后，用碱性化合物水解引入含亲水性基团，由美国农业部北方研究中心于 1966 年开发成功，并投入生产；另一类是淀粉与亲水性单体（如丙烯酸、丙烯酰胺等）接枝聚合，然后用交联剂交联的产物，是由日本三洋化成公司首次开创的。

淀粉类高吸水性树脂是较早开发的产品，以淀粉为主要原料，经过糊化（gelatinization）和适当接枝衍生化，在分子内引入羧基作为离子化基团，并适度交联成网状结构。所谓糊化工艺是指将淀粉乳浆加热至一定温度,水分子逐渐进入淀粉粒的非晶区和结晶区,破坏其原有氢键,结晶度下降,淀粉不可逆变成黏性淀粉糊的过程。糊化的目的是为下一步衍生化创造条件。淀粉是由葡萄糖连接构成的大分子,分子中的大量羟基为亲水性基团,但离子化程度较低,需衍生化处理引入羧基作为离子化官能团,当前主要的衍生化手段是与丙烯腈或丙烯酸衍生物进行接枝共聚。采用丙烯腈作为接枝改性剂需先将淀粉加水配制成一定浓度的淀粉糊,然后在 90~95 ℃进行糊化处理提高水溶性,在 30 ℃加入丙烯腈单体、引发剂等进行接枝共聚反应,得到的聚合物用 NaOH 或 KOH 溶液水解反应成羧酸盐,最后用甲醇沉淀得到淡黄色的淀粉类高吸水树脂,如图 3.1 所示。

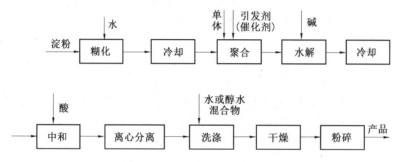

图 3.1 淀粉接枝丙烯腈类高吸水性树脂制备工艺过程

铈离子引发体系是最常用的引发体系,为氧化还原反应过程。其反应机理首先是 Ce^{4+} 与淀粉配位,使淀粉链上的葡萄糖环 2,3 位置两个碳上的一个羟基被氧化,碳键断裂;而另一未被氧化的羟基碳则成为自由基,引发丙烯腈单体聚合,生成淀粉-丙烯腈的接枝物,再加碱使氰基水解成—COOH、—$CONH_2$ 和—COOM(M 表示碱金属离子)等亲水基团。铈离子引发接枝效率高,是目前在淀粉衍生化中使用最多的引发体系。除铈离子外,常用引发体系还有硫酸亚铁-过氧化氢引发体系、锰离子引发体系等,这些引发剂与铈离子引发剂一样同属氧化还原引发体系。丙烯腈改性得到的吸水性树脂的最大吸水量为 600~1 000 g/g,但长期保水能力较弱。如果用丙烯酸或丙烯酸钠代替丙烯腈在催化剂作用下进行接枝反应,可以直接得到含大量羧基的聚合物,免去水解步骤,如图 3.2 所示。

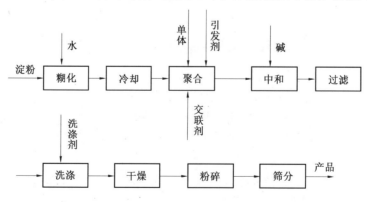

图 3.2 淀粉接枝丙烯酸类高吸水性树脂制备工艺过程

淀粉除了自身可以作为制备高吸水性树脂的原料外,其衍生物也是生产高吸水性树脂的原料,常见的淀粉衍生物主要有:羟乙基淀粉、羟丙基淀粉、羧甲基淀粉、羧乙基淀粉、阳离子淀粉以及交联淀粉等。

3.2.2 纤维素类高吸水性树脂材料的制备

除淀粉外,另一种可以作为制备高吸水性树脂的天然葡萄糖聚合体是纤维素,是自然界中含量最多、分布最广的一种多糖。纤维素本身不溶于水,但是通过对纤维素进行改性使之成为吸水材料的发展非常迅速,产品的种类也日益增多,已成为现代高吸水性聚合物发展的重要原料。用于制备高吸水性聚合物的纤维素主要有天然纤维素和人工纤维素,天然纤维素主要包含茎纤维、毛纤维、木质纤维以及韧皮纤维等;人工纤维素主要属于纤维素的衍生物,一般使用天然纤维素进行改性处理,与某些化合物反应得到具有特定功能的改性纤维素衍生物。

纤维素改性高吸水性树脂有两种形式:一种是纤维素与一氯醋酸反应引入羧甲基后用交联剂交联而成;另一种是纤维素与亲水性单体接枝共聚而成。

纤维素具有与淀粉类似的分子结构,基本制备原则是先将丙烯腈分散在纤维素浆液中,在铈盐的作用下进行接枝共聚,然后在强碱作用下水解皂化得到高吸水树脂,由于丙烯腈分散在层状纤维素浆液中进行接枝共聚,因此可以制备片状的树脂产品。丙烯腈还可以用丙烯酸、丙烯酰胺等单体替代。将纤维素羧甲基化制备的羧甲基纤维素,经适当交联后也可以得到吸水性高分子材料。其具体制法是将纤维素与 NaOH 水溶液反应制备纤维素钠,然后与氯乙酸钠反应引入羧甲基,再经过中和、洗涤、脱盐和干燥步骤,得到羧甲基纤维素。羧甲基纤维素型吸水树脂一般为白色粉末,易溶于水形成高黏度透明胶状溶体。使用时需要有支撑材料,多用于制造尿不湿。一般来说,纤维素接枝共聚物的吸水能力较淀粉共聚物要低得多,但是纤维形态的吸水材料有着其独特的用途,可制成高吸水纤维和织物,与合成纤维混纺能改善吸水性能,这是淀粉类吸水树脂所不能代替的。

3.2.3 合成聚合物类高吸水性树脂材料的制备

1. 聚丙烯酸类

聚丙烯酸类高吸水性树脂是最为重要的合成聚合物类高吸水性树脂。目前,用于个人卫生用品的大部分高吸水性树脂为丙烯酸类高吸水性树脂。作为高吸水性树脂的聚丙烯酸主要为丙烯酸、丙烯酸钾或丙烯酸钠与交联剂的三元共聚物,通常聚合反应由热分解引发剂、氧化还原体系或混合引发体系引发。此外,交联剂的选择是制备方法研究的重要组成部分。目前采用的交联剂主要有两类:一类是高价金属阳离子,常用其无机盐、氧化物、氢氧化物等,通过高价金属离子与多个羧基成盐或配位实现交联;另一类是能够与羧基反应的多官能团化合物,如多元醇、烯丙酯、不饱和聚醚类等,通过缩合反应实现交联。高价金属离子交联剂最常用的是 Zn^{2+}、Fe^{2+}、Ca^{2+}、Cu^{2+} 等,通过与羧基中的氧原子形成配位键,一个中心离子可与4个羧基反应,生成四配位的螯合物,达到交联聚丙烯酸线型聚合物的目的。甘油是最典型的多元醇型交联剂,此外,季戊四醇、三乙醇胺等小分子多元醇以及低分子量的聚乙烯醇、聚乙二醇等都可以作为多元醇型交联剂。其中采用低分子量的聚乙烯醇和聚乙二醇作为交联剂还可以改善树脂对盐水的吸收能力。目前采用的聚合方式主要有反相悬浮聚合和溶液聚合两种方式。其中溶液聚合只能获得块状产品,而反相悬浮聚合具有一定优势,可以简化工艺,获得质量更好的颗粒状吸水性树脂。其吸水量与交联方式和交联度关系密切,是影响产品质量的关键因素。这类高吸水性树脂的吸水能力不仅与淀粉等天然高分子接枝共聚物相当,而且由于分子结构中不存在多糖类单元,产品不受细菌影响、不易腐败,同时还能提高薄膜状吸水材料的结构强度。但因其不能被生物降解,这种材料作为保水剂应该慎重使用。聚甲基丙烯酸是重要的工业原料,经过适度交联和皂化后,也可以得到高吸水性树脂。

2. 聚丙烯腈水解物

将聚丙烯腈用碱性化合物水解,再经交联剂交联,即可得高吸水性树脂,如将废腈纶丝水解后用氢氧化钠交联。由于氰基的水解不易彻底,产品中亲水基团含量较低,故吸水倍率不太高,一般为 500~1 000 倍。

3. 醋酸乙烯酯共聚物

将醋酸乙烯酯与丙烯酸甲酯进行共聚,然后将产物用碱水解后得到乙烯醇与丙烯酸盐的共聚物,不加交联剂即可成为不溶于水的高吸水性树脂,在吸水后有较高的机械强度,适用范围较广。

4. 改性聚乙烯醇类

聚乙烯醇是亲水性较强的水溶性聚合物,经适度交联且降低其溶解性能后可以作为高吸水性树脂使用。不过由于内部没有酸性基团,离子化程度低,吸水能力不高是主要缺点。聚乙烯醇型高吸水性树脂最鲜明的特点在于其吸水能力基本不受水溶液中盐浓度的影响。单独使用吸水能力有限的缺点可以通过与其他单体共聚来解决:如与马来酸酐的共聚物、与丙烯酸的共聚物,即具有较好的吸水能力。这类聚合物的另一个主要特点是不仅可以吸收大量水分,而且对乙醇等强极性溶剂也有较强的吸收能力。

表 3.2 列出了不同类别高吸水性树脂的区别与联系。

表 3.2 不同类别高吸水性树脂的区别与联系

	淀粉系	纤维素系	合成系
	价格低廉、生物降解性能好	抗酶解性优	工艺简单,吸水、保水能力强。吸水速度较快、耐水解,吸水后凝胶强度大,保水性强。抗菌性好。但可降解性差,适用于工业生产
缺点	合成工艺复杂,易腐败,耐热性不佳,吸水后凝胶强度低,长期保水性差,耐水解性较差		
优点	储量丰富,可不断再生,成本低;无毒且能够分解微生物,可减少对环境的污染		
共同点	均是葡萄糖的多聚体,可以采用相类似的单体、引发剂、交联剂进行吸水树脂的制备		

3.3 高吸水性树脂材料的吸水机制

为了更加透彻地研究高吸水性树脂的吸水机制,许多研究人员提出了吸水凝胶的结构模型。K. Nakamura 等运用差示扫描量热法(DSC)、核磁共振(NMR)法分析树脂凝胶中水的结合状态,结果发现有 3 种状态,即不冻结水、冻结结合水和自由水。在液氮温度下不冻结的水称为不冻结水(或称不冻水、结合水);在 -10~-20 ℃冻结的水称为冻结结合水(或称抱束水、束缚水);在 0 ℃冻结的水称为自由水。通过 NMR 测定其松弛时间分别为 10^{-12} s、10^{-4} s 和 10^{-2} s,具有明显的差别。

研究表明高吸水性树脂是由三维网络构成的高聚物,它的吸水机制既有物理吸附,又有化学吸附。当水与高聚物表面接触时,有 3 种相互作用:①水分子与亲水基团的相互作用;②水分子与疏水基团的相互作用;③水分子与高分子中电负性强的氧原子结合形成氢键。水凝胶材料本身的亲水基和疏水基与水分子相互作用形成了各自的水合状态。疏水基部分可因疏水作用而易折向内侧,形成不溶性的粒状结构,疏水基周围的水分子形成与普通水不同的结构水。图 3.3 所示为高分子亲水基团周围水的构造模型。

图 3.3 高分子亲水基团周围水的构造模型
V—水分子;A—不冻水;B—抱束水;C—自由水

不冻水是高聚物链上的亲水性基团或离子性基团与水分子通过氢键、溶剂化或配位键在凝胶内外表面结合的水,类似于化学吸附水,其水合过程是一个放热反应。这些水分子在凝胶的内外表面规则定向排列。不冻水在 3 种水中的含量最小,一般仅为 0.5~0.6 nm 的 2~3 个水分子层。抱束水在空间位置上介于不冻水和自由水之间,它们并不直接与亲水性基团或离子联系,而是通过取向力或氢键与不冻水连接的另一种水,它们具有一定的取向,类似于多层吸附水。抱束水的运动自由度高于不冻水,但比自由水小,运动会受到一定程度的束缚。由于其运动自由度和受力状态与自由水有一定差别,因而其冻结温度略低于自由水。抱束水的摩尔质量比不冻水高,但两者总量不超过 6~8 mol/g,自由水与一般的液态水状态相同。由上可知,与高吸水性树脂的高吸水量相比,其吸水量相差 2~3 个数量级。由此可见,高吸水性树脂的吸水主要是靠树脂内部的三维网络作用,吸收大量的自由水储存在聚合物内。也就是说,水分子被封闭在边长为 1~10 nm 的高聚物网络内,这些水的吸附不是纯粹利用毛细管作用的吸附,而是高分子网络的物理吸附。这种吸附虽不如化学吸附牢固,但仍具有普通水的物理化学性质,只是水分子的运动受到了限制。

还有研究人员认为高吸水性树脂可以看作是一种高分子电解质组成的水和离子网络。在这种离子网络中,存在可移动的离子对,它们是由高分子电解质的离子组成的,其离子网络结构如图 3.4 所示。

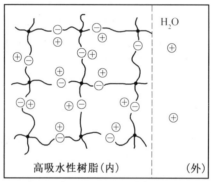

图 3.4 聚电解质水凝胶结构模型

高吸水性树脂能够吸收大量水分且不流失是基于材料亲水性、保水性和溶胀性等性质的综合体现。目前具有较高吸水能力的高吸水性树脂均具有强亲水性基团、较高的内离子浓度和一定程度的交联结构。其吸水主要经过以下步骤:

首先,由于树脂内亲水性基团的作用,水分子与亲水基团形成氢键,产生强相互作用并进入树脂内部将树脂溶胀,并且在树脂溶胀体系与水之间形成一个界面,该过程与其他交联高分子的溶胀过程类似。

其次,进入体系内部的水将树脂的可解离基团水解离子化,产生的离子(主要是可移动的反离子)提高了体系内部水溶液的离子浓度,使得体系内外由于离子浓度差而产生渗透压,更多的水分子会因渗透压通过界面进入体系内部。由于聚合物链上离子基团对可移动反离子的静电吸引作用,这些反离子并不易于扩散转移到体系外部,因此渗透压能够得以维持。

随着大量水分子进入体系内部,聚合物的溶胀度不断提高,呈现被溶解趋势的同时,聚合物交联网络的内聚力促使体系收缩,这种内聚力与渗透压达到平衡时水将不再能进入体系内部,即吸水能力达到最大化。在水的表面张力和聚合物网络结构共同作用下,吸水后的体系形成类似凝胶状结构,吸收的水分呈固化状态,即使轻微受压,吸收的水分也不易流失。

高吸水性树脂达到平衡时的吸水量被称为最大吸水量。为了便于测量,有时也会用24 h吸水量来代替最大吸水量,以衡量树脂的吸水能力。单位时间进入体系内部的水量被称为吸水速度,是衡量吸水树脂工作效率的指标之一。

3.4　4D打印高吸水性树脂材料

迄今为止,形状记忆聚合物、水凝胶和一些提取获得的生物材料是4D打印的主要活性材料。其中,水凝胶是一种易于合成的三维水合聚合物网络,广泛应用于生物医学领域,包括药物和基因传递系统、组织工程、无创性诊断、靶向治疗和伤口敷料。水凝胶的关键优势主要来自其高含水量、多孔结构和柔软性,模拟了典型的软组织。

尽管水凝胶的制备和驱动已经被深入研究,具有复杂三维几何结构、微尺度尺寸、按需驱动和快转换速度的环境响应水凝胶的4D打印仍然有较大需求。本节以刺激响应水凝胶为主,对目前现有的4D打印高吸水性材料的制备、溶胀性能、力学性能及应用等进行了讨论和总结。

3.4.1　热响应型高吸水性树脂材料

热响应型水凝胶是指水凝胶可以随环境温度变化发生体积突变的高吸水性树脂。热响应型高吸水性树脂分子链上一般含有一定比例的疏水和亲水基团,温度的变化会影响这些基团的亲疏水作用以及大分子链间的氢键作用,从而使凝胶结构改变,发生体积变化,且这种体积变化是可逆的。高吸水性树脂对温度的响应可分为3种:低温溶解型、高温溶解型和再回归型。

当环境温度升高时,凝胶收缩的称为低温溶解型(或热缩型)水凝胶,该相变温度称为最低临界共溶温度(LCST)。目前常见的热缩型高吸水性树脂主要是聚N-异丙基丙烯酰胺(PNIPAm)及其衍生物水凝胶。PNIPAm在较小的温度范围内可表现出明显的亲水和疏水变化,其最低临界共溶温度在32 ℃左右。

当环境温度升高时,凝胶溶胀的称为高温溶解型(或热胀型)水凝胶,具有高温溶胀、低温收缩的响应行为,该临界温度称为最高临界共溶温度(UCST)。聚丙烯酰胺以及甲基丙烯酸、丙烯腈经共价交联聚合后形成的高吸水性树脂均有热胀敏感性,比如聚(丙烯酸-丙烯腈)水凝胶在高温下的溶胀率明显低于低温下的溶胀率。聚(N-乙烯基吡咯烷酮-co-丙烯酸-β-羟基丙酯)/聚丙烯酸互穿网络水凝胶[P(NVP-co-β-HPA)/PPA]在弱碱环境下,溶胀率随温度升高会大幅提高。聚(N,N-二甲基丙烯酰胺-co-丙烯酰胺-co-甲基丙烯酸丁酯)/聚丙烯酸的互穿网络水凝胶[P(DMAA-co-AM-co-BMA)/PPA]在质量分数为42%的丙酮-水混合溶剂中,于25℃附近溶胀比可发生约10倍的增长突变。

具有两种相图的凝胶,即升温溶胀,再继续升温收缩的,称为再回归型(或热可逆温度敏感型)水凝胶。最常见的热可逆温度敏感型水凝胶是Pluronics®系列和Tetronics®系列等。为了提高材料的可生物降解性,还可以进行适当改性,如以聚乳酸取代PEO-PPO-PEO嵌段共聚物中的PPO链段(Tetronics®)。

2014年,K. Malachowski等人提出了一种使用热响应多指药物洗脱装置的治疗手段。这些治疗夹钳(Theragrippers,TG)利用光刻图案成型,并且由刚性聚富马酸丙二醇酯链段(PPF)和刺激响应性聚(N-异丙基丙烯酰胺-co-丙烯酸)链段(PNIPAm-AAc)组成。夹钳会在37℃以上闭合,因此当它们从低温状态进入体内时,能够自发地抓住组织。夹钳的孔隙还可以装载荧光染料和药物,该装置的设计为药物缓释提供了一种有效的思路,可应用于胃肠道。

在37℃以下,PNIPAm-AAc亲水,遇水溶胀;在37℃以上,它变得疏水,并由于其疏水基团脱水而塌陷(图3.5)。虽然这种性质使PNIPAm成为一种理想的药物递送材料,但这种水凝胶的模量较低,机械性能达不到夹持装置的标准。因此通过结合PNIPAm和PPF,制备出了模量比大多数水凝胶高3个数量级的水凝胶,将其作为一个制动装置在体温下抓住细胞和组织(图3.5(a)、(b))。此外,研究人员通过开发一种光刻方法精准打印出了坚硬的类骨材料,从而创出尖锐的尖端,可以确保TG在不损伤胃肠道组织的情况下深入组织。因此,TG的材料组成和性能使其成为理想的药物输送设备,它们可以牢牢地抓住组织,并在接近目标组织(如胃肠道)的地方洗脱药物(图3.5(c))。

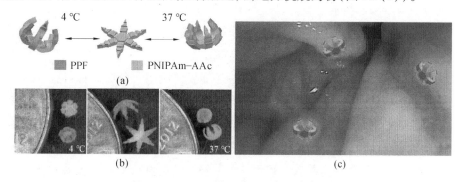

图3.5 药物洗脱治疗夹钳的设计及验证

(a)带有刚性PPF面板和柔性刺激响应PNIPAm-AAc铰链的夹钳示意图;(b)夹钳最初在4℃关闭,随着溶液温度升高而打开,最后在37℃以相反方向再次关闭;(c)附着在结肠壁上,向结肠靶区释放荧光药物的夹钳的概念图

载药治疗夹钳可通过3种方法设计实现(图3.6)。方法1,将制备出的治疗夹钳浸泡

在化学溶液中过夜(TG1)。观察到,TG1 中的化学物质主要装载在 PNIPAm-AAc 中,这是因为 PNIPAm-AAc 在 4 ℃时有亲水性、多孔性和高溶胀能力。方法 2 是通过将盐浸在 PPF 中创建孔洞来提高装载程度,并将 TG 浸泡在化学溶液中(TG2)。因此,在 PNIPAm-AAc 层和多孔的 PPF 层中都会装载化学物质,药物释放总量会更大。方法 3 则是通过原位聚合加载化学物质,在光交联之前将干粉混合到 PPF 预聚物中(TG3)。由于 PPF 聚合物网络交联致密且间隙狭窄,这种方法可以延长释放时间。

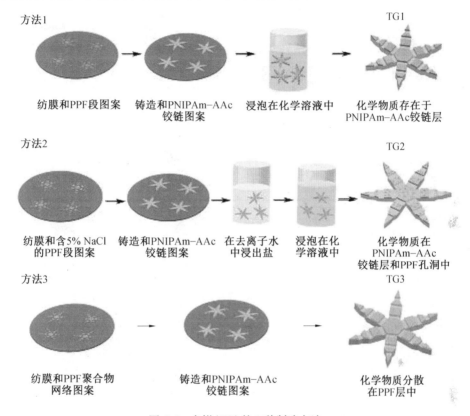

图 3.6 夹钳(TG)的 3 种制造方法

J.-Y. Liu 等人设计、制备和表征了由活性热响应溶胀凝胶(聚 N-异丙基丙烯酰胺)和被动热响应水凝胶(聚丙烯酰胺)组成的分段 3D 打印凝胶管。利用有限元模拟和实验,研究了打印物体各种形状的变化,包括单轴延伸、径向溶胀、弯曲和夹持,为生产具有广泛适用性的多功能形状变化结构提供了可能。

打印双材料 3D 结构一般包括 3 个步骤:主动和被动墨水的制备、结构的 3D 打印和光固化。光固化后,结构在所需温度下于去离子水中浸泡 24 h,使溶胀和形状转变达到平衡。若想通过直写成型技术(DIW)进行 3D 打印,材料必须显示出剪切变稀特性。因此,要制备热响应型和非热响应型的 NIPAm 和 AAM 墨水。PNIPAm 有较低的 LCST,而 PAAM 缺乏关键的异丙基,没有 LCST。

选择锂皂石(laponite)纳米黏土作为主动 NIPAm 和被动 AAM 墨水的剪切稀释剂。

打印过程中墨水网络在剪切应力作用下离解,即从打印喷嘴中挤出,打印后的剪应力消除,网络重新组装,挤出的墨水保持原来的形状。此外,两种墨水中都加入了自由基固化剂 Irgacure 2959,以促进紫外光固化。与 AAM 墨水不同的是,已有报道证实 Laponite-NIPAm-Irgacure 混合物是可光交联的,并且在水溶液中能够保持形状。因此,在 AAM 墨水中加入交联剂 N,N′-亚甲基双丙烯酰胺(BIS),可使其在打印和固化后不溶于水(图 3.7)。

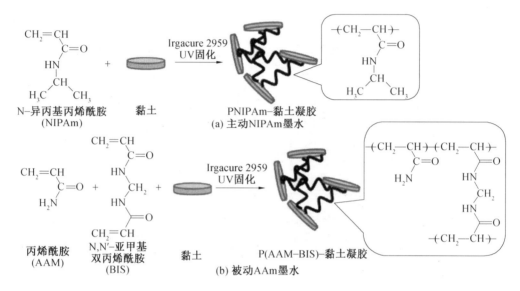

图 3.7 主动 NIPAm 墨水分子和被动 AAM 墨水分子的微观结构示意图

4D 打印工艺原理图如图 3.8(a) 所示。研究人员首先通过测量打印的单组分 PNIPAm 管和 PAAM 管的直径变化,验证了活性 PNIPAm 的溶胀和非活性 PAAM 的不溶胀。方法是将它们放置在不同温度(25 ℃、33 ℃、41 ℃和 50 ℃)的去离子水中,在 24 h 内达到平衡形状(图 3.8(b))。观察到冷却和加热时 PNIPAm 管的直径($\Delta D/D_0$)分别显著增加和减小,但 PAAM 管的直径没有显著变化。因此,该双材料 3D 结构的 PNIPAm 部分是通过溶胀或去溶胀来驱动形状变化,而 PAAM 部分主要是被动发生变化。

研究人员应用有限元分析模型和实验,探索了通过交替水平(图 3.9)或交替垂直(图 3.10)对称放置活性 PNIPAm 凝胶与被动 PAAM 凝胶,来设计能够形状变化的凝胶管。在 3D 打印和光固化之后,分别将结构浸泡在 25 ℃、35 ℃和 50 ℃的去离子水中 24 h 以达到平衡状态。具有等间距、交替的圆柱形圆盘形管段 PNIPAm(三段)和 PAAM(四段)的双侧对称管显示出高达 32% 的伸长率,有限元模拟和实验之间具有良好的一致性(图 3.9(b))。与拉伸程度大致相同(38%,图 3.8(b))的均质 PAAM 管相比,被动段的引入限制了管的径向溶胀,因此其主要形状变化是单轴拉伸。当相同数量的交替 PNIPAm 和 PAAM 段相对于彼此成一定角度放置时(图 3.9(c)、(d)),如圆柱形、楔形,管会发生弯曲,弯曲角度约 25°。随着温度的升高,弯曲角度减小,在 50 ℃时,弯曲角度反转到光固

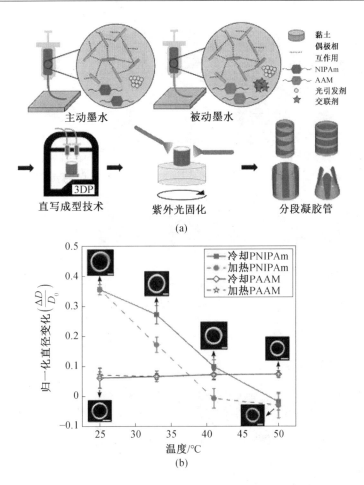

图 3.8　4D 打印工艺原理图及打印出的主动和被动水凝胶管溶胀的实验表征

化状态($\theta = 0°$),与模拟快照一致。

此外 J.Y.Liu 等人还打印了带有 12 个 PNIPAm 和 PAAM 的垂直交替片段(各 6 个)的管子。管子呈放射状溶胀,但没有拉长。受被动 PAAM 的约束,管子弯曲并向下折叠以适应 PNIPAm 片段溶胀的伸长(图 3.10(a)、(b)和图 3.11(a))。当温度提高到 50 ℃ 时,试管恢复了原来的形状。研究人员还设计了具有楔形交错的 PNIPAm 和 PAAM 垂直段的管道,以及受 PAAM 边缘约束的悬垂的 PNIPAm"手指"。PNIPAm 的"手指"在底部比在顶部更受约束。当 PNIPAm 凝胶在 25 ℃ 溶胀时,"手指"近似弯曲 35°(图 3.10(c)、(d)和图 3.11(b))。

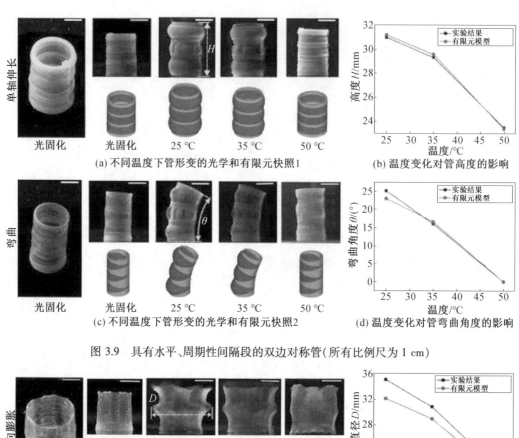

图 3.9 具有水平、周期性间隔段的双边对称管（所有比例尺为 1 cm）

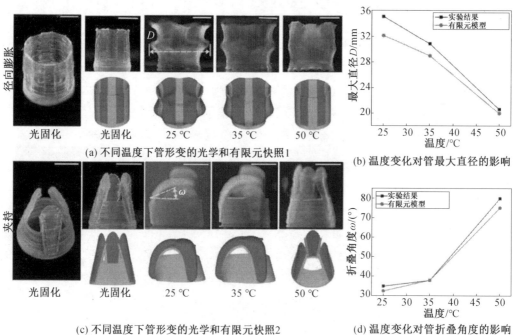

图 3.10 具有垂直、周期性间隔的节段的径向对称管（所有比例尺为 1 cm）

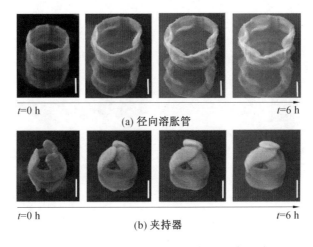

(a) 径向溶胀管

(b) 夹持器

图 3.11 在常温去离子水中的延时快照（比例尺为 1 cm）

A. Nishiguch 等人采用多光子光刻（Multiphoton Lithography，MPL）技术（图 3.12）设计出具有三维几何结构和打印网络编程密度（打印密度）的仿生软驱动器。使用 MPL 一锅法制备工艺能够以几百纳米的分辨率控制凝胶中的材料密度。利用 CAD 编程实现每一行之间的书写距离。这个程序化的书写距离不仅决定了凝胶的打印密度，还能够调节凝胶的溶胀性能。每条焦点线之间的微小距离决定了打印密度和静态凝胶层的形成（图 3.12(a)）。由于只有低打印密度的动态层才能对外界刺激作出反应，所以打印出具有不同打印密度的双层结构能够显示出各向异性的程序驱动。

热响应式 PNIPAm 凝胶可通过 MPL 系统进行光打印（图 3.12(b)）。将 NIPAm 单体与交联剂 BIS 和光引发剂（Irgacure 819）溶解在乙二醇/丙酮溶液中制备凝胶光刻胶。聚焦激光束在焦点处诱导光聚合并交联形成 PNIPAm 凝胶。尽管 PNIPAm 凝胶是由 NIPAm 单体和 BIS 组成的光刻胶打印的，但凝胶在书写过程中发生溶胀会导致分辨率降低。为了提高分辨率，研究人员通过可逆加成-断裂链转移（RAFT）进行聚合，然后使用辛胺和甲基丙烯酸烯丙酯进行一锅法双改性，合成了双烯丙基、三烯丙基和四烯丙基功能性多臂大交联剂（图 3.12(c)）。与 BIS 相比，多臂大交联剂可以提高凝胶化反应的效率，因为它们具有更高的黏度、分子量和作为交联点的双键数量，利于凝胶化动力学中扩散控制的传播和反应扩散控制的终止，特别是对于 MPL 系统。其中三烯丙基的 PNIPAm 大交联剂显示出最优异的交联性能和最宽的打印剂量范围，因此在该研究中均使用由三烯丙基 PNIPAm 组成的凝胶光致抗蚀剂，并制备 PNIPAm-AuNRs 的纳米复合凝胶以实现凝胶的超快驱动。

为了探索程序打印密度是否可以控制 PNIPAm 凝胶的溶胀/去溶胀行为，研究人员打印了不同密度的磁盘结构（$\phi = 30\ \mu m, h = 5\ \mu m$），并测量了温度变化时磁盘在水中的上表面面积的变化。在原始设计中，通过在 100 nm、300 nm 和 500 nm 的范围内调整阴影距离（线之间的横向距离）和切片距离（层之间的垂直距离）以编码打印密度（图 3.13(a)）。阴影/切片距离的增加会导致打印密度的降低，从而形成对温度具有大幅度响应的动态凝胶。图 3.13(b) 为通过原子力显微镜（AFM）观察在水中 PNIPAm 凝胶的表面拓扑。图 3.13(c) 为凝胶的溶胀/去溶胀行为。在 300 和 500 nm 的低打印密度下制备的 PNIPAm

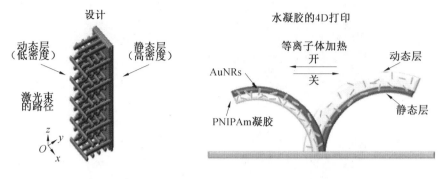

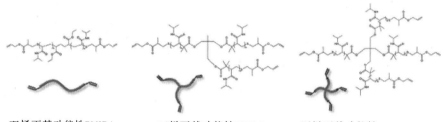

图 3.12 4D 打印水凝胶示意图

凝胶盘在 LCST 附近的面积变化为 0.8，表明形成了动态凝胶。与 UV 交联的 PNIPAm 凝胶类似，但体积变化程度小于 UV 交联的 PNIPAm 凝胶。另一方面，100 nm 的高交联 PNIPAm 凝胶在形状上没有明显变化，具有静态性能。这些结果表明，PNIPAm 凝胶对温度的响应性可以通过设计的打印密度进行空间编程。此外，用原子力显微镜对凝胶的打印密度和力学性能之间的关系进行了研究。图 3.13(d) 为 LCST 以上和以下水中每种 PNIPAm 凝胶的力-距离(z 方向)曲线。在 25 ℃，从该曲线获得的弹性模量对于 500 nm 凝胶为 0.088 MPa，对于 100 nm 凝胶为 0.22 MPa，并且随着打印密度的增加而增加。这些结果表明，凝胶的结构设计会影响力学性能。在 LCST 以上，由于体积相变，所有凝胶的弹性模量全部提高，并且都显示出对温度变化的大幅机械性能响应。

由此，研究人员 3D 打印了具有不同打印密度的复杂结构：由不同打印密度的层和几何图形组成的双层柱和双层螺旋。为确定程序化双层结构对溶胀行为的影响，分别对动态层和静态层进行了研究。如图 3.14 所示，在静态层之间有一定距离，其形状变化幅度较大(在 LCST 下卷起)，表明凝胶结构的设计及其驱动具有较高的自由度。

在 3D 打印中离子共价缠结(Ionic Covalent Entanglement,ICE)水凝胶显示出高韧性。韧性对结构十分重要，因为对外部刺激作出快速响应的薄片，往往也需要较高的机械性能，以支撑内部和外部的机械负荷。ICE 水凝胶是一种互穿聚合物网络水凝胶，由一个与金属阳离子交联的聚合物网络和一个与共价键交联的聚合物网络组成。其双网络结构类似于双网络水凝胶，由于离子交联的解离，通过在紧密网络中卸除链的大规模裂纹尖端能量来提高韧性。松散的交联共价网络可以桥接离子键损失造成的损伤区域，并防止灾难

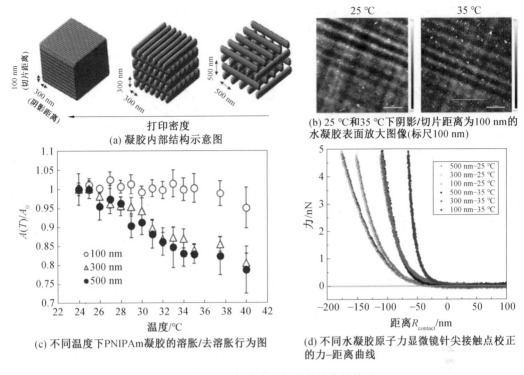

图 3.13 程序化打印密度与结构性能的关系

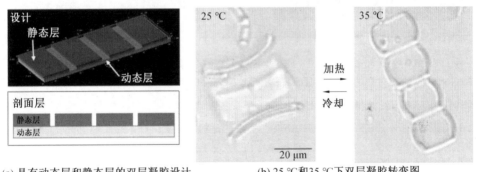

图 3.14 编程打印密度驱动双层柱

性裂纹的扩展。

S. E. Bakarich 等人使用热响应的共价交联网络 PNIPAm 作为增韧剂,通过热驱动以进行可逆的体积转变。利用 ICE 水凝胶墨水来 4D 打印控制水流的智能阀门。阀门在冷水中打开,在热水中自动关闭。

S. E. Bakarich 等人制备了不同浓度的海藻酸盐/PNIPAm ICE 水凝胶墨水进行挤出打印。为了防止 PNIPAm 的相分离,必须在亚环境温度(10 ℃)下进行打印和固化。将打印好的水凝胶浸入 0.1 mol/L $CaCl_2$ 溶液中交联藻酸盐聚合物网络,提高其力学性能。随后将完全交联的凝胶进行冲洗,并在 20 ℃ 的水中进一步浸泡,使其溶胀至平衡。

阀门由两种材料打印:用于惰性部分的环氧基黏合剂和用于活性部分的水凝胶。打印阀门能够根据温度调节水流,这种行为的主要原因是热响应型PNIPAm水凝胶的存在。当温度在LCST附近时,PNIPAm含水量大幅下降。当水流过中央管道(从顶部)并加热致动水凝胶条时,水凝胶条收缩以关闭出口,从而阻止水流。阀门的性能表征是测量水通过阀门的流速,流速通过测量5 mL水柱通过阀门所需的时间来计算。使60 ℃的水通过水凝胶驱动器5 min来关闭阀门,再使20 ℃的水通过水凝胶驱动器来打开阀门。

通过计算机辅助设计建模,这种4D打印技术可以很容易地扩展到制造其他类型的移动结构。4D打印坚固、可驱动的水凝胶材料的能力为制造基于水凝胶的传感器、软机器人、医疗设备和自组装结构开辟了新的途径。

建模的阀门体素大小为1 mm。从顶部开始的第一行中的体素都是固定的。图3.15显示出了温度升高的模拟结果。研究人员的模型产生的形状变化模式与S. E. Bakarich等人实际打印阀门显示的形状变化模式非常相似。水凝胶条明显各向同性地收缩,并将底部惰性部分拉向管道出口。

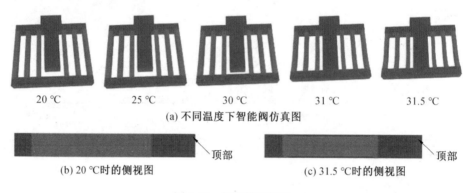

(a) 不同温度下智能阀仿真图

(b) 20 ℃时的侧视图　　　　(c) 31.5 ℃时的侧视图

图3.15　阀门模拟结果

G. Sossou等人提出了一种基于体素的模拟智能材料(Smart Materials,SMs)和常规材料行为的建模框架,该框架允许在任何分布中排列材料并快速评估分布的行为。模型化的SMs仅限于不可编程的形状变化SMs,包括压电材料、电/磁/光收缩材料和水凝胶。为了确定所提出的SMs建模框架的准确性,对现有热响应水凝胶进行了模拟,即上述S. E. Bakarich等人展示的4D打印智能阀门。

T.-T. Chen等人将两种有发展前景的技术——静电纺丝和3D打印相结合,开发了一种简单通用的三维形状变形水凝胶。在具有结构刺激响应静电纺丝膜上印制了精细的图案,通过调节溶胀/去溶胀失配改变平面内应力和层间内应力,从而导致静电纺丝膜的变形行为,以适应环境的变化。研究人员利用该策略,构建了一系列具有不同响应特性的快速变形水凝胶驱动器。

T.-T. Chen等人利用静电纺丝热响应型PNIPAm膜作为形态发生基质,多孔结构保证其在低于或高于LCST时能够对水分快速吸收和解吸。图3.16所示为静电纺丝法制备PNIPAm驱动器的原理图。简而言之,衬底与打印图案之间的溶胀不匹配将同时在厚度方向和平面上产生内应力,从而协同产生复杂的形状过渡。刺激后,由于PNIPAm的热响应性,结构部件的溶胀和力学性能发生改变。它引起内部应力的剧烈调制,从而给出响应的形状变形过程。

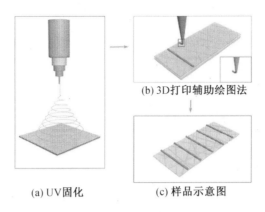

(a) UV固化　　(b) 3D打印辅助绘图法　　(c) 样品示意图

图 3.16　静电纺丝法制备 PNIPAm 驱动器的原理图

为了获得热响应多孔基底,研究人员首先合成了 P(NIPAm-ABP)。通过静电纺丝法制备多孔 P(NIPAm-ABP)纤维膜,随后在紫外光照射下进一步光交联,孔隙率约为 40%。当温度高于或低于其在水中的 LCST 值时,交联 P(NIPAm-ABP)膜呈现出可逆的尺寸变化。

为了探索基本规则,T.-T. Chen 等人首先选择一个简单的图案作为模型(图 3.17(a)),3D 打印机喷嘴直径为 0.8 mm,相邻线图案之间的距离是 4 mm,四条 PNIPAm/黏土线被打印在静电纺丝 P(NIPAm-ABP)膜上($L=16$ mm,$W=10$ mm)。打印后,样品在紫外光下固化 10 min,使其充分交联。然后将制备好的样品在室温下浸泡在水中,以充分润湿。将润湿的样品浸入 37 ℃ 的水中,样品会出现明显的变形,形成外面印有印纹的管,印纹之间的膜向内弯曲(图 3.17(b))。温度响应变形是由于 P(NIPAm-ABP)静电纺丝膜与打印图案有不同的收缩率。与纯 PNIPAm 相比,黏土形成的高物理交联密度线图案会表现出较低的溶胀比,且在不同温度下尺寸变化不明显。因此,静电纺丝 P(NIPAm-ABP)基质的溶胀/去溶胀将受到打印线图案的限制,从而在中间层形成内应力。同样,有打印线条的部分也会阻碍周围未打印部件的尺寸变化,诱导产生沿打印线条的平面内应力,如图 3.17(c)所示,浅色箭头代表作用在打印线上的应力,黑色箭头代表作用在静电纺丝膜上的应力。在拉伸/压缩能量降低的驱动下,试样自发发生形状变形,在高温下整体滚动变形和输出局部鞍形曲率(图 3.17(d))。这种形状转变是由平面不均匀溶胀所引起的平面内力和层间力共同介导的,而非仅由层间力所致。事实上,由于静电纺丝 P(NIPAm-ABP)膜与 PNIPAm/黏土复合材料的模量存在显著差异,简单的双层结构的静电纺丝膜和 PNIPAm/黏土膜的形状变化并不明显。该策略可以融合双层驱动器和单层驱动器的优势,能发生复杂的形状变形并控制滚动方向。当温度发生变化时,PNIPAm 的热响应性会导致溶胀失配及内应力发生变化,表现为明显的形状变形。由于静电纺丝膜的溶胀,当放入冷水(0 ℃)时,管打开,膜会向外展开(图 3.17(b)),且这种现象是可逆的。

随后 T.-T. Chen 等人设计了一系列不同的图案作为例子。首先将制备好的样品浸泡在 20 ℃ 的水中,如图 3.18(a)~(c)所示,当打印线条与样品长度成夹角 θ 时,样品在水中会在 37 ℃ 下扭曲成螺旋,在 0 ℃ 下解扭曲。四条平行线印在膜的一侧,而另一条正交线随后印在另一侧(图 3.18(d)~(f))。当处于低温环境中时,获得的样品为褶皱结构(图 3.18(f))。当水温升高时,它会自发地沿着四条平行线(内表面的正交线)变为一根管子(图 3.18(e))。当在 37 ℃下通过外力将其压平时,样品可以沿着反面的正交线弯曲并保持稳定,如图 3.18(e)所示。

(a) 制备样品的示意图 (c) 面内内应力和层间内应力示意图 (d) 37 ℃静电纺膜在水中的屈曲

(b) 样品可逆形变(比例尺5 mm)

图 3.17 样品的制备及可逆形状转变

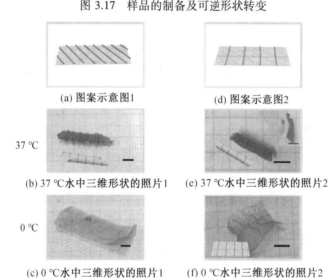

(a) 图案示意图1   (d) 图案示意图2
(b) 37 ℃水中三维形状的照片1   (e) 37 ℃水中三维形状的照片2
(c) 0 ℃水中三维形状的照片1   (f) 0 ℃水中三维形状的照片2

图 3.18 制备样品的刚性图案引导形状变形和温度响应行为(比例尺:5 mm)

虽然图 3.18 皆为相对基本的结构,但它们能够显示出以非常简单的方法产生新的 3D 结构和具有快速响应的独特形状转变模式的巨大潜力。除了像管和螺旋这样的常见形状之外,很多有独特特征的 3D 结构,例如卡扣状结构、不可逆驱动和 3D 结构的折叠,都很容易通过将静电纺丝和 3D 打印相结合的这种策略制备。

锂皂石是一种分散在水中且具有极好触变性的纳米材料,在承受剪切力时为液体,在去除外力后为固体,因此可以作为直接打印水凝胶的内部支撑材料。J.-H. Guo 等人尝试用丙烯酰胺(AAM)、琼脂糖和锂皂石混合溶液作为直接注射打印的墨水。打印后,墨水通过琼脂糖的氢键和聚丙烯酰胺(PAAM)的化学键交联。琼脂糖的热可逆溶胶-凝胶转变会导致水凝胶在第四维度上变化,含有琼脂糖纳米纤维的双重网络则有助于增强 4D 凝胶结构。4D 凝胶显示出了进一步改变其形状的能力,成功构建一种鲸鱼状水凝胶和一种章鱼状水凝胶,经外力处理、冷却后,就会张开嘴、翘起尾巴,触须呈波浪状,似乎"活了起来"。这一工作为创造比三维结构更复杂、性能更优异的结构开辟了新的途径,在大分子领域具有广阔的应用前景。

琼脂糖/聚丙烯酰胺/锂皂石墨水(4D 墨水)在 95 ℃ 时易于挤出,并在悬浮状态下形成连续相。4D 凝胶表现出三组分良好的相容性,其中含有琼脂糖纳米纤维的双网状结构有助于 4D 凝胶的增强。此外,墨水可以很容易地以液体的形式从喷嘴挤出,并在挤出后以固体的形式自支撑。图 3.19 所示为 4D 墨水形成和转化的方案。在 25 ℃ 时,延伸的琼脂糖链很容易平行自聚合形成纳米纤维,并通过氢键相互作用高度交联,生成三维网络。丙烯酰胺原位聚合后,琼脂糖网络与交联密度低的聚丙烯酰胺化学网络相互渗透,形成均匀的双重网络,含有纳米纤维的双重网络可以显著提高复合水凝胶的强度。在高温下,琼脂糖纳米纤维及其网络被破坏成柔性链,而聚丙烯酰胺化学网络仍能保持其原始状态。利用这种热可逆溶胶-凝胶转变行为,4D 凝胶加热到 95 ℃ 而软化,且这种形状变化可以在室温下硬化。

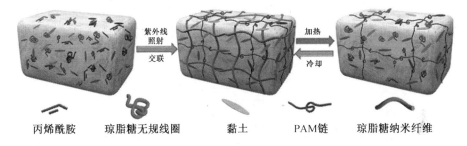

图 3.19　由琼脂糖、聚丙烯酰胺和锂皂石组成的 4D 墨水网络的形成、转化

J.-H. Guo 等人用制得的墨水 3D 打印出悬臂和空心管状结构,如图 3.20(a)所示,打印出的鲸鱼状水凝胶,在 95 ℃ 的烘箱中加热 15 min 后翘起尾巴,在冷水下硬化固定 60 s,获得四维结构。同时,章鱼状水凝胶也以同样的方式获得了四维结构。如图 3.20(b)所示,由于四维的转变,章鱼的触手摆动。通过 4D 凝胶的循环响应过程,章鱼似乎"活了过来"。图 3.20(c)显示了 4D 凝胶在加热和冷却循环期间储能模量(E')的变化。

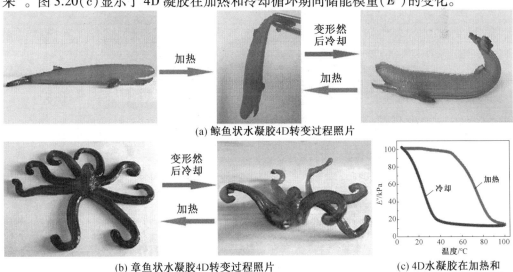

图 3.20　由 4D 墨水打印的产品

不难想象,没有3D打印技术的支持,这样的悬臂式结构是无法直接打印出来的。基于4D凝胶的生物相容性,4D墨水可以满足在高分子领域的广泛应用,特别是支架、传感器、软机器人、医疗器械等生物医学需求。

J.-H. Chen 等人提出了通过融合沉积法打印生物相容性形状记忆双网络水凝胶的方法。水凝胶墨水中的两种网络分别为聚丙烯酰胺(PAAm)网络和明胶网络。PAAm 网络是共价交联的,而明胶网络是热可逆交联。双网络水凝胶的断裂韧性是单一网状明胶或 PAAm 水凝胶的3~7倍,拉伸时可到原始长度的300%,压缩时可到原始厚度的10%。墨水成分经过调整,以获得最佳的打印质量和形状记忆性能。3D 打印的形状记忆 DN 水凝胶具有强大的机械完整性和惊人的形状转换能力,都将在医疗机器人和自部署设备上开辟新的革命性的方向。

以下两种网络(明胶网络和PAAm网络)都是生物相容的。明胶网络在高温下为黏性液体,在低温下固化。它既可以固定形状记忆行为的临时形状,也可以作为基于挤压的3D打印的热增塑剂(图3.21(a)、(b))。PAAm 预聚物溶液在高温下与明胶混合,挤压到冷打印床上(图3.21(b))。明胶固化后,初级 PAAm 网络在紫外光下固化(图3.21(c))。

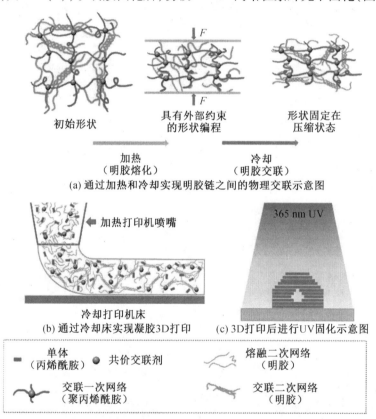

图 3.21 水凝胶固形机理示意图及 3D 打印工艺

在确定了打印参数和明胶浓度后,改变 PAAm 网络的组成以优化打印双网络水凝胶的力学性能和形状记忆性能。研究人员首先表征了纯 PAAm 水凝胶、明胶水凝胶和双网络水凝胶的断裂能。结果表明,双网络显著提高了水凝胶的断裂韧性。随后,改变单体

AAm 和交联剂 BIS 在 PAAm 网络中的含量，考察 PAAm 的组成对水凝胶韧性的影响。当 AAm 成分为 0 时，为纯明胶水凝胶，断裂能相对较低。加入 PAAm 网络后，两个网络之间的相互作用可以在断裂过程中耗散更多的能量，提高凝胶的断裂韧性。然而，AAm 浓度的进一步增加则会阻断明胶网络三重交联的形成，使双网络水凝胶的断裂能降低。此外，还研究了交联密度对水凝胶断裂韧性的影响。在相同的 AAm 用量下，交联剂 BIS 浓度越大，PAAm 网络越硬，交联密度越高，水凝胶的断裂韧性越强。并且，高交联密度的 PAAm 网络有助于减小形状恢复后的残余应变。图 3.22 中演示了双网络水凝胶在拉伸、扭曲和压缩下的形状记忆行为。一级网络明显比二级网络软，所以在形状固定后几乎没有回弹现象。

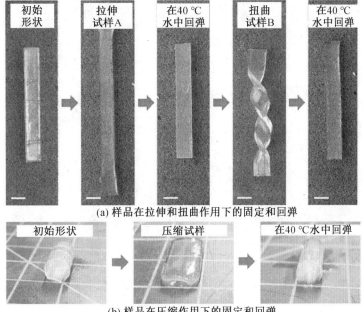

(a) 样品在拉伸和扭曲作用下的固定和回弹

(b) 样品在压缩作用下的固定和回弹

图 3.22 双网络水凝胶在拉伸、扭曲和压缩下的形状记忆行为

J.-H. Chen 等人使用形状记忆双网络水凝胶墨水，3D 打印了一只变形章鱼，以展示其在制造自展开结构方面的潜在用途。如图 3.23 所示，3D 打印章鱼可以被压缩成章鱼卷，这需要材料承受巨大的局部变形，而传统的单网络结构形状记忆水凝胶因脆性太大无法实现。压紧的章鱼卷能够通过原章鱼无法通过的狭窄玻璃管，在 40 ℃ 的温水浴中加热后又可以恢复到原来的形状，说明了使用 3D 打印的形状记忆 DN 水凝胶有着实现自展开机器人的可能性。

此外，利用形状记忆效应制作的抓垫可抓取任意形状的小物体，抓垫一侧为螺旋槽，另一侧为封闭气穴矩阵（图 3.24(a)、(b)）。每个气穴尺寸为 1.5 mm×1.5 mm×1.5 mm。螺旋槽用于输送热水和冷水，通过对形状记忆水凝胶的加热和冷却来控制形状的固定和恢复（图 3.24(c)）。在通道中注入 50 ℃ 的热水，加热形状记忆水凝胶抓垫，然后将其压在要拿起的物体上。将抓垫变形符合物体形状后，向螺旋通道注入 4 ℃ 的冷水，使水凝胶垫冷却并使其处于变形状态。抓垫可以向上抬起，使物体部分嵌在夹持垫内，并在抓垫的

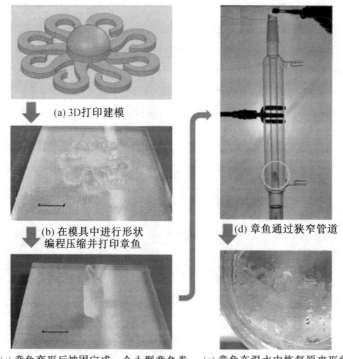

图 3.23 3D 打印的形状记忆章鱼,可广泛变形和压缩成圆柱形,以通过狭窄的管道运送(比例尺为 10 mm)

界面处通过摩擦力夹取。图 3.24(d)演示了该过程,其中热水温度高于明胶的熔化温度,冷水温度低于凝固温度,以通过凝胶更快的加热和冷却实现更快速的变形。

C. de Marco 等人提出一种基于牺牲模板的间接 3D 打印方法。将直写成型技术(DIW)生产的高分辨率微模具注入聚合物并溶解,3D 打印软显微结构。用掺杂磁性纳米粒子(Magnetic Nanoparticles,MNPs)的纯明胶制备三维螺旋状的微型游泳器,无须用光活性化合物即可对明胶进行功能化,此外还制备了分辨率仅为 5 μm 的 4D 支架状微结构。总之,利用这项技术可以克服与制造软微型机器人和微创外科手术工具相关的障碍。

间接 3D 打印在微尺度上制造三维和四维软机器人结构的过程如图 3.25 所示。用两个由两种不同类型的聚合物(明胶和巯基酯聚氨酯基形状记忆聚合物)制成的微型机器人结构进行了演示。间接 3D 打印过程如图 3.25(a)所示,用正性光致刻蚀剂旋涂硅衬底(图 3.25(a)(ⅰ)),随后进行软烘烤(图 3.25(a)(ⅱ))。3D 形状是由商用 DLW 系统确定的(图 3.25(a)(ⅲ)),显影后,模板用明胶溶液填充(图 3.25(a)(ⅳ)),螺旋的凝胶化在 5 ℃下过夜(图 3.25(a)(ⅴ)),在丙酮中放置约 20 min,移除牺牲模板,形成最终的螺旋凝胶(图 3.25(a)(ⅵ))。NOA63 材料因其亲水、耐溶剂、光学透明和低成本而经常用于微流体,虽然 NOA63 是可紫外固化的,但 DLW 不能直接 3D 打印复杂的结构,间接 4D 打印方法克服了相关的限制。图 3.25(b)显示了间接 4D 打印过程,用正性光致抗蚀剂旋涂载玻片(图 3.25(b)(ⅰ)),然后进行持续几分钟的软烘烤(图 3.25(b)(ⅱ))。3D 形状是由商业

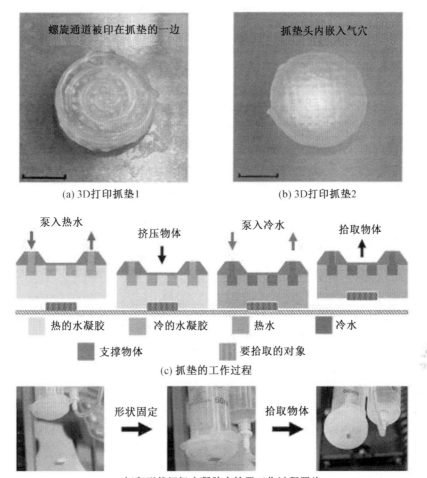

图 3.24 可以通过形状记忆效应抓取任意几何形状小物体的 3D 打印抓垫(比例尺为 10 mm)

DLW 系统确定的(图 3.25(b)(ⅲ))。分别选择锐角冠和钝角冠两种不同的支架状形状，图 3.26 为基于两种形状开发后的空牺牲模板，在制作好模板后，将几滴 NOA63 滴在上面并放置过夜，在室温下将模板用紫外光照射 2 h(图 3.25(b)(ⅳ))，将该结构放置二甲基亚砜中 20 min 以去除模板，用水冲洗，用氮气枪干燥，获得所需的 4D 打印微支架(图 3.25(b)(ⅴ))。

研究人员将所得的间接 4D 打印微结构进行了形貌表征(图 3.27)。微结构分别以阵列、锐角和钝角形式制备。微型帐篷设计有两个侧钩，以便在机械测试期间拉伸它们来评估它们的形状记忆特性。放大的扫描电镜图像如图 3.27(f)所示。

已有报道的 4D 打印心血管支架直径约为 5 mm，最小分辨率约为 200 μm，而该方法 4D 打印出的显微结构最小分辨率约为 5 μm，比报道的结构小 40 倍。已有报道的 4D 打印支架的弹性模量(E)在 100 MPa 左右，而利用 NOA63 的间接 4D 打印的微支架的弹性模量(E)在 1 GPa 左右，与商业聚合物医疗支架相当。此外，为了评估 4D 打印微结构的形状记忆行为，研究人员需要分离单个微帐篷。为此，将一根 15 m 的钨丝黏在一根针上，

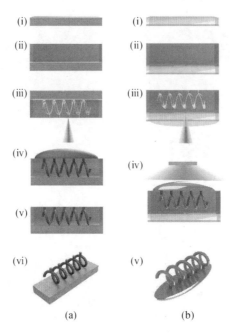

图 3.25 间接 3D 打印(a)和间接 4D 打印(b)的过程示意图

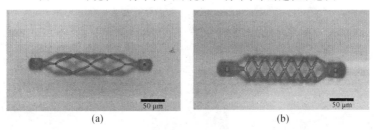

图 3.26 具有锐角(a)和钝角(b)的支架样空牺牲模板

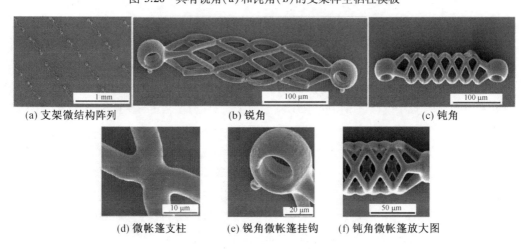

(a) 支架微结构阵列　　(b) 锐角　　(c) 钝角

(d) 微帐篷支柱　　(e) 锐角微帐篷挂钩　　(f) 钝角微帐篷放大图

图 3.27 间接 4D 打印显微结构的 SEM 图像

并使用显微操作器将其穿过其中一个钩子(图 3.28(a)),用 22 m 的钨尖拾取另一个钩子(图 3.28(b))。使用热枪将微支架加热至 T_g 以上(图 3.28(c))后,拉伸微支架,并使用温度传感器测量支架附近的温度。延长后在支架上泼冷水,即使去掉其中一个钨尖,微型帐篷仍然固定成这个形状(图3.28(d))。为了评估形状记忆特性,首先将微帐篷转移到含有冷水的培养皿中,在热板上加热至40 ℃,以模拟身体的水基环境,微型帐篷恢复了原来的形状。图3.28(e)显示了微帐篷开始恢复其原始形状时卷曲的形状,当形状恢复现象完成时,在3 min后拍摄第二帧(图3.28(f))。

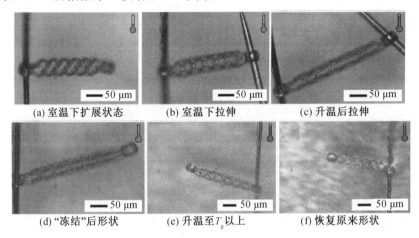

图3.28　微帐篷支架的光学显微图像

这项技术克服了当前3D打印的技术限制,为未来医疗设备制造3D和4D打印的软微型机器人铺平了道路,在软微型机器人特定方面具有重要意义。

3.4.2　水响应型高吸水性树脂材料

2015年,D. Raviv等人提出一种计算方法来设计因环境相互作用而随时间变化的自演变结构,通过打印对水响应材料与计算模型进行配对,模拟材料的变形。研究人员利用亲水材料进行4D打印,这些材料浸入水时会溶胀,发生几何折叠、卷曲和各种其他程序化的形状变化。

利用紫外光逐层固化创建完整的3D结构,打印出来的零件是由刚性塑料基底和一种接触水就会溶胀的材料制成的。溶胀材料是亲水紫外光固化聚合物,交联密度低,在水中时会溶胀成高达原始体积200%的水凝胶。它是由亲水丙烯酸酯单体组成的,在与少量双功能丙烯酸酯分子聚合时生成线性链。这种交联使聚合物由水溶性变为水溶胀性。刚性材料的弹性模量为2 GPa,溶胀材料在干燥状态下的弹性模量为40 MPa,在完全溶胀状态下的弹性模量为5 MPa。最终制作模型的自演化变形如图3.29所示,时间线按照从左到右、从上到下的顺序排列。

研究人员还研究了因润湿导致的形状变换和干燥后的可逆性,进行反复湿润/折叠/干燥/展开共20个连续循环。结果表明,多次重复折叠/展开循环会导致机械降解,且重复润湿/干燥循环会导致溶胀材料的降解。然而,少量的循环下,零件能够在干燥后完全恢复其原始形状,再次浸入水中,它们就会再次变形。因此,如果某应用需要多次折叠/展开或润湿/干燥循环,转化的可逆性就会受到限制,则需要进一步研究以充分了解材料的

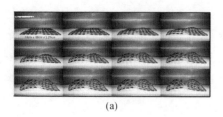 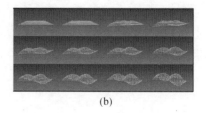

图 3.29　一网格变形为一双曲率曲面(凸和凹)

完整寿命和降解情况。

由于植物细胞壁中刚性纤维素纤维的定向取向会引起局部溶胀行为的差异,植物会在水合作用下表现出形态变化。

Z.-A. Zhao 等人利用光聚合物开发了一种新的亲水/疏水复合结构材料。该复合材料中所用聚乙二醇二丙烯酸酯(PEGDA)提供了理想的驱动速度和驱动力。研究人员利用 DLP 技术打印了可光固化聚合物,对驱动过程进行了实验和理论分析,并制造了几个三维水响应形状转换结构,包括具有顺序驱动行为的结构。

利用 DLP 投影仪制备亲水/疏水复合结构。为了产生复杂的三维形状变化,亲水的 PEGDA 应该附着在疏水聚丙二醇二甲基丙烯酸酯(PPGDMA)的两侧,失配应变将导致结构向两侧折叠。制备复合结构的方法是先创建两个独立的 PEGDA 图案,如图 3.30 所示。一层液态 PEGDA 树脂被固定在两个载玻片之间,液体的厚度由精确的载玻片确定。一个载玻片的表面是亲水的,另一个载玻片的表面是疏水的。为了确定亲水层的形状,使用 DLP 投影仪从亲水玻璃一侧向液体层照射光图案,如图 3.30(a)所示。PEGDA 层的厚度取决于入射光强度和照明时间,通过使用灰度光图案可以实现 PEGDA 厚度的连续变化。脱模后,固体 PEGDA 会黏在亲水玻璃上,如图 3.30(b)所示。随后,将具有两个单独 PEGDA 图案的载玻片组装起来以形成新的模具,并且注入疏水性液体树脂 PPGDMA 以

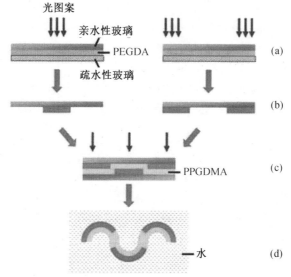

图 3.30　亲水/疏水复合结构的制备工艺

填充 PEGDA 图案之间的空隙,如图 3.30(c)所示。最终形状是通过进一步照射固体 PEGDA 和液体 PPGDMA 树脂的混合物得到的光学图案。将复合结构浸入去离子水中可以诱导变形,如图 3.30(d)所示。

制备亲水/疏水复合形变结构需要三组灰度图像来定义亲水响应层和疏水支撑层。如图 3.31 所示,在每个结构顶部列出的前两幅灰度图像(或者一幅图像)定义的是 PEGDA 层,而最后一幅图像定义的是 PPGDMA 层。图 3.31(a)展示的是一个波形环。螺旋带也可以通过将 PEGDA 纤维引入 PPGDMA 片的一侧来进行制备(图 3.31(b))。DLP 的一个优点是便于在光图案中引入光强梯度。如图 3.31(c)为一片曲率不均匀的叶子,沿着长轴的梯度光图案被用于创建第二层 PEGDA。叶片底部对应于厚的 PEGDA 层,而顶部对应于薄层。图 3.31(d)为一传统的米乌拉折纸。米乌拉-奥里型变形是由 PEGDA/PPGDMA 复合在 PEGDA 之间实现的。由于沿长边和短边的刚度差异以及平板的几何约束,复合铰链沿短边弯曲,并使得相邻的面板一起移动。

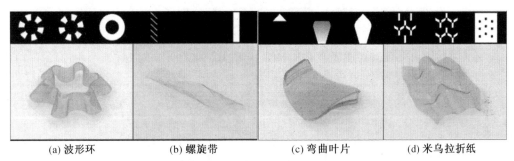

图 3.31　3D 亲水/疏水复合形变结构
(比例尺:10 mm;用于创建结构的三组灰度图像列在每个结构的顶部)

图 3.32 展示了两个顺序水响应结构。类似于图 3.31(c),灰度图像用于实现单步照明期间 PEGDA 厚度的变化。图 3.32(a)为在水中溶胀后变形为"S"形的条带。图 3.32(a)顶部列出的三幅灰度图像用于创建条带。在这里,PEGDA 层由两部分组成:一部分较厚,是使用左边的明亮图案形成的;另一部分则较薄,是通过使用中间的黑色图案形成的。最右边明亮的图案被用来创建 PPGDMA 层。浸入水中后,条带中 PEGDA 较薄的一侧(左侧)在 1 min 内变形至最终形状,而 PEGDA 较厚的一侧(右侧)继续弯曲,在 3 min 内达到最终弯曲状态。由于右端与基板之间的摩擦力高于左底部与基板之间的摩擦力,因此随后右侧部分的变形驱动条带向右移动。图 3.32(b)显示了一个连续水响应的花结构,两组花瓣的不同强度的灰度图像被照射以产生厚度交错变化的 PEGDA 层。浸入水中后,一部分花瓣很快达到一个小曲率的平衡弯曲;另一部分继续弯曲,最终变形为非常弯曲的形状,溶胀后每个结构的最终形状如图 3.32 右侧所示。

A. Sydney Gladman 等人开发了一种仿生水凝胶复合材料,它可以经过 4D 打印成双层结构,且这些结构有局部溶胀各向异性,在浸入水中时会引起复杂的形状变化。

水凝胶复合墨水由嵌入丙烯酰胺基质中的刚性纤维素原纤维组成,该基质能够模拟植物细胞壁的组成。墨水体系包含 N,N-二甲基丙烯酰胺(或可逆体系中的 N-异丙基丙烯酰胺)、光引发剂、纳米黏土、葡萄糖氧化酶、葡萄糖和纳米原纤化纤维素(NFC)的水溶

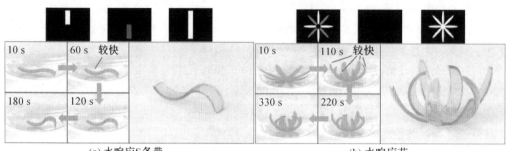

(a) 水响应S条带　　　　　　　　　　　(b) 水响应花

图 3.32　顺序水响应结构举例

(比例尺:10 mm;用于创建结构的三组灰度图像列在每个结构的顶部;
每个结构的左侧都显示了驱动的快照)

液。上述成分具有不同的用途:黏土颗粒是一种流变助剂,诱导直接书写墨水所需的理想黏弹性行为;在紫外线固化过程中,葡萄糖氧化酶和葡萄糖通过清除周围的氧来抑制氧,从而改善打印的丝状特征(直径为 100 μm～1 mm)的聚合,以产生机械坚固的结构;NFC作为刚性填料以高纵横比(约 100)捆绑成微原纤维。在打印后,丙烯酰胺单体经纳米黏土颗粒光聚合和物理交联,形成一种生物相容性水凝胶。

仿生 4D 打印(Bio-4DP)技术通过局部控制水凝胶复合物中纤维素原纤维的取向来确定弹性和溶胀各向异性的能力。在打印过程中,当墨水流过沉积喷嘴时,这些原纤维经历剪切诱导排列使得打印细丝的刚度具有各向异性。因此与横向方向(图 3.33(a))相比,在纵向方向(沿着细丝长度,由打印路径决定)上具有溶胀行为。对各向同性铸塑片材(图 3.33(b))、单向打印(图 3.33(c))和图案打印(图 3.33(d))样品中的纤维素原纤维进行直接成像,可观察到与相同材料的各向同性铸塑片材相比,在打印样品中能够直接观察到纤维素原纤维排列。剪切诱导排列的程度,以及溶胀各向异性的大小,取决于喷嘴直径和打印速度。当打印速度一定时,纤维素原纤维排列的剪切力与喷嘴尺寸成反比。

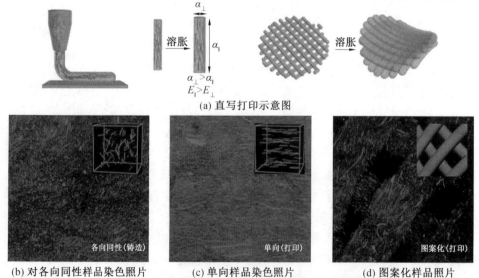

(a) 直写打印示意图

(b) 对各向同性样品染色照片　　(c) 单向样品染色照片　　(d) 图案化样品照片

图 3.33　水凝胶复合墨水打印中纤维素纤维的排列(比例尺为 200 μm)

研究人员创建了一系列功能性折花结构,以展示 Bio-4DP 的功能(图 3.34)。灵感来自花朵的开放/闭合,将花瓣以 90°/0°方向的墨丝打印成花朵形式(图 3.34(a)),结构在溶胀时闭合。作为对照,使用没有微纤丝(NFC)的墨水打印了相同的图案,它在溶胀时保持平坦(图 3.35)。当花瓣以-45°/45°方向的墨丝打印时(图 3.34(b)),所得结构产生扭曲的构型;所得结构的手性是由于双层的顶部-底部对称性被破坏,因此在整个厚度上存在溶胀差异。尽管图 3.34 中所示的形状转变是不可逆的,但是用刺激响应性 PNIPAm 代替聚(N,N-二甲基丙烯酰胺)基质(图 3.36),在不同温度的水中就会发生可逆的形状变化,该结构首先在常温水中达到平衡,在浸入温水浴(50 ℃)时,PNIPAm 的线圈到球状转变导致水凝胶基质收缩,从而返回到平坦结构,可以通过改变水温以实现多次循环。

 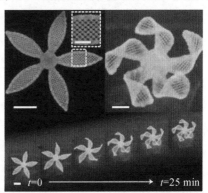

(a) 90°/0°方向打印的花及变形照片　　(b) -45°/45°方向打印的花及变形照片

图 3.34　仿生 4D 打印复杂花形态(比例尺为 5 mm,插图比例尺为 2.5 mm)

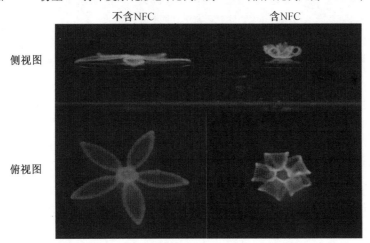

图 3.35　不含 NFC(左)和含质量分数 0.8%的 NFC(右)墨水打印出的花浸泡 24 h 后的图像

仿生 4D 打印技术具有作为平台技术的潜力,其中水凝胶复合墨水配方可以扩展到其他的基质(如液晶弹性体)和各向异性的填料(如金属纳米棒),与流动诱导各向异性材料结合能够生产具有可调功能的动态可重构材料。通过调整打印参数,如细丝尺寸、方向和线间距,可以打印具有各向异性的中尺度双层结构,这些结构在浸入水中时会变形为预测的给定目标形状。这项研究为组织工程、生物医学设备、软机器人等领域创造变形架构开辟了新的途径。

图 3.36　由质量分数 0.8% NFC 的 PNIPAm 水凝胶基质组成的
90°/0°花表现出热可逆形状变化

4D 打印模型还可用于监测植物生长过程中的形态演化,揭示其潜在的形态发生机制。D. Wu 等人利用 4D 打印技术阐明了植物器官的形态发生机制。将 DLP 3D 打印技术与刺激响应水凝胶相结合,4D 打印出了一个异构的核-壳水凝胶结构,模仿南瓜果实。模型模拟了南瓜的生长过程,随着水凝胶的溶胀,逐渐形成类似南瓜的形态。在这个模型中,不易溶胀的硬核模拟了果实的中心部分,易快速溶胀的软壳模仿了果实的软果皮,果皮的生长和体积溶胀最为明显。屈曲波长决定了"南瓜"表面上脊和槽的数量,通过控制核壳之间的溶胀失配来调节。这项工作首次研究了从起始点到整个表面的周期性屈曲随时间的发展,阐明了无外部边界三维非均质自约束物体屈曲的前提、机制和动力学过程,该研究有助于理解具有边界约束的均匀物体的屈曲。

这项研究以 4D 打印聚丙烯酸(PAAc)水凝胶结构作为材料模型。水凝胶由作为主链的交联烷基链和向外延伸的羧基组成,在高于 pK_a 值的环境中会发生溶胀。

图 3.37(a)为打印水凝胶结构的微立体光刻系统的原理图。打印出一个小南瓜形的非均质水凝胶结构(以下称"南瓜模型"),其内核和外壳是一致的,如图 3.37(c)的截面图所示。南瓜模型包括一个打印较长时间(10 s)的核心和一个打印较短时间(3.5 s)的周壳。这种打印剖面有一个高度溶胀的软外壳和一个较少溶胀的硬核。由于南瓜模型是逐层打印的,所以在图 3.37(d)中层间水平线都保持可见。这些水平层状特征与南瓜模型生长过程中形成的垂直周向脊槽有本质的不同,在初始状态下,南瓜模型表面光滑,对应真实南瓜的开花期,如图 3.37(b)所示。当南瓜模型在 pH = 7 的缓冲溶液中溶胀时,水开始扩散到水凝胶网络中使得南瓜模型逐渐溶胀。在这个过渡状态期间,南瓜模型上仍然没有形成圆周特征,这对应于花已经枯萎之后刚开始生长绿色南瓜阶段。最终,在缓冲溶液中生长 4 h 后,由于壳在核的约束下弯曲,南瓜模型表面出现了可见的脊和槽。圆周屈曲特征从南瓜模型的一端到另一端连续延伸,对应于南瓜生命周期中的成熟阶段。通过这一过程,南瓜模型的溶胀演化成功地模拟了南瓜的形态,从无特征的几何球状逐渐发展到最后周期性的沟壑和脊状结构。

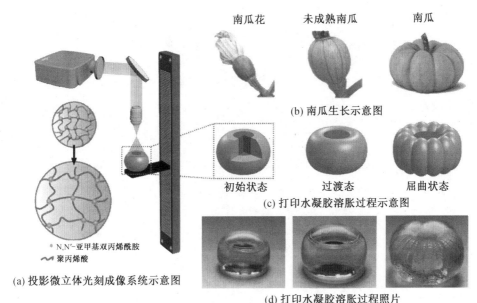

图 3.37 南瓜模型的打印与模拟生长（比例尺为 5 mm）

除了模拟南瓜等葫芦科植物的形态变化外，研究人员还模拟了其他水果和植被的形态变化，如卷心菜的弯曲边缘、弯曲的花瓣、扭曲的豆壳等。为了模仿卷心菜，研究人员用同样的水凝胶材料打印了一个核-壳异质结构薄圆盘，如图 3.38(a) 所示。固化 3 s 的软壳与固化 10 s 的硬核在缓冲溶液中溶胀 2 min 后，溶胀(应变)不匹配，形成了白菜叶状的波浪形态，如图 3.38(b) 所示。为了模拟花瓣，打印一个双层异质结构模仿菊花的形态，如图 3.38(e) 所示。这两层花瓣与水作用时溶胀率不同，使得花瓣可以扮演一个向中心弯曲的双层驱动器的角色。除了核壳结构和双层结构之外，不同的植物形态也可以通过在软膜中放置硬线可控形成。在图 3.38(i) 中打印的叶子形状的结构，里面有柔软的叶肉和坚硬的叶脉。在缓冲溶液中浸泡 2 min 后，叶子会变成弯曲的轮廓，如图 3.38(j) 所示。此外，打印了一个嵌入了 45°定向的硬斜线的软带并发展成类似豆荚的螺旋结构，如图 3.38(m)、(n) 所示。图 3.38(c)、(g)、(k)、(o) 所示的四种不同结构的模拟显示了与实验结果相同的结果，这些结果非常类似于自然生物，如图 3.38(d)、(h)、(l)、(p) 所示。这进一步验证了 4D 打印设计和工艺对几何演变的影响，通过设计具有可调模量失配和溶胀失配的异质结构，可控地模拟和复制各种植物的形态变化。

Z.-L. Wu 等人提出了一种新的方法来模拟纤维状植物组织，利用内部应力的小尺度变化来形成三维形态。有不同化学性质的纤维状区域的单层水凝胶片，在外部刺激下会表现出不同程度的收缩。以平面到螺旋的三维形状转换为例探讨薄片内部结构与它们向具有圆柱和锥形螺旋过渡之间的关系。在水凝胶薄片上，通过小尺度图案来实现多种三维形状转换，是开发可编程软物质的重要步骤。

溶解有 2-丙烯酰胺-2-甲基丙磺酸(AMPS)、N,N-亚甲基双丙烯酰胺(MBAA)和 2-2′-偶氮-双-(2-甲基丙酸脒) 的 PNIPAm 水凝胶(初级凝胶，PG)，通过光掩模进行紫外光照射(图 3.39(a))，光聚合形成 PNIPAm/PAMPS(一种二元凝胶，BG)的互穿网络。PG

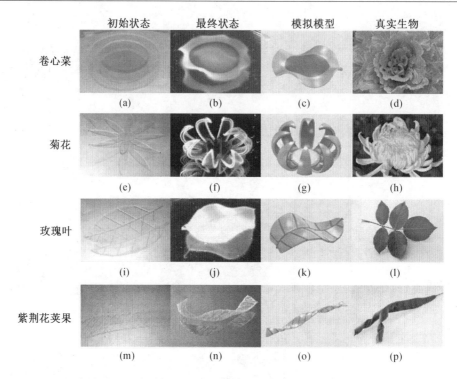

图 3.38　不同打印仿生结构的形态变化(比例尺为 5 mm)

和 BG 的条纹分别用浅色和深色显示。PNIPAm 和 PNIPAm/PAMPS 条纹的结合使得 PG 和 BG 条纹得到了有效的调节,这是由于 PNIPAm 的热或离子强度介导的脱水和 PAMPS 的保水作用。在加热至 45 ℃以上的去离子水中,以及在 NaCl 水溶液中,片材经历了到螺旋的可逆转变。螺旋的形态随着 θ 角的变化而变化(图 3.39(b))。对于这种特殊设计的水凝胶片,螺旋的结构特征,如匝数 N 和螺距 p,会随 NaCl 溶液浓度 C_{NaCl} 的变化而变化(图 3.39(c))。

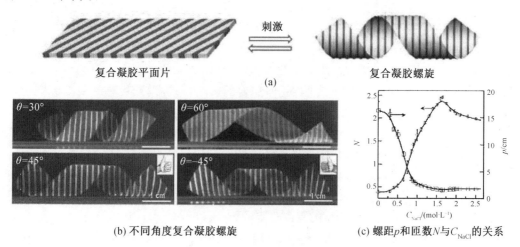

图 3.39　纤维状植物组织的模拟

利用材料的小尺度调制概念,研究人员实现了两个稳定螺旋形状之间的不连续可逆转变,且每个螺旋形状具有不同的匝数。用 H_1-H_2-H_3 序列(图 3.40(a))中的三种类型的周期性条纹对片材进行图案化,分别对应于聚(羟乙基丙烯酰胺-co-N-异丙基丙烯酰胺)/聚(N-异丙基丙烯酰胺)(P(HEAm-co-NIPAm)/PNIPAm、P(HEAm-co-NIPAm)和 P(HEAm-co-NIPAm)/PAMPS 水凝胶。在 40 ℃以上,H_1 的条纹收缩,H_2 和 H_3 的区域保持柔软和溶胀(P(HEAm-co-NIPAm)/PNIPAm 的脱水温度为 34 ℃),形成了 N = 1.9 的螺旋(图 3.40(b))。加热至 65 ℃,高于 P(HEAm-co-NIPAm)的脱水温度(53 ℃),H_2 坍塌,溶胀软条纹的尺寸急剧减小(从 H_2+H_3 到 H_3),这种效应导致螺旋线的匝数增加到 N = 2.5。

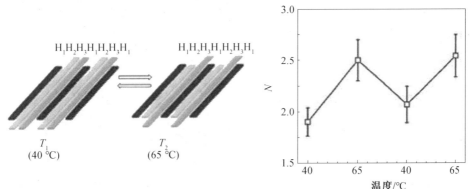

(a) H_1、H_2 和 H_3 的条纹尺寸随温度变化示意图 (b) 不同匝数 N 在去离子水中的不连续温度诱导跃迁

图 3.40 螺旋构型之间的温度诱导转变

这种成型机制能够"编程"多种三维形状转换,从而使材料可适应环境条件并重构。一种由聚(丙烯酰胺-co-甲基丙烯酸丁酯)凝胶(H_1)、聚(N-乙烯基咪唑)/聚(丙烯酰胺-co-甲基丙烯酸丁酯)(H_2)和聚(丙烯酰胺-co-甲基丙烯酸丁酯)/聚甲基丙烯酸(H_3)组成的条纹凝胶片展示了这一独特的特性。H_2 和 H_3 的条纹在 θ 为 0°和 45°时出现,如图 3.41(a)所示,中性的条件下(pH = 6.8),阳离子和阴离子条带没有被激活,凝胶片为平面结构(图 3.41(a′))。凝胶的 pH 响应区域在酸性和碱性条件下选择性溶胀(图 3.41(b)、(c))。在 pH = 2.3 时,阳离子条带被激活,含有聚(N-乙烯基咪唑)的 H_2 条纹溶胀,导致片材由平面向圆弧转变(图 3.41(b′))。在 pH = 9.5 时,含有聚甲基丙烯酸的 H_3 阴离子条纹溶胀,实现片材由平面到螺旋形状转变(图 3.41(c′))。

M. I. Shiblee 等人将 3D 打印技术与智能形状记忆凝胶(SMGs)相结合,开发了一种机械性能好的软双层驱动器以实现仿生驱动。打印出的 SMG 为聚(N,N-二甲基丙烯酰胺-co-十八烷基丙烯酸酯)(P(DMAAm-co-SA))凝胶,凝胶中结晶 SA 单体的存在使其成为具有可调力学、溶胀和热性能的凝胶。SMG 中 SA 含量高,则机械刚度高、溶胀能力弱。这种方案实现了第四维度的精确控制,能驱动具有可编程形状变化的 3D 打印双层结构,并且由于 SMG 优异的形状固定力,在任何情况下都能固定形状(甚至在水蒸发后)。作为概念验证,研究人员还模拟了自然的花朵结构和水下 3D 宏观软夹持器,这可

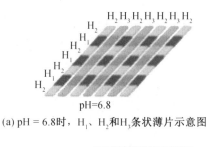

(a) pH = 6.8时，H_1、H_2和H_3条状薄片示意图

(a') pH=6.8时，(a)所示的平面凝胶片

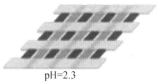

(b) 将(a)中凝胶片放置在pH=2.3酸性溶液中

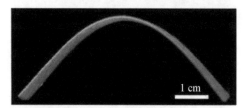

(b') pH=2.3时，(b)所示的弧形凝胶片

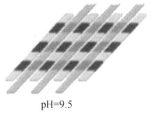

(c) 将(a)中凝胶片放置在pH=9.5碱性溶液中

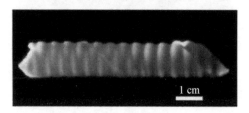

(c') pH=9.5时，(c)所示的凝胶片形成的螺旋

图 3.41 凝胶片中编程的多重形状转换

能会为具有协同功能的仿生智能系统的设计提供新的见解。

通过改变 SA 和 DMAAm 单体的浓度，研究人员制备了两种不同组成的 SMG 凝胶用于制备双层打印结构，发现其力学性能和溶胀性能在很大程度上取决于组成。两种凝胶分别被称为 SMG70-SA30 和 SMG90-SA10，其中 SMG 和 SA 后面的数字分别对应 DMAAm 和 SA 的摩尔浓度，图 3.42 为 SMGs 单体成分的化学结构。在双分子层形成之前，须对每一层物理化学性质进行研究，以确定其在驱动系统中的适用性。因此，研究人员研究了每个 SMG 样品(SMG70-SA30 和 SMG90-SA10)的双层结构和溶胀行为。

为了实现溶胀诱导的双层驱动，必须清楚每一层中 SMG 的溶胀行为。研究人员发现 SMGs 的溶胀度仅由亲水性单体 DMAAm 含量决定。SMG70-SA30 和 SMG90-SA10 的温度响应溶胀度如图 3.43(a)所示，SMG90-SA10 的溶胀度远高于 SMG70-SA30。高温溶胀度增加的现象可能与 SMG 的交联密度有关。两种 SMG 溶胀程度的差异对 SMG 双层膜的形成起着至关重要的作用，它们在不同温度下的溶胀行为将是驱动过程中一个重要的可调参数。图 3.43(b)~(e)显示了 SMG70-SA30 和 SMG90-SA10 在室温至 60 ℃时的吸水速率和释水速率：在前 1 h 内，两种 SMGs 都发生了很大程度的溶胀，且释水速率主要取决于温度，即温度越高，释水速率越快。释水速率和温度对形状恢复过程均有显著影响。温度对 SMG70-SA30 溶胀度和吸水速率的影响略强于 SMG90-SA10，这可能是由于在较高的温度下，当 SA 单体在非晶网络中扩散时，晶体网络的溶胀能力增强。SMG70-SA30

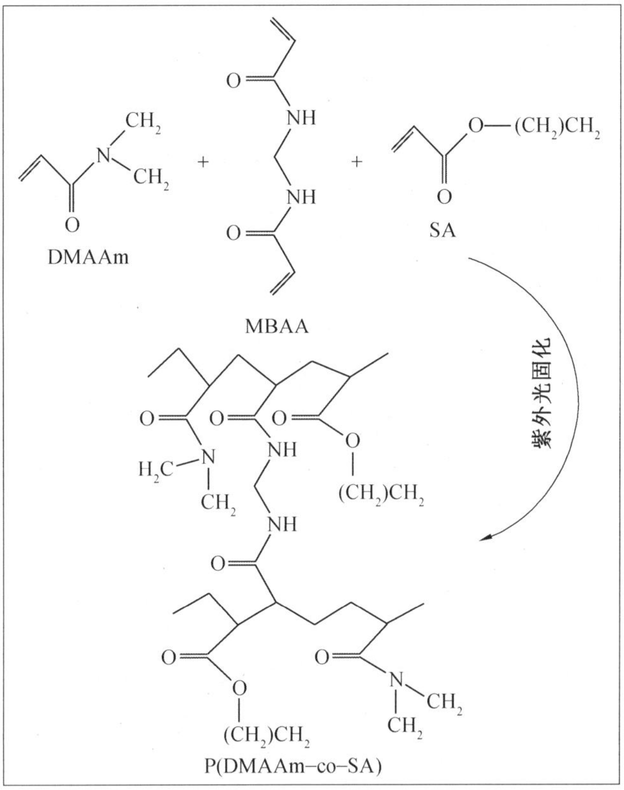

图 3.42　SMGs 单体成分的化学结构

在室温和 30 ℃（低于 T_g）、40 ℃ 和 50 ℃（接近 T_g）、60 ℃（高于 T_g）三个不同温度区域的吸水性曲线具有可比性，而 SMG90-SA10 没有表现出这样的行为。

基于上述 SMG 水凝胶的机械、热和溶胀特性，研究人员通过将 SMG70-SA30 和 SMG90-SA10 集成到一个系统中来开发双层驱动器，其中每一层都发挥动态作用。弯曲变形和恢复过程如图 3.44(a) 所示，SMG70-SA30 中热响应结晶组分 SA 的含量高，对温度更敏感，而 SMG90-SA10 比 SMG70-SA30 具有更高的溶胀度（即使在高温下）。因此，在弯曲驱动中，SMG90-SA10 层具有主动溶胀功能，而 SMG70-SA30 层影响弯曲速率，并在响应时间和恢复过程中起关键作用。因此，遇水溶胀后，双层条会向 SMG70-SA30 发生弯曲，使 SMG90-SA10 成为外层。SMG70-SA30 层越软，各向异性溶胀和层间机械应力的差异越大，SMG90-SA10 层越容易弯曲。

研究人员利用一系列 3D 打印 SMG 双层膜，探讨温度、层厚和层高对弯曲曲率和恢复过程的影响。图 3.44(b)、(c) 为单层厚度为 0.5 mm（双层厚度为 1 mm）、长度为 50 mm 的双层材料的弯曲行为与时间的函数关系。M. I. Shiblce 等人记录了双层条带的弯曲行为，并证实了 SMG90-SA10 水凝胶因溶胀所施加的应力而向 SMG70-SA30 一侧弯曲。升高温度对 SMG70-SA30 软层弯曲速率的影响较大，因为在较高温度下弯曲所需的应力较

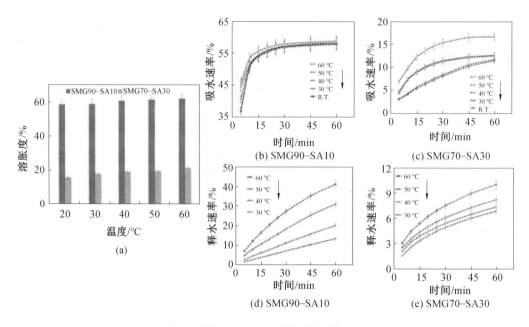

图 3.43 SMGs 的溶胀特性

小。双层条带的厚度和高度相关的弯曲行为如图 3.44(d)、(e)所示。图 3.44(d)为 50 mm 长,2 mm 厚的双层材料在 60 ℃下的弯曲行为;图 3.44(e)为 20 mm 长,1 mm 厚的双层材料在 60 ℃下的弯曲行为。与较薄的条带相比,较厚的双层在曲率形成方面表现出较慢的响应。SMG 双层驱动器利用形状记忆效应时的恢复曲率及对应图像如图 3.44(f)、(g)所示。在水中的恢复高度依赖于温度,只有将双层线圈浸入温度高于 SMG70-SA30 转变温度的水中才能实现恢复过程。在较高的水温下,恢复响应时间明显更短(图 3.44(g))。

利用双层驱动的概念可以开发各种形状、不同功能的可设计结构单元。通过沿长轴交替打印双层水凝胶的两个部分,可以形成正弦或蛇形结构(图 3.45(a))。为了证明双层驱动器的自然模仿能力,打印了由 SMG90-SA10 和 SMG70-SA30 层(每层厚度:0.5 mm)组成的四瓣花结构(直径 50 mm),在 50 ℃水中每个花瓣向 SMG70-SA30 层弯曲,从平坦变形为 3D 开花状态,再变形为闭合状态(图 3.45(b))。由于 SMG70-SA30 层的高形状记忆力,开口朝向 SMG90-SA10 层。虽然 SMG90-SA10 具有较少的晶体结构域,但仍表现出形状记忆效应。因此,在恢复过程中,SMG70-SA30 和 SMG90-SA10 都对形状记忆有所贡献。花的可编程开闭过程可用于生物机器人系统。为了验证 3D 打印的 SMG 双层结构的软机器人功能,研究人员制作一个软夹持器(直径 50 mm),如图 3.45(c)所示,它可以在溶胀时抓取、提升和运输物体。当软夹持器浸入 50 ℃的水中时,它会向 SMG70-SA30 一侧关闭。抓手需要 30 min 来抓住玻璃瓶,当水冷却到约 30 ℃(低于 SMG70-SA30 的 T_g)时,抓手可以在水和空气环境中提起和运输玻璃瓶(质量约 40 g)(图 3.45(c))。之后,由于 SMG70-SA30 层的形状记忆特性,当浸入热水(70 ℃)中 1 min 内,夹持器可以释放小瓶。通过这些实验,研究人员预计,3D 打印和智能材料(如 SMGs)的集成技术将广泛应用在软驱动器、仿生设备、环境传感器和软机器人领域。

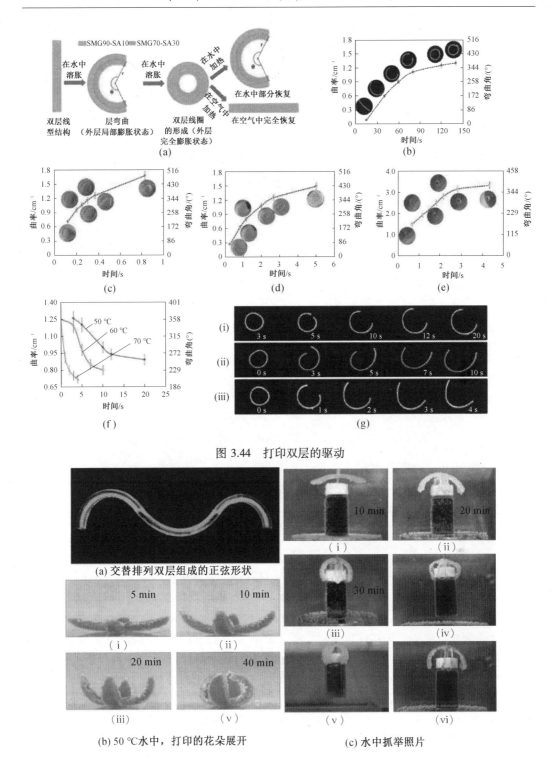

图 3.44 打印双层的驱动

图 3.45 4D 打印 SMGs 的应用

熔融长丝制造(FFF)3D 打印是最实惠、最通用的方法,通过分层沉积熔化并冷却的热塑性聚合物进行 3D 打印。3D 打印实现了对多种材料在一个结构中的位置自动化和高分辨率空间控制。FFF 可以打印一系列具有不同物理和机械性能的材料。热塑性聚氨酯(TPU)材料已被用于 FFF 打印中,用来创建坚固的 3D 打印部件。

A. B. Baker 等人受 4D 打印折纸结构的启发,打印出了具有局部双层区域(主动)的三层(被动)结构。通过将双层和三层(聚氨酯水凝胶芯和聚氨酯弹性体表层)结合在一个打印件中,观察水凝胶水化后的形状变化,结果发现形状变化由双层在结构中的空间位置决定。这些夹层结构的 FFF 3D 打印可以实现很好的空间控制。

如图 3.46 所示,三层结构由疏水性聚氨酯表层/底层(深灰色)和亲水性聚氨酯核心(白色)组成,且所有材料均采用 FFF 3D 打印。0°或 90°(此处显示为 0°)处的蒙皮打印路径是相对于核心打印路径方向定义的,而核心打印路径方向总是采用蒙皮间隙上的最短路径。打印后,如图 3.46(b)所示,在有水环境下,三层结构在蒙皮间隙位置弯曲出平面,创建的折叠角度定义为 θ_f,该值在干燥后将返回到 180°(平)。弯曲角度可以通过改变间隙宽度 G 和皮芯厚度 S 和 C 来控制。

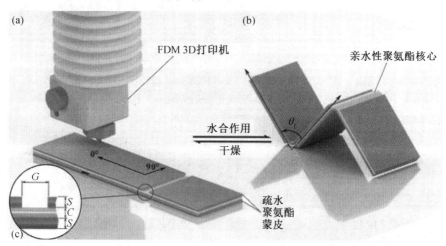

图 3.46 打印聚氨酯水凝胶-弹性体三层结构

双层结构是 3D 打印部件中的活性成分,其尺寸和组成将决定其形成的水合形状。这项研究仅使用了一种活性水凝胶和一种被动弹性体,唯一影响曲率半径的变量是每层的厚度,弧的长度也可以通过改变双层的长度来控制。研究这些变量,就能够确定双层膜形成具有可预测驱动角度的能力。

使用蒙皮工具路径沿着样本长度(0°)或横向样本长度(90°)进行打印,以确定蒙皮的各向异性是否会影响每个铰链的驱动。如图 3.47 所示,在 0°和 90°样品之间驱动角的差异可以忽略,表明蒙皮的打印方向不影响驱动性能。在第一层(或 0.8 mm 弹性体/表层厚度的第一和第二层)的所需铰链位置打印一个开放通道来形成谷折,在最后一层(或 0.8 mm 弹性体/表层厚度的最后两层)打印一个开放通道来形成山折,如图 3.47 所示,G 称为间隙宽度。双层长度即间隙长度增加,形成的驱动角也以线性方式增加。这种趋势可以在不同的厚度和折叠方向上观察到(图 3.47(a)、(b))。层厚度影响曲率半径,具有相同厚度层(0.4 mm 水凝胶和 0.4 mm 弹性体)的样品显示出最小的曲率半径,即顶部和底部皮肤间隙产生最大的驱动角。蒙皮间隙的位置也影响所形成的驱动角,位于顶面的蒙皮间隙(山折)形成的角度大于位于底面的间隙(谷折)。这种差异源于谷折的打印方式:水凝胶层打印在间隙上,而不是像其余部分一样打印在弹性体层上,这导致水凝胶下垂到间隙中,由于打印喷嘴处背压的降低,增加了水凝胶的沉积。

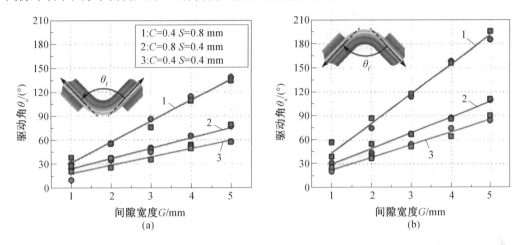

图 3.47　G、C、S 对水化的平面外驱动角($\theta_a = 180° - \theta_f$)的影响

研究人员利用 C 和 S 值分别为 0.4 mm 和 0.4 mm 的山折,研究曲率形成的速率(图 3.48)。铰链是通过水凝胶层的水合形成的,水合的速率则是由扩散决定的。一开始,铰链折叠速度较快,3 min 内可达到最终角度的 25%,而完成 50%、75% 和 100% 驱动角的折叠分别需要 13 min、32 min 和 360 min(6 h)。这与水凝胶的吸水性能有关,扩散水凝胶的体积呈对数趋势变化,符合菲克定律。

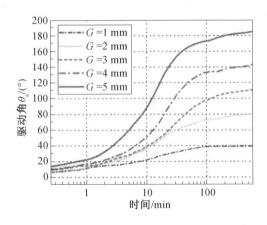

图 3.48　时间和间隙宽度对驱动角的影响(山折)

利用该设计打印了三维多边形和螺旋结构(图 3.49 和图 3.50)。打印和驱动的三维多边形是由平面形状形成的立方体、八面体和四面体,并且分别需要 90°、90°/109° 和 109° 的驱动角。三维多边形都是使用山折(顶部蒙皮间隙)形成的,因为山折允许使用较小的蒙皮间隙尺寸实现所需的折叠。

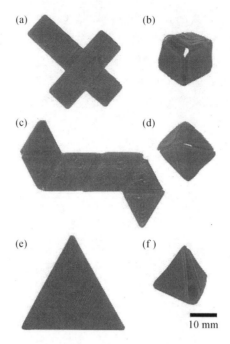

图 3.49 多边形从脱水(左)到水合(右)的驱动

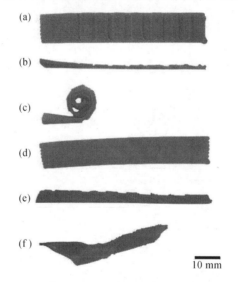

图 3.50 螺旋带从脱水到水合的驱动

使用 4D 打印技术演示了平面内(图 3.50(a)~(c))和平面外(图 3.50(d)~(f))的螺旋带从脱水到水合的驱动。同样,所有铰链都在顶部表面(山折)打印了蒙皮缺口。如图 3.50(a)、(b)为平面内的螺旋带由脱水(侧面和顶视图)向水合转变(图 3.50(c))引起的响应变化,图 3.50(d)、(e)为平面外的螺旋带经脱水(侧面和顶视图)向水合(图 3.50(f))引起的响应变化。图 3.49 和图 3.50 均经历了多次水合脱水循环,且表现出一致的驱动行为。这里展示了两种螺旋设计方式,说明 3D 打印技术可以在单个打印物体中实现可变螺距和半径的无限组合(图 3.50(d)),不过会受到可打印参数的限制。虽然使用这种工艺可以制造厚度较大的结构,但是将活性层打印在非活性层的间隙上时材料会进一步下垂,又会降低后续层中材料之间的层间黏附力。

A. L. Duigou 等人提出了一种基于导电碳纤维增强体的新型 4D 打印多刺激响应结构——聚酰胺 6-I 连续碳纤维涂层/聚酰胺 6 双层结构(cCF:PA6-I/PA6)。这种结构的功能材料可以通过环境湿度的变化进行驱动,也可以通过电加热触发,后者利用焦耳效应控制初始样品中的水分含量。这种新型结构的功能材料的驱动速度比现有的有相同响应能力的其他吸湿材料提高了 10 倍。当电加热关闭时,被动冷却和湿气驱动以完全可逆模式触发。

A. L. Duigou 等人从天然松果获得灵感,设计了具有双层结构的吸水复合材料,两层结构具有不同的吸湿性能。纯 PA6 基体层(图 3.51(a))是吸湿热活性层;cCF:PA6-I 层在这里用作一种耐机械层,耐潮湿且耐用刚度高,且碳纤维既起到了增强作用,又起到了导电路径的作用。层间的不同吸湿溶胀导致了在不同相对湿度(RH)环境中复合材料的弯曲驱动(图 3.51(a))。通过对打印碳纤维图案的调整,控制样品的刚度分布,即响应性和电导率,从而控制反应性。FFF 在这里被用于构建电路和增强结构,同时保持结构驱动的自由度。

在样品(图 3.51(b)中 RH = 9%)中施加电场,电焦耳效应引起的加热和温度的升高,输入电压和复合层的导电性的变化会影响温度,进而导致含水率的变化。与聚合物或复合材料中的水扩散相反,电热效应引起的热扩散是一种快速动力学现象。因此,通过从复合材料中解吸水分,可以加速水分驱动。这种机制的存在会改变每层的硬度和吸湿收缩率。一旦电场消失,自发的水分吸附会驱动变形行为。在该研究中,双层的吸湿行为用于致动响应性,而电刺激允许触发并提高致动速度。

如图 3.51 所示,该材料为一种自主和可逆的湿变形驱动器。湿度相对的变化导致双层膜的吸湿和内部吸湿应力分布变化,从而产生弯曲驱动,如图 3.51(a)所示,在 9% RH 和 23 ℃下干燥的双层复合材料的初始状态下,复合材料发生弯曲,如图 3.51(b)所示,吸湿后,复合材料伸直。在饱和湿状态下,电刺激通过焦耳效应导致温度升高,水分含量迅速减少,并允许控制驱动(返回干燥弯曲状态),如图 3.51(c)所示,而从干态到湿态复合材料的形状与图 3.51(b)相似。当切断电流时,温度下降,水分含量增加。

随后将样品放置在不同湿度环境下,根据曲率变化研究其自主吸湿行为。采用等效双金属梁模型设计了最优双层结构,制备了矩形($L = 70$ mm,$W = 20$ mm)连续碳纤维增强聚酰胺基复合材料。cCF:PA6-I 层总厚度为 0.125 mm,横向印制。导电网络(此步骤未触发)为矩形状的 U 形,L/W 为 0.25。当置于各种潮湿环境(0%、9%、33%、50%、75% 和 98% RH)时,cCF:PA6-I/PA6 双层表现出较强的响应(图 3.52(a))。干燥后的样品在低相对湿度下呈现高曲率值,在潮湿环境中伸直。从图像分析中,可以测量相对曲率 ΔK(初始曲率 $K_{initial}$ 和最终曲率 K_t 之间的差异)。受激曲率随吸附时间非线性变化。在吸附的初始阶段观察到反应迅速,一旦达到饱和,相对曲率达到最大值。对于在 98% RH 和 23 ℃下的样品,最大相对曲率为 (0.088 ± 0.011) mm^{-1}(图 3.52(b)),该值与具有相似厚度的天然纤维、纸或水凝胶基吸湿材料所显示的值相当。最大曲率取决于水分含量,含量越高,驱动响应度越大。然而,反应性不受水分含量的影响,12 h 大约是 cCF:PA6-I/PA6

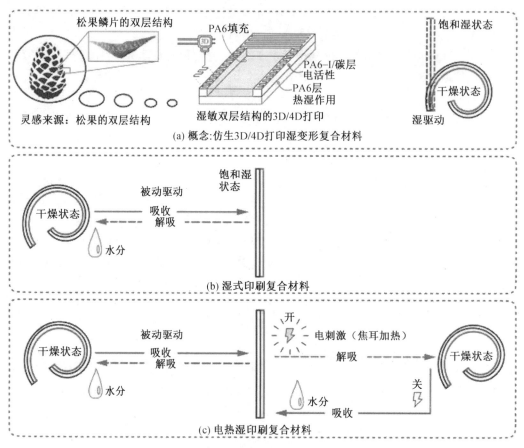

图 3.51 吸湿型复合材料原理及自主可逆的湿变形驱动过程:(a)、(b) 在 9% RH 和 23 ℃下干燥的双层复合材料的初始状态,即复合材料发生弯曲。吸湿后,复合材料伸直。(c) 从干态到湿态,复合材料在形状上与(b)相似,在饱和湿状态下,电刺激通过焦耳效应导致温度升高,水分含量迅速减少,并允许控制驱动(返回干燥弯曲状态),当切断电流时,温度下降,水分含量增加,这取决于样品所在的环境 RH,该材料表现为一种自主和可逆的湿变形驱动器

双分子层完全自主驱动的必要条件。

在 98% RH 下达到曲率的稳定值后,将 cCF:PA6-I/PA6 双层置于室温($T = 23$ ℃)的干燥环境(RH = 9%)中。在干燥步骤中,ΔK 的最终值比吸水过程(1 000 min,图 3.52(c))更快达到(350 min,图 3.52(b))。与稳定在 9% RH 的样品初始质量相比,研究人员观察到一个接近的值,说明水分迁移是可逆过程(图 3.52(d))。在几种潮湿和解吸条件下(从 98% RH 到 9% RH,图 3.52(e)),相对曲率随含水量的变化说明了整体湿度变化行为(吸附/解吸)。相对曲率表明吸附/解吸过程中水分含量几乎呈线性趋势,曲线的斜率也几乎相同(吸水为 0.011 1,解吸为 0.010 3),表明这两个过程中很可能涉及相同的机制。因此,可以通过跟踪相对湿度来预测由湿变形复合材料的致动产生的曲率半径的幅度,这一特性也表明该智能材料可以用作湿度传感器。

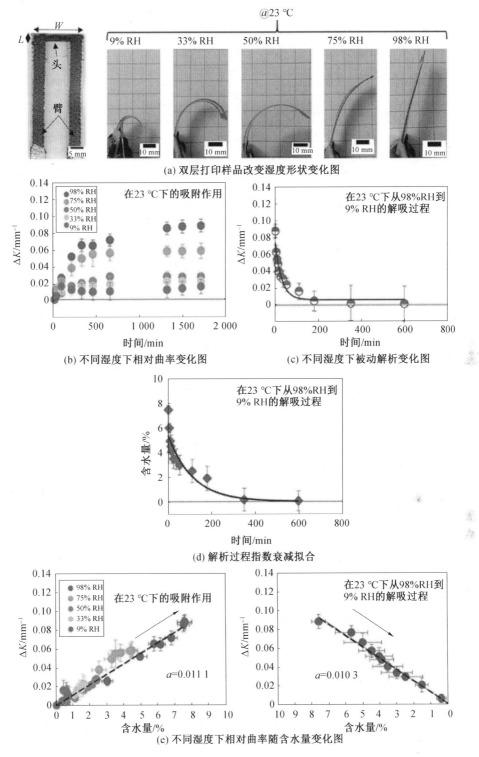

图 3.52　cCF:PA6-I/PA6 双层结构的湿变形驱动

A. L. Duigou 等人接着验证了 4D 吸湿复合材料的整体电热吸湿弯曲驱动(图 3.53(a)、(b))。打印的 cCF:PA6-I 复合材料在这里为带有电路的承重层。该多功能复合材料层有着被动的水分诱导变形能力和主动的电响应能力。输入电压(10 V 和 15 V)分别应用于 U 形图案的打印,以控制水分含量。在两种电压水平下,驱动特性显示出类似的趋势,伴随快速的形变至曲率稳定。由于工艺诱发的缺陷,在任何电压下都可以观察到轻微的扭转,这些缺陷会削弱样品的对称性(图 3.53(c)、(d))。在输入电压为 15 V 时,样品在 98% RH(图 3.53(a))下从直线形态转变为曲线形态((0.079 ± 0.010) mm^{-1}),类似于在干燥状态下观察到的自主湿变形状态((0.083 ± 0.017) mm^{-1})。在 10 V 时,由于电诱导温度较低,因此不完全解吸,水含量较高。

这些结果证实了利用电压来监控温度、水分含量以及材料形状变化的可能性。在 15 V 驱动下完全干燥后,在 98% RH 和 23 ℃下解吸和随后吸附期间,相对曲率与含水量的关系(图 3.53(e))再次清楚说明该过程的完全可逆性。在这种情况下,在电加热和被动吸附过程中也观察到曲率变化和水分含量之间的线性拟合。电干燥和再吸附之间的斜率大小非常相似(电干燥过程 a = 0.010 3,再吸附过程 a = 0.010 7),这证实了具有当前电路结构的被动湿变形和主动电热湿变形依赖于相似的驱动原理,尽管与电加热情况相关的斜率系数比自主变形情况大一个数量级。样品在经历一次电热湿驱动后在 98% RH 和 23 ℃下放置,恢复成之前在吸附步骤中观察到的形状((0.093 ± 0.012) mm^{-1})(图 3.53(b))。因此,可以假定在电加热阶段不发生任何或可以忽略不计的损耗。4D 打印的 cCF:PA6-I/PA6 复合双层材料嵌入电功能提高了解吸水和形状变化的能力,证明了电输入的变化可以控制其变形。

为了强调这一新型智能材料在纯被动热驱动变形结构上的潜力,对干燥的 cCF:PA6-I/PA6 双层膜在 9% RH 下进行了类似的测试(图 3.54)。试样的初始含水率接近于零,抵消电热湿变形过程中水分驱动的贡献。一旦施加电刺激(10 V 或 15 V),在前 60 s 内能够明显观察到曲率的快速变化,说明热驱动的效率很高。然而,与电热湿变形情况相比,响应性(曲率)仍然显著降低,这说明新型电热-湿型材料比纯热材料具有更高的湿溶胀程度。

M. C. Mulakkal 等人主要研究用于增材制造的纤维素水凝胶复合墨水的开发和物理特性。将羧甲基纤维素(CMC)水凝胶与纤维素纸浆纤维结合使用可产生总纤维素含量高(脱水复合物的纤维体积分数约为 50%)且纤维在水凝胶基质中分散良好的墨水。蒙脱石黏土的加入不仅提高了复合墨水配方的储存稳定性,而且对挤出特性也产生有利的影响。通过 3D 打印精确打印复杂结构得以证明,该结构能够根据预先的设计机制对水合/脱水进行响应变形。

纤维素-水凝胶复合墨水配方的制备和加工过程在图 3.55 中进行了总结。为了在不损害凝胶性质的情况下实现纤维网络优势,确定最终复合材料的纤维体积分数为 50%。纸浆棉短绒在水中浸泡约 24 h(图 3.55(c))以破坏单根纤维之间的氢键,然后在室温下干燥之前用刮刀手动搅拌棉短绒(图 3.55(d))。纸浆纤维在水中的均匀分散对于形成适于后续加工的纤维悬浮液和在打印过程中通过注射器头的平滑挤出至关重要。纤维素浆中分子间和分子内的大量氢键促进分子聚集,为了防止这种情况,需要引入剪切力。羧甲

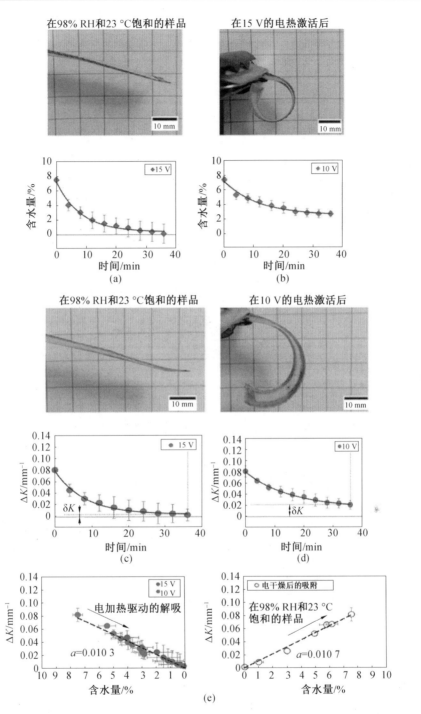

图 3.53 4D 吸湿复合材料的整体电热吸湿弯曲驱动图,以及相对曲率与含水量的关系

基纤维素聚合物的加入不仅通过改变材料体系的性质(即从悬浮液到凝胶或糊状物)起到降低剪切增稠的作用,还能够有效地将剪切力转移到分离的纸浆纤维上。根据初步的

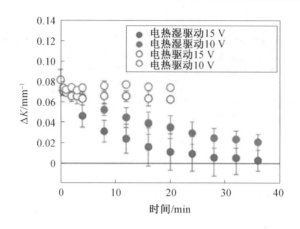

图 3.54 曲率变化

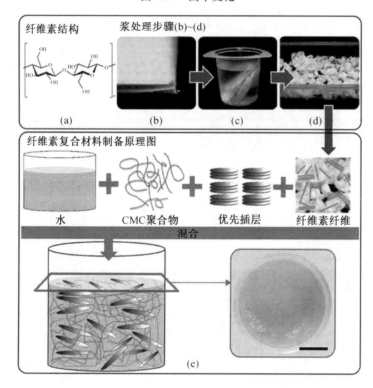

图 3.55 纤维素-水凝胶复合墨水配方的制备和加工过程(比例尺:20 mm)
(a) 纤维素的结构;(b) 压制纸浆棉绒;(c) 破碎前浸透在水中的纸浆碎片;(d) 纸浆
在室温下干燥;(e) 水凝胶复合物的制备和最终混合物的示意图

分散试验,研究人员认为在实验室环境中,只有纸浆纤维含量极少(明显低于目标体积分数)才能够在烧杯中均匀分散,添加更多纤维以增加 V_f 会不可避免地进一步添加水以促进纤维分散。凝胶的性质对于挤出来说至关重要,因为悬浮液往往在阻碍应力下表现出剪切增稠。因此,需要在不损害复合材料凝胶性质的情况下使纤维体积分数最大化。复合材料制备的总体示意图如图 3.55 所示。该配方的最佳分散结果是通过行星式混合器获得的,该混合器采用"旋转"和"回转"运动进行材料混合,通过离心力在分离和分散纸浆纤维中能够有效剪切传递,并通过添加凝胶形成聚合物来实现无堵塞挤出以促进这种传递,所有组分进一步混合以获得均匀糊状物(图 3.55(e))平滑挤出。

对于复合墨水在 3D 打印中的性能要求,凝胶的长期结构稳定性是一个重要因素。在密封容器中保存一周后,复合材料的胶凝性能和黏度显著下降。因此,储存稳定性被认为是材料开发的关键。将黏土(蒙脱石)作为填料加入,以稳定水凝胶。此外,所生产的挤出/打印形状在水性环境中必须是稳定的,并且在实验期间不会分解。选择柠檬酸作为交联剂能够降低交联温度,并且符合环保趋势。含有柠檬酸配方的流变学特征证实了样品剪切变稀的特性。交联后测定了样品的溶胀率,考察样品的溶胀势及其水稳定性。与自交联样品相比,柠檬酸配方具有相当低的溶胀势。此外,与自交联相反,交联剂的存在能够控制交联程度从而影响溶胀势。纸浆网络在限制凝胶基质溶胀中的作用也引起了研究人员的注意。由于配方中的柠檬酸在交联后被连接到 CMC 和纸浆纤维的纤维素主链上,因此可以认为该配方在整个水合/脱水循环中是稳定的。

M. C. Mulakka 等人通过在水中的驱动响应证明了使用这种墨水能够产生可编程转换的 4D 结构的能力。打印机和挤出机的设置如图 3.56(a)所示。打印路径和样本尺寸如图 3.56(b)所示,打印形式如图 3.56(c)所示。选择这种花瓣设计是为了利用程序化的"贯穿厚度的应变失配"——转变驱动力。这种新的结构是通过在高温下使材料脱水而获得更大的应变差而产生的,变形后的形状放置在室温水浴中即可重新恢复到平面结构,如图 3.56(f)所示。干燥后,花瓣结构恢复到图 3.56(g)所示的三维构型。平面和三维结构之间的驱动是循环的,可以重复多次(>5),因此表现出形状记忆行为。图 3.56 的示例不仅展示了所开发的材料系统 3D 打印的能力,还说明了其通过脱水/水合借助于编程的应变失配而变形的能力。

M. Hirsch 等人研制一种由双网络颗粒水凝胶(DNGHs)增材制造的墨水。这种墨水是由以聚电解质为基础的微凝胶组成的,在单体负载的溶液中溶胀。重要的是,3D 打印材料的机械性能可以随着墨水的组成而调整,并且与打印参数(如打印方向)无关。因为这项新技术采用了一种基于微凝胶的墨水,极大地拓展了增材制造材料的选择范围,使得 3D 打印水凝胶的机械性能范围更广。这种 DNGHs 将在复杂的结构性和机械性能之间架起桥梁,在承重应用软材料的发展中发挥关键作用。这些特点使新型、功能性和响应性水凝胶的设计成为可能,此水凝胶也可以用于软机器人和驱动器,以及废水处理的膜。

为了使相邻微凝胶之间的接触面积最大化和间隙最小化,研究人员合成了具有高溶胀能力的微凝胶。以聚电解质为基础的微凝胶已经被证明能够满足这些要求。因此,研究人员选择 AMPS 作为模型体系,用载有试剂的油包水乳液滴制备 AMPS 微凝胶,如图 3.57(a)所示。从光学显微镜观察出乳液滴和交联微凝胶的大小几乎相同。交联后,微凝胶在乙醇和去离子水中洗涤数次,以除去未反应的分子,如图 3.57(b)所示。为了确保良好的颗粒间黏附以获得良好的机械性能,在含有丙烯酰胺单体的水溶液中溶胀微凝胶,3D 打印后,试剂可以转化为渗透网络。为了避免水交换产生的稀释效应,微凝胶需在单体溶液中浸泡 24 h,且微凝胶的溶胀程度取决于微凝胶的交联剂浓度。

该技术的一个重要特点是将单独分散的微凝胶处理成宏观材料。为了实现分散微凝

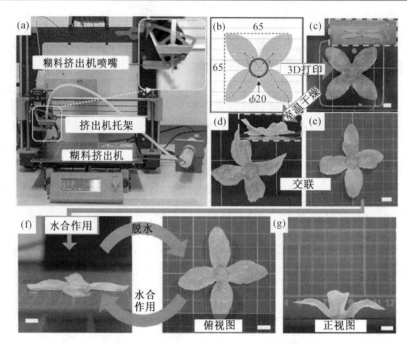

图 3.56 3D 打印花瓣的脱水/水合响应(比例尺为 10 mm)
(a)3D 打印机设备图;(b)CAD 模型(单位 mm);(c)3D 打印样品;(d)样品室温干燥变形图;(e)交联后 3D 打印样品图;(f)水合后样品呈扁平状;
(g)脱水后样品形状

胶的 3D 打印,使用真空过滤对其进行注射,如图 3.57(d)所示。生成的墨水被增材制造成复杂的结构,如图 3.57(e)所示。随后将打印出来的结构在紫外线下进行后固化,以形成第二个渗透网络,如图 3.57(f)所示。

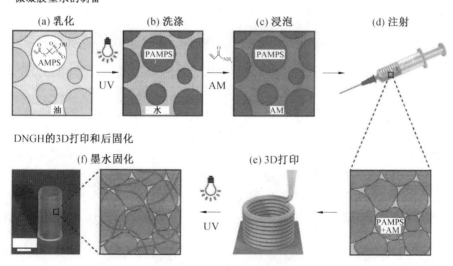

图 3.57 DNGHs 的增材制造和微凝胶墨水制备示意图

由于DNGH是由注射的微凝胶制成的,当应力释放时,微凝胶剪切变稀并快速恢复。当墨水通过直径为410 μm的喷嘴挤出时,受到剪切应力,从而局部降低墨水的黏度。应力松弛时弹性的快速恢复允许稳定挤出直径与喷嘴直径相当的细丝,如图3.58(a)中的照片所示。重要的是,挤出的细丝保持了墨水的特征粒度,如图3.58(b)中的荧光显微照片所示。宏观三维结构通常是在顶部沉积多层进行打印。为了确保3D打印结构的良好完整性,后续层必须部分合并。而这种墨水与众不同之处在于,它由注射的微凝胶组成,在第二个渗透网络形成之前,微凝胶可以重新排列,因此研究人员希望它能够以良好的互连打印。打印两个网格状几何形状的垂直细丝进行测验,如图3.58(c)所示,在第二渗透网络形成之前,已经在相邻层之间显示出良好的互连性。如图3.58(d)所示,在第二渗透网络形成后,即使从基底上移除,网格也保持其形状完整性。

(a) 410 μm喷嘴挤出微凝胶丝照片

(b) 挤出微凝胶丝荧光显微照片

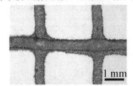
(c) 打印网格光学显微照片

(d) 独立DNGH网格照片

图3.58 打印注射的微凝胶

为了将该实验3D打印水凝胶的机械性能与已报道的3D打印水凝胶进行比较,研究人员比较了这些水凝胶系统的弹性模量。该方法制备的DNGHs硬度比以前报道的任何配方都要高,如图3.59所示。研究人员将这种差异归因于加工方式:DNGHs由注射的微凝胶制成,因此可以独立优化墨水的流变性能和微凝胶的组成。这与大多数3D打印水凝胶形成鲜明对比,在大多数3D打印水凝胶中,这两个参数紧密耦合。利用这一点,可以将DN水凝胶的机械性能与3D打印工艺相结合,且不会损害墨水的可打印性和分辨率。

将注射的微凝胶3D打印成高纵横比的中空圆柱体,如图3.60(a)所示。事实上,3D打印DNGH结构可以被重复压缩至80%,发生弯曲,并在应力释放时保持其初始形状。重要的是,甚至在样品已经卸下负载后,也没有观察到任何损坏的迹象,如图3.60(b)所示。这种结构具有较高的形状保真度和机械稳定性,说明这种注射的微凝胶墨水设计具有复杂几何形状的机械坚固材料的潜力。该墨水的一个关键特性是,它能够局部改变3D打印对象的组成,且不会引入弱界面降低其机械性能。材料通过多种墨水3D打印出来,就可以实现这一功能,且每一种墨水都由注射的微凝胶组成,不同墨水的成分有所不同,

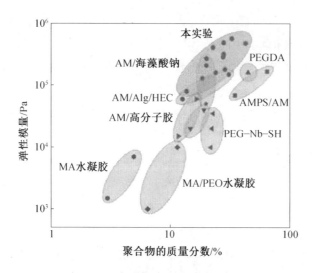

图 3.59 阿什比图

所有的微凝胶都浸泡在同一种单体溶液中。即使这些微凝胶来自不同类型的墨水,这种墨水配方中相邻微凝胶仍会发生共价交联,因此在加工成复杂的 3D 结构后具有不同的成分。为了证明可行性,将一种含有微凝胶的墨水(图 3.60(c)纵向)和一种含有微凝胶的墨水(图 3.60(c)横向)打印到网格中,在网格中两种类型的水凝胶保持空间分离,如图 3.60(c)所示。为了证明第二渗透网络对 DNGHs 机械稳定性的重要性,研究人员打印了特定图案,这种墨水由浸泡在含单体溶液中的微凝胶组成,并用牺牲墨水填充空隙,即由不含任何单体的微凝胶组成。在紫外光固化后形成第二渗透网络后,将 3D 打印结构浸入水溶液中选择性去除牺牲墨水。所得到的材料具有厘米尺寸的结构,如图 3.60(d)所示。

为了展示由不同性质的微凝胶组成的共印墨水的优势,研究人员 3D 打印出形状变形 DNGHs。如果复杂结构表现出各向异性的溶胀行为,就可以赋予其形状变形特性。为了获得这种性能,研究人员使用了不同交联密度的微凝胶打印一朵花,它的第一层是由微凝胶组成的,且交联密度低于第二层微凝胶,在干燥和浸泡后,花朵会向相反的方向折叠,如图 3.60(e)所示。这个例子展示了该方法的强大和多功能性,能够制造出具有足够的强度和刚度来承受载荷的,具有响应性,智能和柔软的物体。

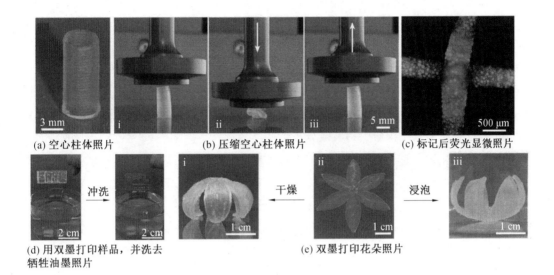

图 3.60 DNGHs 的 3D 打印

3.4.3 光响应型高吸水性树脂材料

光响应型高吸水性树脂根据刺激光源的性质可分为紫外光响应型高吸水性树脂和可见光响应型高吸水性树脂两类。光响应型高吸水性树脂的响应性机理主要有三种解释：其一是利用光敏分子遇光分解产生的离子化作用来实现光响应性；其二是利用热响应性材料中的特殊光敏感基团，实现能量转换，即将光能转换为热能，使得聚合物的局部温度升高，当聚合物内部温度达到热敏性材料的相转变温度时，吸水凝胶产生响应；其三是在聚合物结构中引入了发色基团，由于光照，发色团的理化性质发生了改变，因而导致具有发色团的聚合物链构型的变化，从而导致聚合物性能的变化。

由于光刺激的强度可以瞬间强化且强化精度易于控制，光响应型水凝胶有较其他材料更为特殊的优势。比如热敏型水凝胶的响应速率受到热扩散的限制，而 pH 响应型水凝胶的响应速率受到离子扩散速率的限制。光响应型材料的瞬时响应性使得其可实现溶胶-凝胶的瞬间转化，这种特殊性能使得其在工程和生化领域的应用尤为重要。生产具有不同机械性能的物体对目前的制造方法有较大挑战性。3D 打印可以使多材料的物体成为可能，但是沿着打印的三个轴向控制多种材料的方法仍然有限。

J. J. Schwartz 等人报道了一种多波长的还原光聚合方法，该方法利用 3D 打印过程中的多材料光化空间控制（MASC）对材料成分进行化学选择性波长控制。多组分光敏树脂包括丙烯酸酯和环氧基单体以及相应的自由基和阳离子引发剂。在长波长（可见光）照射下，丙烯酸酯组分优先固化；在短波长（UV）照射下，再将丙烯酸酯和环氧化合物组分的组合并入。这使得生产含有刚性环氧网络的多材料与软水凝胶和有机凝胶形成对比。MASC 配方的变化会大幅改变打印样品的力学性能，使用不同 MASC 配方打印的样品具有空间可控的化学不均匀性、机械各向异性和空间可控的溶胀。

用于光 AM 工艺的光敏树脂,通常是可快速固化的丙烯酸酯与在热后处理步骤中固化的环氧化物的组合。由此产生的均质双网络物体首先得益于打印过程中丙烯酸酯固化后结构的快速形成,然后得益于后固化过程中因环氧化物组分的热固化而提高的机械性能。丙烯酸酯和环氧化物固化可被视为分别涉及自由基和阳离子中间体的正交化学选择性聚合机理。考虑到每种机制都可以光引发,研究人员对基于多波长图像投影空间分辨不同丙烯酸酯和环氧化物衍生材料成分进行探索。选择了丙烯酸 2-羟乙酯(HEA)、丙烯酸异冰片酯(IBoA)和丙烯酸丁酯(BA)作为丙烯酸酯组分。HEA 含有少量的二丙烯酸酯成分,能够在 DLP 增材制造过程中交联。对基于 IBoA 的系统,选择聚乙二醇二丙烯酸酯(PEGDA)为交联剂。对基于 BA 的体系,选择己二醇二丙烯酸酯(HDDA)为交联剂。对 HEA 和 BA 基树脂进行了溶胀研究。固化后,HEA 材料在水介质中溶胀,而 BA 材料在有机溶剂中易溶胀。这些特性与研究中使用的环氧树脂(EPOX)组分的特性不同,EPOX 的固化倾向于产生具有低溶胀性、低柔韧性、高硬度且高交联度的材料。本研究中使用的 MASC 配方见表 3.3。(本节主要对 HEA-1、HEA-2、BA-1 样品进行探讨)

表 3.3　本研究中使用的 MASC 配方

配方	丙烯酸酯单体 (质量分数/%)	环氧单体 (质量分数/%)	光引发剂 (质量分数/%)	添加剂 (质量分数/%)
HEA-1	HEA (30)	EPOX (70)	Irgacure 819 (0.4), TAS (8)	氢醌 (0.12)
HEA-2	HEA (50)	EPOX (46.5), ePOSS (3.5)	Irgacure 819 (0.4), TAS (5)	氢醌 (0.12) 尼罗红 (0.005)
IBoA-1	IBoA (45), PEGDA (5)	EPOX (46.5), ePOSS (3.5)	Irgacure 819 (0.4), TAS (5)	氢醌 (0.12)
BA-1	BA (28.75), HDDA (1.25)	EPOX (56), ePOSS (14)	Irgacure 819 (0.4), TAS (5)	氢醌 (0.12)

为了使用 MASC 配方实现多材料 DLP 光打印,研究人员创建了二进制图像组合,并将组合进行多材料打印。一组图像通过可见光 DLP 投影仪处理,另一组图像平行发送到定制的紫外线投影仪系统。多材料打印样品的选择示例如图 3.61 所示(所有样品均使用 BA-1 MASC 配方进行打印)。用 BA-1 打印的样品在甲苯或香油中浸泡时,不同区域的对比十分明显。更清晰的区域对应于用可见光打印的片段,而不透明的片段是在紫外光下打印的。第一个例子,类似于一只有内部骨骼的手,坚硬的"骨骼"被完全包裹在较软的连续部分(图 3.61(a))。这展示了可以沿着打印的所有三个轴轻松地控制多材料组成的能力。

在确定层固化条件,并从 MASC 配方中获得受控的材料组成后,研究人员对选择性地用可见光或紫外光打印样品而获得的机械性能进行了表征。使用 1 min 或 2 min 的层固化时间,打印 HEA-1 拉伸试样。此外,还研究了 60 ℃热后处理的影响,发现热后处理会

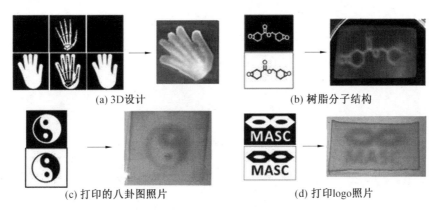

图 3.61 UV(顶部图像)和可见光(底部图像)的 DLP 投影及其对应的打印样本
(比例尺为 25 mm)

增加紫外光打印的材料的硬度,但可见光打印的材料的硬度几乎没什么影响。这与打印样品中未反应的环氧官能团相一致,这些官能团在热处理过程中进一步发生反应以增加材料的交联密度。打印过程中使用的光源以及样品的化学成分决定了应力-应变行为的结果(图 3.62)。使用紫外光打印的刚性试样在断裂前具有线性应力-应变行为,且增加层固化时间和热后固化时间都会导致材料具有更高的模量。相比之下,在可见光下打印的样品显示出黏弹性行为,可以得到更符合要求的性能。图 3.62(b)、(c)进一步说明了相对刚度的差异。随着紫外光打印样品的层固化时间和热处理时间的增加,在 30% 拉伸应变时应力逐渐增大(从 0.07 MPa 到 0.19 MPa),但使用可见光打印的软样品在 30% 应变时的应力值要低得多(在 0.02~0.04 MPa 之间)。极限拉伸应变在用可见光和紫外光打印的样品之间也有显著的不同(图 3.62(c)),软样品的最低极限拉伸应变约为 570%,而硬样品的最高极限拉伸应变约为 111%。

J. J. Schwartz 等人设计了单轴压缩试验模型,该模型由被柔软的外部连续相包围的刚性柱组成(图 3.63)。在第一个设计中,使用 HEA-1 MASC 配方制备了 4 个试件。为了清晰起见,CAD 模型和具有代表性的打印标本均在图 3.63 中显示。单轴压缩试验(图 3.63(c))表明,用紫外光打印的样品仍然比用可见光打印的样品硬度高。具体来说,用紫外光打印的样品 1 在大约 10% 的压缩应变下达到了 500 N 测压元件的极限,用可见光打印的较软的样品 4 在未达到 500 N 载荷极限的情况下,承受了约 90% 的压缩应变,且没有观察到明显的断裂。多材料试样的压缩行为呈现各向异性,其应力-应变曲线与均匀材料试样明显不同。垂直于支撑柱长轴的四柱试样的压缩(样品 3)得到的应力-应变曲线最初与均匀软试件的应力-应变曲线重叠。在约 59% 的应变下,试样的压实可能会使应力在软硬段之间更均匀地分布,从而导致试样的明显硬化。在约 75% 应变及以上时,观察到应力-应变曲线具有内部刚性柱破裂的特征。这在压缩后的样品检查中得到直观的证实。在这种情况下,初始刚度介于均匀软硬试件之间,在约 50% 应变前具有明显的双线性特性。当压应变超过 50% 时,再次观察到与内支撑柱破坏相一致的特征。

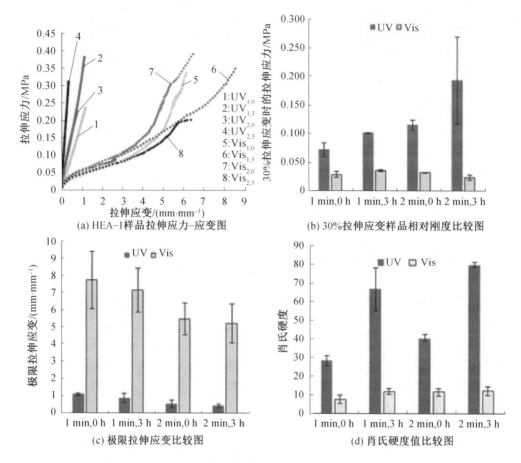

图 3.62 具有代表性的应力-应变图和 HEA-1 试样拉伸试验数据

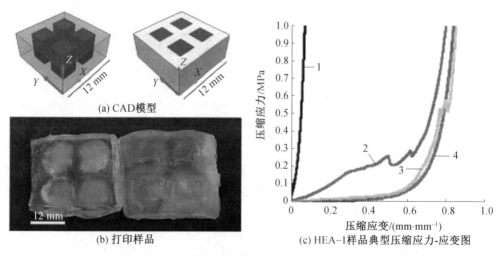

图 3.63 多材料 HEA-1 试样压缩试验的设计、打印和代表性应力-应变图
1—用紫外光固化的均匀样品；2—沿 Z 轴压缩的柱状盒样品；3—沿 X 轴压缩的柱状盒样品；
4—可见光固化的均匀样品

接下来使用 MASC-DLP 配方来演示在复杂的晶格结构中实现力学的各向异性。研究人员用 HEA-2 MASC 配方设计并制备了一个各轴向机械性能不同的四方晶格(图 3.64(a)、(b))。其中,X 轴是用紫外光打印的刚性梁;Y 轴是利用紫外线和可见光混合打印的区域以提供复合响应;Z 轴是在可见光下打印的软梁,在压缩下有着黏弹性响应。在沿 X 轴的压缩中能清晰地观察到由引入的环氧化物导致的线性弹性响应;沿 Y 轴的压缩在 3%压缩应变时呈现出双线性响应;沿 Z 轴的压缩表现出较弱的黏弹性响应,这说明沿 Z 轴的晶格模量与应变率有关。比较 3%应变下的应力可知,晶格在 X 轴上的应力分别是 Y 轴和 Z 轴的 4.06 倍和 26.2 倍,又一次展示了通过控制三个轴向的材料组成来控制物体机械性能的能力。

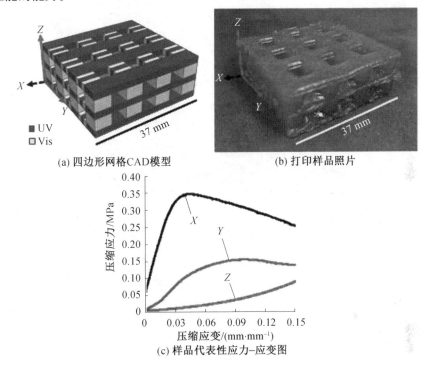

图 3.64 多材料 HEA-2 试样压缩试验的设计、打印和代表性应力-应变图

此外,J. J. Schwartz 等人设计打印了一个由一刚性中心和多手臂组成的海星(图 3.65(a))。首先使用 HEA-1 MASC 系统打印海星,并观察在去离子水中的溶胀效果(图 3.65(b))。海星的手臂一直向上弯曲,朝向每只手臂顶部限制张力的区域。在几个样品中,臂的卷曲是连续发生的,对图案没有任何明显的可预测性(即与打印方向无关)。接着利用 BA-1 MASC 系统通过溶胀诱导驱动进行 4D 打印。丙烯酸酯组分在甲苯中的溶胀程度大于环氧基区域,导致海星臂继续卷曲。与 HEA-1 样品不同,BA-1 海星很快向限制应变的紫外线固化光束方向卷曲。随着持续的溶胀,手臂向上抬起,最终得到与设计一致的形状。

该研究通过将 DLP 投影的光输入与化学成分相关联,利用 MASC 增材制造快速指示整个打印部件的空间控制异质性。虽然该研究仅集中在材料的选择组合上,但扩展到包括字面和图形光化学反应光谱,将会开启多材料 3D 打印的新世界。

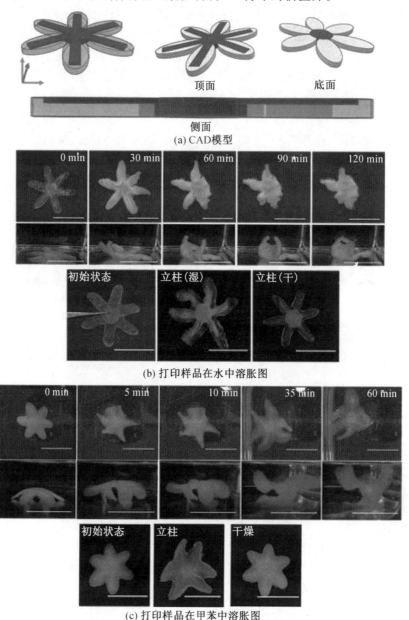

图 3.65 打印海星的溶胀驱动延时照片(比例尺均为 25 mm)

3.4.4 pH 响应型高吸水性树脂材料

pH 响应型高吸水性树脂是指随着环境 pH 值的变化,水凝胶体积发生不连续变化的高吸水性聚合物。pH 响应型高吸水性树脂通常含有大量易水解或质子化的酸(如羧基)或碱(如氨基),实质上就是一种交联的聚电解质。环境酸碱度的变化使这些离子基团的解离程度发生相应改变,使得吸水凝胶内外离子浓度以及离子间作用力发生改变,基团和水分子间的氢键被破坏,吸水凝胶网络内交联度发生变化,造成水凝胶网络结构发生破坏,静电斥力增加,凝胶溶胀,表现出 pH 响应性。

根据敏感性基团的不同,pH 响应型水凝胶可分为阳离子型、阴离子型和两性型。

阳离子型 pH 响应型高吸水性树脂的可离子化基团一般为氨基,如丙烯酰胺、乙烯基吡啶、甲基丙烯酸-N,N-二乙氨基乙酯(DEAEM)等。阳离子型 pH 响应型高吸水性树脂的响应性主要来自氨基的质子化,一般,被质子化的氨基越多,水化作用越强,平衡溶胀比越大,也就是说这类高吸水树脂的溶胀性能与高分子链上氨基质子化的程度密切相关。

阴离子型 pH 响应型高吸水性树脂的可离子化基团一般为羧基,比如丙烯酸、甲基丙烯酸甲酯、丙烯酸衍生物等。这类高吸水树脂多在 pH 较低时处于收缩状态,随着 pH 值逐渐增加,长链上的羧基开始解离,分子之间静电斥力增大;当 pH 值增加到弱酸与弱碱之间时,溶胀率急剧增大;但当 pH 值进一步增大时,吸水凝胶又处于去溶胀状态。

两性型 pH 响应型高吸水性树脂则同时含有酸碱基团,它在所有 pH 值范围内均出现溶胀,在低 pH 值和高 pH 值处的溶胀比要高于中间 pH 值处,溶胀性能与分子链上氨基的质子化程度和羧基的离子化程度均有关,同时对离子强度的变化更敏感。如壳聚糖、丙烯酸高吸水性树脂,壳聚糖和聚氧乙烯的半互穿网络水凝胶,聚乙烯及吡咯烷酮和聚丙烯酸组成的水凝胶体系等都属于两性型 pH 响应型高吸水性树脂。而典型的热响应型水凝胶聚 N-异丙基丙烯酰胺也同时具有 pH 响应性。

Y.-L. Hu 等人利用飞秒激光直写技术(Femtosecond Laser Direct Writing)实现了 pH 响应型水凝胶的微型仿生 4D 打印。打印结构的尺寸达微尺度($<10^2$ μm),响应速度降低至亚秒级(<500 ms),通过 pH 触发的溶胀、收缩和变形以实现多自由度的形状变换和扭转。

Y.-L. Hu 等人使用侧链中含有大量羧基的聚合物制备 pH 响应型水凝胶。将含有丙烯酸(AAc)、N-异丙基丙烯酰胺、聚乙烯吡咯烷酮(PVP)等的水凝胶前驱体在黄光条件下保存以避免不必要的光照。加入 PVP 的目的是增加溶液黏度,构建复杂的 3D 水凝胶微观结构。使用飞秒激光直写技术对前驱体进行处理以制备水凝胶样品(图 3.66(a)),当它们浸泡在 pH 值大于电离阈值(pH = 9)的溶液中时,AAc 中的羧基会释放质子被电离,羧酸盐离子之间的静电斥力会排斥其他分子链,导致聚合物网格尺寸显著扩大(图 3.66(b))。相反,在 pH 值低于 9 时,羧基接受质子,但羧基的电离作用比离子作用强得多。因此,水凝胶在碱性溶液中溶胀明显,在酸性溶液溶胀微弱。

Y.-L. Hu 等人打印了立方板(边长 L = 40 m)和圆板(直径 D = 40 m)以观察这种水凝胶的溶胀和收缩特性。为了避免基底对结构运动性的限制,在高度为 10 m 的细长圆柱形底座上制造立方板和圆板(图 3.66(c))。将制备的结构放置在 pH>9 的 NaOH 溶液中时,0.5 s 内就能明显观察到溶胀。之后,通过滴加足量的稀盐酸溶液,结构迅速恢复,整个恢复过程在 0.33 s 内完成。简言之,当 pH 值超过电离阈值时,打印的水凝胶结构在亚秒级做出响应。据研究人员分析,变形速率快主要是因为打印品的微观结构。与宏观结构相比,酸或碱在微观结构上扩散所需的时间要少得多,利于快速驱动。因此,可以通过改变滴液量和滴液频率来调节打印水凝胶微结构的转变速度。

如图 3.66(d)所示,测得的立方板和圆板在溶胀状态时的溶胀率分别为 0.53 和 0.52,

去溶胀状态下的溶胀率分别为 0.072 和 0.066。为了量化 pH 响应结构在溶胀-去溶胀过程中的实际变形范围,定义相对溶胀率(RER)为溶胀状态和收缩状态之间的长度差与收缩长度之比,因此,RER 值可以反映结构的相对变形能力。如图 3.66(d)所示,水凝胶的典型 RER 测量值为 0.43。立方和圆板的数值几乎相同,表明水凝胶具有良好的各向同性溶胀特性。为了评估打印水凝胶的抗疲劳性,通过多次溶胀和收缩循环测量立方板的溶胀率(图 3.66(e)),证明水凝胶具有良好的记忆性能。

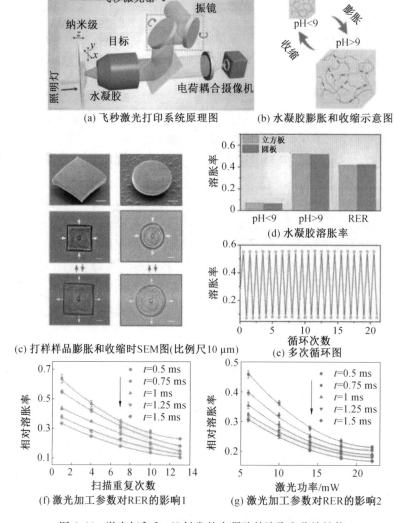

图 3.66 激光打印和 pH 触发的水凝胶的溶胀和收缩性能

改变激光加工参数可以定量地调节激光反射比。如图 3.66(f)、(g)所示,在曝光时间相同的情况下,RER 随着扫描重复次数和激光功率的增加而减小。另外,当激光曝光时间从 0.5 ms 增加到 1.5 ms 时,RER 逐渐减小。在激光功率为 7 mW,曝光时间为 0.5 ms 的条件下,单次扫描可获得的最大 RER 值为 0.64,其原因在于水凝胶的交联程度直接决定其溶胀性能。扫描次数越多,激光功率越大,曝光时间越长,交联越紧密,相对电阻越低。

2016年，M. Nadgorny等人将P2VP作为可热加工和3D打印的原材料，并与材料挤出3D打印技术(Material Extrusion 3DP, ME3DP)相结合。在P2VP中添加质量分数为12%的丙烯腈-丁二烯-苯乙烯(ABS)以增强P2VP纤维。吡啶部分交联并季铵化后打印以形成3D打印pH响应型水凝胶。打印结构表现出动态和可逆的pH依赖性溶胀。这些水凝胶能够充当流量调节阀，通过调节pH值控制流速。此外，研究人员还制备了大孔P2VP膜，利用吡啶基的配位能力将银前驱体固定在其表面。银离子还原后，利用该结构催化4-硝基苯酚高效还原为4-氨基苯酚，消除了有害化学物质，在不影响反应效率的情况下简化了催化剂分离和回收所需的操作时间和成本。

M. Nadgorny等人采用可逆加成-断裂链转移(RAFT)聚合法制备了P2VP，如图3.67所示。为了与ME3DP相容，聚合物必须兼具柔韧性和刚性以保持其结构的完整性，因此在P2VP中加入ABS有效增强了P2VP的机械稳定性，在145~195 ℃温度范围内挤出P2VP-ABS共混长丝。所制得的丝状物已成功3D打印出海星或海马等物体，如图3.68所示。

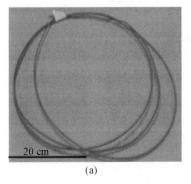

图3.67　RAFT聚合法合成P2VP

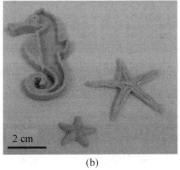

图3.68　热熔挤出法生产的长丝及3D打印P2VP物体

利用3D打印机制备pH响应型水凝胶矩形板(8.0 mm×16.0 mm×2.0 mm)，将3D打印物与1,4-二溴丁烷(DBB)交联，用1-溴乙烷(BE)进行季铵化使3D打印水凝胶具有更高的溶胀性能。3D-P2VP$_{C70}$和3D-P2VP$_{C5}$为仅发生交联反应的样品，其DBB与P2VP重复单元的摩尔比分别为0.70∶1和0.05∶1，对于交联并季铵化的样品3D-P2VP$_{C5Q20}$，DBB和BE与P2VP重复单位的摩尔比为0.05∶0.20∶1(表3.4)。3D-P2VP为未使用BE和DBB处理的样品。

FTIR谱图显示吡啶环的C═C伸缩振动在1 589 cm^{-1}和1 568 cm^{-1}处形成峰。在1 639 cm^{-1}处形成的吡啶特征带表明成功进行了季铵化(图3.69(a))。吡啶带的强度随季铵盐试剂比例的增加而增加,未修饰物(3D-P2VP)中未见特征峰。修饰后,印版变成浅棕色并带有白色,可能是吡啶转化为吡啶盐的结果。将季铵化和交联后的物体浸入 pH = 2.0 的 HCl 水溶液中,考察其溶胀性能。通过在规定的时间间隔内跟踪样品溶胀程度的变化,研究其溶胀动力学。动态溶胀曲线表明,季铵化交联 P2VP 吸水速度较快(图3.69(b))。通过控制聚合物结构,如交联密度(改变 DBB 含量)和最终电荷(添加 BE),可以获得不同的溶胀曲线。表 3.4 总结了溶胀特性,与 DBB($3D-P2VP_{C5}$)交联的 3D 打印物体显示出溶胀迅速的特性,在盐酸溶液中浸泡 40 s 后,溶胀率达到 69%,24 h 后,溶胀率达到平衡值 97%。当 DBB 与 P2VP 重复单位的摩尔比增加到 0.70($3D-P2VP_{C70}$)时,溶胀率明显降低。在最初的 10 s,该物体溶胀了 43%。24 h 后,吸水性趋于稳定,仅达 57%。为了获得进一步的响应行为,交联 3D 打印物的剩余吡啶基团被 BE 季铵化以增加 P2VP 的电荷。这种交联水凝胶($3D-P2VP_{C5Q20}$)表现出不同的特性,在酸性溶液中浸泡 10 s 内会显著吸水,溶胀率达到 107%。22 h 后,平衡溶胀率达到了 125%。交联物和季铵化交联物的溶胀都归因于吡啶基团上正电荷的形成,但 P2VP 在与 DBB 交联的同时也会形成物理屏障,抑制溶胀。因此,溶胀率随 DBB 浓度的增加而减小,附加的季铵化反应增加了吡啶环上的电荷数量,增强了与水的相互作用。因此,当加入 BE 时,吸水率增加,平衡值也会更高。

当物体不使用 BE 和 DBB(3D-P2VP)处理时,浸入 HCl 24 h 后几乎完全溶解。打印出来的物体只留下很小的痕迹,其中大部分是残余的 ABS。

随后,M. Nadgorny 等人以 P2VP 的动态溶胀为原理,研制了一种流量调节装置。将 P2VP 物体 3D 打印到玻璃毛细管中,通过交联和季铵化,研究水流对 pH 的响应情况(图 3.69(c))。pH 值为 7.0、10.0 和 13.0 时,平均流速分别为 2.05 mL/s、2.29 mL/s 和 2.17 mL/s;当 pH 值降至 3.5 时,流速约减小 30%;在 pH = 3.0 以下,流速进一步下降,在 pH 为 3.0、2.5 和 2.0 时,流速分别为 1.51 mL/s、1.15 mL/s 和 1.07 mL/s。流速急剧下降的原因是:P2VP 在 pH = 4.0 以下的质子化会导致 P2VP 从球状转变为螺旋状,溶胀的 P2VP 对管道出口的物理阻塞会导致流动受限。同时研究人员还研究了该过程的可逆性,当一个 P2VP 阀门置于酸性溶液(pH = 2.0)中,P2VP 溶胀,流速降低;当碱性溶液(pH = 13.0)注入管中,P2VP 脱质子并收缩,流量恢复(图 3.69(d))。这些动态特性使得 3D 打印 P2VP 成功地应用于 pH 响应式流量调节阀。

表 3.4 3D 打印、交联和季铵化 P2VP 物体的溶胀特性

样品	P2VP 重复单元/DBB/BE 的摩尔比	平衡溶胀率/%
$3D-P2VP_{C70}$	1/0.70/0	57
$3D-P2VP_{C5}$	1/0.05/0	97
$3D-P2VP_{C5Q20}$	1/0.05/0.20	125

在现有的各种 AM 技术中,立体光刻(SLA,也称为还原光聚合)是用于制备 3D 打印水凝胶支架的最广泛的技术。SLA 使用光敏混合物,经过精确辐照后,可以在所需区域以微米级分辨率选择性交联,从而形成刚性材料。用附加的光敏混合物和进一步的光聚合对部件进行连续的涂覆,使其有可能成为 3D 打印对象。一些研究小组已经将这种策略

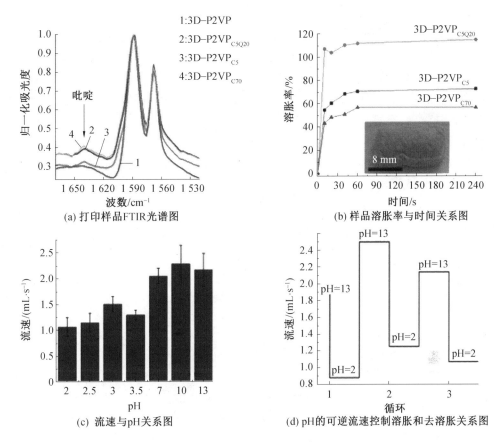

图 3.69　3D 打印 P2VP 的季铵化和交联及其对 pH 的响应性

应用于不同水凝胶样件的制备,包括组织工程结构,异质性主动脉瓣导管,以及口服改性释放剂型或带图案的细胞负载水凝胶结构的 3D 打印微流控芯片。

C. Garcia 等人通过 SLA 打印制备具有微米级分辨率的 3D 打印 pH 响应的抗菌水凝胶。通过选择最合适的双官能聚乙二醇二甲基丙烯酸酯(测试链长范围为 2~14 个单位的乙二醇的交联剂)并引入丙烯酸(AA)作为单官能单体进行优化。由于加入了 AA,水凝胶能够在 pH 值发生变化时可逆地溶胀和去溶胀,且 AA 含量直接影响水凝胶的溶胀程度。

采用的光敏混合物包含单官能团单体 $PEGMA_{300}$、AA,交联剂($DEGDMA$、$TEGDMA$、$PEGDMA_{550}$ 或 $PEGDA_{700}$)和光引发剂(IRG 819)。在光引发剂用量(质量分数 6.7%)保持不变的情况下,改变单官能团单体与交联剂的相对含量,以制备不同交联密度的水凝胶。以 $PEGMA_{300}$ 为单功能单体,重点分析不同交联剂(Cross-Linking Agents,CLA)在形成稳定的三维水凝胶网络中的各自影响。初步测试的 3D 打印零件的外形尺寸均为 10 mm×10 mm×2 mm。采用 4 种不同的二甲基丙烯酸酯,即 $DEGDMA$、$TEGDMA$、$PEGDMA_{550}$ 和 $PEGDA_{700}$,丙烯酸酯端基之间的 EO(环氧丙烷)单元数量可变。图 3.70 所示为使用不同的交联剂和可变量的单/双官能团单体制备的不同水凝胶在水和乙醇中的相对溶胀值。对于特定的交联剂,能观察到相同的趋势,例如,CLA 量的增加会导致水凝胶网络的溶胀能力降低,表明形成了交联密度更大的水凝胶。尽管如此,在使用不同的交联剂时还是会产生很大的差异。使用 DEGDMA 打印的 3D 部件刚性较高,在溶胀时容易破裂,因此,它们不含在图表中。使用 PEGDA$_{700}$ 制备的水凝胶只有在用量非常大时才易处理,当 PEGDA$_{700}$ 含量低于 40% 时极易破碎。因此研究人员只充分研究了 TEGDMA$_{330}$ 和 PEGDMA$_{550}$ 系列,对比 TEGDMA$_{330}$ 和 PEGDMA$_{550}$ 系列,后者比 TEGDMA$_{330}$ 具有更大的溶胀性,同时保持了适当的力学性能。使用 PEGDMA$_{550}$ 为原料,很容易制备溶胀率从 0.35 到 1 的水凝胶。

PEGDMA$_{550}$ 确定为最佳交联剂,在相同的光引发剂含量下,可制备出 AA 质量分数为 5%～30% 的不同水凝胶。

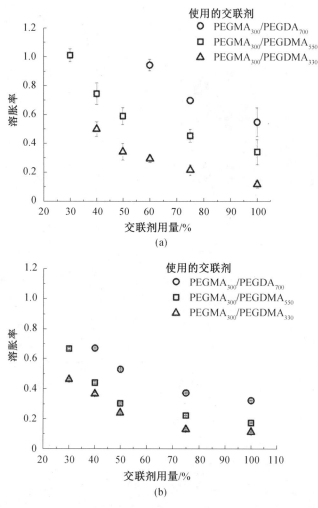

图 3.70 SLA 3D 打印零件在水(a)和乙醇(b)中的溶胀行为随交联剂的种类和质量分数的变化

由于溶胀与 AA 基团的电离程度相关,电离程度又与环境的 pH 值有关,因此这些水凝胶的另一个特征是对水溶液 pH 变化的响应。为了分析这一特征,研究人员将样品交替浸泡在酸性水溶液($pH_{酸}$ = 3.5)和碱性水溶液($pH_{碱}$ = 10)中 6 次,并对几个循环进行溶胀测量,如图 3.71 所示。水凝胶能够通过改变溶胀程度来响应 pH 值,在碱性与酸性环境下的相同水凝胶相比,AA 处于荷电状态的水凝胶溶胀程度更大。例如,使用质量分数 30% AA 制备的水凝胶在碱性 pH 下能够溶胀 70%~75%,在酸性 pH 下溶胀显著降低到 20%~25%,pH 响应与水凝胶结构内 AA 的含量直接相关。图 3.71(b)表示平均溶胀增加(平均溶胀定义为水凝胶组合物在碱性和酸性环境间的平均溶胀差),两个 pH 值下的溶胀差异随着水凝胶中 AA 的加入量而线性增加。因此,通过控制水凝胶的化学组成,可以很容易地调节溶胀程度和 pH 响应强度。

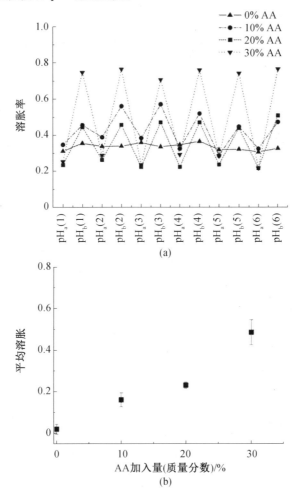

图 3.71 四种不同单体/交联剂混合物在酸性 pH 值(pH_a)和碱性 pH 值(pH_b)之间变化(a)及碱性 pH 值与酸性 pH 值间的平均溶胀差与水凝胶组成的关系(b)

上述实验证明了改变水凝胶的化学组成,即可获得可变的 pH 值响应。使用 CAD 设计可以显著增加支架的复杂性。然而,在不使用光吸收剂的情况下打印复杂的 3D 支架,会导致 3D 打印部件无法完美再现设计。因此,在感光混合物中加入 Sudan I,Sudan I 是一种广泛使用的光吸收剂,它能限制紫外光的穿透深度,提高 3D 打印部件的分辨率,并且可以用乙醇清洗来轻松去除。在 15 mL 单体/交联剂混合物中添加 2 mg 时,3D 打印结构能完全符合设计的 CAD 支架。

同样,这些水凝胶也显示出优异的抗菌性能。在质量分数 5%~30% AA 的组成范围内,所有 3D 打印水凝胶都能够在接触时轻易杀死金黄色葡萄球菌。这种具有智能行为和抗菌特性的 3D 水凝胶支架在组织工程、精密几何形状的智能生物传感器或生物介质中作为驱动器等方面均有潜在的应用前景。

S. Dutta 等人使用 SLA 技术开发用于 3D 打印反向热响应(Reverse Thermo Responsive,RTR)和 pH 敏感结构的新材料,并证明了所打印结构的双重响应性。甲基丙烯酸酯化的聚环氧乙烷-聚环氧丙烷-聚环氧乙烷(PEO-PPO-PEO)三嵌段是 RTR 水凝胶的基本组成部分。不同的 3D 打印水凝胶结构所表现出的吸水行为和尺寸变化在很大程度上取决于温度和 pH 值,此外也随其组成和浓度而变化。研究人员探讨了其在不同温度和 pH 下的吸水行为和流变性能,水凝胶在不同 pH 下的溶胀-去溶胀响应,并观察打印出的双重响应复合结构对温度和 pH 的响应差异。

研究人员将反向热响应$(EO)_{99}-(PO)_{65}-(EO)_{99}$三嵌段(F127)与 2-异氰酸酯甲基丙烯酸乙酯(IEMA)反应以形成可交联的 F127 二甲基丙烯酸酯(FdMA)大分子单体。选择丙烯酸作为 pH 响应的单体与 FdMA 进行共聚(FdMA-co-AA),3D 打印出一系列温度和 pH 响应型水凝胶。不同类型的凝胶标记为 FAX(Y),其中 F、A、X 和 Y 分别表示 FdMA、丙烯酸、丙烯酸在共聚物中的质量分数和打印溶液中总单体含量。因此,FA20(30)代表的是含质量分数 80% 的 FdMA 与质量分数 20% 的丙烯酸交联水凝胶作为总体质量分数 30% 的溶液 3D 打印。

由于 FdMA 和丙烯酸部分互溶,将水作为共溶剂,并将水凝胶打印为总固体含量分别为 30% 和 80% 的水溶液,而非熔融状态。此外,由于这些溶解度的限制,F∶A 范围分别覆盖 100∶0~30∶70 和 70∶30~10∶90。图 3.72 显示了 FA(80) 和 FA(30) 水凝胶在 37 ℃,pH 值为 2.0、5.0 和 7.4 时不同 F∶A 比值的吸水曲线。pH 为 2.0,平衡吸水率随丙烯酸含量的降低而增加,pH 为 5.0 和 7.4 时则相反。

在 pH 值为 2.0 时,水凝胶吸收的水越少,所含的丙烯酸越多,这可以归因于丙烯酸的羧基和 FdMA 形成了氢键。当 pH = 5.0 甚至 pH = 7.4,pH 高于丙烯酸的 pK_a(约为 4.3),羧基的电离对水凝胶的行为有决定性的影响。此外,静电排斥和渗透压导致聚合物网络吸收大量水。与 FA(80) 相比,FA(30) 水凝胶表现出相同的溶胀行为,并由于其总单体浓度较低导致形成的网络密度较低,因此吸水率更高。

图 3.73 所示的三维图显示了温度和 pH 对具有不同 F∶A 比值的双重响应 FA(30) 水凝胶吸水行为的综合影响。pH 值应低于或高于丙烯酸的 pK_a,选择的温度应分别明显低于和高于这些水凝胶的转变温度。这个过程开始时,水凝胶的 pH 值为 2.0、温度为 37 ℃(图 3.73,位置 1),然后提高 pH 值到 5.0(图 3.73,位置 2)和 7.4(图 3.73,位置 3),同时保持温度在 37 ℃。接下来,将温度降低到 6 ℃,pH 值保持在 7.4(图 3.73,位置 4),而后在温度不变的情况下,pH 值分别降低到位置 5 和位置 6 的 5.0 和 2.0。对于 FA0 水凝胶,由于不含丙烯酸,只能观察到反向热响应性。随着丙烯酸含量的增加,即从 FA10 移动到 FA70 过程中,6 个位置产生的平面的陡度可以判断出水凝胶的 pH 敏感性增加。因

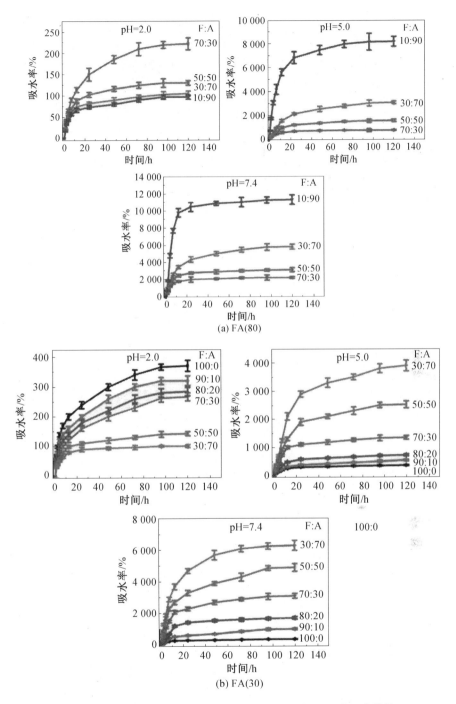

图 3.72 FA(80)和 FA(30)水凝胶在 37 ℃、不同 pH 下的吸水曲线

此,从第 1 位到第 3 位、第 4 位到第 6 位的移动反映了水凝胶的 pH 敏感性,从第 3 位到第 4 位、第 6 位到第 1 位的移动反映了水凝胶的反向热响应性。整个循环定义了一个平面,它是每种凝胶双重响应行为的特征平面。由于水凝胶的双重环境响应性,在所有情况下,平面的最高点分别由 6 ℃ 和 pH=7——低于热转变的温度和所研究的最高 pH 值确定;平

面所示的最低点为 37 ℃ 和 pH = 2.0——温度高于热转变温度,pH 值低于丙烯酸的 pK_a 值。值得注意的是,该过程不仅是平面的陡度发生了变化,在空间中的方向也发生了变化,这是由温度、pH 值和吸水率共同决定的。对 FA(80)水凝胶进行了相同类型的研究,生成的三维图遵循相同的基本模式。

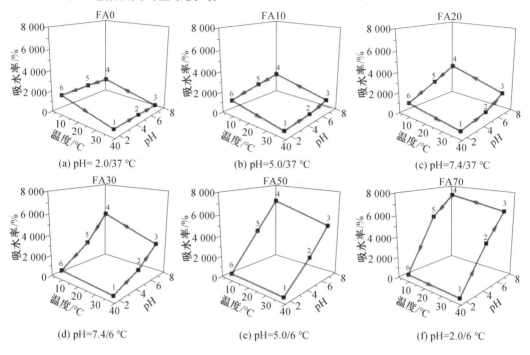

图 3.73　不同成分水凝胶的平衡吸水率随 pH 值和温度变化的三维图

为了阐明 pH 和温度对这些双响应性水凝胶流变性能的影响,研究人员在 pH = 2.0 和 pH = 7.4、6 ℃ 和 37 ℃ 下测量了它们的储能模量(G')。从图 3.74 所示的数据可以明显看出,FA30、FA50 和 FA70 的水凝胶在 pH 值为 2.0 时比 pH 值为 7.4 时更硬,水凝胶中丙烯酸含量越多,差值越大。此外,凝胶的 RTR 行为使得其在 37 ℃ 时比 6 ℃ 时显示出更高的刚度。

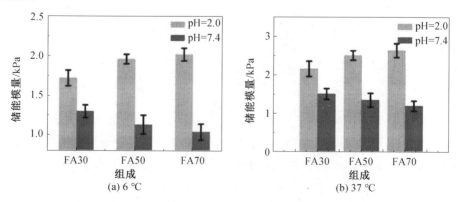

图 3.74　6 ℃ 和 37 ℃ 下三种 FA(30)水凝胶的储能模量(G')

利用溶胀-去溶胀实验研究水凝胶对pH波动的响应,在37 ℃时,将FA(80)和FA(30)水凝胶分别置于pH = 2.0和pH = 7.4的环境中,在每个pH值下放置20 min(图3.75)。可以看出,在pH = 7.4时,所有的水凝胶都吸收了大量的水,在pH = 2.0的介质中,水凝胶迅速去溶胀。FA90(80)由于其丙烯酸含量高,对pH值波动的响应最快、最强烈。随着水凝胶中丙烯酸含量的降低,其pH响应性逐渐减弱。从所提供的数据中可以明显看出,吸水能力随着循环次数的增加而提高。

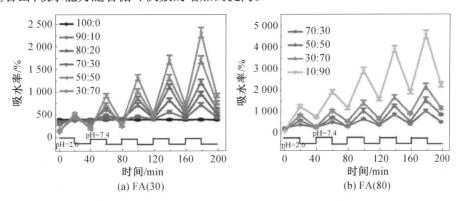

图3.75 FA(80)和FA(30)水凝胶在37 ℃下的循环响应,pH值每隔20 min在2.0和7.4之间变换

研究人员打印了由两种不同水凝胶组成的双层板。图3.76所示的平板由FA70(80)上半层和FA20(30)下半层组成,前者比后者密度大,丙烯酸含量高。由于各侧单体的总浓度不同,双组分打印板略有弯曲。这种效应在板坯干燥后变得更加明显,内部应力导致板坯弯曲到其两端彼此靠近的程度。当双层板置于37 ℃的pH值为2.0的水溶液中时,这种弯曲现象被逆转,双层板吸水并张开。当温度降低到6 ℃时,FA20(30)层比FA70(80)层溶胀得更大,导致板坯向相反方向弯曲,朝向FA70(80)侧,如图3.76的上排所示。

当溶液pH高于丙烯酸的pK_a至pH = 7.4时,在保持体系温度的同时,两层均出现明显的溶胀。然而,由于FA70(80)水凝胶的溶胀程度高于FA20(30),双组分板继续向FA20(30)层的一侧弯曲。当温度降低到6 ℃时,FA70(80)层比FA20(30)层吸收了更多的水分,并随之溶胀,导致37 ℃时的近乎圆形的几何形状被拉直。高溶胀导致了结构的碎片化,37 ℃结构轻微碎片化,6 ℃碎片化更为明显。可以预计,这种双组分板对温度和pH值的不同响应能力可被应用于工程动态医疗设备,如软驱动器。

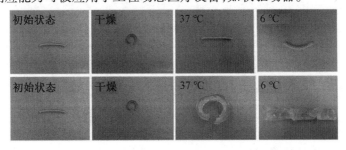

图3.76 在pH = 2.0(上排)和pH = 7.4(下排)时的3D打印双层平板(比例尺:2 cm)

3.4.5 磁场响应型高吸水性树脂材料

磁场响应型高吸水性树脂是对磁场具有响应特性的一类高吸水性聚合物。磁场响应型高吸水性树脂一般是由聚合物基质和功能组分(磁性组分)所构成的聚合物-无机磁性粒子复合型高吸水性树脂。磁性物质相复合,使得聚合物在三维网络结构中产生磁流体,磁性流体与聚合物链之间的相互作用力是分子间作用力,外界施加的电场力作用下,复合凝胶中的磁流体与聚合物基体发生协同作用,在磁场的感应下发生定向收缩或溶胀,表现出磁响应性。磁性组分多由无机磁性粒子充当,如 Fe_3O_4、γ-Fe_2O_3 等金属氧化物及 $CoFe_2O_4$ 等铁酸盐类物质,其中 Fe_3O_4 是目前应用最广泛的磁性组分。

水凝胶体系在机械损伤后表现出的自愈能力正受到越来越多的关注。然而,由于制备方法复杂,适用于生物医学应用的自愈合水凝胶有限。此外,很少有研究证明铁凝胶具有自愈性。

E. S. Ko 等人证明了乙二醇壳聚糖(GC)和氧化透明质酸(OHA)可以在超顺磁性氧化铁纳米颗粒(SPIONs)存在下形成自愈合铁凝胶,不需要额外的化学交联剂。GC/OHA/SPION 铁凝胶的整体特性随 GC/OHA 比、SPION 含量和总聚合物浓度的变化而变化。GC/OHA/SPION 铁凝胶可以通过挤出打印的方法制备各种形状的 3D 打印结构。这些结构对磁场有响应,表明了它们在 4D 打印中的潜在应用。这种通过 3D 打印开发具有生物相容性的多糖自愈合铁凝胶的方法在设计和制造药物传递系统和组织工程支架方面十分有潜力。

研究人员首先用高碘酸钠与 HA 合成 OHA,如图 3.77(a)所示,随后将 OHA 和 GC 溶液混合制备水凝胶。水凝胶迅速形成,OHA 侧链上的醛基与 GC 的氨基之间形成亚胺键,如图 3.77(c)所示。在保持聚合物总浓度不变的情况下,研究了 GC/OHA 水凝胶在不同混合比例下的力学性能和溶胀度。GC/OHA 凝胶的存储剪切模量(G')随着 GC 含量的增加而降低,溶胀度随着 GC 含量的增加而增大,并且水凝胶的弹性模量也随着聚合物浓度的增加而增加。根据 3D 打印应用所需的力学性能和溶胀程度,确定以 [GC]:[OHA] = 5:1 的比例制备的水凝胶进行进一步实验。

随后,在铁纳米粒子存在下,将 GC 和 OHA 溶液混合制备了铁凝胶(GC/OHA/SPION 铁凝胶)。通过透射电子显微镜观察,氧化铁纳米颗粒的直径约为 20 nm。铁纳米粒子的掺入对 GC/OHA 水凝胶的多孔结构没有显著影响。EDX 证实了铁凝胶中氧化铁纳米颗粒的均匀分布,但 SPIONs 的加入会导致 GC/OHA 水凝胶的弹性模量下降。GC/OHA/SPION 铁凝胶的存储剪切模量(G')也会随着 SPIONs 浓度的增加而降低,因为 SPIONs 的阴离子特性可能会干扰 GC 和 OHA 的交联反应。研究人员还观察了 GC/OHA/SPION 铁凝胶的自愈能力。简言之,铁凝胶是用一个圆柱形模具制备的,用研钵和杵捣成碎片,然后放入模具中。10 min 后,铁凝胶几乎恢复了原来的圆柱形(图 3.78(a))。将制备的铁凝胶盘(直径 11 mm,厚度 1 mm)叠放在一起,与磁铁放置在 DPBS 溶液中。在磁场存在的缓冲溶液中,由于铁凝胶的自愈倾向,10 min 后铁凝胶盘形成单一结构。这是由于 OHA 和 GC 之间形成亚胺键在 OHA/GC 水凝胶交联中发挥了作用,亚胺键可逆形成促进了磁场响应水凝胶的自愈合。因此,可逆的亚胺键形成在 GC/OHA/SPION 铁凝胶的自愈

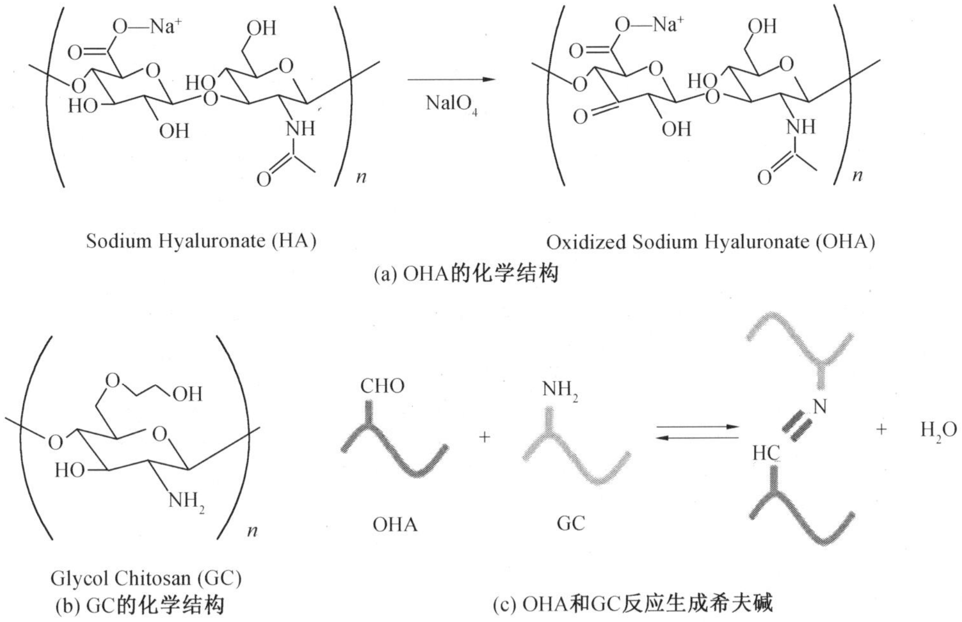

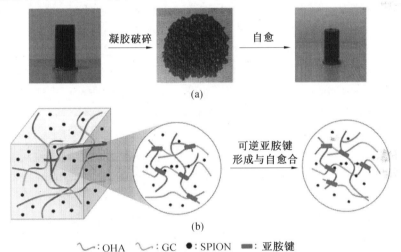

图3.77 OHA、GC 的化学结构及 OHA 和 GC 反应生成希夫碱

合中是极其重要的(图3.78(b))。

图3.78 GC/OHA/SPION 铁凝胶破碎并自愈 10 min 后的自愈性能(a)及自愈过程的图解(b)

通过挤出打印 GC/OHA/SPION 铁凝胶制备 3D 打印结构。不同打印速度打印出的长丝直径如图 3.79(a)所示。选择的最佳打印速度为 5 mm/s(图 3.79(b))。打印后,在没有任何后续凝胶化或额外交联的情况下,制造各种形状的模型物体(图 3.79(c))。3D 打印的结构能够通过施加磁场来改变其形状,一旦去除磁场,其形状立即恢复(图 3.79(d))。

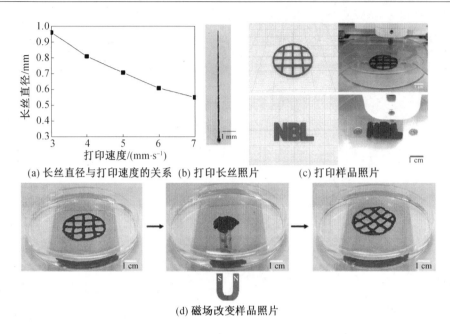

图 3.79 GC/OHA/SPION 铁凝胶长丝的 3D 打印及变化图

4D 打印最近引起了越来越多的关注,其潜在生物医学应用包括组织和器官的创造或再生。在体外测试了 ATDC5 细胞在聚合物溶液或水凝胶存在下的生存力。与对照组(未处理的细胞)相比,未观察到不同浓度的 GC、HA 和 OHA 的显著毒性。OHA/GC 水凝胶和 OHA/GC/SPION 铁凝胶也未观察到显著的细胞毒性。GC/OHA/SPION 铁凝胶可以根据需要用于刺激和调节磁场下的细胞分化,在再生医学中具有作为磁驱动系统的潜力。

卡波也称卡波姆(Carbomer),是一类非常重要的流变调节剂。卡波姆基墨水与各种水凝胶兼容,包括双网络(DN)水凝胶、纳米粒子增强功能水凝胶、刺激响应水凝胶和普通水凝胶,对生物打印具有细胞相容性,并能够改善水凝胶结构的机械性能。这些墨水很少堵塞喷嘴,由于极低的流变改性剂含量和高含水量需低压诱导墨水流动。通过将不同的材料打印在一起,可以提高 3D 打印物体的复杂性和多功能性,因此可将其应用于软机器人的制造和 4D 打印。

Z. Chen 等人提出了一种基于卡波姆流变改性剂的 3D 打印方法,用于各种功能水凝胶的直接书写打印。打印出的超高含水量(水质量分数为 99.5%)的卡波姆胶体性质良好,是现有含水量最高的凝胶结构。他们打印具有多种功能和高机械性能的多种水凝胶,如 DN 水凝胶、磁性水凝胶、热敏水凝胶和细胞相容性水凝胶。这里将重点介绍卡波姆作为 3D 打印流变改性剂的机理及在磁场响应水凝胶方面的应用。

卡波姆属于丙烯酸的交联高分子量聚合物。当分散在水中时,卡波姆的分子链卷曲成簇。由于羧基开始部分解离成 H^+ 和 $—COO^-$,胶体溶液呈弱酸性。加入 NaOH 调节酸碱度后,羧基进一步离子化,分子链由于负电荷基团的排斥力而进一步拉伸,形成微凝胶结构。随着微凝胶的进一步溶胀和堆积,卡波姆墨水获得了抵抗剪切应力的能力,如图 3.80(a)所示。屈服应力是墨水的一个重要特性,它能显示打印结构保持长期稳定性的能力,图 3.80(b)所示为 0.5%卡波姆胶的屈服应力随 pH 值的变化。当 pH 值在 5~8 之间变化时,0.5%卡波姆胶体的屈服应力几乎不变,但酸度或碱度更强会降低屈服应力,pH值为7时的屈服应力(148 Pa)最为理想。因此,实验中将墨水的pH值均调节至7。不同质量分数卡波姆的透明胶体的流变行为通过室温(25 ℃)下的动态应力扫描来测量(图3.80(c))。在曲线初始处,卡波姆胶体的剪切储能模量G'大于其剪切损耗模量G'',表明墨水处于稳定的凝胶状态,具有弹性。当剪切应力大于一定值时,剪切损耗模量G''超过剪切储能模量G',表明墨水呈液态。剪切储能模量G'和屈服应力随着卡波姆质量分数的增加而增加。图3.80(d)描绘了黏度与剪切速率的函数,它清楚地表明了低剪切速率(10^2 s^{-1})下高黏度和高剪切速率(10^3 s^{-1})下低黏度的剪切变稀行为。此外,研究人员发现卡波姆质量分数为5%时,不能均匀分散在去离子水或水凝胶前体中。这种墨水的形态较差,具有聚集性和较低的透明度,在打印过程中容易堵塞喷嘴,因此墨水中卡波姆的质量分数应该小于5%。

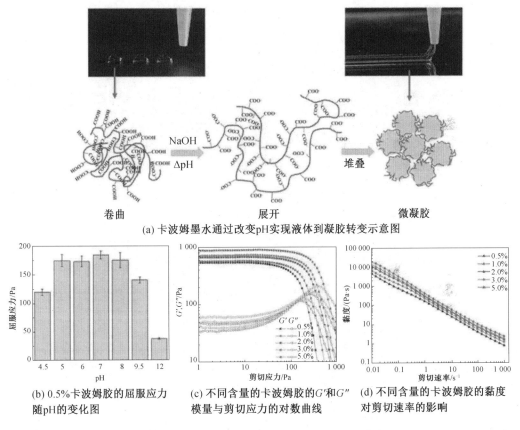

(a) 卡波姆墨水通过改变pH实现液体到凝胶转变示意图

(b) 0.5%卡波姆胶的屈服应力随pH的变化图

(c) 不同含量的卡波姆胶的G'和G''模量与剪切应力的对数曲线

(d) 不同含量的卡波姆胶的黏度对剪切速率的影响

图3.80 卡波姆作为流变改性剂的表征(彩图见附录)

为了进一步证明卡波姆的打印性能,研究人员使用质量分数为0.5%的卡波姆胶体制造了几种结构,即打印墨水含有质量分数为99.5%的水。图3.81(a)显示了跨度为10 mm的卡波姆梁。挤出的卡波姆胶体在离开喷嘴后可以迅速将其状态从溶胶切换到凝胶,并且相对刚性的挤出细丝可以在空气中保持其形状。图3.81(b)、(c)显示了一个金字塔和一个固体结构的圆顶。此外,图3.81(d)为一个外侧长度为10 mm、内侧长度为5 mm的中空立方体。它表明，由于墨水材料的高屈服应力，可以打印出自支撑的中空结构。该结构可以保持其形状至少 1 h，充分完成水凝胶的后续聚合。为了打印精细和大规模的结构，需要提高卡波姆的质量分数。质量分数 2.0% 卡波姆胶体用于打印一个矩阵结构（图 3.81(e)）和一个具有浅沟和脑回的人脑模型（图 3.81(f)），高含水量（98%）保证了喷嘴在 2 h 打印过程中顺利挤出细丝且不会堵塞。卡波姆质量分数越高，黏度和屈服应力越高。适当的黏度可以抑制表面张力，较高的屈服应力可以提高结构的承载力。

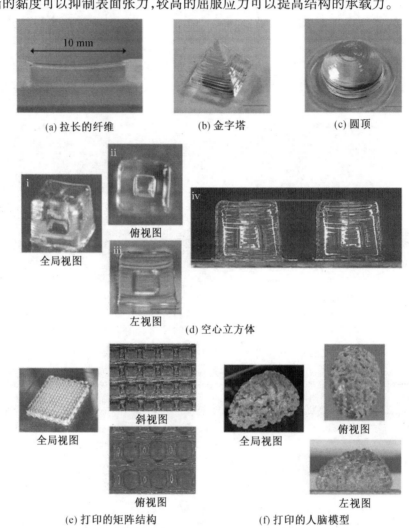

图 3.81 质量分数 99.5% 含水量的打印水凝胶结构（所有比例尺均为 500 μm）

由于水凝胶聚合物基质和卡波姆聚合物链之间的相互作用，卡波姆的加入会增强水凝胶的力学性能。由于聚丙烯酰胺（PAAm）水凝胶在普通水凝胶中表现出优异的机械性能，因此选择 AAm 作为打印的水凝胶基质。聚丙烯酰胺-卡波姆水凝胶的弹性模量通过单轴拉伸试验进行测量，以量化卡波姆对水凝胶机械性能的影响。图 3.82(a) 显示，随着卡波姆的质量分数从 0.5% 增加到 5.0%，弹性模量从 17 kPa 提高到 40 kPa，但是临界拉伸从 547% 减少到 260%。这种变化的原因是增加的卡波姆的聚合物链和聚丙烯酰胺之间会发生更多缠结。坚韧的聚丙烯酰胺-卡波姆水凝胶由两种类型的交联聚合物组成：离子交联的卡波姆和共价交联的聚丙烯酰胺（图 3.82(b)）。卡波姆聚合物链中的羧基可以通过三价阳离子 Fe^{3+} 形成离子交联，从而形成物理网络。相比之下，聚丙烯酰胺链通过共价交联形成网络。在聚丙烯酰胺-卡波姆水凝胶中，Fe^{3+} 与羧基相互作用形成配位络合物，形成弱键，能够可逆和快速地解离和缔合。这些弱配位键作为物理交联点来耗散能量，从而增强水凝胶性能。3D 打印 DN 水凝胶的制造过程如图 3.82(c) 所示。共价网络和物理网络的比例可以进一步优化，以获得更好的聚丙烯酰胺-卡波姆坚韧水凝胶机械性能。图 3.82(d) 为最终打印成形后照片及承重照片。

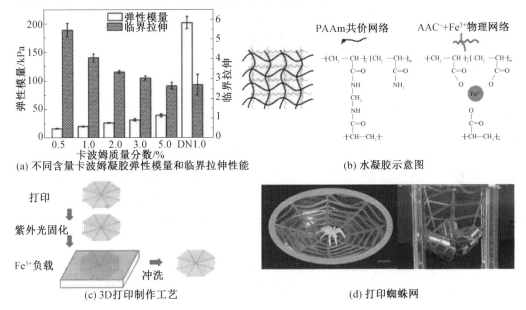

图 3.82 卡波姆对水凝胶力学性能的影响（比例尺为 1 cm）

研究人员还使用 3D 打印的方法制作了一个章鱼状磁性水凝胶（图 3.83(a)），能够被程序磁场驱动（图 3.83(c)），整个结构可直接打印，无须任何后处理。在各种应用中，如生物医学、软机器人技术或软电子学，需要结合不同种类的水凝胶，但这很难通过传统的制造方式实现。如图 3.83(b) 所示，章鱼状水凝胶由两种水凝胶组成，底部是用磁性水凝胶墨水打印的（章鱼触手），上部是用透明聚丙烯酰胺-卡波姆墨水打印的（章鱼头部）。磁性水凝胶墨水是将质量分数 10% 的磁性纳米粒子均匀混合在 1% 卡波姆和 2 mol/L AAm 墨水中制备的。高的屈服应力和黏度会防止纳米颗粒沉降或聚集，因此在打印过程中不会堵塞喷嘴，可以平稳地挤出磁性墨水。打印完成后，将水凝胶章鱼放入 45 ℃ 的烘箱中进行聚合。因为整个结构是同时固化的，共价键会沿着底部和上部之间的界面形成。由于高含量的纳米粒子减缓了磁性水凝胶的交联过程，可以改变磁性水凝胶中的促进剂的量与 PAAm 水凝胶保持同步。图 3.83(d) 显示了由编程磁场驱动的高响应速度的水凝胶章鱼。

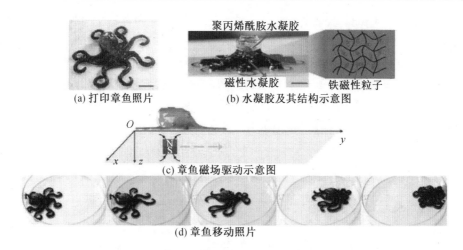

图 3.83 章鱼水凝胶的 3D 打印及移动图(比例尺为 1 mm)

3.4.6 离子强度响应型高吸水性树脂材料

一般来说,对于电中性水凝胶而言,溶液中的离子强度对其溶胀性能基本没有影响或者影响非常小。但是当水溶液中氯化钠的浓度达到某一特殊值时,非离子型水凝胶如聚(N-异丙基丙烯酰胺)却表现出了明显的体积相行为,即这种高吸水性树脂具有离子响应性。再如,聚阳离子电解质聚(二甲基二烯丙基氯化铵)则在碘化钠溶液表现出明显的相转变行为。

S.-Y. Zheng 等人通过挤出打印坚韧的物理水凝胶来制备 3D 凝胶结构,该离子响应型凝胶可编程变形,具有高响应速度。通过异质 3D 打印,将响应型和非响应型凝胶纤维结合在一起,并在外部刺激下通过可控制的内应力产生程序化变形。响应型凝胶纤维在凝胶结构被动部分的排列导致受控方向的弯曲变形,以形成各种构型。凝胶纤维优异的机械性能和强界面结合使复合凝胶结构机械性能较好,并在刺激下产生相当大的输出力,该输出力是驱动器自身质量的 100 倍以上。凝胶纤维的微米级直径使得打印凝胶结构的响应速度更快。研究人员希望能够制备出这种具有良好机械性能、快速响应速度和大输出力的打印凝胶结构,因为它们可以在多种应用中充当软驱动器。

高黏度的聚合物溶液通过喷嘴挤压到可编程打印路径的玻璃基板上。墨水的黏弹特性对打印适用性和结构保留能力至关重要,选择质量分数为 10.5% 的 P(AAc-co-AAm) 溶液作为墨水。将打印出来的结构立即浸入 0.1 mol/L $FeCl_3$ 溶液中,通过在羧基和铁离子之间的配位键形成凝胶。P(AAc-co-NIPAm) 凝胶结构以类似的方式制备,采用质量分数为 14% 的聚合物溶液作为墨水。两种凝胶在水合环境中都表现出了长期的稳定性,没有明显的力学性能和响应性变化。

为了保证凝胶结构的力学稳定性,不仅凝胶纤维要具有良好的力学性能,不同纤维之间的界面结合也要牢固。通过制备直径约为 500 μm 的单根纤维和堆叠纤维来表征该性能。从图3.84(a)可以计算出,P(AAc-co-AAm)凝胶纤维的拉伸断裂应力σ_b、断裂应变ε_b和弹性模量E分别为2.38 MPa、802%和0.80 MPa。弱配位配合物在载荷作用下断裂以消散能量,而强配位配合物保留以传递弹性。叠层凝胶纤维的σ_b为1.52 MPa,ε_b为353%,E为0.52 MPa,表明叠层凝胶纤维具有较强的界面结合能力。后凝胶化过程对于强界面结合是不可缺少的,这是由于快速的凝胶化和较差的界面结合,在氯化铁溶液中直接打印墨水不能形成完整的结构。复杂结构可以通过高黏性聚合物溶液的3D打印和随后的凝胶化过程来实现。如图3.84(b)所示,堆叠两层的P(AAc-co-AAm)凝胶纤维具有均匀尺寸的直径和清晰的边界。

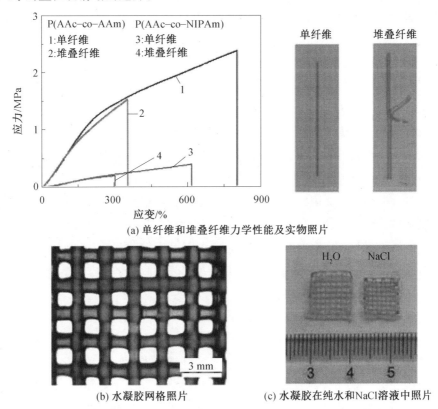

图3.84 P(AAc-co-AAm)和P(AAc-co-NIPAm)凝胶的单纤维和堆叠纤维应力-应变曲线及几何形状图

尽管机械参数不如P(AAc-co-AAm)凝胶纤维好,P(AAc-co-NIPAm)凝胶纤维也具有坚固的机械性能和强界面结合(图3.84(a))。P(AAc-co-NIPAm)凝胶纤维和打印凝胶结构由于PNIPAm片段的脱水而显示出对浓盐水的响应性,因此,凝胶纤维和打印结构体积收缩并且硬度更大。然而,由P(AAc-co-NIPAm)制成的打印凝胶结构仅显示出各向同性收缩,而非三维变形(图3.84(c))。

为了实现变形的可控制性,应将具有溶胀/去溶胀不匹配的梯度结构排布在凝胶结构中。一个简单的方法就是整合响应型和非响应型凝胶,除了相同凝胶纤维之间的界面牢固结合之外,响应型和非响应型凝胶纤维之间的界面也应该紧密结合。然而,P(AAc-co-AAm)和P(AAc-co-NIPAm)凝胶纤维之间的结合强度太弱,无法结合在一起。界面结合不良可能是由于三氯化铁溶液中凝胶的尺寸差异变化较大。为了解决这个问题,在凝胶结构中添加了一个中间层,能够同时与响应层和非响应层紧密结合。中间层通过打印P(AAc-co-NIPAm)和P(AAc-co-AAm)溶液的混合物来制备。可以通过改变混合物中P(AAc-co-NIPAm)的体积比(f_h)来调节混合凝胶纤维与其他凝胶纤维的响应和黏附性,从而改变相对于其他凝胶纤维的不同尺寸变化。

如图3.85(a)所示,这些混合凝胶纤维也表现出良好的力学性能。断裂应力σ_b和弹性模量E随着f_h的增加而减小。不同f_h(直径500 μm)的混合凝胶纤维在4 mol/L盐水溶液中长度S的收缩率也不同(图3.85(b))。随着f_h的增加,S由0%增加到29.1%。当f_h≤20%时,凝胶纤维的收缩可以忽略不计。研究人员制备了类似的堆叠凝胶纤维,表征不同f_h混合凝胶纤维与无响应P(AAc-co-AAm)凝胶纤维之间的界面结合强度。随着f_h从0%增加到70%,黏结强度从1.54 MPa降低到0.13 MPa(图3.85(c))。当f_h>70%时,堆叠凝胶纤维的结合太弱导致微小的应变都不能承受。因此,需要在响应性(即收缩率)和不同凝胶纤维之间的界面结合之间进行权衡。低f_h利于与无响应凝胶纤维的界面结合,但响应性较差;高f_h有着高响应性,但结合较弱。没有一种混合凝胶纤维同时具有良好的响应性和黏合强度。因此,另一个具有高响应性的层应该打印在凝胶结构的顶部,作为驱动变形的活性层。这一层应该与之前的混合凝胶层强结合,并且具有很高的响应性。混合凝胶纤维的过渡层也需要与无响应凝胶纤维层和具有相对较高响应性的凝胶纤维层紧密结合。因此,选择f_h=50%的杂化凝胶纤维作为过渡层。考虑到结合强度和响应性,选择f_h=90%的杂化凝胶作为活性层。

由于复合凝胶结构在浓盐水中激活,因此在不同浓度的盐水溶液C_{NaCl}中研究了凝胶纤维组分的力学性能和响应性。非响应P(AAc-co-AAm)纤维的力学性能和凝胶尺寸在C_{NaCl}中没有变化,而f_h=50%和90%的混合凝胶纤维的力学性能和凝胶尺寸在C_{NaCl}中均发生了显著变化(图3.85(e)、(f))。图3.85(g)总结了C_{NaCl}对弹性模量E和长度S收缩率的变化。随着C_{NaCl}从0.1 mol/L增加到4 mol/L,f_h=50%和90%的混合凝胶纤维的E分别从0.25 MPa增加到7.38 MPa,从0.38 MPa增加到13.93 MPa,S分别从1.5%增加到9.4%,从2.5%增加到24.4%。在0.1~1 mol/L的狭窄区域内,E和S显著增加,这一现象根源于PNIPAm链段的盐诱导相变。C_{NaCl}的进一步增加只会导致E和S的适度变化,这是因为相分离后PNIPAm链段的结构仅发生了轻微的改变。

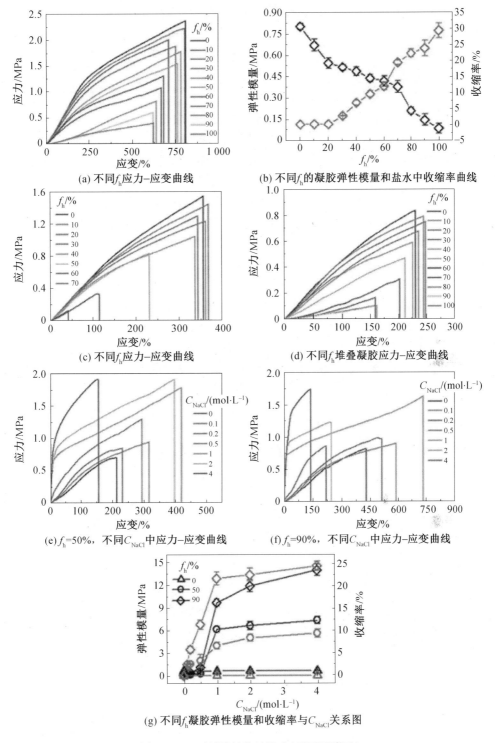

图 3.85 f_h 对纤维性能的影响（彩图见附录）

具有良好机械性能、快速响应速度和大输出力的打印凝胶结构是有应用潜力的,因为它们可以用作软驱动器。通过对具有不同响应性的水凝胶进行 3D 打印来制造具有精确控制梯度结构的凝胶,也适用于其他针对程序变形的坚韧水凝胶。

A. Kirillova 等人基于离子响应型生物聚合物水凝胶,利用 4D 打印技术制造高分辨率的中空自折叠管。通过使用两种不同的生物聚合物(海藻酸盐和透明质酸)作为变形水凝胶和小鼠骨髓基质细胞,证明了该方法的通用性。利用打印和打印后参数可以获得平均低至 20 μm 的内径,这是其他现有的生物制造方法无法实现的。

利用海藻酸盐和透明质酸来制备生物墨水,是因为它们具有支持细胞体外存活和分化、低毒性和相对低成本的优势。将聚合物与甲基丙烯酸酐反应改性,生成甲基丙烯酸海藻酸盐和甲基丙烯酸透明质酸(AA-MA 和 HA-MA)。如图 3.86 所示,打印可光致交联的聚合物。第一步,将 AA-MA 或 HA-MA 溶液打印到玻璃或聚苯乙烯(PS)表面(图3.86(a))。溶液内含光引发体系以用于随后的绿光交联。同样的方式也适用于载有细胞的聚合物溶液。在第二步中,打印的聚合物薄膜用绿光交联并温和干燥(图 3.86(b))。在第三步中将交联膜浸入水、PBS 或细胞培养基后,它们立即折叠成管(图 3.86(c)),形状转变发生在几秒之内。如果打印的溶液含有活细胞,细胞在折叠后会均匀分布在管壁上(图 3.86(c))。研究人员观察到单组分聚合物膜在溶胀时会折叠是不寻常的现象,因为在两种具有不同体积溶胀特性的材料情况下通常会出现弯曲变形。研究人员认为打印膜折叠的原因是膜的顶部会比底部吸收更多的光而产生交联梯度。

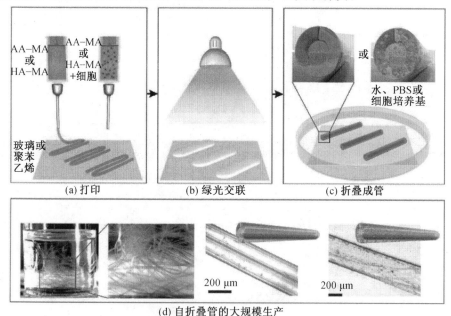

图 3.86 自折叠水凝胶(细胞负载)管的 4D 生物制备方案

4D 打印允许自折叠管的大规模生产(图 3.86(d)),因为初始打印薄膜的数量几乎没有限制。图 3.86(d)展示了这种方法的多功能性,从右到左,根据初始溶液的不同,试管可以装载活细胞,也可以不装载活细胞;根据打印条件的不同,管可以有不同的结构以及不同的直径。此外,根据需要,其他聚合物也可以被整合到这种方法中,例如甲基丙烯酸海藻酸盐和透明质酸。

虽然自折叠管的稳定性和不可逆的形状转变对于某些组织工程应用是有益的,例如人造血管的制造,但是膜的可逆形状转变和折叠/展开对于某些其他应用是可取的,例如装载/释放药物或捕获/释放细胞。丙烯酸-甲基丙烯酸酯光交联膜能够分别对 Ca^{2+} 的缺失/存在作出响应(图3.87),显示可逆的折叠/展开行为。这种可逆行为源于丙烯酸-甲基丙烯酸酯聚合物膜的 Ca^{2+} 依赖性溶胀特性——它们在 Ca^{2+} 溶液中几乎不溶胀,而在不含 Ca^{2+} 的溶液中强烈溶胀。此外,Ca^{2+} 与丙烯酸-甲基丙烯酸交联会导致膜的硬度提高。实际上,Ca^{2+} 可以通过简单的氯化钙溶液来诱导解折叠(图3.87(a)、(b)),使用乙二胺四乙酸(EDTA)溶液来去除 Ca^{2+} 以诱导重新折叠(图3.87(c))。

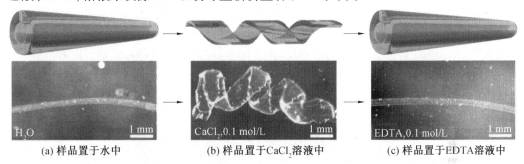

(a) 样品置于水中　　(b) 样品置于$CaCl_2$溶液中　　(c) 样品置于EDTA溶液中

图3.87　AA-MA 自折叠管响应性的图像(上排)和照片(下排)

3.4.7　多重响应型高吸水性树脂材料

1.水、热双重响应型高吸水性树脂

Y.-Q. Mao 等人利用水凝胶的溶胀作为形状变化的驱动力,利用形状记忆聚合物的温度依赖性来调节形状变化的时间。控制温度和水可以使聚合物在两种稳定构型之间切换,且不需要任何机械加载和卸载。通过活性材料和3D打印物体之间受控的相互作用,可以实现特定的形状变化场景,例如基于弯曲或按规定的方向扭转。这些物理现象是复杂和不直观的,因此为了帮助理解几何、材料和环境刺激参数的相互作用,研究人员还通过有限元模拟,说明了所提出的方法的应用潜力。

研究人员利用多种材料的3D打印机来实现上述设想。3D打印机提供了一个材料库,其在室温(25 ℃)下装有橡胶、玻璃状聚合物等。更重要的是,这种打印机创造了所谓的数字材料,即基础材料的复合材料。在这项工作中,主要使用了打印机素材库中的三种材料:Grey60、Tangoblack(TB)和一种水凝胶。如图3.88(a)所示,Grey60 是一种玻璃化转变温度(T_g)为 48 ℃ 的数字材料,当温度在 0~60 ℃ 之间变化时,可用作 SMP;TB 在室温下呈橡胶状,用作弹性体;用于打印的水凝胶,如图3.88(b)所示,吸水后的室温线性溶胀比为 1.18、体积溶胀比为 1.64。

研究人员设计并3D打印了一个简单的条带。其中,顶部的 SMP 层的厚度为 0.5 mm,底部的 TB 层为 1.5 mm,水凝胶层为 0.5 mm。孔的半径为 0.4 mm。柱子具有方形横截面,边缘长度为 0.5 mm。图3.89(a)即3D打印条带。首先将其浸入冷水(3 ℃)中12 h,

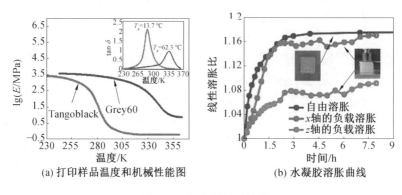

图 3.88 打印材料的特性
(a) 打印样品温度和机械性能图 (b) 水凝胶溶胀曲线

发生轻微弯曲(图 3.89(b))。将条带浸入热水(75 ℃)中,并在约 10 s 内弯曲成图 3.89(c)所示的形状。然后将条带从水中取出,冷却至室温(图 3.89(d)),保持弯曲形状(图 3.89(e))。在低温下,它有着很高的硬度,这在图 3.89(f)中可以明显观察,其中弯曲的条带可以支撑 25 g 的载质量。低温下干燥后,条带再次浸入高温水中,并恢复了平坦的形状。

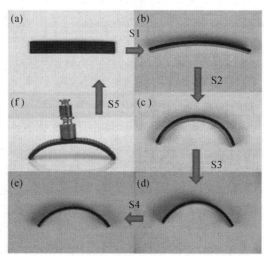

图 3.89 两个激活的形状记忆条在所需形状记忆周期中的弯曲角度
(a) 打印样品照片;(b) 冷水浸泡 12 h 后样品照片;(c) 浸入热水时样品弯曲照片;(d) 从水中取出,放入室温空气中照片;(e) 风干照片;(f) 样品可承受 25 g 的载荷照片

为了进一步检查形状记忆特性,研究人员在第一个循环的驱动后(图 3.90(a)),再次将样品浸入室温水中(25 ℃)。12 h 后,试样弯曲(图 3.90(b)),且弯曲角度大于冷水弯曲角度,因为 SMP 在室温下的模量比在冷水中低。随后再次将样品浸入 75 ℃的高温水中,其弯曲角度与第一个循环几乎相同(图 3.90(c)),低温干燥后样品又完全恢复到初始状态(图 3.90(d))。

此外,研究人员还设计并打印了一种由三种花瓣组成的三维花状结构,并通过实验演示了花瓣折叠的可控制性。从图 3.91 可以看出,对于总厚度和弹性体层厚度相同的设

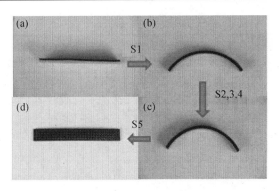

图 3.90 可逆带材的弯曲

(a)打印样品照片;(b)室温水中浸泡 12 h 后样品弯曲照片;(c)浸泡在热水中时,弯曲程度加大;(d)在低温空气中干燥后,然后放入高温水中,样品恢复到直的形状

计,SMP 层越薄,其曲率越大,响应速度越快。通过改变几何尺寸的设计,可以创造出像花朵一样顺序折叠的花瓣。三层设计中弹性体、水凝胶和 SMP 的层厚比不同,如图 3.91(a)所示。底层的弹性体、水凝胶和 SMP 层厚度分别为 0.2 mm、0.4 mm 和 0.3 mm;中间层的弹性体、水凝胶和 SMP 层厚度分别为 0.2 mm、0.3 mm 和 0.4 mm;顶层的弹性体、水凝胶、SMP 层厚度分别为 0.2 mm、0.2 mm、0.5 mm。将该结构放入低温水中 12 h 后,花瓣内层略有弯曲,如图 3.91(c)所示。随后,浸泡在高温水中,所有的层立刻弯曲,形成一个花状结构(图 3.91(d)、(e))。把这个结构从热水中取出,干燥后结构仍保持了花的形状,并且有着很高的硬度,能够承载 25 g 质量。将花状结构再次放入热水中,结构再次变平(图 3.91(f))。该过程可以重复多次。

S. Naficy 等人开发了一系列水凝胶基墨水,用于打印可在水和温度作用下可逆变形的三维结构。该墨水由大型聚合物链和 UV 固化单体组成,聚合后会形成互穿的聚合物网络。通过改变墨水配方中的长聚合物链长度,可以调整墨水的流变性能,以实现 3D 打印。打印的水凝胶表现出较强的机械性能,其机械性能也通过网络中的长聚合物链的性质进行控制。

在墨水制备时,选用不同分子量的 PEO-PU,以 α-酮戊二酸为 UV 引发剂,BIS 为交联剂,以甲基丙烯酸羟乙酯(HEMA)和 N-异丙基丙烯酰胺(NIPAm)为单体。所使用的 PEO-PU 均可溶于极性有机溶剂及其与水的混合物(如乙醇和水),但不溶于水。所选择的 PEO-PU 分子聚醚段的醚单元数分别为 70、12、10 和 5 个。为了区分本研究使用的不同 PEO-PU,研究人员将 PEO-PU 结构中的醚单元数作为指标,如 PEO_{70}-PU 是指具有 70 个醚单元的聚醚基聚氨酯。为防止 PNIPAm 在 UV 聚合和打印过程中出现相分离,选用乙醇作为溶剂。为进行溶胀试验和力学性能评价,对不同配方的墨水紫外照射 4 h,制备杂化水凝胶。在所研究的范围内,PEO-PU 与 HEMA 或 NIPAm 单体的质量比对溶胀率影响不大。根据这一观察,研究人员将最终的 PEO-PU 与 HEMA 或 NIPAm 单体的质量比固定在 1∶1。

混合水凝胶的溶胀程度主要由 PEO-PU 的类型决定(图 3.92)。聚醚段长度越长,吸水性越高。此外,PNIPAm 基水凝胶对温度敏感,而 PHEMA 基水凝胶对 20~60 ℃ 之间的

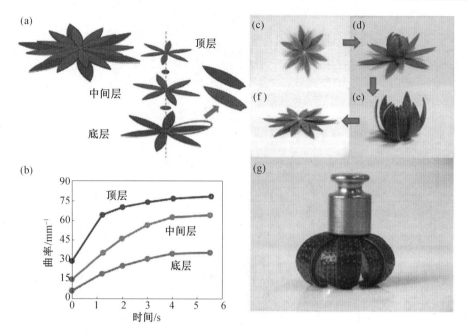

图 3.91 自折叠/展开的花(比例尺为 12.5 mm)

(a) 形状记忆花瓣状结构示意图;(b) 热激活下曲率随时间的变化曲线;(c)~(f) 花瓣变形顺序;(g) 样品干燥后承重照片

温度变化没有任何反应(图 3.92)。通过将温度提高到 60 ℃,或远高于 LCST 温度,PNIPAm 水凝胶的溶胀比相对于 20 ℃下的溶胀比显著降低。PNIPAm 链在 PEO-PU 的存在下保持其相变行为。差示扫描量热法可证实所有 PNIPAm 基水凝胶的转变点的出现。对于含有 PEO_{70}-PU 的混合水凝胶,该转变点为 31.9 ℃,随着 PEO_{70}-PU 组分中聚醚链段的长度减少,LCST 值逐渐增高。对于 PNIPAm 基 PEO_5-PU,转变点为 35.8 ℃。

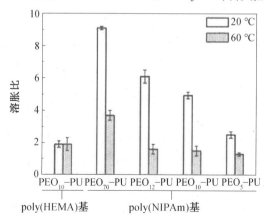

图 3.92 poly(HEMA)基和 poly(NIPAm)基混合水凝胶在 20 ℃和 60 ℃下的平衡溶胀比

混合水凝胶的机械性能通过压缩和拉伸测试进行表征,以评估其在可能的承重应用中的性能。所有测试都是在远低于或远高于 PNIPAm 基水凝胶的转变点温度下进行的

(即在20 ℃和60 ℃下)。当在20 ℃和60 ℃下测试时,PHEMA基水凝胶的机械性能没有显著差异。所有混合水凝胶的机械性能完全取决于PEO-PU的性质,并且它们的刚度随着溶胀比的降低而增加(图3.93)。

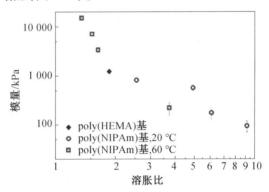

图3.93　PHEMA基和PNIPAm基混合水凝胶在20 ℃和60 ℃下的模量

研究人员使用多步成型和聚合工艺创建了一个平整的混合水凝胶盒,如图3.94所示,通过改变环境条件证明其对水和温度的双重响应性。三步成型制成一个展开的盒子(图3.94(a)),与水接触(20 ℃)时平面体对水作出响应,折叠成一个封闭的盒子(图3.94(b)),随后将温度从20 ℃提高到60 ℃,温度敏感的PNIPAm基水凝胶会溶胀,使得盒子完全打开(图3.94(c))。

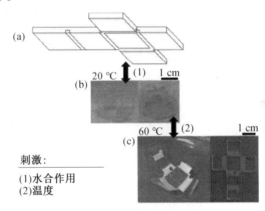

图3.94　多步成型混合水凝胶盒
(a)水凝胶盒设计图;(b) 打印水凝胶盒在水中封闭照片;(c) 升温,水凝胶盒打开照片

2.磁场、温度、pH值和离子多重响应型高吸水树脂

磁性驱动和控制的移动微机械有可能成为各种无线芯片实验室操作和微创靶向治疗的关键推动者。然而,如果仅仅依靠磁性驱动和控制会削弱它们的预期性能和功能多样性。刺激响应材料与移动磁性微机械的集成可以增强其设计工具箱,使独立控制的新功能得以定义。

Y.-W. Lee 等人 3D 打印了尺寸可控的水凝胶磁性微螺钉和微滚筒,它们能够对磁场、温度、pH 值和二价阳离子的变化作出响应。双向尺寸可控的微螺钉,可以随着温度、酸碱度和二价阳离子的多次循环而可逆地溶胀和收缩;单向尺寸可控的微螺钉,可以随着温度溶胀到初始长度的 65%。研究人员还提出双向尺寸可控的微收集器可以穿透狭窄的通道,并有可能控制直径为 30 μm 的小毛细管的阻塞。这项研究可以启发 3D 和 4D 打印的多功能移动微型机器人在精确靶向阻塞性介入(如栓塞)和实验室及器官芯片操作方面的应用。

为了利用刺激响应材料实现需要的三维几何形状,使用基于双光子聚合的 3D 打印技术制造了微辊和微螺钉(图 3.95(a))。为了实现双向形状记忆效应,研究人员利用

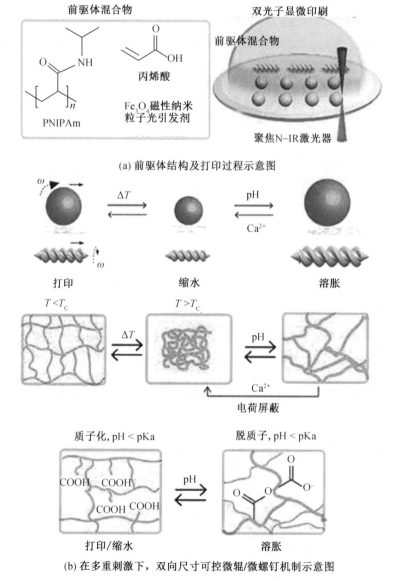

(a) 前驱体结构及打印过程示意图

(b) 在多重刺激下,双向尺寸可控微辊/微螺钉机制示意图

图 3.95 使用外部刺激的尺寸可控微辊和微螺钉 4D 打印示意图

PNIPAm 配制了一种磁性和热响应前体混合物,如图 3.95(b) 所示。当温度升高到 LCST 以上时,PNIPAm 的聚合物链发生转变,导致水从其网络中排出并收缩。除了热响应性之外,研究人员还引入了酸碱度和离子响应性,将前体混合物 PNIPAm 与丙烯酸混合共聚,得到 PNIPAm-AAc。由于其质子化/去质子化状态的转变和电荷屏蔽,丙烯酸上的羧酸基团可以分别对 pH 值和二价离子的存在作出反应。

图 3.96(a) 展示了磁控 3D 打印微辊。为了实现微机械的移动性,研究人员将 SPIONs 封装在 PNIPAm-AAc 中,引入 SPIONs 会在 PNIPAm 聚合物网络内引起空间障碍,从而改变其溶胀动力学。创建均匀旋转的磁场,该磁场沿着指定的轨迹旋转/推进和操纵微型转子和微型螺钉。图 3.96(b) 描述了在 10 mT 下加载 4.2 mg/mL SPIONs 的微辊和微螺杆的

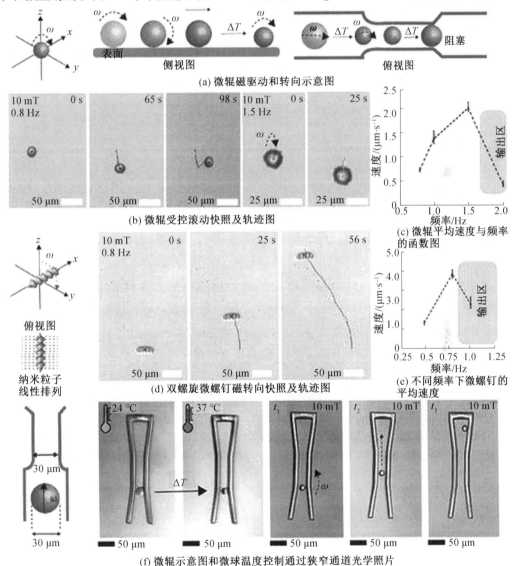

图 3.96 使用旋转磁场的微辊和微螺钉的驱动和转向演示及温度对尺寸控制演示

频率依赖性行为。随着输入频率从 0.5 Hz 增加到 2 Hz,微辊的速度增加到 1.96 μm/s,微辊的最佳控制频率为 1.5 Hz(图 3.96(c))。此外,在 10 mT 的旋转磁场下最佳控制频率为 0.8 Hz。为了进一步测试刺激响应微反应器的空间适应性和运动能力,研究人员还制备了一个与初始微反应器具有相同体长(30 μm 通道直径)的微流体通道,除非尺寸发生改变,否则微反应器不能通过通道(图 3.96(f))。将微辊引导到通道的起点,并改变温度以引起收缩。在微辊缩小到小于 30 μm 的尺寸后即可通过该通道。随后,以 2 Hz 的频率启动微辊并在通道内对其进行操纵。这种能力在医学上可以对远端动脉和小动脉的肿瘤组织进行控制性化疗栓塞。可以根据环境提供独特的优势,选择单向或双向微反应器。双向微反应器可以可逆地通过较小的通道,但是,它们不可生物降解,在没有环境刺激需要缩小尺寸的情况下,很难将它们取回。基于单向形状记忆的不可逆微反应器会溶胀并堵塞比双向微反应器尺寸更大的通道,这些微反应器是可生物降解的,这是未来体内应用的一个重要特性。双向可逆微反应器可以通过更小的通道,单向不可逆微反应器会堵塞比其尺寸更大的通道。

3.4.8 其他类型响应型高吸水性树脂材料

1.模块化设计

复杂的多材料打印技术将刺激响应材料与各种属性和微/纳米添加剂相结合,并已经开发出能够在 3D 打印中进行可编程形状转换的技术。3D 打印专用的可编程设计范例的稀缺可归因于 3D 打印到 3D 形状转换的正向和反向设计的计算复杂性的显著增加。此外,有限元分析(FEA)长期以来一直是唯一能够模拟直接 3D 打印结构的形状转换的工具,这是一个耗时的过程,尤其是在分析复杂 3D 形状演变的时候。随着可编程设计越来越复杂,计算量也大大增加。几十年来,模块化设计以丰富单个机器人的形态、能力和运动程度为目的,作为一种可重构机器人的替代方案一直被广泛研究。目前已经开发出几种算法来自动生成模块化机器人的设计装配和运动规划。然而,由于设计、制造和驱动原理的根本差异,模块化设计算法很难应用于小型机器。

T.-Y. Huang 等人从模块化机器人和乐高积木中获得灵感,提出了一种基于 4D 微构件组装的可编程模块化设计,以简化复杂的 4D 打印正反设计的问题。模块化设计可以重建大型复杂的三维结构,并通过微小和离散化变形编码对 4D 构建块进行三维装配以实现形状变换。正向运动学和 DH 参数(Denavit-Hartenberg Parameter)用于提供装配指南和捕捉形状变换。有限元分析预测了每个砌块的形状演变,因其无须考虑整个结构从而显著降低了计算复杂度。研究人员证明了能够进行复杂 3D 形状转换的微尺度转换器可以通过使用四个 DH 参数和光响应水凝胶中的单步 DLW 制造来设计和制造。

研究人员通过 4D 积木的 3D 组装和 3D 运动规划进一步设计了一个微米级的变压器(图 3.97(a)),并使用 4D DLW(图 3.97(b))将其打印出来。设计了包括颈部(图 3.97(c)(Ⅰ))、肩部(图 3.97(c)(Ⅱ))、手臂(图 3.97(c)(Ⅲ))、脊柱(图 3.97(c)(Ⅳ))和腿部(图 3.97(c)(Ⅴ))在内的五个主要功能部分,它们的连接如图 3.97(c)所示。每个隔间的转换可以通过一系列 DH 参数单独捕获,如图 3.97(d)所示。该变压器使用了几个独特的转换组合来实现它在赛车和人形机器人之间的形状变化(图 3.97(e))。

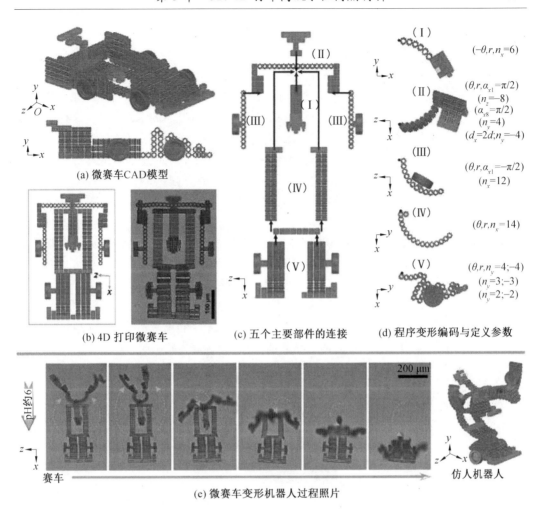

图 3.97 用于构建微米级变压器的 4D 积木的 3D 组装

这可能是第一次制造出能自动改变形状并在如此小的尺寸下站立的变形金刚。然而,设计该结构的主要挑战之一是要确保每个组件的转换能够同时发生。合理的设计十分重要,这样每个组件才不会干扰其他组件,以确保预期形状转换。这就是图 3.97 所示的微型变压器与大型变压器相比显得过于简单化的原因。在真实的 4D 打印结构中,时间维度也可以在打印过程中进行编码,这将极大地促进可重构设计,因为不同的空间可以按所需的顺序进行转换。研究人员预计,这种模块化设计,类似于机器人手臂的正向和反向运动学,将为复杂的直接 4D 打印的设计铺平道路。

2.机械响应

4D 打印最近因其在机器人驱动器、传感器和生物医学设备开发中的潜力而受到广泛关注。通过利用响应材料,当暴露于各种刺激(包括温度、光或电磁场)时,打印结构会随着时间的推移发生化学或物理变化,从而导致形状变化。相比之下,生物系统,如金星蝇陷阱和含羞草植物,可以对机械刺激(无论是施加的力或变形)作出反应,以实现复杂的自主响应,激起了人们的兴趣。

机械力可以与其他刺激正交,且施加力的大小也容易控制。目前已有的实现形状变形的一种机制是利用具有不匹配弹性的复合材料元件。在压缩载荷或先前施加的应变(例如,预应变)松弛时,复合元件可通过屈曲失稳或弯曲发生三维形状变化。在 4D 打印的背景下,机械诱导形状变化已经被限制在经过预变形的层上的 3D 打印。这种方法的主要缺点是,由于预拉伸的必要性,它显著地限制了 3D 打印的设计和目标变形形状。

Jitkanya Wong 等人制备了可 3D 打印的离子凝胶墨水,其能够打印出具有可调黏弹性和塑性响应的多层和多材料物体,该构造可以在不需要预拉伸的情况下经历多方向机械激活的形状变化(图 3.98(a))。调整底层材料的黏弹性和塑性响应可以控制复合材料的时间响应及其可逆性。基于咪唑离子液体中自组装 F127-BUM(图 3.98(b))的剪切变稀离子凝胶墨水先前已被证明对 DIW 3D 打印有效,从而提供坚固的多层结构。与水凝胶不同,离子凝胶使用低蒸气压的离子液体,因此在环境条件下不会变干。研究中用于形成离子凝胶的离子液体中含有可以进行光引发聚合的乙烯基(图 3.98(c))离子凝胶在打印后,整个结构被光固化,形成具有不同弹性、黏性和塑性力学性能的连续聚合物网络。在多材料 DIW 打印的背景下使用,这些具有不同机械性能的离子凝胶能够构建 3D 打印物体,并在张力的作用下经历多方向机械激活的形状变化。

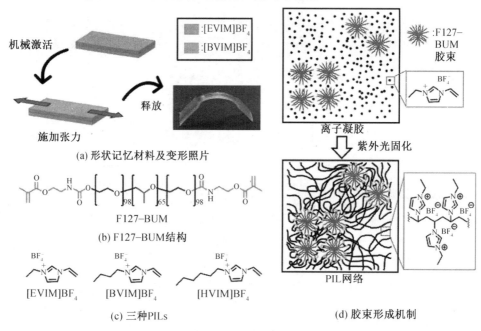

图 3.98 材料的形状变化和化学组成

研究人员用可聚合的离子液体开发了三种离子凝胶墨水,其由溶解在 1-乙基-3-乙烯基咪唑四氟硼酸盐([EVIM]BF$_4$)、1-丁基-3-乙烯基咪唑四氟硼酸盐([BVIM]BF$_4$)或 1-己基-3-乙烯基咪唑四氟硼酸盐([HVIM]BF$_4$)中的 F127-BUM 组成。咪唑类离子液体具有乙烯基,可进行光引发自由基聚合,也可与 F127-BUM 的甲基丙烯酸酯端基共聚,形成交联聚合离子液体(PIL)网络(图 3.98(d))。研究人员对离子凝胶进行了流变测量表征。利用振荡应变扫描实验(图3.99(a))、循环应变实验等实验对离子凝胶进行了流变测量表征,证实打印过程中良好的剪切变稀行为。通过热重分析和电化学阻抗谱实验,证实离子凝胶保持了离子液体的离子导电性和热稳定性。将配置好的离子凝胶用气动DIW系统打印,成功打印出多层结构,且在层沉积之间无须光固化(图3.99(b))。每种离子凝胶的样品在模具中浇注,并在两个不同的方向进行3D打印,随后通过拉伸测试进行表征,如图3.99(c)所示。此外,样品的机械性能与样品的制造方法无关,具体来说,无论它们是垂直打印(DH)、水平打印(DV)还是在模具中铸造形成,机械性能都基本相同。

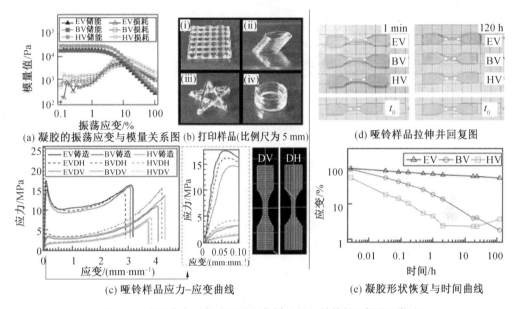

图3.99 未固化离子凝胶和后固化样品的机械特性(彩图见附录)

拉伸实验进一步揭示了所有的PILs显示出向其原始形状的恢复过程(通常是非线性黏弹性的过程),如图3.99(d)所示。例如,三种聚合物在最初10 s内都显示出从150%应变开始的相对快速的部分形状恢复,但快速恢复之后,三个样品的黏弹性恢复变得更慢且变化更大。120 h后,恢复最慢的[EVIM]BF_4 PILs保持了54%的应变,这表明发生的是部分塑性反应。相比之下,[BVIM]BF_4和[HVIM]BF_4 PILs在2 h后几乎完全恢复形状,而[HVIM]BF_4 PILs恢复得更快。鉴于[EVIM]BF_4、[BVIM]BF_4和[HVIM]BF_4聚合形成线性链,F127-BUM在该聚合物网络中充当交联剂,并提供物体原始形状的"记忆",相关恢复可能是由于PIL链之间的瞬态电荷相互作用。较大的丁基和己基可以保护阳离子,这导致链的更高流动性。

利用固化离子凝胶力学性能的差异,对经过机械激活改变形状的双层膜进行三维打印。例如,由打印在[EVIM]BF_4 PIL层上的[BVIM]BF_4 PIL层组成的双层结构被固化,然后通过拉伸(150%应变)和释放来机械活化。[EVIM]BF_4 PIL层的塑性变形和[BVIM]BF_4 PIL层的黏弹性恢复的结合导致双层结构在弹性层方向上的永久弯曲。弯曲程度取决于施加的应变,其中小应变(50%)产生较小的弯曲角度,而大应变(100%应变)产生较大的弯曲角度(图3.100(a))。

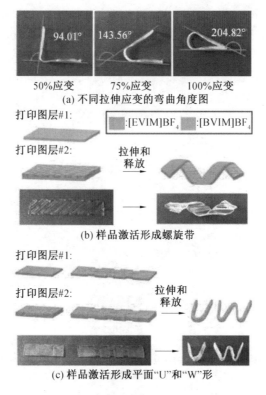

图 3.100　打印多材料结构中的机械激活形状转换

多种材料的 DIW 打印工艺还可以实现更复杂的机械激活多方向形状变形的编程。例如,在[BVIM]BF_4 离子凝胶层上方以 135°打印了[EVIM]BF_4 离子凝胶和[BVIM]BF_4 离子凝胶交替平行线。双分子层经 UV 固化,然后被机械激活折叠成螺旋结构,如图 3.100(b)所示。双层膜也通过 3D 打印进行编程,以编码机械活化后显示的字母(图 3.100(c))。通过将[BVIM]BF_4 离子凝胶打印在需要弯曲的区域的上层,可以产生一个需要单向弯曲的"U"。相反,"W"要求[BVIM]BF_4 离子凝胶在两层中的不同位置进行空间定位,以促进反向弯曲。

综上所述,研究人员利用多材料 DIW 打印技术,与可聚合的离子凝胶相结合,将平面结构的机械激活多方向折叠转化为三维形状。为这种应用而开发的可聚合离子凝胶在释放拉伸载荷时表现出可变的黏弹性或黏弹性-塑性行为。离子凝胶具有良好的剪切行为,在凝胶态和溶胶态之间能够快速转变。离子凝胶内的离子液体在后固化过程中聚合会产生高度的各向同性。与其他制造方法不同,该方法不需要在制造前或制造过程中进行预拉伸。因此,3D 打印现在可以通过编程更复杂的几何变化的机械激活得以实现。

3.拓扑优化

3D 打印逐层构建材料,使软机器人中拓扑优化(TO)产生的几何复杂性实用化。由于分层制造工艺,在设计机械部件时,无须将设计限制在实体填充物上;相反,多孔填充物可以是一个很好的替代品,这表明多孔填充物在增强功能(如最大弯曲)方面比实体填充物更具有优势。此类装置的三维设计大多需要反复试验,才能在处理线性响应的刚性结构时得到令人满意的结构。柔性驱动器的不可预测的非线性响应使得设计过程更加耗时和昂贵,可以使用有限元分析(FEA)工具,与 TO 相结合,作为一种在制造前预测软驱动器行为的新途径。优化引擎结合了有限元分析,用于根据预定义的目标在一次运行中对几何模型的当前性能进行建模和评估,以减少设计阶段的时间和人力成本。

在最近的一项研究中,水凝胶和形状记忆塑料被用来演示对目标辐射的机械响应。水凝胶的一些机械特性,如高达原始体积 10 倍的可逆溶胀应变,可应用于软机器人。多孔水凝胶可以被 3D 打印模拟自然肌肉。电化学电池中的水凝胶证明了响应电输入的可逆机械运动。水凝胶的电致动是由渗透压引起的,渗透压是由凝胶和溶液之间的离子浓度梯度产生的。离子物质通过膜的扩散是电活性聚合物驱动器可逆运动的关键。

A. Zolfagharian 等人探讨电控制三维打印软驱动器的孔隙率优化及其对驱动器性能的影响。在保持体积分数不变的情况下,将 TO 和 FEA 结合在一起,以探索增加孔隙率和柔性驱动器弯曲的不同可能性。

在该研究中,利用生物绘图仪来 3D 打印壳聚糖水凝胶。将中等分子量的壳聚糖加入到醋酸溶液,搅拌并离心,挤出物倒入生物绘图仪的注射器中,并在 0.25 mol/L 氢氧化钠溶液中凝固。拓扑优化的驱动器在均匀层中打印(图 3.101,图 3.102)。

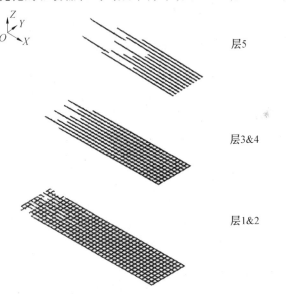

图 3.101　拓扑优化的 3D 打印驱动器层(奇数层和偶数层分别在 X 和 Y 方向打印)

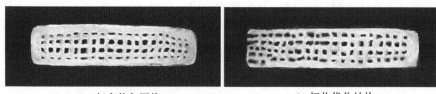

(a) 3D打印均匀网格　　　　　　　　(b) 拓扑优化结构

图 3.102　3D 打印软驱动器

为了评估和展示所提出的三维打印柔性驱动器制造中的设计方法的有效性,研究人员开展了一系列实验来测量驱动器端点的自由弯曲轨迹。3D 打印的软驱动器用一个裁纸刀固定在支撑端,使端点在水平面内自由变形。通过在两个钢网电极上施加输入电压信号,在三维打印软驱动器表面上施加渗透压。

对驱动器进行 3 V、5 V、7 V 三种不同输入信号的测试,所有实验结果重复三次,结果如图 3.103 和 3.104 所示,拓扑优化后的 3D 打印软驱动器与均匀网格 3D 打印驱动器相比,具有更大的端点位移。此外,从图 3.103 中驱动器弯曲的细节表明,不仅拓扑优化的 3D 打印驱动器的弯曲性能在输入信号开启时优于具有均匀网格的 3D 打印驱动器,拓扑优化的 3D 打印驱动器的自由端松弛在输入信号关闭时以更高的速率出现。这可能是具有均匀晶格的 3D 打印驱动器和在拓扑优化的 3D 打印软驱动器在驱动循环结束时端点位置重叠的主要原因,在驱动期间拓扑优化的 3D 打印软驱动器实现最大弯曲。

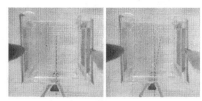 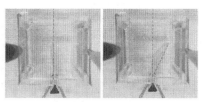

(a) 3D打印网格驱动器　　　　　　　　(b) 拓扑优化结构

图 3.103　3D 打印驱动器随时间的端点位移

此外,对输入信号的有限通断周期进行了滞回测试,响应 5 V 输入信号的滞后实验结果如图 3.105 所示,在自由弯曲的轨迹上,随着循环往复,驱动器的功能逐渐下降。从最大端点位移的滞后偏差由图 3.105 中的峰值包络线表示。此外,在不同循环之间进行比较时,拓扑优化的 3D 打印软驱动器的偏差高达 30%。

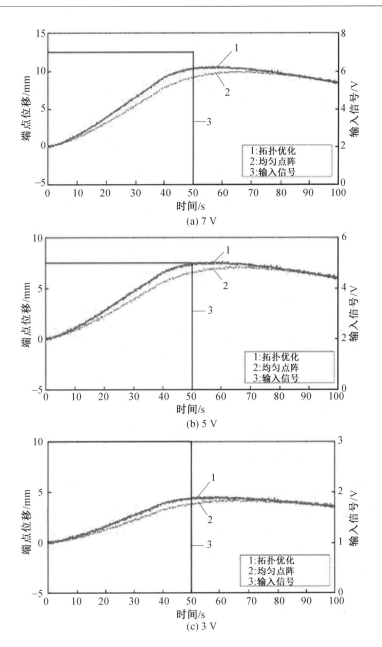

图 3.104 不同输入信号下 3D 打印软驱动器的自由弯曲轨迹

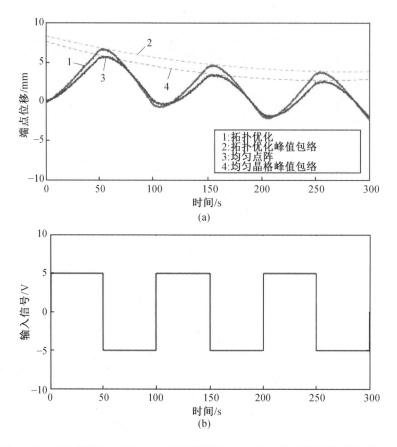

图 3.105　输入信号为 5 V 的三个通断周期下 3D 打印软驱动器的滞后测试结果

参 考 文 献

[1] 符嵩涛,李振宇. 高吸水性树脂研究进展[J]. 塑料科技,2010(10):76-83.

[2] 贾佳,赵雄虎,李外,等. 高吸水树脂溶胀理论研究现状[J]. 精细石油化工进展, 2014,15(6):19-24.

[3] 陈雪萍,翁志学,黄志明. 高吸水性树脂的结构与吸水机理[J]. 化工新型材料,2002 (3):19-21.

[4] MALACHOWSKI K, BREGER J, KWAG H R, et al. Stimuli-responsive theragrippers for chemomechanical controlled release[J]. Angewandte Chemie International Edition, 2014, 53(31):8045-8049.

[5] LIU J, EROL O, PANTULA A, et al. Dual-gel 4D printing of bioinspired tubes[J]. ACS Applied Materials & Interfaces, 2019, 11(8):8492-8498.

[6] NISHIGUCHI A, ZHANG H, SCHWEIZERHOF S, et al. 4D printing of a light-driven soft actuator with programmed printing density[J]. ACS Applied Materials & Interfaces, 2020, 12(10):12176-12185.

[7] BAKARICH S E, GORKIN R, PANHUIS M I H, et al. 4D printing with mechanically robust, thermally actuating hydrogels[J]. Macromolecular Rapid Communications, 2015, 36(12): 1211-1217.

[8] SOSSOU G, DEMOLY F, BELKEBIR H, et al. Design for 4D printing: a voxel-based modeling and simulation of smart materials[J]. Materials & Design, 2019, 175: 107798.

[9] CHEN T, BAKHSHI H, LIU L, et al. Combining 3D printing with electrospinning for rapid response and enhanced designability of hydrogel actuators[J]. Advanced Functional Materials, 2018, 28(19): 1800514.

[10] GUO J, ZHANG R, ZHANG L, et al. 4D printing of robust hydrogels consisted of agarose nanofibers and polyacrylamide[J]. ACS Macro Letters, 2018, 7(4): 442-446.

[11] CHEN J, HUANG J, HU Y. 3D printing of biocompatible shape-memory double network hydrogels[J]. ACS Applied Materials & Interfaces, 2021, 13(11): 12726-12734.

[12] DE MARCO C, ALCÂNTARA C C J, KIM S, et al. Indirect 3D and 4D printing of soft robotic microstructures[J]. Advanced Materials Technologies, 2019, 4(9): 1900332.

[13] RAVIV D, ZHAO W, MCKNELLY C, et al. Active printed materials for complex self-evolving deformations[J]. Scientific Reports, 2014, 4(1): 7422.

[14] ZHAO Z, KUANG X, YUAN C, et al. Hydrophilic/hydrophobic composite shape-shifting structures[J]. ACS Applied Materials & Interfaces, 2018, 10(23): 19932-19939.

[15] SYDNEY GLADMAN A, MATSUMOTO E A, NUZZO R G, et al. Biomimetic 4D printing[J]. Nature Materials, 2016, 15(4): 413-418.

[16] WU D, SONG J, ZHAI Z, et al. Visualizing morphogenesis through instability formation in 4-D printing[J]. ACS Applied Materials & Interfaces, 2019, 11(50): 47468-47475.

[17] WU Z L, MOSHE M, GREENER J, et al. Three-dimensional shape transformations of hydrogel sheets induced by small-scale modulation of internal stresses[J]. Nature Communications, 2013, 4(1): 1586.

[18] SHIBLEE M N I, AHMED K, KAWAKAMI M, et al. 4D printing of shape-memory hydrogels for soft-robotic functions[J]. Advanced Materials Technologies, 2019, 4(8): 1900071.

[19] BAKER A B, BATES S R G, LLEWELLYN-JONES T M, et al. 4D printing with robust thermoplastic polyurethane hydrogel-elastomer trilayers[J]. Materials & Design, 2019, 163: 107544.

[20] LE DUIGOU A, CHABAUD G, SCARPA F, et al. Bioinspired electro-thermo-hygro reversible shape-changing materials by 4D printing[J]. Advanced Functional Materials, 2019, 29(40): 1903280.

[21] MULAKKAL M C, TRASK R S, TING V P, et al. Responsive cellulose-hydrogel composite ink for 4D printing[J]. Materials & Design, 2018, 160: 108-118.

[22] HIRSCH M, CHARLET A, AMSTAD E. 3D printing of strong and tough double network granular hydrogels[J]. Advanced Functional Materials, 2021, 31(5): 2005929.

[23] SCHWARTZ J J, BOYDSTON A J. Multimaterial actinic spatial control 3D and 4D printing[J]. Nature Communications, 2019, 10(1): 791.

[24] HU Y, WANG Z, JIN D, et al. Botanical-inspired 4D printing of hydrogel at the microscale [J]. Advanced Functional Materials, 2020, 30(4): 2070026.

[25] NADGORNY M, XIAO Z, CHEN C, et al. Three-dimensional printing of pH-responsive and functional polymers on an affordable desktop printer[J]. ACS Applied Materials & Interfaces, 2016, 8(42): 28946-28954.

[26] GARCIA C, GALLARDO A, LÓPEZ D, et al. Smart pH-responsive antimicrobial hydrogel scaffolds prepared by additive manufacturing[J]. ACS Applied Bio Materials, 2018, 1(5): 1337-1347.

[27] DUTTA S, COHN D. Temperature and pH responsive 3D printed scaffolds[J]. Journal of Materials Chemistry B, 2017, 5(48): 9514-9521.

[28] KO E S, KIM C, CHOI Y, et al. 3D printing of self-healing ferrogel prepared from glycol chitosan, oxidized hyaluronate, and iron oxide nanoparticles[J]. Carbohydrate Polymers, 2020, 245: 116496.

[29] CHEN Z, ZHAO D, LIU B, et al. 3D printing of multifunctional hydrogels[J]. Advanced Functional Materials, 2019, 29(20): 1900971.

[30] ZHENG S Y, SHEN Y, ZHU F, et al. Programmed deformations of 3D-printed tough physical hydrogels with high response speed and large output force[J]. Advanced Functional Materials, 2018, 28(37): 1803366.

[31] KIRILLOVA A, MAXSON R, STOYCHEV G, et al. 4D biofabrication using shape-morphing hydrogels[J]. Advanced Materials, 2017, 29(46): 1703443.

[32] MAO Y, DING Z, YUAN C, et al. 3D printed reversible shape changing components with stimuli responsive materials[J]. Scientific Reports, 2016, 6(1): 24761.

[33] NAFICY S, GATELY R, GORKIN III R, et al. 4D printing of reversible shape morphing hydrogel structures [J]. Macromolecular Materials and Engineering, 2017, 302(1): 1600212.

[34] LEE Y-W, CEYLAN H, YASA I C, et al. 3D-printed multi-stimuli-responsive mobile micromachines[J]. ACS Applied Materials & Interfaces, 2021, 13(11): 12759-12766.

[35] HUANG T Y, HUANG H W, JIN D D, et al. Four-dimensional micro-building blocks [J]. Science Advances, 2020, 6(3): eaav8219.

[36] WONG J, BASU A, WENDE M, et al. Mechano-activated objects with multidirectional shape morphing programmed via 3D printing[J]. ACS Applied Polymer Materials, 2020, 2(7): 2504-2508.

[37] ZOLFAGHARIAN A, DENK M, BODAGHI M, et al. Topology-optimized 4D printing of a soft actuator[J]. Acta Mechanica Solida Sinica, 2020, 33(3): 418-430.

第4章 3D/4D打印形状记忆高分子材料

4.1 形状记忆高分子材料

形状记忆材料是能够感知外界环境变化并对其物理参数做出改变的一种重要的智能材料。最早发现有形状记忆特性的材料是形状记忆合金(Shape Memory Alloy,SMA),1971年,美国海军军械实验室(Naval Ordnance Laboratories,NOL)发现了目前应用最广的镍-钛形状记忆合金,目前SMA的范围已经扩展到固体、膜甚至是泡沫。

虽然同为形状记忆材料,但形状记忆高分子材料(Shape Memory Polymer, SMP),也称形状记忆聚合物,其记忆原理与形状记忆合金完全不同。形状记忆合金的形状记忆特性是靠合金晶格的可逆转变来实现的,而形状记忆聚合物则是由其玻璃态到橡胶态或熔融态的转变实现。形状记忆聚合物获得初始形状后,经过变形和形状固定,在热、光、电、交变磁场和溶液等外部刺激条件下,能回复其初始形状。形状记忆聚合物因其优异的形状回复性能、成型加工性好、形变量大、生产成本低廉而引起了科学界的广泛关注,开发出以热致形状记忆聚合物为代表的多种驱动方式的形状记忆聚合物,包括热致形状记忆聚合物、光致形状记忆聚合物和化学感应形状记忆聚合物等材料,逐渐成为智能材料领域研究热点之一。

目前,新材料的研发和应用日新月异,各种形状记忆聚合物不断涌现,对其驱动方法的研究也越来越深入,形状记忆聚合物正在医用、纺织、空间展开结构等领域获得广泛应用。香港理工大学形状记忆研究中心采用形状记忆聚氨酯通过湿法或熔融纺丝制备出形状记忆纤维。这种纤维既具备一般纤维的物理机械性能,又具有良好的形状记忆效果和优良的弹性。采用形状记忆纤维织造出的机织物和针织物具有独特的形状记忆效果。如图4.1所示为形状记忆纤维编织的环状针织物,如图4.1(a)所示为编织成的织物,如图4.1(b)所示为人体体温使织物变得柔软舒适并收缩至紧贴皮肤,可套在手腕上。形状记忆聚合物具有形状记忆合金所没有的密度小和形变量大的优点,因而在现代航天飞行器领域显示出巨大的应用潜力。形状记忆聚合物可用于制作空间展开结构的驱动器,如可展开铰链、可展开梁体结构和可展开天线等器件。因此,形状记忆聚合物及其复合材料在现代航天飞行器领域的应用将成为国内外空间技术研究新的热点。

美国的Composite Technology Development(CTD)公司使用碳纤维增强形状记忆聚合物制作了空间可展开铰链,如图4.2所示为CTD公司使用形状记忆复合材料制作的可展开铰链,并通过卫星太阳能电池板的可展开实验进行了验证。形状记忆复合材料在发射前将其结构进行卷曲或压缩处理,到达空间应用环境后,再施加刺激使形状记忆复合材料发生形状回复,从而驱动空间结构的展开。

(a) 编织织物

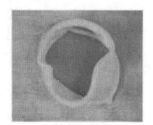
(b) 打印织物

图 4.1 形状记忆聚合物织物

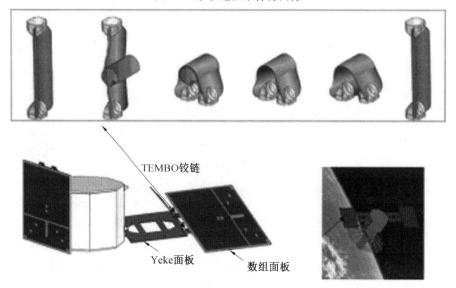

图 4.2 用于展开太阳能电池板的形状记忆聚合物铰链

尽管形状记忆聚合物具有许多优异的性能,并在纺织、电子通信、生物医疗等领域进行了一些开创性的应用研究,但在一些特殊领域应用时仍对材料有特殊的要求,如在航空航天领域应用时,除满足材料的力学性能之外,还需要具有良好的耐辐射性能和耐高低温性能。然而由于形状记忆聚合物是一种新型的功能高分子,其工程应用还处于开始阶段,对其在特殊环境中使用的性能研究也尚处于开始阶段;另外,大多数形状记忆聚合物属于热致形状记忆材料,其回复初始形状主要依靠吸收从热介质(热液、热空气)中传递来的热量,在实际工程应用时,这种方式具有很大的局限性,同时热致形状记忆聚合物仅能执行一次变形-回复循环,不具备被多次驱动的性能。

4.1.1 形状记忆高分子材料概述

形状记忆高分子材料是能对周围环境的变化做出反应的材料,它是智能材料的一种。它在感知外界环境(电流、磁场、热、光、溶剂等)变化的同时,能响应这种变化,并通过对自身力学参数(如形状、位置和应变等)进行调整,回复到预先设定的形状。以热致形状记忆聚合物为例,对其形状记忆效应进行如下的具体描述:(1)获得初始形状,将形状记忆聚合物注入到模具中成型,冷却获得所需形状;(2)预变形,将已获得初始形状的形状记忆聚合物加热到其转变温度(T_g或者T_m)以上,施加外力使其变形,在变形状态下冷却聚合物,冻结应力,聚合物转变回到玻璃态并自发保持变形后的形状;(3)形状回复,已预变形的聚合物受热到其转变温度以上时,材料中储存的应力释放,自动回复到初始形状。

1. 形状记忆聚合物的发展

对形状记忆聚合物的研究主要沿着两个路线展开:一是研究固态的形状记忆聚合物;二是研究智能高分子凝胶。形状记忆聚合物的研究主要围绕两方面的工作展开:一是合成新型的具有形状记忆效应的高分子材料,如生物降解性能;二是研究驱动方法,如何高效地驱动聚合物回复初始形状。在合成新材料方面,从20世纪70年代以来正在不断取得新的进展。1984年法国CdF-Chimie公司(现在的ORKEM公司)成功开发了聚降冰片烯型形状记忆聚合物,它首先由乙烯和环戊二烯在Dies-Aldeer催化条件下合成降冰片烯,再开环聚合成双键和五元环交替键合的无定型聚合物;1988年日本可乐丽公司开发了反式聚异戊二烯形状记忆聚合物;同年,日本旭化成公司开发了苯乙烯-丁二烯共聚形状记忆聚合物,其固定相为高熔点的聚苯乙烯,可逆相为低熔点的聚丁二烯,三菱重工业公司开发了第一例聚氨酯形状记忆聚合物。近几十年来,由于对形状记忆聚合物不断研究,其各种优良性能和多种驱动方式逐渐被开发出来,学者们认识到这一智能型材料具有更多的尚待发掘的潜力,因此形状记忆聚合物及其相关研究引起了人们越来越多的关注。随着研究的深入,记忆性能更好而且功能更新颖的形状记忆聚合物不断涌现,出现了诸如双向形状记忆聚合物、三向形状记忆聚合物、可降解形状记忆聚合物。

2. 形状记忆聚合物的形状记忆原理

随着形状记忆聚合物研究的不断深入,其理论研究也逐渐发展起来。日本的石田正雄认为,形状记忆聚合物可看作由两相结构组成,即记忆起始形状的固定相和随温度变化能够可逆地固化和软化的可逆相。可逆相为物理交联结构,它是T_m较低的结晶态或者T_g较低的玻璃态;固定相可以是物理交联也可以是化学交联结构,以物理交联结构为固定相的形状记忆高分子称为热塑性形状记忆高分子,以化学交联结构为固定相的形状记忆高分子称为热固性形状记忆高分子。热塑性形状记忆聚合物实际上是由T_m或T_g较高的相态和T_m或T_g较低的相态构成,T_m或T_g较高的相态在其转变温度以下形成分子缠绕的物理交联结构,因此也可发生熵弹性的回复记忆回到初始形状。

如图4.3所示是热致形状记忆聚合物在形状回复时的网络结构变化示意图,图中长的线条代表聚合物网络中的分子链段,为可逆相;黑色圆点代表将分子链段连接在一起的交联点,为固定相。当温度低于形状记忆聚合物的相转变温度时,可逆相和固定相均处于冻结状态;当温度升至形状记忆聚合物的相转变温度以上时,可逆相的链段运动加剧,材料发生软化,在外力的作用下可以发生任意形变。在预变形过程中,聚合物网络中的可逆相的链段由卷曲缠绕状态过渡到被外力伸展的有序状态,此时固定相仍然处于硬化状态;随后,保持外力作用将材料冷却至其转变温度以下,可逆相的链段处于冻结状态,材料将形变固定下来。而温度再次升高至形状记忆聚合物的转变温度之上时,伸展的可逆相的链段由冻结状态逐渐转变为活动状态,可逆相的链段通过其自身的分子热运动,松弛掉之前外力作用时产生的内应力,重新回复到初始的卷曲缠绕状态。

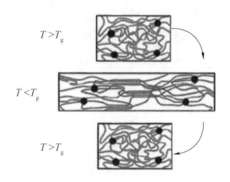

图 4.3 形状记忆循环过程中热致形状记忆聚合物网络结构变化示意图

石田正雄对形状记忆聚合物的结构特性进行的分析与概括易于理解并从分子结构的观点进行了阐述,得到了许多学者的认可。在此基础上,国内外的学者们不断从分子结构上进行探索,王诗任等人根据高分子的黏弹性理论建立了一套关于聚合物形状回复的数学模型。通过对聚合物记忆理论的深入探讨,可以反过来指导形状记忆聚合物的合成与提高聚合物的记忆特性。

4.1.2 形状记忆高分子材料的分类

形状记忆聚合物就其固定相结构而言,可以分为物理交联型和化学交联型两大类。固定相为物理交联结构的聚合物为热塑性形状记忆聚合物,其三维网络结构是由结晶或者大分子链段之间的缠结构成的;固定相为化学交联结构的聚合物为热固性形状记忆聚合物,热固性形状记忆聚合物的网络结构是通过各组分之间的共价键键合反应而形成的。热塑性形状记忆聚合物是由 T_m 或 T_g 较高的相和 T_m 或 T_g 较低的相构成,转变温度下形成分子缠绕的物理交联结构,从而也可发生熵弹性形变,初始形状发生回复。相互缠绕的大分子中心可能发生滑移,导致大形变的发生;经过长时间的力作用下,这种分子间的缠结由于链的滑移以及分子链的断裂而减少到可以忽略不计的程度。但由于使用方便、加工容易、形变温度可控,热塑性聚合物仍然具有良好的应用和研究前景。相对来说,热固性形状记忆聚合物交联结构更加牢固,它不仅形状保持能力稳定,形状回复能力也强,关于化学交联型形状记忆聚合物的研究已成为目前热点之一。

1.物理交联型形状记忆聚合物

日本三菱重工业公司(Mitsubishi Heavy Industries Ltd., MHI)是最早将聚氨酯形状记忆聚合物工业化的公司,到目前为止生产出 5 种热塑性形状记忆聚合物。这些材料主要含有两个结构,分别是硬段和软段,通过调整两者的比例,可以合成具有形状记忆效应的聚氨酯材料。在形状记忆的过程中,硬段起固定形状的作用,软段起吸收外力改变形状的作用。热塑性形状记忆聚合物在进行循环力学实验时,容易出现形变速度降低和形变回复能力变差的问题,S.-L. Zhang 等人研究发现,只要使形状记忆聚合物的变形速率足够快,就能够保证其获得理想的形状回复能力。为使材料具有可降解性能的同时保持其记忆特性,J. D. Rule 等人以结晶性 PCL 作为软段合成形状记忆聚氨酯,该材料具有良好的记忆特性和高形状回复率。Byung Kyu Kim 等人研究了软段的分子量对形状记忆聚氨酯形状回复能力的影响,研究发现,当软段分子量较低(为 2 000)时,回复力随软段含量的增加而减小;而软段的分子量增加到 8 000 时,回复力随软段含量的增加而提高。对于物理交联型形状记忆聚合物来说,除了其自身分子结构对其性能的决定外,其分子间的作用力也十分重要,B. K. Kim 等以不同类型二异氰酸酯和多元醇合成形状记忆聚氨酯薄膜,研究分子间氢键对其形状记忆性能的影响。

2. 化学交联型形状记忆聚合物

由于热塑性形状记忆聚合物在形状记忆过程中存在着严重的蠕变现象,长期使用时存在形变回复不可逆等缺点,因此热固性 SMP 的研究成为目前研究热点之一。使聚合物产生交联结构的方法有两种:一种是通过化学反应,使其获得交联结构,如交联聚乙烯;另一种是通过辐射的方式使聚合物产生交联结构,如聚己内酯。聚己内酯通过 γ-射线辐照后产生交联结构,具有形状记忆效应,同时具有良好的拉伸模量、弹性和隔热性能,它在 60 ℃温度以上时可发生伸长与形状变形,在降低温度后,变形后的形状被保持住;当再次加热材料,它的形变回复,材料又回到初始形状,为了提高材料的辐射交联效率,可在聚己内酯体系中混合加入具有聚合反应功能的丙烯酸酯单体。

目前为止,已发现许多种具有形状记忆特性的化学交联型聚合物,T. Xie 等人研究了形状记忆环氧树脂,这种形状记忆环氧树脂以双酚 A 二缩水甘油醚为树脂基体,以聚(丙二醇)二(2-氨丙基)醚为固化剂合成,通过改变体系的交联密度和链的柔性可以控制聚合物的玻璃化转变温度,交联的环氧试样具有出色的形状固定性和回复能力,其玻璃化转变温度超过 89 ℃,可以根据需要进行调整,如图 4.4 所示的聚合物的环氧单体与固化剂结构。

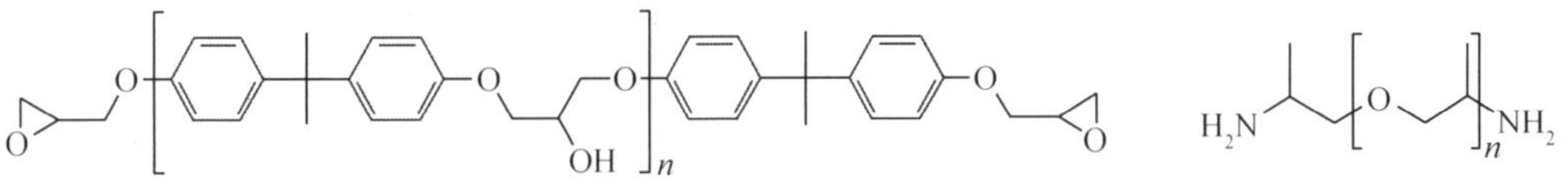

(a) 环氧单体　　　　　　　　　　(b) 固化剂

图 4.4　具有形状记忆功能的环氧树脂的主要成分的分子结构

M. K. Jang 等人研究了表面改性的二氧化硅微粒交联的形状记忆聚氨酯,以表面改性的二氧化硅颗粒作为功能型交联剂,添加入聚氨酯中,通过溶胶-凝胶反应,合成出热致聚氨酯-二氧化硅纳米复合材料。加入质量分数为 2%的二氧化硅时,复合材料显示出超过 99%的形状固定率和超过 4 个循环的形状回复。加入的纳米尺度二氧化硅颗粒起到了多功能作用,既有化学交联又有补强的作用。J.-W. Xu 等人合成一种以 Si—O—Si 作为交联键的有机/无机杂化的聚氨酯,在交联体系中,Si—O 颗粒起着交联点的作用,其在聚合物中的作用如图 4.5 所示。这种材料表现出显著的形状记忆效应,随着体系中 Si—O—Si 键数量的增加,杂化材料的玻璃化转变温度和储能模量都有提高。聚合物由异佛尔酮二异氰酸酯、聚氧乙烯、含有水解的硅醇基的混合二醇反应得到。

Y.-C. Chung 等人研究了化学交联剂结构对交联型聚氨酯嵌段共聚物的形状记忆和机械性能的影响,使用的交联剂分别为甘油、1,2,6-己三醇、2,4,6-三羟基苯甲醛,这 3

种交联剂中既有长链的羟基又有芳环。尽管交联剂不同,但交联后的聚合物的最大应力都得到显著增加。交联剂变化后,经差示扫描量热法和红外光谱分析并未发现聚氨酯的结构变化,这表明聚氨酯链之间的相互作用仍然完好无损。此外,王诗任等人证明当交联剂过氧化异丙苯质量分数为0.5%时,EVA具有优异的形状记忆功能。C. P. Buckley等人通过将1,1,1-三羟基丙烷固化剂引入聚氨酯基体,提高了材料的蠕变性能,增加了聚氨酯的形状特性。R. C. Larock等人研究用二乙烯基苯交联的高度不饱和的可再生天然油脂形状记忆材料,交联网络形成无规共聚物体系,这些材料的性能随着单体比例的变化可以进行调整。

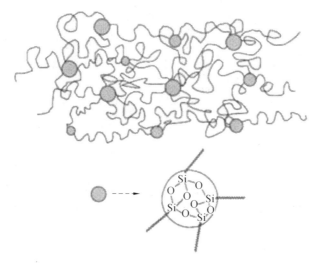

图4.5 有机/无机杂化交联聚氨酯的结构示意图

形状记忆聚合物需要有外界的刺激才能驱动其回复其初始形状,也就是需要外界赋予其能量,使其聚集态结构发生改变,或者聚集态结构没有发生变化,但链段已经开始运动,这涉及如何驱动形状记忆聚合物回复其初始形状的问题。

4.1.3 形状记忆高分子材料的驱动方法

目前形状记忆聚合物的驱动方式已从单一的热驱动方式扩展到光驱动、电驱动、磁场驱动、溶液驱动等多种方式。虽然有多种驱动方式,但仍不能完全满足在更广泛领域内应用形状记忆聚合物的需要,需要对其进行不断的丰富和发展。形状记忆聚合物需要吸收能量来克服其内部的应力,回复其初始形状。因而,如何高效、可控地驱动形状记忆聚合物的形状回复成为研究的重点之一。

1.形状记忆聚合物的热驱动

形状记忆聚合物的一个主要驱动方式是热驱动,即通过热介质传递的热量完成聚合物玻璃态转变,使其回复初始形状。热致形状记忆聚合物种类繁多,如聚烯烃类形状记忆聚合物有反式聚异戊二烯(TPI)、聚乙烯及其共聚物,最常见的是聚氨酯类形状记忆聚合物。P. T. Mather等人用烷基丙烯酸甲酯单体——甲基丙烯酸甲酯(MMA)、甲基丙烯酸丁酯为单体(BMA)与交联剂——四乙二醇二甲基丙烯酸酯(TEGDMA)进行交联反应,偶氮二甲酰胺(AIBN)为引发剂合成了热致形状记忆聚合物。将混合后的树脂在65 ℃的油浴中预固化40 min以提高树脂黏度,然后将其注入模具中,40 ℃固化60 h,得到具有形状记忆性能的聚合物。这种聚合物的玻璃化转变温度从30 ℃到80 ℃可调,其热稳定性随着甲基丙烯酸甲酯用量的减少而提高。如图4.6所示,显示了这种材料在80 ℃的水浴中的形状回复情况,聚合物在12.5 s内由临时的弯曲状完全伸开为平直状。

图4.6　MMA/BMA/TEGDMA 交联型聚合物在80 ℃的水浴中的形状回复情况

此外,在热致形状记忆聚合物中添加各种材料改善其机械性能、热性能和形状回复特性的工作也是研究热点之一。Ken Gall 等人研究发现将纳米级 SiC 颗粒加入到热致形状记忆聚合物中,可以有效改善聚合物的储能模量与松弛性能。

2. 形状记忆聚合物的电驱动

形状记忆聚合物与具有导电性能的物质(如导电炭黑、碳纳米管、碳纤维、金属粉末及导电高分子等)复合制成形状记忆复合材料。当电流在这种复合材料中通过时,由电能产生的焦耳热使体系温度升高,当温度超过聚合物形变温度时,预先变化的形状回复。J.-S. Leng 等人研究了以金属粉末为导电材料的形状记忆复合材料,其由热固性苯乙烯基形状记忆聚合物或热塑性形状记忆聚氨酯以及加入到聚合物中的微米级镍粉(直径4~6 μm)构成。为提高复合材料的导电性能,采用磁场诱导的方法使加入到形状记忆聚合物中的镍粉形成"链"状。成"链"后的复合材料在循环拉伸5次后,材料中的"镍链"仍然存在(拉伸的伸长率为50%),表明这种磁场诱导形成的"镍链"性质稳定。镍"链"在聚合物中形成导电通路,改善了聚合物的导电性能。如含体积分数为10%镍粉的复合材料,镍粉未成"链"时,其体积电阻率为 $2.36×10^4$ Ω·cm;在成"链"的试样中,垂直于成"链"方向的体积电阻率为 $2.36×10^6$ Ω·cm,而沿着成"链"方向的仅为12.18 Ω·cm。成"链"试样在6 V电压下,能将复合材料试样从室温(20 ℃)加热到55 ℃,超过其形状回复温度,变形的试样发生形状回复;而未成"链"的试样在相同电压作用下,其温度仅仅从20 ℃升高到26 ℃,达不到其形状回复温度,变形的试样不发生形状回复。如图4.7所示,显示了成链后聚合物的电驱动过程。

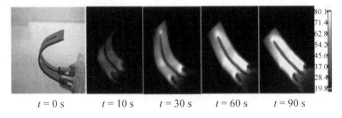

图4.7　成链后试样的电驱动形状回复序列,用红外相机记录下回复过程中的温度分布

J.-S. Leng 等人研究了碳粉/短切碳纤维作为导电材料的形状记忆复合材料,将纳米碳粉(直径40 nm)/短切碳纤维(直径7 μm、长为2~5 mm)的混合物加入到热固性苯乙

烯基形状记忆聚合物中,制成形状记忆复合材料。在形状记忆复合材料中,导电的短切碳纤维随机分布在其中并相互连接,该微观形貌所形成的导电通路能极大地提高复合材料的导电性。如图 4.8 所示,显示了添加不同质量分数碳粉、碳粉/短切碳纤维的复合材料的电导率,纳米导电颗粒复合材料的导电性优于微米导电颗粒复合材料。随着纤维质量分数的增加,材料的电阻率逐渐下降,含有 5%炭黑和 0.5%碳纤维的复合材料的体积电阻率为 128.32 Ω·cm,是一种很好的半导体材料;而含有 5%炭黑和 2%碳纤维的复合材料,其体积电阻率仅为 2.32 Ω·cm,是一种很好的导体材料。

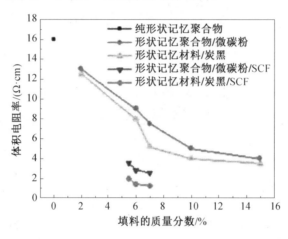

图 4.8　形状记忆复合材料的体积电阻率随碳粉、短切纤维用量变化曲线

韩国建国大学的 J. W. Cho 等人报道了碳纳米管作为导电材料的形状记忆复合材料,基体为以聚己内酯为软段的形状记忆聚氨酯,导电填料为直径 10~20 nm、长为 20 μm 的多壁碳纳米管(MWNT)。形状记忆聚氨酯-MWNT 复合材料的电驱动形状回复过程如图 4.9 所示,在电压的作用下,试样由初始的线形回复到永久的螺旋形。

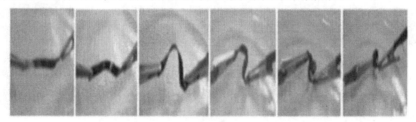

图 4.9　形状记忆聚氨酯-MWNT 复合材料的电驱动形状回复过程(MWNT 质
　　　　量分数为 5%,试样经历从临时形状(左侧,线形)到永久形状(右侧,
　　　　螺旋状)的转变,转变在恒压 40 V 下 10 s 内完成)

为改善聚合物与导电填料间的界面黏接,获得具有良好导电能力的形状记忆复合材料,对多壁碳纳米管(MWNT)用硝酸与硫酸的混合溶液进行了表面处理。MWNT 的处理方法:先将 MWNT 在硝酸与硫酸(3∶1 的摩尔比)混合溶液中 140 ℃处理 10 min,之后在乙醇的高能超声中分散 2 h。复合材料薄膜的电导率由四点探针法测得,其中含有质量分数 5%改性 MWNT 的电导率约为 10^{-3} S/cm,电导率随着复合材料中处理过的 MWNT 质量分数的增加而增加。MWNT 的表面是否处理对复合材料的电导率有重要影响,在相同

MWNT质量分数时,表面处理过MWNT的复合材料膜的电导率低于表面未处理过的。这主要是酸处理过的碳碳键与表面形成的一些羧酸键相连接造成MWNT表面晶格缺失,机械性能与电导率都依赖于MWNT表面改性的程度,90 V下的混酸处理对于形状记忆复合材料来说更加适宜。

J.W.Cho等人制备的形状记忆材料形状回复的速率直接取决于所施加的电压的大小和试样中MWNT质量分数多少。由于应用了比表面处理过MWNT填充的复合材料更高的电压,未处理MWNT填充的复合材料能够被迅速地加热到较高的温度。然而,采用高电压驱动形状回复对于控制试样的温度来说是十分困难的,因为温度迅速升高会超过形状记忆聚氨酯硬段的熔点。因此,与表面处理过MWNT填充的复合材料相比,未处理MWNT填充的复合材料的形状记忆行为应用受限较大。

J.W.Cho等人还将形状记忆聚合物与碳纳米管以及炭黑混合,分别制得形状记忆聚合物-碳纳米管复合材料(SMP-CNT)与形状记忆聚合物-炭黑复合材料(SMP-CB)。SMP-CNT中碳纳米管的质量分数分别为3%、5%和7%,SMP-CB中炭黑的质量分数为20%或30%。

2.形状记忆聚合物的光驱动

形状记忆聚合物光驱动的研究主要集中在用紫外波段的光使聚合物的分子结构或分子构象发生变化,从而使聚合物长度发生伸缩或者形状发生卷曲等变化。按光致变形的分子结构,聚合物的分子结构中可分成三种基团:一是带有偶氮苯类的光致异构化分子,偶氮苯分子有顺式和反式两种构象,当用特定波长的光照射时,分子可以在这两种构象间进行可逆转换,当偶氮苯基团接枝到大分子上后,两种光异构体间的相互转化能够使聚合物发生宏观变形;二是带有三苯基甲烷的无色衍生物,在紫外线照射下,无色的三苯甲烷衍生物分裂成离子对,在黑暗加热的条件下,发生逆反应,离子对重新结合成分子,当聚合物或凝胶中结合了这种变化后,光致静电排斥的可逆变化会引起聚合物或凝胶的光致扩张或收缩;三是如肉桂酸类的具有光二聚反应特性的分子,这些分子可形成光可逆共价键,在适当波长的紫外光照射下,两个相邻的肉桂酸分子发生二聚环化形成环丁烷环或者形成的环发生可逆的光裂解使其被重新打开,这种环化结构的形成以及破坏赋予聚合物形状记忆性能。

对于热致形状记忆聚合物来说,其分子中不含有上述三种基团,因而不能响应上述波长的紫外光,发生形状回复。但聚合物除吸收紫外光使其分子结构或构象发生变化以外,还能吸收红外光并将吸收到的光能其转化为热量,使聚合物的温度升高。在此原理基础上,W. Small等人在研究血管内血栓清除器时,使用转变温度为65 ℃的形状记忆聚氨酯作为清除器的材料,其清除器的结构如图4.10所示。清除器的初始形状为如图4.10(b)所示的螺旋状,清除器被临时拉伸为如图4.10(a)所示的直线形,其被激光驱动后,形状回复初始的螺旋状,如图4.10(c)所示,回复初始形状后清除器在与之相连的光纤拖动下运动,将血栓从血管内清除出去。血栓清除器是由挤出成型制备的螺旋形细棒,其直径为380 μm。驱动血栓清除器动作的能量由与驱动器连接的光纤传输。为提高驱动器对光能的吸收效率,避免驱动器中的光泄漏到空气中,可以在形状记忆聚合物表面浸涂一种涂层,它由另一种形状记忆聚氨酯与 Epolight™ 铂染料组成,涂层厚度为 10~15 μm。所加入的染料在 803 nm 处有强吸收峰,从而提高聚合物对激光的吸收效率。此外,在浸涂了涂层的驱动器表面再浸涂一层低折射率($n=1.41$)的有机硅弹性体,形状记忆聚合物在该驱动红外光下的折射率为 1.57,驱动器的芯层(形状记忆聚合物)的折射率低于包层(浸涂层),从而使驱动器形成一个光波导,使尽可能多的光传输到驱动器的末端。经计算机模拟发现,驱动器在空气环境中进行激光驱动时,有 93%的光传输到驱动器的另一端;而当驱动器在血液中进行驱动时,只有约 43%的光传输到驱动器的另一端,其余 57%损耗散失,这是由于血液相对空气来说具有较高的折射率($n = 1.38$),其发光与空气环境中具有相似的趋势,都是在螺旋的第一个转弯处光的亮度最高,其后保持相对平稳的状态。

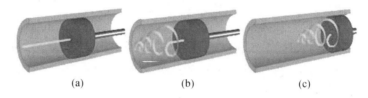

图 4.10　形状记忆血管内清除器的作用原理示意图

采用红外光驱动形状记忆聚合物的优势有两点:一是可以将能量集中用于驱动聚合物形状转变;二是对周围环境的影响较小。需要解决的最大问题是如何提高聚合物对红外光的吸收效率,只有聚合物对光的高效吸收才有聚合物形状的迅速转变。

3. 形状记忆聚合物的磁驱动

A. M. Schmidt 等人在研究中发现,填充了磁性纳米粒子(Fe_3O_4)的聚合物在交变磁场的作用下,其温度会升高,这是由于磁性材料存在着磁滞损耗,是其超顺磁性的直接结果。采用挤出成型的方法将不同粒径的磁性纳米颗粒加入到两种形状记忆材料中,一种为聚醚型聚氨酯(TFX),它由二苯基甲烷二异氰酸酯、聚四亚甲基二醇和 1,4-丁二醇嵌段聚合而成;另一种为可生物降解的多嵌段共聚物(PDC),它以聚对二氧环己酮为硬段、聚 ε-己内酯为软段,经共聚合而成,PDC 的转变温度为其熔点,仅仅略高于人体的体温,这能避免在驱动形状记忆聚合物时产生的热量对周围的人体环境产生损害。加入 PDC 中的颗粒直径为 6~15 nm,这种尺寸的纳米颗粒能够通过外渗或肾脏清除排出体外;加入到 TFX 中的颗粒直径为 20~30 nm。如图 4.11 所示为磁性纳米颗粒质量分数为 10%的 TFX 复合材料的形状记忆回复过程。图 4.11 中 $t = 22$ s 所显示的平直的条状为试样的

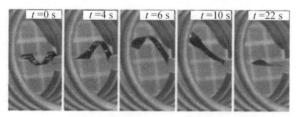

图 4.11　磁性纳米颗粒质量分数为 10%的 TFX 复合材料的形状记忆回复过程,试样的初始形状是螺旋形的条状,其永久形状是平直的条状

永久形状;而 $t = 0$ s 为螺旋形的初始形状。当试样被置于频率 $f = 258$ kHz、场强 $H = 30$ kA/m 的交变磁场后,试样由螺旋形的初始形状,22 s 内完全成为平直条状的永久形状。

研究发现,试样在交变磁场中所能产生的感应热与试样的几何形状(面积与体积比,S/V)有关,这是由驱动中试样中产生的热量与其向周围环境所传递的热量存在平衡所致;S/V 越小,能达到的温度越高且加热速率越快。此外,试样能达到的最高温度(T_{max})与其中纳米颗粒的含量以及磁场强度有关,T_{max} 随纳米颗粒的含量以及磁场强度的增加而增大。PDC 复合材料可在室温下进行冷拉伸,形变保持 5 min 后释放,冷拉后形状的固定率在 50%~60%,形状的固定是应变诱导结晶与应变导致的链段分子重排共同作用的结果。

A. M. Schmidt 将具有超顺磁性的 Fe_3O_4 颗粒(粒径为 11 nm)加入到热固性低聚-ε-己内酯/二甲基丙烯酸酯/丙烯酸丁酯的聚合物中,制得磁性形状记忆复合材料。磁性纳米颗粒通常被用于生物医学,因为它们无毒而且具有无害、可生物降解的特点,其半衰期约为 45 d。形状记忆聚合物的转变温度由低聚-ε-己内酯链段的熔点决定。为提高磁性纳米颗粒与聚合物基体的相容性,用表面引发聚合反应的方法,在新制备出的 Fe_3O_4 纳米颗粒表面接枝低聚-ε-己内酯,使其表面功能化。纳米复合材料的热转变温度随着纳米颗粒含量的增加略有升高,这是由于熔融焓通常较低,因此纳米复合材料中低聚-ε-己内酯链段的结晶度略有下降。随着磁性纳米颗粒含量的增加,复合材料的拉伸强度提高但断裂延长率降低,其中颗粒含量越高,这种现象越明显。如图 4.12 所示为热致形状记忆复合材料在交变磁场作用下的形状回复过程。

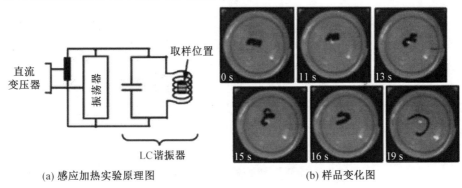

(a) 感应加热实验原理图　　(b) 样品变化图

图 4.12　热致形状记忆复合材料在交变磁场作用下的形状回复过程

测试试样是从复合材料膜上裁切下的,尺寸为 15 mm×2 mm×0.5 mm,试样的永久形状为平直的矩形,将其加热后弯曲为螺旋形并固定住。而后将螺旋形试样置于频率为 300 kHz 的交变磁场中,用数码相机记录形状回复过程。10 s 后,观察到螺旋形试样开始解螺旋,在随后的 10 s 内完全展开。在交变磁场驱动下,试样的温度升高到其转变温度以上,聚合物基体变得柔软,其与玻璃板间的摩擦力使之不能完全展开,因而在最终的展开图中,试样带有一定的残余弯曲。试样的响应时间还与其中磁性纳米颗粒的含量有关,颗粒含量增加,响应速度加快,但同时试样的脆性增加,从而限制其最大变形量。

4. 形状记忆聚合物的溶液驱动

新加坡南洋理工大学的 W. M. Huang 等人首先研究了水或者湿气对形状记忆聚氨酯的驱动作用,并实现形状回复过程的程序控制,还研究了水分子与聚氨酯分子间的分子作用机制。如图 4.13 所示为室温下,形状记忆聚合物在水中的回复过程,水浸泡后的形状记忆聚合物玻璃化转变温度显著降低,这是形状记忆聚合物中的 N—H 与 C=O 间的氢键含量在吸收了水分后下降的结果。形状记忆聚合物中吸收的水分可分为两个部分,即自由水和结合水,自由水可以在 120 ℃下通过蒸发除去,此后自由水对玻璃化转变温度和单轴拉伸行为不产生影响;而结合水会显著降低玻璃化转变温度和单轴拉伸行为。

近年来,研究者还分别使用有机溶剂,如 N,N-二甲基甲酰胺和甲苯等,来驱动形状记忆聚合物发生形状回复,并对驱动机理做了进一步探讨。

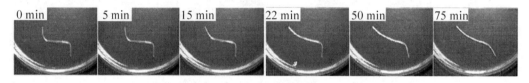

图 4.13 室温下,形状记忆聚合物在水中的回复过程

4.2 形状记忆聚合物的制备方法

4.2.1 单向与双向形状记忆聚合物的制备方法

1. 单向与双向形状记忆聚合物的记忆效应

单向 SMP 的热驱动过程分为三步:一是在外力作用下使 SMP 发生预变形;二是冷却使变形固定下来;三是施加热使其形状回复。双向 SMP 具有两个或两个以上的转变温度,在不同的转变温度下表现出不同的形状。双向形状记忆的热驱动过程如图 4.14 所示,它与单向形状记忆效应不同,单向形状记忆效应是在外力作用下加热发生形变,冷却固定形状,去除外力后加热使形状回复。双向形状记忆则是再次加热时仍能保持外力作用,低温下冷却结晶伸长,高温下熔融收缩,表现出双向形状记忆效应。

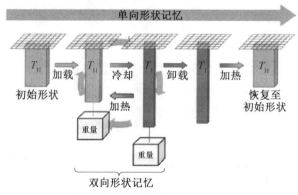

图 4.14 单向和双向形状记忆示意图

S.-J. Chen 等人通过多层复合技术将形状记忆聚氨酯制成复合膜,通过不同温度下的热量来驱动样品实现双向记忆效应。K. K. Westbrook 等人制备 PCO-DCP 膜,在低温下定形,作为嵌入材料,将此膜嵌入自制的铝模中。此外需要有效的弹性体作为制动器,以丙烯酸酯基聚合物为基体材料注入模具内固化,而后除去模具,切割成所需的尺寸和形状。其双向形状记忆效应如图 4.15 所示。以 A 点追踪材料的横向位移变化,在不断升温的过程中,材料在 40 ℃开始变形,60 ℃时,变形达到最大。冷却过程中,在 35 ℃开始回复,20 ℃时几乎达到完全回复状态。

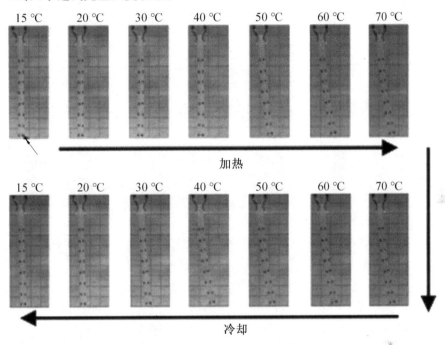

图 4.15　PCO-DCP 膜的双向形状记忆效应

2. 单向与双向形状记忆聚合物的物理与化学制备

迄今为止,有两种方法可以实现热致 SMP 的双向形状记忆效应:一种是物理复合的方法;另一种是化学合成的方法。物理复合的方法由于比较容易实现,出现得较早,但化学合成的方法显示出了更大的研究潜力。

(1)物理复合。

采用物理复合法制备热致双向 SMP 时,最常用的制备方法是叠层技术。这种方法是在单向形状记忆聚合物的基础上,将其与另一种聚合物相复合,制成双层的聚合物复合材料。

J.-L. Hu 等人将 1 mm 厚的形状记忆聚氨酯进行了预拉伸,与 1 mm 厚未拉伸的聚氨酯弹性体复合制得双层膜材料,使用含有质量分数 20% 形状记忆聚氨酯的 N,N-二甲基甲酰胺溶液为胶黏剂。升高温度至形状记忆聚氨酯的回复温度后,形状记忆聚氨酯回复初始形状,拉动双层膜向着形状记忆聚氨酯方向弯曲。冷却至回复温度以下时,弯曲的角度明显减小,此弯曲的角度是可逆的。其双向形状记忆的机理是预拉伸的形状记忆聚氨酯加热收缩,与其复合的聚氨酯弹性体提供了收缩的阻力,形状记忆聚合物层冷却时被拉伸,双层膜减少了弯曲的角度。如图 4.16 所示,从第一次循环实验(图 4.16(a)~(h))中可看到,温度从 25 ℃升高到 60 ℃(图 4.16(a)~(d)),复合膜向形状记忆聚氨酯一侧弯曲,弯曲角度逐渐增大,冷却(图 4.16(e)~(h))下来以后,聚合物复合膜开始回复,弯曲角逐渐减小,整个实验过程说明此复合膜具有双向形状记忆效应。继续升温,进行第二次循环实验(图 4.16(i)~(p)),复合膜又会开始弯曲,这说明双向形状记忆效应可以循环往复。

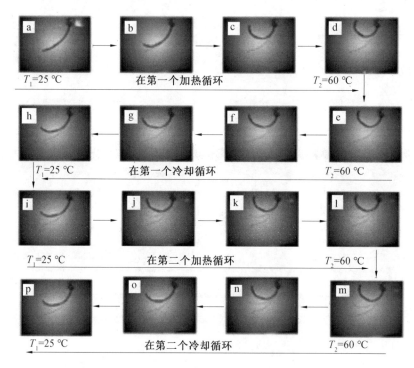

图 4.16　聚氨酯复合膜的双向形状记忆过程

P. T. Mather 等人以交联的半晶聚环辛烯作为驱动层,以硅橡胶弹性体作为非驱动层制备双向形状记忆复合膜。这两种方式虽然采用的材料成分不同,但双层复合膜都表现出类似的可逆回复。不足之处是形状是在制备时赋予的,依靠其内部储存的应力驱动形状变化,制备后不能改变双层复合膜的形状。徐福勇将环氧树脂-828 制得树脂板,树脂板再通过胶黏剂与碳纤维增强环氧基板黏合,形成一种环氧复合材料层压板。层压板的结构及形变过程如图 4.17 所示,25 ℃无载荷时层压板呈平直状态,80 ℃时层压板发生变形,当温度回复到 25 ℃时,层压板又能回复初始形状。加载后的情况如图 4.17(d)~(g)所示,图 4.17(d)为 25 ℃时在层压板上施加一定负荷,此时层压板无形变产生;温度升高到 80 ℃时,层压板产生形变;温度再次降至 25 ℃时,层压板又恢复到原状。整个过程中,一定负荷的层压板在加热-冷却的热循环刺激下,能够发生形变-回复循环。

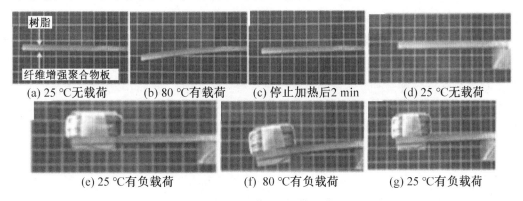

图 4.17 加载前后环氧复合材料层压板的形变与回复过程

物理复合的方法制备双向 SMP,比较简便,成本低廉,不需要合成新的聚合物材料,制作速度快。不足之处在于,材料的形状是事先赋予的,无法再进行改变。

(2) 化学合成。

随着对聚合物结构认识的深入,新型的具有双向形状记忆效应的聚合物材料被不断地合成出来。M. Behl 等人以聚(ω-十五内酯)和聚己内酯为软段所合成的聚酯型聚氨酯(Polyester Urethane,PEU),就是这种双向形状记忆效应的典型代表。在这种聚氨酯中两种聚酯链段提供了两个熔融温度,一个在 64 ℃($T_{m,high}$)左右,另一个在 34 ℃($T_{m,low}$)左右,因为它有两个熔融温度,所以本质上是三向形状记忆聚合物。它的记忆过程如图 4.18 所示,PEU 的初始形状如图 4.18 形状 A 所示,先用外力将试样在较高的熔融温度下变形,温度低于较低的熔融温度时被固定下来,当去掉应力后,获得了形状 B。这一步完成了编程阶段,与典型的单向形状记忆聚合物的记忆循环是一致的。PEU 试样被再次加热到 T_{high}($T_{m,low} < T_{high} < T_{m,high}$),此时出现形状 A。当温度在 T_{high} 和 T_{low} 间循环时,可以观察到试样可以在形状 A 与形状 B 之间发生可逆的转变,此时的形状变化没有任何的外力作用。

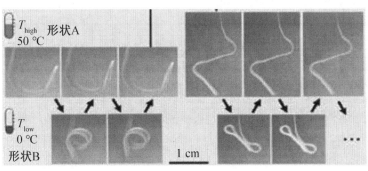

图 4.18 双向形状记忆聚合物的记忆过程

关于这种双向形状记忆效应的机理,研究者认为与 $T_{m,high}$ 相关的聚(ω-十五内酯)区域确定形状转变的几何形状,以及 $T_{m,low}$ 相关的聚己内酯区域与可逆形变有关。变形的聚(ω-十五内酯)区域建立了一个结晶的几何形状骨架。在结晶和熔融过程中,聚己内酯片段的构象方向导致聚己内酯区域发生了可逆的几何形状变化。在变形过程中的编程步骤,与两个结晶相关联的链构象改变了形状。加热至 T_{high} 时,只有 PCL 链段中的部分取向被消除。而被聚丙二醇二丙烯酸酯(PPDL)区域固定的形变不变,确立了没有外力时 PCL 区域的各向异性,即 PCL 链段处于取向构象,这是由于变形的 PPDL 区域的约束导致的。不需要外力的诱导就能观察到 PCL 区域的宏观转变,PEU 交联网络表现出双向形状记忆效应。

总而言之,这是内部建立的交联网络的各向异性导致的,它负责可逆的形状转变。由于这个交联网络的各向异性是由形变所确立,可逆的形状开关能够在编程阶段再次编程。作为确定内部应力的高温的 PPDL 相也能够通过编程来改变。

M. Behl 等人随后合成 EVA 交联共聚物,实现了从 30 ℃ 到 90 ℃ 的宽熔融转变温度。这个交联网络具有与 Li Wang 等人合成的聚合物相似的温度记忆效应。前面的双向记忆原理也能应用于这里。对于 PEU 交联网络,T_{high} 可能位于 $T_{m,high}$ 和 $T_{m,low}$ 之间。对于具有宽熔融峰的 EVA 交联聚合物而言,其可以在熔融温度之间选择任意一点作为 T_{high}。一旦选定了 T_{high},在带有低于这个熔融温度的 EMUs 基团将扮演 PEU 交联网络中低熔融温度相的角色。相似地,剩余的 EMUs(熔融温度低于这个温度)将起到 PEU 交联网络中低熔融温度相的作用。S. S. Sheiko 等人同样合成出具有宽熔融转变的交联聚辛烯酯,具有相同的变形机理,但是变形的模式有所区别。另外,T. Pretsch 等人对聚氨酯弹性体的双向形状记忆效应进行了论证。当卸载应力后,试样能够执行热致的可逆拉伸和收缩,在冷却过程发生了取向结晶的生长,采用原位广角 X-射线衍射可进行验证。变形方式除了线性的伸缩外,还能实现更复杂的几何形状的可逆变形,如扭转等。

Y.-C. Chung 等人以过氧化二异丙苯(DCP)为交联剂,对聚环辛烯(PCO)进行交联,交联剂用量为 1%~2%。交联后的聚合物在冷却结晶时显著伸长,加热熔融时产生收缩,表现出了双向形状记忆效应。通过测量样品在加热、冷却和再加热时的长度,计算得到试样的形状回复率均达到 90% 以上,且随着 DCP 浓度的增大而增大,DCP 质量分数为 2% 时可达到 99%。O. Dolynchuk 等人用 2,5-二甲基-2,5-双(叔丁基过氧基)己烷(DHBP)交联高密度聚乙烯,反应温度为 190 ℃,与两种不同支化度的乙烯-辛烯共聚物(EOC30 和 EOC60)作为对照。通过在应力负荷下拉伸试样来测试双向形状记忆效应,交联聚乙烯、EOC30 和 EOC60 分别在 1 MPa、0.6 MPa 和 0.3 MPa 下加载负荷,温度分别为 438 K、413 K、393 K,恒定负载下冷却至 273 K。通过 TEM 测试发现,HDPE 和中度支化的 EOC30 在载荷的条件下,在双向 SMP 周期中的冷却阶段结晶,薄层取向垂直于拉伸方向,产生异常伸长,高度支化的 EOC60 的结晶相则由微晶组成。在低温下,冷却结晶伸长;高温下,熔融收缩,分别表现出两种不同的形态,具有双向形状记忆效应。Hai-Hu Qin 等人以 2-叔丁基-1,4-双[4-(4-戊烯基氧基)苯甲酰基]对苯二酚这种芳香族二烯为单体合成液晶聚酯,以过氧化二异丙苯为交联剂,对液晶高分子进行了交联。在应力下对 P5tB-LCN 薄膜进行双向形状记忆效应测试。在 162 ℃ 的高温施加应力,然后将样品缓慢冷却到 110 ℃,在这个过程中样品伸长,最后将温度升回 162 ℃,又出现了明显的收缩现象,整个过程能够循环实验。

4.2.2　多向形状记忆聚合物的制备方法

1. 多向形状记忆聚合物的记忆效应

2010 年,形状记忆聚合物的多向形状记忆效应被发现并提出,随后双向、三向等多向形状记忆聚合物被逐渐研制合成出来,进而使多向形状记忆聚合物及其多向形状记忆效应成为力学研究的热点问题之一。参照普通形状记忆材料的形状记忆机理,材料具有形状记忆效应的原因主要是材料内部含有不相容的两相,即可逆相和固定相。固定相是起到记忆、保持初始形状的作用,可逆相是随着外界刺激的变化发生可逆的软化和固化。因此,具有多向形状记忆的材料需要具有多个不相容的相,这些相之间具有不同的相转变温度。根据材料组分的不同,可以分为由单种材料的多向形状记忆材料和由不同单体混合制备得到的多向形状记忆材料。

单种材料的多向形状记忆效应的研究,例如谢涛对全氟磺酸的研究过程中,全氟磺酸的分子量为 1 000,经测试材料的 T_g 为 50~130 ℃。为了表征材料的形状记忆性能,把材料加热到 T_g 以上,使材料发生一定的变形,同时将温度减小到玻璃化转变温度范围之内,此时材料内部一些链段会固定下来,如图 4.19 所示,从初始形状 S0 到临时形状 S1,在此温度下继续施加外力变形,并继续降低温度,材料的形状再次被固定成 S2,在随后的升温过程中,形变逐渐回复,从 S2—S1—S0,这种变形和回复的方式表现了材料具有三向形状记忆效应。

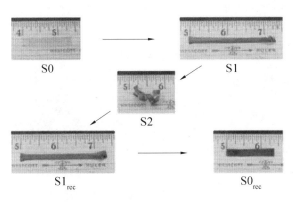

图 4.19　三向形状记忆聚合物的记忆过程

T. Pretsch 教授合成了一种新的三向形状记忆效应的聚氨酯材料。他将经己二酸二醇封端的聚己二酸丁二醇酯和异氰酸酯(MDI)反应,之后加入 1,4-丁二醇扩链制备得到 PU 材料。此材料的 T_g 较低,为 -49 ℃,T_m 在室温以上,为 44 ℃。材料在降温的过程中,链段结晶和玻璃化的过程可以分别固定材料的形状,即产生两个临时态,材料表现出优异的三向形状记忆效应。

由不同材料制备的多向形状记忆聚合物,可以从分子设计的角度,通过选择聚氨酯、凝胶等聚合物作为原料合成制备形状记忆聚合物。Robert Langer 等通过对一种封端聚己内酯和聚环己基丙烯酸酯的共聚物的研究发现了材料所具有的三向形状记忆效应,此共聚物被称为 MACL。其中,可逆相包括玻璃化转变温度在 50 ℃ 左右的聚己内酯(PCL)链段和玻璃化转变温度在 140 ℃ 左右的聚环己基丙烯酸酯(PCHMA)链段,这两个可逆相的转变温度具有较大的差异,固定相为某种化学交联结构。他们将这种封端聚己内酯和另外一种封端聚乙二醇通过共聚反应,得到了共聚物 CLEG。在此共聚物中,包括了玻璃化转变温度在特定温度范围 32~39 ℃ 之间的可逆相 PEG 链段和玻璃化转变温度高于 50 ℃ 的 PCL 链段以及化学交联结构的固定相。共聚物 MACL 和 CLEG 在各自的变形过程中都表现出了两个可逆相的存在,可以记忆两个不同的临时形状,在升温的过程中依次回复两个变形态。如图 4.20 所示为共聚物内部的交联状态。

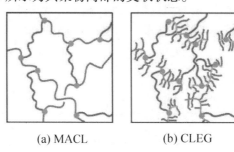

(a) MACL　　　(b) CLEG

图 4.20　共聚物内部的交联状态

X.-F. Luo 等利用一种环氧树脂和聚己内酯结合电纺的制备手段得到了一种三向形状记忆聚合物。这种材料是一种聚合物型复合材料,利用的是材料内部具有的不同的转变温度,分别是环氧树脂的玻璃化转变温度和聚己内酯的熔融温度。三向形状记忆聚合物的回复过程如图 4.21 所示。

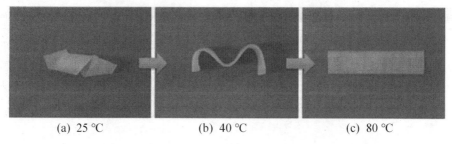

(a) 25 ℃　　　(b) 40 ℃　　　(c) 80 ℃

图 4.21　D30N70/PCL 复合材料的三向形状记忆回复过程

2.多向形状记忆聚合物的物理与化学制备

(1)物理复合。

利用物理复合多层聚合物的方法制备多向形状记忆聚合物,需要满足以下三点要求:①相互独立的热转变;②强的层间相互作用;③合适的模量以及组成比例。由于具有强的层间相互作用,多层聚合物体系在可逆智能黏合领域也有应用。

T. Xie 等人合成了由两种分别具有良好的玻璃化转变温度的环氧形状记忆聚合物组成的双层聚合物。这些双层环氧聚合物表现出三向形状记忆效应(TSME),如图 4.22 所示,可以通过改变两层之间的比例,来调节形状的固定形状。双层环氧聚合物的三向形状固定可以用两层之间的应力平衡来解释。与双层聚合物相关的 TSME 受益于两个环氧层之间的牢固界面。在双层样品的两步合成过程中,已固化环氧层表面上的未反应环氧基或胺基继续与后加入的第二种环氧液体反应,生成样品的界面强度超过了聚合物的整体强度。没有强大的界面,双层将不会表现出 TSME,相反,在形状记忆周期中会发生分层。原则上,只要两种聚合物界面足够坚固,就可以将双层构造的 TSME 通过通用方法扩展到两个双向形状聚合物的任意组合。由于材料多功能性,可实现多种形状的记忆,由超过两层组成的材料结构可能会产生超过三重形状的效果。

物理复合的方法制备 TSMP 应考虑以下三个分子设计准则:①分离良好的热跃迁;②强界面;③模量和层间相(或微相)对比的适当平衡。

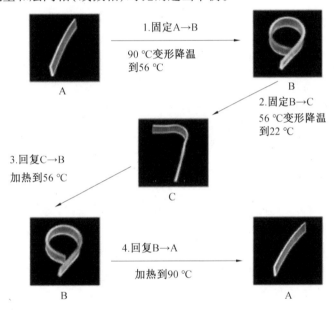

图 4.22 双层环氧聚合物样品的 TSME
A—初始形状;B—第一临时形状;C—第二临时形状

(2)化学合成。

在通过化学合成制备双向形状记忆聚合物的基础上,多向形状记忆聚合物材料也被不断地合成出来。Y. Wu 等人通过锌离子基的金属超分子制备了一种具有光热双响应的形状记忆环氧树脂(T_g 约 48 ℃),通过 2,6-双(N-甲基苯并咪唑基)-吡啶(Mebip)与锌二[双(三氟甲基磺酰)亚胺]($Zn(NTf_2)_2$)构成光敏树脂。如图 4.23 所示在体系的三向形状记忆循环中,形状 1→2 通过波长 420~490 nm 的紫外光照射回复,形状 2→永久形状通过传统的加热回复。此体系相较于早期的光敏型体系,避免了复杂分子结构的合成,选用环氧树脂作为主体,具有较好的力学性能和形状回复力。

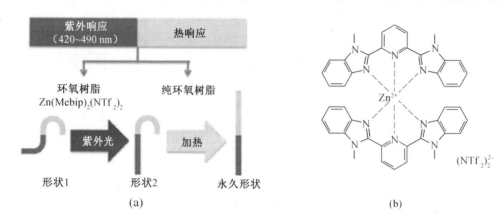

图 4.23　SMPs 的组成和形状回复路线(a)及 Zn(Mebip)$_2$(NTf$_2$)$_2$ 的分子结构(b)

X. Kuang 等人利用 Dielse-Alder(DA)加成反应制备一种具有三向形状记忆能力的环氧树脂,体系中具有热可逆的 DA 加成反应(反应温度约 140 ℃)作为分子转变结构,环氧树脂的玻璃化转变(T_g 约 65 ℃)作为聚集态转变结构,两种转变结构之间具有明显的温差。在体系的三向形状记忆循环中,利用不同聚集态水平的玻璃化温度转变作为转变结构的开关,其形状固定率与形状回复率均接近 100%。利用 DA 加成反应的形状回复率和形状固定率均低于 80%,随着 DA 加成组分越多,体系的可逆交联点增加且回复内应力降低,致使相应的形状固定率上升,形状回复率下降。如图 4.24 所示为双交联环氧聚合物(FM50)的 TSM 行为照片。将长条状样品(A 型)在预先设定为 140 ℃ 的烘箱中加热 5 min,然后将其手动变形并放入模具中,再于 80 ℃ 下放置 20 min,将样品从模具中取出后获得临时形状(B 型),将形状 B 浸入 80 ℃ 水浴中 2 min,然后通过绕玻璃棒缠绕而进一步变形,再通过冷却至室温来固定第二临时形状(形状 C)。对于第一次回复,将形状 C 放回水浴(约 80 ℃)中 2 min,变为形状 B,形状 A 的回复是通过在烤箱中于 150 ℃ 下加热形状 B 15 min 来实现的。

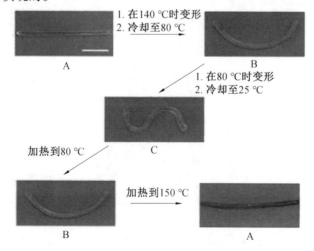

图 4.24　双交联环氧聚合物(FM50)的 TSM 行为照片(比例尺为 2 cm)

多向形状记忆聚合物材料的化学制备可通过多种方法得到,常采用两步法或多步法技术,在产品定型的最后一道工序进行化学反应,否则产品在成型前发生反应会造成材料成型困难。

4.3 4D 打印形状记忆高分子材料

4.3.1 热响应形状记忆高分子

在过去的几十年里,人们对形状记忆聚合物(SMPs)产生了浓厚的兴趣,并致力于其多功能复合材料的开发。作为一类刺激响应性聚合物,SMPs 可以在光、热、磁、电等外部刺激下从一个预先设定好的临时形状回复到其初始形状。形状记忆是一种材料变形并固定成临时形状的能力,只有外部刺激才能触发初始形状的回复。如图 4.25 所示为在受到外界刺激(温度变化)时,形状记忆聚合物的形状记忆循环。

热响应(热致)形状记忆聚合物(TSMP)的刺激方式是温度的改变,TSMP 一般具有两相结构,即记忆初始形状的固定相和随温度可逆固化和软化的可逆相。固定相由物理交联点或化学交联点组成;可逆相由熔点较低的结晶态或玻璃化转变温度较低的玻璃态组成,作用是使制品产生变形并固定该形状。因此,热致形状记忆行为取决于两个关键因素:控制永久三维形状的化学或物理交联点和控制形成临时形状的转变温度。

形状记忆聚合物通常是由链段和网点组成的聚合物网络。链段通过网点交联,提供稳定性并决定材料的永久形状。化学交联(通过共价键)和物理交联(通过分子间的相互作用)都可以用来在形状记忆材料中产生网点。

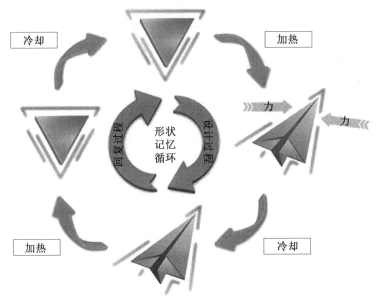

图 4.25 形状记忆聚合物的形状记忆循环

为了阐明热致形状记忆效应的原因,可以从微观角度分析 TSMP 的结构。用热黏弹性理论模型来解释 TSMP 的热力学行为。在 SMP 中,由于分子链在室温下的随机排列,聚合物具有更高的熵。当温度升高时,分子迁移率增加,聚合物产生热黏弹性。此时,分子链可以在外力的作用下拉伸和取向,这种取向会导致聚合物的熵减小。如果在不改变外力的情况下降低温度,则聚合物失去热黏弹性,分子运动减弱,此时分子链无法回复到原来的形状。在这个过程中,应力以弹性势能的形式储存在分子链中。当温度再次升高时,分子链获得热黏弹性,储存的弹性势能被释放出来。对于 TSMP,高温会增加聚合物的熵,降低能垒,使分子链容易移动,聚合物更容易被控制。聚合物在变形成设定的临时形状后,随着温度的降低,形状被固定,并通过外界因素来维持,这些外界因素包括可以阻止聚合物分子链运动的物理和化学变化,临时形状不会随着外界因素的去除而改变。

Y.-X. Jiang 等人采用挤出增材制造技术制备了聚氨酯/聚乳酸(TPU/PLA TSMP)。由于挤出增材制造的强剪切作用,PLA 相变形为超细纤维结构,这种新型超细纤维不仅对 TPU/PLA TSMP 有明显的增强作用,而且有利于提高形状记忆性能。在适当的温度下拉伸,TPU/PLA TSMP 冷却后仍能保持变形,热刺激后能自动回复。如图 4.26 所示为形状记忆周期中不同状态下的相形态和分子链。PLA 和 TPU 的玻璃相分别作为固定相和可逆相。PLA 沿挤出方向变形为超细纤维结构。当温度升高到 70 ℃ 时,PLA 分子链由玻璃态变为橡胶态,运动能力显著提高。样品被拉伸到一定的应变,分子链也会被拉伸,并在一定程度上取向。在急剧冷却的条件下,PLA 分子链回复到玻璃态,取向得以保持,在 30 ℃ 保持 5 min 后,应力释放。在熵弹性的驱动下,TPU 分子链会回复,而 PLA 的刚性玻璃链段则能抵抗这一趋势。因此,TPU/PLA TSMP 的暂态变形是可以固定的。在回复过程中,样品被加热到转变温度(70 ℃),TPU 和 PLA 链的迁移率均增加,PLA 的玻璃态变为橡胶态,不再能抵抗弹性回复的趋势,在外界温度变化的刺激下,样品可以自动回复到永久形状。如图 4.27 所示为 TPU/PLA TSMP 的形状记忆测验,最终 TPU/PLA TSMP 又回复到了原来的形状。

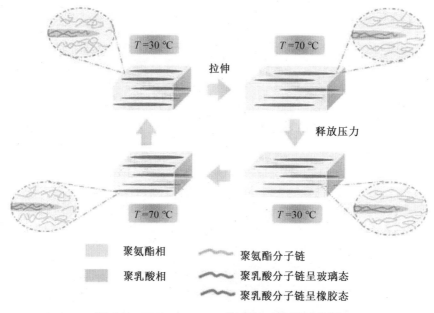

图 4.26 TPU/PLA TSMP 的形状记忆周期示意图

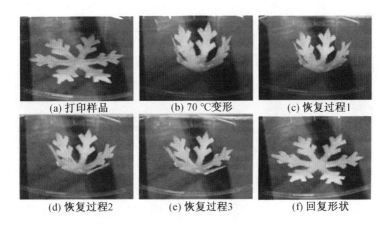

图 4.27 TPU/PLA TSMP 的形状记忆测验

（恢复过程间隔时间为 20 s）

M. Tian 等人设计并制备了一系列由石蜡和轻度交联的反式聚异戊二烯（TPI）组成的三向形状记忆聚合物（TPI/P）。TPI/P 的预测结构如图 4.28 所示，TPI/P 的结构网络由交联可结晶的 TPI 制成，可结晶的石蜡填充在空隙中形成稳定的结构。TPI/P 的模量

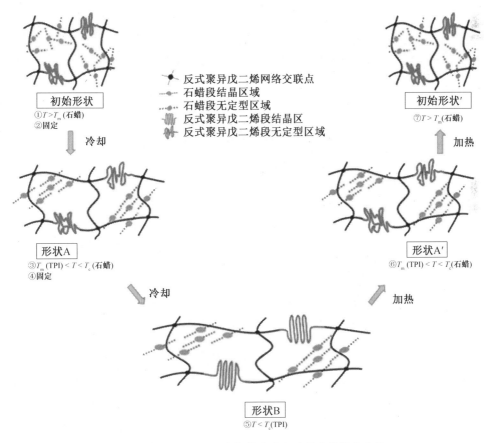

图 4.28 TPI/P 在加热和冷却过程中的结构变化

可以通过聚合物材料的 TPI 相和石蜡相的结晶和熔化进行调节,通过温度的变化来控制。如图 4.29 所示,将 TPI/P 扁平试样加热到 75 ℃,然后在测试 1 中将试样卷成直径为 15 mm 的螺旋形(临时形状 A),在 37 ℃固定,然后,将其进一步卷成直径为 10 mm 的螺旋形(临时形状 B),并在 0 ℃固定。在回复阶段,它展开成螺旋形,在 37 ℃时直径大于 15 mm。然后,在 75 ℃时,它完全展开成扁平的试样。将试样拧成直径为 10 mm 的螺旋状(临时形状 A′),在 37 ℃下固定;然后将试样反向拧成直径为 16 mm 的螺旋形(红线由外转内,临时形状 B),在 0 ℃固定。在恢复阶段,试样在 37 ℃时迅速展开并从一个螺旋转变成一个反向螺旋(红线从螺旋的内部转向螺旋的外部)。然后,将试样浸入 75 ℃的水中,几秒钟内它就会迅速变平。总形状恢复过程不仅包括水平方向相反的旋转,也包括垂直方向的旋转,这表明 TPI/P 试样具有多向三重形状记忆。在测试 3 中,将 TPI/P 试件扭成直径为 4 mm 的小圆(临时形状 A),在 37 ℃固定;然后展开成直径为 22 mm 的更大的圆(临时形状 B),在 0 ℃固定。在 37 ℃时,将试样套在玻璃塞上,试样收缩并包裹在

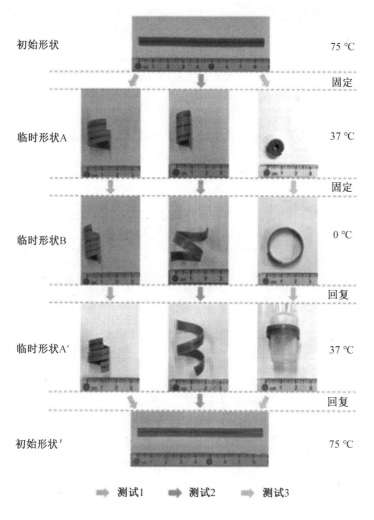

图 4.29 多向三重形状记忆效应的说明

模具上。最后，在75 ℃下，试样可以自由展开，与玻璃塞分离，这样的特性可以使得TPI/P应用于医用固定材料。

4D打印可以被定义为使用智能材料制造结构，使其具备最终对象改变其形状的性能、属性或响应外部刺激（光、热或水分）的功能。4D打印是3D打印对象的制造过程，可以随着时间或响应环境刺激改变其形状。温度是4D打印应用中最常见的刺激因素。J.-A. Song等人通过在硅橡胶层中加入不同的热响应膨胀微球，制备了一种新型双层温敏驱动器，这种双层驱动器在低温和高温下膨胀成不同的硅橡胶层。为了说明如何将二维双层薄板转换成复杂的三维结构，将双层驱动器裁剪成十字形图案（图4.30）。在120 ℃时，十字形驱动器逐渐向下弯曲，看起来像四片花瓣逐渐合拢的花朵。然后，在170 ℃时，闭合的花朵再次开放，并向相反的方向弯曲。十字形驱动器可以从2D转换为3D结构，然后再回到2D结构，最后转换为3D结构。该驱动器在热驱动过程中表现出多种形状和可切换的自折叠行为。

图4.30　在120 ℃和170 ℃下，十字形驱动器从2D结构转变为3D结构的光学图像

TSMP可以作为一种智能材料用于4D打印，在驱动器、开关、传感器、可展开结构、软机器人和医疗设备等广泛的潜在应用中发挥作用。TSMP的4D打印通常涉及初始形状的3D打印，然后在高温（通常高于玻璃转变温度）下进行热机械编程。然后，当再次受热时，它们会回复到原来的永久形状。Q. Ge等人通过4D打印多向TSMP制备了多种软体机械手，如图4.31所示，在热驱动下机械手可以成功抓取或释放螺丝钉。机械手具有作为微夹持器的潜力，在热驱动下可以抓取物体，或释放物体的药物传递装置。C. Zhang等人演示了一种名为聚（甘油十二酸酯）丙烯酸酯（PGDA）的新型TSMP的4D打印，这种TSMP在20～37 ℃范围内具有转变温度，这使其适合在室温下进行形状编程，然后在人体内进行形状布置。如图4.32所示，他们打印了一个网状支架，这个支架被编程成卷曲的形状，之后它被植入一个模拟血管变窄的硅胶管中间，由于受到硅胶管壁的约束，在形状恢复过程中支架内的残余应力对硅胶管壁施加了力，使管径从4.5 mm扩大到7.5 mm。M. Barletta等人利用PLA通过熔融沉积建模制造了复杂几何部件，这种部件具有应力吸收的潜力。如图4.33所示为复杂几何部件回复其初始形状的不同过程，复杂几何部件被压缩后，在热驱动下，逐渐回复到压缩之前的形状，显示了其显著的形状记忆特性。

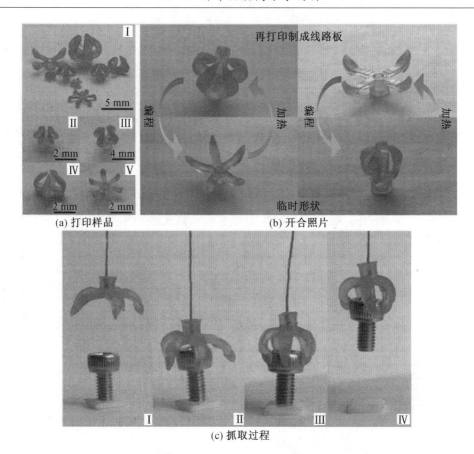

图 4.31 软体机械手抓取过程

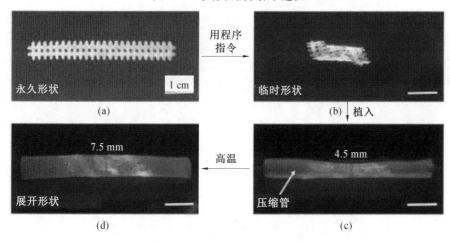

图 4.32 打印血管支架的体外测试

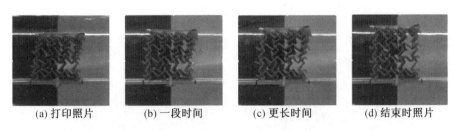

| (a) 打印照片 | (b) 一段时间 | (c) 更长时间 | (d) 结束时照片 |

图 4.33　复杂几何部件回复其初始形状的不同过程

4.3.2　光响应形状记忆高分子

1. 响应原理

光响应(光致)形状记忆聚合物的研究主要集中在紫外光驱动上,紫外光波长变化使聚合物的分子结构或分子构象发生变化,从而使聚合物发生伸缩或者卷曲等形变。按光致变形的分子结构来分,聚合物的分子结构中可分成三种:带有偶氮苯类的光致异构化分子;带有三苯基甲烷的无色衍生物;带有如肉桂酸类的具有光二聚反应特性的分子。

红外光驱动 TSMP 的优势在于可以将能量集中用于驱动聚合物形状转变,对周围环境的影响较小;最大问题是如何提高聚合物对红外光的吸收效率,只有聚合物对光的高效吸收才有聚合物形状的迅速转变。

2. 研究进展

光致形状记忆高分子材料是指在光源刺激下能实现形状记忆和回复形状记忆的材料。与其他响应形状记忆材料相比,光致形状记忆高分子材料具有非接触式、定点性、瞬时性和清洁性等特点。根据作用机理的不同,光致形状记忆材料可分为光化学反应型和光热效应型。

光化学反应型主要指的是将光化学反应特性的官能团或者分子作为分子开关引入到聚合物中,从而制得光致形状记忆高分子材料。分子开关也被称作可逆交联点,借助外界条件的作用实现"交联/解交联"的分子或基团。通过外界光源控制分子开关使其做出一定的反应从而实现材料形状的记忆回复功能。Y. Kang 等人将 β-环糊精和偶氮苯等基团引入聚丙烯酰胺侧链,制备了一种光响应形状记忆水凝胶,其光响应机制主要基于 β-环糊精和偶氮苯基团之间的相互作用,在可见光下,反式偶氮苯基团可以包含在环糊精的空腔中形成包合物并起到物理交联作用,用于固定材料的暂时形变;由于环糊精和顺式偶氮苯基团的不匹配性,在紫外光下包合物发生解离,从而实现材料的光响应形状回复过程。

E. Kizilkan 等人研究了具有不同孔隙率的偶氮苯液晶弹性体(LCE)独立膜,孔隙率提供了宏观的形态学变化,同时它也引起了薄膜中液晶偶氮苯单元排列方向的不同。研究发现,高孔隙率以较高的弯曲角度增加了 LCE 的光响应(图 4.34),多孔 LCE 膜的弯曲力与无孔 LCE 膜的弯曲力相似。当高度多孔 LCE 样品被紫外(UV)和可见(VIS)光源交替照射时,高度多孔 LCE 的光开关性表明了偶氮苯在光异构化过程中产生的弯曲力。通过检查无孔膜和多孔膜中孔隙率对偶氮苯介晶排列的影响发现,介孔体排列的变化以及存在孔隙时的其他形态差异是多孔 LCE 薄膜机械性能增强的因素。

图 4.34　高孔隙率 LCE 的光响应的弯曲角度视图

到目前为止除了讨论的光响应性聚合材料的光化学致动外,光直接参与了材料化学结构的改变,例如偶氮苯部分的光异构化,在光响应形状记忆材料中起作用的第二大机理是光热致动。

X.-L. Lu 等人研究了两种不同的方法,将光化学和光热驱动结合在液晶聚合物网络(LCNs)中,即光化学偶氮苯反应与金纳米棒表面等离振子共振产生的光热效应相结合,使聚合物对紫外线和近红外光都有响应。如图 4.35 所示,对于 Actuator-1,紫外光诱导的收缩力源自偶氮苯的顺式光致异构化和光热诱导的聚合物链松弛。因此,在关闭 UV 光之后,由于偶氮苯的顺式残留状态,收缩力不会完全下降,仅在可见光照射下,残留力才能减小。另外,当由近红外光加热到 Actuator-2 的 LC 相变温度以上时,Actuator-2 的致动力仅取决于形状收缩,因此比 Actuator-1 的致动力小。仅通过打开和关闭 NIR 光线分别加热和冷却掺杂 AuNRs 的偶氮苯液晶网络薄板就可以轻松地实现基于 LC 相变的可逆形状变化,因此 Actuator-2 的光致作用力会下降到接近原始水平。将两种光触发的分子变

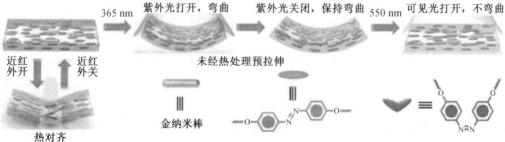

图 4.35　分别由紫外可见光和近红外光触发的两种不同弯曲行为的作用机理的示意图

化的影响叠加在一起,这项工作不仅揭示了一种基于两种机理的光响应液晶聚合物(LCP)驱动器的制造新方法,而且还朝着其在人造肌肉和仿生软机器人中的潜在应用迈出了重要的一步。

C. Yi 等人通过简单的溶液混合将聚(ε-己内酯)(PCL)和热塑性聚氨酯(TPU)混合物制备为形状记忆基质(PCL/TPU),然后将充当光热填料的聚多巴胺(PDA)纳米球掺入 PCL/TPU 共混物中,使系统能够以 100% 的形状回复率表现出色的光响应形状记忆效果(图 4.36)。由于其微孔结构,纳米复合材料具有良好的自修复性能,在光照射下,表面裂纹可在 150 s 内修复,修复效率可达到 78.53%。因此,快速的光响应形状记忆效应和快速的自愈特性以及便捷的制造工艺使 PCL/TPU/PDA 纳米复合材料成为例如生物医学微设备、人造肌肉和软机器人等应用的理想选择。

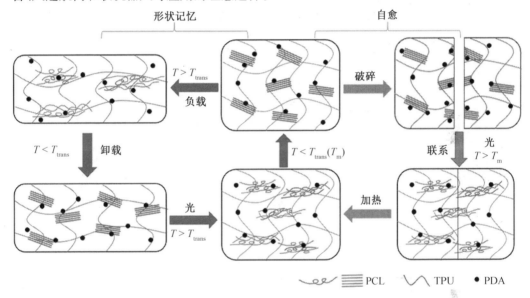

图 4.36 制备的光响应和自修复双功能 SMP 的形状记忆和自修复机制

3. 3D/4D 打印

3D/4D 打印能够制造出具有精确规定的微体系结构的复杂几何形状,以满足个人的需求和要求。与传统的具有简单平面或管状几何形状的刺激响应装置相比,3D/4D 打印刺激响应装置不仅满足宏观上复杂形状的要求,还满足微观尺度上通过外部刺激触发产生各种构象变化的要求。3D/4D 打印作为一种迅速发展的智能材料增材制造技术,为 SMP 的开发提供了新的机遇,目前已有几种成熟的 3D/4D 打印技术,例如熔融沉积成形(FDM)、立体光刻成形(SLA)和直写喷墨打印(DIW),SMP 通常具有非常复杂的体系结构甚至是层次结构,采用合适的打印技术十分重要。光作为外部触发因素,因其具有远程控制、准确对焦和快速切换属性的能力引起了广泛的关注,然而,目前的 3D/4D 打印技术设备的进展仍然受到当前 3D/4D 打印技术与光响应材料之间不兼容的限制,3D/4D 光聚合打印对于打印光敏材料不是很理想,因为功能材料的光敏基团在 3D/4D 打印过程中暴露于紫外线照射下会经历明显的构象或结构转变,与其他 3D/4D 光聚合打印技术相比,FDM 是 3D/4D 打印的一种不需要暴露于紫外线的打印技术,因此可以选择 FDM 来制造 3D/4D 可打印的光敏器件,避免紫外线在打印过程中的重大影响。

H. Yang 等人通过逐层沉积方法将形状记忆聚合物聚氨酯(PU)和光热转换材料炭黑(CB)混合制备成光响应形状记忆复合材料 PUCB(图 4.37),以其作为 FDM 的三维打印材料,制备出三维的光响应形状记忆器件。添加具有高效光热转换的 CB 使 3D 打印形状存储设备具有优异的光响应性能。研究人员发现自然阳光也可以触发 3D 打印设备的形状记忆行为,向日葵等植物因其茎中的光反应激素表现出日向性,由于这些激素对阳光的敏感性,这表现为阴影区域细胞的生长,使向日葵向光弯曲并随着阳光移动,受向日葵的日向性的启发,通过 FDM 打印机和活性材料 PUCB 组合制作出光响应形状记忆向日葵,如图 4.38 所示,在不同的光照时间下向日葵展现不同的变形状态,随着光照时间的增加,向日葵花瓣的形状最终恢复到初始形状,导致形状从关闭状态变为打开状态,此过程类似于实际的太阳花从芽到盛开的过程。这种简单的打印策略发展将为设计和制造刺激反应设备提供巨大的机会,这些设备可以广泛应用于高度个性化的仿生智能设备和软机器人领域。

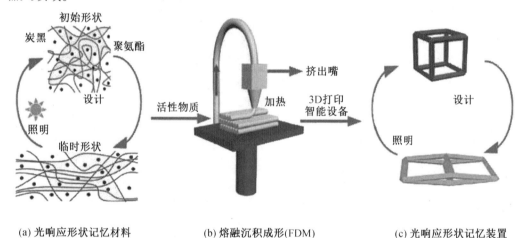

(a) 光响应形状记忆材料 　　(b) 熔融沉积成形(FDM) 　　(c) 光响应形状记忆装置

图 4.37 三维打印材料的光响应形状记忆行为及打印设备

C.-Y. Cheng 等人演示了通过 FDM 法以 UV 为辅助的 4D 打印策略,用于制作以形状记忆共聚酯为材料的肘部保护器模型。选择聚乳酸作为硬链段合成线型不饱和共聚酯,提供良好的机械性能和良好的力学性能。在可打印性方面,将具有强结晶性的聚(ε-己内酯)用作转换链段,同时将包含双键的功能性偶联剂用于连接两个链段。该共聚酯易加工成长丝,在 UV 辅助的 FDM 打印过程中原位形成光交联网络,不仅增强了各层的黏合强度,而且可以确保获得的物体具有良好的形状记忆性能。他们还打印了三个具有鲜明中国特色的模型(图 4.39),以展示优秀的形状记忆性能,此研究开发了个性化和适应性的肘部保护器,这表明其在稳健应用中具有巨大潜力。

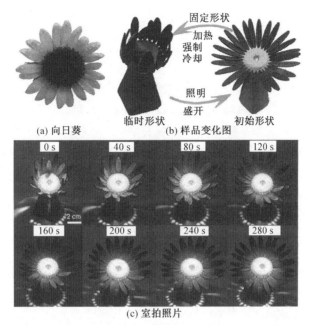

图 4.38 向日葵的真实形象及三维打印向日葵光触发形状记忆行为

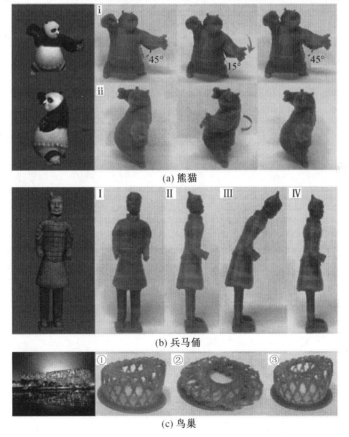

图 4.39 三种不同的 4D 打印模型

H.-T. Cui 等人使用 4D 打印方法、利用近红外光(NIR)响应纳米复合材料打印大脑模型,评估可控的 4D 转换的能力,以及光热刺激调节神经干细胞行为的可行性。如图 4.40 所示,包括盛开的花朵、手势、锻炼者、可控电路开关、折叠的大脑、扩张的心脏一些典型的 4D 打印模型,临时形状固定后,对 4D 打印模型进行加热以回复原来的形状。尽管可以应用局部加热,传统的"热触发"回收过程不易控制,相比之下,"光热触发"变换具有精确和方便的可控特性。当暴露在近红外激光中时,4D 打印模型经历了渐进的、有针对性的形状变化,其中转换的时间和位置受到近红外曝光的精确控制。据观察,4D 打印的结构细节,如花瓣、手指,能够远程、局部和精确控制,没有复杂的预设计。这种新的 4D 打印策略不仅可以用于创建动态的三维图案生物结构,也可以控制近红外刺激(NIR)下的形状或转换行为,还可以为广泛应用的复杂自变对象的构建提供潜在的方法。

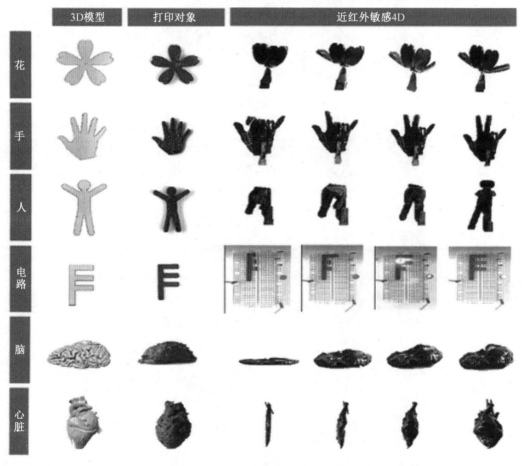

图 4.40 4D 打印结构的动态控制转换

光响应的优势在于它可以远程诱导刺激反应的结构变化,具有精确和方便的可控特性。目前,4D 打印光响应形状记忆聚合物已经涉及生物医疗、航天航空、智能器件以及仿生等许多领域,有着广阔的应用前景。但是,与其他新型技术一样还面临着许多挑战。

4.3.3 溶液响应形状记忆高分子

溶液响应是引发4D打印材料发生形状、特性或者功能变化的手段之一。当溶液响应SMP材料置于相应的溶液(例如水溶液、特定的酸碱溶液或者某种特殊的离子溶液)中时，会表现出一定的变化，例如各层之间的溶胀率不同导致形状变化的不同或者出现塑化效应，使材料在常温下就可以实现临时形状与永久形状之间的转换。21世纪初期，麻省理工学院计算机系实验室主任S. Tibbits在美国的TED大会上，提出并展示了溶液响应SMP材料,用两种不同吸水特性材料复合而成的材料通过4D打印技术打印了遇水能自行折叠成"MIT"形状的绳子。不仅如此,S. Tibbits还打印了一个立方体的展开平面，这个展开平面放进水中可以自行折叠为一个闭合的立方体，这种SMP材料主要含有刚性和活性两种材料,活性材料在水中吸水发生膨胀,致使刚性材料发生变形,当与邻近的刚性材料接触时停止变形。

水刺激响应类的SMP材料是溶液响应材料的一种,其响应机理一般为两种,第一种是利用可以与水发生响应的基团(如氢键)或网络结构作为其形状记忆的可逆相,比如石墨烯氢键网络和纤维素纳米晶须可逆网络。目前为止,纤维素纳米晶须可逆网络研究得较为广泛,其原理是当复合纤维素纳米晶须的材料吸水时会产生竞争性氢键,纤维素纳米晶须网络遭到了破坏,使得复合材料的模量发生改变,致使其形状能发生改变;但是当材料失水时,纤维素纳米晶须网络又再次形成,固定了材料的形状;当材料重新吸水时材料形状又会再次发生改变。第二种是水分子进入SMP材料内部发生塑化作用,致使SMP材料的T_g下降,伸长的分子链变回稳定状态,发生形状的暂时变化。

目前为止,水凝胶材料是4D打印水刺激响应材料中较为常见的一种,但是研究人员对单纯的水凝胶4D打印水刺激响应型SMP材料的研究不多。澳大利亚Naficy将聚合物(N-异丙基丙烯酰胺)与甲基丙烯酸羟乙酯两种材料相互混合之后进行打印,如图4.41所示,所形成的结构在水分刺激下,可以完成简单的折叠和伸展行为。

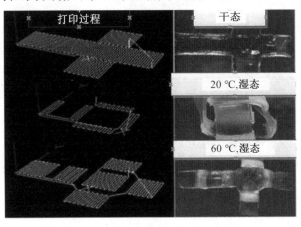

图4.41 水凝胶的打印过程及变形

A. Melocchi 等人利用丙三醇来增塑聚乙烯醇(PVA)，再用双螺杆挤出机挤出，得到了可用于 3D 打印的复合材料。其机理是材料吸水之后，水分子破坏了聚乙烯醇网络之间的氢键作用，使得复合材料的交联强度下降，玻璃化转变温度下降到室温之下，获得了能够短暂回复到原来形状的能力。比如，当丙三醇的质量分数为 15% 时，复合材料的 T_g 为二十多摄氏度，当材料吸水后其 T_g 能够下降到 $-10\ ℃$。这种复合材料不用加热，在人体温度下即可回复的特性使得其可以作为传递药物的媒介。聚乙烯醇是水溶性高分子物质，在人体系统中控制其药物释放较为简单，可以使用 3D 打印的方式通过控制 PVA 材料的结构和形状来调控其释放药物的行为。

Z. Zhao 等人使用 3D 打印的方法制得了一种在水中可以发生变形的复合材料。该复合材料结构由 PEGDA 亲水层和 PPGDMA 疏水层构成，将能够发生光固化的 PEGDA(吸水膨胀)负载在两个亲水玻璃片之间，再将 PPGDMA 疏水层(软载体)液体注射到经过光固化 PEGDA 材料中。由于 PEGDA 和 PPGDMA 两种材料有不同的膨胀特性，其在水的刺激下能够产生不同的形变，通过调整两种材料的比例来设计出有目标驱动行为的结构。

周雪莉等人在专利 CN106738875A 中公开了一种可以用水溶液控制的 4D 打印材料。该材料主要由主动层材料和被动层材料构成，主动层材料含有亲水基团或亲水组分，在水中会发生吸水膨胀，被动层材料则由吸水膨胀率较低甚至不膨胀材料构成，把这两种材料复合在一起置于水中，在水的刺激下由于膨胀率的不同可以发生预先设计的变形。

Y.-Q. Mao 等人将 SMP 和水凝胶结合使用，通过 3D 打印制造出了可逆变形复合材料。该材料结构主要由打印在顶层的 SMP、打印在下表面和连接柱的弹性体及空隙部位填充的水凝胶组成。水分子可以通过弹性体中的小孔进入水凝胶，水凝胶吸水膨胀作为材料形变的驱动力，SMP 模量的温度依赖性及弹性体的弹性起到调控形变及形态的作用。Sina Naficy 等人发明的混合墨水通过 3D 打印技术打印出的材料具有良好的性能且在水中有着和加热状态相似的响应效果，基于此研制了一个响应模型来预测其打印结构弯曲特性。

pH 响应聚合物材料是另外一种重要的溶液响应材料，这种高分子材料含有能够发生电离的官能团，能够发生可逆的质子化和去质子化，当置于特定的 pH 值溶液中可以发生球状到线圈形状的变换。当这些官能团没被中和时，聚合物分子链由于静电斥力会相互排斥从球状扩展为圆圈状；当这些官能团的电荷被中和时，斥力消失，它们会再次由圆圈状回复成球状。然而，天然的 pH 响应聚合物由于其力学性能较差的缺陷，在实际应用中受到了一定的限制，现有的解决办法是将天然聚合物与其他材料进行混合，实现具有结构相对完整的混合结构。

M. Nadgorny 等人通过 3D 打印的方法打印了聚 2-乙烯基吡啶，之后在聚 2-乙烯基吡啶中添加了质量分数为 12% 的丙烯腈-丁二烯-苯乙烯，将两者进行充分的混合得到了复合材料。这种复合材料不仅具有相对较好的力学性能，还具有能够在特定 pH 值溶液中发生可逆变化的特点。

虽然在4D打印技术中以离子浓度作为刺激的研究较少,但是研究表明改变溶液中离子的浓度也可以实现材料形状的变化。L.-M. Huang 等人打印出了一种在不同离子浓度下具有可逆形状变化的丙烯酸羟乙基水凝胶,如图4.42(b)所示。其主要原因是墨水中含有的钾3-磺丙基甲基丙烯酸酯有在不同离子浓度下会发生膨胀的特性,这种特性导致了材料的形状变化。L.-M. Huang 和其同事们的工作证明了由聚苯乙烯-b-聚(2-乙烯基吡啶)构成的光子片器薄膜作为皮肤监测应用的比色传感器的潜在用途。他们在实验中发现,由溶液中离子浓度激发的光子片薄膜的溶胀/消溶胀行为(图4.42(a))非常有利于调整域间距和折射率。

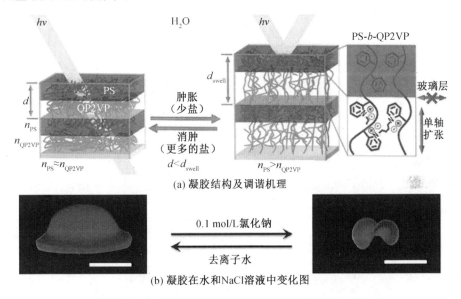

图 4.42 4D打印中的离子响应材料(比例尺为1 cm)

目前关于离子浓度对SMP材料的响应的研究相对较少,但人体内各种电解质的离子水平可能是各种疾病的重要指标,比如,有阿尔茨海默病的病人的大脑细胞内钠离子和钾离子的水平比正常人的离子水平会高一点。如果将这些生物检测技术和SMP材料技术结合起来,通过研究离子浓度对SMP材料的形状改变,将会给疾病治疗带来更为简单、有效的手段。

人体内含有大量的液体,如尿液、血液、唾液等,身体内不同部位的pH值以及离子浓度不尽相同,因此溶液响应已成为研究者们探索智能转换的兴趣所在。溶液驱动智能材料和应用见表4.1。

综上所述,溶液响应材料是一种重要4D打印SMP材料,它提供了几个有用的功能,如细胞封装、控制药物传递和可逆驱动智能阀门等。虽然其存在的一些缺陷在一定程度上限制了溶液响应材料的发展,比如反应时间慢、机械性能差或者几个膨胀周期后可能降解等,但这些问题终究会被解决,就像所有突破性的研究一样,4D打印的前景仍然很乐观。

表 4.1　溶液驱动智能材料和应用

应用	说明	文献作者
用于组织工程和细胞靶向给药的细胞组装结构	皮式水花状网络自发折叠成空心球,这是由于两层脂滴具有不同的渗透压而产生的溶胀(图4.43(a))	Villar
用于胰岛素生产的细胞包封	由聚乙二醇基双层水凝胶制成的圆柱形支架,用于在良性环境中包裹细胞(图4.43(b))	Jamal
组织再生或智能瓣膜应用	由羧甲基纤维素水胶体组成的水驱动可逆天然水凝胶结构(图4.43(c))	Mulakkal
智能接头	在"设计—制造—仿真"工作流中构造的紫金花结构,其中考虑了二维网格骨架的拉伸和弯曲。水驱动是通过膨胀材料实现的,膨胀材料由亲水性丙烯酸酯单体组成,在与少量双官能团丙烯酸酯分子聚合时形成线形链	Raviv
药物传递	药物胶囊在水凝胶溶胀状态下释放治疗药物	Wang
智能传感器	聚丙二酸酯水凝胶膜的可逆弯曲运动	Lv
软驱动器和溶剂响应传感器	当暴露在有机溶剂蒸气中时,多层甘油带出现可逆变形	Lei

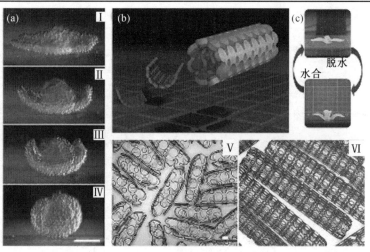

图 4.43　4D 打印液体响应材料

(a)空心球体((Ⅰ)~(Ⅳ)),比例尺为 200 mm;(b)自折叠示意图,形成具有小半径(Ⅴ)和大半径(Ⅵ)圆筒,比例尺为 200 μm;(c)液体驱动可逆转变图,比例尺为 10 mm

4.3.4 磁响应形状记忆高分子

1. 响应原理

SMP 是一种刺激响应材料，能够在经历形状变形后，在外部刺激的情况下恢复初始形状。到目前为止，大多数 4D 打印结构的变形依赖于周围环境的刺激，如温度、湿度等。尽管它们可以展示复杂结构的变形过程，但是通常需要较长的时间来响应，电响应型 SMPCs 可以实现远程控制，但是不能实现非接触驱动，磁场驱动可以同时满足以上两个要求，既可以实现非接触驱动，还可以实现快速响应。

SMPs 材料实现磁场驱动的方法是向树脂基体中添加磁性填料，一般是磁性颗粒和磁性短纤维等。在交变磁场的作用下，磁性材料会产生磁滞损耗，这部分损耗以热量形式释放，进而温度升高使聚合物材料发生形变。J.-S. Leng 等人利用这个原理，将 TSMP 与磁性纳米粒子（Fe_3O_4）复合制成磁性纳米复合材料，在交变磁场的作用下，磁性颗粒产生磁滞损耗，释放出热量，提高复合材料的温度，当温度超过 TSMP 的相转变温度时，TSMP 回复初始形状。复合采用挤出成型的方法实现，所采用的 TSMP 有两种：一种为聚醚型聚氨酯（TFX），它由二苯基甲烷二异氰酸酯、聚四亚甲基二醇和 1,4-丁二醇嵌段聚合而成；另一种为可生物降解的多嵌段共聚物（PDC），它以聚对二氧环己酮为硬段、聚 ε-己内酯为软段，经共聚合而成，PDC 的转变温度为其熔点，仅仅略高于人体的体温，这能避免在驱动 TSMP 时产生的热量对周围的人体环境产生损害。加入到 TFX 中的纳米颗粒直径为 20~30 nm；加入到 PDC 中的直径为 6~15 nm，这种尺寸的纳米颗粒能够通过外渗或肾脏清除排出体外。研究发现，试样在交变磁场中所能产生的感应热与试样的几何形状（面积与体积比，S/V）有关，S/V 越小，能达到的温度越高而且加热速率越快。此外，试样能达到的最高温度（T_{max}）与其中纳米颗粒的含量以及磁场强度有关，T_{max} 随纳米颗粒的含量以及磁场强度的增加而增大。如图 4.11 所示为磁性纳米颗粒质量分数为 10% 的 TFX 复合材料的形状记忆回复过程。

图 4.11 中，$t=22$ s 时所显示的平直的条状为试样的永久形状，而 $t=0$ s 为其螺旋形的临时形状，当试样被置于频率 $f=258$ kHz、场强 $H=30$ kA/m 的交变磁场后，试样在 22 s 内由螺旋形的临时形状完全回复为平直条状的永久形状。

V. Beloshenko 等人将具有超顺磁性的 Fe_3O_4 颗粒（粒径为 11 nm）加入到 TSMP 中，制得磁性形状记忆复合材料。由于磁性纳米 Fe_3O_4 颗粒无毒而且可通过普通的铁新陈代谢过程降解，其半衰期约为 45 d，通常作为生物医学材料应用。

为提高磁性纳米颗粒与聚合物基体的相容性，用表面引发聚合反应的方法，在新制备出的 Fe_3O_4 纳米颗粒表面接枝上低聚-ε-己内酯，使其表面功能化。纳米复合材料的相转变温度随着纳米颗粒含量的增加而略有升高，这是由于熔融焓通常较低。如图 4.12 所示为该形状记忆复合材料在交变磁场作用下的形状回复过程。试样的持久形状为平直的矩形，将其加热后弯曲为螺旋形并固定住。而后将螺旋形试样置于频率为 300 kHz 的交变磁场中，10 s 后，观察到螺旋形开始改变，并在随后的 10 s 内完全展开。试样的响应时间还与其中磁性纳米颗粒的含量有关，颗粒含量的增加，响应速度加快，但同时使试样的脆性增加，从而限制其最大变形量。

2. 研究进展

使用磁性氧化铁(Fe_3O_4)纳米颗粒制备形状记忆纳米复合材料(SMNC)是一个很好的选择,因为Fe_3O_4纳米粒子可以通过交变磁场远距离加热。H.-Q. Wei 等人选择聚乳酸(PLA)作为主要材料,为了实现出色的形状记忆和远程驱动特性引入了苯甲酮(BP)和Fe_3O_4,通过聚合物和纳米复合材料成功打印了几种 4D 结构,讨论了其热驱动和远程驱动的主动变形性能,并展示了自膨胀支架的潜在应用,在图 4.44 中,将支架变形为内径为 1 mm 的螺旋结构,将内径为 1 mm 的螺旋结构放入内径为 3 mm 的塑料管状支架中,将它们放置在具有交变磁场的线圈中,监视远程驱动的自扩展行为。螺旋结构的内径在 10 s 内从 1 mm 更改为 2.7 mm(图 4.44),这种 4D 支架具有巨大的潜力,可以用作自扩张式血管内支架(图 4.45)。血栓引起的狭窄血管可以通过应用设计的自扩张支架来扩张,以保持血液正常流动。Fe_3O_4纳米颗粒的添加提供了这种结构的磁引导和远程驱动行为,这使其在体内被操纵时更加智能和方便。

图 4.44 交变磁场触发的限制性形状回复过程

图 4.45 4D 支架作为血管内支架的潜在应用

随着磁场控制的发展,从将离散磁体嵌入或将磁性颗粒掺入软化合物中,到在聚合物片材中产生不均匀的磁化曲线,磁响应性软材料也得到了发展。Y. Kim 等人报道了在软材料中编程的铁磁畴的 3D 打印,该 3D 打印可通过磁驱动实现复杂 3D 形状之间的快速转换。作为展示编程铁磁畴能力的说明性示例,通过在打印过程中切换施加的磁场方向,以交替的磁化图案打印直丝,如图 4.46 所示。在施加 200 mT 的均匀磁场后,直丝会在 0.1 s 内转变为"m"形,去除外加电场后在 0.2 s 内迅速回复其原始形状。这种快速、可逆的转换可以根据需要通过磁驱动重复进行。在相同条件下进行的模拟,包括与实验中相同的磁场和机械性能以及所施加的磁场,与实验结果非常吻合,从而验证了基于具有编程铁磁畴的复杂形状变形结构模型的模拟在指导设计中的应用。

W. Zhao 等人提出了两种具有生物启发性的气管支架,它们具有最佳的孔尺寸和较高的支撑能力,结合 4D 打印,受生物启发的气管支架可根据气管大小的不同实现定制。生物启发的气管支架在体外的功能验证是在交变磁场的刺激下完成的,如图 4.47 所示为暴露于场强为 4 kA/m,交变磁场为 30 kHz 的支架在 35 s 内的形状回复。首先,将支架扩展为预定形状,以便在气管周围加工,然后施加磁场,随着时间的推移,支架逐渐回复其初始形状，两种生物启发性气管支架均在 30 s 内显示出几乎完全的形状回复。

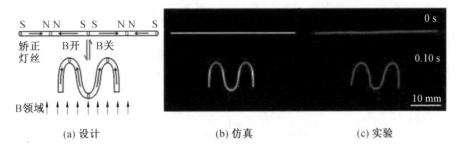

图 4.46　编程铁磁畴能力的说明性示例

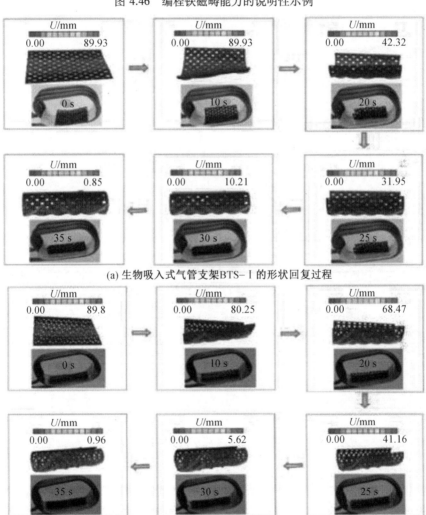

图 4.47　在体外被磁场驱动的生物启发性气管支架的功能验证

P.-F. Zhu 等人将铁纳米颗粒与 PDMS 混合,制备了一种可打印的复合打印原料。在交变磁场的作用下,聚合物的形状得到了回复。由于复合打印原料中的软磁体颗粒具有较低的磁力和较高的磁介电常数,当外部磁场开启或关闭时,打印结构可立即获得或失去较高的磁化能力。例如,一只 3D 打印的蝴蝶在外部磁场下快速扇动翅膀,如图 4.48 所示,采用 PDMS/Fe 墨水打印的蝶形结构具有磁刺激变形的特点,蝴蝶翅膀从最低位置到最高位置的动作仅用了 0.7 s。

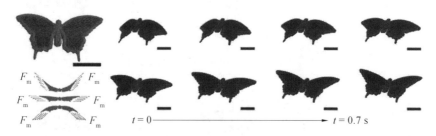

图 4.48 打印的蝴蝶在磁场中扇动翅膀(比例尺为 10 mm)

4.3.5 电响应形状记忆高分子

形状记忆聚合物根据温度刺激、电场刺激、光刺激和化学反应刺激等不同的响应方式,可以分为热响应、电响应、光响应和化学响应形状记忆聚合物等。下面重点介绍电响应热致形状记忆聚合物和电响应 4D 打印。

1. 电响应热致形状记忆聚合物

(1) 传统热致形状记忆聚合物。

传统热致形状记忆聚合物(TSMP)通过加热的方式刺激聚合物发生形状记忆回复。但是利用温度作为刺激方式会有热量不可控、不可远程控制和在一些材料的空间结构上热量传递受限的缺点,引起了研究学者的广泛关注。当不能从所处环境吸收到足够多的热量来驱动其发生形状的转变时,可以将一些其他能量转化为热能,从而驱动 TSMP 发生形状回复,这样既可以驱动 TSMP 形状回复,又能有效避免上述问题。

(2) 电响应热致形状记忆聚合物。

以电场作为刺激源主要是将具有导电特性的材料(如石墨烯、氧化石墨烯、导电炭黑、纳米碳纤维、多壁碳纳米管、单壁碳纳米管、金属粉末等)与形状记忆聚合物通过各种混合方式制备成导电复合材料,然后由电能转化的热能驱动形状记忆聚合物回复其初始的永久形状。

通俗来讲,复合材料内部具有导电特性的填料构建出的导电通路在电场的作用下会将电能转化为热能,热能又可以通过这些通路向周围的形状记忆聚合物传递并使其升温,当温度达到其变形温度时,预先变形的聚合物就会发生形变,回复到其初始形状。但过多的填料同样会使导电性变差,所需驱动电压变高。所以电致形状记忆复合材料(Electro-Active Shape Memory Composites,E-SMCs)的性能好坏需要从多方面共同考量。

电致形状记忆复合材料与其他刺激类型相比,具有响应快且准、生热速率快且均匀的优点,在更加精确、方便、高效的驱动器、传感器、自展开结构、制动装置、机器人、航空航天和生物医疗等领域具有更加广阔的应用前景。

(3)研究进展。

2014年,Y.-K. Wang等人将炭黑和苯乙烯-丁二烯-苯乙烯嵌段共聚物/线性低密度聚乙烯(SBS/LLDPE)混合物通过辐射交联制备了电响应形状记忆复合材料。结果表明,含有质量分数为25%的炭黑的复合材料的电阻值和断裂伸长率有所降低,储能模量和拉伸强度都得到了显著提高。

2015年,Y.-K. Wang等人探究了氧化还原石墨烯/环氧树脂复合材料的电响应形状记忆性能。结果表明,随着施加电压的逐渐增加,该复合材料的形状回复速度也随之加快。H.-S. Luo等人制备的银纳米线(AgNWs)/形状记忆聚氨酯纳米复合材料电阻值变化在16%的应变下可高达60倍。F.-P. Du等人对多壁碳纳米管/聚乙烯醇电致形状记忆复合材料在不同电压下的电致形状性能进行了探究。

2016年,C.-W. Li等人制备的可转变的形状记忆杂化泡沫材料有着优异的压缩性能及循环稳定性,在电压6 V下仅需7 s即可100%回复。

2017年,J. Wang等人采用冰模板法制得的氧化石墨烯海绵,显示出了电场控制形状记忆材料的优异性和潜在应用能力。

2018年,王萍萍等人通过简单易行的喷涂工艺在聚己内酯(PCL)/聚氨酯丙烯酸酯(PUA)表面构建AgNWs导电层,经二次浇注制备导电复合材料,研究了其电致形状记忆性能、应变传感性能。结果表明,当PCL的质量分数为25%时复合材料的强度达到最高值,同时还具有较佳的柔性、良好的力学性能和优异的形状记忆效应。

尽管目前电致形状记忆复合材料的研究非常多,但是大多研究所涉及导电填料添加量都较高,这可能是由于导电填料的电导率不是很高,但前文也提到,过多的填料会导致驱动电压变高等。因此,如何提高填料的导电性和降低填料的含量将会是制备电致形状记忆复合材料的一个潜在研究方向。

2.电响应4D打印

(1)4D打印。

4D打印是指利用3D打印技术和能够以编程方式改变外形的形状记忆高分子材料,制造出在一定刺激(如热、水、光、电、磁、溶液或声音、离子强度、电压及其组合等,如图4.49所示)下可以完成自我变换物理属性的三维物体,是3D打印在时间、空间、功能等维度的延伸。因此,只要能够实现SMP材料3D打印的技术都可以实现4D结构的成型。4D打印技术按照其工艺原理,大概可以分为形状记忆材料4D打印、仿生复合材料4D打印、外场驱动4D打印3类。

3D打印方式与制备SMP的原料属性相关,不同的3D打印技术适用于不同类型的SMP材料。常用于4D打印SMP的3D打印方法主要有熔融沉积技术、立体光刻成型技术、墨水直写(DIW)打印技术和聚合物喷射技术。3D、4D打印这种通过离散材料逐层叠加成型、基于构件CAD模型得到三维实体的技术在学术上称为增材制造(Additive Manufacturing,AM)技术。

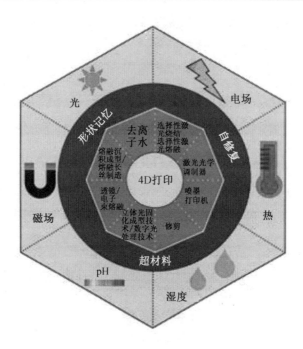

图 4.49 常见 4D 打印示意图

2013 年,美国麻省理工 S. Tibbits 教授首先提出了 4D 打印的概念,2016 年华中科技大学史玉升教授在湖北武汉召开了第一届 4D 打印技术学术研讨会,提出了 4D 打印的内涵。在随后每年举办一次的 4D 交流大会上,4D 的内涵逐渐丰富起来。如图 4.50 所示,4D 材料不应该仅仅只在时间这个维度上发生变化,在空间上也应该有所变化;4D 材料不应该仅仅只应用智能材料,也应该应用非智能材料;4D 材料可以在外部电、光、热等刺激下发生"变形""变性""变功能"。

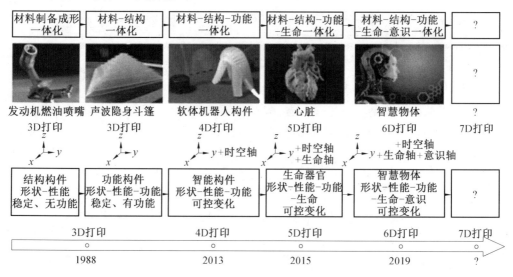

图 4.50 增材制造的发展趋势

(2)电响应4D打印形状记忆高分子材料的驱动原理。

聚合物要展现形状记忆效应(SME)通常要满足两个必要的结构条件:网点和开关相。其中,网点决定 SMP 的固定形状,是化学交联或物理交联;开关相负责暂时形状记忆,通常是玻璃化转变相或结晶熔融转变相。开关相不同,SMP 的刺激响应方式也不同。

电刺激响应 SMP 包括本征型导电 SMP 和导电 SMP 复合材料。目前的 4D 打印 SMP 都是导电 SMP 复合材料,有三种打印方法:第一种方法是使用物理混合的方法将所需的导电填料和 SMP 混合后完成 4D 打印;第二种方法是逐层打印,一层 SMP、一层导电填料、一层 SMP 的方式将导电材料嵌入到打印的 SMP 中;第三种方法是通过喷涂的方式将填料打印到 SMP 结构表面或内部。但由于 4D 打印没有专用的打印设备,难以满足 SMP 材料所需的速度和精度。所以,研发出专属 4D 打印所需的打印设备迫在眉睫。

(3)研究进展。

H.-Q. Wei 等人通过溶剂浇铸 3D 打印方式制备的银纳米粒子/PLA 的高导电性形状记忆纳米纤维复合材料,体积分数小,电导率高,展现了快速(15 s)的低电压(1 V)电响应,适用于各种纳米复合材料的打印,可用于传感器、可穿戴设备等领域。M. Zarek 等人通过在 3D 打印材料表面喷墨打印一层银纳米粒子的方式制成了电子温度传感器。当通过电流产生热量达到所需温度时,两块材料回复到固定形状发生接触变成通路。当断开开关时,没有电流通过,温度下降变成临时形状,接触部分断开变成断路。同样,在其表面沉积一层碳纳米管也可以实现电驱动形状回复,来用作柔性电子器件。

J. N. Rodriguez 等人采用 DIW 3D 打印技术将碳纳米纤维、双酚 F 二缩水甘油醚、环氧化大豆油和路易斯酸潜伏性固化剂为原料制备的复合材料通过挤出、高温热固化得到的打印物体在 20 V 的电压下 180 s 即可回复到原始形状。使用这种复合材料可以 3D 打印出支架结构、电触头、连接器和热传感器件。

X. Wan 等人将多臂碳纳米管分散到 D,L-丙交酯-co-三亚甲基碳酸酯的二氯甲烷溶液中挥发,在光引发剂的作用下得到光固化的导电 4D 打印材料。当电压达到 25 V 时约 16 s 即可回复到固定形状。这种导电 4D 打印材料可以用作可变形液体传感器。

C. G. Rosales 等人通过熔融挤出 3D 打印的方法将商业化 SMP 片和炭黑复合制备了电响应 SMP,当复合材料中炭黑的质量分数为 7% 时,电导率可达 9.17 S/m。

D. J. Roach 等人采用逐层打印的方式制备的电驱动可逆 4D 打印 SMP 结构在 1.5 V 的电压下可以实现 140° 的可逆弯曲,所打印的抓手可以实现物体的可逆抓取(图 4.51)。这种材料可以用作铰链、机器人抓手和自动关闭的盒子。

S. Akbari 等人使用喷墨打印技术制造了一种形状记忆合金(SMA)夹持器(图 4.52)。该小组在一个"软"矩阵中打印并嵌入了镍钛合金线(直径 0.25 mm),其中包含硬相的动态移动,不会造成破坏。

U. Takuya 等人设计并打印了一种他们称之为 Softworm 仿生软机器人结构(图 4.53)。当施加电流时,通过对形状记忆合金的电阻加热促使软蠕虫的运动。

X. Zhao 等人采用 4D 打印 POE/CNT 聚合物复合材料,并对其性能和应用进行了研究。将样品加热到过渡温度以上并使用感应电流控制原子排列结构。与热响应材料类

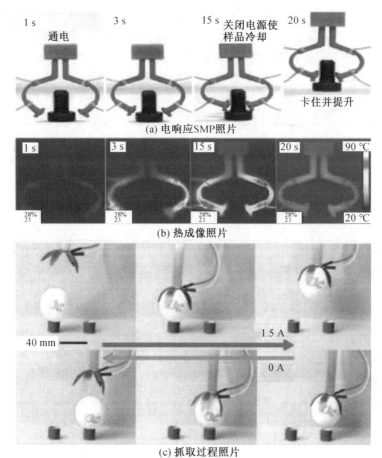

图 4.51 电刺激响应型 4D 打印 SMP

图 4.52 SMA 夹持器

似,将驱动结构设置在过渡层上方,然后冷却至室温,在室温下变形至第二个变形阶段。

D. Han 等人开发了一种由聚邻苯二甲酰胺(PPA)和聚乙二醇二丙烯酸酯(PEGDA)交联而成,使用显微立体光刻打印技术制备的电响应水凝胶(图 4.54),一旦施加电场就会引起溶胀,导致其向阴极弯曲。

图 4.53 Softworm 仿生软机器人

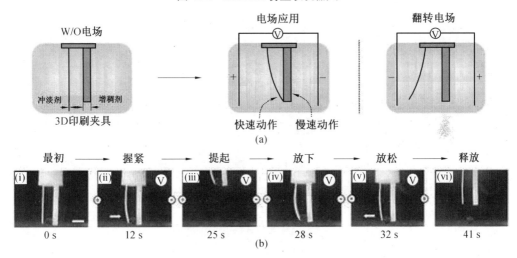

图 4.54 电响应水凝胶

P. Mostafalu 等人用 4D 熔丝沉积模型的方法制备了一种由 SMA、SMP 和石墨烯丝组成的复合材料,这种复合材料的形状记忆效应对电致加热是敏感的。

(4)形状记忆高分子材料的变形模式。

SMP 可以分为单向 SME、双向 SME、三向 SME 和多向 SME。单向 SME 加热可以回复到永久形状,再冷却不能回复到临时形状。除了电刺激响应液晶 SMP 之外,其他的都是单向 SME。双向 SME,又称为可逆 SME,是可以通过温度升降,自发可逆反复地循环在永久形状和临时形状之间。如果在一个可逆周期中能记忆两个以上不同的形状,则 SMP 可以分为三向 SME 和多向 SME。基于 SME 机理的特点,3D 打印为具有特殊 SME 的 SMP 的制备提供了便利和灵活性,通过 3D 打印层层积累的技术特点,利用具有不同热转变温度的材料制备三向 SMP 变得非常容易,但是,设计出专属于 4D 打印的打印设备仍是重中之重。

4.3.6 4D 打印的应用前景

4D 打印是 3D 打印的延伸,是利用刺激响应的活性智能材料来产生静态结构。当这个静态结构暴露在刺激中时,它就会转换成另一个结构。刺激的类型可能是光、热、pH值、水、磁场等,这取决于3D打印所选择的材料。在最近的进展中,这些由3D打印工艺开发的动态结构被用于驱动器、智能设备、智能纺织品,以及生物医学。本节就4D打印的应用及其前景做了简要概述。

1. 热响应智能夹具

G. Qi等人使用4D打印技术,制造了多材料结构智能爪。他们利用光固化甲基丙烯酸酯共聚物树脂作为打印材料,在基于投影微立体光刻技术的增材制造设备上制造出形状记忆结构。所打印的多材料结构(图4.55)在温度升高时被激活,并可在药物传递系统中用作微钳。

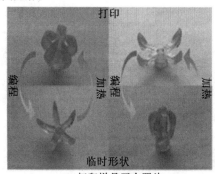

(a) 打印样品开合照片   (b) 抓取照片

图4.55 用于取出螺栓的逐步激活智能夹持器

2. 磁激活智能钥匙扣连接器

D. Kokkinis等人使用4D打印技术创建了智能锁钥匙连接器。为了实现驱动器的3D打印,他们配制了以聚氨酯丙烯酸酯(PUA)聚合物、活性稀释剂、光引发剂、流变改性剂和改性氧化铝片为主要成分的打印材料作为可织构颗粒。这种复合材料是在低磁场的作用下驱动的,通过磁场刺激,卡扣内的长方体由竖直形变为膨胀凸形,起到扣紧的作用(图4.56(a))。该连接器的主要用途是紧固(图4.56(b)),也可用于人体肌肉的物理连接。

 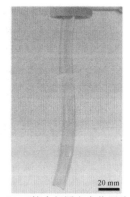

(a) 图纸与实物打印照片   (b) 双管中部固定实物照片

图4.56 4D打印技术创建了智能锁钥匙连接器

3.气管支架

M. Zarek 等人研究表明,多种疾病会损害人体呼吸系统中的气管和支气管结构。人们为了维持气管结构,制作了人工支架,但是支架存在严重的迁移问题。为了克服这个问题,M. Zarek 等人设计了一种完全适配的装置,该装置可以安装在气管的 C 形口内。为了设计气管,需要从 Body Parts 3D 软件获取数字模型,该软件需要 MRI 扫描人体解剖学呼吸系统得到数据,然后使用软件包的数字数据生成 3D CAD 模型,制作过程如图 4.57 所示。

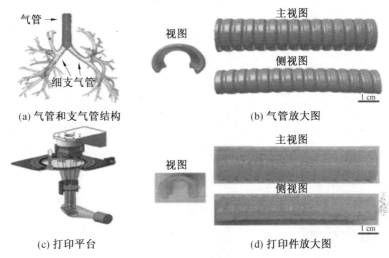

图 4.57 气管、支气管结构及制作过程

由于人工气管需要在人体体温(即 37 ℃)下激活,他们使用了高分子材料复合甲基丙烯酸聚己内酯(PCL)进行 SLA 打印。对于甲基丙烯酸化程度为 88% 的打印样品,形状回收率可达 98%。此外,个性化支架与气管的实际结构相匹配,预计这种支架的设计将有效减少支架的迁移和气管支架的失效。

4.自适应脚手架

S.D. Miao 等人利用大豆油环氧丙烯酸酯作为打印材料制备了生物相容性脚手架。对基于 3D 立体打印的生物打印而言,这种树脂是非常有效的。其形状回复是在人体温度(即 37 ℃)下获得的,因此它在 4D 生物打印应用中具有很大的优势。这种多功能支架能够支持人骨髓间充质干细胞的生长(图 4.58)。

5.智能纺织服装相关产品

除了在机械驱动器和生物医学设备上的主要应用外,4D 打印技术还可以应用于智能纺织和服装相关产品,如改变衣服上花朵的形态等。为了开发智能纺织品,S. K. Leist 等人使用聚乳酸(PLA)将其印在了尼龙布上。PLA 是一种热敏材料,随着温度的变化,其图案也会随着改变形状,使织物转变成另一种形状(图 4.59)。

智能 3D 打印结构,例如将花朵的复杂形态从 2D 打印结构的形状转变为 3D 结构,并结合了脚踏板式的弯曲和扭曲,珠宝和时尚服饰,双色形状记忆热响应性环也是 4D 打印的结果(图 4.60)。

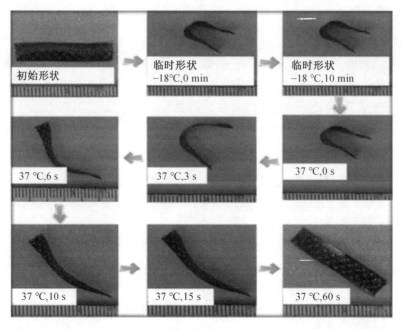

图 4.58 在 60 s 的时间内,从 −18 ℃ 的临时形状改变为 37 ℃ 的永久展开结构

(a) 聚乳酸尼龙织物组合与磁性搅拌子放置在织物中心

(b) 将聚乳酸织物加热到 70 ℃,折叠在搅拌子周围然后冷却至室温

(c) 当聚乳酸织物封装放置在 70 ℃ 水中,它展开并释放搅拌子

图 4.59 4D 打印在智能纺织品中的应用

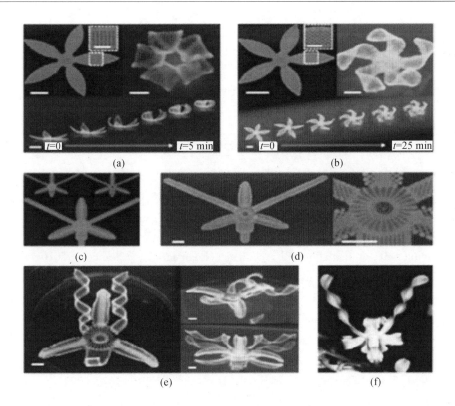

图 4.60　复杂花朵形态的 2D-3D 变形（比例尺为 5 mm，插图比例尺为 2.5 mm）

6. 其他 4D 打印的应用

在某些自组装零件中，接头处实现形状回复对整体的零件起着重要作用。D. Raviv 等人的研究产物产生了主动的自演化变形，使得物体只在局部区域发生折叠（图 4.61）。在未来 4D 打印仍有许多潜在的应用，如 4D 打印在药物输送系统、根据流速改变形状的自适应管道、自愈合水凝胶、软机器人等方面的应用。

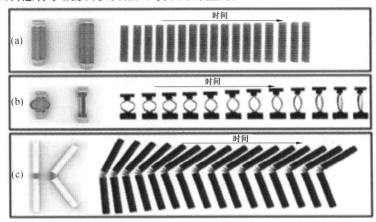

图 4.61　基本体的渲染图示，显示随时间激活的自适应关节的行为

参 考 文 献

[1] HUANG W M, DING Z, WANG C C, et al. Shape memory materials[J]. Materials Today, 2010, 13(7): 54-61.

[2] SAHOO N G, JUNG Y C, GOO N S, et al. Conducting shape memory polyurethane-polypyrrole composites for an electroactive actuator[J]. Macromolecular Materials and Engineering, 2005, 290(11): 1049-1055.

[3] RULE J D, SOTTOS N R, WHITE S R. Effect of microcapsule size on the performance of self-healing polymers[J]. Polymer, 2007, 48(12): 3520-3529.

[4] ROUSSEAU I A. Challenges of shape memory polymers: A review of the progress toward overcoming SMP's limitations[J]. Polymer Engineering & Science, 2010, 48(11): 2075-2089.

[5] SOFIA A Y N, MEGUID S A, TAN K T, et al. Shape morphing of aircraft wing: Status and challenges[J]. Materials & Design, 2010, 31(3): 1284-1292.

[6] LAKE M, MUNSHI N, MEINK T, et al. Application of elastic memory composite materials to deployable space structures[C], Kirtland: Air Force Research Laboratory, 2001, 1-10.

[7] 朱光明. 形状记忆聚合物及其应用[M]. 北京: 化学工业出版社, 2002.

[8] HUANG W M. Thermo-moisture responsive polyurethane shape memory polymer for biomedical devices[J]. Open Medical Devices Journal, 2010, 2(2): 3367-3381.

[9] 王玲, 成国祥. 热致感应型形状记忆高分子材料及其研究进展[J]. 中国塑料, 2000(8): 18-24.

[10] 左兰, 陈大俊. 形状记忆聚氨酯的研究进展[J]. 高分子材料科学与工程, 2004, 20(6): 37-41.

[11] SMALL W, BUCKLEY P R, WILSON T S, et al. Fabrication and characterization of cylindrical light diffusers comprised of shape memory polymer[J]. Journal of Biomedical Optics, 2008, 13(2): 024018.

[12] LENG J, LAN X, LIU Y, et al. Electroactive thermoset shape memory polymer nanocomposite filled with nanocarbon powders[J]. Smart Materials and Structures, 2009, 18(7): 74003.

[13] BELLIN I, KELCH S, LENDLEIN A. Dual-shape properties of triple-shape polymer networks with crystallizable network segments and grafted side chains[J]. Journal of Materials Chemistry, 2007, 17(28): 2885-2891.

[14] TAMAGAWA H. Thermo-responsive two-way shape changeable polymeric laminate[J]. Materials Letters, 2009, 64(6): 749-751.

[15] XIE T, XIAO X, CHENG Y T. Revealing triple-shape memory effect by polymer bilayers[J]. Macromolecular Rapid Communications, 2010, 30(21): 1823-1827.

[16] LENDLEIN A, LANGER R. Biodegradable, elastic shape-memory polymers for potential

biomedical applications[J]. Science, 2002, 296(5573): 1673-1676.

[17] ZHENG X, ZHOU S, LI X, et al. Shape memory properties of poly(D, L-lactide)/hydroxyapatite composites[J]. Biomaterials, 2006, 27(24): 4288-4295.

[18] 石田正雄. 形状记忆树脂[J]. 配管技术, 1989, 31(8): 112-134.

[19] LENDLEIN A, JIANG H Y, JUNGER O, et al. Light-induced shape-memory polymers [J]. Nature, 2005, 434(7035): 879-882.

[20] 王诗任, 吕智, 赵伟岩, 等. 热致形状记忆高分子的研究进展[J]. 高分子材料科学与工程, 2000, 16(1): 1-4.

[21] LENDLEIN A, SCHMIDT A, LANGER R, et al. AB-polymer networks based on oligo(-caprolactone) segments showing shape-memory properties[J]. Proceedings of the National Academy of Sciences of the United States of America, 2001, 98(3): 842-847.

[22] WANG Y, HUANG M, LUO Y, et al. In vitro degradation of poly(lactide-co-p-dioxanone)-based shape memory poly(urethane-urea)[J]. Polymer Degradation & Stability, 2010, 95(4): 549-556.

[23] ZHU G, LIANG G, XU Q, et al. Shape-memory effects of radiation crosslinked poly(ε-caprolactone)[J]. Journal of Applied Polymer Science, 2003, 90(6): 1589-1595.

[24] YANG F, ZHANG S, LI J C M. Impression recovery of amorphous polymers[J]. Journal of Electronic Materials, 1997, 26(7): 859-862.

[25] LEE S Y, XU M. Polyurethanes having shape memory effects[J]. Polymer, 1996, 37(26): 5781-5793.

[26] KIM B K, LEE J S, LEE Y M, et al. Shape memory behavior of amorphous polyurethanes [J]. Journal of Macromolecular Science Part B, 2001, 40(6): 1179-1191.

[27] LU X L, CAI W, GAO Z Y. Shape-memory behaviors of biodegradable poly(L-lactide-co-ε-caprolactone) copolymers[J]. Journal of Applied Polymer Science, 2008, 108(2): 1109-1115.

[28] ZHU G, XU S, WANG J, et al. Shape memory behaviour of radiation-crosslinked PCL/PMVS blends[J]. Radiation Physics & Chemistry, 2006, 75(3): 443-448.

[29] XIE T, ROUSSEAU I A. Facile tailoring of thermal transition temperatures of epoxy shape memory polymers[J]. Polymer, 2009, 50(8): 1852-1856.

[30] JANG M K, HARTWIG A, KIM B K. Shape memory polyurethanes cross-linked by surface modified silica particles[J]. Journal of Materials Chemistry, 2009, 19(8): 1166-1172.

[31] XU J, SHI W, PANG W. Synthesis and shape memory effects of Si—O—Si cross-linked hybrid polyurethanes[J]. Polymer, 2006, 47(1): 457-465.

[32] CHUNG Y C, CHOI J W, MOON S, et al. Effect of cross-linking agent structure on the shape memory property of polyurethane block copolymer[J]. Fibers and Polymers, 2009, 10(4): 430-436.

[33] 王诗任, 徐修成. 微交联 EVA 的形状记忆特性研究[J]. 功能高分子学报, 1999, 12

(2): 132-134.

[34] BUCKLEY C P, PRISACARIU C, CARACULACU A. Novel triol-crosslinked polyurethanes and their thermorheological characterization as shape-memory materials[J]. Polymer, 2007, 48(5): 1388-1396.

[35] LI F K, LAROCK R C. New soybean oil-styrene-divinylbenzene thermosetting copolymers. Ⅴ. shape memory effect[J]. Journal of Applied Polymer Science, 2002, 84(8): 1533-1543.

[36] LI F K, LAROCK R C. New soybean oil-styrene-divinylbenzene thermosetting copolymers. Ⅵ. Time-temperature-transformation cure diagram and the effect of curing conditions on the thermoset properties[J]. Polymer International, 2003, 52(1): 126-132.

[37] YAKACKI C M, LYONS M B, RECH B, et al. Cytotoxicity and thermomechanical behavior of biomedical shape-memory polymer networks post-sterilization[J]. Biomedical Materials, 2008, 3(1): 015010.

[38] SOKOLOWSKI W. Shape memory polymer foams for biomedical devices[J]. Open Medical Devices Journal, 2010, 2(2): 20-23.

[39] 徐福勇, 柏林, 张合伟, 等. TPI 形状记忆性能研究[J]. 橡胶工业, 2010(7): 406-410.

[40] REZANEJAD S, KOKABI M. Shape memory and mechanical properties of cross-linked polyethylene/clay nanocomposites[J]. European Polymer Journal, 2007, 43(7): 2856-2865.

[41] LI F K, ZHU W, ZHANG X. Shape memory effect of slightly-corsslinked polythylene[J]. Chinese J. Polym.Sci., 1998(2): 155-163.

[42] GUNATILLAKE P A, MCCARTHY S J, MEIJS G F, et al. Shape memory polyurethane or polyurethane-urea polymers: WO2000AU00863[P]. 2001-02-01.

[43] MARICEL C, DUNCAN M, THOMAS W. Polyurethane shape-memory polymers demonstrate functional biocompatibility in vitro[J]. Macromolecular Bioscience, 2010, 7(1): 48-55.

[44] LIU C, MATHER P. Thermomechanical characterization of a tailored series of shape memory polymers[J]. Journal of Applied Medical Polymers, 2002, 6(2): 47-52.

[45] GALL K, DUNN M L, LIU Y, et al. Internal stress storage in shape memory polymer nanocomposites[J]. Applied Physics Letters, 2004, 85(2): 290-292.

[46] GALL K, DUNN M L, LIU Y, et al. Shape memory polymer nanocomposites[J]. Acta Materialia, 2002, 50(20): 5115-5126.

[47] LENG J S, LV H, LIU Y, et al. Electroactivate shape-memory polymer filled with nano-carbon particles and short carbon fibers[J]. Applied Physics Letters, 2007, 91(14): 144105.

[48] LENG J S, HUANG W M, LAN X, et al. Significantly reducing electrical resistivity by forming conductive Ni chains in a polyurethane shape-memory polymer/carbon-black com-

posite[J]. Applied Physics Letters, 2008, 92(20): 3408.

[49] CHO J W, KIM J W, JUNG Y C, et al. Electroactive shape-memory polyurethane composites incorporating carbon nanotubes [J]. Macromolecular Rapid Communications, 2010, 26(5): 412-416.

[50] JUNG Y C, YOO A H J, KIM B Y A, et al. Electroactive shape memory performance of polyurethane composite having homogeneously dispersed and covalently crosslinked carbon nanotubes[J]. Carbon, 2010, 48(5): 1598-1603.

[51] JIANG H Y, KELCH S, LENDLEIN A. Polymers move in response to light[J]. Advanced Materials, 2010, 18(11): 1471-1475.

[52] LANGER R S, LENDLEIN A. Biodegradable elastic shape-memory polymers for potential biomedical applications[J]. Science, 2002, 296: 1673-1676.

[53] SMALL I W, WILSON T, BENETT W, et al. Laser-activated shape memory polymer intravascular thrombectomy device[J]. Optics Express, 2005, 13(20): 8200-8204.

[54] MAITLAND D J, METZGER M F, SCHUMANN D, et al. Photothermal properties of shape memory polymer micro-actuators for treating stroke[J]. Lasers in Surgery & Medicine, 2002, 30(1): 1-11.

[55] SCHMIDT A M. Electromagnetic activation of shape memory polymer networks containing magnetic nanoparticles[J]. Macromolecular Rapid Communications, 2010, 27(14): 1168-1172.

[56] GUPTA A K G, GUPTA M. Synthesis and surface engineering of iron oxide nanoparticles for biomedical applications[J]. Biomaterials, 2005, 26(18): 3995-4021.

[57] YANG B, HUANG W M, LI C, et al. On the effects of moisture in a polyurethane shape memory polymer[J]. Smart Materials and Structures, 2003, 13(1): 191.

[58] HUANG W M, YANG B, AN L, et al. Water-driven programmable polyurethane shape memory polymer: Demonstration and mechanism[J]. Applied Physics Letters, 2005, 86(11): 109.

[59] LV H B, LENG J S, LIU Y J, et al. Shape memory polymer in response to solution[J]. Advanced Engineering Materials, 2008, 10(6): 592-595.

[60] CHEN S J, HU J L, ZHUO H T, et al. Two-way shape memory effect in polymer laminates[J]. Materials Letters, 2008, 62(25): 4088-4090.

[61] WESTBROOK K K, MATHER P T, PARAKH V, et al. Two-way reversible shape memory effects in a free-standing polymer composite[J]. Smart Material Structures, 2011, 20(6): 065010.

[62] CHEN S J, HU J L, ZHUO H T, et al. Properties and mechanism of two-way shape memory polyurethane composites[J]. Composites Science and Technology, 2010, 70(10): 1437-1443.

[63] BEHL M, KRATZ K, ZOTZMANN J, et al. Reversible bidirectional shape-memory polymers[J]. Advanced Materials, 2013, 25(32): 4466-4469.

[64] BEHL M, KRATZ K, NOECHEL U, et al. Temperature-memory polymer actuators[J]. Proceedings of the National Academy of Sciences of the United States of America, 2013, 110(31): 12555-12559.

[65] WANG L, HEUCHEL M, FANG L, et al. Influence of a polyester coating of magnetic nanoparticles on magnetic heating behavior of shape-memory polymer-based composites [J]. Journal of Applied Biomaterials & Functional Materials, 2012, 10(3): 203-209.

[66] TURNER S A, ZHOU J, SHEIKO S S, et al. Switchable micropatterned surface topographies mediated by reversible shape memory[J]. ACS Applied Materials & Interfaces, 2014, 6(11): 8017-8021.

[67] BOTHE M, PRETSCH T. Two-way shape changes of a shape-memory poly(ester urethane)[J]. Macromolecular Chemistry and Physics, 2012, 213(22): 2378-2385.

[68] CHUNG T, RORNO-URIBE A, MATHER P T. Two-way reversible shape memory in a semicrystalline network[J]. Macromolecules, 2008, 41(1): 184-192.

[69] KOLESOV I, DOLYNCHUK O, JEHNICHEN D, et al. Changes of crystal structure and morphology during two-way shape-memory cycles in cross-linked linear and short-chain branched polyethylenes[J]. Macromolecules, 2015, 48(13): 4438-4450.

[70] XIE T. Tunable polymer multi-shape memory effect[J]. Nature, 2010, 464(7286): 267-270.

[71] PRETSCH T. Durability of a polymer with triple-shape properties[J]. Polymer Degradation and Stability, 2010, 95(12): 2515-2524.

[72] BELLIN I, KELCH S, LANGER R, et al. Polymeric triple-shape materials[J]. Proceedings of the National Academy of Sciences of the United States of America, 2006, 103 (48): 18043-18047.

[73] LUO X F, MATHER P T. Triple-shape polymeric composites (TSPCs)[J]. Advanced Functional Materials, 2010, 20(16): 2649-2656.

[74] WU Y, HU J, ZHANG C, et al. A facile approach to fabricate a UV/heat dual-responsive triple shape memory polymer[J]. Journal of Materials Chemistry A, 2014, 3 (1): 97-100.

[75] KUANG X, LIU G, DONG X, et al. Triple-shape memory epoxy based on Diels-Alder adduct molecular switch[J]. Polymer, 2016, 84: 1-9.

[76] LIU Y, DU H, LIU L, et al. Shape memory polymers and their composites in aerospace applications: A review[J]. Smart Materials & Structures, 2014, 23(2): 23001-23022.

[77] LIU N, HUANG W M, PHEE S J, et al. A generic approach for producing various protrusive shapes on different size scales using shape-memory polymer[J]. Smart Material Structures, 2007, 16(6): N47-N50(44).

[78] ZAREK M, LAYANI M, COOPERSTEIN I, et al. 3D printing of shape memory polymers for flexible electronic devices[J]. Advanced Materials, 2016, 28(22): 4449-4454.

[79] ZHOU S, ZHENG X, YU X, et al. Hydrogen bonding interaction of poly(D,L-lactide)/

hydroxyapatite nanocomposites[J]. Chemistry of Materials, 2007, 19(2): 247-253.

[80] DONG J, WEISS R A. Shape memory behavior of zinc oleate-filled elastomeric ionomers [J]. Macromolecules, 2011, 44(22): 8871-8879.

[81] JIANG Y, LENG J, ZHANG J. A high-efficiency way to improve the shape memory property of 4D-printed polyurethane/polylactide composite by forming in situ microfibers during extrusion-based additive manufacturing [J]. Additive Manufacturing, 2020, 38: 101718.

[82] TIAN M, GAO W, HU J, et al. Multidirectional triple-shape-memory polymer by tunable cross-linking and crystallization[J]. ACS Applied Materials & Interfaces, 2020, 12(5): 6426-6435.

[83] BAJPAI A, BAIGENT A, RAGHAV S, et al. 4D printing: Materials, technologies, and future applications in the biomedical field[J]. Sustainability, 2020, 12(24): 10628.

[84] SONG J, ZHANG Y. From two-dimensional to three-dimensional structures: A superior thermal-driven actuator with switchable deformation behavior[J]. Chemical Engineering Journal, 2018, 360: 680-685.

[85] WU J, YUAN C, DING Z, et al. Multi-shape active composites by 3D printing of digital shape memory polymers[J]. Scientific Reports, 2016, 6: 24224.

[86] QI G, SAKHAEI A H, LEE H, et al. Multimaterial 4D printing with tailorable shape memory polymers[J]. Scientific Reports, 2016, 6(1): 1-11.

[87] ZHANG C, CAI D, LIAO P, et al. 4D Printing of shape-memory polymeric scaffolds for adaptive biomedical implantation[J]. Acta Biomaterialia, 2020, 122(12): 101-110.

[88] MB A, AG B, MMA C. 4D printing of shape memory polylactic acid (PLA) components: Investigating the role of the operational parameters in fused deposition modelling (FDM) [J]. Journal of Manufacturing Processes, 2021, 61: 473-480.

[89] BEHL M, LENDLEIN A. Shape-memory polymers[J]. Materials Today, 2007, 10(4): 20-28.

[90] LENG J S, ZHANG D, LIU Y, et al. Study on the activation of styrene-based shape memory polymer by medium-infrared laser light[J]. Applied Physics Letters, 2010, 96 (11): 111905.

[91] YU Y, IKEDA T. Photodeformable polymers: A new kind of promising smart material for micro- and nano-applications [J]. Macromolecular Chemistry & Physics, 2010, 206 (17): 1705-1708.

[92] 武元鹏, 林元华, 周莹, 等. 光致型形状记忆高分子材料[J]. 化学进展, 2012(10): 2004-2010.

[93] 姚宇轩. 光致型形状记忆高分子材料的应用[J]. 化学工程与装备, 2016, 10: 193-195.

[94] XIAO Y, GONG X, KANG Y, et al. Light-, pH-and thermal-responsive hydrogels with the triple-shape memory effect [J]. Chemical Communications, 2016, 52 (70):

10609-10612.

[95] KIZILKAN E, STRUEBEN J, JIN X, et al. Influence of the porosity on the photoresponse of a liquid crystal elastomer[J]. Royal Society Open Science, 2016, 3(4): 2054-5703.

[96] STOYCHEV G, KIRILLOVA A, IONOV L. Light-responsive shape-changing polymers[J]. Advanced Optical Materials, 2019, 7(16): 1900067.

[97] LU X, ZHANG H, FEI G, et al. Liquid-crystalline dynamic networks doped with gold nanorods showing enhanced photocontrol of actuation[J]. Advanced Materials, 2018, 30(14): 1706597.

[98] CHEN Y, ZHAO X, LUO C, et al. A facile fabrication of shape memory polymer nanocomposites with fast light-response and self-healing performance[J]. Composites Part A Applied Science and Manufacturing, 2020, 135: 105931.

[99] RIM Y S, BAE S-H, CHEN H, et al. Recent progress in materials and devices toward printable and flexible sensors[J]. Advanced Materials, 2016, 28(22): 4415-4440.

[100] GLADMAN A S, MATSUMOTO E, NUZZO R G, et al. Biomimetic 4D printing[J]. Nature Materials, 2016, 15(4): 413-418.

[101] YANG H, YUAN B, ZHANG X. Supramolecular chemistry at interfaces: Host-guest interactions for fabricating multifunctional biointerfaces[J]. Accounts of Chemical Research, 2014, 47(7): 2106-2115.

[102] MATSUZAKI R, UEDA M, NAMIKI M, et al. Three-dimensional printing of continuous-fiber composites by in-nozzle impregnation[J]. Scientific Reports, 2016, 6: 23058.

[103] YANG H, LEOW W R, WANG T, et al. 3D printed photoresponsive devices based on shape memory composites[J]. Advanced Materials, 2017, 29(33): 1701627.

[104] KEVAN P G. Sun-tracking solar furnaces in high arctic flowers: Significance for pollination and insects[J]. Science, 1975, 189(4204): 723-726.

[105] CHENG C Y, XIE H, XU Z Y, et al. 4D printing of shape memory aliphatic copolyester via UV-assisted FDM strategy for medical protective devices[J]. Chemical Engineering Journal, 2020, 396: 125242.

[106] CUI H, MIAO S, ESWORTHY T, et al. A novel near-infrared light responsive 4D printed nanoarchitecture with dynamically and remotely controllable transformation[J]. Nano Research, 2019, 12(6): 1381-1388.

[107] ROOS Y, KAREL M. Plasticizing effect of water on thermal behavior and crystallization of amorphous food models[J]. Journal of Food Science, 2010, 56(1): 38-43.

[108] TIBBITS S. 4D printing: Multi-material shape change[J]. Architectural Design, 2014, 84(1): 116-121.

[109] MENDEZ J, ANNAMALAI P K, EICHHORN S J, et al. Bioinspired mechanically adaptive polymer nanocomposites with water-activated shape-memory effect[J]. Macromolecules, 2011, 44(17): 6827-6835.

[110] 陈花玲, 罗斌, 朱子才, 等. 4D 打印: 智能材料与结构增材制造技术的研究进展[J]. 西安交通大学学报, 2018, 2: 1-11.

[111] MELOCCHI A, UBOLDI M, INVERARDI N, et al. Expandable drug delivery system for gastric retention based on shape memory polymers: Development via 4D printing and extrusion[J]. International Journal of Pharmaceutics, 2019, 571: 118700.

[112] XU X, ZHAO J, WANG M, et al. 3D Printed polyvinyl alcohol tablets with multiple release profiles[J]. Scientific Reports, 2019, 9(1): 12487.

[113] ZHAO Z, KUANG X, YUAN C, et al. Hydrophilic/hydrophobic composite shape-shifting structures[J]. ACS Applied Materials & Interfaces, 2018, 10(23): 19932-19939.

[114] 周雪莉, 任露泉, 刘慧力, 等. 一种可编程曲率变化的 4D 打印方法: CN201611124618.4[P]. 2017-05-31.

[115] MAO Y, DING Z, YUAN C, et al. 3D printed reversible shape changing components with stimuli responsive materials[J]. Scientific Reports, 2016, 6: 24761.

[116] NAFICY S, GATELY R, GORKIN R, et al. 4D printing of reversible shape morphing hydrogel structures[J]. Macromolecular Materials and Engineering, 2017, 302(1): 1600212.

[117] DAI S, RAVI P, TAM K C. pH-responsive polymers: Synthesis, properties and applications[J]. Soft Matter, 2008, 4(3): 435-449.

[118] NADGORNY M, XIAO Z, CHEN C, et al. Three-dimensional printing of pH-responsive and functional polymers on an affordable desktop printer[J]. ACS Applied Materials & Interfaces, 2016, 8(42): 28946-28954.

[119] HUANG L, JIANG R, WU J, et al. Ultrafast digital printing toward 4D shape changing materials[J]. Science Foundation in China, 2017, 29(7): 1605390.

[120] OKWUOSA T C, PEREIRA B C, ARAFAT B, et al. Fabricating a shell-core delayed release tablet using dual FDM 3D printing for patient-centred therapy[J]. Pharmaceutical Research, 2017, 34(2): 427-437.

[121] VITVITSKY V M, GARG S K, KEEP R F, et al. Na$^+$ and K$^+$ ion imbalances in Alzheimer's disease[J]. Biochimica et Biophysica Acta (BBA)-Molecular Basis of Disease, 2012, 1822(11): 1671-1681.

[122] VILLAR G, GRAHAM A D, BAYLEY H. A tissue-like printed material[J]. Science, 2013, 340(6128): 48-52.

[123] JAMAL M, KADAM S S, XIAO R, et al. Bio-origami hydrogel scaffolds composed of photocrosslinked PEG bilayers[J]. Advanced Healthcare Materials, 2013, 2(8): 1066.

[124] MULAKKAL M C, TRASK R S, TING V P, et al. Responsive cellulose-hydrogel composite ink for 4D printing[J]. Materials & design, 2018, 160: 108-118.

[125] DAN R, WEI Z, MCKNELLY C L, et al. Active printed materials for complex self-evolving deformations[J]. Scientific Reports, 2014, 4: 7422.

[126] WANG G, YAO L, WANG W, et al. Print: A modularized liquid printer for smart materials deposition[C]. Hangzhou: Zhejiang University, 2016: 5743-5752.

[127] LV C, XIA H, SHI Q, et al. Sensitively humidity-driven actuator based on photopolymerizable PEG-DA films[J]. Advanced Materials Interfaces, 2017: 1601002.

[128] LEI D, YANG Y, LIU Z, et al. A general strategy of 3D printing thermosets for diverse applications[J]. Materials Horizons, 2019, 6(2): 394-404.

[129] YANG S, LEONG K-F, DU Z, et al. The design of scaffolds for use in tissue engineering. Part I. Traditional factors[J]. Tissue Engineering, 2001, 7(6): 679-689.

[130] BILLIET T, VANDENHAUTE M, SCHELFHOUT J, et al. A review of trends and limitations in hydrogel-rapid prototyping for tissue engineering[J]. Biomaterials, 2012, 33(26): 6020-6041.

[131] IONOV L. Hydrogel-based actuators: Possibilities and limitations[J]. Materials Today, 2014, 17(10): 494-503.

[132] BELOSHENKO V A, VARYUKHIN V N, VOZNYAK Y V. Electrical properties of carbon-containing epoxy compositions under shape memory effect realization[J]. Composites Part A: Applied Science and Manufacturing, 2005, 36(1): 65-70.

[133] WEI H, ZHANG Q, YAO Y, et al. Direct-write fabrication of 4D active shape-changing structures based on a shape memory polymer and its nanocomposite[J]. ACS Applied Materials & Interfaces, 2017, 9(1): 876-883.

[134] KIM Y, YUK H, ZHAO R, et al. Printing ferromagnetic domains for untethered fast-transforming soft materials[J]. Nature, 2018, 558(7709): 274-279.

[135] ZHAO W, ZHANG F, LENG J, et al. Personalized 4D printing of bioinspired tracheal scaffold concept based on magnetic stimulated shape memory composites[J]. Composites Science and Technology, 2019, 184: 107861-107866, 107869.

[136] ZHU P, YANG W, WANG R, et al. 4D printing of complex structures with a fast response time to magnetic stimulus[J]. ACS Applied Materials & Interfaces, 2018, 10(42): 36435-36442.

[137] FENG Y, QIN M, GUO H, et al. Infrared-actuated recovery of polyurethane filled by reduced graphene oxide/carbon nanotube hybrids with high energy density[J]. ACS Applied Materials & Interfaces, 2013, 5(21): 10882-10888.

[138] ZHANG Y, LIAO J, WANG T, et al. Polyampholyte hydrogels with pH modulated shape memory and spontaneous actuation[J]. Advanced Functional Materials, 2018, 28(18): 1707245.

[139] 张大伟, 张彦华, 谢非, 等. 热致形状记忆聚合物非接触式驱动的研究进展[J]. 材料导报, 2012(1): 119-122.

[140] LIU X F, LI H, ZENG Q P. et al. Electro-active shape memory composites enhanced by flexible carbon nanotube/graphene aerogels[J]. Journal of Materials Chemistry A, 2015, 3(21): 11641-11649.

[141] RAJA M, RYU S H, SHANMUGHARAJ A M. Thermal, mechanical and electroactive shape memory properties of polyurethane (PU)/poly (lactic acid) (PLA)/CNT nanocomposites[J]. European Polymer Journal, 2013, 49(11): 3492-3500.

[142] GUNES I S, JIMENEZ G A, JANA S C. Carbonaceous fillers for shape memory actuation of polyurethane composites by resistive heating[J]. Carbon, 2009, 47(4): 981-997.

[143] LENG J S, LAN X, LIU Y J, et al. Electrical conductivity of thermoresponsive shape-memory polymer with embedded micron sized Ni powder chains[J]. Applied Physics Letters, 2008, 92(1): 879.

[144] 王萍萍. 基于纳米银的电致型形状记忆复合材料的结构设计及应用研究[D]. 广东: 华南理工大学, 2019.

[145] LIU T, ZHOU T, YAO Y, et al. Stimulus methods of multi-functional shape memory polymer nanocomposites: A review[J]. Composites Part A Applied Science and Manufacturing, 2017, 100: 20-30.

[146] WANG Y, ZHU G, CUI X, et al. Electroactive shape memory effect of radiation crosslinked SBS/LLDPE composites filled with carbon black[J]. Colloid & Polymer Science, 2014, 292(9): 2311-2317.

[147] WANG W, LIU D, LIU Y, et al. Electrical actuation properties of reduced graphene oxide paper/epoxy-based shape memory composites[J]. Composites Science & Technology, 2015, 106: 20-24.

[148] LUO H, LI Z, YI G, et al. Temperature sensing of conductive shape memory polymer composites[J]. Materials Letters, 2015, 140: 71-74.

[149] DU F P, YE E Z, YANG W, et al. Electroactive shape memory polymer based on optimized multi-walled carbon nanotubes/polyvinyl alcohol nanocomposites[J]. Composites Part B, 2015, 68: 170-175.

[150] LI C, QIU L, ZHANG B, et al. Robust vacuum-/air-dried graphene aerogels and fast recoverable shape-memory hybrid foams[J]. Advanced Materials, 2016, 28(7): 1510-1516.

[151] JIE W, SUN L, ZOU M, et al. Bioinspired shape-memory graphene film with tunable wettability[J]. Science Advances, 2017, 3(6): 1700004.

[152] RYAN K R, DOWN M P, BANKS C E. Future of additive manufacturing: Overview of 4D and 3D printed smart and advanced materials and their applications[J]. Chemical Engineering Journal, 2020: 126162.

[153] 张雨萌, 李洁, 夏进军, 等. 4D打印技术: 工艺, 材料及应用[J]. 材料导报, 2021, 35(1): 1212-1223.

[154] MENG Q, HU J. A review of shape memory polymer composites and blends[J]. Composites Part A Applied Science & Manufacturing, 2009, 40(11): 1661-1672.

[155] 田小永, 王清瑞, 李涤尘, 等. 可控变形复合材料结构4D打印[J]. 航空制造技术,

2019, 62(1/2): 20-27.

[156] 史玉升, 伍宏志, 闫春泽, 等. 4D 打印:智能构件的增材制造技术[J]. 机械工程学报, 2020, 56(15): 15-39.

[157] WEI H, CAUCHY X, NAVAS I O, et al. Direct 3D printing of hybrid nanofiber-based nanocomposites for highly conductive and shape memory applications[J]. ACS Applied Materials & Interfaces, 2019, 11(27): 24523-24532.

[158] RODRIGUEZ J N, ZHU C, DUOSS E B, et al. Shape-morphing composites with designed micro-architectures[J]. Scientific Reports, 2016, 6: 27933.

[159] ROSALES C, DUARTE M, KIM H, et al. 3D printing of shape memory polymer (SMP)/carbon black (CB) nanocomposites with electro-responsive toughness enhancement[J]. Materials Research Express, 2018, 5: 6.

[160] MU Q, LEI M, ROACH D J, et al. Intense pulsed light sintering of thick conductive wires on elastomeric dark substrate for hybrid 3D printing applications[J]. Smart Materials and Structures, 2018, 27(11): 115007.

[161] AKBARI S, SAKHAEI A H, PANJWANI S, et al. Multimaterial 3D printed soft actuators powered by shape memory alloy wires[J]. Sensors and Actuators A: Physical, 2019, 290: 177-189.

[162] UMEDACHI T, VIKAS V, TRIMMER B. Softworms: The design and control of non-pneumatic, 3D-printed, deformable robots[J]. Bioinspiration & Biomimetics, 2016, 11(2): 025001.

[163] XU Z, DING C, WEI D W, et al. Electro and light active actuators based on reversible shape-memory polymer composites with segregated conductive networks[J]. ACS Applied Materials & Interfaces, 2019, 11(33): 30332-30340.

[164] HAN D, FARINO C, YANG C, et al. Soft robotic manipulation and locomotion with a 3D printed electroactive hydrogel[J]. ACS Applied Materials & Interfaces, 2018, 10(21): 17512-17518.

[165] MOSTAFALU P, LENK W, DOKMECI M R, et al. Wireless flexible smart bandage for continuous monitoring of wound oxygenation[J]. IEEE Trans Biomed Circuits Syst, 2015, 9(5): 670-677.

[166] KOKKINIS D, SCHAFFNER M, STUDART A R. Multimaterial magnetically assisted 3D printing of composite materials[J]. Nature Communications, 2015, 6: 8643.

[167] ZAREK M, MANSOUR N, SHAPIRA S, et al. 4D printing of shape memory-based personalized endoluminal medical devices[J]. Macromol Rapid Commun, 2017, 38(2): 1600628.

[168] MIAO S, ZHU W, CASTRO N J, et al. 4D printing smart biomedical scaffolds with novel soybean oil epoxidized acrylate[J]. Scientific Reports, 2016, 6: 27226.

[169] STYLIOS G K, WAN T. Shape memory training for smart fabrics[J]. Transactions of the Institute of Measurement and Control, 2007, 29(3/4): 321-336.

［170］BERZOWSKA J, COELHO M. Kukkia and vilkas: Kinetic electronic garments[J]. Applied Mathematics & Computation, 2005, 185(1): 360-367.

［171］LEIST S K, GAO D, CHIOU R, et al. Investigating the shape memory properties of 4D printed polylactic acid (PLA) and the concept of 4D printing onto nylon fabrics for the creation of smart textiles[J]. Virtual and Physical Prototyping, 2017, 12(4): 290-300.

［172］ZAREK M, LAYANI M, ELIAZAR S, et al. 4D printing shape memory polymers for dynamic jewellery and fashionwear[J]. Virtual and Physical Prototyping, 2016, 11(4): 263-270.

第5章 3D/4D打印液晶高分子材料

5.1 液晶高分子材料概述

液晶高分子(Liquid Crystal Polymer，LCP)材料是近些年来兴起并迅速发展起来的一类新型高分子材料,因其具备高强度、低膨胀率、低收缩率、高模量、耐高温、耐酸碱腐蚀等优异性能,常常用于制备高强度膜、高强度纤维、自增强塑料、板材、光导纤维包覆层等。利用液晶高分子材料制备的电子器件(如显示屏等)和光通信器件,广泛应用于手机、电脑、汽车、机械和化工等国民生活和工业领域,以及航空航天、国防军工等高新科技领域。正是因液晶高分子材料具有优异的性能和广阔的应用前景,其成为高分子材料领域的重要组成部分,也成为全球材料化学的前沿研究热点。与早期研究的具有较小分子量的液晶材料相比,液晶高分子材料在结构上与小分子液晶材料具有一定的相似性和联系,如都具有相同的刚性分子结构和晶相结构等。由于液晶高分子材料受到聚合物骨架的约束,克服小分子液晶材料在外力作用下的自由旋转,因而具有比小分子液晶材料更加优异的性能,也扩展了液晶高分子材料的应用范围。如主链型液晶高分子材料具有超强的力学性能,梳状液晶高分子材料在电子和光电子器件方面优良的稳定性,以上性能都是小分子液晶材料所不具备的。与常规高分子材料相比,液晶高分子材料具有的高度有序性也使其具有非晶态高分子材料所不具备的特殊性能,如非线性光学、电学和力学性能等。

5.1.1 液晶高分子材料的分类

液晶高分子材料的分类比较复杂,不同领域的科学家出于不同的专业和目的有不同的分类方法。常见的分类方式主要是依据液晶的形成条件、液晶分子的形态、液晶分子量的大小以及液晶基团的分布等。

1. 按液晶的形成条件分类

按液晶的形成条件,可将小分子液晶和液晶高分子(LCP)分为溶致型液晶和热致型液晶两类。前者是液晶分子在溶解过程中在溶液中达到一定浓度时形成有序排列,产生各向异性特征构成液晶;后者是三维各向异性的晶体在加热熔融过程中不完全失去晶体特征,保持一定有序性构成的液晶。

热致型液晶是通过加热而呈现液晶态的物质,多数液晶是热致型液晶。在热致型液晶的形成过程中温度起到了重要的作用,随着温度的变化,会出现固体、各向异性的液晶态以及各向同性的液体,其中重要的转变温度有熔点(T_m)、玻璃化温度(T_g)以及清亮点温度(T_c)。

溶致型液晶是因加入溶剂(在某一浓度范围内)而呈现液晶态的物质。溶致型液晶又分为两类:第一类是双亲分子(如脂肪酸盐、离子型和非离子型表面活性剂以及类脂等)与极性溶剂组成的二元或多元体系,其液晶相态可分为层状相、立方相和六方相三种,它们主要是溶致型侧链液晶;第二类是非双亲刚棒状分子(如多肽、核酸及病毒等天然高分子和聚对苯二甲酰对苯二胺等合成高分子)的溶液,它们的液晶态可分为向列相、近晶相和胆甾相三种,它们主要是溶致型主链液晶。

此外,在外场(如压力、流场、电场、磁场和光场等)作用下进入液晶态的物质称为感应液晶。例如,聚乙烯在一定压力下出现液晶态称为压致液晶,聚对苯二甲酰对氨基苯甲酰肼在施加流动场后呈现液晶态是典型的溶致型液晶。

2. 按液晶分子的形态分类

液晶的形态也称为液晶相态结构,是指液晶分子在形成液晶相时的空间取向和晶体结构。液晶高分子按照晶相结构可以分为近晶型液晶(semectic liquid crystal)、向列型液晶(nematic liquid crystal)和胆甾醇型液晶(cholesteric liquid crystal)三种,如图5.1所示。

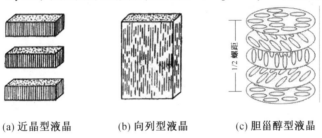

(a) 近晶型液晶　　(b) 向列型液晶　　(c) 胆甾醇型液晶

图 5.1　液晶高分子按分子的形态分类

(1)近晶型液晶。

近晶型液晶是所有液晶中最接近结晶结构的一类,用符号 S 表示。在这类液晶中,分子刚性部分互相平行排列,并构成垂直于分子长轴方向的层状结构,层内分子排列具有二维有序性。但这些层状结构并不是严格刚性的,分子可在本层内沿着层面相对运动,保持其流动性,但不能来往于各层之间。因此,层状结构之间可以相互滑移,而垂直于层片方向的流动却很困难,因此这种液晶在黏度性质上仍存在各向异性。通常情况下,层面的取向是无规则的,因此,宏观上表现为在各个方向上都非常黏滞。

近晶型液晶还可以根据发现的年代和晶型的细微差别再分为九个小类:S_A 型液晶,分子中刚性部分的长轴垂直于层面而与晶体的长轴平行,在平面内分子的分布无序;S_B 型液晶,与 S_A 型液晶相比,分子刚性结构部分的重心在层内呈六角形排列,在一定程度上呈三维有序;S_C 型液晶,与 S_A 型液晶相比,分子的刚性部分长轴与层面之间成一定角度的倾斜状,如果具有光学活性标记为 S_C^*;S_D 型液晶,呈现出立方对称特性;S_E 型液晶,与 S_B 型液晶相似,不同在于分子刚性结构的重心部分呈正交形排列;S_F 型液晶,从与层面垂直的方向看与 S_B 型液晶相同,呈正六边形,不同在于分子的刚性结构部分不与层面垂直,而是朝正六边形的一个边倾斜成一定角度,为单斜晶型;S_G 型液晶,从与层面垂直的方向看与 S_B 型液晶相同,呈正六边形,单分子刚性结构部分朝正六边形的一个顶点倾斜成一定角度,为单斜晶型;S_H 型液晶,该类液晶的层面结构与 S_E 型液晶相同,但是刚性部分朝正六边形的顶点方向倾斜成一定角度,晶型与 S_F 型液晶相同;S_I 型液晶,其层内结构与 S_E 型液晶相同,不同在于液晶的刚性结构部分朝六边形的顶点方向倾斜成一定角度,为单斜晶型。

(2)向列型液晶。

向列型液晶用符号 N 表示。在向列型液晶中,液晶分子的刚性部分之间相互平行排列,但是其重心排列无序,仅具有一维有序性,沿指外力的方向的取向有序。液晶分子在外力作用下,容易沿流动方向取向,并可在取向方向互相穿越,但不影响晶相结构。因此,向列型液晶的宏观黏度一般都比较小,是三种结构类型的液晶中流动性最好的一种液晶,其高分子熔融体或高分子溶液的黏度最小。

(3)胆甾醇型液晶。

胆甾醇型液晶用符号 Ch 表示。由于最初发现的这类液晶分子中许多是胆甾醇的衍生物,因此胆甾醇型液晶也由此得名,成为这一类液晶的总称。但许多胆甾醇型液晶的分子结构并不含胆甾醇结构,但它们都有导致相同光学性能和其他特性的共同结构。胆甾醇型液晶的分子基本是长而扁平型的,依靠端基的相互作用,彼此平行排列成层状结构;与近晶型液晶不同,它们的长轴与层片平面平行而不是垂直,在两相邻层之间,由于伸出平面外的化学基团的空间位阻作用,分子的长轴取向依次规则地旋转一定角度,层层旋转,构成一个螺旋结构;分子的长轴取向在旋转 360° 以后回到原来的方向,两个取向度相同的最近层间距离称为胆甾醇型液晶的螺距,是表征胆甾醇型液晶的重要参数。由于扭转分子层的作用,这种螺旋结构具有光学活性,可以使照射到其上的光发生偏振旋转,使反射的白光发生色散,透射光发生偏转,因而胆甾醇型液晶具有彩虹般漂亮的颜色和很高的旋光性等光学性质。

构成以上三种液晶的分子,其刚性结构部分均呈长棒形。现在发现除了长棒形结构的液晶分子外,还存在一类液晶刚性部分呈盘形。在形成的液晶中多个盘形结构叠在一起,形成柱状结构,这些柱状结构再进行一定有序的排列形成类似于近晶型液晶。这一类液晶用 D 表示,加下标表示不同小类型。如 D_{hd} 型液晶表示层平面内柱与柱之间呈六边形排列,分子的刚性结构部分在柱内排列无序;D_{ho} 型液晶与 D_{hd} 型液晶类似,不同在于分子的刚性结构部分在柱内的排列是有序的;D_{rd} 型液晶在层平面内呈正交形排列;D_t 型液晶形成的柱结构不与层平面垂直,倾斜成一定角度。盘状分子形成的柱状结构如果仅构成一维有序排列,也可以形成向列型液晶,用 N_d 表示。

3.按液晶分子量的大小分类

按照液晶分子量的大小,可将液晶分为小分子液晶和高分子液晶。高分子与小分子并没有十分确切的数值界限,如果按照分子量的大小,更细致的次序应该为:小分子、低聚物、低分子量聚合物和高分子。按照 Staudinger 的经典说法,原子数大于 1 000 的线型分子通常划入高分子行列。

4.按液晶基团的分布分类

长期研究表明,能形成液晶相的物质分子通常都含有一定形状的刚性结构,以利于在液相时仍能依靠分子间力进行有序排列。刚性结构部分多由芳香和脂肪型环状结构构成,是产生液晶相的主要因素。将这些刚性部分相互连接组成高分子则构成聚合物液晶。根据刚性结构在聚合物分子中的相对位置和连接方式特征,致晶单元如果处在高分子主链上,即成为主链型高分子液晶;而如果致晶单元是通过一段柔性链作为侧基与高分子主链相连,形成梳状结构,则称为侧链型高分子液晶,也称梳状液晶。主链型高分子液晶和侧链型高分子液晶不仅在液晶形态上有差别,在物理、化学性质方面往往表现出相当大的差异。

根据刚性部分的形状结合所处位置,主链型液晶还可以进一步分为以下几种类型:α型液晶,也称纵向型液晶,特点是分子的刚性部分长轴与分子主链平行;β型液晶,也称垂直型液晶,特点是分子的刚性部分长轴与分子主链垂直;γ型液晶,也称主链星型液晶,特点是分子的刚性部分呈十字形;ζ型液晶,也称盘状液晶,特点是分子的刚性部分呈圆盘状,根据圆盘部分的特征,可以进一步分成软盘型液晶、硬盘型液晶和多盘型液晶。

高分子侧链型液晶可以进一步分为以下几种类型:ε型液晶,也称梳状或 E 型液晶,这种聚合物液晶常有一条柔性好的聚硅烷主链,该液晶分子的特点是刚性结构部分处在分子的侧链上,主链和刚性结构之间由柔性碳链相连,根据侧链的形状可以进一步分为单梳型液晶、栅型梳型液晶、多重梳型液晶;φ型液晶,也称盘梳型液晶,特点是侧链上的刚性部分呈盘状;κ型液晶,也称反梳型液晶,特点是主链为刚性部分,而侧链由柔性链段构成;θ型液晶,也称平行型液晶,特点是刚性部分处在分子的侧链上,而且其长轴与分子的主链基本保持平行,根据刚性部分与主链所处的相对位置不同可以进一步分为单侧链平行型液晶、双平行液晶(也称为双轴型液晶)。

除主链型和侧链型高分子液晶之外,还有些结构复杂的液晶称为混合型液晶,也称 λ 型液晶。其中 λ_1 型液晶含有纵向型和垂直型两种刚性部分;λ_2 型液晶含有纵向型和盘型两种刚性部分;λ_3 型液晶含有垂直型和盘型两种刚性部分。

如果在主链和侧链上均含有刚性结构称为结合型液晶,其中 ψ 型液晶,其分子的刚性部分在主链和侧链都存在;σ 型液晶,也称为网型液晶,这类液晶通过交联反应得到;ω 型液晶,也称为双曲线型液晶,还被称为角锥型液晶或碗型液晶。

常见的液晶分类见表 5.1。

表 5.1 常见的液晶分类

液晶类型	分类符号	结构形式	名称
主链型液晶	α		纵向型
	β		垂直型
	γ		主链星型
	ζ		盘状

续表5.1

液晶类型	分类符号	结构形式	名称
侧链型液晶	ε		梳型
	φ		盘梳型
	κ		反梳型
	θ		平行型
混合型液晶	λ_1		混合型
	λ_2		
	λ_3		
结合型液晶	ψ		—
	σ		网型
	ω		双曲线型

5.1.2 液晶高分子材料的分子结构

研究表明,能够形成液晶的物质通常具有刚性分子结构,称为致晶单元。从外形上看,致晶单元通常呈现近似棒状或片状的形态,这有利于分子的有序堆砌,这是液晶分子在液态下维持某种有序排列必要的结构因素。在高分子液晶中这些致晶单元被柔性链以各种方式连接在一起,在常见的液晶中,致晶单元通常由苯环、脂肪环、芳香杂环等通过一刚性连接单元(X,又称中心桥键)连接,构成这个刚性连接单元常见的化学结构包括亚氨基(—C=N—)、反式偶氮基(—N=N—)、氧化偶氮基(—NO=N—)、酯基(—COO—)和反式乙烯基(—C=C—)等。在致晶单元端部通常还有一个柔软、易弯曲的基团 R,这个端基单元是各种极性或非极性的基团,对形成液晶具有一定稳定作用,因此也是构成液晶分子不可缺少的结构因素,常见的 R 包括—R′、—OR′、—COOR′、—CN、—OOCR′、—COR′、—CH=CH—COOR′、—Cl、—Br、—NO$_2$等。

5.1.3 液晶高分子材料的分子性质

影响液晶高分子形态与性能的因素包括内在因素和外在因素两部分。内在因素为分子组成、分子结构和分子间力。在热致型液晶中,分子结构和分子间力对晶相和性质影响最大。分子中的刚性部分不仅在固相中有利于结晶形成,在转变成液态时也有利于保持晶体的有序度。分子中刚性部分的规整性越好,分子越容易排列整齐;分子间力增大,也更容易生成稳定的液晶相。分子间力大和分子规整度高虽然有利于液晶形成,但是相转变温度也会因为分子间力的提高而提高,使热致型液晶相的形成温度升高,限制了液晶高分子材料的制备和使用。溶致型液晶由于是在溶液中形成不存在上述问题。一般来说,刚性体呈片状,有利于形成胆甾醇型或盘型液晶;刚性体呈棒状,有利于形成向列型或近晶型液晶。聚合物骨架、刚性体与聚合物骨架之间柔性链的长度和体积将影响刚性体的旋转和平移,从而会对液晶的形成和晶相结构产生影响。在聚合物链上或者刚性体上带有不同极性、不同电负性或者具有其他性质的基团,液晶高分子材料会产生不同的电、光、磁等性质。

液晶相态的形成依赖于外部条件的作用。外在因素主要包括环境温度、溶剂组成和环境组成。环境温度对热致型液晶来说是最主要的,足够高的温度能够给分子提供足够的热动能,这是发生相转变的必要条件。因此,确定具体晶相结构、形成液晶态的主要手段就是控制温度。除此之外,很多分子存在抗磁性和偶极矩,施加一定电场或磁场力有利于液晶相的形成。对于溶致型液晶,溶剂与液晶分子之间的作用非常重要,溶剂的结构和极性决定了与液晶分子间亲和力的大小,进而影响液晶分子在溶液中的构象,能直接影响液晶相的形态和稳定性。控制液晶高分子溶液的浓度是控制溶致型液晶高分子晶相结构的主要手段。

5.2 液晶高分子材料的合成方法

液晶高分子的合成主要由小分子液晶的高分子化过程实现,即先合成小分子液晶(单体液晶),再通过共聚、均聚或接枝等反应实现小分子液晶的高分子化。由于液晶分子的有序性排列,液晶物质具有许多非晶态物质所没有的重要性质,包括特殊的化学和物理性质。小分子液晶经过高分子化后,由于聚合物链的影响,许多原有的物理化学性质也会发生相应变化,如临界胶束浓度、浓度稳定区域、液晶态的温度和晶相类型等都与同类的小分子液晶有所不同,这些不同点也直接影响其应用。

5.2.1 溶致型侧链液晶高分子

溶致型侧链液晶高分子在溶液中表现出表面活性剂的性质,原因在于分子中具有亲水区和亲油区两类截然不同性质的区域。这类液晶高分子的合成主要是引入这种两亲结构。侧链液晶主要有两种合成方法,可以分别得到两种结构不同的液晶高分子。如果可聚合基团连接在亲油性一端,聚合反应后得到如图 5.2(a)所示结构的液晶高分子;如果将可聚合基团连接到亲水性一端,聚合反应后得到如图 5.2(b)所示的液晶高分子。图 5.2 中圆圈代表亲水性端基,折线代表亲油性端基。A 型液晶高分子聚合物主链一般为亲油性,亲水性端基从聚合物主链伸出;而合成 B 型聚合物的单体多具有亲水性可聚合基团,形成的聚合物亲水一端在主链上。

(a) A型　　(b) B型

图 5.2　溶致型侧链高分子液晶结构

(1) A 型液晶的合成主要有以下两种方法:一是通过加聚反应合成,首先在液晶单体亲油一端形成乙烯基作为可聚合基团,再通过乙烯基的加成聚合反应形成高分子。聚合物的主链为饱和烷烃,侧链的末端为亲水部分,该聚合反应可以通过热引发或者光引发,反应机理是自由基聚合。在聚合反应中,单体浓度对生成聚合物的聚合度有一定影响,单体浓度越高,排列越紧密,越有利于得到聚合度高的产物。二是通过接枝反应与高分子骨架连接,构成侧链液晶高分子。可以用柔性聚合物中的活性基团与具有双键的单体通过加成接枝反应与聚合物骨架连接,如柔性聚硅氧烷与带有两亲结构的单体进行加成接枝反应,生成 A 型侧链液晶高分子。

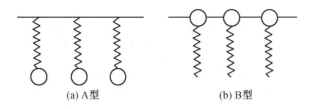

其中 R 表示亲水性基团。反应采用六氯铂酸作为催化剂,可用 2 140 cm^{-1} 的红外光信号监测反应进行的程度。1982 年,Hinkelmann 等采用由十一碳烯酸作为亲油基,醇作为亲水基团,通过加成反应连接到聚硅氧烷主链上,得到的 A 型液晶高分子可以作为气相色谱柱的液晶态固定相。

(2) 由于亲水性聚合基团不多,B 型液晶高分子比较少见。聚甲基丙烯酸季铵盐由亲水性聚合物链构成,可以算作这种类型液晶高分子的代表。由丙烯酸盐的单体溶液通过上述化学聚合形成聚丙烯酸,再与长碳链季铵盐形成 B 型液晶高分子。

5.2.2 溶致型主链液晶高分子

溶致型主链液晶高分子的结构特征是刚性结构位于聚合物骨架的主链上。与上述溶致型侧链液晶高分子不同,溶致型主链液晶高分子一般不具有两亲结构,在溶液中也不形成胶束结构。由于刚性聚合物主链相互作用使其溶液形成液晶态,进行紧密有序的堆积。在形成液晶相时位于主链上的刚性结构受到更大干扰。

此类液晶主要包括聚芳香胺类和聚芳香杂环类聚合物,聚糖类也应属于这一类。这一类聚合物的共同特点是聚合物主链中存在有规律的刚性结构。

(1) 聚芳香胺类液晶高分子的合成。

此类液晶高分子是通过缩合反应形成酰胺键将单体连接并聚合而成。所有能够形成酰胺的反应方法都有机会用于合成此类液晶高分子。如常见方法是酰氯或酸酐与芳香胺进行的缩合反应。聚对氨基苯甲酰胺(PpBA)的合成是以对氨基苯甲酸为原料,与过量的亚硫酰氯反应,得到亚硫酰胺基苯甲酰氯单体,然后在氯化氢氛围下发生缩聚反应,得到主链液晶高分子 PpBA。

聚对二氨基苯与对苯二甲酸缩聚物 PpPTA 的合成比较简单,采用 1,4-二氨基苯和对苯二酰氯直接进行缩合反应即可得到。反应介质采用非质子型强极性溶剂,如 N-甲基吡咯烷酮(NMP),在溶液中溶有一定量的 $CaCl_2$ 可以促进反应进行。

(2) 聚芳香杂环类液晶高分子的合成。

这一类液晶高分子也称为梯型聚合物,主要是为了开发高温稳定性材料而研制的,将这类聚合物在液晶相下处理可以得到高性能纤维。其中反式或顺式聚双苯并噻唑苯(trans 或 cis-PBT)可以通过下列反应进行合成。

5.2.3 热致型侧链液晶高分子

同溶致型侧链液晶高分子一样,热致型侧链液晶高分子的刚性结构部分通过共价键与聚合物主链相连,不同点在于液晶态的形成不是在溶液中,而是当聚合物固体受热熔化成熔融态时,分子的刚性部分仍按照一定规律排列,表现出空间有序性等液晶的性质。同样在形成液晶相过程中侧链起着主要作用,而聚合物主链只是部分地对液晶的晶相形成起着一定辅助作用。

目前主要有三种热致型侧链液晶高分子的合成方法:①利用端基双键的均聚反应。先合成间隔体,一端连接可聚合基团(双键)的单体,另一端带有刚性结构,再进行均聚反应构成侧链高分子。②利用一端双功能团的缩聚反应。在连有刚性体的间隔体自由一端制备双功能基团,再与另一种双功能基单体进行缩聚构成侧链高分子。③利用端活性基与聚合物骨架中活性点之间的接枝反应。以某种带有点的线型聚合物和间隔体上带有活性基团的单体为原料,利用高分子接枝反应制备侧链高分子。三种制备方法的示意图如图5.3所示。

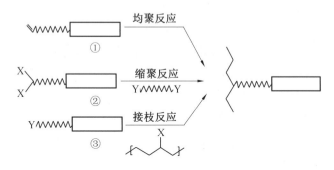

图5.3 热致型侧链高分子液晶的合成方法

(1)利用端基双键的均聚反应制备。

单体合成是第一步,而能够进行均聚反应的单体需要具有端基双键,合成制备液晶单体中的刚性结构以及间隔体可以利用有机合成方法。目前有多种乙烯基的均聚反应制备聚合物的方法,如自由基引发的热聚合、光引发的光化学聚合以及带电离子引发的离子聚合等,单体均聚反应生成饱和碳链聚合物。具有聚甲基丙烯酸骨架的高分子液晶的合成多用引发剂引发均聚反应。而光引发聚合反应的最大特点是引发过程不受温度的影响,因此可以在任意选定的温度下进行反应,使反应物在反应过程中保特定晶相。由于离子引发聚合反应,特别是阴离子聚合反应链终止和链转移反应不明显,因此离子引发的聚合反应比较容易控制,甚至可能合成预定分子量的聚合物。另一特点是在一步反应完成后,加入另一种单体可以继续反应,这样可以得到一般共聚反应难以得到的预定结构嵌段共聚物。合成特定立体结构聚合物的重要方法之一是离子引发聚合。离子引发聚合反应一般需要在双键的邻位具有极性基团,以利于离子自由基的稳定。如采用三氟化硼的化合物作为引发剂,可以合成具有聚乙烯醚或丙烯醚骨架的液晶高分子。

(2)利用一端双功能团的缩聚反应制备。

虽然缩聚反应主要用在主链液晶高分子方面,但是在侧链液晶高分子的合成方面也有应用。如带有氨基甲酸乙酯的液晶高分子就是用这种方法通过带有刚性结构的二异氰酸酯与二醇衍生物反应合成的。具有主链和侧链结合的液晶高分子也可以利用这种方法制备。

(3)利用端活性基与聚合物骨架中活性点之间的接枝反应制备。

利用带有活性基团的线型聚合物与刚性结构单体的接枝反应是制备侧链液晶高分子的一种较好的方法,广泛用于制备具有氧烷聚合物骨架的梳状液晶高分子。比如,带有乙烯基的刚性单体与带有活性氢的硅氧烷发生接枝反应,单体直接与聚硅氧烷中的硅原子相接,形成侧链液晶高分子。

另一类柔性较好的聚合物骨架是聚二氯磷嗪(polyphosphazene),在该聚合物中磷原子上有两个活泼氯原子,可以在碱性条件下与带有羟基的单体发生缩合反应,生成醚型侧链的液晶高分子。该聚合物骨架中不含碳元素,磷氮键具有无机性质。

5.2.4 热致型主链液晶高分子

由于这类液晶高分子材料的分子间作用力非常大、溶解度低、熔融温度高,采用常规的合成方法难以胜任,必须采用特殊的制备方法。热致型主链液晶高分子的早期合成方法是采用界面聚合或高温溶液聚合。目前热致型主链液晶高分子大多是通过酯交换反应制备的,如乙酰氧基芳香衍生物与芳香羧酸衍生物反应脱去乙酸生成缩聚物。由于产物的热定性较好,反应可以在聚合物的熔点以上进行,因此可以采用本体聚合法。

在这种反应条件下,在聚合过程中即形成液晶相,固化后晶体结构得以保留。二元酸的芳香酯类与芳香二酚也有类似反应。为了避免高温下的热降解和局部温度过高,高熔点聚合物的合成需要在惰性热传导物质中进行。由于聚合物的高黏度影响热传导,反应过程中需要在搅拌下缓慢升温。热致型主链液晶高分子的合成在惰性热传导介质中还需加入有机的或无机的稳定剂,防止在温度升高过程中发生絮凝现象。为了克服在制备高熔点聚合物时碰到的高黏度影响传质过程,以至于难以得到高分子量聚合物的问题,可以采用固相聚合法,即反应温度在生成聚合物的熔点以下。反应分成两步,先在正常反应条件下制备分子量较低的聚合物,然后用固相聚合法制备高分子量的聚合物。

$$\text{H}_3\text{C}-\overset{\text{O}}{\underset{\text{O}}{\text{C}}}-\text{C}_6\text{H}_4-\text{COOH} + \text{H}_3\text{C}-\overset{\text{O}}{\underset{\text{O}}{\text{C}}}-\text{C}_{10}\text{H}_6-\text{COOH} \xrightarrow[\text{惰性气体保护}]{\text{脱乙酸} \atop 200\sim340\ ^\circ\text{C}} \left[\text{O}-\text{C}_6\text{H}_4-\overset{\text{O}}{\underset{}{\text{C}}}\right]_x \left[\text{O}-\text{C}_{10}\text{H}_6-\overset{\text{O}}{\underset{}{\text{C}}}\right]_y$$

5.3 液晶高分子的表征方法

液晶高分子是一类相对比较特殊的功能高分子材料,其结构的分析与表征研究也较为特殊,对组成液晶的分子进行成分和结构分析、溶液和熔融态性质分析,同时还要对液晶形成后的晶体形态进行研究测定。本节主要介绍对液晶高分子晶体形态研究的方法和设备。液晶形态分析的方法主要包括X射线射衍射分析法、核磁共振光谱法、介电松弛谱法、热台偏光显微镜法、热分析法和双折射测定法等。

5.3.1 X射线衍射分析法

X射线衍射分析法是研究晶体物质空间结构参数的有效办法,也是液晶体形态的主要研究分析方法。像液晶这样的过渡相态,对其结构进行研究的主要难点在于它既有晶体的有序特征,又有大量的液体的无序特征,当温度、浓度、压力等外界条件发生变化时,晶态结构会发生很大变化,当相态发生改变时这些特点也会发生变化。因此X射线衍射分析法在晶体分析中的经验和方法不能照搬到液晶分析中去。液晶高分子中存在的大量的非刚性聚合物链也是X射线衍射分析法分析晶态结构的难点之一。目前关于液晶高分子X射线衍射分析研究仍仅限于液晶的晶相类别和行为特征的评价和鉴定,仅有部分会涉及液晶有序性参数的测定,如层的厚度、长度等数据和分子空间形态。有少数研究工作者涉足难度更大的分布函数测定,从事这方面的研究要求准确测定衍射强度与分子的空间分布关系。X射线衍射分析法对液晶的研究主要集中在有序性较高、较容易处理的液晶类型,如向列型液晶和近晶A型、近晶C型等类型。下面是X射线衍射分析法在液晶高分子分析表征中的主要研究。

1. 粉末样品的X射线衍射分析

X射线粉末衍射分析法也称为Debye-Scherrer法。因为在粉末中包含无数任意取向的晶体,所以会有一些晶体使它们晶面间的等同周期和X射线与晶面间的交角满足布拉格公式,即可形成锥形X射线反射,在胶片上形成一系列的同心圆。如果在固化时能同时将液晶态结构特征固化,那么在液晶高分子粉末衍射图中一般可以观察到两种衍射图形:一个是"内环"(贴近衍射图中心,对应于衍射角小于10°时的响应);另一个是"外环"(远离衍射图中心,对应于衍射角约10°时的响应)。一般内环提供刚性结构的长度信息,外环提供刚性结构的宽度信息。衍射环得出的距离尺为液晶分子刚性部分通过标准键长计算得到的长度,若衍射环宽而模糊,则说明样品的有序度低;反之,若衍射环窄而清晰,则说明样品的有序度高。

向列型液晶和近晶型液晶主要依靠小角度衍射进行区分,向列型晶体会出现一个扩散型的衍射内环,显示其在长轴方向的无序状态;通过热致型液晶高分子的大角度X射线衍射图,可以根据衍射类型将其分成三类。第一类衍射图显示一个宽的、扩散型衍射环,说明分子量中心分布是随机的,晶体缺乏次级有序性,对应于向列型N、近晶型S_A和S_C型液晶相。第二类衍射图形显示出一个或几个清晰的外环,表明样品具有高有序度,对应于近晶型液晶(S_B、S_E、S_G、S_H、S_J和S_K型)。出现单环表明液晶分子呈圆柱六角型紧密排列,各相邻分子的间距相等,所以只出现一个结构信号。第三类衍射图形介于前两种类型之间,对应于第三类液晶(S_{BHex}、S_I和S_F型液晶)。而近晶型液晶通常显示一个或几个清晰的衍射环,说明液晶存在着有序的层状结构,这些衍射图还可以提供有关层厚度的信息。

2. 对高取向型样品的直接X射线衍射分析

如果是分子指向单一的样品,可以采用更准确的单晶旋转X射线法测定,从X射线衍射图中可以得到更多它的结构信息,比如向列型液晶的粉末样品在强磁场下可以得到单一指向性有序排列。此外,对于单一指向的向列型液晶,通过仔细控制冷却过程可以得到单一指向性的S_A和S_C型液晶样品。对更高有序度的液晶高分子可以通过对液态物质拉丝、冷却固化得到,处理后的样品进行X射线衍射测定。相对于粉末衍射图中的外层衍射环分裂成两个对称部分,它的角扩散度反应平行有序度,向列型液晶平行有序度较低,类似于液体样品,主要有序部分-轴向有序度反应在衍射图中表现为弧形或短棒型衍射图案。

3. 小角度散射法

小角度散射法包含小角度中子散射(SANS)和小角度X射线散射(AXS),通常采用的衍射角小于2°。由于被测体系的光学不均匀性,X射线散射与可见光的散射效应一样。散射光的强度和散射角度与体系的性质和结构有对应关系,因此可以用来测定液晶高分子的晶体形状、有序性以及尺寸等参数。得到的小角度散射图包括连续散射和不连续散射两种信息,其中不连续散射包含的信息较多。聚合物的熵与聚合物分子的有序排列,例如向列型或者近晶型排列是相抵触的。由于聚合物链必须沿着向列场排列而失去大量熵值,因此柔性聚合物被具有向列型结构的溶剂所排斥。处在向列型晶相的聚合物链会自发地旋转成一个椭球,椭球的长轴与向列型晶体的指向平行,用$R_{//}$表示,椭球的横轴用$R_\perp$表示,长轴和横轴之比可以表示分子的取向趋势。用小角度散射法可以测定这一比值,但是实验结果的可靠性仍需进一步检验。

5.3.2 核磁共振光谱法

核磁共振光谱法(NMR)是通过测定分子中特定电子自旋磁矩受周围化学环境影响所发生的变化,从而得到其结构的分析技术,液晶高分子的研究和发展已经表明,对于热致型液晶,核磁共振光谱法是非常有效的晶相分析工具。而对溶致型液晶应用较少,是因为在溶液状态下,由于布朗运动,在^{1}HNMR 中的化学位移的各向异性、在自旋量子数高于 1/2、同核耦合及在^{13}CNMR 中的异核耦合的,如^{2}HNMR 的四极耦合信号都被平均至零。然而,处在玻璃化转变温度以下的聚合物中,或者在液晶相中这些信号将仅仅被部分或完全不被平均化。更为重要的是各项参数均与分子的有序性有关。因此对上述信号的测定,将会为分子的取向性排列、分子动力学和固态结构研究提供非常有用的信息。由于分子有序排列将造成的相互物理作用差异也会引起电子弛豫时间的变化,因此可以据此选择性观察某些有特定结构的 NMR 信号变化。

5.3.3 介电松弛谱法

介电松弛谱法是以测定材料极化和去极化过程中介电性质变化为基础的分析方法。以复介电常数与电场频率作图或者与温度作图即得到介电松弛谱。其形状和大小与测定材料中的分子结构、化学组成、取向度以及晶态结构有密切关系,是测定材料中内部结构、物理状态分子和运动状况的重要分析手段。因此从介电松弛谱中可以获得大量有关分子结构与构象的信息,介电松弛谱的主要参数还包括频率、温度、电场强度等,在完全均相聚合物的非晶态的介电松弛谱中,取向极化松弛总是与高分子的链段运动相对应。其中包括极性侧基绕 C—C 键的旋转、环形结构的构象振荡、主链局部链段的运动等。在部分结晶的聚合物中,介电松弛谱会变得更为复杂,其影响因素也较多。在测试中改变测试材料的结晶度,再分别测定其介电松弛谱,可以得到与晶区有关的结构信息。液晶高分子是分子按照特定规律排列的聚集态,这种有序排列方式可以通过介电松弛谱的形状得到。

(1)溶致型液晶高分子的介电松弛谱。

在交变电场作用下,聚合物在溶液中沿着分子长轴的尾对尾重新取向过程在介电松弛谱中几乎看不到,因为这一过程进行得太慢。在介电松弛谱中能够观察到的是棒状分子刚性结构在绕着取向方向的转动松弛过程。研究聚合物溶液在不同温度和浓度下的相变过程发现,在各向同性溶液中松弛时间分布较宽,耗损因子峰为一个宽峰,而形成向列型液晶时耗损因子峰移向低频方向。同时以浓度对平均松弛率f_c、液晶相形成前后耗损因子作图也有很大不同。

(2)热致型液晶高分子的介电松弛谱。

对于热致型液晶高分子材料,当从各向同性态开始降温,聚合物将经历液晶态(依次包括多种液晶相态)和半晶态固体几个过程。与各向同性液体相比,液晶相的形成会对分子的运动造成影响,因而会反映在介电松弛谱中,这种反应对于主链型和侧链型液晶是有很大不同的。主链型液晶由于刚性部分成为聚合物骨架的一部分,因此尾对尾的重新取向是不可能的;而绕长轴的旋转松弛运动在各向同性相与各向异性相没有实质差别,在介电松弛中很难得到反映,除非在形成液晶的过程中分子链内和分子链间的相互作用有很大变化。与此相反,侧链液晶高分子受高分子骨架的影响较小,在电场作用下长轴重新取向和绕长轴松弛转动都可以发生。因此侧链液晶高分子的介电松弛谱与同类型的小分子液晶非常相似。

5.3.4 热台偏光显微镜法

热台偏光显微镜法是在显微镜的基础上加上控制温度的加热台和偏振光。该法是在加热情况下控制材料的相态,并观察材料表面形态的测定方法。在偏光显微镜下观察液晶高分子的织态结构是一种最简便的也是最经典的相态结构分析方法。它是利用显微镜下液晶材料呈现的形态推测晶态结构。例如,可以从 Schlieren 细丝状织态图像确认向列型液晶、胆甾醇型液晶,这两种类型液晶在偏光显微镜下呈油状纹理,在非平面织态结构中呈扇状纹理。近晶型液晶的织态结构分析较为复杂,对于 S_A 和 S_C 两种相结构一般可以见到棒状织态。在一定条件下,这种小棒状织态结构会形成聚集的锥状或扇状结构。由于液晶高分子在结构上的复杂性,通过显微镜观察往往只能得到比较表面的定性结果。

电子显微镜的分辨率大大高于光学显微镜,也是常用的液晶高分子相结构的分析工具,电子显微镜具有很高的放大倍数和分辨能力,可以观察到光学显微镜下很难看到的微小结构形态。对于不同晶态的液晶高分子,由于微观结构不同,在显微镜下显示的微观形态是不同的。根据电子显微镜下观察的微观形态,可以为液晶高分子的相态研究提供许多更为直接的证据,据此可以判断液晶的晶相结构。

5.3.5 热分析法

1. 差示扫描量热法(DSC)

液晶的相行为研究主要采用 DSC。DSC 在高分子研究方面的应用特别广泛,如研究聚合物的相转变、熔点、玻璃化温度,以及研究聚合、交联、氧化、分解等反应,并测定反应温度、反应热、反应动力学参数等。

2. 热重分析法(TGA)

聚合物在热及其他环境的共同作用下会发生环化、交联、氧化、降解、分解等结构变化。聚合物在发生降解或分解等化学变化时,会因为小分子的挥发而产生质量的损失,由此可评价聚合物的热稳定性。目前采用 TGA 来检测聚合物的热分解温度。

5.3.6 双折射测定法

聚合物的双折射测定也常用于液晶高分子材料取向度的测定。光学双折射法通常使用单色光直接从被测材料两个互相垂直方向照射,分别测定其折射率,两个方向折射率之差 Δn 通常作为聚合物分子取向度的指标之一。由于折射率取决于分子的空间结构,所以对有序排列的长型分子而言,光的入射方向不同,折射率也不同。各向同性样品的 $\Delta n = 0$,完全取向的 Δn 值最大,其具体数值由材料本身决定。应当指出,光入射方向的选择非常重要,测定中应该选择 Δn 最大的两个垂直方向测定。双折射法是测定分子取向度比较简便的方法之一。多数液晶高分子具有明显的双折射现象。

5.4 3D/4D打印智能液晶高分子材料

液晶高分子材料是一类刺激响应性聚合物,当响应各种刺激(包括热和光)时,它们会发生大的、可逆的、各向异性的形状变化。与许多经历可逆形状变化的材料不同,这些材料既不需要外部载荷,也不需要水性环境,所以液晶高分子材料得到广泛应用。

最近,增材制造(3D/4D打印)技术已应用于机械活性聚合物。将3D/4D打印技术应用在液晶高分子材料,能够高效地生产高精度、结构和相态可控的液晶弹性体,这有利于扩大液晶高分子材料的应用领域。

5.4.1 热响应液晶高分子材料

1. 3D打印可逆形状变化的软驱动器辅助液晶弹性体

研究者通过将3D打印与液晶高分子材料结合,实现打印活性复合材料,从而实现打印具有独立式可逆形状变化行为的软驱动器。引入的液晶弹性体(LCE)条带通过打印导线产生的焦耳热来激活,而LCE条带的单轴变形被用作驱动力来实现打印弯曲的复合材料。首先对叠层铰链的弯曲特性进行表征,以便获得精确的驱动控制,然后将其用于驱动四种演示设计:软变形飞机、miura-ori结构、立方体箱和软履带。软变形飞机和miura-ori结构采用多层层压铰链设计和制造,以展示驱动过程中的协同作用。立方体箱构造通过实现多组导线来显示顺序折叠的能力,实现具有时间控制的精确加热。最后,可逆变换被用作周期性矩形波电流激发的软履带的运动的驱动力。这些示例显示了混合3D打印和提取-放置方法以及使用LCE来实现可控形状变化结构的巨大潜力。

软活性材料因其在生物医学设备、软机械和软机器人中的潜在应用而引起了广泛的研究兴趣。软活性材料的变形不是使用机械力来产生运动或形状变化,而是通过响应外部刺激,如热、电和光。过去,软活性材料的研究主要集中在开发新化学方法上。最近,机械设计(MD)的软活性材料和复合材料已成为一个新兴的领域,在这里,不需要依赖新化学方法,而是使用现有的材料来进行设计和制造新颖的复合材料和结构,以实现超出组成材料能力范围的活性行为。如,马瑟小组使用一种将电纺PCL纤维网络嵌入PDMS矩阵中的方法来实现形状记忆行为。最近,3D打印技术的进步提供了制造精确控制的组成部件和具有复杂几何形状的零件的材料的优势。这些优势极大地扩展了MD软活性材料,从而创建了3DP活性材料,即四维(4D)打印,而第四维是打印后可能发生的形状变化。

在各种软活性材料中,形状记忆聚合物(SMP)和水凝胶最常用于通过4D打印制造活性结构。例如,Ge等人将SMP纤维精确嵌入弹性体基质中,打印出活性复合材料,并将其作为活动铰链来制造自折叠结构。Wu 等人提出了打印活性复合材料(PACs)的概念,将多种不同玻璃化温度(T_g)的 SMP 纤维放置在单一活性复合材料中,在传统的热机械程序设计后,该材料呈现多种形状变化。但是,大多数基于 SMP 的主动铰链只能实现单向形变。水凝胶的溶胀和回复特性也已被用来活化打印结构。通过喷墨打印,利用浸入水中会膨胀的亲水性材料(凝胶)来制造自发结构。活性结构被用来引起几何折叠、卷曲、膨胀和各种其他编程的形状变化。通过 DIW 方法可制造复合水凝胶结构。最近,这种方法也被用于创建 3D 表面或可逆折叠结构。虽然可逆形状变化可以通过将溶胀和水凝胶的消溶胀来实现,但它们的响应时间相对较长,特别是大型结构。使用溶胀和消溶胀的另一个限制是,通常需要在水性环境下进行操作。

液晶弹性体是一类能在温度、光、电场和磁场等刺激下,通过液相(即向列相)和各向异性之间的转换而实现双向驱动的活性材料。这种优异的性能是由于橡胶弹性和各向异性向列顺序的共同作用,使 LCE 成为理想的候选材料,可以用作活动结构中的驱动元件或人造肌肉。自 1975 年被 de Gennes 首次发现以来,已经对 LCE 进行了广泛的研究,并提出了各种潜在的应用,从机械驱动器到微粒以及环境响应的智能表面等。

LCE 中的热驱动可逆形状变化是由各向异性-各向同性的相变行为引起的。为了实现 LCE 的双向驱动,聚合物网络中内置的液晶元(通常为 2~3 个连接的苯环)需要排列成各向异性的单轴。一旦加热到转变温度 T_i 以上,介晶就会失去排列状态,成为各向同性状态,并驱动 LCE 发生宏观变形(图 5.4(a))。将单畴相编程到 LCE 材料中的一种方法是施加恒定的载荷(即加一定质量),以使聚合物链在载荷方向上对齐。但是,这不会导致"自动"致动,因为在致动期间需要保持外部负载。Yakacki 等人最近发表的工作中,单域相通过两阶段方法永久固定在网络中,轻度交联的网络首先被合成为多域状态,然后进行第二阶段的光引发,提供额外的化学交联键,以永久固定由外部载荷引起的预排列的介晶,最后将单畴相编程到 LCE 中。

采用 Yakacki 等人开发的两阶段 TAMAP 反应制备用于制造编程的单畴 LCE 条带。简而言之,以二丙烯酸酯液晶元 1,4-双-[4-(3-丙烯酰氧基-丙氧基)苯甲酰氧基]-2-甲基苯(RM257)、二硫醇柔性间隔基 2,2′-(亚乙二氧基)二乙硫醇(EDDET)和四官能硫醇交联剂季戊四醇四(3-巯基丙酸酯)(PETMP)作为单体,混合并溶于甲苯后,将溶液倒入模具中,在室温下固化 1 h,然后在(80±1)℃下将溶剂完全蒸发 12 h 以上。通过第一步反应获得轻度交联的多畴 LCE 后,第二阶段的光聚合反应可通过紫外线(UV)将拉伸的单畴 LCE 固化 10 min,以使多余的丙烯酸酯基团进行光交联。重要的是要注意,多畴样品的初始交联是在各向同性状态下建立的,而 UV 交联是在向列状态下建立的。

为了表征编程的单畴 LCE 的热机械性能,使用 DMA 测试仪(型号 Q800,TA Instruments,New Castle,DE,美国)进行了动态力学分析(DMA)。首先将样品(10 mm×5 mm×1 mm)加热到 125 ℃,并稳定 10 min 以达到热平衡。施加 1 mN 的预紧力,并以 1 Hz 的频率振荡,峰值幅度为 0.1%。温度以 5 ℃/min 的速率从 125 ℃ 降低到 -50 ℃。图 5.4(b) 显示了储能模量和 tan δ 的温度依赖性(相位滞后)。玻璃化转变温度(T_g)被确定为对应于 tan δ 曲线峰值的温度,约为 10 ℃。当完全加热到 T_i 以上时,LCE 的储能模量增加到约 3 MPa。编程为 150% 应变的单畴 LCE 的双向热响应行为也可以通过在单轴拉伸模式下使用 DMA 测试仪进行表征。施加 1 mN 的预载荷,首先将 LCE 样品加热至 120 ℃,并稳定 10 min 以达到热平衡,然后以 5 ℃/min 的速率从 120 ℃ 冷却至 -20 ℃。在此温度范围内,LCE 样品表现出约 50% 的自动驱动(图 5.4(c))。

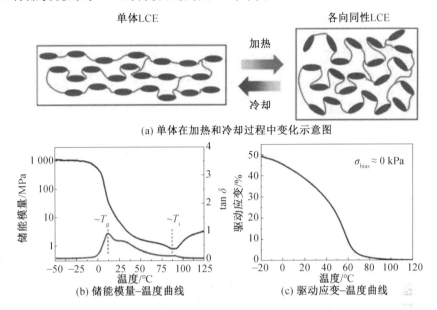

图 5.4　LCE 中可逆形状变化机制的图示、动态力学分析及驱动行为

结构的主框架是使用多材料喷墨 3D 打印机(Objet Connex 260,Stratasys,爱迪娜,明尼苏达州,美国)打印制造的,该打印机可以混合两种基础墨水来制造具有不同热机械特性的数字材料。两种基础墨水之一是 Tangoblack,固化的 Tangoblack 在室温下为弹性体;另一种基础墨水是 Verowhite,并且固化后在室温下变成刚性塑料。打印机的工作方式是将一层聚合物油墨沉积到建筑托盘上,然后将液滴扫成光滑的薄膜并通过紫外光进行光聚合。固化一层后,建筑托盘向下移动并打印下一层。

采用上面讨论的类似程序,对两种基础材料进行了 DMA 测试,测试结果如图 5.5 所示。室温下,Tangoblack 材料的储能模量相对恒定,值为 0.6 MPa。Verowhite 材料的储能模量在 -30~90 ℃ 的测试温度范围内从 3 GPa 到 10 MPa 不等。Tangoblack 和 Verowhite 的 T_g 分别为 0 ℃ 和 60 ℃。

使用杜邦公司的 ME603 银纳米颗粒墨水(美国杜邦公司,威尔明顿,美国),固含量为 49%~53%,黏度为 15~35 mPa·s,薄层电阻率小于 200 mΩ/(sq·mil)。DIW 打印机通过使用计算机控制的移动平台来工作,该移动平台移动墨水沉积喷嘴以创建指定的体系结构。DIW 打印机允许建筑平台沿 y 方向移动,压力控制的注射器沿 x 和 z 方向移动。使用压力调节器(Ultimus V,Nordson EFD,美国伊利诺伊州东普罗维登斯)控制注射器内的内部压力。在该项的工作中,以 5 mm/s 的速度、25 psi(1 psi = 6.895 kPa)的压力和 0.61 mm 的喷嘴直径来书写墨水。然后将墨水在 80 ℃ 的温度下固化 30 min。采用相同的打印参数和固化条件,能够获得形状一致的导线。测得的宽度和厚度分别为 1 mm 和 0.05 mm。限制导线厚度的选择有两个因素:第一,一旦线变得太粗,打印墨水的形状将

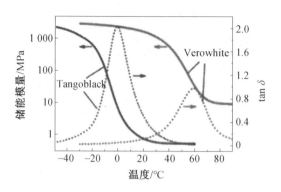

图 5.5 喷墨聚合物材料(Tangoblack 和 Verowhite)的 DMA 结果

难以维持,最大厚度取决于墨水的黏度;第二,导线需要进一步封装在喷墨打印机中,在该处打印剩余的喷墨材料层。在此过程中,配备在喷墨打印头中的辊会将打印出的墨滴扫成光滑的薄膜。可以观察到,一旦其厚度较大,辊扫会在导线上引起刮擦。考虑到这两个因素,研究者发现 0.05 mm 的固化厚度是最佳选择。图 5.6 显示了固化银墨水与 Tangoblack 基材之间的界面的横截面 SEM 图像。可以看出,固化的墨水与基材之间的连接良好,并且在基材中未产生损坏。

图 5.6 固化银墨水和 Tangoblack 基材之间的界面的横截面 SEM 图像

3D 打印层压驱动器的制造过程包括 5 个步骤,如图 5.7(a)所示。首先,创建指定执行机构框架结构的计算机辅助设计(CAD)文件,并将其发送到喷墨 3D 打印机以打印主执行机构框架(图 5.7(a),步骤 1)。Tangoblack 用于构造铰链的基底,而 Verowhite 用于构造铰链的刚性面板。打印过程在预先定义的点暂停,并将部分完成的执行机构框架转移到 DIW 打印机中打印(图 5.7(a),步骤 2)。

打印导电墨水后,将整个结构移至重力对流烘箱(型号 13-247-750G, Fisher Scientific,汉普顿,美国新罕布什尔州)进行热固化(图 5.7(a),步骤 3)。在完成热固化之后,将结构再次移至喷墨 3D 打印机,并打印剩余的喷墨材料层,以完成整个结构框架的制造(图 5.7(a),步骤 4)。在此过程中,将固化的导电银墨水封装在打印结构内,以防止损坏固化的银墨水。最终,将编程的 LCE 条带放入打印在结构框架中的设计插槽中(图 5.7(a),步骤 5)。接下来,用注射器将 Tangoblack 树脂从树脂药筒中抽出,然后挤出到结

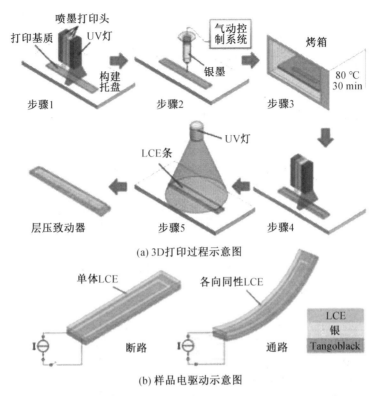

图 5.7　3D 打印层压驱动器的制造过程及驱动器的电气激活和去激活的图示

构框架表面,之后再放置 LCE 条。挤出几滴 Tangoblack 树脂后,将 LCE 胶条小心地放置在预先指定的位置,然后用 Tangoblack 墨水将其包围,该 Tangoblack 墨水在 UV 光下固化 10 s 后起黏合剂的作用。将所有的 LCE 胶条黏合到打印框架上之后,便获得了一种双向变形层压驱动器。

图 5.7(b)示出了由外部电路的电导率确定的单个层压铰链的激活和去激活状态。当电流接通时,银线会传导性地加热 LCE 条,从而导致 LCE 方向上的整体弯曲变形。当电流断开时,由于自然对流,温度逐渐降低到室温,并且驱动器恢复到原始的扁平形状。

为了表征可逆驱动器的弯曲性能,构造了层压铰链(尺寸为 48 mm×18 mm×2 mm),可以在施加的变化电流下精确测量弯曲角度。铰链设计示意图如图 5.8(a)所示。刚性的 Verowhite 面板通过嵌入的 Tangoblack 基板(厚度为 0.7 mm)作为端接片进行连接。将两个 LCE 条(尺寸为 30 mm×4 mm×1.3 mm)放置在打印的 Tangoblack 基板上,在该基板上嵌入导电银墨水。

弯曲测试的实验装置如图 5.8(b)所示。施加预定的电流值并将其保持 180 s,在此期间,LCE 条带被导线逐渐加热并在长度上出现收缩,从而引起铰链的整体弯曲。180 s 后,关闭电源,停止产生热量。将 LCE 条带在环境条件下冷却,然后拉长。一段时间后弯曲铰链逐渐恢复到其原始的平坦形状。数码相机捕获了加热和冷却过程中弯曲的变化,并使用 ImageJ 软件测量了相应的弯曲角度。图 5.8(d)表现出在施加各种电流下弯曲角度随时间的变化。在给定的施加电流下,弯曲角度逐渐增加并稳定在一个值,该值取决于

LCE 条的收缩率。较高的电流将引起较高的弯曲速率和较大的饱和弯曲角度,原因在于银线中的热量产生更快。图 5.8(c)显示了随时间的变化,不同电流下,铰链的弯曲结构的弯曲角度的变化。可以看出,在小于 0.5 A 的输入电流下该铰链将不会被驱动,该输入电流被定义为激活叠层铰链的阈值电流。应当注意,该阈值电流取决于铰链的特定物理设计。

研究者建立了一个理论模型,该模型考虑了样品与周围环境之间的热平衡以及收缩引起的弯曲,以帮助进行结构设计。对于上述活动铰链实验,可以预测随施加电流的升高,弯曲角度的变化。理论预测和实验结果之间取得了很好的一致性(图 5.8(d)、(e))。

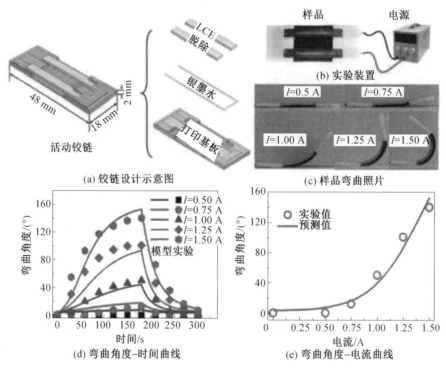

图 5.8 铰链设计示意图、实验装置、样品弯曲照片、弯曲角度随时间的变化及最终弯曲角度与施加电流的关系

为了确保活动铰链的可重复性,测试了 100 个弯曲周期内导线的电阻变化,观察到非常小的电阻变化,如图 5.9 所示。

在一个单一的结构中合并多个叠层铰链来构造一架软飞机以展示协同作用。类似于层压铰链,软飞机的制造过程遵循上述 5 个步骤,其设计示意图如图 5.10(a)所示。该飞机设计为等腰直角三角形,边长为 110 mm,厚度为 2 mm。打印框架由 Tangoblack 基材(厚度为 0.6 mm)和夹在中间的两个刚性 Verowhite 覆盖层(厚度为 0.7 mm)组成。导电银墨直接打印成图案,并嵌入 Tangoblack 基材中,以便加热 LCE 铰链,设计 5 个铰链并将其放置在未被 Verowhite 面板覆盖的 Tangoblack 基底上。利用已开发的理论模型来设计未覆盖的 Tangoblack 部分的宽度,以便将每个铰链的弯曲角度调整到指定值。中间铰链用于在致动时以超过 150°的弯曲角度承受飞机机身的全部质量,因此,需要更宽的横截

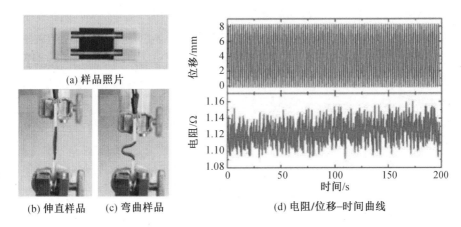

图 5.9 活动铰链的循环测试

面(铰链宽度 16 mm)。对于其余 4 个机翼铰链,预计可以实现 90°的角度来完成飞机的致动,并确定 8 mm 的较短铰链宽度以满足所需的弯曲角度。两组 LCE 条带分别黏合在 Tangoblack 基板的顶表面和底表面上。LCE 条带放在顶部表面以实现向上弯曲。对于两个长翼铰链,将 LCE 条带放置在底面上以实现向下弯曲。还应注意,LCE 条带并不是沿机身方向均匀分布的。在飞机的尾部放置更多的 LCE 条带,以使铰链具有均匀的弯曲角度,并可以提供足够的力来抬升飞机机体。

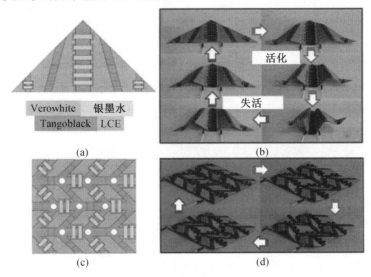

图 5.10 软飞机的设计示意图(a)、启动和关闭过程的快照(b)、miura-ori 结构的设计示意图(c)及激活和去激活过程的快照(d)

图 5.10(b)示出了在 2.0 A 的施加电流下从平板到飞机形状的激活,以及随后使飞机恢复到原始平面机构的照片。激活的飞机在中间铰链处显示出大约 160°的折叠角,以支撑飞机机身的全部质量。在两个向上弯曲的短翼铰链和两个向下弯曲的长翼铰链上获得了 90°的折叠角。

在图 5.10(c)中以初始配置示意性地展示出了该设计,该设计是一种称为 miura-ori

的更复杂的周期性结构。矩形板(96 mm×88 mm×2 mm)中包括28个铰链,其中峰铰链和谷铰链交替布置。对于每个铰链,将两个LCE条带黏结到基板上以提供足够的收缩力。应当注意,图5.10(c)中仅展示出了LCE条带总量的一半,用作峰铰链。用作谷铰链的条带被黏结在基板的相对表面上。

图5.10(d)显示了在1.5 A的施加电流下从平板激活到所需的miura-ori形状的照片,以及随后的去激活过程,最后结构恢复了原始的扁平配置。在激活期间,铰链能够在3 min内达到大约60°的弯曲角度,然后在关闭电流之前稳定下来。

上述示例具有一个共同的特征,即整个结构中仅使用了一个导电电路,所有的LCE条带都被同时加热以引起铰链激活。但是,在某些实际应用中,需要控制折叠过程的顺序。为了实现顺序折叠,通过在不同的层中打印多组导线以加热的LCE条带来改进上述制造方法。为了证明这种改进的可行性,研究者制造了一个顺序折叠的立方盒。

图5.11(a)的设计示意图显示了要依次激活的两组铰链,分别用红色和黑色线条标记。顺序加热可以通过嵌入弹性体基底中的两组导线来实现。在控制第一折的导线上施加1.3 A的电流后,用A1和A2标记的两个表面开始折,直到达到大约90°的弯曲角度为止(图5.11(b)~(d))。通过控制电流的大小,这两个表面能够稳定在设定的位置。然后,第二个电路以1.3 A的电流接通,用B1、B2和B3标记的表面被激活并折叠到其各自的适当位置(图5.11(e)、(f))。只要接通两组电路,图5.11(f)中完成的折叠盒就能够保持形状。整个激活过程持续了大约6 min。在顺序激活之后,还测试了去激活。在去激活过程中,后一个连接的电路首先被关闭。同样地,由B1、B2和B3标记的表面逐渐返回其初始位置(图5.11(g)、(h))。其余两个表面保持静止,直到其控制电路关闭(图5.11(i))。整个失活过程在大约10 min内完成。通过该示例,可以证明通过引入更多导线以实现具有更复杂的顺序图案的结构的过程是可行的。

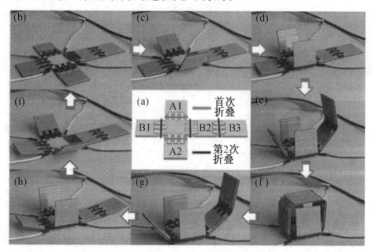

图5.11 折叠盒的设计示意图及折叠和展开过程照片(彩图见附录)

除了上述能够制造实现形状变换的折叠结构之外,还可以利用双向驱动器来实现爬行机器人。如图5.12(a)所示,按照五步制造程序,构造了一个软履带(尺寸为65 mm×8.25 mm×2.5 mm)。将一块LCE条带(尺寸为55 mm×5.75 mm×0.5 mm)放在Tangoblack

基板(厚度为2 mm)上,在该基板上嵌入导电银墨线。在此设计中,分别打印两种布局的银线(直形和蛇形),以探讨布局对发热的影响(图5.13)。为了实现向前运动,履带的底面(履带的头和尾)与地面的摩擦系数应不同,这是通过在3D打印过程中使用不同的材料来实现的。如测试的履带的俯视图(图5.12(b))所示,摩擦系数较大的Tangoblack材料被放置在履带的前足上,而摩擦系数较小的Verowhite材料则被放置在履带的后足上。

  图5.12(c)展示了在1.5 A的周期性矩形波电流下对软履带的运动进行测试的图,并使用数码相机对其进行了捕获。使用1.5 A的激活电流是因为该设计中的基板比图5.11中所示盒的厚度要厚,图5.11所示的盒是通过1.3 A的电流激活的。如图5.12(d)所示,施加电流后,最初平坦的履带弯曲,前足保持静止,后足向前滑动。一旦切断电流,前足向前滑动,而后足保持静止。通过2 min内的激活和失活循环,履带能够前进7 mm,大约是其体长的10%。测量了三个周期内前足和后足的位移,并将其与输入电信号一起显示在图5.12(c)中。可以看出,位移曲线以阶梯状增加,并且在履带的前脚和后脚之间出现明显的相位滞后。

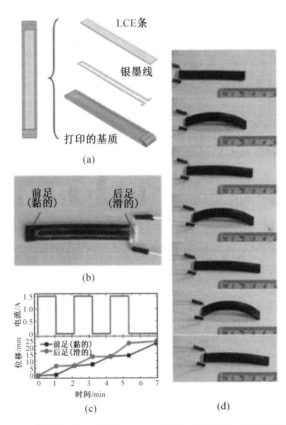

图5.12 软履带的设计示意图(a)、运动测试中前足和后足(b)的电流
信号和相应的位移(c)及软履带的运动快照(d)

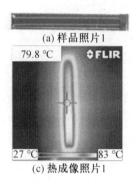
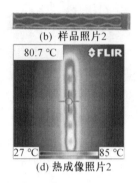

图 5.13　导线布局对发热的影响

应该注意的是,启动上述结构时,施加的电流的大小应控制在 3 A 以下。在高电流下,可能会导致结构过热并引起 LCE 条带与 Tangoblack 基底之间的分层。根据欧姆定律,导线的电阻小于 10 Ω,电压范围应介于 0~30 V 之间。

过去使用软活性材料来实现可控的可逆形状变化,效果十分有限,如,半结晶聚合物用于实现双向可逆驱动,但其设计仅限于简单的条带中。LCE 是目前很有潜力的实现可控的可逆形变的材料,但正如 Terentjev 所指出的那样,由于 LCE 难以实现在实际应用中的宏观定位,实现 LCE 在实际生活中的应用具有挑战性。研究者展示了一个强大的平台,可将可逆的形状变化 LCE 集成到整体变形结构中,这为具有实际应用的集成设备(如传感器和能源供应)的可部署功能机器人提供了可能。这种情况主要得益于 LCE 的出色材料性能和可进行混合 3D 打印技术,该技术被定义为通过互补工艺增强的增材制造。已经证明,基于硫醇丙烯酸酯和硫醇烯的 LCE 具有比人的肌肉更高的性能,使其成为能够发生相对较大的结构变形,研究人员证实了这些类型的 LCE 材料具有很大的应用潜力。此外,混合 3D 打印技术在精确而复杂的制造中提供了极大的便利性和设计灵活性,从而可以将不同组件集成到单个结构中。应当注意,在当前工作中,手动放置了 LCE 条带,但是,通过将机械臂与 3D 打印系统结合在一起,高度自动化系统将能够快速打印活动结构和软机器人。

尽管 LCE 材料在制造智能结构方面有潜在的机会,但目前仍存在一定的局限性。首先,LCE 材料的致动速度相对较慢。一种提高致动速度的方法是降低 LCE 材料的各向异性至各向同性转变温度 T_i。在较低的致动温度 T_i 的情况下,需要较少的焦耳热来触发 LCE 的材料收缩。因此,在给定的电功率下,加热时间减少,减少的能量输入也将缩短冷却 LCE 材料的时间,从而加快驱动器的形状恢复速度。然而,低 T_i 的 LCE 材料的合成也具有挑战性,并将在未来的研究中进行探索。其次,需要提高银线的可靠性。由于重复运动(超过数千次),银线可能会退化或损坏。一种改进方法是使用并联导电电路,以确保在导线断线的情况下的可靠性,这需要对布局布线进行更仔细的设计。

研究人员提出的制造可自由旋转的双向变径软驱动器的新方法。这种制造方法类似于混合 3D 打印,它结合了编程的液晶弹性体(LCE)的放置,驱动器框架的喷墨打印和直接写入打印导线的功能。由于传导的焦耳热效应,编程的 LCE 条带的长度会收缩,这导致叠层铰链的弯曲变形,冷却后,结构完全恢复原始形状。通过表征叠层铰链的弯曲行为,可以确定,在达到 0.5 A 的阈值后,弯曲角度可能会随所施加的电流而增加。构造并测试了软飞机和微结构,并结合多个层压铰链,以演示其协同作用。立方盒顺序折叠也通过使用多组导线来实现,以实现可精确寻址的加热。当施加周期性矩形波电流时,软履带的成功定位得以实现。

2.4D 打印液晶弹性体

能够进行可逆形变的三维结构,即四维打印的结构,可以实现新一代的软机器人、可植入医疗设备和消费产品。在此,将热响应液晶弹性体(LCE)分子通过顺序控制用于构建 3D 的打印路径进行局部编程,并且由此顺序控制刺激响应。每个排列的 LCE 丝状材料在加热时都会沿打印方向发生 40% 的可逆收缩。通过打印具有受控几何形状和刺激响应的对象,可以实现放大的形状转换,例如体积快速收缩,重复快速过渡,如图 5.14 所示。

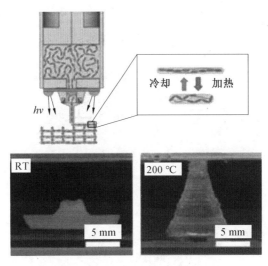

图 5.14 3D 打印过程及成品图

4D 打印技术是指由 3D 打印技术打印出来的结构能够在外界激励下发生形状或结构的改变,直接将材料与结构的变形设计内置到材料中。这些变形结构可以应用到从软机器人到变形医疗设备的各种智能设备中。已经出现多种材料来实现 4D 打印的变形结构。打印后的形状记忆聚合物可以在制造后进行机械加工,以临时存储,然后响应刺激而恢复打印后的形状。但是,这些材料需要进行机械编程才能实现形状变化。在打印过程中,已经发展了几种编程材料刺激反应的方法。这些方法的关键是对打印材料的微观结构进行编程,以操纵宏观的形状选择。如,通过控制打印结构中的局部热膨胀系数,可以制造具有负的整体热膨胀系数的多孔物体。然而,这种变形受到小幅度的热膨胀和各向同性的限制。设计变形结构的另一种方法是局部编程各向异性刺激响应。直接写入打印是一种固有的各向异性过程,可用于制造各向异性膨胀的水凝胶。这种大的可编程形状变化可用于创建结构,这些结构可以在宏观上自动弯曲、扭曲或弯曲,而无须进行机械编程。但是,水凝胶的形状变化通常仅限于材料在必要的水性环境中运行的应用中。

为了使 LCE 材料在没有负载的情况下发生可逆的形状变化,LCE 材料应以排列状态交联。通过响应热量，排列的 LCE 材料沿着向列导向器收缩，即液晶（LC）分子的取向方向，并沿垂直方向膨胀。通常，部分交联的 LCE 材料在机械应变下完全反应，导致聚合物网络中液晶元的永久取向。通过此过程，很难以空间变化的方式对材料的刺激响应进行编程。使用带图案的表面处理，可以以高空间分辨率对 LC 单体进行图案化。可以将由此过程产生的 LCE 材料设计为平面内和平面外的图案形状变化。但是，该技术从根本上限于生产相对薄（<100 μm）的平面膜。增材制造工艺已与机械和表面排列技术相结合以克服这些限制。例如，制造了 3D 打印的 LCE 复合驱动器，此过程包含了预编程的 LCE 膜。排列的 LC 单体的双光子聚合可用于生成复杂的微型致动器。除了表面和机械对准之外，由静电纺丝和纤维拉伸等工艺引起的剪切力也可用于诱导单体和低聚物 LC 的排列。

在这里，有研究者证明了通过直写打印施加在 LCE 前体上的剪切力可用于同时沉积和排列 LCE 细丝，其中分子排列与打印路径重合。然后将这些前体进行交联以锁定排列状态（图 5.15(a)）。通过控制打印路径，可以在现有加工方法无法实现的几何条件下，实现局部控制和可逆刺激响应的三维结构。几何形状和刺激响应控制产生的结构显示出负的热膨胀系数或快速、可逆的变形。LCE 打印示意图及性能曲线如图 5.16 所示。

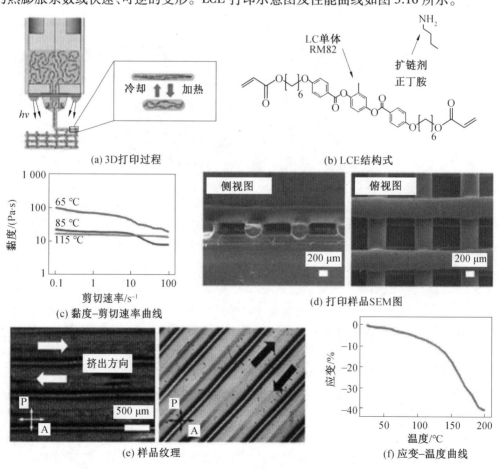

图 5.15 LCE 打印及性能

打印注射器中的 LC 墨水被装入 KCD-15 挤出机打印头，这是 System 30M 3D 打印机 (Hyrel 3D，诺克罗斯，佐治亚州）的附件。然后将打印头加热到 85 ℃ 的打印温度，并平衡 30 min。G-code 可控制每一层的打印路径，从而控制所需的对齐图案和几何结构。将 LCE 结构以 1.5 mm/s 的打印速度打印到载玻片上，并在 365 nm LED 下以 0.8 mW/cm^2 的强度在喷嘴尖端处交联。然后将 3D 打印的 LCE 在 365 nm UV 灯下以 250 mW/cm^2 的强度进行二次 150 s 固化后，其间将样品翻转以交联其余的丙烯酸酯基团。

研究者配制了一种 LC 墨水，该墨水在向列相中具有可打印的黏度（允许对指向矢进行编程），并且可以快速聚合成轻度交联的弹性体（将该方向固定在适当的位置）。这种 LC 墨水是由购买的前体合成的，通过修改先前所述的化学方法以聚合 LCE。具体地，向列二丙烯酸酯大分子单体通过将向列液晶单体、1,4-双-[4-(6-(丙烯酰基氧己氧基)苯甲酰氧基]-2-甲基苯(RM82) 和摩尔比为 1.1：1 的迈克尔加成而合成。反应之前，将这些单体与质量分数 1.5% 的光引发剂 I-369 混合（图 5.15(b)）。小分子的这种混合物被加载到打印注射器中，单体被转化为低聚物。在 75 ℃ 下经过 12 h 的低聚反应，丙烯酸酯封端的 LC 链表现出各向异性到各向同性的转变温度(T_{NI}) 为 105 ℃。T_{NI} 由差示扫描量热法(DSC) 曲线确定，该曲线显示了位于 105 ℃ 附近的吸热峰，其中墨水从有序向列相过渡到各向同性相(图 5.17)。低聚物墨水的流变行为对于直写打印是有利的。墨水表现为能够在打印过程中挤出的黏性液体，其剪切储能模量(G') 比剪切损耗模量(G'') 低约 2 个数量级(图 5.18)。在向列相(65 ℃ 和 85 ℃)下，墨水以与 3D 打印相对应的剪切速率(50 s^{-1}) 进行剪切变稀(图 5.18)，表明墨水经历了 LC 线性聚合物的取向剪切条件。在 115 ℃ 的 T_{NI} 之上，在典型的各向同性聚合物流体中，在中等剪切速率范围内，墨水表现出牛顿特性。至关重要的是，LC 墨水的挤出应在向列相中进行，以使打印过程中墨水排列。在偏振光学显微镜下，墨水在 85 ℃ 时呈现液晶向列相织构(图 5.19)。喷嘴直径影响 LC 墨水的打印和排列能力，较小的喷嘴直径可实现更高的分辨率，但需要更大的挤压力；相反，在较大的喷嘴直径(>1 mm)下，分子取向变差。内喷嘴直径为 0.31 mm，该材料在 85 ℃ 的黏度（在 50 s^{-1} 时约为 8 Pa·s）下可以进行 3D 打印。挤出后，LC 丝的几何形状完整性和分子取向至关重要。在此系统中，3 个因素共同作用以稳定打印结构，剪切稀化行为在低剪切速率下驱动黏度增加，从打印温度冷却至室温导致黏度增加，以及 LC 丝通过紫外线光聚合可以使材料交叉链接。材料的模量变得足够高，以使打印路径能够跨越结构内的间隙(图 5.15)。

通过直写打印产生的受控分子取向会导致各向异性的光学特性、弹性模量和刺激响应。如图 5.15 所示，当交叉的偏振器之间观察到单轴打印的 LCE 时，与定向液晶 LCE 相关的双折射就很明显。当挤出方向（即分子取向方向）平行于偏振器或检偏器时，单层打印的 LCE 膜较暗，而当挤出方向与偏振器成 45°时则膜较亮。使用偏光紫外可见光谱法测得打印薄膜的有序参数为 0.26。该测量结果证实了从打印注射器中挤出的液体使液晶元与计算机生成的路径平行。与单轴排列的 LCE 膜相关的各向异性和非线性机械性能存在于单层 LCE 打印品中这些材料沿挤压方向的弹性模量为 18 MPa，垂直于挤压方向的模量为 4 MPa。机械性能的某些差异可能归因于打印导致的微观结构不均匀。至关重要的是，打印的 LCE 膜能够响应温度而发生形状变化。从室温加热到 200 ℃ 时，沿着指

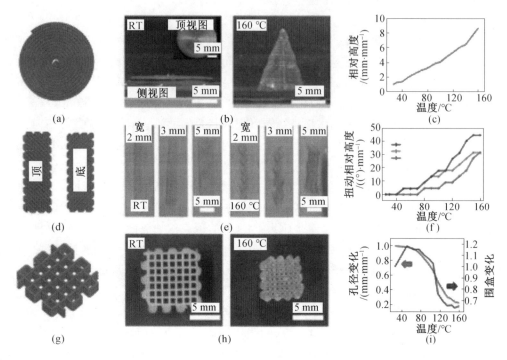

图 5.16 LCE 打印示意图及性能曲线

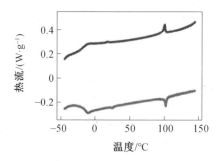

图 5.17 LC 墨水第二次冷却(上)和加热(下)循环的代表性
DSC 曲线,较高的热流表明放热转变

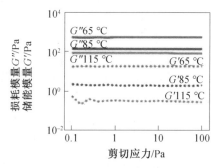

图 5.18 LC 墨水的储能模量和损耗模量与剪切应力的函数关系

向矢的可逆收缩率为 40%。该单轴驱动器表明,LCE 内部的收缩方向是通过直写打印来

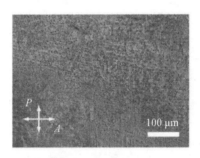

图 5.19 在 85 ℃下墨水的液晶向列相织构的偏光光学显微照片

控制的。

在平面内或整个厚度范围内使用非单轴打印路径打印 LCE 会导致材料在加热时发生复杂的变形。指示打印机挤压 LC 墨水,将产生与+1 拓扑缺陷相关联的定向模式编程的 LCE 薄膜,在该模式下,围绕单个点的方向会发生方位角变化。如图 5.16(b)所示,加热后,打印的+1 拓扑缺陷 LCE 从平面(厚度约 80 μm)变形为圆锥体,高度达到原始膜厚度的 10 倍。平面外变形可以通过在打印的 LCE 的厚度范围内改变分子方向来进一步编程。通过打印两层厚的结构,可以制成有源双层(图 5.16(d))。在顶层和底层之间的方向差异为 90°的矩形结构中,加热会导致不兼容的应变,并导致发生变形。如果打印方向与长轴偏移 45°,则在加热时会观察到扭曲(图 5.16(e))。如 Sawa 等人先前所描述的,扭曲的性质和程度取决于打印材料的长宽比。宽度大于 4 mm 的胶片从平带变成螺旋带。随着宽度的减小,薄膜的几何形状会过渡,从而形成紧密缠绕的螺旋线。宽度为 2 mm 的薄膜长度平均呈现 45(°)/mm 的扭曲,而宽度为 5 mm 的薄膜则呈现 30(°)/mm 的扭曲(图 5.16(f))。这种行为在质量上模拟了在扭曲向列型 LCE 中看到的结果,在该结构中,分子序在通过表面排列制造的薄膜厚度中扭曲了 90°。

通过直写打印可以制造具有局部控制的、分子取向的、多孔的、较厚的 LCE 材料。图 5.16(g)为打印的 10 mm×10 mm×3 mm 的 16 层多孔结构示意图。每层都与下层成 90°定向,并且整个结构的相对填充密度为 25%。在这种厚结构中,弯曲得到控制,并且每根细丝的各向异性收缩导致 X-Y 平面的各向同性收缩(图 5.16(h))。孔隙的表观面积收缩率为 77%。结构的平面内收缩大于相应的厚度膨胀,导致结构显示出可逆的 36% 体积收缩(图 5.16(i))。应该注意的是,LCE 材料的固有变形是等容的,并且所观察到的体积收缩是通过直写打印实现的结构效果。

局部分子取向也可以在 3D 弯曲物体中编程。为了验证这种性能,研究者打印了直径 10 mm、高 4 mm 的方位角打印路径的空心圆柱体,如图 5.20(a)所示。如 Modes 等人的预测,加热时 42 个方位角排列的 LCE 圆柱体会径向收缩并轴向膨胀(图 5.22)。改变圆柱体的壁厚可以调整径向收缩的程度,壁较薄的圆柱体可以产生更大的收缩度,最高可达 30%。除了打印具有零高斯曲率的结构之外,还可以直写打印具有正或负高斯曲率的LCE 材料。可以逐层打印带有+1 拓扑缺陷图案的空心 LCE 半球。根据对带有+1 拓扑缺陷图案的球壳的理论预测,半球在加热时会在垂直于收缩轴上发生方位角收缩和膨胀,其中会变形为"有顶"半球。半球的峰值部分是由于样品变形和保持现有的正高斯曲率而产生的。加热导致半球高度加倍。具有负高斯曲率的 LCE 结构以相同的分子排列进行拓扑图打印。

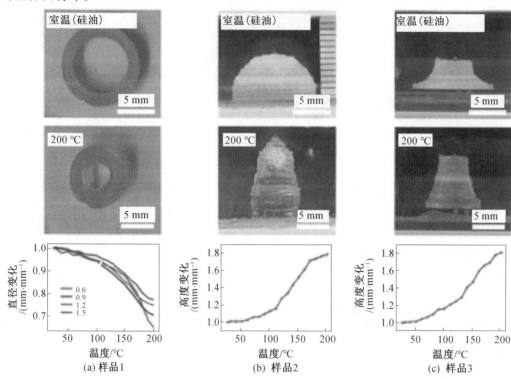

图 5.20 打印的 LCE 及收缩和轴向膨胀图(彩图见附录)

包含相反高斯曲率区域且具有相同+1 拓扑排列方式的 LCE 结构在加热和冷却时会发生可逆且快速的变形,这在传统制造的 LCE 中没有观察到。受具有快速变形的弯曲结构的启发,研究者设计了 LCE 结构如图 5.21 所示,该结构通过打印修饰的半弧形壳而呈现快速过渡。这种几何形状包含一个正高斯曲率区域,该区域连接到一个负高斯曲率区域。当放置在加热的表面上时(与均匀加热相比),该结构在相反的高斯曲率区域接近弹性不稳定。当存储了足够的能量以克服不稳定性时,就会发生快速启动致动,释放能量并导致结构的正高斯曲率部分反转。LCE 系统的特点是,冷却后该结构可逆地恢复为原始几何形状。LCE 结构在约 16 ms 内经历了从部分反转到完全反转的转变。在此过程中,整个结构在降落前会在空中飞行约 6 ms,如图5.21(c)所示。这种卡扣式执行机构能够举起外部负载并执行有用的工作,在高达 5 N/N 的外部负载下(当标准化负载为驱动器的质量时),LCE 结构会弹起负载的重物。对于在20 N/N 以下测试的所有负载,相对的高斯弯曲结构表现出大约 1 mm/mm 的恒定行程,如图5.21(d)所示。随着载荷的增加,由结构完成的特定功以连续的方式从 0.1 J/kg 到0.7 J/kg 增加。在快速过渡期间,相对于驱动器重 5 倍的负载,显示出 15.5 W/kg 的特定峰值功率。在大于驱动器质量 40 倍的负载下,不再观察到快速启动(图 5.23)。

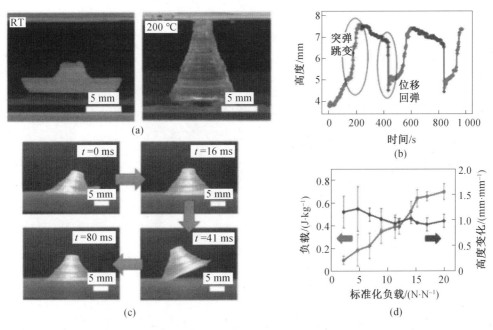

图 5.21 负高斯曲率和正高斯曲率的结构,周期性加热和冷却时实现可逆的快速启动

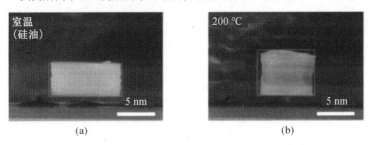

图 5.22 既显示径向收缩又显示高度膨胀的打印 LCE 空心圆柱体的侧面图像

图 5.23 当施加非常高的负载时,组合的高斯曲率 LCE 不再显示出完全的快速驱动,它保留了将负载提升一定距离的能力,但不能产生足够的能量来产生快速驱动

直写式打印可以制造 3D LCE 结构,并在制造过程中按分子顺序进行设计,并且生成的结构会经历程序化的形状变化。直写式打印过程固有的剪切力可用于沿打印路径定向 LC 反应性墨水,然后这些墨水可聚合成响应性弹性体。分子取向和几何形状的相互作用

使得能够进行一系列热驱动的结构调整。连同密集的平面结构一起,可以制造具有复杂指向矢方向和形状变化的多孔和 3D 结构。具有相反的高斯曲率区域的 LCE 的制造导致结构经历快速、可逆的折断。LCE 的 4D 打印可以使这些材料在从低密度机器到可植入医疗设备的智能设备中应用。

3. 空间编程向列有序液晶弹性体驱动器的 3D 打印

研究员报道了具有空间编程向列有序 LCE 驱动器(LCEA)的设计和增材制造,这些驱动器具有大的、可逆的和可重复的收缩,并且具有较高的比功。首先,通过 aza-Michael 加成法生产 3D 打印所需的适当黏弹性的可光聚合的材料,即无溶剂的主链 LCE 墨水。无溶剂的主链 LCE 墨水不仅能够以比其基于溶剂的同类产品具有更低的剪切速率和分子量来延长液晶聚合物链,它们还避免了由于干燥过程中溶剂损失而引起的体积变化和残余应力。LCE 墨水的高温墨水直写 3D 打印用于沿打印路径的方向排列其液晶元域。

迄今为止,LCE 的排列主要是通过与命令表面的分子相互作用、机械拉伸,或外加磁场在薄膜(厚度小于 100 m)中实现的。最近,LCE 薄膜和 3D 结构均已通过其指向矢方向的可编程控制进行了制造。White 和同事使用光学图案形成系统,创建了由偶氮苯基光取向材料组成的 voxelated 的指令表面,通过控制线偏振光的电场矢量确定其定向具有较高的空间精度(最小面积约 $0.01~mm^2$)。使用两步合成方法,生产由聚(β-氨基酯)网络组成的 LCE。首先,将低黏度的前体在图案化的指令表面上排列,使单体进行扩链反应,形成主链液晶大分子单体,将其交联,LCE 薄膜表现出较大的形状变化和特殊作用。最近,Ware 和他的同事基于这种化学原理设计了一种 LCE 墨水,并报道了平面和 3D 图案中形状变形 LCE 体系结构的 4D 打印,包括具有相反的负高斯曲率和正高斯曲率且表现出可逆的快速过渡的图形。

研究人员发现 LCE 驱动器(LCEAs)具有任意形式的空间编程能力。与基于形状记忆聚合物的软驱动器、具有嵌入式气动通道的弹性体基质或分别需要机械预编程的材料以及外部压力源或大电压的电活性聚合物不同,LCEA 具有大的、可逆的、可重复收缩以及较高的单位工作能力。图 5.24 展示了所使用高温墨水的结构。研究者创建了形状变形 LCEA 架构,该架构可按需进行可逆的平面到 3D 和 3D 到 3D′转换,以及 3D LCEA(约 1 mm 厚),能够比目前报道的其他 LCEAs 多出 233% 的质量。

图 5.25 展示了自制的 HOT-DIW 打印装置结构。简而言之,它由一个钢桶组成,该钢桶由加热器线圈(FM Keefe Company Inc.,62H36A5X-1128)包围,并在不锈钢喷嘴(Tec Dia Inc.)的顶部通过热电偶(K 型)读出温度。使用 ARQ-S-2535 和热电偶以防止打印时将笔筒加热到 T_{NI} 上方。将喷嘴的温度设置为 50 ℃ 的打印温度,并使用温度控制器(Omega,CNi16)进行维护。HOT-DIW 使用定制的三轴运动控制平台(Aerotech Inc.)进行,该平台根据编程的代码(Mecode)通过 Ultimus V 压力盒(Nordson EFD)通过压力驱动的挤出来沉积墨水。LCEA 打印在固定到水平多轴平台(ThorLabs)的预清洁玻璃基板上。

将每批墨水(约 2 g)手动固结成大颗粒,并在室温下装入桶中。将温度升高到高于 T_{NI},然后以 10 ℃/min 的速率冷却,直到喷嘴温度达到规定的打印温度。在打印之前,将系统在此温度(通常为 50 ℃)下保持 30 min,以使系统达到稳态操作条件。挤出墨水后,将其暴露于强度为 12 mW/cm² 的 UV 光(Omnicure,S2000)中。打印后,将 LCEAs 暴露于较高强度的 UV(31 mW/cm²)中 20 min(顶部和底部分别为 10 min)以确保均匀交联。打印 LCEA 每两层暴露于紫外线下 400 s(约 31 mW/cm²)。

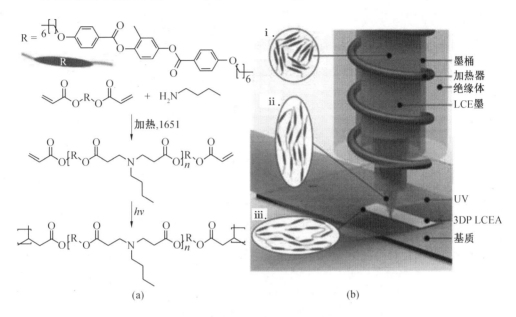

图 5.24 LCE 墨水设计和打印

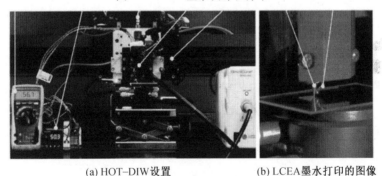

(a) HOT-DIW 设置 (b) LCEA 墨水打印的图像

图 5.25 LCEA 的高工作温度墨水直写(HOT-DIW)

使用 HOT-DIW 在 T_g 和 T_{NI} 之间的较高温度下打印 LCE 墨水,即在-22~95 ℃ 之间,由差示扫描量热法确定。如此大的温度范围为具有可编程排列方式的 3D 打印 LCEA 提供了广阔的窗口。当在向列状态下温度升高时,从 25 至 80 ℃ LCE 黏度急剧下降,随之而来的是,剪切稀化程度变少。在各向同性状态(120 ℃)下,LCE 墨水是一种牛顿流体,其黏度比在室温下测得的值低大约两个数量级(图 5.26(b))。为了确保高精度结构的

HOT-DIW打印,LCE 墨水必须具有较强的剪切稀化响应。因此,选择 50 ℃ 的打印温度,其中 LCE 墨水还表现出黏弹性响应,从而有助于在打印过程中保持形状,如图 5.26(c)所示。打印后的 LCE 功能部件暴露于紫外线下,以诱导反应性端基之间的交联,从而在打印的 LCEA 体系结构内保持程序化的有序排列。

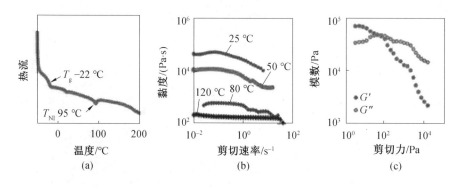

图 5.26 LCE 墨水特性

为了演示在 HOT-DIW 期间对指向矢对准的空间控制,研究人员首先打印了 LCEA 双层,该双层由 H 形层(顶部,厚度为 100 mm)和方形层(底部,厚度为 100 mm,面积为 12 mm×12 mm)组成,在 50 ℃ 下使用 250 m 的喷嘴直径和 4 mm/s 的打印速度在玻璃基板上进行打印(图 5.27(a))。H 形层由一系列 LCE 细丝组成,这些 LCE 细丝以 90°(与水平方向)的打印路径打印,而方形层则使用对角(与水平方向成 45°)的打印路径进行打印。使用偏振光学显微镜,可以清楚地观察到指向矢在打印路径方向上的空间控制,即,当交叉偏振镜的方向为 45°/135° 时,只有 H 形层是明亮的(图 5.27(a),顶部);而当它们位于 0°/90° 的位置时,只有正方形层是明亮的(图 5.27(a),底部)。为了确定温度对向列排列的影响,使用 250 μm 喷嘴在低于(50 ℃)和高于(105 ℃)T_{NI} 的条件下打印了样本(125 μm 高度),打印速度为 2~10 mm/s。请注意,使用了不同的施加压力以确保在所有情况下打印的 LCE 宽度(宽度为 100 μm,高度为 125 μm)大致相同。与在 105 ℃ 下打印的样品相比,在 50 ℃ 下打印的 LCE 样品在打印路径上具有更好的向列排列,即更高的有序参数(图 5.27(b),图 5.29)。LCE 墨水在 HOT-DIW 打印过程中同时受到剪切流和拉伸流的影响,将导致其介晶域排列。正如预期的那样,由于指向对准的增强,在 50 ℃ 下打印的 LCEA 样品的有序参数随打印速度的增加而变化(图 5.27(c);另请参见表 5.2)。

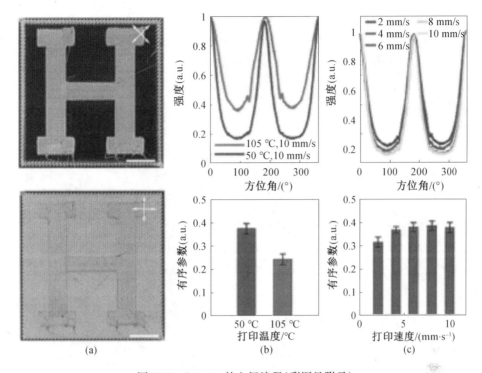

图 5.27 Director 的空间编程（彩图见附录）

表 5.2 产物有序参数与打印速度、打印温度的关系

打印温度/℃	打印速度/(mm·s^{-1})	有序参数
50	2	0.31±0.02
50	4	0.36±0.01
50	6	0.38±0.02
50	8	0.38±0.02
50	10	0.37±0.02
105	10	0.24±0.02

为了研究其驱动性能，使用直径为 250 μm 的喷嘴，平均打印速度为 4.8 mm/s 和弯曲线水平打印的路径来打印 LCEA 双层（15 mm×3 mm×0.25 mm）。然后，将打印的 LCEA 双层薄膜在 26~105 ℃ 之间循环 20 次（图 5.28（a））。在这些实验条件下，研究者测得沿打印方向的平均可重复致动收缩率为（-43.6±6.7）%，垂直于该方向的平均膨胀率为（29.8±5.9）%（图 5.28（b））。这些 LCEA 最多可以成功循环 100 次（图 5.30）。这些打印的 LCEA 的完全驱动在约 180 s 内完成，而恢复到其原始尺寸则需要 210 s（图 5.31）。因此，对于所使用的热循环条件，"可逆地切换"这些打印的 LCEA 所需的循环时间保守估计约为 390 s。由于缺乏主动冷却，则需要更长的冷却时间。接下来，使用直径为 250 μm 的喷嘴，平均打印速度为 3.7 mm/s 和曲折线打印 LCEA（厚 1 mm），并探索了承受不同质量时其收缩的能力（图 5.30（c））。在这些承重实验中，应变是使用未加载的 LCEA 长度

(图5.28(c),左)作为初始长度(不是在T_{NI}下加载时的拉长长度(图5.28(c),中间),以及之后的最终长度来计算的。负载的 LCEA 加热到T_{NI}以上(图5.28(c),右)。此厚度的 LCEA 可以举起自身质量((106±1.5) mg)的1 000倍。随着质量负载的增加,LCEA 的驱动应变减小,驱动功增加,最大能量密度为39 J/kg(图5.28(d))。由于它们不是由单个基元组成,因此在加热时,LCEAs 可以拉长,在收缩之前达到一个更有序的状态。如果收缩没有超过原始长度,则将拉伸应变记为正值和负值(图5.28(d))。冷却后,LCEA 恢复到其初始长度的11%以内。根据图5.32中的应力应变测量结果,这些打印的 LCEA 在沿打印方向加载时,在室温下表现出(3.1±0.3) MPa 的弹性模量。

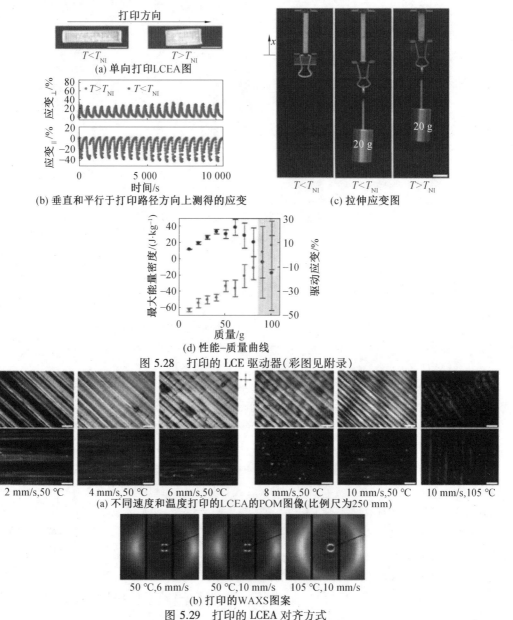

(a) 单向打印LCEA图

(b) 垂直和平行于打印路径方向上测得的应变

(c) 拉伸应变图

(d) 性能–质量曲线

图5.28 打印的 LCE 驱动器(彩图见附录)

(a) 不同速度和温度打印的LCEA的POM图像(比例尺为250 mm)

(b) 打印的WAXS图案

图5.29 打印的 LCEA 对齐方式

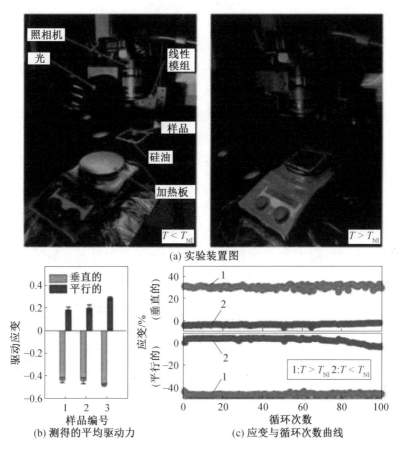

图 5.30 打印 LCEA 的循环驱动

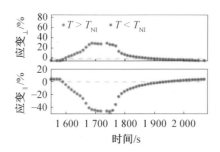

图 5.31 LCEA 在 T_{NI} 上下循环时的时间响应(彩图见附录)

最后,研究者打印了 LCEA,这些驱动器能够进行复杂的、可逆的形状转换。首先,为了将形状改变为具有高斯正曲率的圆锥体,使用直径为 250 μm 的喷嘴和 4.5 mm/s 的打印速度基于等效的阿基米德螺旋式打印路径(图 5.33(a)),打印 LCEA(直径 10 mm),4 层(0.4 mm 厚)。使用这种类型的打印路径,当加热到高于 T_{NI}时,LCEA 转变为最大高度为 6.5 mm 的圆锥体。正如预期的那样,LCEA 在冷却后会恢复其原始尺寸和形状(图5.34(a))。研究人员还打印了 LCEA,他们能够以 5 mm/s 的打印速度打印出能够变形为具有负高斯曲率的形状(图 5.33(b))。在这些 4 层 LCEA(0.4 mm 厚)中,上下两层均使用垂直取向、弯曲处填充式打印。加热后,该 LCEA 变形为鞍形。但是,由于在 UV 交联过程中引入了残余应力,因此冷却后它不会恢复到其原始的平面构型,而是咬合成倒置的鞍形结构(图 5.34(b))。再次加热时,它会恢复为设计的鞍形,并且在热循环中会观察到 2 种配置之间的交替驱动。因此,在初始启动后,该 LCEA 表现出可重复的 3D 到 3D'形状转换。接下来,以打印的 LCEA 网格形式创建了平面内机械超材料,其内部支杆宽度为 0.86 mm,厚度为 0.5 mm(图 5.33(c)),它在平面内各向同性地收缩约 18%(水平和垂直),并在冷却至室温后恢复到其初始尺寸(图 5.34(c))。最后,使用由正方形螺旋阵列组成的打印路径打印了一个更大的 LCEA(2.5 cm×2.5 cm),能够进行面外形状改变(图 5.33(d))。该 LCEA 在加热至 95 ℃时会面外变形为最大高度为 1.92 mm 的圆锥体阵列,冷却后恢复至接近初始构型(图 5.34(d))。

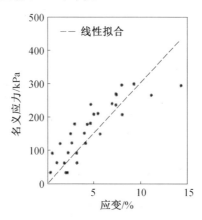

图 5.32 沿打印方向加载时,已打印的 LCEA(厚 1 mm)在室温下的应力应变行为

总而言之,通过控制墨水的成分、流变学和打印参数,LCEAs 可以被制成具有任意厚度和整体尺寸的多层结构。这些 LCEA 在加热到其向列相至各向同性相变以上的温度时会表现出大的收缩,从而使其具有出色的致动性能,最大能量密度为 39 J/kg,致动力高达 70 g,并且具有复杂的形状变形功能,包括 2D 到 3D 和 3D 到 3D'转换。LCEA 体系结构的增材制造为基于这些材料创建人造肌肉、软机器人和其他动态功能的结构开辟了新途径。

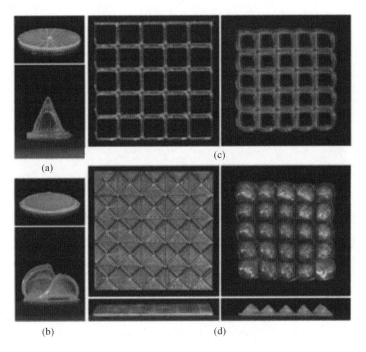

图 5.33 可编辑形状的变形 LCEA

(a),(b) 使用分层螺旋((a)顶部)和分层垂直曲折((b)顶部)打印路径打印的盘形 LCEA(约 0.4 mm 厚)图像,当加热到高于 T_{NI} 时,这些 LCEA 分别变为圆锥形((a)底部)和鞍形((b)底部)(比例尺为 1 mm);(c) 打印后(左)和加热到 T_{NI} 以上后收缩成各向同性形式(右)的网状 LCEA(约 0.5 mm 厚)的自顶向下图像(比例尺为 5 mm);(d) 在 T_{NI} 以上加热后,打印(左)和变形(右)呈圆锥形阵列后,LCEA 片的俯视图(上排)和侧视图(下排)(比例尺为 5 mm)

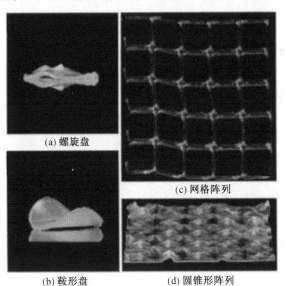

(a) 螺旋盘

(c) 网格阵列

(b) 鞍形盘

(d) 圆锥形阵列

图 5.34 对于典型的体系结构,在 T_{NI} 以上驱动并返回室温后的 LCEA 的光学图像(比例尺为 5 mm)

4.4D 打印液晶弹性体驱动器

响应轻度刺激而发生可逆形状变化的三维结构，使各种智能设备（例如软机器人或可植入医疗设备）成为可能。使用双硫醇-烯反应方案来合成一类液晶（LC）弹性体，可以将其 3D 打印成复杂的形状，然后进行受控的形状变化。通过控制可聚合 LC 墨水的相变温度，可以制造具有可调驱动温度（(28 ± 2)~(105 ± 1) ℃）的 3D 变形结构。最后，将多种 LC 墨水 3D 打印到单个结构中，以生产不受束缚的热响应性结构，这些结构依次可逆地经历多个形状变化。

在低密度、较大形状变化和自动激活具有关键优势的应用中，具有机械活性的软材料可以替代传统的驱动器。已经提出了可变形的材料用于多种应用，例如软机器人、人造肌肉、传感器和航空航天系统。这些智能材料可以设计为将热能、化学能、磁能或光能量转换为机械功。在智能聚合物中，由聚合物制备可调节的参数为调节对刺激的机械响应提供了灵活的框架。许多常规的制造策略，例如铸造、纤维纺丝和模制，已经被用来制造智能的软驱动器。目前，4D 打印已经用于制造一系列机械活性智能材料，例如形状记忆聚合物（SMP）、水凝胶和流体弹性体驱动器（FEA）。4D 打印结构包括折纸机器人中的 SMP 铰链、变形水凝胶结构和具有 FEA 传感器复杂网络的对身体敏感的抓手。但是，所有这些材料策略都有基本的设计局限性，阻止了它们实现可逆的、不受束缚的和低磁滞的形状变化，这将使 4D 打印的材料能够充当自主的变形结构。例如，可打印的 SMP 通常表现出不可逆的变形，从而将 SMP 限制在仅需要单个形状更改的器件或可以重新影响机械结构的应用中。打印的各向异性水凝胶复合材料中的可逆溶胀可用于产生变形结构，但这些材料具有较低的粘连应力和受扩散限制的驱动速度。FEAs 可以施加高应力，但需要一个流体压力系统以诱导大可逆变形。

液晶弹性体（LCE）是具有机械活性的软质材料，可以进行可编程且均有可逆的形状变化，而无须机械偏压、水性环境或固定电源。因此，LCE 具有用作驱动器和变形结构的优势。形变响应于某些刺激，例如温度的变化，观察到当达到 400% 的形状变化时，会引起材料从有序到无序的转变。Finkelmann 团队首先报道了在交联过程中通过单轴排列 LCE 的行为。最近，几种处理方法使 LCE 能够响应刺激而经历复杂的形状变化。已合成具有动态共价键的 LCE，可以在键重排期间对齐。此外，已经引入了适合于表面排列技术的化学方法，从而可以对分子顺序进行精确的构图。通过这种方法产生的 LCE 响应于环境刺激而从平面膜可逆地变形为复杂的形状。最近，研究人员使用直接墨水书写（DIW）3D 打印技术来打印具有图案化分子顺序的 3D LCE 几何形状。该方法利用在打印过程中施加在可聚合的液晶（LC）墨水上的剪切力来沿打印路径排列液晶元。随后，通过光固化将这种排列锁定在 LCE 中。可以将生成的 3D 结构设计为在 3D 形状之间变形。但是，这种方法仅限于驱动温度升高超过 100 ℃ 的 LCE，这限制了这种新处理技术的功能。

在 LCE 中,形状随温度的变化本质与加工条件和聚合物网络的特性有关。当在 LC 相(即向列相)中处理前体时,在 LCE 中实现了取向顺序。交联不仅锁定了 LCE 中的编程分子取向,而且稳定了向列相,从而提高了向列相和各向同性相之间的转变温度。许多合成方法利用交联反应引入非均质弹性体网络,例如丙烯酸酯均聚。这种非均质相进一步扩大了 LCE 形变的温度范围。这些因素叠加,通常会结合在一起形成在相对较高和较宽的温度范围内发生形变的材料。

有人提出了一种通用的合成路线来设计用于 4D 打印的 LC 墨水。打印后,生成的 3D 结构在加热后会经历程序化的形状变化。根据最近关于使用硫醇-烯反应设计具有高度受控的网络结构的 LCE 的研究,采用了硫醇-丙烯酸酯/硫醇-烯"点击"反应来制备具有可控热机械性能和可加工性的材料。通过控制可聚合 LC 墨水的相变温度和交联策略,可以制造具有可调驱动温度的变形 3D 结构,其温度范围为 $(28\pm2) \sim (105\pm1)$ ℃。在一种结构中 3D 打印多种 LC 墨水,以生产 3D 结构,这些物体在加热时会发生连续、可逆的多种形状变化。

通过硫醇-丙烯酸酯迈克尔加成反应合成了巯基封端的 LC 墨水。将 LC 单体(二丙烯酸酯)和二硫醇的非等摩尔混合物加热至 80 ℃,然后与质量分数 1% 的 TEA、质量分数 2% 的 BHT、质量分数 1.5% 的 I-369 和 TATATO 混合。在所有样品中,硫醇、丙烯酸酯和乙烯基官能团的比例保持恒定。所用丙烯酸酯、硫醇、乙烯基的摩尔比为 $0.8:1.0:0.2$。混合后,将溶液转移到打印注射器或模具中,以在 65 ℃ 下完成 3 h 的低聚反应,形成巯基封端的 LC 墨水。

通过硫醇-丙烯酸酯迈克尔加成反应合成了丙烯酸酯封端的 LC 墨水。将 LC 二丙烯酸酯和二硫醇的非等摩尔混合物加热至 80 ℃,然后与质量分数 1% 的 TEA,质量分数 2% 的 BHT 和质量分数 1.5% 的 I-369 混合。所使用硫醇、丙烯酸酯的摩尔比为 $1.0:1.1$。混合后,将溶液转移到模具中,在 65 ℃ 下完成 3 h 的低聚反应,形成丙烯酸酯封端的 LC 墨水。将其热机械性能与硫醇、丙烯酸酯、乙烯基的硫醇-烯摩尔比为 $1.0:0.8:0.2$ 交联的 LCE 网络进行了比较。

将打印注射器内的 LC 墨水装入 KR-2 挤出机打印头,该打印头是系统 30M 3D 打印机(Hyrel 3D,诺克罗斯,乔治亚州)的附件。EDDT 和 GDMP 墨水是在室温下打印的,而 PDT 墨水是在 65 ℃ 下打印的。这些低聚物在打印后通过以强度为 $0.8~\text{mW/cm}^2$ 的来自位于打印头上的 365 nm LED 的连续照射而交联。然后将样品在 365 nm 紫外线下后固化 15 min。

这项研究的目的是设计具有可调节物理特性的 LCE,其中 DIW 可以用来在 3D 几何图形中构造分子排列。为了实现这一目标,研究人员使用了两步硫醇-烯反应方案。首先通过液晶二丙烯酸酯和各向同性二巯基之间的自限硫醇丙烯酸酯迈克尔加成来配制液晶墨水。通过控制硫醇与丙烯酸酯的比例,可以合成具有可调转变温度的硫醇封端的低聚物(图 5.35(a))。通过 DIW,可以打印这些硫醇封端的液晶墨水,并且打印过程沿打印路径的方向局部编程分子排列(图5.35(b))。打印时,该墨水通过硫醇封端的低聚物与三官能乙烯基交联剂(1,3,5-三烯丙基-1,3,5-三嗪-2,4,6(1H,3H,5H)-三酮(TATA-TO))反应。尽管如此,这种方法的独特之处在于它是专门为用于3D打印设计的,并且硫醇-烯反应既可用于链扩展又可用于交联,从而可以生成具有高度可调的物理特性的LC墨水。例如,图5.35(c)中显示了3根不同向列相到各向同性转变温度(T_{NI})的LCE丝。每种墨水在温度通过其T_{NI}加热时都在光学散射和透明之间转换。

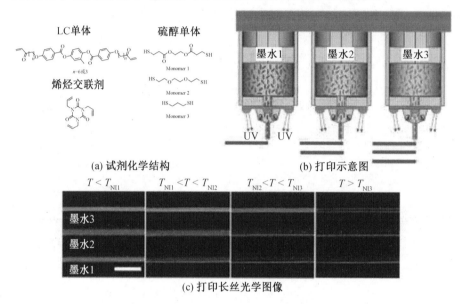

图 5.35 LC 材料的加工示意图(比例尺为 2 mm)

交联反应的性质直接影响 LCE 的形变行为。为了证明硫醇-烯交联与丙烯酸酯交联的影响,配制了两个具有几乎相同化学性质和交联密度的 LCE 体系。对于两种体系,交联密度保持恒定,并由每个 LCE 网络的单体的摩尔比控制。一种 LCE 由包含硫基终止的液晶低聚物和三官能乙烯基交联剂的等摩尔混合物的墨水合成;另一种 LCE 由仅由丙烯酸酯封端的低聚物组成的墨水合成,与之前报道的用于可打印的 LCE 相似。使用相同的液晶元(RM82)和硫醇间隔基(2,2'-(乙基-二烯氧基)二乙硫醇(EDDT))合成了两种低聚物。差示扫描量热法(DSC)最初用于确定两种墨水的 LC 相变温度(图 5.36(a))。与丙烯酸酯墨水((72±4) ℃)相比,硫醇烯墨水显示的 T_{NI}((43±3) ℃)低得多,这可能是由于与丙烯酸酯墨水(80%)相比,硫醇烯墨水中液晶元的总体质量分数较低(72.5%)。在向列相到各向同性转变温度以下,两种 LC 墨水均观察到第二个中间相转变。由于相变的焓(0.4 J/g)和滞后量(3 ℃)小于预期的结晶相变,这种相变被认为是中间相变。在其他硫醇-烯 LCE 中也观察到了类似的行为,其中这种转变温度被确定为近晶至向列转变温度。对于硫醇烯墨水,第二转变温度发生在(3±2) ℃;对于丙烯酸酯墨水,第二转变温度发生在(32±2) ℃。两种 LC 转变温度都决定了墨水交联产生的弹性体的热机械性能和致动性能。两个网络的储能模量(E_r)和玻璃化转变温度(T_g)大致相等(图5.36(b)),并且两个网络均显示出高凝胶分数(GF),基于硫醇烯的LCE((85 ± 4)%)的GF值略高于与基于丙烯酸酯的交联剂的LCE((92 ± 2)%)的GF值。两种材料的T_g均低于0 ℃,并且模量的第二次下降与较低的LC转变温度有关(图5.36(b))。但是,两种材料的中间相转变温度是完全不同的。图5.36(c)显示了两个LCE的形状变化,它们在多域状态下交联,且是温度的函数。在向列相向各向同性转变冷却时,两个样品均沿加载轴伸长。与丙烯酸酯交联的LCE相比,硫醇-烯交联的LCE表现出两倍高的驱动应变和更明显的转变。这些差异可能归因于丙烯酸酯交联网络的高度受限和非均质性。在冷却到第二转变温度以下时,由于聚合物链的有序化和链迁移率的降低,两个LCE的长度随着模量的增加而突然增加。这种更高的转变可为驱动(加热时)提供一个显著的响应,也许提供了一种进一步缩小LCE所表现出的形状变化的方法。此行为是完全可逆的。鉴于硫醇-烯交联的LCE的驱动作用更大、更尖锐,其余的研究中都使用了这种交联机理。

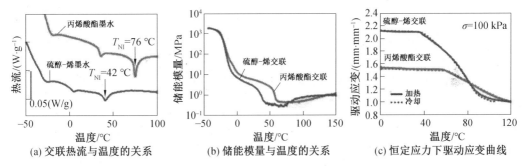

图5.36 交联方法的效果,使用两种不同的交联机制(丙烯酸酯均聚与硫醇-烯"点击"聚合)直接比较墨水和网络的热机械性能,巯基丙烯酸酯反应用于制备低聚物墨水(RM82作为液晶元,EDDT作为间隔基)

可通过改变硫醇扩链剂,交联剂和/或液晶元浓度来控制LCE特性,例如转变温度和致动应变。首先改变墨水中的交联剂浓度(摩尔比0.1、0.2、0.4和0.6)(表5.3),同时保持EDDT为扩链剂和RM82为介晶。随着交联剂浓度的增加,墨水的T_{NI}从(53 ± 2) ℃降低至(0 ± 1) ℃(图5.38(a))。T_{NI}的减少归因于墨水中各向同性单体的含量增加。交联后,这些LCE的T_{NI}升高约30 ℃(表5.4)。随着交联剂浓度的增加,弹性体的常规物理性能也随之提高。例如,GF和E_r的范围分别从(68 ± 2)%提升至(94 ± 3)%和从(0.7 ± 0.20) MPa提升至(2.3 ± 0.35) MPa(图5.38(b)、(c))。尽管T_g没有实质性变化,但交联剂的量从0.6(摩尔比)降低至0.2(摩尔比),驱动应变从(60 ± 3)%增加至(130 ± 4)%(图5.38(d))。由于形成了具有高驱动应变的坚固的LCE网络,因此选择了摩尔比为1.2∶1的硫醇、丙烯酸酯进行进一步研究。

表5.3 此研究中使用的LCE系统的组成

LCE 网络描述	硫醇、丙烯酸酯、烯摩尔比	RM82 质量/g	RM275 质量/g	EDDT 质量/g	PDT 质量/g	GDMP 质量/g	TATATO 质量/g
丙烯酸酯交联	1.0 : 1.1 : 0.0	1	0	0.246	0	0	0
硫醇-烯交联	1.0 : 0.8 : 0.2	1	0	0.33	0	0	0.048
EDDT基(摩尔分数10% TATATO)	1.0 : 0.8 : 0.2	1	0	0.303	0	0	0.024
EDDT基(摩尔分数20% TATATO)	1.0 : 0.6 : 0.4	1	0	0.33	0	0	0.048
EDDT基(摩尔分数40% TATATO)	1.0 : 0.4 : 0.6	1	0	0.385	0	0	0.097
EDDT基(摩尔分数60% TATATO)	1.0 : 0.8 : 0.2	1	0	0.44	0	0	0.146
RM82基-PDT垫片	1.0 : 0.8 : 0.2	1	0	0	0.189	0	0.048
RM82基-EDDT垫片	1.0 : 0.8 : 0.2	1	0	0.33	0	0	0.048
RM82基-GDMP垫片	1.0 : 0.8 : 0.2	1	0	0	0	0.411	0.048
GDMP基(100/0:RM82/RM257)	1.0 : 0.8 : 0.2	1	0	0	0	0.411	0.048
GDMP基(75/25:RM82/RM257)	1.0 : 0.8 : 0.2	0.75	0.25	0	0	0.429	0.05
GDMP基(50/50:RM82/RM257)	1.0 : 0.8 : 0.2	0.5	0.5	0	0	0.446	0.052

表5.4 液晶元浓度、交联方法、交联剂浓度、二硫醇间隔基类型和液晶元分子量对油墨和向列的液晶转变温度（近交-向列相（T_{SN}）和向列-各向同性（T_{NI}））的影响

反应类型（EDDT基LCE）	丙烯酸酯硫醇-烯		交联摩尔比（EDDT基LCE）				网络（RM82基LCE）			RM82/RM257 质量比（GDMP基LCE）		
			0.1	0.2	0.3	0.4	PDT	EDDT	GDMP	100/0	75/25	50/50
聚芳酯/%（质量分数）	82	73	75.4	73	67.5	63	80	73	68.5	68.5	67.5	66.7
低聚物 T_{SN}/℃	32±3	3±2	15.4±4	3±2	—	—	9±1	3±2	10±1	10±1	—	—
低聚物 T_{NI}/℃	82±4	4±3	53±2	42±2	18±1	0±0.5	80±5	42±3	41±2	41±2	29±1	17±1
LCE T_{NI} 开始/℃	75±2	35±1	—	35±1	13±2	5±1	54±1	35±1	51±1	51±1	25±1	12±2
LCE T_{NI} 中点/℃	95±2	65±2	—	65±2	53±2	38±2	105±1	65±2	65±1	65±1	47±2	28±2
LCE T_{NI} 偏移/℃	120±10	102±1	—	102±1	83±1	65±4	144±2	102±1	86±1	86±1	66±2	44±6

改变液晶元之间的间隔可用于调节 LCE 的相变温度,而无须大幅度改变交联密度。3 种代表性墨水的相态如图 5.37(a) 所示。将硫醇间隔基从 1,3-丙二硫醇(PDT)(较低分子量)更改为乙二醇二(3-巯基丙酸酯)(GDMP)(较高分子量),T_{NI} 从(81±8) ℃降低至(41±2) ℃。T_{NI} 的降低至少部分归因于 LC 墨水中液晶元浓度的下降。这些墨水中的每一种都可以使用 DIW 进行打印,其中材料挤出同时沉积和排列 LC 墨水。为确保从挤出过程中获得分子排列结果,每种墨水均在向列相 T_{NI}(−20 ℃)中进行处理。墨水组合物被设计为具有低的 T_g(−45 ℃)、高于室温的 T_{NI} 且无结晶的行为以确保可打印性。在打印过程中,通过在打印头上使用紫外灯进行硫醇烯墨水的光交联,可以捕获形状和排列方式。EDDT 和 GDMP 基墨水的 T_{NI} 较低((41±2) ℃),因此,选择室温打印。基于 PDT 的墨水在 65 ℃的温度下可进行处理,因为它具有较高的 T_{NI}((81±6) ℃)。墨水在打印温度下的流变行为对于这些墨水的制备至关重要(图 5.37(b))。PDT 基墨水的黏度比 EDDT 和 GDMP 基墨水的黏度低一个数量级,这可能是由于在高温(65) ℃下进行测试。然而,所有的 LC 墨水都表现出剪切稀化特性,这与向列相中相的排列有关。打印后,长丝通过紫外线辐照交联以永久锁定排列并形成弹性体网络。弹性体的分子排列可以通过偏振光学显微镜观察。在交叉的偏振器之间观察到与排列的 LCE 相关的双折射,其中 3D 打印的 LCE 膜在与挤出方向成 0°(平行)时呈暗色,与挤出方向成 45°时呈亮色(图 5.39)。通过动态力学分析(DMA)测量的每个网络的储能模量(E')与温度的关系如图 5.37(c) 所示。LCE 在 E' 中有两个明显的过渡。每个样品在−20~−5 ℃之间都呈现出玻璃态的平稳期,随后 E' 的下降与玻璃化转变的开始相对应。在这项研究中,T_g 是在 tan δ 的峰值处测量的,范围为−10~0 ℃。E' 的第二次下降发生在较高的温度下(40~60 ℃),这可能与近晶相和向列相之间的转变相对应。

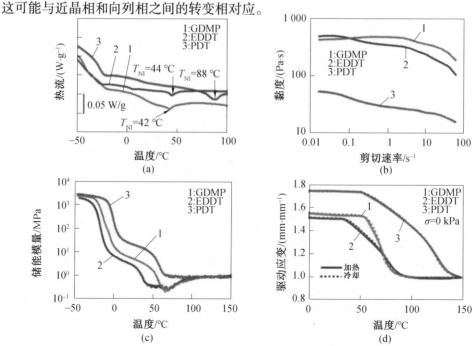

图 5.37 硫醇间隔基对热机械性能的影响

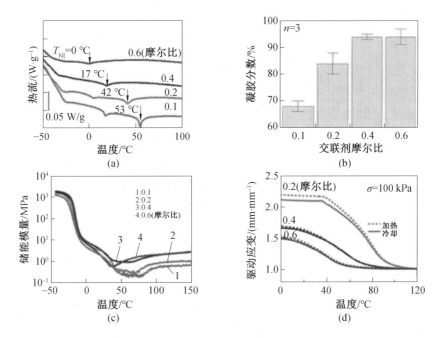

图 5.38 交联剂摩尔比对热机械性能的影响

每个特征的 LCE 网络都表现出类似于第二次跃迁的力学行为,即在向列相交联的 LCEs 的向列相-各向同性跃迁时,E' 并没有明显减少。每个 LCE 网络的 E_r 接近 1 MPa,表明这些网络中的交联密度相似。当打印成单轴排列的矩形条时,每种材料都在没有偏压力的情况下沿主打印方向发生可逆的形状变化。根据所使用的硫醇扩链剂不同,驱动幅度略有不同,对于 GDMP 和基于 PDT 的 LCE,驱动应变范围为 1.55~1.78 mm/mm。研究者通过在室温下 LCE 的长度对形状变化进行量化,归一化所有观察到的热转变以上的 LCE 的长度。但是,每种材料的形状变化发生的温度范围是不同的(图 5.37(d))。驱动温度定义为加热时形状变化的开始和偏移之间的中间温度,范围为 (65±1) ℃ (基于 GDMP 的 LCE)~(105±1) ℃ (基于 PDT 的 LCE)。应当注意,基于 PDT 的 LCE 的形状变化幅度是以前报道的 3D LCE 驱动器的两倍。报告的最低驱动温度是基于 GDMP 的 LCE 的 (65±1) ℃。对于 LCE 与人体或其他敏感物体相互作用的应用,此温度可能超出人体适宜温度的上限。

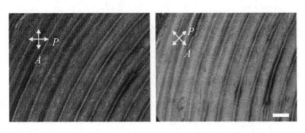

图 5.39 剪切力导致 LC 链节对准:偏振光学显微照片,显示打印的 LCE 在 0°(暗) 和 45°(亮) 时与偏振片的双折射(比例尺为 500 μm)

通过选择用于配制墨水的介晶单体,可以进一步调整在可打印的 LCE 中观察到形状变化的温度范围。通过改变两种液晶单元(1,4-双-[4-(6-(丙烯酰基氧己氧基)苯甲酰氧基)-2]甲基苯(RM82)和1,4-双-[4-(3-丙烯酰氧基丙氧基丙氧基)苯甲酰氧基]-2-甲基苯(RM257))的质量比,配制了 4 种反应性液相色谱墨水。随着 RM82 与 RM257 的质量比减小(100/0、75/25、50/50 和 25/75),墨水的 T_{NI} 分别降低(41±2)℃、(29±1)℃、(17±2)℃和(12±3)℃。如果将系统中的所有 RM82 替换为 RM257,则墨水变为各向同性液体(图 5.40(a))。与 RM82 相比,RM257 的分子量较低,因此,含有 RM257 的墨水具有较大的各向同性单体质量分数。这些墨水在低至中等的剪切速率下表现出很大的牛顿流变行为,但在达到通常与 DIW 打印相关的较高剪切速率时表现出剪切稀化的作用(图5.42)。总体而言,随着更多的 RM257 掺入样品中,表现出黏度增加的趋势。换句话说,在室温下,与向列型墨水组合物相比,各向同性墨水组合物表现出明显更高的黏度。在不同的向列型聚合物中已经出现了这种现象。在 LCE 驱动器的打印过程中,至关重要的是 LC 墨水的挤出需要在向列相中进行,以使材料有序排列。在室温下打印各向同性墨水会导致多域 LCE 或各向同性网络,而分子排列无法控制。因此,仅使用在室温以上且会显示向列相的墨水。例如,GDMP(100/0)和 GDMP(75/25)在室温下显示出明显的向列行为,而 GDMP(50/50)、GDMP(25/75)和 GDMP(0/100)在室温下各向同性。在打印过程中,施加在 GDMP(50/50)上的剪切力会瞬时增加 T_{NI}。如图 5.42 所示,此组合物的各向同性墨水在室温下施加剪切力后便转变为向列相。因此,在打印过程中在这种墨水上施加剪切力既可以将 T_{NI} 增加到室温以上,又可以具有分子取向排列。由剪切引起的相变在先前已被广泛报道。即使施加剪切力,GDMP(25/75)和 GDMP(0/100)在室温下也不显示向列相。因此,这些组合物将不会用于进一步研究。所选的向列型 LCE 网络 GDMP(100/0)、GDMP(75/25)和 GDMP(50/50)的热力学行为如图5.40(b)所示。通常,这些 LCE 表现出类似于图 5.41(c)中所示的热机械行为。这些网络之间的主要区别在于,较低的中间相转变温度随 RM257 质量分数的增加而降低。在较高的温度(高于 100 ℃)下,由于网络中交联量相似,所有网络均显示出类似的 E' 值(≈0.9 MPa)。这些网络具有单轴排列的 3D 打印膜的驱动性能如图 5.40(c)所示。显示的启动温度取决于网络中 RM257 的质量分数。GDMP(75/25)和 GDMP(50/50)显示出奇特的驱动行为,在低温和窄温度范围(20~45 ℃)内形状变化。先前描述的大多数 LCE 在 60 ℃以上和更宽的温度范围内都会发生形状变化。这是之前报告中已交联的 LCE 的最低致动温度。注意到,对于 GDMP(50/50),在拉伸过程之后,驱动应变对光固化高度敏感。固化不充分或缓慢,可能会导致排列缺陷。接着,研究了紫外线固化和后固化过程的强度(图 5.43)。为了证明这些材料的高响应性,用 GDMP(75/25)材料打印出具有+1 缺陷图案的圆盘。加热至 45 ℃时,该圆盘致动成圆锥形,这很容易在温热清水中达到(图 5.40(d))。重要的是,这些温度低于疼痛阈值,甚至可能在人体内部短时间被容忍。

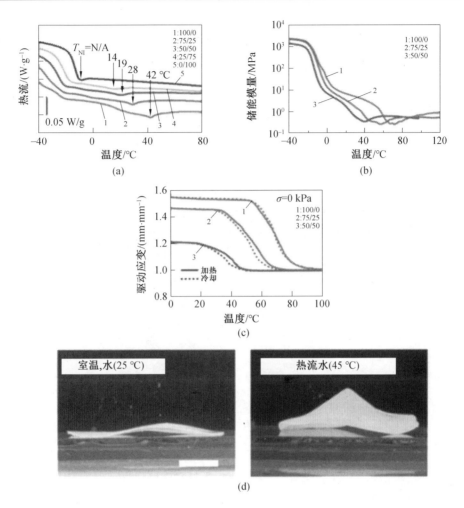

图 5.40 液晶元的分子量对热机械性能的影响(比例尺为 5 mm)

可打印 LCE 的双击方法不仅可以产生可调节的驱动器,而且在存在和不存在偏压力的情况下,这些驱动器都能够实现高度可重复的致动。为了证明这些材料的特性,研究人员更全面地表征了基于 PDT 的驱动器。当样品保持在 0.1% 的恒定应变下时,阻力是温度的函数。基于 PDT 的 LCE 能够在 150 ℃ 时产生大于 500 kPa 的阻力(图 5.41(a))。在低于阻力的应力下,LCE 能够在负载下致动并执行工作。随着施加的应力从 0 增加到 200 kPa,驱动应变从 1.78 mm/mm 增加到 2 mm/mm(图 5.41(b))。应该注意的是,在加热和冷却时,驱动应变是完全可逆的,几乎没有滞后(<2 ℃)。该值远低于以前报告的 LCE 驱动器,后者通常具有滞后(>5 ℃)。这些 LCE 还能在许多周期内实现可逆驱动。制了 25 个以上的驱动应变循环,作为加热和冷却的函数(图 5.41(c))。这些可打印的可调、可重复和高应变的驱动器可以实现能够在单个温度下响应的各种智能结构。

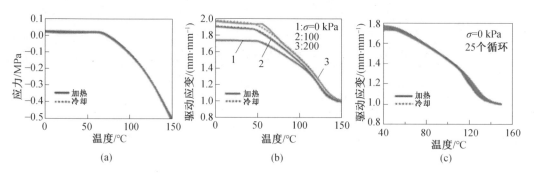

图 5.41　单轴,3D 打印的基于 PDT 的驱动器的执行性能

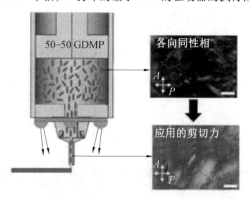

图 5.42　剪切力对 50-50 GDMP 墨水的 LC 行为的影响(比例尺分别为 20 μm 和 500 μm)

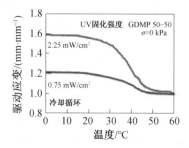

图 5.43　UV 固化强度对基于 50-50 GDMP 的 LCE 的驱动应变的影响

DIW 打印还可实现多种材料的制造。可以通过在单个结构中打印多个 LCE 组合物来制造在均匀加热时显示顺序驱动的 LCE 结构。用两种不同的 LC 墨水打印圆盘区域(图 5.44(a))。外边缘印有低温响应的 LCE 成分(GDMP 75/25),圆盘的内部有高温响应的 LCE 成分(PDT)。当圆盘被加热到 100 ℃ 时,结构内会顺序驱动。在 45 ℃ 时,GDMP-LCE 组件形成圆锥的一部分,而 PDT 组件在此温度下不会改变形状(图 5.44(b)、(c))。正如所预期的那样,这种+1 拓扑缺陷模式(图 5.44(d))在 100 ℃ 时,PDT 区域会响应热量,并且圆盘会形成锥形。这种逐步驱动的现象可以在圆盘横截面高度随温度的变化中看到(图 5.44(e))。这种行为在冷却后是可逆的。图 5.44(f)示出了 10 mm×

10 mm×3 mm 的多孔结构。结构大平面内的每个轴都用不同的 LCE 材料打印。如图 5.44(f)所示,y 轴使用基于 PDT 的成分打印,x 轴对应于基于 GDMP 75/25 的成分打印。当多孔物体被加热时,沿 x 轴(GDMP 75/25)的材料首先收缩,而沿 y 轴(PDT)的材料不改变形状,从而导致孔隙各向异性收缩。当硅油浴的温度超过 PDT 组件的启动温度时,沿 y 轴的材料会收缩,从而产生整体面内收缩(图 5.44(g)~(i))。由于每种材料的最大致动应变不同,因此观察到的面内收缩不是各向同性的。与 GDMP 75/25 组件在 110 ℃时相比,PDT 组件表现出更大的驱动应变(图 5.44(j))。这些形状上的顺序变化对于创建能够以可控方式响应环境条件的智能结构至关重要。例如,研究者演示了如何将各种 LCE 合并到一个结构中来生成示范性的"传感"抓手(图 5.45)。多材料智能结构的可控刺激响应可在软驱动器内实现某种形式的物理智能。

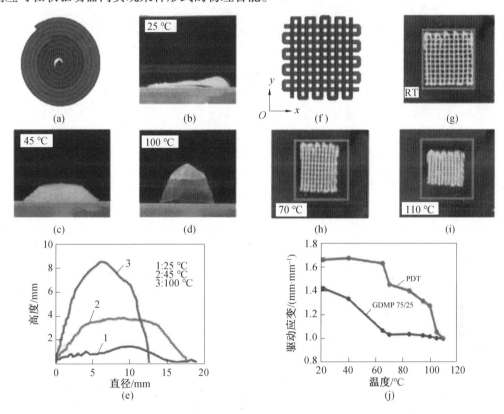

图 5.44　多材料 LCE 的顺序驱动(比例尺为 5 mm)

在这项研究中,研究人员展示了一种通用的合成途径,该途径可以将一类 LCE 进行 3D 打印成复杂的几何形状,并且可以在其中控制热机械特性(例如驱动温度和驱动应变)。可打印的向列型 LC 墨水是使用自限迈克尔加成反应合成的。然后,向列墨水的 DIW 打印用于沿着打印路径的方向局部编程分子顺序。在打印时,第二阶段的硫醇-烯光聚合反应用于将墨水永久性交联成响应性 3D LCE 结构。通过改变材料的间隔基团、交联剂或液晶原浓度,可以控制 LCE 的物理特性。此控制允许以超低的致动温度打印 LCE。此外,在单个打印结构中组合多个 LCE 会导致智能驱动器发生形状的顺序变化。

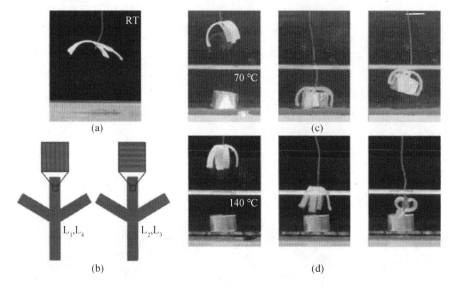

图 5.45　温度敏感型夹持器（比例尺为 10 mm）

此类 3D 打印的 LCE 可以使这些材料在智能设备中应用，从用于软机器人功能的不受束缚的驱动器到对人体温度敏感的可植入医疗设备。

5. 新型 4D 打印液晶弹性体环境打印墨水

3D 打印后能够直接改变形状的结构非常适合从软机器人到可植入医疗设备等各种应用。研究者已经对液晶弹性体（LCE）响应温度的大幅度可逆的机械驱动进行了研究。最近，人们努力采用墨水直写方式（DIW）3D 打印 LCE，但是，这些方法需要高温才能进行打印和驱动。这里介绍一种新颖的 LCE 墨水配方，允许 LCE 在室温下打印，最大驱动温度为 75 ℃。这些优势使 3D 打印的 LCE 与其他 3D 打印方法和材料集成在一起，可以创建更复杂的形状变化。通过 3D 打印 LCE 和提供焦耳热量的导线，研究者展示了活动的铰链、可逆打开和关闭的盒子、用于拾取和放置的柔软机器人抓手以及用于手语的打印手。

能够在打印后改变形状、特性或功能的 3D 打印结构，也称为 4D 打印，可能使新一代的人造肌肉、软机器人、可植入医疗设备和消费产品成为可能。4D 打印结构通常依赖于可以对外部刺激（例如，光或热）做出响应的活性材料，例如形状记忆聚合物（SMP）和水凝胶。SMP 是可以被编程（或形成）为临时形状，然后在受到其触发刺激后成为永久形状的聚合物。但是，大多数 SMP 仅表现出一种单向响应，而进一步的主动响应则需要额外的编程步骤。另外，水凝胶由于溶胀和收缩而产生较大的可逆体积变化。尽管如此，它们的响应时间还是相对较长。因此，需要进一步探索能够快速、可逆地改变形状的新材料。

液晶弹性体（LCE）是一组软活性材料，它们可以响应于诸如光和热的刺激，通过在液晶（向列）状态和各向同性状态之间进行过渡，从而实现快速、可逆的形状变化。LCE 在 1975 年由 de Gennes 首次发现，并已广泛研究其在机械驱动器、智能表面、软机器人和微型机器人中的潜在应用。传统的 LCE 需要进行机械编程，然后才能表现出可逆的形状变化。Kupfer 和 Finkelmann 使用两阶段交联方法克服了这一局限性，其中第一阶段交联形成了柔性网络,因此可以使用机械拉伸来排列液晶(或液晶元)。然后,第二阶段的固化步骤用于固定宏观的液晶元排列。然后,通过在其各向异性至各向同性转变温度(T_{NI})之上和之下进行热循环,LCE 可以在其非取向(各向同性)和取向(各向异性)状态之间交替,从而导致较大且可逆的形状变化。此过程通常需要在高温下进行第二阶段交联,以及复杂的后处理程序,包括溶剂洗涤和干燥。Yakacki 及其同事后来使用两步硫醇-丙烯酸酯迈克尔加成和光聚合(TAMAP)反应简化了两步交联过程,其中第一步是硫醇丙烯酸酯聚合,第二步反应是通过光交联发生。使用该方法获得的 LCE 可以在制造后立即加热到 T_{NI} 以上,以高达 85%的致动应变来致动。但是,仍然需要通过人工干预进行机械拉伸才能使 LCE 有序排列。这样却无法直接对 LCE 进行 3D 打印。

最近,Ware 及其同事设计了一种 LCE 墨水,该墨水使用摩尔比为 1.1∶1 的 LCE 单体与正丁胺扩链剂进行直接墨水直写(DIW)3D 打印。通过在 DIW 3D 打印过程中产生的剪切力,LCE 低聚物链沿 3D 打印路径排列。然后使用原位光交联固定 LCE 低聚物链的宏观排列或分子顺序。所产生的分子顺序决定了将打印的 LCE 物体加热到其相变温度 T_{NI} 以上后会发生形状变化响应。但是,这个方法中,T_{NI} 为 105 ℃,整个 LCE 驱动行程需要高达 200 ℃,这对于许多实际应用而言都太高了。Kotikian 等人随后通过将 LCE 单体与胺的摩尔比降低至 1∶1 改进了这种墨水配方。这将 LCE T_{NI} 略微降低了 10 ℃,但是,通过加热到 105 ℃可以实现 LCE 的完整驱动行程。Lopez-Valdeolivas 等人也进行了类似的工作,证明 3D 打印的 LCE 通过加热到 110 ℃可以实现完全的驱动行程。在这些先前的工作中,DIW 打印方案的核心是使用高温来实现 DIW 打印所需的黏度在约 10^4 cP 的范围内。然而,使用高温打印呈现出了这些方法的主要缺点。较高的打印温度也需要较高的 T_{NI},这对于许多实际应用而言都是不利的,包括生物医学设备或涉及多种材料结构的应用。在这些应用中,高温可能会导致不良影响,例如熔化、形状变化或产生残余应力。此外,高温要求也给混合 3D 打印平台带来了问题,在混合 3D 打印平台上,不同的打印方法可能会对温度变化敏感。因此,在打印 LCE 时不牺牲主要 LCE 驱动特性非常重要。

LCE 在各向异性和各向同性状态之间的过渡只能产生单向驱动。为了获得更复杂的形状变化,必须将 LCE 与其他材料结合使用。在这种情况下,结构的最终形状变化不仅取决于 LCE 特性,还取决于结构中使用的其他材料的几何形状和特性。例如,Yuan 等人将预制的 LCE 与 3D 打印结构相结合,以获得复杂结构的新颖驱动。在这项工作中,使用了多种 3D 打印方法来创建多材料框架,将预制的 LCE 放置在该框架中以驱动形状变化。因此,当 LCE 与其他 3D 打印结构集成在一起时,才能实现新颖的应用。因此,非常需要在室温条件下直接进行 3D 打印 LCE,以便用于 4D 打印结构中。

在本文中,研究者为室温条件 DIW 打印设计了一种新的主链 LCE 墨水,以便可以在多种材料系统中使用。通过掺入柔性硫醇作为扩链剂,获得了 T_{NI} 约为 42 ℃的 LCE 低聚物墨水,该墨水在室温条件下表现出剪切稀化行为和对 DIW 打印有利的黏度(10^4 cP)。这使其能够在室温下实现液晶元有序排列,并随后在打印方向上进行激活。为了展示这种新的 3D 打印 LCE 的潜力,将 LCE 的 DIW 打印结合到多材料系统中,以利用研究者团队开发的打印机创建功能性 4D 打印结构。通过仔细选择和打印 3D 空间中的材料,可以实现具有大幅度的、可逆的形状变化的独特结构。此外,一种多材料铰链被制作并用于各种复杂结构中,展示了 3D 打印 LCE 作为 4D 打印结构软驱动器的广泛潜力。

DIW 打印是用于打印 LCE 弹性体、玻璃状聚合物和导电墨水的方法。DIW 打印通过使用计算机控制的运动平台进行工作,该平台在墨水沉积过程中沿 x 和 y 方向以指定的模式移动以创建 3D 架构。装有墨水的注射器在 z 方向上移动。向注射器施加压力以通过墨水沉积喷嘴挤出材料。使用压力调节器(Ultimus V,Nordson EFD,美国伊利诺伊州东普罗维登斯)控制注射器内的内部压力。为了保持打印的 LCE 的形状和液晶元排列,应立即使用 395 nm 波长的 UV 灯对其进行光固化。为了表征打印参数对 LCE 的驱动特性的影响,使用各种速度、压力和喷嘴直径来打印 LCE。弹性体、玻璃状聚合物和导电墨水分别在 35 psi 的 10 mm/s、45 psi 的 7 mm/s 和 25 psi 的 5 mm/s 下打印。

DIW 3D 打印的优点在于,在墨水挤出过程中产生的剪切力可用于暂时排列大分子 LCE 链,从而使液晶元有序排列。图 5.46(a)中显示了 LCE DIW 3D 打印过程的示意图以及随后在打印过程中发生的 LCE 化学演变。在此,将 LCE 低聚物墨水装载到 DIW 注射器中,并使用压力通过喷嘴挤出以引起剪切,该剪切使 LCE 液晶元在打印方向上排列。沉积后,立即使用紫外线灯通过光聚合固定主链 LCE 排列。在打印和 UV 固化之后,LCE 可以在其向列和各向同性状态之间可逆地致动,以通过在 T_{NI} 之上加热来实现大的致动。

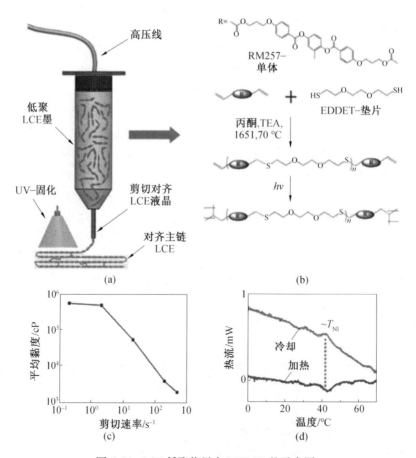

图 5.46　LCE 低聚物墨水 DIW 3D 的示意图

如上所述，LCE 墨水的 DIW 3D 打印需要以与 3D 打印相对应的剪切速率(约 50 s^{-1})进行剪切稀化，以实现 LCE 液晶元的正确排列。为此，以前设计的 LCE 墨水需要高温打印。这是因为该墨水使用胺(正丁胺)间隔基来生成 LCE 低聚物，从而制备了在室温下非常坚硬、黏稠的墨水，需要进行高温打印以降低黏度并获得剪切稀化。在这里，引入了硫醇(EDDET)作为间隔基团，因为它的链更长且更柔韧性。可以得到黏度较低的低聚物墨水用于室温打印。因此，在第一阶段反应中，液晶介晶 RM257 和柔性间隔基团 EDDET 在高温(70 ℃)下通过迈克尔加成反应以生成柔性低聚物墨水。此外，RM257 和 EDDET 以 1.15∶1 的摩尔比进行反应，以确保低聚物链被碳-碳双键封端。通过添加光交联剂，第二阶段的交联反应可通过暴露于紫外光下发生。在 DIW 打印期间将柔性的第一阶段 LCE 低聚物链排列并通过第二阶段的光交联将其固定后，可以获得 3D 打印的 LCE 驱动器。LCE 的化学结构演变如图 5.46(b)所示。

使用该方法进行 DSC 以验证 LCE 墨水获得较低的 T_{NI}。如图 5.46(d)所示，在大约 42 ℃ 的吸热峰处表征到 T_{NI}。图 5.46(c)显示了在各种剪切速率下测试的 LCE 墨水在室温下的黏度。在此，LCE 墨水用作牛顿流体，并且在约 50 s^{-1} 的剪切速率下表现出剪切稀化行为，黏度为 10^4 cP。LCE 低聚物墨水的分子量测得为 6 931 g/mol(图 5.47)，证明了 DIW 打印过程中通过剪切作用进行介晶链取向所必需的部分。通过获得在室温下具有低剪切变稀行为的 LCE 墨水，可以确定 LCE 墨水可以进行 DIW 打印并在室温条件下排列 LCE 液晶元。

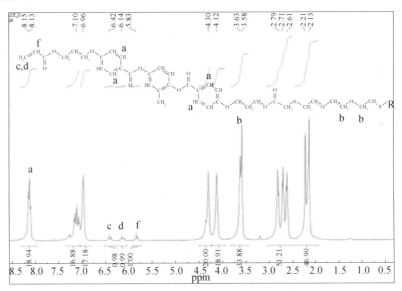

图 5.47　LCE 墨水在 CDCl$_3$ 中的 ^{1}H NMR 光谱

通过使用 POM 观察打印的 LCE 样品的双折射，可以验证直接写 3D 打印过程中 LCE 低聚物链的排列。如图 5.48(a)所示，当将打印的 LCE 放置在交叉的偏振片之间并与偏振片平行或成 0°定向时，图像会变暗。旋转 LCE，使打印方向与偏光镜成 45°时，光线可以通过，从而使图像变亮。

这种现象表明在 DIW 打印过程中,已打印的 LCE 在打印方向上具有很强的分子顺序。图 5.48(b)显示了 DIW 打印的 LCE 条带的可逆单轴驱动。LCE 的驱动应变随温度变化的关系如图 5.48(c)所示。在此,在 −20~75 ℃的温度范围内观察到 48%的可逆收缩驱动应变。75 ℃后,几乎看不到任何驱动。这与以前使用高温 DIW 打印并在 105~200 ℃的激活温度下观察到的驱动应变相当。如预期的那样,驱动特性还取决于 DIW 打印参数。图 5.48(d)表明,随着喷嘴直径的增加,驱动应变减小。这可以归因于在较大的喷嘴直径下,液晶元排列的水平降低。还使用 410 μm 直径喷嘴进行打印,测量了 DIW 打印速度对 LCE 驱动应变的影响,结果如图 5.48(e)所示。所观察到的关系是复杂的,具有非线性依赖性,并且在 6 mm/s 的速度下最大驱动应变为 48%。一方面,在低打印速度下,LCE 液晶元由于剪切而失去了方向,因为链条是彼此顶着打印,而不是平整地沉积在打印平台上。另一方面,高打印速度可能会在打印的 LCE 结构内造成缺陷,因为低聚物链不再足够紧密,无法进行正常的光交联。这可以通过在高于 7 mm/s 的速度下出现的

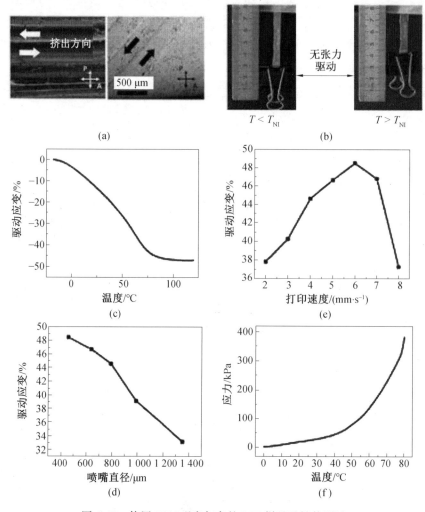

图 5.48 使用 POM 观察打印的 LCE 样品及性能测试

可见缺陷来证明。最后,测量了使用 410 μm 喷嘴直径和 6 mm/s 打印速度打印的 LCE 条带的驱动应力(图 5.48(f)),显示在 80 ℃ 时的最大应力为 385 kPa。观察到的行为是由液晶介晶在加热过程中的构型变化引起的非线性内应力的结果。这些变化引起的内部应力通常与通过热力学方程与 LCE 网络的弹簧常数 α 有关,如下:

$$\left[\frac{dF}{dT}\right]_l = -\left[\frac{dS}{dl}\right]_T = \alpha$$

其中,F 是静力;T 是温度;l 是弹性体的长度;S 是熵。力-温度曲线的斜率在向列相中的构型熵较低,但是,当达到 T_{NI} 时,观察到斜率会急剧增加。这是由于当 LCE 从向列状态转变为各向同性状态时,由加热引起的熵的大增加。

研究者展示了 DIW 3D 打印 LCE 作为多材料结构中可逆驱动器的潜力。在这里,使用混合 3D 打印机在单个层中 DIW 打印 3 种聚合物(软弹性体、玻璃状聚合物和 LCE)以创建 2D 结构,该结构在加热时可以实现不同的 2D 形状,然后冷却后回复其初始形状。

助推剂是具有负泊松比并在垂直于作用力的方向上扩展的结构,在医学领域已显示出可扩展的支架或可展开的太阳能电池的潜力。使用研究者内部开发的打印平台,可以快速制造出如图 5.49(a)所示的平整结构和如图 5.49(b)所示的收缩结构。两种结构都依赖于相同的 3D 打印 LCE 图案,但根据结构的设计不同,它们可能会产生截然不同的驱动特性。3 种 DIW 打印材料(软弹性体、玻璃状聚合物和 LCE)在图中分别显示为绿色、粉红色和白色。加热后,LCE 收缩,柔软的弹性体可能会从其原始形状变形。另一方面,玻璃状聚合物即使在高温下也保持刚性并保持其形状。如图 5.49(a)所示,通过垂直打印玻璃状聚合物,结构受到约束,并且无法在 y 方向变形。因此,所产生的变形仅在 x 方向上表现出对 LCE 收缩的 15% 的膨胀响应。另一方面,图 5.49(b)所示的打印结构仅包含在 x 方向上打印的玻璃状聚合物,因此限制了该结构仅在垂直 y 方向上变形,在 y 方向上观察到 30% 的收缩率。因此,通过打印相同的 LCE 图案并改变打印限制,研究者展示了在 x 和 y 方向上具有不同可控变形的结构。

LCE 和软弹性体都是在室温下打印的可光聚合的 DIW 树脂。因此,LCE 和软弹性体之间的结合可以通过在同一轴上打印和紫外光固化来实现。加热时,LCE 将收缩,并且固化后对温度变化不敏感的柔软弹性体将保持其尺寸,从而导致较大的面内弯曲变形。图 5.49(c)显示了一种晶格架构,其中 LCE 和软弹性体被打印在一起以实现 y 方向的弯曲和大变形。加热后,晶格结构可能会变形,从而在 y 方向上获得约 900% 的结构延伸,在 x 方向上获得约 15% 的横向收缩。此外,加热和冷却过程仅需 3 s(水浴),就能使转换非常迅速地发生。

最近,Bertoldi 等人证明了使用机械变形来变换声子带隙的应用,其应用范围从声学滤波器到隔振器。这里可以依靠 LCE 在加热时产生的无应力变形来触发声子带隙转变。优先放置 LCE 的 3D 打印声子结构可以在图 5.49(d)中看到。在这种情况下,简单的热变化可能会产生声子带隙转换。利用这种多材料结构,仔细施加热载荷可以产生特定的带隙图案,可用于制造光开关。

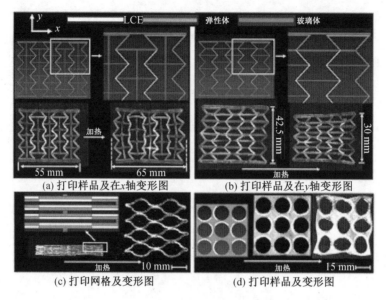

图 5.49 打印平台照片,快速制造平整结构和收缩结构(彩图见附录)

LCE 已被广泛用于生成可逆的形状记忆几何体,该几何体能够从平面的 2D 结构转换为 3D 结构。最近,这些可逆变换已被用于辅助激活能够爬行或游泳的软机器人结构。在这里,制造了一种使用 LCE 作为驱动元件的 3D 打印的多材料铰链,该铰链可以用作各种软主动结构的基础。图 5.50(a)显示了多材料 LCE3D 打印铰链的示意图。首先,打印两个 60 mm×10 mm 的柔软弹性体层,以形成 1 mm 厚的基板。然后,在铰链上打印单个 30 μm 厚的喷墨层,以创建可在其上打印导电墨水的平坦表面。接下来,采用 DIW 打印 1 mm 宽、20 μm 厚的导线迹线,提供焦耳加热,通过加热使温度高于其 T_{NI} 来驱动下一层 DIW 打印的 LCE(0.5 mm 厚)。因此,当使用电源施加电流时,由于导线产生的焦耳热,LCE 的长度将收缩。弹性体基底和收缩的 LCE 之间的随后应变梯度导致了大的弯曲变形。

图 5.50(b)展示了 LCE 铰链在不同施加电流下的致动特性。使用 Image J 软件测量各种施加电流下铰链的弯曲角度,结果如图 5.50(c)所示。弯曲角度逐渐增大,然后在 LCE 的完全收缩应变后稳定下来。建立了结合导线产生的焦耳热和双层弯曲理论的理论模型,以确认铰链的弯曲行为。如图 5.50(c)所示,实验与模型之间观察到良好的一致性。基于以上基础研究,进一步设计了依赖 LCE 铰链的主动结构。

一个多材料折叠盒有两组独立的导线,以产生顺序折叠,这在许多实际的软机器人应用中都非常需要。在此,如上所述,在喷墨打印面板之间打印了 30 mm×15 mm 的基于 LCE 的主动铰链。面板以 40 mm×30 mm 的平面尺寸和大约 1.5 mm 的厚度进行喷墨打印。如图 5.50(d)所示,向标有"1st Fold"的铰链施加 1.25 A 的电流后,两个侧面板被激活并向上折叠。接下来,向标有"2nd Fold"的铰链施加 1.25 A 的电流,使盒子完全合上。在关闭电流时,所有铰链均返回其初始的平坦位置。盒面板的激活和恢复大约需要 4 min。使用 3D 打印获得的设计自由度,将来的结构可以包含多条单独的导线,以创建更多更为复杂的结构。

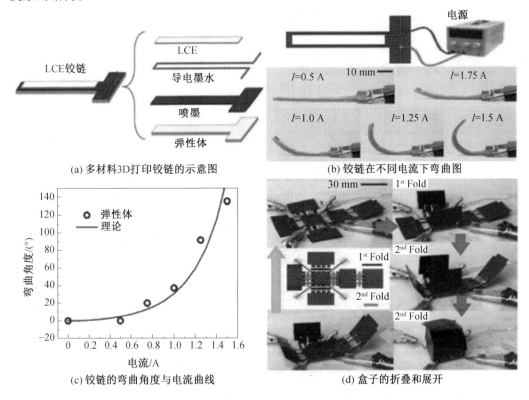

图 5.50　LCE 为有源组件的多材料 3D 打印铰链的示意图

人们已经探索了软机器人抓爪在易碎物品,生物以及药物输送装置中的用途。Wani 等人证明了基于 LCE 的驱动器的快速光致弯曲,该弯曲模仿了维纳斯捕蝇器的抓握行为。研究人员演示了一种 3D 打印的软机器人抓取器,该抓取器依赖于 4 个 LCE 铰链,这些铰链的打印尺寸与上述相同。施加电源时,可以通过 LCE 铰链的夹紧力拾取物体,并且在关闭电源时,物体会被释放。图 5.51(a)显示了在通电和断电期间实现可逆驱动的软机械手。如图 5.51(b)所示,然后用柔软的机械手抓取一个乒乓球,并将其从一个支架放到另一个支架上。施加电流并握住乒乓球大约需要 30 s,而乒乓球下降则仅在关闭电流后的 5 s 内。

3D 打印的主要优点之一是可以快速制造结构独特的物体,以实现按需实施。另一方面,根据用于激活的机制(例如电动机或齿轮),传统的机器人技术需要非常精确的形状和最终物体的尺寸。通过演示模仿作者手的独特形状的 3D 打印软机器人手来克服这些限制。研究人员展示了组成手的手指似的 5 个打印 LCE 铰链的精确、可逆激活,以创建手语字母,如图 5.52 所示,根据每个手指的独特长度调整铰链。图 5.51(b)~(d)显示了通过向特定的手指铰链施加电流以产生弯曲而形成字母 F、L 和 V 的过程。关闭电流后,指针将呈现其原始的扁平形状。由于缺乏主动冷却,每个手指使用 1.5 A 的电流,需要大约 5 s 的弯曲时间和 1 min 的冷却时间。将来,即使是来自用户高度放大的神经系统信号

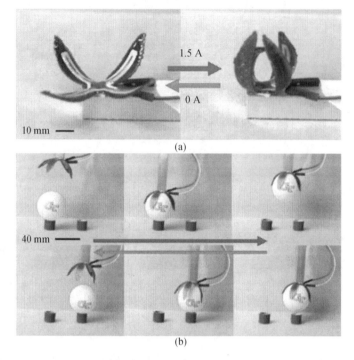

图 5.51 电响应铰链软机械手

的 3D 打印软手,也能够智能地响应电刺激。

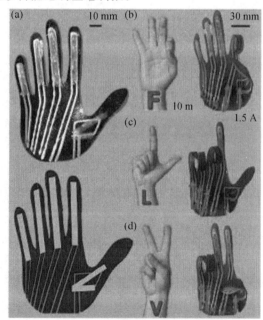

图 5.52 LCE 铰链的手示意图

在这项工作中,提出了一种新的 LCE 墨水配方,可以在室温下进行 DIW 3D 打印以形成 LCE,而且可以在打印后立即启动它。通过在 LCE 墨水中使用柔性硫醇作为间隔基,

可将 T_{NI} 降低至 42 ℃,并获得 DIW 打印和挤出过程中 LCE 链取向所需的剪切稀化效果。然后,使用多种材料的多方法打印来创建无数新颖的结构,包括基于 LCE 的主动铰链,该铰链能够实现大的、可逆的弯曲,该弯曲可通过打印导线产生的焦耳热来激活。然后,使用这种简单的设计来创建 3 个演示结构:一个能够可逆打开和关闭的盒子,一个用于拾取和放置的柔软机器人抓手以及一只带有 5 个可逆动手指的手,以产生各种手语。使用此处介绍的简单制备、打印和激活机制对双向形状记忆 LCE 进行 4D 打印,可以为扁平包装的智能结构或可植入医疗设备实现新一代的快速制造。

6.4D 打印的液晶弹性体具有可控性方向梯度

液晶弹性体(LCE)是一类能够在外部刺激的触发下,在形状上产生较大且可逆的变化的软质材料,可以通过四维(4D)打印制成具有复杂变形模式的多种结构。然而,可打印的 LCE 墨水仅是聚合物前体的形式,并且变形模式限于收缩/延伸变形。在本文中,介绍了一种突破这些局限性的新颖方法。通过墨水直写(DIW)技术实现了各向同性状态的单组分液晶聚合物墨水的 4D 打印。喷嘴在挤压打印过程中的移动所施加的拉力能够使液晶元单元沿着特定的打印路径排列。由于在打印样品的两侧之间存在温度梯度,因此获得了垂直于打印方向的取向梯度,并且可以通过 LCE 中的可聚合基团通过后光交联处理进一步固定该梯度,从而实现了一种新的 LCE 驱动器的基于挤出的打印领域中的驱动模式。打印后的薄膜能够从条带可逆地变为紧实的空心圆柱体,并且可以以 600 倍左右自身质量可逆地提起物体。可以通过液体辅助打印或程序结构设计来对取向梯度进行图案化,以将弯曲和收缩驱动模式集成在同一打印样品上,从而导致复杂的变形,并将二维(2D)平面多孔结构转换为三维(3D)多孔圆柱过渡。这项研究为直接打印具有多种驱动模式的各种 LCE 驱动器开辟了新的前景(图 5.53)。

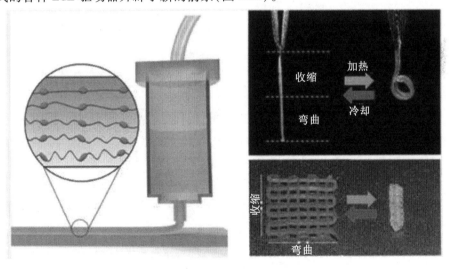

图 5.53 3D 打印过程及样品图

液晶弹性体(LCE)是一种智能材料,在外部刺激(例如热或光)的触发下,能够发生可逆、大而快速的形状变形。具有吸引力的特性使 LCE 成为许多应用的理想材料,例如软机器人、人造肌肉和传感器。为了实现这种变形,需要液晶单元的排列和网络交联。制备 LCE 通常包括两个步骤,首先将部分交联的液晶聚合物拉伸以定向取向液晶元,然后完全交联。开发了一种赋予液晶弹性体更复杂的形状变化和功能的新制造方法。作为一种起源于三维(3D)打印的有前途的制造技术,四维(4D)打印允许制造能够在刺激下随时间改变形状的智能材料,并使静态 3D 打印结构具有在精确位置和形状上自我移动的能力。由于其易于定向,利用液晶聚合物作为墨水进行 4D 打印可以使研究人员获得具有多种形状驱动力的多功能材料。通过基于挤出的 4D 打印排列液晶元单元,不仅简化了制备液晶弹性体驱动器的传统方式,而且还赋予了其复杂的变形模式。例如,Ware 和同事设法利用由直写打印施加的剪切力来使 LCE 分子排列,随后进行快速的光交联以锁定排列。通过控制打印路径以编辑局部分子取向,可获得负热膨胀系数或快速变形的特性。

尽管已经采用了几种方法来探索将 4D 打印与液晶弹性体结合以获得理想的取向结构的可能性,但是墨水直写(DIW)是制造 LCE 驱动器的最常用的打印方法,因为它具有材料和设备保持一致的特点。但是,DIW 的固有限制使其无法实现更复杂的分子排列,而这对于形变至关重要。黏度和取向之间的平衡始终是一个挑战。如果打印温度低于各向同性转变温度(T_{NI}),则可以实现液晶元单元的排列,但是同时,墨水的高黏度使其难以通过喷嘴挤出。当温度高于 T_{NI} 时,尽管可以随着温度升高而获得合适的黏度,但是不能在各向同性状态下形成取向结构。为了获得适合打印的液晶墨水,研究人员使用的墨水仅限于多种成分,包括液晶前体、光引发剂和扩链剂的组合。此外,为了确保液晶元的排列,通常在向列相中将执行的打印温度限制为 T_{NI}。因此,由于黏度和取向之间的难题,对直接打印大量液晶聚合物材料构成了严峻的挑战。此外,单层打印样品的变形仅限于收缩和延伸,并且还没有更多的通过 DIW 进行 LCE 的变形模式。

为了克服上述所有挑战,有研究人员提出了一种新方法,可以成功实现各向同性状态的单组分液晶弹性体的 4D 打印。通过这种方法获得的驱动器能够响应于热刺激而弯曲和收缩。与在低于 T_{NI} 的打印温度下基于单体前体的 4D 打印液晶弹性体驱动器不同,他们使用单组分联苯基液晶主链聚合物(图 5.54(a))作为可通过直接打印的可打印墨水以其各向同性状态(200 ℃)进行打印。这是首次使用 DIW 方法以各向同性状态打印单组分液晶聚合物的演示。当将挤出的墨水冷却至向列状态时,在打印过程中产生的拉伸力能够使介晶元沿打印路径排列。由于在冷却过程中侧基中相邻苯环的强烈 π-π 相互作用,因此可以保持排列状态。形成了垂直于打印方向的取向梯度,并且可以通过肉桂基的光固聚化进一步固定(图 5.54(b))。因此,通过基于挤压的打印实现了组合的弯曲/伸展驱动行为(图 5.54(c))。应该注意的是,尽管通过多种方法长期以来就已经实现了弯曲之类的变形,但通常需要 35~40 个复杂的准备过程。因此,本发明的一项重要发现是,可以通过简单的 3D 打印直接形成取向梯度结构,从而实现宏观的弯曲驱动。此外,可以通过液体辅助打印和程序化结构设计来构图取向梯度,以整合同一打印样品上的弯曲和收缩变形,从而导致复杂的变形和 2D 平面多孔结构向 3D 多孔结构过渡。

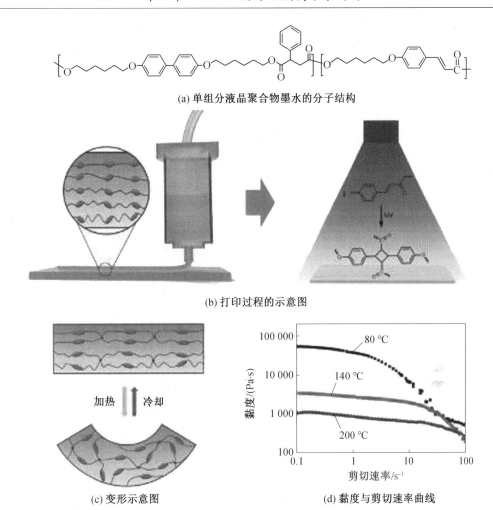

图 5.54 单组分液晶聚合物墨水的分子结构,打印过程的示意图

根据先前报道的方法合成了 4,4′-双(6-羟基己氧基)-联苯(BHHBP)和 4-(6-羟基己氧基)肉桂酸(6HCA)。将 4,4-联苯酚(27.43 g,0.087 mol)、6-氯-1-己醇(66.93 g,0.293 mol)和 KI(0.71 g,质量分数 0.75%)添加到含有 K_2CO_3(205.01 g,0.890 mol)的 500 mL DMF 中。将混合物在 150 ℃下搅拌 24 h,然后过滤。将残余物倒入 500 mL 水中,用盐酸中和,并过滤。粗产物用 600 mL 蒸馏水洗涤,从氯仿中重结晶,然后在 85 ℃在真空下干燥 24 h,得到白色固体产物(42.6 g,收率 75.13%)。根据以下步骤合成 6HCA。将对香豆酸(20.0 g,0.120 mol)和 KI(0.12 g,质量分数 0.3%)添加到 KOH(20.64 g,0.368 mol)的 84 mL 去离子水和 240 mL EtOH 的溶液中。将混合物在 90 ℃下搅拌 10 min,然后在溶液中加入 6-氯-1-己醇(20.0 g,0.148 mol)。之后,混合物在 90 ℃下反应 48 h,然后倒入 800 mL 水中。沉淀物用盐酸中和并过滤。将残余物用 800 mL 蒸馏水洗涤。粗产物从 $EtOH/H_2O$ 中重结晶,然后在 60 ℃下真空干燥 24 h,得到白色固体产物(25.3 g,产率 79.8%)。单体合成的详细表征可在图 5.55 和图 5.56 中找到。

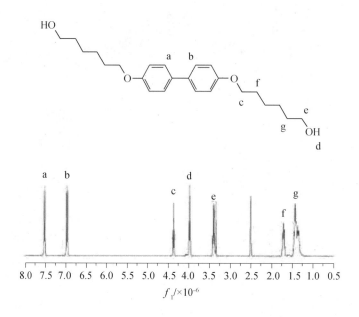

图 5.55　DMSO-D$_6$中的 4,4′-双(6-羟基己氧基)联苯(BHBBP)的 ^{1}H NMR 光谱

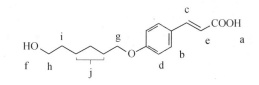

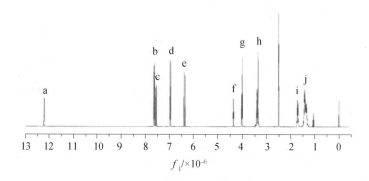

图 5.56　4-(6-羟基己氧基)肉桂酸(6HCA)在 DMSO-D$_6$中的 ^{1}H NMR 光谱

将 BHHBP(2.899 g,0.007 5 mol)、PSA(1.456 g,0.007 5 mol)和 6HCA(0.529 g,0.000 25 mol)装入装有氮气入口和出口、机械搅拌器的 100 mL 三颈烧瓶中并连接到真空管线的蒸馏瓶。另外,向烧瓶中加入 0.009 757 5 g(质量分数 0.2%)的乙酸锌和 0.014 75 g(质量分数 0.3%)的 Sb$_2$O$_3$作为催化剂。在开始反应之前,吹扫氮气以低速除去空气。然后将烧瓶置于预热至 180 ℃的硅油浴中直至反应物熔化。然后,将氮气的速率增加至约 18 mL/min 以排出水分,并以 70 r/min 的速度进行机械搅拌。将系统保持 1 h,

然后在1 h内加热到200 ℃,再保持3 h。最后,将系统保持30 h至50 Pa的高真空0.5 h。最后,在聚合完成之后,将烧瓶在氮气保护下冷却至室温。所得聚合物的 MN = 21 200 g/mol,PDI = 2.3(图5.57)。

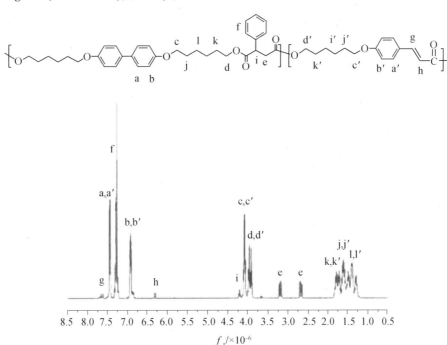

图 5.57　液晶聚合物墨水在 $CDCl_3$ 中的 ^1H NMR 谱

使用购买的3D生物打印机(Regenovo,Bio-Printer-WS,中国)进行打印。将墨水加载到钢桶中,然后将温度设置为200 ℃,并使用温度控制器将平台温度保持在10 ℃。在打印之前将系统保持0.5 h以达到稳定状态。然后在氮气压力下使用直径为0.41 mm的喷嘴将墨水挤出,同时喷嘴在特定方向上移动,以将聚合物墨水沉积在平台上。打印路径由打印机软件生成的G代码控制。在打印过程结束时,将打印的样品每侧以80 mW/cm^2 的强度暴露于UV光(Omnicure S1500)中1.5 h,以达到均匀的交联。溶胀实验表明该膜已成功交联(图5.58)。为了获得具有弯曲和收缩模式的样品,将硅油介质用作接收浴。根据期望的效果,在相同的打印过程中,将墨水打印在液体介质上或无液体的区域上。例如,对于"9"形变形样品,弯曲部分被打印在液体介质区域中,而收缩部分被打印在无液体区域中。通过在普通平台(无液体介质)上打印获得具有双层多孔结构的样品。当第一层完成时,喷嘴向上移动以在第一层上方的位置上打印第二层结构。

图 5.58 溶胀实验(比例尺为 10 mm)

此处使用的墨水仅包含单组分液晶聚合物(图 5.54(a))。为获得合适的打印黏度,使用分子量相对较低(21 200 g/mol)的聚合物作为墨水,该墨水的近晶至向列相转变温度(T_{SN})和 T_{NI} 分别为 52 ℃ 和 66 ℃(图 5.59)。由于聚合物内部的链缠结,即使在高于 T_{NI} 的温度(80 ℃ 和 140 ℃)下,墨水也能保持较高的黏度(图 5.54)。但是,当温度升至 200 ℃ 时,黏度会显著降低,并且墨水会表现为黏性液体,其剪切损耗模量(G'')超过存储模量(G')(图 5.60)。因此,选择 200 ℃ 作为打印温度,并且可以在该温度下,在氮气压力下挤出墨水。此外,热失重分析结果(图 5.61)显示,氮气气氛中的分解温度约为 373 ℃,远高于打印温度,表明墨水能够保持其在如此高的打印温度下,在氮气环境中具有稳定性。

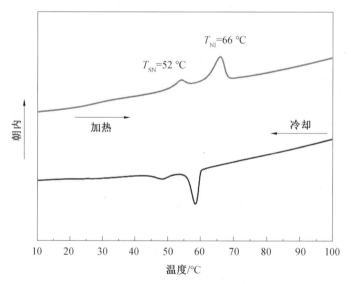

图 5.59 LC 墨水的冷却和加热循环的代表性 DSC 曲线

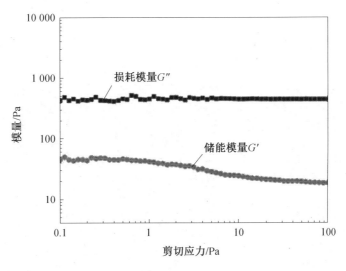

图 5.60　LCE 墨水在打印温度(200 ℃)下,储能模量和损耗模量与剪切应力的关系的对数图

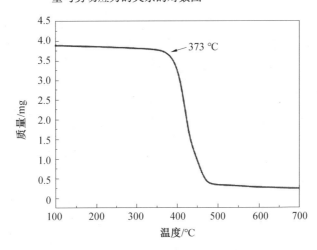

图 5.61　LC 墨水的热失重分析,在 373 ℃时失重 5%

在打印的 LCE 条带中形成的取向梯度会导致奇特的驱动行为。为了研究其驱动性能,以 0.41 mm 的喷嘴直径以 0.5 mm/s 的打印速度打印了单层 LCE 膜(20 mm×2 mm× 0.05 mm)。从偏振光学显微镜图像中,可以沿着受控的打印路径(图 5.62(a)、(b))清楚地观察到分子取向引起的双折射。当打印路径平行于偏振器或与偏振器成 45°时,单轴打印的 LCE 膜分别呈现深色或明亮的颜色。由于打印精度不同,相邻丝之间的重叠可能会导致打印路径边缘的差异。在 50~75 ℃之间加热和冷却时,观察到弯曲延伸变形行为(图 5.62(c))。薄膜可以从条带($r \sim \infty$,r 代表圆柱体的半径)可逆地变为紧密空心的圆柱体(r 约 1 mm)。重复 10 次加热/冷却循环后,薄膜仍可以保持良好的变形稳定性(图 5.63(a)),打印薄膜的变形随温度变化而变化(图 5.63(b))。当温度冷却到低于 T_{NI} 时,三维圆柱逐渐恢复为平面矩形,当温度降至 50 ℃时该矩形稳定。在承重实验中(图5.62

(d)),重 0.02 g(双层,25 mm×5 mm×0.1 mm)的条沿打印方向收缩,在 7 mm 的长度上举起12.56 g的质量,这意味着较薄的 LCE 薄膜可以将其自身质量的大约 600 倍可逆地提升 7 mm。所有观察结果表明,打印样品具有出色的驱动性能。

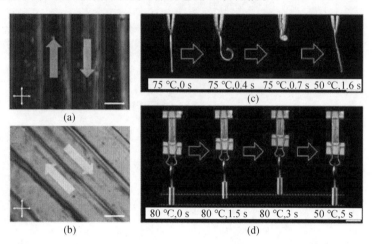

图 5.62 在 0°(a)和 45°(b)处与偏光片相连的已打印样品的偏振光学显微镜图像
(a)与(b)中箭头表示打印方向,比例尺为 0.2 mm;(c)加热和冷却后打印条的可逆弯曲变形过程,比例尺为 4 mm;(d) 打印的双层带材(0.02 g)的举重的照片,比例尺为 10 mm

先前的研究指出了在打印过程中保持墨水向列状态以保持取向的重要性。在 LCE 的基于挤出的打印过程中,只有两种力可用于排列液晶元,即来自喷嘴的剪切力和由喷嘴沿打印方向的移动引起的拉伸力。但是,这里的剪切力由于操作温度高而失效,该操作温度使墨水变成各向同性状态。对于各向同性墨水,剪切力不足以形成并保持对准状态,这已通过 2D-XRD 图案中的完整衍射环得到了验证(图 5.65)。从喷嘴直接挤出的长丝没有形成取向结构。但是,通过将平台温度控制在 10 ℃,可以在样条的顶侧和底侧之间建立具有明显温差的温度梯度。因此,当各向同性高温墨水从喷嘴中挤出并逐渐沉积到低温平台上时,在冷却的过程中,墨水将经历从各向同性状态到向列状态的转变(图 5.64(a))。当将挤出的长丝冷却至向列状态时,通常在 52 ℃左右(图 5.64(b)),长丝会受到喷嘴运动产生的拉力,导致液晶元单元沿着特定的打印路径排列。温度梯度不仅沿厚度方向存在,而且沿流动方向存在(图 5.64(b))。最后,将单轴排列的样条冷却至 10 ℃并固定在平台上。灯丝的顶侧和底侧之间的温度差导致两侧的冷却速率不同,从而导致不同的对准状态。对于与低温平台直接接触的底侧,将液晶元单元冷却并固定在平台上,而没有充分排列。相反,灯丝的顶侧具有足够的时间用于排列以形成良好的取向。由此,形成具有垂直于打印方向的梯度的取向结构,导致从底侧到顶侧的弯曲变形(图 5.62(c))。Gantenbein 的工作也报告了类似的结果,其中芯壳结构是由不同的冷却速率形成的。

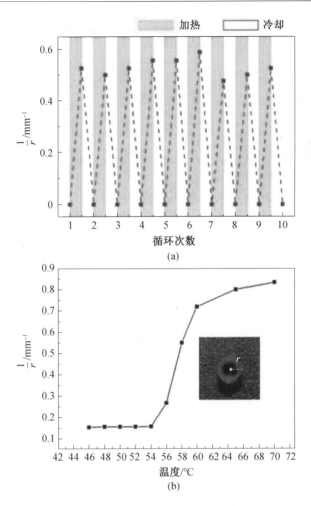

图 5.63 T_{NI} 上方和下方循环 10 次后,打印样品的可逆驱动行为(a)及圆柱半径随温度变化(b)

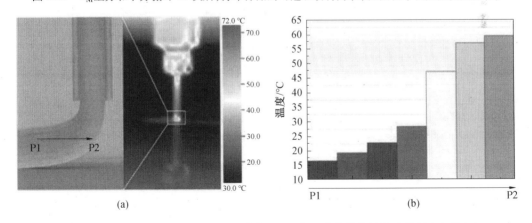

图 5.64 挤出过程的示意图和红外热像仪(a)及高温喷嘴挤出的长丝的温度变化(b)

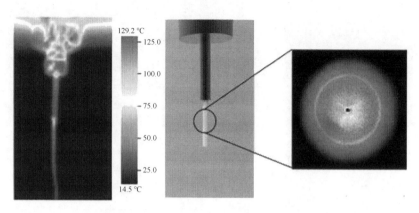

图 5.65 从喷嘴挤出的细丝的红外热成像和相应的 2D-XRD 图谱

为了形成明显的取向,需要特定的温度范围。从各向同性墨水到低温平台的逐渐温度变化导致沿厚度方向形成方向梯度。因此,打印样品的厚度对取向梯度的影响不可忽略,这反映在曲率 $k = 1/r$(其中 r 是圆柱半径)的变化时,$T>T_{NI}$,而较小方向梯度,曲率越小。为了证明厚度的影响,以 0.5 mm/s 的固定打印速度制备了具有不同厚度(50 μm、100 μm 和 150 μm)的样品(20 mm×2 mm)。对于较厚的样品,由于低温平台的冷却作用减弱,顶侧附近的温度逐渐变得不适合定向,从而导致定向度降低。结果表明,随着厚度的增加,曲率(k)和取向参数(S)(通过 X 射线衍射计算)减小(图 5.66(a)、(b))。高度

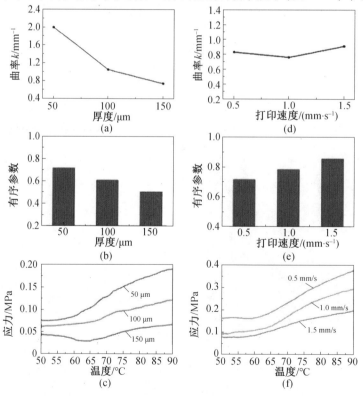

图 5.66 样品参数对曲率、有序参数、应力的影响

有序的液晶元单元会导致弯曲力增强,这可以通过在 0.2% 固定应变下随温度升高而产生的应力变化来验证(图 5.66(c))。当温度升至 65 ℃ 左右时,开始出现明显的应力增加,表明分子顺序发生了变化。由于内部应力是由方向变化引起的,因此方向较弱的较厚样品会产生较低的应力。

与拉伸力相关的打印速度是影响取向结构的另一个关键因素。以不同打印速度(0.5 mm/s、1.0 mm/s 和 1.5 mm/s)打印的样品(20 mm×2 mm×0.05 mm),研究其对取向状态的影响。为了避免厚度的影响,在不同的打印速度下应用不同的氮气压力以获得相同的厚度。随着打印速度的增加,由于相同的厚度,方向梯度不会显著变化(图 5.66(d))。但是,由于拉伸力的增加,测量平均取向度的有序参数(图 5.66(e))随着打印速度的增加而增加。内部应力的变化与取向情况一致,对于以 1.5 mm/s 的速度打印的样品,当温度升至 90 ℃ 时,应力达到最大 0.31 MPa(图 5.66(f))。

通过控制打印参数,可以局部编程方向梯度。如前所述,正是打印样本顶面和底面之间的温差导致了取向梯度的形成。因此,通过缩小或消除该温度差,可以对取向梯度结构进行构图。在此,引入了液体辅助打印(图 5.68)以实现该目标。特别地,将硅油介质预先放置在平台上以消除温度梯度以达到均匀排列。通过控制液体介质在特定打印区域上的位置,可以获得不同的形变模式。液体介质辅助打印区域具有均匀的取向并呈现出收缩形变,而无液体介质打印区域具有取向梯度且呈现出弯曲形变。例如,当将一半的打印区域放在液体介质中时,矩形样本可以更改为 9 形(图 5.67(a)、(c))。相比之下,在液

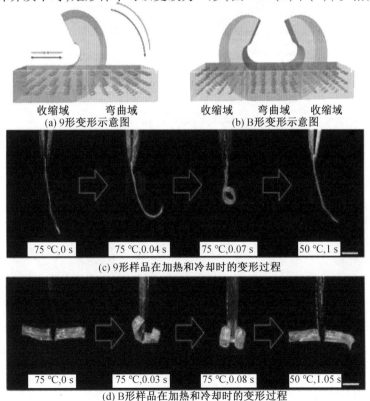

图 5.67　图案化的方向梯度结构的变形(比例尺为 4 mm)

体介质中仅打印矩形的中间部分,导致中间部分收缩,两端弯曲,从而导致"B"形变形(图5.67(b)、(d))。或者相反,中间变成收缩区域,两端弯曲,导致"U"形变形(图5.69)。

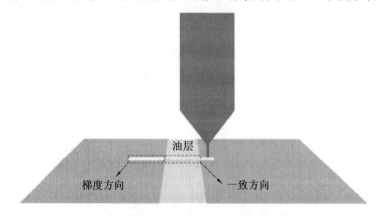

图 5.68　液体辅助打印过程的示意图

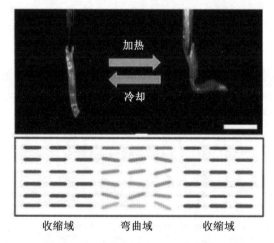

图 5.69　"U"形变形在两端收缩,在中间弯曲(比例尺为 10 mm)

方向控制功能也可以通过独特的结构设计来实现。为了证明空间结构对方向的影响,以 1 mm/s 的打印速度制造了一个交叉的双层多孔结构(10 mm×10 mm×0.25 mm)。底层包含沿 X 轴的方向,而顶层包含沿 Y 轴的方向。当温度高于 T_{NI} 时,形状可以从二维多孔平面转换为三维多孔圆柱结构(图 5.70(a)、(b)),并且沿 X 方向向外弯曲和沿 Y 轴的平面内收缩。当温度升至 75 ℃时,这种形状转变发生在 0.1 s 内;当温度降至 50 ℃时,圆柱结构可以在 1.75 s 内恢复到原始平面形状。这种现象背后的原因是底层和顶层之间的取向状态不同。对于顶层,温度梯度仍然存在,但是,由于缺少与低温平台的直接接触,因此定向性不如底层(图 5.71(a))。因此,在两个交叉的取向层之间存在弯曲竞争,其结果是抑制了弱取向顶层的弯曲。因此,该二维多孔平面沿着底层打印方向(X 轴)弯曲并且沿着顶层打印方向(Y 轴)收缩,从而形成三维多孔圆柱体。研究人员通过控制不同的堆积密度,即细丝的数量,获得各种尺寸的圆柱体(图 5.71(b))。为了证明圆柱尺寸的可控性,打印了具有不同堆积密度的平面多孔结构(10 mm×10 mm×0.25 mm)。当堆积密度从40%增加到80%时,圆柱半径先增大,然后减小。当堆积密度为60%时,半径达到最大值为2.5 mm,且对底层的抑制作用最小,高度达到最大值,即9.5 mm。

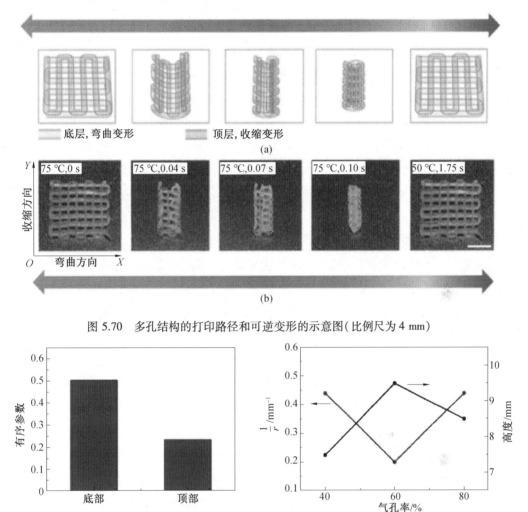

图5.70 多孔结构的打印路径和可逆变形的示意图(比例尺为4 mm)

图5.71 多孔结构的底层和顶层的取向参数(a),不同堆积密度对多孔结构变形半径和高度的影响(b)

总而言之,研究者目前展示了一种利用直写技术打印各向同性单组分液晶聚合物以制造LCE驱动器的新方法。喷嘴移动施加的拉力能够使挤出的墨水沿着特定的打印路径排列。打印两侧之间的温度差而形成取向梯度状态。取向梯度可以通过液体辅助打印和图案化的结构设计来进行图案化,导致的复杂变形是通过对同一样品进行弯曲和收缩驱动来形成的。打印的二维平面多孔结构能够可逆地转换为三维多孔圆柱体,其中沿X轴的平面向外弯曲,沿Y轴的平面内收缩。在这项工作中提出的打印方法和变形模式显示出LCE在软机器人和人造肌肉中有着巨大的应用前景。

7.4D 打印驱动器与软机器人

软材料通过编程发生可逆的形状变化，可以应用在光学、医学、微流体学和机器人等领域。交联的液晶聚合物能够实现响应。然而，驱动器的复杂性和尺寸是当前受到限制的主要问题。使用 3D 打印技术，可创建刺激响应型液晶弹性体结构。打印过程设计了可逆的形状变形行为，为反应性聚合物系统的制备提供了新的思路。这项技术制备的薄膜拥有前所未有的几何形状，复杂的功能以及超出典型薄膜的尺寸。因此，提出的基本概念和装置克服了目前驱动能量的局限性，从而缩小了材料和实际应用之间的差距。

响应于外部刺激，以编程方式可逆地改变形状的软材料结构是实现新型驱动器和智能设备在医学中应用的基本要素，例如微流体技术、自适应光学器件、触觉器和机器人技术。使用的材料包括通过气动或液压方式致动的弹性体、电动聚合物以及在溶胀时会发生形变的图案化水凝胶。能够执行复杂运动的器件的进一步开发需要适当的材料和加工技术，以实现对机械响应的精确控制。此外，在走向实际应用的过程中，通常有必要使这些元件小型化，以大批量生产它们，或者将它们与其他材料、元件或设备集成在一起。交联的液晶聚合物（LCP）作为候选原料已引起了广泛的关注，因为它们对不同的外部刺激（如热、光、pH 或湿气）表现出宏观的机械响应。具有受控分子取向的这些材料的薄膜已被广泛用于实现各种响应的元件或设备。但是，这些元件的薄膜特性明显限制了可用于驱动的能量。而且，目前很难创建多功能和多响应的系统。对于这些 LCP 结构在实际应用中的真正开发和整合，生成从小到大的不同元件的能力至关重要。这就需要对材料的形态和特性进行精确控制，明确复杂几何图形中进行指向矢定向，以共同对机械响应进行精确控制。

增材制造技术可实现表面材料图案的数字生成或三维物体的制造。传统材料的 3D 打印的无活性的 3D 物体具有静态形状，而响应材料的 4D 打印则增加了第 4 个维度，因为它是在适当的刺激下随着时间的推移而改变其形状的体系结构。有研究者报告了液晶弹性体（LCE）宏观和微观结构的 4D 打印。打印过程能够实现对所施加的 LC 材料的局部各向异性的数字控制。这样就可以精确地设置力的大小和方向，以响应外部刺激，从而在空间和时间上对结构进行可逆形状变形。尽管最近报道了 4D 打印中带有各向异性纤维素纤维的水凝胶，这些材料的机械响应是基于水溶胀的，但由于特定而严格的环境而限制了其适用性且启动所需时间较长以及有几分钟的缓慢响应时间。与此相反，LCP 可以精确地定制为对水分以外的多种刺激具有可逆性响应，并且所用时间更短。通过堆叠两层或更多层 3D 打印材料，所得组件能够克服薄膜的有限能量，从而拓宽 LCP 薄膜技术的范围。这些材料能够用于具有高工作能力的复杂人造肌肉。

墨水是在链端带有丙烯酸酯基团的反应性主链 LCP 和光引发剂的混合物（图 5.73(a)）。通过将 LC 二丙烯酸酯加到正丁胺中来制备反应性聚合物。墨水在室温

(RT)下表现出黏弹性,仅用镊子从聚合物中手动拉长纤维就可以形成长纤维。所用胺的亚化学计量的含量有利于聚合物链在其末端保留丙烯酸酯基团。反应性基团随后可以在第二阶段中通过紫外线(UV)引发的自由基聚合进行反应。

基于 Ware 等报道的合成方法,将胺和反应性单体以 1∶1.01 的摩尔比添加到烧瓶中。添加质量分数1%的光引发剂。加入与总反应物相同质量的 THF 作为反应溶剂。使用磁力搅拌器将溶液搅拌均匀,并在敞口烧瓶中于 70 ℃下反应 24 h。24 h 后,在加入 THF 之前,样品在质量分数 1%内恢复了初始质量。

使用基于挤压的3D打印机墨水直写打印,该3D打印机由与流体分配器相连的计算机数控(CNC)路由器组成。图 5.73(b)显示了制造过程的示意图:挤出和沉积后,可以通过 UV 曝光固化所得的打印丝线。UV 引发了丙烯酸酯端基的聚合,产生了交联的弹性体。在挤出和沉积过程中,预计剪切力和/或伸长流动会有利于聚合物链的排列,从而沿针的移动方向建立液晶元的取向顺序(图 5.73(c))。

图 5.73(d)、(e)分别为相对于第一偏振器透射方向的 0°和 45°处打印在玻璃板上的材料线的偏振光学显微镜(POM)图像。这些 POM 图像以及使用含二色性染料的墨水进行的打印实验(图 5.72)表明,液晶元在打印方向上排列。光聚合后,即使在沉积后数分钟进行曝光,该线仍具有与未固化样品相同的各向异性特征。如图 5.73(b)所示,可以逐层重复打印过程。

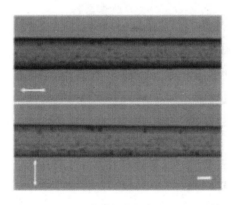

图 5.72　LC 沿打印方向排列,用平行偏振镜拍摄的 POM 图像(比例尺为 100 μm)

图 5.73(f)显示了以不同速度打印的冷冻断裂线的横截面扫描电子显微镜(SEM)图像。从估计的横截面面积可以看出,在固定的挤出压力下,单位长度的材料挤出量会随着速度的降低而增加。在通过针尖的材料体积流量恒定的情况下,所有线的横截面面积与打印速度的乘积是恒定的(图 5.74)。打印速度也严重影响沉积材料的排列方式(图 5.75)。相对于针的内径(ID)而言,变细的打印线会产生清晰排列的双折射线这一事实显示出了伸长流动机制的重要性,这种流动机制通常用于获得此类材料的纤维。在针头内的剪切流动过程中,尤其是当聚合物在基板和针尖之间拉伸时,也会发生链排列。

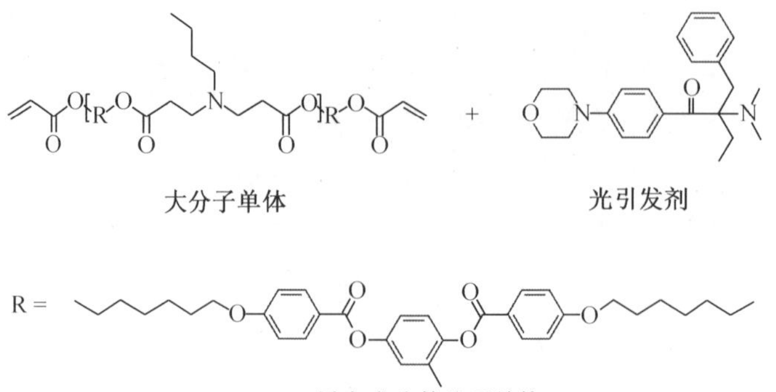

(a) 墨水成分的分子结构

(b) 打印过程示意图

(c) 打印样品示意图

(d) 样品1 　　(e) 样品2 　　(f) 样品截图

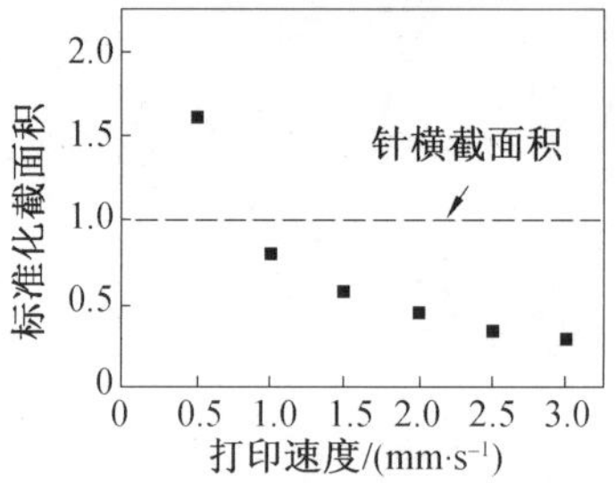

(g) 标准化截面积-打印速度散点图

图 5.73　LCE 的 4D 打印

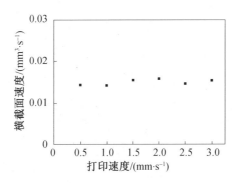

图 5.74 通过针尖的材料体积流量恒定的情况下,横截面速度与打印速度的关系

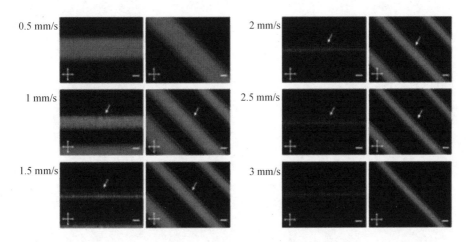

图 5.75 在不同针头位移速度下的 LC 对准,以不同的针位移速度打印的线条的 POM 图像(比例尺为 100 μm)

交联 LCP 中的取向顺序导致机械性能和热膨胀的各向异性。LCE 在改变其分子状态时会表现出较大的各向异性变形。温度升高引起的 LC 有序参数减少(图 5.77)导致沿着指向矢的收缩和沿着其垂直方向的膨胀(图 5.76(a))。结合在打印材料中局部定义 LC 指向矢的能力,可以对材料进行温度响应的编程。单行材料被打印沉积在玻璃上的聚乙烯醇(PVA)薄膜的顶部。通过光聚合进行打印和固定后,将样品浸入溶解 PVA 层的水中,可以将所得的 LCE 线从基材上取下。通过将这些独立的 LCE 线悬挂在一端并在配备有光学通道的烤箱中加热,可以观察到沿这些独立 LCE 线的打印方向的热收缩(图 5.76(b))。LCE 线在从 30 ℃ 加热到 90 ℃,其长度会收缩一半。样品快速冷却在几秒钟内恢复到原来的尺寸(图 5.78),这表明 LCE 材料对温度的即时响应与基于水凝胶溶胀的系统中的响应相反,但响应速度明显较慢。

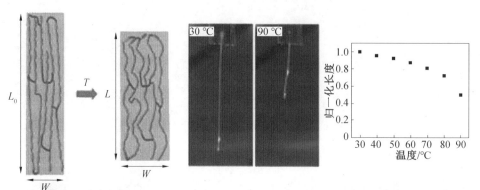

(a) 单轴排列的LCE的热机械响应示意图　(b) 独立单条LCE线的热机械变形,归一化长度与温度的关系

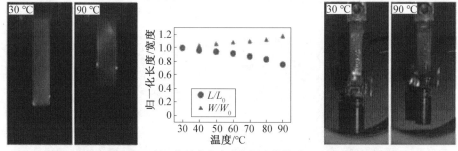

(c) 独立矩形条纹的热机械变形,归一化长度和宽度与温度的关系　(d) 打印的LCE多层条纹

图 5.76　具有单轴取向的打印 LCE 元件的热致动

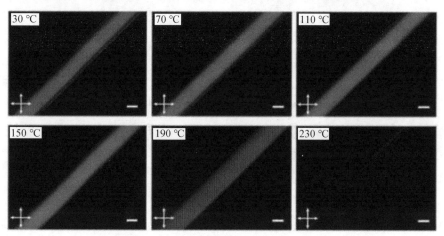

图 5.77　温度引起的 LCE 障碍,打印线在不同温度下的 POM 图像(比例尺为 100 μm)

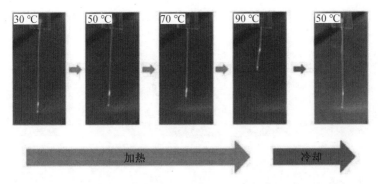

图 5.78　独立式单条 LCE 线的可逆热驱动，加热引起沿打印方向的线收缩，样品冷却后会向后松弛

通过沿一个方向打印紧密堆积的平行线，可以获得具有单轴取向的 LCE 连续线条。打印线条融合形成连续的薄膜，从而保持打印过程中施加的方向（图 5.79）。一旦固化并从基材上剥离，独立式条带的加热会导致沿线打印方向（条带的长边）收缩，并沿垂直方向膨胀（图 5.76（c））。为了探索多层方法的潜力，研究人员制备了由 8 层平行线打印层组成的自立线条，从而获得了具有单片单轴取向的 0.8 mm 厚的弹性体嵌段。从 30 ℃ 加热到 90 ℃ 时，条带自身重达 0.17 g，沿长度方向收缩，举升质量 5 g，长度超过 5 mm（图 5.76（d）），质量比量为 1.44 J/kg，在与同源 LCE 系统相同的范围内。研究者的方法的附加特性有希望生成预先设计的大而厚的结构，在每个位置都有明确的方向。它们具有较高的性能，从而克服了 LCE 薄膜中可用的少量驱动能量的限制，使这些材料更接近于实际应用。

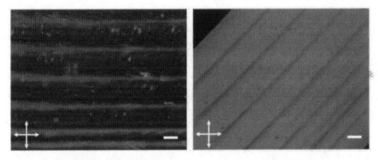

图 5.79　打印的线条的 POM 图像（比例尺为 100 μm）

利用 4D 打印平台制备新颖的驱动器，并将其潜在地应用于微流体、触觉、软机器人和自适应光学。具有在平面内变化的复杂指向矢图案的交联 LCP 薄膜已被证明是将平面膜变形为 3D 结构的强大工具。为了展示 3D 打印技术的潜力，研究人员生产了具有螺旋状指向矢方向的连续层，选择该方向图样作为方位角图样的近似值，具有连续的打印轨迹（图 5.81），可通过平台促进高质量样品的形成。样品（图 5.80（a））在 30 ℃ 时呈略似马鞍形，在 45 ℃ 时松弛至无应力的平坦几何形状。根据 Warner 及其同事在理论上所描述的那样，渐进式加热会导致其顶部在样品中心处平滑地变成圆锥形，这是对方位纹理样品的理论描述。打印在一起的多个螺旋线呈现相同的热响应，证明了该技术的可重复性及其生成复杂驱动器的潜力（图 5.80（b））。样品在快速冷却后在几秒钟内迅速恢复到其原

始形状。通过打印平台将这些锥形膜正确集成到设备中,如触觉显示器的水泡或流体设备中的泵。

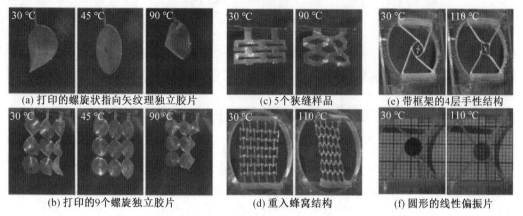

图 5.80　打印的 LCE 复杂元件的热致动

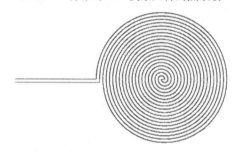

图 5.81　螺旋状纹理的样品(直径 8 mm)采用的打印路径

从目前的薄膜处理技术发展到具有开放空间的非连续层,使用该技术可以很容易地制备,为这类材料创造了新的变形可能性。表面孔径的大小和形状可根据需要制备能够过滤不同类型和尺寸的颗粒的膜。正如 Modes 等人所证明的那样,在一片交联的 LCP 中,被精心设计的液晶纹理包围的狭缝可以通过加热时将其细长形状改变为菱形而打开。纹理由分段常数-1 旋错缺陷组成,该缺陷在狭缝的两端用两个分段常数+1/2 包围。仔细平铺,带有这些狭缝的平面会形成一系列的孔,这些孔在外部刺激下会激活。可以通过 4D 打印平台获得多个孔径的样片(图 5.82)。如图 5.80(c)所示,通过热固化胶片,就可以改变狭缝的尺寸和形状。在活性多孔片材的另一个例子中,研究者打印了一个膨胀凹角蜂窝结构。在两端固定在框架上的情况下对这种结构进行加热(图 5.80(d))会导致孔形状发生较大变化,从凹入到常规的六角形蜂窝状几何形状,可用于颗粒大小和形状分拣设备。

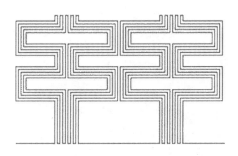

图 5.82　多缝样品使用的打印路径(缝长度为 6.2 mm)

图 5.80(e)为固定在框架上的打印的 4 层手性结构。中央圆环由 4 个 LCE 频段固定。这些带与圆的交点位于图片中描绘的白色十字的四端。加热引起保持中心环的带收缩,从而导致其从圆形变为方形。同时,这些交接点已更改了它们的角位置,导致中央环形样品的旋转。除了传统的物体平移之外,还能够实现更复杂的功能,例如旋转。这种运动可以转移到如图 5.80(f)所示的圆形线性偏振器上,在偏振监测、偏振测量或温度引导光传输设备中具有潜在的应用。

研究者将 LCE 与其他材料集成制备了一种复合物,该复合物由嵌入聚二甲基硅氧烷(PDMS)平板中的 LCE 7 层环组成(图 5.83(a))。目前研究人员已经探索了这种 LCE-PDMS 复合物作为可变焦距透镜的可能性。在室温下,放置在后面 2.5 cm 的网格图像几乎没有变形,但在高温下,网格图像的大小明显减小,显示出合成物体的透镜特征(图 5.83(b)、(c))。为了更好地理解镜片的工作原理,对整体进行了细致的观察(图5.83(d)、(e))。在室温下,PDMS 平板保持平坦,但是加热到 100 ℃ 会导致 PDMS 整体一侧凸起(另一侧凹下)。由于制造方法,LCE 环不对称地放置在 PDMS 平板中,如图 5.83(a)(侧视图)所示。这种不对称性以及 LCE 环在加热时引入的应力导致从 PDMS 平板向远离LCE 环的一侧凸起(图 5.84)。对偏转进行可逆的温度控制,可以修改光波前曲率,从而改变平板的聚焦特性,证明其具有作为自适应光学元件的潜力。

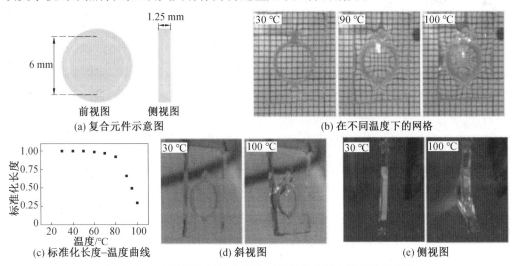

图 5.83　4D 打印的 LCE 与其他材料的集成及自适应光学现象

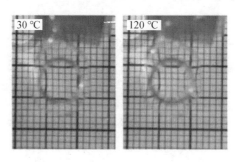

图 5.84　不锈钢 PDMS 元件的热致动

总而言之,一种基于 LC 聚合材料挤出打印的 4D 打印平台,可用于制备响应结构。打印过程对沉积材料的 LC 液晶元进行取向的控制,随后通过光聚合将其固定。该过程可以精确地编程应变的大小和方向性,因此可以精确预测使用该技术制备的结构的 3D 复杂形状变形行为。使用 4D 打印平台可以轻松实现当前处理技术难以实现的复杂变形和功能。已经证明该热响应元件可以转换为光热响应,从而使系统适用性更广,精确程度更高。重要的是,可以通过打印其他对光、pH、磁场或电场有响应的材料来提高操作的复杂性。此外,该技术的增材制造特性能够制造多材料、多响应结构,在机器人技术和光学领域执行复杂的功能并使在(纳米)医学领域实现更长远的发展成为可能。如研究人员在 PDMS 中所展示的,所展示结构与其他材料的整合可以很容易地扩展到水凝胶,而水凝胶可能形成复杂复合结构作为力学生物学研究的平台。

5.4.2　光响应液晶高分子材料

近年来,光响应性液晶聚合物的远程曝光引起了极大的关注。要将这些材料制备成实用的工程设备,最重要的是获得对其形态进行控制,从而精确地对其机械响应进行编程。有研究者报告了对光有响应的含偶氮苯的液晶弹性体(LCE)的四维(4D)打印。在 LCE 前体的挤出过程中,介晶取向是由针的移动方向决定的,从而可以精确地确定指向,然后通过光聚合将其固定。当用紫外线(UV)激发时,在这些 4D 打印的 LCE 元件会进行快速的机械响应。这些 4D 打印元件能提起比其自身质量重很多倍的物体,显示出优秀的性能(图 5.85)。使用紫外光激发能够调节样品的力学性能,该力学性能即使在黑暗中也可以保持并且可以通过光激发或温度释放。该产物展示的能够快速产生光响应的能力,可为将来的软机器人和工程学实现远程寻址的机械功能铺平了道路。

最近,液晶弹性体(LCE)被引入成为有前途的 4D 可打印系统。在沉积过程中,针头内的剪切力和/或伸长流动有利于聚合物链的排列,从而有利于主链的液晶元沿针的移动方向排列。聚合物链的排列随后可通过 LCE 的光聚合固定。众所周知,LCE 由于其分子有序状态的改变而表现出各向同性变形。例如,温度升高会导致液晶(LC)阶数降低,从而导致材料沿优先取向方向收缩以及垂直于该方向的膨胀。结果,通过数字打印过程为打印元件确定了明确定义的可逆形状变形特性。胺和丙烯酸硫醇酯反应性低聚物已被证明是合适的材料,以产生具有固定形态的液晶弹性体元件。这样生成的产物可以通过改变温度以受控方式随时间改变其形状。使用3D打印,可以将材料精确地定位到复杂的几何形状中,从而实现了复杂的形态变化,远远超过了在带有对准层的玻璃板之间制造的薄膜通常可以达到的功能,可以实现完整的软机器人元件和设备。这种情况促使研究人员在响应时间、相关力的施加以及对各种刺激的响应方面表现出更高性能的新材料。

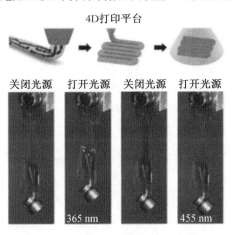

图5.85 3D打印成型过程及样品承重图

有研究者研究了对光响应LCE的4D打印,该打印产物被用作高水平时空激发激励的远程触发器。通过使用光即可实现并控制不同的变形和机械功能。目前已经合成了基于氨基丙烯酸酯的大分子单体,并在适当波长的光照下在其反式和顺式之间进行异构化。当复合到LC交联系统中,在照明时分子水平的偶氮苯部分的大几何变化会转化为宏观的机械响应。此外,由于偶氮苯的光吸收而引起的光致加热也可能导致机械应力的产生。LCE的配方中加入了可见光引发剂,当暴露于绿光下时会引发偶氮苯单元吸收区域之外的LCE聚合反应。在沉积和光固化之后,考察打印元件对温度的响应;同时也研究这些相同系统对紫外线(UV)和蓝光的响应。用不同的能量进行辐照会导致不同的光机械响应。与以往的液晶光驱动器领域中的许多其他工作不同,在研究弯曲现象方面,该研究注重于这些光响应元件的运转和作用力,这是它们在软机器人的类似肌肉结构应用中的一个重要方面。对这些4D打印元件的光致功和力进行了表征,并对其光致机理进行了讨论。

将墨水装入防光料筒中,然后通过针尖(内径为330 μm)挤出。将打印头加热到60 ℃,同时将基板保持在室温(RT)。LCE元件被打印在传统的玻璃显微镜载玻片上,该载玻片上涂有一层厚度为150 nm的PVA薄层。为了制备涂覆有PVA的基材,用纯净水制备质量分数为5%的PVA溶液,并通过旋涂(1 800 r/min持续60 s)沉积在干净的玻璃表面上,并在60 ℃下干燥60 min,使用3D打印机在这些涂覆有PVA的玻璃基板的顶部上进行元件的打印。打印速度通常为6~12 mm/s。打印元件采用两种不同的几何形状:

用于弯曲(9 mm×3 mm)和拉伸(17 mm×3 mm)实验的矩形条和用于测试等长力的狗骨头形样品,其测试长度为15 mm(宽度2.85 mm)。通过控制打印方向来确定这些设计的指向矢方向,使其与样品的长轴对齐。沉积元素的光诱导聚合反应是通过在RT下、LED光源(THORLABS,发射波长为530 nm,输出功率为370 mW,距离样品5 cm)照射下进行的,在100 mbar的真空下进行30 min。在样品下方放置一面镜子,以将光反射到其背面,从而加强打印元件的光聚合过程。

该研究的反应元件是用含有丙烯酸酯端基的反应性LC低聚物和可见光引发剂的墨水制备的。分别通过摩尔比为1∶1∶0.12的正丁胺迈克尔加成反应到两种不同的二丙烯酸酯RM82和A9A中来合成LC低聚物。相对于胺而言过量的丙烯酸酯基团能够确保合成的聚合物链在其端处保留丙烯酸酯官能度。这些反应性丙烯酸酯基团随后可以在第二阶段中进行光引发自由基聚合。RM82在300 nm以上的UV可见光区域不吸收,而带有在4′-位被氧原子取代的偶氮苯单元的A9A二丙烯酸酯呈现两个吸收峰,一个在UV区的强谱带和一个较弱的谱带,紫外区和蓝色区分别对应于$\pi-\pi^*$跃迁和$n-\pi^*$跃迁的弱谱带。前述生色基团全部被用于提供对LC交联材料的光机械响应。具有热力学稳定的反式结构的发光基团的LC网络通常为黄橙色,而顺式异构体的发光基团则在UV辐照下变成深橙色。顺式异构体在室温下的寿命是几个小时。从顺式到反式的异构化也可以通过蓝光对顺式异构体吸收的照射诱导。此外,采用钛茂光引发剂(商品名为Irgacure 784)通过绿光对打印样品进行光固化,远离反偶氮苯形式的吸收区域,从而避免了光诱导聚合过程中过早的光异构化效应。最终,LCE元件是使用研究人员小组开发的打印平台打印的。首先,使用挤出3D打印机将墨水沉积在涂有PVA的玻璃基板上,并将打印头温度预设为60 ℃。通过打印紧密融合在一起的材料的平行线,可以生成具有平面取向的LCE连续条。图5.86(c)显示了以这种方式打印的连续条带的偏振光学显微镜(POM)图像,其中打印方向相对于第一偏振器的透射方向为0°和45°。这些图像表明样本中指向矢的整体单轴取向在打印过程中被强加。在打印期间,剪切力和/或伸长流动有利于聚合物链和沿针运动方向取向的链内介晶单元的取向。这样就可以对沉积材料的指向矢场进行精确控制。接着通过绿光光诱导聚合将LCP前体转变为LCE。固化后LCE的POM观察表明,在打印步骤中,最初施加于这些材料的导向形态得以保留。

研究人员首先评估了4D打印元件的热机械响应。如先前在实验部分中所述,将带有指向矢的定向器沿样品长轴打印并固化在涂有PVA的玻璃上。LCE条一旦从基板上松开,就固定其一端,并在其下端附有1 g的悬挂重物。然后将样品在配有光学通道的烘箱中加热,以进行观察和热机械表征。

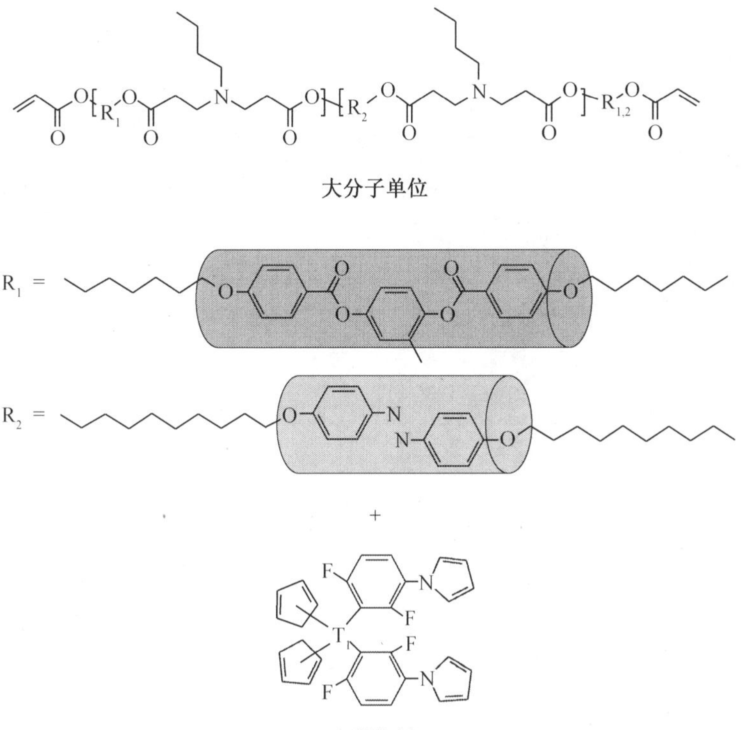

第 5 章　3D/4D 打印液晶高分子材料

大分子单位

$R_1 =$

$R_2 =$

+

光引发剂

(a) 墨水成分的分子结构

(b) 4D 打印过程示意图

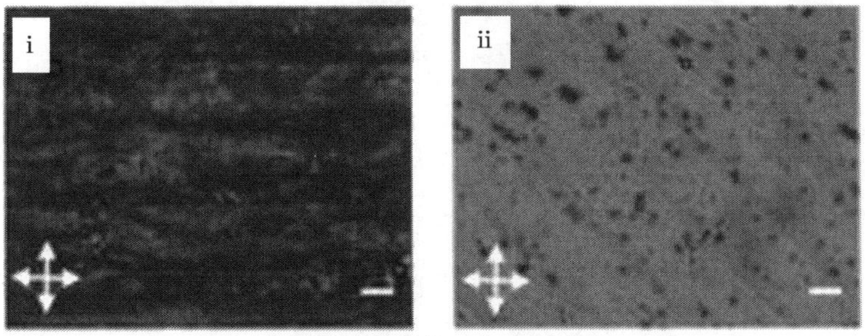

(c) 紧密打印的线条的POM图像

图 5.86　4D 打印墨水成分的分子结构及制备过程

进行第一个热循环，从 30 ℃ 加热到 100 ℃，然后再次冷却到 30 ℃，以消除样品的残余应力。在进行致动研究之前，对这项工作中的所有样品都进行了该处理。以此方式处理的样品，随后在相同温度范围内经受热循环，以评估 4D 打印元件的热致动。如图 5.87 所示，当将样品从 30 ℃ 加热到 100 ℃ 时，观察到沿其长轴的条带收缩。将样品冷却至室温会导致其伸长至初始长度(图5.87(a)(iii))。在第一个热循环后,样品表现出可逆的行为。这是由温度升高引起的介晶紊乱导致沿指向矢的缩短和沿其垂直方向的膨胀。在这些负载条件下,沿着带材长轴的平行于原始打印方向的收缩约为其初始长度的40%。同时,沿带材短轴的垂直于原始打印方向的膨胀约为初始宽度的28%(图5.90(b))。

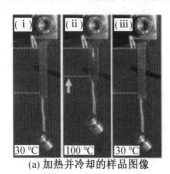

(a) 加热并冷却的样品图像 (b) 标准化长度和宽度与温度的关系

图5.87 单轴取向带材(厚度为90 μm)沿其长轴指向矢的热机械响应

在评价了4D打印元件的热机械响应之后,光机械响应成为该研究的主要工作。通常利用不同的微观机理来解释偶氮苯液晶交联体系中的光机械响应。一方面,在反式异构体的最大吸收带中照射偶氮苯分子会转化为顺式异构体。异构化时分子的几何变化会引起液晶系统的取向有序度的降低。该过程产生应力,导致LC系统的各向异性变形,沿指向矢的收缩和垂直于该指向矢的膨胀。另一方面,特别是对于高强度和高浓度的偶氮苯,样品的光诱导加热也会导致取向顺序度发生变化,从而导致机械变形。首先,研究了薄膜对光的响应(图5.88)。用50 mW/cm^{2}的紫外线(365 nm)照亮独立膜的一面(图5.88(a)),该膜的长轴上具有单轴定向的指向矢,与热致形变实验中的指向矢取向相同,导致薄膜向UV光源方向弯曲(图5.88)。这种变形是由光强度在样品厚度上的梯度变化引起的。当停止紫外线照射时,样品会在几秒钟内部分松弛,并保留一些残余的弯曲变形,如图5.88(c)所示,在停止紫外线照射2 min后拍摄照片。随后用4 mW/cm^{2}的蓝光照射LCE元件(与用紫外线照射的一面相同)照射30 min,以完全恢复其初始形状(图5.88(d))。如果将LCE元件放置在黑暗中24 h,则LCE元件也将恢复其初始形状。颜色随着实验的不同阶段而变化,从紫外光照射前的黄橙色,到紫外光照射后的暗橙色。如上所述,这种光致变色行为与从反式到紫外线产生的顺式异构体的过渡有关,在室温下寿命长。蓝光的照射使样品又恢复了其最初的橘黄色,这是由于光诱导的顺式异构体转变为

图5.88 单轴取向的独立式矩形LCE条带(厚度为90 μm)的光机械响应

反式异构体。另外,如果将样品置于黑暗中 24 h,由于顺式异构体的热诱导异构化为反式,样品会恢复同样的黄橙色(图5.89)。为了深入了解光诱导变形的机理,用热成像相机观察受照条纹的辐射一侧来监测其表面温度。在最大弯曲时,也就是在光照周期结束前,样品辐照表面的温度达到 45 ℃。

图 5.89 单轴取向的独立式矩形 LCE 带(厚度为 90 μm)的热像图

用紫外线照射 LCE 元件会产生大量的顺式异构体,从而导致样品呈深橙色。由于偶氮苯生色团的消光系数大,当进入的紫外线穿过含偶氮元素时,它们会衰减,因此预计该基团在照射侧会更大。此外,由于样品在膜的受光侧受热较多,因此在整个膜厚度上的温度梯度也可能会发生变化。当达到平衡时,在紫外线照射结束时,膜的两侧之间估计有 1 ℃ 的差异,在照射开始时差异会更大。光化学效应和光热效应都有助于 LCE 元件的受光面沿指向矢的更大程度收缩,因此会引起薄膜弯曲以适应所产生的应力,如图 5.88(b)所示。当关闭紫外线后,温度在几秒钟内迅速降至室温,并且热梯度消失,导致弯曲变形的部分松弛,如图 5.88(c)所示。顺式异构体仍然保留着,这是由薄膜的深橙色所致的导致残余的弯曲变形。通过用蓝光照射或将薄膜在黑暗中放置 24 h,偶氮苯发色团以顺式转变回热力学稳定的转化形式,如薄膜在实验结束时的橘黄色。最终,薄膜基本上恢复了初始形状(图 5.88(d))。

下一步研究该系统执行机械工作和施加力的能力。首先,探索了这些 4D 打印元件的承重能力,以不同强度(即 50 mW/cm^2)的紫外线照射时来增加承受的质量(图 5.90(a)~(c)和图 5.89),以及 200 mW/cm^2(图 5.90(d)~(f))。对 LCE 样条进行了研究,其与热相应实验(图 5.87)类似,方法是固定其上端并在其下端附着 1 g 的砝码。用 50 mW/cm^2 的 UV 光照射灯条(365 nm)不会引起样条弯曲,因为砝码抑制了整个实验中的变形。消除弯曲能够通过图像分析准确地量化 LCE 条带的尺寸随时间的变化(图 5.90(b))。通过比较紫外线照射之前(图 5.90(a)(i))和紫外线照射时间 240 s(图 5.90(a)(ii))之后元件的长度,确定沿指向矢的收缩率为 8%(图 5.90(b))。停止照明会导致 LCE 条带在几秒钟内快速松弛至新的平衡长度,该平衡长度为初始长度的 5%,如图 5.90(a)(iii)所示,是在紫外线已停止照明后 2 min 后拍摄的(图 5.90(b))。随后用 4 mW/cm^2 的蓝光(455 nm)照射 LCE 元件 30 min,使样品完全恢复其初始长度,误差范围为 1%(图 5.90(a)(iv)和图 5.90(b))。观察到样品颜色的变化与在光诱导弯曲实验中颜色变化相似。而且,LCE 元件的加热是由 UV 光在样品的最大收缩时刻(恰在照明周期结束之前)达到 44 ℃ 的紫外光引起的,正好在照明周期结束之前,如图 5.90(c)所示。LCE

带材承受相同负载的举重热响应实验(图 5.87)表明,加热至相同温度收缩率约 3%,低于在相同负载下 LCE 元件的紫外线照射所达到的 8%。

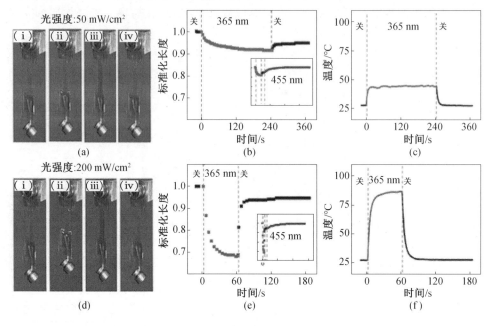

图 5.90　矩形 LCE 条带(90 μm 厚)的光响应

试图将光致收缩的动力学与紫外线照射期间的温度测量值相关联,温度的快速升高,在大约 10 s 内达到其最终值的 90%,与收缩的整体速度较慢相反。UV 照射的停止导致温度快速降低(在 13 s 内温度下降了 90%),并且如上所述,LCE 条带的收缩也开始了快速的松弛。紫外灯关闭后几秒钟达到 5% 的残余收缩。蓝光照射 30 min 后,样品已基本恢复其初始长度(图 5.90(b))。在相同的辐照条件下重复实验会导致可再现的机械变形,误差在±5% 以内。

此外还研究了更高强度的样品辐照(图 5.90(d)~(f))。相同的样品暴露在 50 mW/cm^2 的光下,经过 30 min 的照射后使用了蓝光,以确保反式异构体全部转化为顺式的松弛状态。图 5.90(d)(i)中的 LCE 在强度为 200 mW/cm^2 的紫外线(365 nm)下照射,是先前较低强度实验(图 5.90(a)~(c))的 4 倍,且照射时间短 4 倍(60 s),以便在两个实验中为样品提供相同的总光剂量。如图 5.90(d)(ii)所示,以这种强度激发样品会在 60 s 后引起沿指向矢的收缩并举起 4.8 mm 的质量。在最大收缩状态下,相对于初始长度缩短 32%,样品表面的最高温度达到 87 ℃。

在 200 mW/cm^2 的紫外光下进行照射(图 5.90(f)),不到 15 s,温度便迅速达到其最大值的 90%(图 5.90(f)),与低光强实验观察到的性质相似。与之不同的是,与图 5.90(b)中较低的收缩相比,图 5.90(e)中的收缩在此高强度实验中遵循更快的动力学。与低强度实验类似,在高强度实验中停止紫外线照射时,在几秒钟内观察到温度快速下降(在 12 s 内温度下降了 90%)和收缩的快速(初始松弛剩余的条带长度比初始条带长度短 5%)。

承重实验表明，需要考虑光热和光化学对条带收缩的影响。关于图5.90(f)所示的光热效应，在高功率(200 mW/cm^2)的紫外线照射下，温度高达87 ℃。在承重热致形变实验中(图5.87)，在87 ℃下，承载相同负载的LCE带材通过加热收缩小于23%，低于高强度紫外线下的收缩率32%。在高强度紫外线照射下达到的高温度表明，在此高强度照明条件下，样品的光诱导加热具有相关性，有助于在这种高强度光照条件下观察到的变形。当停止紫外照射时，观察到的快速局部弛豫与快速温度弛豫相关(图5.90(f))。但是，光热效应无法解释紫外线消失后的残余变形，因此需要考虑进一步的机制。除光热效应外，由光诱导的大体积顺式异构体的存在所产生的分子结构的变化也对收缩有重要贡献。如上所述，偶氮苯生色团的顺式异构体在对位上具有氧原子，在RT下具有数小时的寿命，解释了在温度迅速降低到RT时停止紫外线照射后观察到的残余变形(图5.90(e)、(f))。作为对该光化学作用的进一步确认，对该样品进行蓝光照射。结果，取代了庞大的顺式异构体回到促介晶异构体，从而完全恢复了4D打印LCE元件的初始长度(图5.90(e))。在蓝光照射下，弛豫为数十分钟的量级。通过增加蓝光施加强度，可以实现更快的松弛。对于厚度不同的薄膜，由于受比尔定律的光衰减，动力学也可能有所不同，可以通过降低打印模型厚度来进行优化。

与高强度实验相比，在50 mW/cm^{2}的低强度实验的情况下，在UV照射过程中达到了较低的温度(44 ℃)；因此，光热效应也较小。尽管由于光诱导的吸收光谱的变化和温度依赖性的顺、反异构变换速率之间的关系，光热和光化学效应之间存在相互作用，但在高强度和低强度实验中(相同的总剂量)都达到了大约5%的残余收缩率。这可以暂时归因于两种强度方案在紫外线照射和温度松弛过程之后达到的相似的顺式种群。

通过表征在紫外线下承重的能力，可以获得有关体系机械性能的信息。估计质量为4 mg的条带有效部分举起的总质量为1.02 g，包括连接条带和1 g负载的适配器。结果，对于200 mW/cm^{2}的光强度，达到了12 J/kg的承重能力，是50 mW/cm^2(3 J/kg)的强度的4倍。尽管对热响应的比较并不简单，但在当前情况下，以光为驱动，由于受比尔定律所的薄膜厚度的光衰减影响，可能无法充分利用材料的光效应。在偶氮苯发色团含量方面的进一步材料优化，以进一步利用该打印平台的能力来产生高性能的驱动器。

为了进一步探索这些4D打印元件作为光机械驱动器的重要性，已经通过等距力实验来表征光机械响应(图5.92)。这些是在狗骨形LCE条(110 μm厚)中进行的，单条取向与先前的承重实验相同。样品的一端被夹在力传感器上，另一端被固定在一个平移台上，在曝光之前通过3.1 mN的力(样品横截面面积为0.31 mm^2)使样品产生预拉伸。

与承重实验类似，用顺序照明方案(第一个UV和后来的蓝光)照射LCE试纸条。记录了光诱导力与时间(图5.92(a))和受照面的表面温度(图5.92(b))的关系。在用紫外线照射后，从图5.92(b)中测得温度迅速升高，而在照明期间以比温度更慢的速度累积力，如图5.92(a)所示。停止紫外线照射会导致温度快速松弛，同时伴随着快速的分力松弛，从而产生残余应力(峰值力的36%)。后来，蓝光的照射导致样条强度增加，这是由于蓝光照射LCE元件时有3 ℃的光致加热，然后将力降低至基本上达到初始值(图5.92(a))。

如图5.93所示，以1 s的紫外线脉冲照射样品会快速产生力。峰值力与光功率有关，更高的光强度可获得更大的力(图 5.93(a)、(c)、(e))。对于这些短的紫外线脉冲,当停止照明时,力基本上会恢复到其初始值,且没有可测的残余力(在实验误差范围内)。将力松弛拟合为指数衰减,并得到 2~3 s 的松弛时间。

为了保证这些等距力实验中的脉冲激励的可重复性,向样品提供一系列脉冲(脉冲持续时间为 1 s,周期为 11 s),以求出在其中的峰值力的可重现值为±5%(图5.91)。当在样品上施加较大的脉冲序列时,在定性上等同于连续紫外线照射所产生的相同剂量,从而产生残余力。这可以归因于顺式异构体对光剂量的积累。另外,热像图测量(图 5.93(b)、(d)、(f))能够确定在样品受照侧达到的峰值温度。在 1 s 照射时间结束时,分别针对 50、100 和 200 mW/cm² 的激发能量测量得到 30 ℃、33 ℃ 和 38 ℃ 的温度。照射结束后,温度也将在几秒钟内恢复到室温。

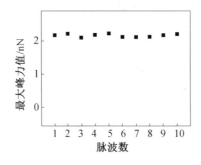

图 5.91　狗骨形 LCE 条带的单轴取向的光响应

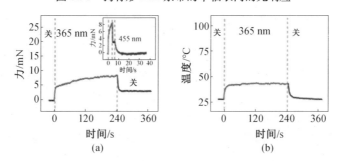

图 5.92　用狗骨形 LCE 条带(厚 110 μm,样品横截面积)进行的光
　　　　　诱导力和在暴露于低紫外线强度(50 mW/cm²)下的温度
　　　　　的时间依赖性(直径为 0.31 mm²)

光热效应在短单脉冲实验中占主导地位。LCE 元件在受到足够强度的短脉冲光刺激时会迅速将光能转化为大量的热能,并因此通过光热效应产生可测量的机械力。提供的光剂量不足以产生足够的顺式种群以导致可测量的残余光化学致动,尽管重复会激活顺式结构。

对于光响应的含偶氮苯的 LCE 元件的 4D 打印。包含偶氮苯部分的丙烯酸酯封端的液晶聚合物的数字沉积,然后通过光聚合固定形状和形态,从而得到像肌肉一样的元件,这些元件作用于温度,对于样品而言,更重要的是光响应。打印过程中的关键部件是通过微挤压将反应性墨水输送到基材上的打印针头。相应的挤出流使液晶聚合物取向,从而

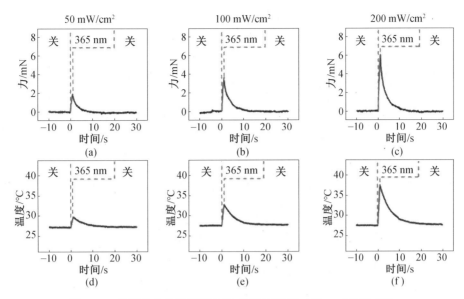

图 5.93 单轴取向的狗骨形 LCE 条带(厚度为 110 μm)的光响应

使链内偶氮苯部分取向。结果,可以编入各种形状,并且响应元件中的指向矢方向由沉积方向设定。由温度或光引起的标量阶次参数的变化会沿指向矢产生收缩,并垂直于该指向矢进行扩张,从而提供指向矢控制的肌肉功能。在肌肉结构中,提出的等轴测力实验中的力无须进一步优化即可轻松达到 24 kPa 的值。初步实验表明,该值可以通过增加光强来实现。此外,按质量计算的功达到 12 J/kg。重要的是,根据要求,可以通过两波长光化学方法或通过温度来维持或消除光生力。以此类推,当集成在复杂的设备(如(软)机器人)中时,可将打印的器件用于推拉目的。可以通过控制光强度来实现调整后的变形或力。同样,记忆效应可以被温度脉冲消除。

光致动的机理涉及光热和光化学方面,具体取决于致动波长、光强度和脉冲持续时间。短脉冲的施加在很大程度上避免了偶氮苯转变为顺式状态,而光热效应起主导作用,导致在脉冲后没有可测量的残余变形。这使得驱动(微型)机器和机器人集成元件感兴趣的重复肌肉致动成为可能。与材料和加工有关,元件克服了由单实体液晶单体制成的薄膜液晶网络经常遇到的脆性问题。

除了可以通过其他处理方法实现线性光电驱动器之外,该工作介绍的 4D 打印平台还能够朝着数字定义的导向器领域实现元件的方向发展。目前研究人员正在朝这个方向努力,以寻找新型的光驱动软机器人元件和设备。

(2)可通过光调节的刚性和软聚合物中的三维光子电路。

聚合物矩阵为集成的光子学提供了广泛而强大的平台,是完善的硅光子学技术的补充。在同一芯片上集成不同材料以实现多种功能,例如动态控制单个光学组件的光谱特性的能力。在此背景下,有研究员报道了由刚性和可调弹性聚合物的组合制成的电信 C 波段集成光子电路的光学特性。通过使用 3D 打印技术(直接激光写入),可以在一个步骤中制造聚合物电路的每个构造块:直线形和弯曲形波导、光栅耦合器以及在平面和垂直方向上设计的单个和垂直耦合的耳语画廊模式谐振器。使用该平台,通过可调谐光子组件的真正三维集成引入了一种新型操作,该组件由液晶网络制成,可以通过远程无创光刺激来激活和控制。根据体系结构,可以将它们集成为弹性驱动器或光子腔体本身的组成部分。这项工作为光可调的光网络铺平了道路,这些光网络结合了由玻璃状或形状可变的材料制成的不同光子组件,以实现进一步的光子电路要求。

集成光子电路结合单光子元件在一个芯片上执行光操纵。引导光并处理所携带的光学信息会提高集成电子设备的能力,解决其固有的局限性,例如电信号和光信号处理所需的速度和带宽。尽管硅技术仍是集成光子电路的参考平台,但聚合物材料可以将有源和无源光学组件集成在多个柔性和刚性基板上。与无机材料相比,聚合物的突出特征在于通过化学修饰单体结构来控制其化学和物理性质,而材料功能化(例如刺激响应性)则可以通过选择性掺杂或反应来实现。此外,可以通过多种光刻技术对聚合物进行构图,并将不同的材料组合到同一平台中。该方法使得有可能解决不同的功能和可定制的解决方案,从而在与硅技术互补的集成光学电路中实现高度差异化的性能。

光子电路的标准制造技术(如 UV 光刻和电子束光刻)基于平面结构(分辨率高达 10 nm 以下的特征)。垂直于平面基板的三维尺寸的利用提高了集成的潜力,甚至可以进行更复杂的光操作,例如偏振控制或设备可调性,实现更密集的集成光网络。依赖于重复的对准步骤和材料沉积,需要多次制造迭代才能达到所需的垂直结构堆栈。

为了克服材料特性和制造限制的问题,具有更大的设计自由度,研究人员提出了一种简单的无掩模方法来制造高质量聚合物三维集成光子电路。直接激光写入(DLW)技术可以在单个写入步骤中充分利用三维空间,而种类繁多的聚合物及其广泛的性能使光子电路的每个构造模块都可以功能化,为实现三维有源和可调聚合物集成网络铺平了道路。

DLW 是一种对单体混合物进行双光子吸收聚合的工艺,其工作原理克服了平面技术的某些局限性。例如包括从光子组件到生物支架、微流体学和微力学。Shumann 等通过将先前用电子束光刻图形化的氮化硅电路与悬浮波导和 DLW 实现的回音壁模式谐振器(WGMR)相结合,实现了用于集成光学的混合 2D-3D 光学器件。此过程无法实现对磁盘-波导耦合的控制。DLW 还制造了其他有源和无源 WGM 腔的聚合物谐振器,但仍未集成到光子电路中。实际上,波导腔耦合中的许多关键都限制了它们的制造和适用性。该研究以完全三维的几何形状展示了垂直耦合腔在聚合物光子电路中的集成。另一方面,DLW 提供的集成不同光聚合材料的可能性使将刚性和弹性聚合物结合在同一芯片上成为可能。向列网络(LCN)是智能弹性体,在交联的弹性网络中显示向列相。它们的特性(例如,形状变化和双折射)可以通过不同的远程刺激(其中包括光)驱动实现。

LCN 的重塑特性通常用于模仿机器人技术中的肌肉功能,在光子学中利用 LCN 的重塑特性使其变形,然后调整光子结构的光学特性。光响应光学设备的弹性扩大了集成电路的潜力,以满足其光子特性可调的开放性要求。例如,刚性聚合物高质量因子能集成在柔性和弹性衬底上,使弹性衬底发生机械变形,从而控制其光学性能。还解决了可调谐性问题,它利用电光效应、热光调谐、硅光子中的自由载流子注入,或采用液晶来利用折射率变化。所提出的方法通过每个自由光谱 21 mW 的低调谐功率引入了精细的和共振波长扫描。在这里,通过比较驱动力,对 WGMR 进行光调谐来呈现相同的效果。首先,将 LCN 驱动器放置在腔体的顶部。谐振器是由光响应 LCN 直接制成的。由于聚合物的多功能性，增加更多的功能并避免将电极或局部加热器集成在同一电介质芯片上，从而提高了光子结构的光学性能。此外，介电基板上的聚合物结构的远程光学激活减少了硅电路平台中的热串扰问题。

该光刻技术基于双光子吸收聚合。非线性过程保证了由单一可聚合椭球体（体素态）确定的亚衍射极限分辨率，其典型的短轴和长轴分别为 120 nm 和 250 nm。点对点双光子吸收聚合与 3D 样品压电运动相结合，能够在单个光刻过程中获得三维任意形状。在这项工作中，采用了浸入式配置。在这种方法中，飞秒高功率激光（780 nm，50 MHz）通过浸没式高数值孔径物镜直接聚焦在抗蚀剂滴中。在这种情况下，液态树脂（聚合后在 1 550 nm 处 n = 1.53 时的 Ip-Dip）既可以用作浸入指数匹配介质，又可以用作光敏混合物，从而使该技术独立于基材。在丙二醇甲醚乙酸酯（PGMEA）和异丙醇中进行有机溶剂显影除去残留的未聚合液体抗蚀剂。与浸入式 DLW 匹配的所选混合物是商用抗蚀剂 Ip-Dip。

利用相同的光刻技术来制造软弹性部件。结合成刚性聚合物结构的 LCN 元件的制造已通过两步 DLW 工艺完成。首先对 Ip-Dip 进行构图，以创建电路的刚性部分。通过化学显影程序除去未聚合的混合物，并在所制造的结构周围建立用于控制分子 LC 取向的玻璃池。混合物在室温下保持向列相多个小时，并且在聚合过程中，分子排列冻结在已构图的结构内部。选择与液晶分子对称轴平行的液晶元排列，这样，一旦受到刺激，该结构就会沿着指向矢收缩并在正交平面上扩展。

为了控制液晶的排列，研究人员利用了镀膜玻璃电池的优势。为了获得均质取向，同时使用了二氧化硅基板和电池上部玻璃，都事先被聚酰亚胺薄牺牲层覆盖（通过旋涂），该牺牲层会引起液晶分子垂直排列。在两个玻璃之间使用 10 μm 的球作为间隔物。然后将 LCN 混合物在 70°（各向同性相）下浸入池中，并在 45° 冷却至向列相。在开始腔体写入程序之前，用偏光显微镜检查液晶盒内部的 LC 对齐情况。为了保证腔在其基座上的垂直对齐以及在环上的驱动器的垂直对齐，在光刻过程中选择了相对于环中心的校准坐标系。

在这项工作中，DLW 在低折射率基板上制造了用于电信 C 波段光传输和操纵的聚合物集成结构，例如直线和弯曲波导、光栅耦合器以及单垂直耦合的 WGMR。图 5.94（a）显示了集成光学电路的典型构件的扫描电子显微镜（SEM）图像，例如以两个光栅耦合器（输入和输出）为末端的单模 90° 弯曲波导。这使得可以从自由空间光学器件传递到片上光传播系统，并具有无接触特性。图 5.94（b）分别给出了有效折射率为 n(TM) = 1.494 和 n(TE) = 1.493 的矩形波导的基本 TM（沿 y 轴的主导偏振向量）和 TE（沿 x 轴的主导偏振向量）模式的强度曲线。波导具有弯曲的几何形状（曲率半径为 30 μm），以便通过使用交叉极化配置选择性过滤测量的信号来从直射光和散射光中纯化出耦合光。每个弯曲波导末端的光栅允许输出耦合和检测光（图 5.94（c））。光栅的宽度大于波导的宽度，以便收集整个聚焦光束点，并且通过平面内渐缩部分，光被传输到单模波导。

光栅在垂直入射耦合效率的数值优化（90° 耦合几何形状）约 3%（约 1 500 nm），如所预期为具有低折射率对比度的结构。图 5.95 为单光栅耦合器的光谱效率计算结果，并与实验结果进行了比较。将摄入光相对于法线方向倾斜约 10°，可以通过进行几何改进（例

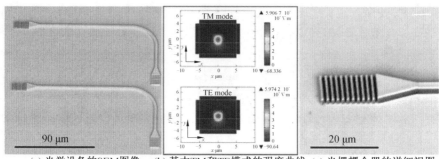

(a) 光学设备的SEM图像　(b) 基本TM和TE模式的强度曲线　(c) 光栅耦合器的详细视图

图 5.94　聚合波导

如改变凹槽深度或切趾几何形状)来获得最佳的耦合效率,或者通过使用金镜或分布式布拉格反射器(DBR)反射辐射向基板的光。还可以采用3D 喇叭耦合器或弧形波导的其他耦合几何形状,以提高耦合效率并消除频谱效率依赖性。光栅耦合器引入了插入损耗,在研究人员的特定配置中,在波导传播损耗中占主导地位。波导的传播损耗是由许多不同的过程确定的,其中包括吸收损耗(典型的双光子可聚合抗蚀剂具有 0.5~3 dB/cm 的吸收损耗)、基板泄漏损耗和侧壁粗糙度时的散射损耗。在聚合物波导中,典型的传播损耗很少为 dB/cm(0.68 dB/mm),在该特定系统中,高插入损耗以及输入和输出光栅耦合器的波动是无法检测的。然后,将实现的波导用作总线波导,将光耦合到 WGMR 中。当WGMR 处于悬浮几何形状时,波导位于衬底上,增加谐振模及其固有品质因数的模态进行限制。这种配置提供了导向器和谐振器之间的垂直耦合,而不降低光路的机械稳定性。如果同时使用悬架结构(既由波导支撑又由基座支撑的环形谐振器),它们将非常不稳定且难以对齐。此外,由于静电力可使结构塌陷,因此在开发过程中,波导和环形件之间的最佳耦合距离、关键参数和对制造波动的敏感度也难以控制。即使在临界点干燥器中使用溶剂干燥也无法解决此问题。在所提出的几何形状、所述空腔和所述波导在不同的平面布局,确定与交替的欠压或过耦合区域的振荡有效耦合作为垂直间隙的函数,由若干临界耦合点分隔。然后,在单个光刻步骤中用 DLW 实现的结构的特征在于,在耦合条件不那么苛刻的情况下,波导和悬置的独立式环形谐振器之间的机械稳定性便达到了垂直耦合。图 5.96(a)显示了波导和谐振器的三维渲染图,整个制造的系统(顶视图)由图 5.96(b)中的 SEM 成像。图 5.96(b)的插图显示了环中循环的 TM 共振模式在垂直平面(垂直于基底)中的强度分布。对于检查的垂直几何形状,耦合效率有利于通过数值计算验证的 TM 模式的波导到环形耦合。实验装置已经优化过,可以检测到这种偏振分量。在这些 3D 系统中,波导和环之间的垂直位移以及横向位移在最佳渐逝耦合中起着决定性的作用。对于所考虑的系统,最佳几何形状如图 5.96(c)所示,可以理解波导和环之间的横向位移,该位移使两个结构的本征模之间的垂直对齐最大化。但是,可以通过改变横向距离和垂直距离来设计不同的结构,从而获得具有不同波导至环耦合和环品质因数的光子电路,从而可以与不同的应用相匹配。

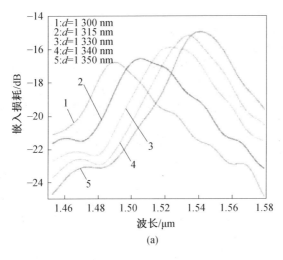

(a)

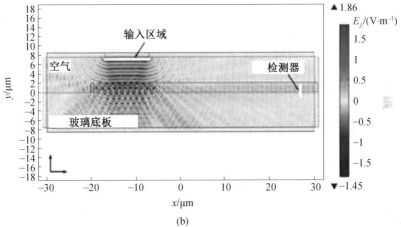

(b)

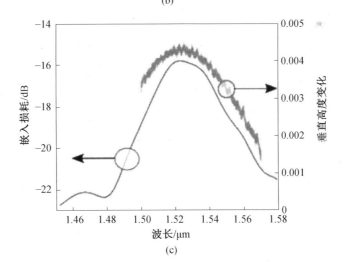

(c)

图 5.95 光栅耦合器效率的优化

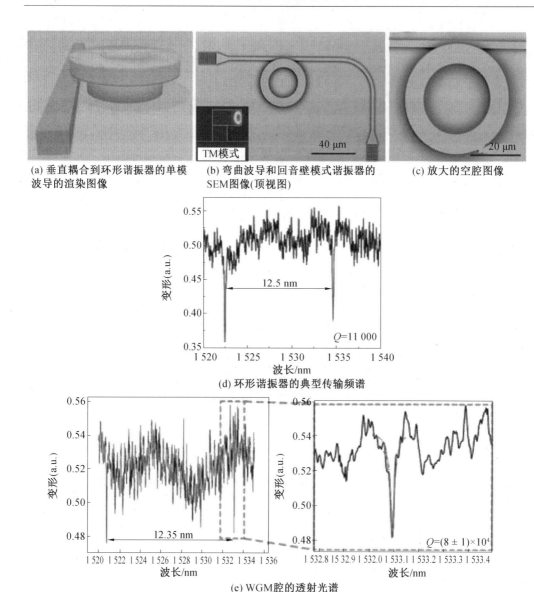

图 5.96 聚合物结构的垂直耦合图

为了表征 WGMR,研究人员在电信波长下进行了典型的波导传输测量。图 5.96(d)所示的光谱显示了 WGM 腔的特征深度(Q 值为 11 000),自由光谱范围(FSR)为 12.5 nm,谐振模式的外推有效折射率为 $n_{eff}=1.52$。通过将传输频谱中的陡峭斜率(图 5.96(e))与洛伦兹线形拟合来评估 Q 因子,对于更高品质因数的谐振器,$Q=80\ 000$。WGMR 的内在品质因数由几个因素确定,其中最重要的是固有的材料吸收、散射损耗和与和与曲率损失有关的回音损失。由于聚合物抗蚀剂在电信波长下的吸收可忽略不计,并且结构环曲率半径的数值最优化,因此固有的 Q 因子值主要由表面散射损耗决定。共振模式的 FSR 和有效指数 n_{eff} 与数值计算非常吻合。另一方面,数字估算质量 Q 因子与实验值并不相同,因为计算未考虑空腔表面缺陷(比如表面粗糙度,或者更一般地说,固有损耗),但只有与输入/输出耦合相关的损耗(外部损耗)。

垂直耦合到波导的单个 WGMR 代表一个简单的三维设备。为了最大限度地利用 DLW 技术的多功能性并提高三维尺寸的集成度,人们研究了一种设备,该设备由两个垂直堆叠的腔体组成,这些腔体与放置在基板上的输入/输出总线波导耦合。

装配结构如图 5.97(a)所示。在相同的光刻过程中,添加了另一个附加的关键参数:两个 WGMR 之间的相对距离。由于将模式空间限制在两个聚合物谐振器中,两个环之间相对于波导环分离的较短相对距离使得它们的渐逝尾部重叠,从而形成双耦合腔结构(图 5.97(b))。图 5.97(c)显示了垂直耦合的 WGMR 的光谱响应:波长光谱的特征是两对垂线,具有相近的宽度和光谱间隔,但与输入波导模式的耦合效率不同。它们对应于耦合谐振器的对称(S)和反对称(AS)模式。有限元数值计算证实,对于每对共振,最低的能量骤降与预期的垂直对称场分布有关。S 模式和 AS 模式的有效折射率分别为1.524和1.530,与 S 模式和 AS 模式共振的 FSR 测量值非常吻合。

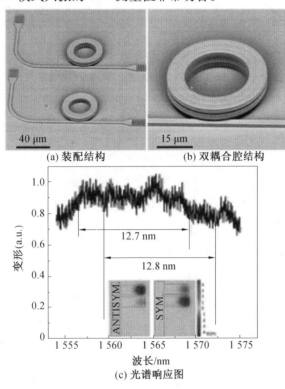

图 5.97 垂直耦合的 WGM 谐振器

研究人员证明了利用商业聚合物和 DLW 可以实现三维光子电路体系结构。这种光刻技术最重要的优点之一是可以在同一光子结构中组合不同的聚合物(有源或无源材料),从而可以对其光学响应进行受控和动态调整。

为了实现可调谐的光子腔,研究者在光子电路中集成了一种光驱动的可变形材料,例如向列网络(LCN)。LCN 的主要特征是,由于分子组织成液晶(LC)相和交联网络的弹性,它们能够响应外部刺激并可逆地改变其形状。此外,可以根据 LC 分子排列设计变形。

为了通过激活 LCN 结构来实现光驱动的可调性,研究者使用了一个绿色聚焦于光响应结构,该激光与聚焦在光响应结构上的偶氮染料(在 λ = 540 nm 处最大)匹配。微结构化 LCN 在周期性照明(50 Hz)下的时间响应是毫秒级的。LCN 聚合物链的光学诱导重排(取决于 LC 相)也会引起折射率的变化,可逆地失去其双折射特性,而有利于各向同性相。为了调整光子腔,在两种不同的策略中分别利用了两种效应(形状变化和折射率变化)。在第一种情况下,LCN 作为弹性圆柱驱动器集成在 Ip-Dip 环形谐振器的顶部(中央部分)(图 5.98(a)、(b))。已选择平行于圆柱体轴线的对齐方式,开始驱动后,该结构收缩至其总高度的 20%,h = 20 μm,并在垂直平面上扩展,保持总体积不变。当 LCN 通过光刺激施加到切向压力时,这种结构可以使 Ip-Dip 谐振器产生微小、平缓和可逆的变形。LCN 折射率的变化不会干扰谐振器的导引特性,因为 LCN 结构和谐振导模之间的空间重叠可以忽略不计。实际上,在对 LCN 圆柱体进行集成之前和之后,电路的光谱特性显示出不受干扰的光学特性,而品质因数没有任何下降(图 5.99)。因此,最终结果是一个很小的,控制良好的机械变形,反映在谐振波长的光谱红移(图 5.98(b) 中的红色圆点),继而产生了可调的滤波效果。当光致动功率增加到 25 mW 时,整体正位移为 11.5 nm(图 5.98(b) 中的连续绿线光谱)。较小的变形会稍影响品质因数值,同时还保留倾角透射对比度。共振红移的淬灭归因于 Ip-Dip 聚合物的折射率变化,这是由于光热效应引起的,根据实验估算,对于 16 mW 的驱动功率,$\Delta\lambda$ = −1.7 nm(图 5.100)。考虑到这两种影响,可以估计腔半径的拉伸范围约为 170 nm。在第二种情况下,研究者采用一个不同的方法,目的是最大限度地提高共振导模式和 LCN 聚合物之间的光-物质相互作用。该方法预见了以这样的方式直接在 LCN 矩阵内制造的 WGMR,以便利用 LCN 折射率变化来调节谐振波长。图 5.98(c)、(d) 显示了具有典型透射光谱的光子结构。这是第一次展示了集成在简单光子电路中的具有良好品质因数(Q = 15 000)的液晶弹性体 WGMR。通过照射 LCN,平行于腔对称轴的非凡折射率将随控制功率的增加而减小,而垂直平面中的常光折射率则略有增加。这种光学变化会导致环形机械变形。考虑 TM 回音壁模式,谐振波长受到折射率的 LCN 的影响,该绿色分量在绿色激光刺激下显示出 Δn = 0.02 的变化(从向列状态转变为准向列状态),对应计算出的 20 nm 蓝移。但这不是对频谱调谐的唯一因素。实际上,LCN 环的机械膨胀会引入相反的红移。这些影响的组合导致 LCN 腔体发生净蓝色光谱偏移(图 5.98(e),蓝色三角形和黑色正方形点)。从实验数据中,可以确定谐振调谐作为绿色激光功率的函数,主要由折射率变化决定。研究者报道了 Q = 15 000 和 Q = 680 质量因数腔的光谱调谐,表明光诱导蓝移取决于谐振腔的光学质量(就本征和非本征损耗而言)。

通过直接激光写入的光刻技术,可以在不同的高分子材料中实现真正的三维光子电路,并将其集成在电介质平台上。

研究者以密集的垂直几何形状设计,制造和表征了集成聚合物光子电路(波导、光栅耦合器和环形谐振器)的典型基本构件。对于垂直耦合到总线波导的环形谐振器和两个垂直耦合的堆叠腔体的配置,已经证明具有良好的光学性能。利用光刻技术,进一步结合不同材料,并设法将液晶聚合物整合到光子电路中,创建了光学可调结构。使用光响应性可变形材料,即可通过远程光学刺激控制 WGMR 的光谱响应。

第 5 章 3D/4D 打印液晶高分子材料

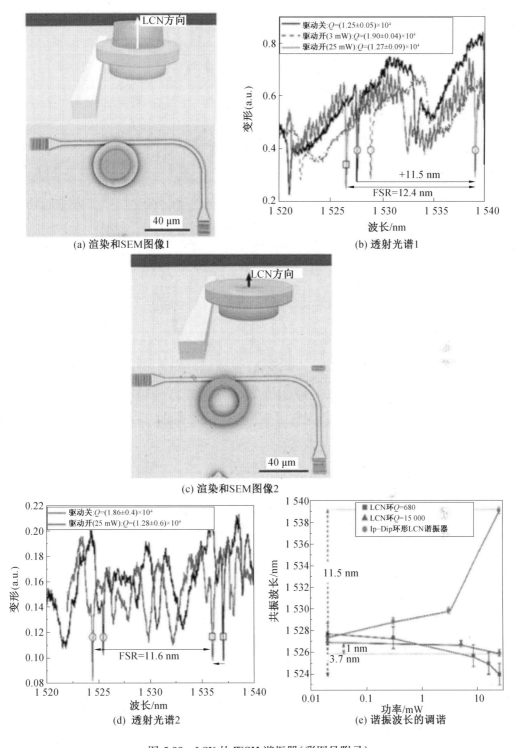

(a) 渲染和SEM图像1　　(b) 透射光谱1
(c) 渲染和SEM图像2
(d) 透射光谱2　　(e) 谐振波长的调谐

图 5.98　LCN 的 WGM 谐振器（彩图见附录）

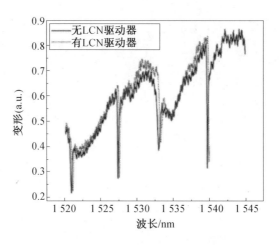

图 5.99 在 LCN 驱动器集成之前和之后,测量同一光子电路的透射光谱(彩图见附录)

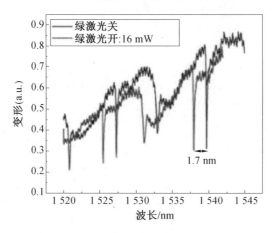

图 5.100 不带 LCN 驱动器的 Ip-Dip 环形谐振器在绿色激光激发下的透射光谱的测量,对于 16 mW 的激光功率,折射率随温度发生负向变化,因此检测到谐振谷的蓝移(1.7 nm)(彩图见附录)

5.4.3 其他类型液晶高分子材料打印方法

1. 编程 4D 打印

当前,四维(4D)打印编程方法主要以结构为基础,这通常需要一种以上的材料来赋予产品特定的属性。研究者提出了一种新的 4D 打印编程方法,该方法可通过调节打印参数在一种材料中实现特定位置的形变行为。报道了具有即时改变打印参数(例如,沉积速度)的能力的直接墨水书写三维(3D)打印机。通过在特定位置调整打印速度和打印路径以控制打印液晶弹性体(LCE)的局部向列排列,可以成功地编程 LCE 的形变行为。这样,通过改变特定区域的打印速度来设计局部、自组装和振荡行为。均匀提高单行打印速度可以实现蛇状卷曲行为。此外,采用了两种理论和一种超声图像设备来揭示这种行为背后的机理。这项工作为利用单一材料实现材料特性的梯度过渡提供了一种可行的方法。它拓宽了设计空间,并推动了4D打印的发展,有望对制造软机器人和柔性电子产品有所帮助。

四维(4D)打印是一种结合了刺激响应材料、数学和三维(3D)打印的协同过程,可在环境刺激下随时间产生具有可编程自变形的结构。它将"材料就是机器"的概念变成了现实。因此,如何将设计编程为材料结构对于4D打印至关重要。当前,4D打印技术主要是指使用复合刺激响应材料来制造立体的结构(多材料4D打印)。通过利用针对特定刺激的特定材料的不同响应,可以获得各种形状变形行为。但是,多材料4D打印需要多种材料以及复杂的结构设计。3D打印是堆积分散的材料的增材制造过程。因此,打印零件的特性将在很大程度上取决于处理参数,包括打印温度、打印速度等。此外,3D打印是基于计算机数控(CNC)的处理,因此可以轻松调整处理参数。先前的研究表明,参数(液化和冷却温度、挤出速率和沉积速度、沉积路径和挤出头直径)会影响材料结构(例如结晶度、分子有序度、连接处的强度和各向异性程度)和性能(例如模量、玻璃化转变温度、各向异性和形状记忆特性)。最近,对3D打印过程中的过程-微观结构-性质关系进行了许多研究。Bartolo和他的同事证明,通过控制螺杆旋转速度和打印温度,可以动态调节聚乳酸(PLA)丝的结晶度和机械强度。另外,利用辐照过程中产生的适配固化条件可以调节液晶弹性体(LCE)的形变性能。

近来,已经报道了一些基于挤出3D打印制造变形液晶弹性体体系结构的研究。这些研究表明,LC指向矢的方向与挤出参数密切相关。但是,他们没有对这些过程参数进行编程调节LCE的性能,只是优化了参数以获得最佳结果。有人报道了在液晶聚合物墨水的4D打印期间,可以利用由沿着高度方向的温度梯度引起的取向梯度来实现新的致动模式。这一发现提供了一个新线索,即通过利用不同的打印参数,可以很好地定义局部应变的大小和方向性,以生成各种特定的形状形态。

这种4D打印编程技术可以定义为"参数编辑4D打印",提供了使用单一材料生成各种形变结构的机会。研究者证明了通过在直接墨水书写3D打印过程中局部调节打印速度和打印路径,可以精确地编程分子的排列程度,从而可以对LCE的形状和运动进行精确编程。

使用自制的直接墨水书写3D打印机排列LCE的液晶元域。在挤出过程中,挤出压力随打印速度和注射器直径变化而变化。3D打印机的挤出头由一个钢管组成,该钢管被带有热电偶(k型)的加热线圈包围。在打印过程中,喷嘴的温度保持在75 ℃。当墨水被挤出时以约5 mW/cm^{2}的强度暴露于UV光。值得注意的是,可以通过修改G代码(手动或设计新的切片软件)来控制每个点的打印速度。打印后,将零件在紫外光($\approx$ 50 mW/cm^2)照射2 min,然后从基材上剥离。

研究者采用一种基于White和他的同事报告的不含催化剂的混合物配方。具体而言,使用正丁胺通过迈克尔加成反应使商业向列型二丙烯酸酯(RM82)扩链。加入光引发剂Irgacure 651来活化丙烯酸酯端基,从而确保3D打印的LCE在紫外线下会发生交联(图5.101(a))。自制的墨水直写3D打印机可以排列LCE墨水的分子(图5.102和5.101(b))。通过预编程G代码,可以在3D打印过程中动态更改打印速度。在使用研究者自制的3D打印机在T_g和T_{NI}之间(-18 ℃和89 ℃)的温度下打印LCE。如图5.101(c)所示,利用广角 X 射线散射(WAXS)确定在不同温度下从样品中捕获的取向度 S(图 5.101(d)、(e)和图 5.103)。拍摄了单轴打印的 LCE 的偏振光学显微照片,以进一步证明 LCE 丝的各向异性(图 5.104)。收缩应变随着温度的升高而增加,从室温的 0% 升高到 140 ℃ 的 38%(图 5.101(f))。

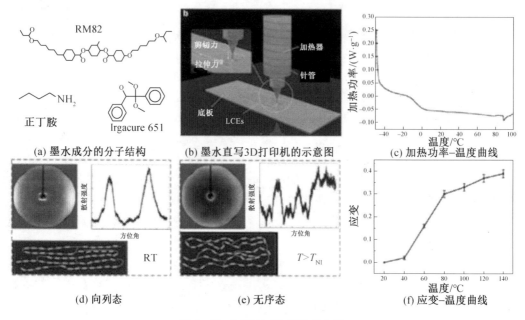

图 5.101 LCE 的 3D 打印和表征

图 5.102 自制的墨水直写 3D 打印机的图片

为了确定控制 LCE 形变行为的关键参数,研究人员还探索了 3D 打印中的相关参数。需要加热以降低墨水的黏度确保 LCE 能够被挤出。随着打印温度的升高,LCE 的黏度降低,呈现出较小的剪切稀化响应。同时,打印的 LCE 的收缩应变和取向度 S 都随温度的升高而降低(图 5.105(a)、(b))。在足够高的温度下,挤压过程中产生的各向异性是松弛的,这将部分重新排列晶体的取向。因此,在较低的处理温度下,反转的机会较小,墨水将表现出相对较高的各向异性。尽管对 LCE 的微观结构进行编程是一种可行的方法,但是耗时的加热和冷却过程阻碍了其在实现连续变化中的实际应用。如果通过技术改进可以解决加热和冷却问题,则可以实现通过温度来控制 3D 打印材料的特性。基于上述考虑,

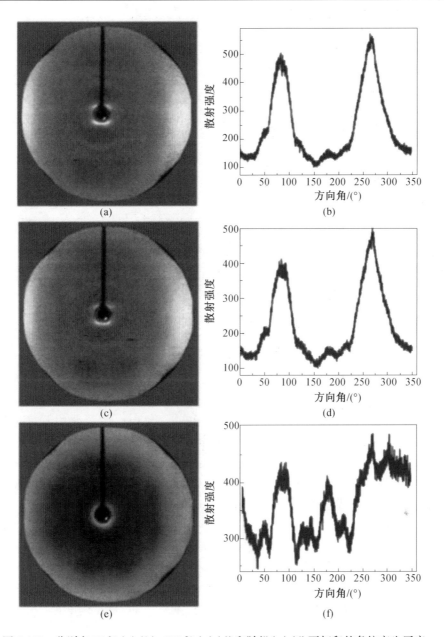

图 5.103　分别在 75 ℃(a)(b)、100 ℃(c)(d)和随机(e)(f)下打印的条纹产生了广角 X 射线散射(WAXS)

本实验在温度 75 ℃下进行了优化,以确保打印部件既具有精美的形状又具有较大的驱动应变。

另一个影响因素是固化条件。后固化时间设定为 0.5~5 min 区间下的性能影响不明显。而且,由于墨水在挤出时立即固化,应力不匹配,因此不会出现显著的形状变形行为。

3D 打印过程中存在两种力,即剪切力和基材与针尖之间的拉伸力。这两种力都将极大地影响 LCE 的链排列,并且两者都与打印速度密切相关。与打印温度不同的是,打印

 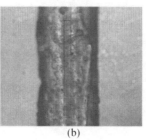

图 5.104 样品偏光光学显微照片,显示了单轴打印的 LCE 在 45°((a),亮)和 0°((b),暗)下与偏振片的双折射

速度更容易控制。

为了探索打印速度对形状变形行为的影响,实验中将打印温度保持在 75 ℃,并手动修改了 G 代码以实现动态变化的打印速度。使用内径为 310 μm 的喷嘴以 3、6、9、12 和 15 mm/s 的平均打印速度打印了双层 LCE(18 mm×5 mm×0.62 mm)(图 5.105(c))。值得注意的是,挤出速率应始终与行进速度协调。同时,挤出压力根据打印速度的变化而变化。

随着打印速度的增加,沿着打印方向的收缩应变从 22% 增加到 44%。同时,垂直于指向矢的膨胀从 13% 增加到 15%(图 5.105(d))。另外,随着打印速度的增加,取向度 S 超过 12 mm/s 时先增加后降低(图 5.105(e))。这是因为当速度过高时,接触时间有限,黏性墨水无法牢固地附着在基材上,这导致取向度低且打印质量不高。

综上所述,有两种类型的力受打印速度的影响。这两个力是针头中剪切流动时的剪切力以及基材和针尖之间的拉伸力,两者均受打印速度的影响。

首先,要考虑打印速度对接收基板和针尖之间拉伸力的影响。在挤压过程中已经被定向的分子由于在底物和 LCE 之间的拉伸力而引发了进一步的定向和更大的应变。假设条件液晶弹性体是线性弹性材料,则可给出关系式:

$$\varepsilon = \varepsilon_0 + vt$$

式中,ε 是沉积后的应变;ε_0 是挤出后的初始应变;v 是打印速度(挤出速率);t 是接触时间。可以看出,较大的打印速度将导致较大的应变。

另一种可能的理论是 Studart 团队提出的核壳结构理论。他们制造了具有核壳结构的挤出长丝,其中高度排列的表皮包裹着取向较弱的芯。据分析,表皮的形成可以追溯到挤压材料的冷却动力学:

$$S(t) = S_0 \exp(-t/\tau)$$

$$E = \varphi_{skin} E_{skin} + \varphi_{core} E_{core} \approx \varphi_{skin} E_{skin}$$

式中,S_0 是初始流动引起的取向;t 是冷却时间尺度;τ 是 LCE 域的弛豫时间;E_{skin} 是聚合物的模量;φ_{skin} 是材料穿过长丝的体积分数。Studart 团队证明,表面的快速冷却导致向列顺序的固化,而较低的冷却导致聚合物链的重新取向。在高速打印的条件下,短冷却时间会使制样体积表面体积分数(φ_{skin})增大,从而拥有较高的机械强度(E),并使其可以较大驱动。

基于核壳结构理论,利用超声成像技术来测量样品的力学性能。此处的力学参数 E

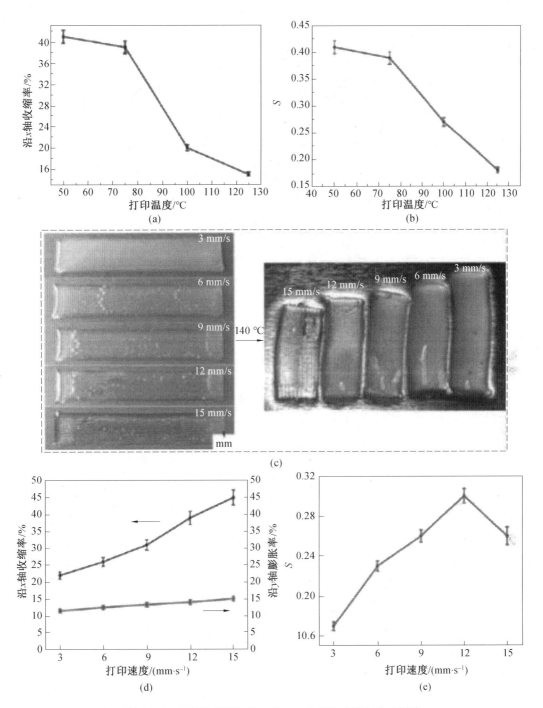

图 5.105 打印温度和打印速度对取向度和收缩行为的影响

与在拉伸试验中确定的弹性模量不同。以不同速度打印的结构如图 5.106(a)~(c) 所示。在图 5.106(a)、(b) 中，用白色框起来的蓝色区域代表所选的测试位置。测试位置的机械参数 E 的平均值在黑色透明框中显示，对于以 12 mm/s 打印的结构为 380.6 kPa，对于以 6 mm/s 打印的结构为 121.2 kPa。实验结果再次印证了较高的打印速度有助于较高的机械强度。然而,沉积速度也有限制,当沉积速度超过 12 mm/s 时,由于打印质量较差,挤拉丝制样机械参数 E 会出现下降行为。

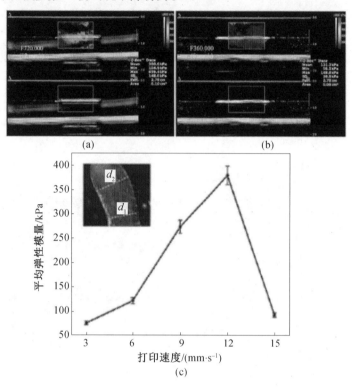

图 5.106　超声测得的灯丝打印样品和机械参数(彩图见附录)

确定了打印速度和驱动应变的关系后,人员修改了 G 代码并制造了正交排列的双层结构。通过将打印速度设置为 12、6 和 3 mm/s,它们的弯曲曲率会随着速度的增加而增加(图 5.101(a))。

为了探究打印速度改变情况下每层的变形,将沿纵轴打印的层的打印速度更改为 12 mm/s,将沿着垂直轴打印的层的打印速度更改为 3 mm/s(图 5.107(b)),可以观察到正交排列的双层沿着纵轴卷曲。此外,如果交换两层的打印速度,条带再次沿垂直轴弯曲(图 5.107(c))。

出现上述现象是由于 12 mm/s 打印层的收缩力和应变大于以 3 mm/s 打印层的收缩力和应变,因此以较高速度打印的层会主导弯曲方向。为了验证这个假设,通过在模拟实验(Abaqus CAE)中将收缩应变转换为各向异性的热膨胀系数来观察样品变化。模拟结果总体上证实了实验结果。但是,图 5.107(b)中所示的模拟结果与实验结果不一致。实验结果比模拟结果具有更大的曲率。据此可以推断出,由高度方向上温度梯度的存在引起的取向梯度可能对变形行为产生重大影响,这种影响有助于更大的卷曲度。

为此,研究者设计了几种具有不同打印路径和打印速度的双层结构(图 5.108)。通过改变每层中顶层左侧部分的打印速度,设计了 4 个花形组件(图 5.108(a))。通过打印两个 45°倾斜接头(图 5.108(b))和两个垂直接头(图 5.108(c))的条带,可以导致局部区

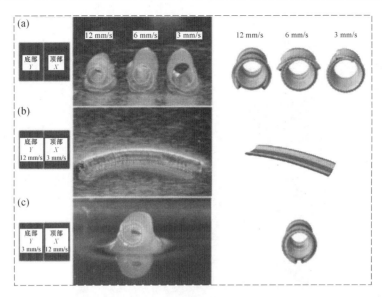

图 5.107 每层中 LCE 的可编程形状变形行为

(a)正交布置的双层带的弯曲行为;(b)正交排列的双层带的弯曲行为;(c)正交排列的双层带的弯曲行为

域的扭曲和弯曲程度不同。同时通过预测相邻臂中的夹持器的速度,可以使每个臂具有不同的抓握能力(图 5.108(d))。

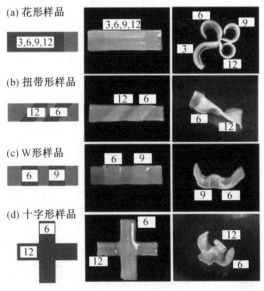

图 5.108 通过改变每个图层的几何形状和打印速度分布而启用的更多形状变形图案(单位为 mm/s)

基于以上结论,可以通过更改局部区域的打印速度来检测弹出结构的不同,并以此为例创建了新的编程条件。实验中通过布置打印速度的分布来实现不同类型的金字塔结构。对于以 3 mm/s 打印的正方形,变形是均匀且同时发生的(图 5.109(a))。将两个相对的最小三角形的打印速度更改为 10 mm/s 时,可以观察到打印速度较高的区域收缩得更快,并且形变幅度比打印速度较低的区域更大(图 5.109(b))。当在两个相邻的最小三角形中使用相同的打印速度时,也会发生类似的现象(图 5.109(c))。弹出的幅度和区域与打印速度的变化同步。

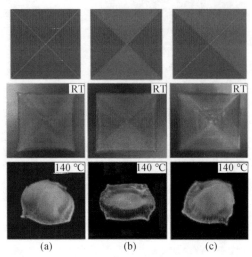

图 5.109 通过不同的打印速度每个路径改变弹出行为

此外,通过改变二维(2D)晶格的打印速度,研究人员设计了具有变化的局部横截面直径的 3D 多孔圆柱结构。需要注意的是,在打印样品的两侧之间存在取向梯度,可以将 2D 晶格自组装为 3D 多孔圆柱体。在图 5.110(a)中,在相同打印速度的条件下,所有部分的直径都是相等的,而在图 5.110(b)、(c)中,由于打印速度的不同,这显示了设计不规则形状的物体和低接触应力的潜力,因此不同区域的收缩大小不同。

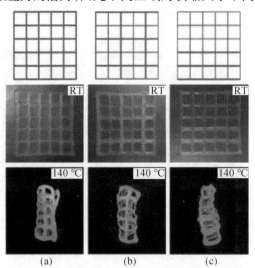

图 5.110 通过沿每个路径编辑变形程序来制造 3D 多孔圆柱结构

从理论上讲,通过改变一个打印路径中的有序程度,单行中的梯度变形将是可行的。

基于以上假设,如果在一条路径的 G 代码中添加足够的中间值,则有可能在正交排列的双层结构(图 5.111(a))中实现曲率的平滑过渡。图 5.111(a)示出了速度在一条路径中从较高的速度 V_1 均匀地变化到较低的速度 V_n。随着打印速度的降低,链条有序度降低。在图 5.111(b)中,打印了一个正交双层驱动器,底层的打印速度从 3 mm/s 均匀变化到 12 mm/s。当加热到 140 ℃ 时,条带立即卷曲成长条状。同样,在单层结构中也出现了类似的变形。在图 5.111(c)中,打印速度从 3 mm/s 均匀更改为 12 mm/s 的单层条带也会导致该开关卷曲,同时,该实验证明了 4D 打印渐变材料可以通过改变参数实现。

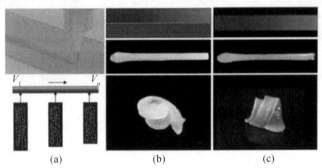

图 5.111　通过渐变参数编程的 4D 打印实现的蛇状卷曲

为了将此想法扩展到更广泛的应用,需要将渐变增强参数转换为 3D 打印机可以识别的代码。因此,应开发具有生成包含参数信息的相关软件工具。4D 打印材料在未来具有更广阔的应用空间,这种材料既没有几何形状的限制性,在处理上也具有简便性。

利用双层正交路径实现表面变形的有效途径。研究者可以通过设计打印速度分布来实现局部弯曲行为打印调整打印路径。通过编程平行打印路径的打印速度,可获得了明显的形变。在图 5.112(a)中,不同的打印速度分布在一层中,一半的部分以 3 mm/s 进行打印,另一半以 12 mm/s 进行打印。当零件形变时,以 12 mm/s 打印的一半将产生比另一半更大的收缩应变。因此,它将向以较高打印速度打印的一半弯曲。当顶层和底层之间存在速度差异时,会出现不同的情况(图 5.112(b))。原理上讲这两层的收缩程度不同,因此条带将向上弯曲。然而,经过多次尝试,该条带仍未像在模拟中那样弯曲。这是可能由于双层的应变不匹配所产生的力无法克服其自身的质量,所导致的结果与该设计存在差异的原因。

使用此原理可以实现更多设计。通过并行的双层展示 J、L 和 U 字母的设计。在图 5.112(c)~(e)中,黑色框中的顶层代表 12 mm/s 的打印速度区域,所有底层的打印速度均为 3 mm/s。当加热到 140 ℃ 时,局部区域具有较高的打印速度将弯曲,并显示 J(图 5.112(c))、L(图 5.112(d))和 U(图 5.112(e))的几何形状。

可以观察到平行双层在恒定温度的表面上发生连续的摇摆振荡混沌运动。Da Cunha 等提出,自我维持的振动是特定的运动,仅出现在具有三角形和平行六面体形状的薄膜中。实验中,双层矩形也表现出了相似的结果。

具体来说,设计成两层打印速度不同的双层矩形结构。当薄膜放在 140 ℃ 的加热板上时,驱动器的一侧边缘从加热的表面上翘起。冷却后,该边缘发生应变松弛,产生结构不平衡而向另一侧倾斜,另一侧经历相同的加热和冷却过程并向前边缘倾斜。产生热响

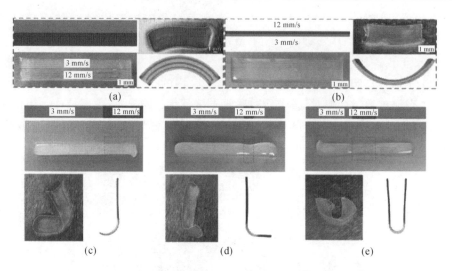

图 5.112 在两个平行层中具有不同打印速度的条带的自形变行为

应振荡运动。基本上,这些具有不同打印速度设计的驱动器会产生相似的摆动和转动运动。在图 5.113(a)中所示,以 15 mm/s 打印第一层,驱动器的形变能力最强,完成一个运动循环所需的时间最少(0.4 s)。以 9 mm/s 打印第一层,其形变能力较弱,需要较长的时间才能完成一个运动循环(1.8 s,图 5.113(b))。当打印速度为 6 mm/s 时,驱动器将发生翻转并终止循环(2.4 s,图 5.113(c))。所有底层的打印速度均为 3 mm/s。

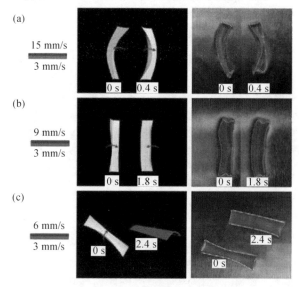

图 5.113 一个循环的不同振荡运动

假设这 3 个形变模式是由它们的方向梯度所产生的力与其自身质量之间的所产生的力的对抗产生的,并由高度方向上不均匀的热分布所驱动。那么离基板越远,温度就越低。因此,形变将在响应状态和恢复状态之间切换,以实现自我维持的运动。而且,由于以较高速度打印的层较薄,因此其质量相对较轻,应力失配更大。因此,以较高速度打印的驱动器具有更大的运动能力。

这项工作提出了参数编辑4D打印的概念,该概念将形状变形行为嵌入3D打印过程的参数配置中。通过在局部区域改变打印速度和打印路径实现打印过程,从而简化了诸如局部编程弹出、自组装、振荡行为,甚至可以通过梯度参数嵌入式4D打印实现蛇状卷曲,进而实现材料特性的梯度转变。研究者提出了这样一种观点,即随着这一概念的普及和相关软件工具的发展,参数编辑的4D打印将会得到更广泛的应用。

2. 数字光处理3D打印

数字光处理(DLP)3D打印可以创建具有特定的微观和宏观体系结构来实现。在此,此层次结构扩展到了介观长度范围,用于优化耗散机械能的优化设备。据报道,一种可光固化、可DLP打印的主链液晶弹性体(LCE)树脂可用于打印各种复杂的高分辨率设备。LCE晶格结构具有市售可光固化弹性体树脂打印的材料12倍的速率依赖性和高达27倍的应变能损耗。这些结构的研究成果进一步揭示了LCEs的能量耗散特性,以及在高能量吸收器件应用领域的发展。

控制3D打印晶格的几何形状可以控制机械性能和耗散性能。比如,人们可以设计负的泊松比几何形状,这种几何结构有望具有增强的耗散特性。同时可以通过设计屈曲结构来增加耗散,在屈曲结构中,存储在构件变形中的弹性能量会随其快速屈曲而消散。上述示例中,晶格的机械性能主要由几何形状决定。选择常规的柔软材料是因为它们易于打印,尽管黏弹性对于耗散机械能至关重要,但很少考虑打印材料的黏弹性。

液晶弹性体(LCE)是柔软的多功能材料,结合了液晶(LC)的各向异性分子顺序和轻度交联聚合物网络的熵弹性。这些材料可作为软机器人驱动器。同时,LCE还具有出色的机械性能,例如高能量耗散、软弹性、可编程的各向异性、负泊松比和非线性特征。由于复杂的合成路线,LCE很大程度上限于薄膜($<150~\mu m$)器件,并且需要通过表面效应来排列LC基团。近年来,点击化学和墨水直写(DIW)技术得到了发展,这些技术现在使宏观LCE设备的制造成为可能。

在这项研究中,研究人员开发了一种针对数字光处理(DLP)3D打的优化新型光固化硫醇-丙烯酸酯LC树脂,这是一种基于还原光聚合的工艺,通过光固化成的薄层聚合物来打印3D对象。固化完成后,这种LC树脂在比玻璃化转变温度(T_g)高30 ℃的条件下形成具有高耗散性能的LC弹性体,这是传统弹性体中没有出现过的现象。

在当今可用的众多增材制造技术中,基于还原光聚合的打印技术能够打印高分辨率($\approx 10~\mu m$)和复杂结构(例如悬垂)打印大型软材料设备(尺寸>10 mm)。DLP打印也是一种高通量和可扩展的技术,这使得它成为一种商业制造建筑耗散格的方法。

采用LC树脂和商业树脂TangoBlack(Stratasys Ltd., Eden Prairie, MN, 美国)通过DLP打印法制造晶格器件,并通过机械测试比较它们的性能。如图5.114(a)所示,DLP打印的LCE晶格的机械性能在跨尺度范围内受到控制:从介观尺度而言,黏弹性通过LCE化学反应来调节;从微观尺度而言,力学性能是通过各向同性和各向异性晶格结构来控制的;在宏观上,指定整个设备的几何形状。

两种不同的树脂,一种可用于实验部件,另一种用于概念性脊柱固定装置。对于打印实验零件,将质量比为1∶1的RM257和甲苯与质量分数2%的BHT添加在一起并在100 ℃加热。以介晶与二硫醇官能团的摩尔比为1.1∶1的比例加入EDDET,可得到丙烯酸酯封端的低聚物。最后将质量分数2%的PPO和质量分数0.005%的苏丹Ⅰ添加到溶液中。溶液混合后,在100 ℃加热2 h。可使用C10与EDDET官能团的摩尔比为4∶1的比例来提高打印部分的聚合物结晶度。其余步骤与用于实验打印部件的方法相同。

对于实验打印零件,LCE和TangoBlack树脂是在室温下使用定制的DLP 3D打印机打印的。对于脊柱保持架,使用Prusa Research Original Prusa SL1 DLP 3D打印机在室温下打印LCE树脂。

使用定制的巯基丙烯酸酯LC树脂(图5.114(b))和自制的DLP 3D打印机(图5.114(c))创建具有高分辨率细节和复杂形状的大量LCE试验设备。DLP打印机使用UV光引发以自上而下的逐层投射遮罩的图像,以使LC树脂光聚合。(图5.114(d))展示了该方法提供的分辨率。格子结构为连续打印550层,每层50 μm,其长度和宽度约为15.5 mm×15.5 mm。莲花10 μm的层高打印,显示了打印所能提供的高分辨率。使用Original Prusa SL1(Prusa Research,Prague,Czech Republic)将33 mm×28 mm×9 mm LCE脊椎笼概念设备(图5.115)以100 μm的层高打印,扩展了其实用性和可扩展性技术。

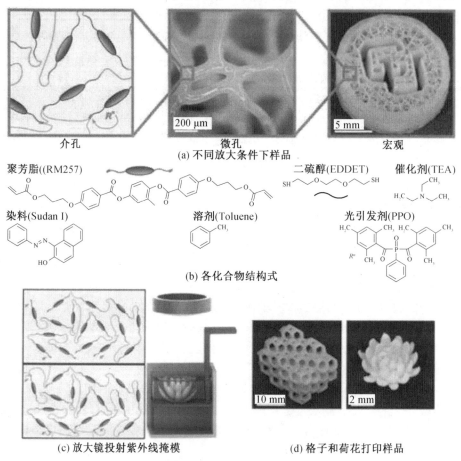

图5.114 采用LC树脂和商业树脂制造晶格器件,并通过机械测试比较它们的性能

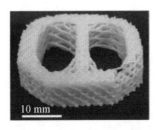

图 5.115　DLP 打印的具有多孔晶格结构的脊椎笼的 LCE 概念设备

由研究者研制的 LC 树脂打印的具有各向异性(晶格 A)、各向同性(晶格 B)和横向各向同性(晶格 C),3 种不同晶格结构的对比照片如图 5.116(a)所示。为了与常的各向同性弹性体网络进行比较,用 TangoBlack 打印了晶格 A 型结构。通过压缩测试比较了结构的性能。图 5.116(b)所示为代表性的应力-应变曲线,用于测试在 x 轴上最快和最慢的应变。为了准确比较 LCE 和 TangoBlack,在高于各自 T_g 的 28 ℃下对这两种材料进行了测试。分别对应于 LCE 样品的室温和 TangoBlack 样品的 42 ℃。两种材料的 T_g 值是通过动态力学分析(DMA)确定的。随着应变率从 0.21%/s 增加到 220%/s,LCE 晶格 A 的峰值应力平均增加了 370%(从 0.054 MPa 到 0.207 MPa),远大于 TangoBlack 晶格 A 显示的 5%(0.042 MPa 至 0.044 MPa)(表 5.5)。每种结构的附加应力-应变曲线、应变率和荷载方向如图 5.117~5.120 所示。需要注意的是,LCE 晶格在室温下根据加载和卸载速率,2~5 min 后恢复其形状。如果加热到 T_i 以上,结构将立即恢复。TangoBlack 晶格立即恢复其形状和尺寸。图 5.121 中显示的残余应变是实验限制的结果,其中十字头样品没有足够快地对样品进行减压以显示弹性响应。

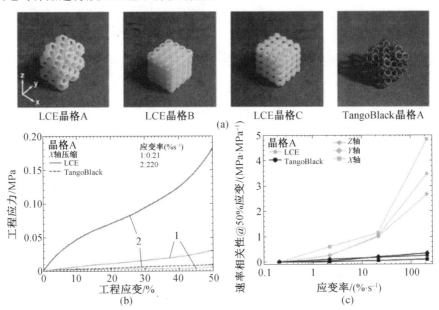

图 5.116　DLP 打印的格子、应力响应及两个材料的速率依赖性($n = 1$)

表5.5 对于每个应变率，每个晶格的应变能密度和峰值应力

结构	表观密度/$(g \cdot cm^{-3})$	轴量	应变能密度/$(J \cdot g^{-1})$			峰值应力/MPa		
			$0.21\% \cdot s^{-1}$	$2.2\% \cdot s^{-1}$	$22\% \cdot s^{-1}$	$200\% \cdot s^{-1}$	$0.21\% \cdot s^{-1}$	$2.2\% \cdot s^{-1}$	$22\% \cdot s^{-1}$	$220\% \cdot s^{-1}$
LCE 晶格 A	0.33	x	4.39	5.35	8.68	17.37	0.088	0.114	0.161	0.268
		y	3.00	3.39	5.87	10.77	0.020	0.028	0.042	0.077
		z	4.73	7.84	10.60	26.62	0.055	0.081	0.101	0.256
LCE 晶格 B	0.52	x	36.29	35.97	52.30	103.60	0.412	0.517	0.604	0.891
		y	27.26	34.20	35.22	81.44	0.339	0.432	0.392	0.680
		z	26.07	33.96	27.07	73.80	0.300	0.415	0.288	0.634
LCE 晶格 C	0.31	x	12.06	23.45	42.12	82.42	0.069	0.175	0.287	0.541
		y	7.92	12.18	35.21	49.13	0.031	0.053	0.102	0.187
		z	7.11	14.36	16.33	77.08	0.023	0.061	0.071	0.303
TangoBlack 晶格 A	0.18	x	0.03	0.52	0.84	1.68	0.048	0.060	0.072	0.050
		y	0.12	0.70	1.12	1.98	0.057	0.111	0.070	0.062
		z	0.07	0.29	0.64	1.12	0.020	0.020	0.020	0.019

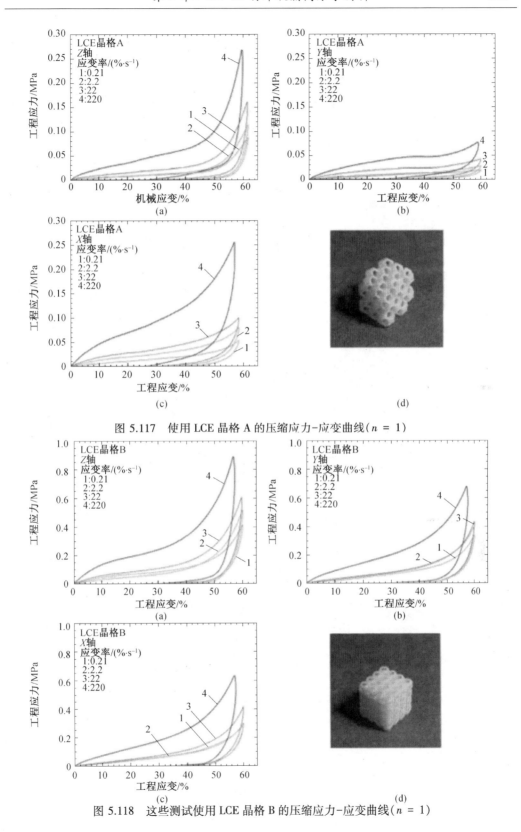

图 5.117 使用 LCE 晶格 A 的压缩应力-应变曲线 ($n=1$)

图 5.118 这些测试使用 LCE 晶格 B 的压缩应力-应变曲线 ($n=1$)

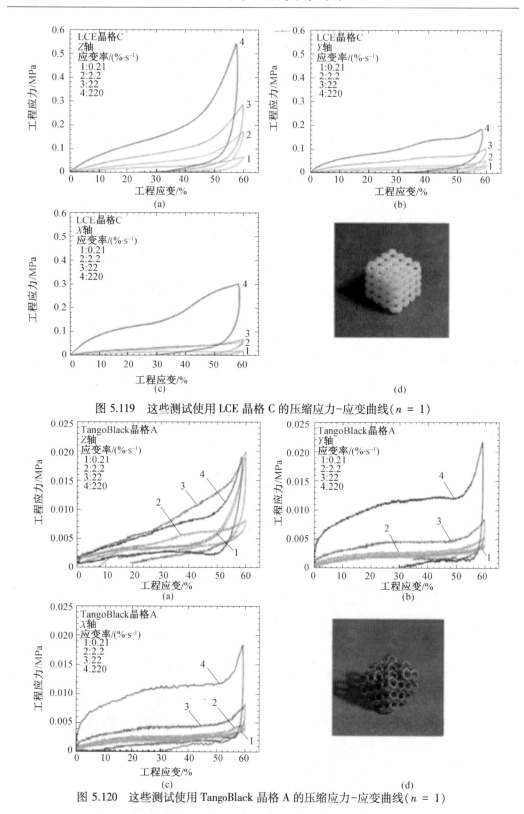

图 5.119 这些测试使用 LCE 晶格 C 的压缩应力-应变曲线($n = 1$)

图 5.120 这些测试使用 TangoBlack 晶格 A 的压缩应力-应变曲线($n = 1$)

每种材料在每个给定的应变速率下的速率依赖性 RD(ε) 见下式：

$$\text{RD}(\varepsilon) = \frac{\sigma_{\dot{\varepsilon}}(\varepsilon) - \sigma_{\dot{\varepsilon} = \text{quasistatic}}(\varepsilon)}{\sigma_{\dot{\varepsilon} = \text{quasistatic}}(\varepsilon)}$$

其中，$\sigma_{\dot{\varepsilon}}$ 是设定应变；$\dot{\varepsilon}$ 是应变率下的应力。对于本实验，研究人员在 50% 的应变下测量了应力，并使用了 0.21%/s 的准静态应变率。LCE 的最大速率依赖性为 3.66，比其 Tango-Black 晶格的速率依赖性(0.23)大 12 倍以上。同时，晶格几何学在经历应变加强之前就引入了超弹性行为。图 5.116(c)展示了晶格 A 的速率相关行为。

图 5.121 显示了每种晶格加载方向和材料的应变能密度(磁滞和能量损耗的量度)。将其除以各个晶格的总表观密度可得到一个度量，可对晶格结构对耗散的影响进行比较。LCE 晶格 A、B 和 C 的表观密度分别为 0.33、0.52 和 0.31 g/cm³。TangoBlack 晶格 A 的表观密度为 0.18 g/cm³。

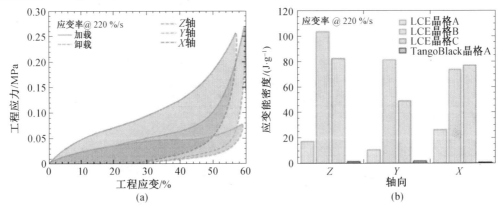

图 5.121 通过观察应变能密度来比较不同晶格的阻尼能力(彩图见附录)

图 5.121(a)显示了 LCE 晶格 A 沿着 x、y 和 z 轴以 220%/s 压缩曲线下的面积。图 5.121(b)比较了所有以 220%/s 位移的晶格结构的应变能密度。表 5.5 中列出了每种晶格结构的应变能密度和峰值应力(针对每种应变率和载荷方向)。比较各向异性晶格 A 的应变能密度差异，研究人员发现在所有加载方向和所有测试速率下，LCE 的性能均优于 TangoBlack。在最低的(准静态)速率下，没有 TangoBlack 样品的能量耗散几乎可以忽略不计，而 LCE 晶格的能量密度值在 3.00~4.72 J/g 之间。在更快的速度下，TangoBlack 的能量损失值从 0.29 J/g 到 1.98 J/g，而 LCE 可增加到最大 26.62 J/g。在所有较快的速率测试中，LCE 晶格的应变能密度范围是 TangoBlack 的 5~27 倍。

尽管晶格 B 具有各向同性对称性，但沿 x、y 和 z 方向的应变能密度显示 LCE 晶格 B 是横向各向同性的。对于以 220%/s 加载，沿 z 方向的应变能密度(103.60 J/g) ≈ 1.25 倍，比沿 x 或 y 轴加载的应变能密度(81.44 J/g 和 73.80 J/g)比较相似。在各向同性对称的晶格中，这种对称性的破坏可以用逐层打印打印晶格的事实来解释。

在这项研究中，研究人员由定制的可光固化 LC 树脂制成的 DLP 打印的各向异性和各向同性晶格结构中的能量耗散。将自制的 LCE 的晶格与市售的可光固化树脂 Tango-Black 制成的晶格进行比较，LCE 表现出超过 12 倍的速率依赖性(图 5.116)，在准静态测试下具有适度的滞后性(即能量损失)，并且应变能密度最高提高 27 倍(图 5.121)。LCEs

表现出的更高的速率依赖性可以用应变时液晶元域和液晶域的旋转来解释,通过将 LCE 与 TangoBlack 的整体热机械性能进行比较,可以发现 LCE 的性能提高。LCE 本质上比 TangoBlack 具有更高的能量耗散水平,因为当其玻璃化转变温度超过 30 ℃ 时, tan δ 值会升高约 0.5(图 5.122)。LCE 的 tan δ 升高也明显高于其他传统弹性体,例如氯丁橡胶(一种常见的减震器)、腈类和有机硅(目前无法 DLP 打印)(图 5.123)。tan δ 曲线中的两个不同峰以及储能模量的行为表明,氯丁橡胶是一种共聚物,同时可以显示出两个不同的 T_g 峰。在第二个 T_g 峰之后,氯丁橡胶完全处于橡胶状态。实验中的 LCE 实心立方体的速率依赖性比 TangoBlack 实心立方体大 140 倍以上(图 5.124)。

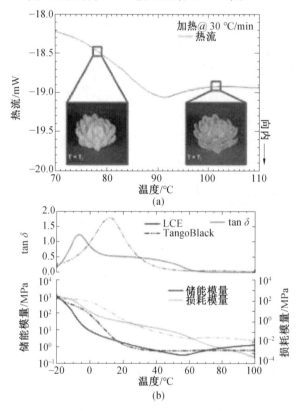

图 5.122　DLP 打印的 LCE 和 TangoBlack 测试图(彩图见附录)

LCE 材料的高耗散性和速率相关性使其在广泛的保护性应用中具有吸引力,例如保护性身体设备(例如头盔)以及工业设备和电子产品中的冲击吸收器。在最近对橄榄球头盔的生物力学分析中,Alizadeh 等人讨论了理想的耗能材料如何在所有冲击条件下调节其性能以最大限度地增加行程。液晶材料的高速率依赖性和软弹性行为提供一种手段来帮助接近这些理想的冲击条件。在设计人身安全设备或机器和电子设备的防护功能时,耐用的材料会更有意义,因为该材料能最大限度地减少能量消耗,同时在各种负载条件下将峰值应力降至最低。

该 LCE 的潜在使用范围在 $T_g \sim T_i$ 之间,即 60 ℃ 的温差(-6~55 ℃),其中 tan δ 升高且材料呈向列型(图 5.122)。相反,传统的黏弹性材料是高度依赖温度的,并且仅在 T_g 附

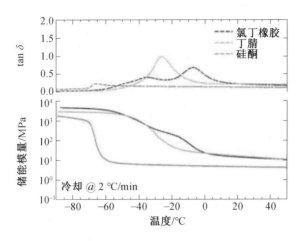

图 5.123 氯丁橡胶、丁腈和硅酮的典型 DMA 图,显示了储能模量和损耗比（tan δ）,这些 DMA 测试使用 $n = 3$（彩图见附录）

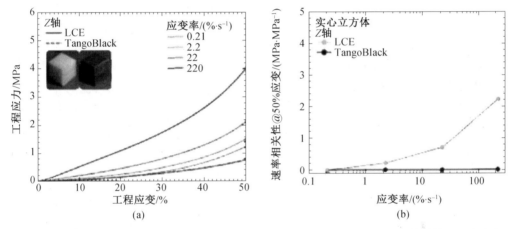

图 5.124 在单轴压缩载荷下测试了 DLP 3D 打印的 LCE 和 TangoBlack 实心立方体结构及应力响应（$n = 1$）（彩图见附录）

近显示出较高的 tan δ,而其 tan δ 也高度依赖于温度,其模量接近千兆帕斯卡。DMA 和 DSC 测试测得的 T_g、T_i 以及 T_g 和 T_i 之间的 tan δ 曲线升高,这与以前研究的硫醇-丙烯酸酯 LCE 的结果相似。当测量应变能密度时,研究者的 LCE 表现出比 TangoBlack 更强的能量吸收能力。与晶格 A 结构相比,LCE 结构的应变能密度是 TangoBlack 结构的 27 倍。结果表明,改变晶格设计可使 LCE 晶格中的能量耗散得以改变。在各个方向上,晶格 B 和 C 的能量耗散至少是晶格 A 的 3 倍。其他研究小组对优化的晶格几何结构的耗散特性进行研究。在这些先前的研究中,研究人员研究了剪裁刚性塑料的屈曲几何形状,这些几何形状将能量捕获在弹性不稳定性中,而不是通过黏性机制消散能量。

通过创建具有高分辨率晶格结构的任意形状的设备,证明了该材料可以指示和控制能量吸收设备在整个范围内的机械性能,从 LC 树脂的化学（介观）到使用的晶格结构（微观）,最后是结构的最终几何形状（宏）,以创建用于给定应用的定制设备。晶格几何形状的变化会改变不同应变率下的应力响应,从中可以得出哪种几何形状可能更适合特定的应用和设备。研究结果进一步表明，可以将不同的结构、几何形状和细节合并到单个设备中，例如图5.114(a)中的铜丹佛硬币，它由坚固的四周、密集的格子和任意字母组成，这些特征都可以在模型中准确地复制打印出来。高质量打印品的关键是所定制LC树脂，该树脂基于Yakacki等人发布的两步硫醇-丙烯酸酯LCE化学技术。在这里，使用有机溶剂甲苯可确保在室温下可打印的低黏度树脂。

这项研究是第一个探索3D打印LCE结构的应用程序，该结构可用于通过各种尺度定制能量耗散并将其与传统的弹性体进行比较。3D打印LCE的其他研究主要集中在通过打印过程中液晶元的排列来定制驱动行为。Kotikian等人采用DIW方式打印LC低聚物，通过打印速度来增加有序度和热驱动力。Ambulo等人在高斯和非高斯几何之间热切换的已编程+1拓扑缺陷。Tabrizi等人使用介晶树脂的DLP 3D打印来创建分子排列的热响应和紫外线响应致动装置，二丙烯酸酯基树脂用于创建致密交联且可能为玻璃状的LC网络结构，与开发和打印的软弹性材料相反。

在这项研究中，没有探讨单晶LCE排列对耗散的影响。虽然采用单畴可以进一步控制设备的机械性能，但在打印过程中需要额外的设备(例如Tabrizi等人使用的强磁体、额外的电机和加热元件)来诱导液晶元排列大大增加复杂性打印过程。鉴于此处研究的多畴LCE与传统树脂相比具有显著改善的性能。与Tabrizi等人描述的树脂不同，本研究制备的树脂可以使用市售的DLP和SLA打印机进行打印，从而可以快速开发商用设备。

这项研究是通过结合LCE的固有材料特性和DLP打印提供的设计自由度，来实现用LCE制造的耗散设备的应用。LC树脂的高速率依赖性机械性能在生物医学设备中具有巨大潜力。Shaha等人最近的一项研究结果表明，DLP打印可打印多孔晶格LCE脊柱笼装置(图5.115)。更广泛地讲，可将3D打印的LCE晶格应用于电子或机械的减震设备。将小型设备放在手机内可用的狭小空间中，可以降低掉落时屏幕破裂的风险。

在定制DLP打印机上3D打印尺寸精确，复杂的LCE结构，大小从6.5 mm×6.5 mm×3.2 mm到15.5 mm×15.5 mm×25 mm，打印分辨率为1 024×768像素，图像的像素大小为156 μm，层高范围为10~100 μm。这些结构展示了定制的LCE树脂在DLP打印的各种打印设置下的多功能性，以及一种制造批量LCE结构的新方法。诸如莲花之类的结构被打印以显示可达到的分辨度，而诸如格子之类的其他结构则被打印以显示可以实现复杂的功能。在原始Prusa SL1(Prusa Research, Prague, Czech Republic)上3D打印了一个多孔晶格的脊柱保持架，可以按比例放大并用于制造实用的结构。与普通的市售弹性体(例如TangoBlack)相比，晶格结构LCE的能量耗散特性。LCE结构显示出高度的速率依赖性，在最快的测试速率下，它是TangoBlack结构的12倍。在准静态测试条件下，TangoBlack晶格的能量损失可忽略不计，而LCE晶格的范围为3.00~4.72 J/g。在动态条件下，LCE晶格吸收的能量比TangoBlack的晶格吸收的能量多5~27倍。最后，以最快的速度加载时，LCE晶格A的速率依赖性是TangoBlack晶格A的5倍以上。

3.反映3D打印的形状可编程液晶弹性体驱动器

3D打印刺激响应材料，可在程序设定的形状之间可逆驱动，在从生物医学植入物到软机器人等应用领域前景广阔。然而，当前的可逆驱动器的3D打印极大地限制了可能的形状响应的范围，因为它们将打印路径耦合到数字确定的指向矢轮廓以引起期望的形状变化。在这里,研究者报告了一种反应式 3D 打印方法,该方法将打印步骤和形状编辑步骤分离开,实现了广泛的复杂体系结构以及几乎任何任意形状的更改。该方法涉及首先将液晶弹性体(LCE)前体溶液打印到催化剂浴中,产生通过打印形成的复杂体系结构。然后通过机械变形和紫外线照射对形状变化进行编程。在加热和冷却时,LCE 分别在打印形状和编程形状之间可逆地移动形状。这种方法可以通过编程在单个打印材料中实现各种任意形状的变化,从而产生缺陷的 LCE 结构和在 LCE 薄片中破坏对称的形状变化。

3D 打印通过生产具有复杂结构的材料而在科研,工程和工业领域产生了广泛的影响,而使用传统的制造方法很难或不可能创建这种材料。对于某些应用,人们对能通过发生可逆形状变化来响应外部刺激的活性材料感兴趣。将 3D 打印与活性材料相结合,以产生具有复杂结构的刺激响应材料,这些结构可以在第四维度(例如时间或温度)上改变形状。例如,4D 打印的水凝胶会随着水含量和温度而改变形状,并已用于制造仿生花状结构。4D 打印的形状记忆弹性体已被用于生产支架或加热时膨胀的软抓手。同样,4D 打印液晶弹性体(LCE)表现出完全可逆的形状变化,并已在软性、温度响应型驱动器的开发中实现。

4D 打印本质上比 3D 打印复杂,因为它需要打印结构在所得材料中定义或编辑形状响应。用于形状编程的一种方法涉及制造多层结构,该多层结构的交联密度在空间上变化,可以随着温度或溶胀度的变化而卷曲、褶皱或扭曲。另一种产生更复杂形状变化的方法是在打印过程中使用剪切力来排列材料。由于温度的变化或溶胀,打印线条将经历各向异性的网络构象变化。使用这些方法,可以引起局部平面外弯曲进行根据预定路径进行打印来实现复杂的形状更改。但是,这将形状变化耦合到打印路径的,4D 打印层限制为平面内排列,而不是平面内和平面外方向的排列。实现期望的形状响应要求解决将形状改变与材料的局部排列相关的问题。因此,这些方法显著限制了可以产生的形状和/或形状响应。

有研究者提出了一种通用的 3D 打印方法,该方法将打印和形状编程步骤分离开来,以提供对广泛范围的体系结构和任意形状更改的功能。研究人员打印了液晶弹性体(LCE),并使用温度、光或电刺激进行无限制的驱动。LCE 是具有低玻璃化转变温度和向列有序的交联网络聚合物。在向列型 LCE 中,聚合物的构象与向列指向矢的取向耦合,研究结果表明,有序参数的变化会导致材料的整体形状变化。可以通过指定特定的向列排列方向(例如通过图案化的表面或机械变形)将形状变化编程到 LCE 中。最近有报道证明了通过 3D 打印制备 LCE 可以,并成功实现了各种复杂的形状和程序化的形状更改。然而,这些研究依靠剪切力来定义局部向列排列,该将排列方向与打印路径耦合。在这项研究中,研究者将打印和形状编程步骤分离,以实现 3D 打印 LCE 的几乎任意形状更改。

反应式 4D 打印方法如图 5.125 所示,一个 LCE 网络在催化剂浴中,然后进行干燥和机械形状编程。该方法使用正交的碱活化反应和 UV 活化反应。当加热到高于或冷却到各向异性-各向同性转变温度(T_{NI}为 74.1 ℃,图 5.126)以下时,所得的 LCE 可以在进行形变。该方法不需要在打印期间指定特定的打印路径或定义特定的向列指向矢方向,并且不限于随着当前已知的指向矢场和指定的打印路径的改变形状。这使制造各种形状变化的 LCE 成为可能,而这些形状变化的 LCE 很难使用传统的打印方法进行打印,这也就使新型 3D 打印方法可以有效应用。

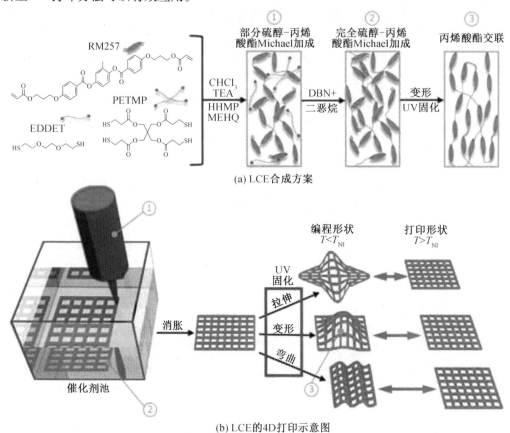

图 5.125　反应式 4D 打印和 LCE 形状编程的示意图

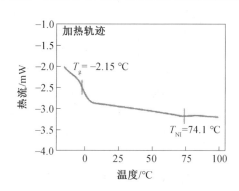

图 5.126　4D 打印 LCE 的 DSC 曲线
（紫外光固化前打印的 LCE 的加热迹线的 DSC 曲线，以确定 T_g 和 T_{NI}）

研究人员开发出一套适用于含有摩尔分数 10% 丙烯酸酯和摩尔分数 25% PETMP 的硫醇的 LCE 合成方法。首先，将 RM257(4 000 mg)、质量分数 1% 的 HHMP(40 mg) 和质量分数 0.25% 的 MEHQ(10 mg) 置于 70 ℃ 的氯仿(3 mL) 中。MEHQ 是一种抑制剂，可在加工和打印过程中最大限度地减少自由基引发的丙烯酸酯交联，HHMP用作自由基光引发剂，用于最终的UV诱导的机械编程步骤。将混合物冷却至室温后，添加83%的EDDET(700.12 mg)和PETMP(312.87 mg)，随后添加20 μL的TEA。将混合物搅拌至确保均匀混合，然后在70 ℃下过夜固化。第二天，添加5 mL氯仿和剩余的EDDET(144 mg)和PETMP(64.37 mg)用以稀释黏性溶液。接下来，将混合物装入3D打印机注射器中，并打印到在二恶烷催化剂浴中(装满2 μL/mL DBN的培养皿)。在这一阶段，样品是柔软的，从溶剂浴中取出后加热至80 ℃干燥过夜，除去氯仿和二恶烷。最后，将LCE机械变形为所需的形状，并用365 nm的光照射10 min，以完成第二个固化步骤。使用先前报道的程序可以合成大量的LCE。在Hyrel 3D打印机(型号：Engine HR)上于室温下使用20或22口径的注射器钝针以10 mm/s的速度将其在含体积分数2% DBN的二恶烷的溶液玻璃培养皿中进行3D打印。

LCE是通常使用"两步"交联的化学方法制造的双网络弹性体。制造步骤涉及初始交联反应以产生轻度交联的弹性体，然后进行机械伸长并进一步交联。在室温下，LCE将呈现细长形状，但是在加热时，它将恢复为轻度交联的弹性体的收缩形状。在LCE的合成已经有了许多不同的化学方法，特别是Yakacki等人报道的一种使用的硫醇-烯化学方法。使用硫醇-丙烯酸酯迈克尔加成反应形成第一网络，残留的丙烯酸酯官能团在紫外光下交联以形成第二网络。此外，平衡第一和第二网络的交联密度对于在LCE中实现复杂的形状可逆性十分重要。在第一步交联之后，通过拉伸、扭曲或压花，然后进行UV固化使LCE变形，在加热和冷却时分别在原始形状和变形形状之间可逆地变化。

研究者修改了此通用方法，以实现LCE的3D打印。打印过程包括连续耦合和聚合反应。首先，形成网络的试剂1,4-双-[4-(3-(丙烯酰氧基丙氧基氧基)苯甲酰氧基)]-2-甲基苯(RM257)、2,2′-(乙二氧基)二乙硫醇(EDDET)和季戊四醇四(3-巯基丙酸酯)(PETMP)部分交联以产生可打印的低聚物溶液。最后，将该低聚物溶液在室温下打印到催化剂浴中，在打印过程中通过快速的硫醇-丙烯酸酯偶联反应生产交联的LCE纤维。接下来，将样品从催化剂浴中移出并干燥以回收具有残留的未反应的丙烯酸酯官能团的多畴向列型LCE。在第三反应步骤中，通过机械变形对样品进行形状编程，并进行紫外线固化以交联残留的丙烯酸酯基团。生成的形状编程的LCE可以分别在加热和冷却时在打印初始形状和编程形状之间切换。

在满足材料加工、网络组成和溶剂组成等约束条件下，对此打印工艺进行了调整。设计低聚物溶液，使其保持溶液可加工性，并在打印过程中迅速反应，以形成交联纤维，该纤维保持其形状，扩散最小。选择用于打印在催化剂浴中的溶剂，以使材料在打印过程中不会沉淀或过度溶胀。过度溶胀会在最终材料中产生有害的内部应力和曲率。最后，选择整个网络组成，以使最终材料能够通过机械变形、UV诱导过量的丙烯酸酯交联来进行形状编程。具体而言，将硫基与丙烯酸酯官能团的摩尔比保持在10∶11，PETMP在交联网络中提供了摩尔分数25%的巯基，以实现网络交联密度的适当平衡，从而实现机械形状编程。

由于低聚物溶液的组成接近于但低于凝胶点，从而能够在打印过程中在催化剂浴中快速交联。通过将一部分含硫醇的试剂(EDDET和PETMP)与全部RM257(表5.6)以及温和的胺催化剂三乙胺(TEA)溶解在氯仿中来制备低聚物溶液。TEA缓慢催化RM257和含硫醇的试剂之间的巯基丙烯酸酯迈克尔加成反应,在室温条件下反应一夜后,形成了丙烯酸酯封端的低聚物溶液。通过依次增加硫醇的摩尔分数(保持恒定的EDDET:PETMP)来优化低聚物溶液的组成直至溶液形成凝胶不可再打印。当掺入摩尔分数85%的硫醇时,混合物胶凝、摩尔分数83%的硫醇产生高黏度但可打印的溶液。因此,低聚物溶液组成为硫醇的摩尔分数83%。这与基于弗洛里-斯托克梅尔方程的预测相比是有利的,该方程在假设硫醇完全转化的情况下预测了摩尔分数84%硫醇的临界胶凝点。在即将打印之前,将剩余的17%的硫醇加入到低聚物溶液中,并用氯仿稀释该溶液。在打印之前,用氯仿稀释了低聚物溶液有两个原因。首先,稀释降低了TEA的总浓度,在添加含硫醇的试剂存在下减慢了凝胶作用,可得到LCE低聚物溶液。在混合所有试剂后,该溶液在数小时内仍可打印(图5.127)。其次,这可以最大限度地减少打印过程中的过度溶胀。打印过程中的溶胀可能会由于各向异性的内部应力而产生严重的卷曲,该各向异性的内部应力是由于将被印纤维沿边缘固定在基板上而引起的。将打印溶液中的溶剂含量设定为体积分数70%,与在催化剂浴溶剂中打印的LCE纤维中的估计溶剂含量相似,基于在二恶烷中测得的溶胀度约为71%。

表5.6 低聚物合成过程中LCE的组成。在制备丙烯酸酯封端的低聚物溶液之后,以及在打印之前添加剩余的硫醇之后,目标LCE组合物的用量为RM257、EDDET和PETMP,以及丙烯酸酯与硫醇端基的总比例

	RM257	EDDET	PETMP	丙烯酸酯/硫醇
最终成分	1.1 mmol	0.75 mmol	0.125 mmol	1.1/1
步骤1:联合丙烯酸酯封端低聚物	1.1 mmol (100%最终)	0.622 5 mmol (83%最终)	0.103 75 mmol (83%最终)	1.1/0.83
步骤2:添加剩余硫醇用于打印	0 mmol (0%最终)	0.127 5 mmol (17%最终)	0.021 25 mmol (17%最终)	1.1/1

使用叔胺碱1,5-二氮杂双环[4.3.0]壬-5-烯(DBN)作为催化剂,可以实现打印过程中的快速交联。DBN迅速促进硫醇丙烯酸酯的迈克尔加成反应,但不会直接与丙烯酸酯反应。将DBN稀释浓度过高(2.5、3 μL/mL)导致挤出喷嘴堵塞。将低聚物溶液打印到催化剂浴中以完成硫醇丙烯酸酯迈克尔加成,并产生交联和溶胀的LCE纤维。

为了选择合适的催化剂浴的溶剂,必须考虑LCE的溶解度纤维的溶胀度以及溶剂的挥发性。许多用于稀释DBN的溶剂(包括甲苯和乙腈)制备的LCE的光学性能较差,并且与批量合成的LCE相比,其LCE的驱动应变最小,且应变失效值较小。这些样品即使在高于向列相至各向同性的转变温度外观仍不清晰(图5.128)。研究者在合成LCE的溶剂较差的催化剂槽中观察到这一现象,图5.129显示了其溶胀程度。溶胀度高的溶剂(包括二恶烷和DMF)可产生优异的LCE。最终,研究者选择二恶烷作为催化剂浴液稀释剂,因为它的沸点为101 ℃,非常适合打印工艺。此温度足够高,可以最大限度地减少打印过程中不必要的蒸发,而温度也足够低,可以使LCE样品在真空一夜完全干燥。打印后,将打印后的结构留在催化剂浴中至少5 min,以确保纤维有足够的时间充分溶胀并完成交联

反应。将 LCE 取出并干燥一夜后,该结构收缩了约体积分数 80%(3 cm×3 cm 的正方形变成 1.8 cm×1.8 cm 的正方形),但保留了打印结构的总体形状,并且卷曲数小。虽然没有量化在打印过程中可能浸出到溶剂浴中的未反应低聚物的量,但可以通过优化催化剂浓度以减少或消除浸出来的低聚物。

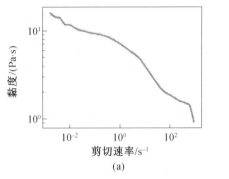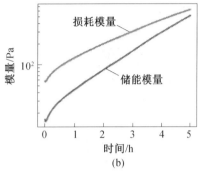

图 5.127　LCE 低聚物溶液的黏度,储能模量和损耗模量
(a) 在将最终硫醇单体添加到低聚物溶液中以进行打印后,黏度随剪切速率的变化;
(b) 在将剩余的硫醇添加到低聚物溶液中之后,储能和损耗模量随时间变化,5 h 后的损耗模量高于储能模量,因此仍然是黏性的可打印溶液

图 5.128　空白和甲苯 4D 打印 LCE 的照片比较($T>T_{NI}$)

打印的 LCE 膜应显示出与批量合成 LCE 膜类似的形状可编辑性。通过使用先前报道的方法确定可逆驱动的上限和下限来测试形状可编程性。简而言之,通过将 LCE 卷曲在具有已知曲率半径的棒周围以进行形状编程可以获得低应变极限。将归一化曲率定义为 LCE 最终曲率半径与编程曲率之比。如果能够完美将编程按所需的形状变化,则归一化曲率是 100%;如果最终曲率大于编程的应变,则归一化曲率将小于 100%。为了计算与给定曲率相关的应变,假设 LCE 的中心为中性弯曲轴,并计算编程的应变。应变下限定义为归一化曲率大于 90% 时的最小应变(图 5.131(a) 中的灰色框表示)。为了确定可编程应变上限,在形状编程过程中将 LCE 单轴拉伸到 50%、75%、100% 和 125% 的应变。将标准化的驱动定义为观察到的驱动除以编程应变。类似于应变下限,应变上限定义为归一化驱动力大于 90% 时的最大应变(在图 5.131(b) 中用灰色框表示)。

3D 打印 LCE 的可编程应变范围(6%~100%)优于批量合成 LCE(4%~100%)。如先前的工作所示,这种较大的可编程应变范围使 LCE 能够进行复杂的形状变化,将低应变弯曲(通过样品厚度观察到阶参数梯度)和高应变拉伸变形(阶参数是应变的函数)无缝

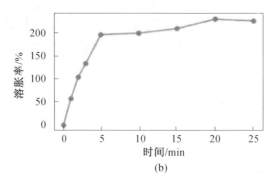

溶剂	溶胀率/%	沸点/℃	有害?
DMF	215.06	153	否
THF	135.61	66	否
CHCl$_3$	562.61	61.2	是
二恶烷	248.37	101	否
甲醇	6.78	64.7	是
乙腈	34.62	82	是
甲苯	58.57	110.6	是
DMSO	166.68	189	否

(a)   (b)

图 5.129   LCE 在有机溶剂中的溶胀

(a) 当放置在溶剂中 24 h 时,LCE 的各种溶剂的沸点和溶胀率表;(b) 放置在二恶烷中的 LCE 的溶胀率随时间的变化,5 min 后膨胀平台

地合并到一个驱动中,而无须知道向列指向矢分布。研究者还观察到打印样品的模量降低(图 5.130)。这可能是由于在反应性打印过程中发生的副反应或由于在高度溶胀状态下的网络交联而导致的结构缺陷。将整体合成和打印的 LCE 之间总体可编程应变范围的细微差异可归因于打印样品的模量降低。

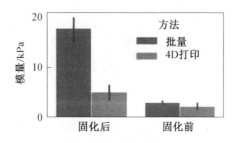

图 5.130   紫外线固化前后的批量和 4D 打印 LCE 模量

在确定可以将简单的曲率和单轴膨胀编程到打印的 LCE 膜中之后,研究人员分析了打印的 LCE 的机械完整性。在 UV 聚合之前,拉伸平行于和垂直于打印路径的 1 层薄膜的矩形条(约 15 mm×3 mm×0.3 mm)。如图 5.131(c)所示,当平行于纤维(沿纵向)而不是垂直于纤维(沿横向)拉伸时,LCE 膜更坚固并且具有较高的破坏应变。这是由于 3D 打印通常会由于打印线条之间的黏合力相对较弱而导致各向异性的机械性能。此外,仅在应变值大于 100%时才观察到各向异性力学行为,该值超出了该材料的可编程应变范围(6%~100%应变)。因此,在此应变范围内,无论打印路径如何,都可以实现对打印的 LCE 进行机械变形和形状编程。此外还观察到样品在打印路径的纵向和横向方向上变形时的柔软弹性机械响应。软弹性机械响应是应力-应变曲线中的一个宽平台,并且是软向列网络的特征,它表示材料变形而应力增加很少或没有。

接下来,研究者打印了具有编织结构的两层薄膜(随着纤维密度的增加,打印纤维在第一层和第二层之间旋转了 90°),如图 5.131(d)所示。可以很容易地控制打印薄膜的孔隙率,以形成在打印层之间的网格。此外,确认在使用偏光光学显微镜打印期间,LCE 纤维上没有排列。如图 5.131(e)所示,当交叉偏振器相对于打印路径方向为 0°或 45°取向

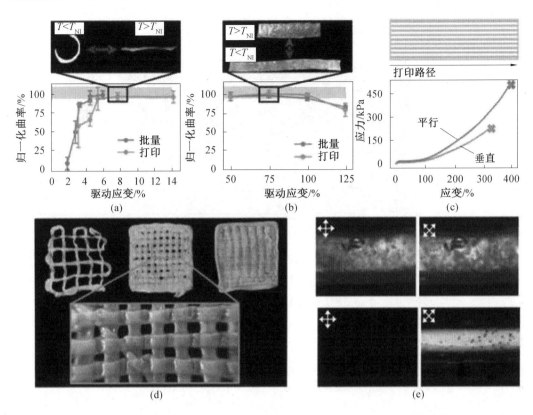

图 5.131 打印的 LCE 样品的照片以及 LCE 驱动、机械和光学特性的分析

(a)(b) LCE 的归一化曲率和驱动应变以及 4D 打印样本的代表性图像,归一化曲率和驱动值用于量化打印样本成形的能力,灰色框表示理想的归一化曲率和驱动范围($n = 5$,误差线表示平均值的 95% 置信区间);(c) 应力与应变数据,用于平行和垂直于打印路径拉伸的一层打印 LCE;(d) 两层 LCE 网格的照片,其中纤维之间的距离减小了,比例尺为 1 mm;(e) 未拉伸和拉伸的打印线条的交叉偏振光学显微照片,显示在拉伸和 UV 交联之前,打印纤维没有取向,比例尺为 200 μm

时,透射光的强度没有差异。但是,在将 LCE 平行于纤维拉伸后,可以观察到明显的强度差,具体取决于交叉偏振器的方向,这表明向列指向矢的取向与拉伸方向平行。因此,形状变化和向列取向仅通过打印后的打印结构的机械变形来实现,并且与打印路径无关。

为了证明反应 3D 打印方法的多功能性,研究者首先打印了 3 个任意形状相同的样本,一个带有 5 个不同弯曲部分的"M"形轮廓(图 5.132)。这些样品中的每一个都进行了不同的形状编程程序。在第一个(图 5.132 的顶部)中,通过切割样品并将其在形状编程过程中多次缠绕在棒上来将螺旋编辑到打印的结构中。最终的 LCE 分别在冷却至室温和加热至约 120 ℃时,样品可以实现在螺旋结构中和原始"M"形之间转变。在第二个示例(图 5.132 中部)中,在形状编程过程中将打印的结构径向向外拉伸以创建更圆形的形状。该示例在更开放的结构和原始的"M"形之间可逆转换。在最后一个示例中,演示了将多个变形编程到一种材料中的方法(图 5.132 的底部)。在左侧弯曲部分创建了一个正弦波,拉直了两个顶部弯曲部分之间的曲线,卷曲了右侧弯曲部分,并单轴拉伸了"M"的底部弯曲部分。该样本还可以在形状编程的形状与初始"M"形状之间可逆地转换。这些示例说明了该方法可采用单个打印结构并对几乎任意形状的形状编程进行编程。无须程序确定导向器轮廓即可对这些形状变化进行编程,进而可以快速制造任意形状的变化。

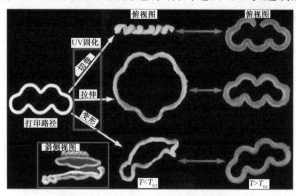

图 5.132　LCE 样品的照片(比例尺为 1 mm)

为了进一步演示 3D 打印技术可能实现的形状和形状变化,研究人员还打印了圆形 LCE、蜂窝状 LCE 和带有在冷却时出现脱落的平面 LCE 薄膜,并对其进行了形状编程。将第一圆形结构拉伸并卷曲以在室温下形成从侧面看为圆形且从俯视图看为正方形的形状,并且将第二圆形结构围绕 3 个连续的棒卷曲以形成波形。当冷却和加热时,两个 LCE 最终都在编程形状和打印圆之间转换(图 5.133(a)、(b))。另外打印的一个蜂窝状结构,该结构被双轴拉伸并进行了形状编程,以形成膨胀形状的材料(图 5.133(c))。

该 3D 打印方法还可以对 LCE 样品中破坏对称性的形状进行编程。为了证明这一点,打印了一块平整的 LCE 薄片,然后通过将一根尖锐的针压入薄膜中以产生锥形峰而变形。冷却时,峰从平膜的一侧出现,可将 25 g 的重物提升至接近 5 mm 的高度,产生 4 J/kg 的比功(图 5.133(d))。这种形状类似于在其他报道的 LCE 中用于产生圆锥的"+1 点缺陷",但此方法能够打破样品的对称性,并轻松地对"缺陷"进行编程,以可控制地从薄膜中向上或向下形变。在此结构中,创建了 4 个大峰,它们从薄膜中向上出现,而 5 个小峰则从膜中向下出现。最终结构将这些特征与不改变形状的区域无缝地结合在一起。

研究人员还展示了一种适用于 LCE 的反应式 3D 打印方法,该方法可对打印的软驱动器中的复杂形状变化进行简单的编程。该方法涉及打印到反应性催化剂浴中,然后进行形状编程,并且当分别加热和冷却时,所得的 LCE 可以在初始形状的和形状编程的体系结构之间可逆地变形。通过对以前传统打印方法无法获得的各种形状变化但通过编程软件可以实现,例如膨胀性 LCE,LCE 中的对称性破损以及在使用相同打印路径制备的 LCE 中编程的不同形状变化,证明了可打印软驱动器的多功能性。此方法在开发具有复杂架构和形状变化的 LCE 驱动器时将很有用。该打印工艺的局限性在不能用不受支撑的打印纤维来形成结构。所有的打印结构都必须一层一层地打印到坚硬的表面上。反应动力学的进一步优化(例如增加浴液中的催化剂浓度)可以打破其局限,使已打印的纤维能够迅速凝胶化,从而在打印过程中自支撑。此外,可能需要特定打印路径的脚手架辅助 3D 打印设计对于使用此方法开发复杂的形状更改将很有帮助。

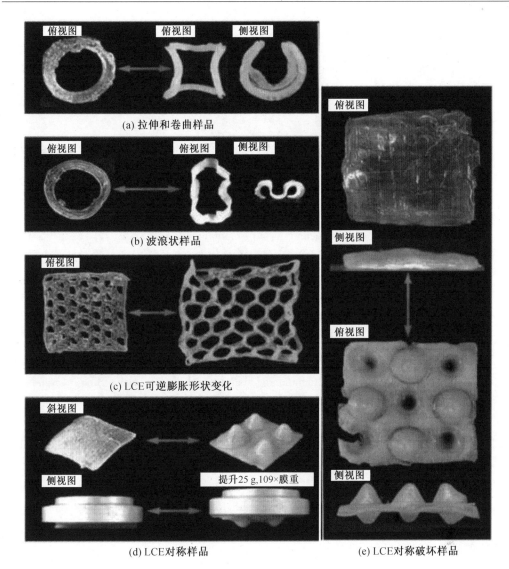

图 5.133　多层 4D 打印的 LCE 样品(比例尺为 1 cm)

参 考 文 献

[1] YUAN C, ROACH D J, DUNN C K, et al. 3D printed reversible shape changing soft actuators assisted by liquid crystal elastomers[J]. Soft Matter, 2017, 13(33): 5558-5568.

[2] AMBULO C P, BURROUGHS J J, BOOTHBY J M, et al. Four-dimensional printing of liquid crystal elastomers [J]. ACS Applied Materials & Interfaces, 2017, 9(42): 37332-37339.

[3] KOTIKIAN A, TRUBY R L, BOLEY J W, et al. 3D printing of liquid crystal elastomeric actuators with spatially programed nematic order [J]. Advanced Materials, 2018, 30

(10): 1706164.

[4] SAED M O, AMBULO C P, KIM H, et al. Molecularly-engineered, 4D-printed liquid crystal elastomer actuators[J]. Advanced Functional Materials, 2019, 29(3): 1806412.

[5] ROACH D J, KUANG X, YUAN C, et al. Novel ink for ambient condition printing of liquid crystal elastomers for 4D printing[J]. Smart Materials and Structures, 2018, 27(12): 125011.

[6] ZHANG C, LU X L, FEI G X, et al. 4D Printing of a liquid crystal elastomer with a controllable orientation gradient[J]. ACS Applied Materials & Interfaces, 2019, 11(47): 44774-44782.

[7] LOPEZ-VALDEOLIVAS M, LIU D Q, BROER D J, et al. 4D printed actuators with soft-robotic functions[J]. Macromolecular Rapid Communications, 2018, 39(5): 1700710.

[8] CEAMANOS L, KAHVECI Z, LÓPEZ-VALDEOLIVAS M, et al. Four-dimensional printed liquid crystalline elastomer actuators with fast photoinduced mechanical response toward light-driven robotic functions[J]. ACS Applied Materials & Interfaces, 2020, 12(39): 44195-44204.

[9] NOCENTINI S, RIBOLI F, BURRESI M, et al. Three-dimensional photonic circuits in rigid and soft polymers tunable by light[J]. ACS Photonics, 2018, 5(8): 3222-3230.

[10] REN L, LI B, HE Y, et al. Programming shape-morphing behavior of liquid crystal elastomers via parameter-encoded 4D printing[J]. ACS Applied Materials & Interfaces, 2020, 12(13): 15562-15572.

[11] TRAUGUTT N A, MISTRY D, LUO C Q, et al. Liquid-crystal-elastomer-based dissipative structures by digital light processing 3D printing[J]. Advanced Materials, 2020, 32(28): 2000797.

[12] BARNES M, SAJADI S M, PAREKH S, et al. Reactive 3D printing of shape-programmable liquid crystal elastomer actuators[J]. ACS Applied Materials & Interfaces, 2020, 12(25): 28692-28699.

第6章 3D/4D打印医用高分子材料

6.1 生物医用高分子材料概述

6.1.1 生物医用高分子的概念及其发展简史

生物体是有机高分子存在的最基本形式,而有机高分子则是生命的基础。动物体与植物体的组成中最重要的物质——蛋白质、肌肉、纤维素、淀粉、生物酶和果胶等都是高分子化合物。可以说,生物界是天然高分子的巨大产地。高分子化合物在生物界的普遍存在,决定了它们在医学领域中的特殊地位。在各种材料中,高分子材料的分子结构、化学组成和理化性质与生物体组织最为接近,因此它们最有可能用作医用材料。

早在公元前3500年,埃及人就用棉花纤维、马鬃缝合伤口。墨西哥的印第安人用木片修补受伤的颅骨。

公元前500年,中国和埃及的墓葬中发现假牙、假鼻、假耳。

进入20世纪,高分子科学迅速发展,新的合成高分子材料不断出现,为医学领域提供了更多的选择。自从1936年发明了有机玻璃以后,很快就用于制作假牙和补牙,至今仍在使用。

1943年,赛璐珞薄膜开始用于血液透析。

1949年,美国首先发表了医用高分子的展望性论文。在文章中,第一次介绍了利用PMMA作为人的头盖骨、关节和股骨,利用聚酰胺纤维作为手术缝合线的临床应用情况。

有机硅聚合物应用于医学领域,使人工器官的应用范围显著扩大。大量人工器官试用于临床,如人工尿道(1950年)、人工血管(1951年)、人工食道(1951年)、人工心脏瓣膜(1952年)、人工心肺(1953年)、人工关节(1954年)、人工肝(1958年)等。

进入60年代,医用高分子材料开始进入一个崭新的发展时期。

60年代以前,医用高分子材料主要是根据特定需求,从已有的材料中筛选出合适的并加以应用。由于这些材料不是专门为生物医学设计和合成的,因此,在应用中发现了许多问题,如凝血问题、炎症反应、组织病变问题、补体激活与免疫反应等。于是,人们意识到必须针对医学应用的特殊需要,设计合成专用的医用高分子材料。

美国国立心肺研究所在这方面做了开创性的工作,他们发展了血液相容性高分子材料,用于与血液接触的人工器官制造,如人工心脏等。

从70年代开始,高分子科学家和医学家积极开展合作研究,使医用高分子材料快速地发展起来。

80年代以来,发达国家的医用高分子材料产业化速度加快,形成了一个崭新的生物材料产业。

医用高分子作为一门边缘学科，融合了高分子化学、高分子物理、生物化学、合成材料工艺学、病理学、药理学、解剖学和临床医学等多方面的知识，涉及许多工程学问题，如各种医疗器械的设计、制造等。上述学科的相互交融、相互渗透，促使医用高分子材料的品种越来越丰富，性能越来越完善，功能越来越齐全。

6.1.2 生物医用高分子的分类

医用高分子是一门较年轻的学科，发展历史不长，因此医用高分子的定义至今尚不十分明确。日本医用高分子专家樱井靖久将医用高分子分成如下5大类：

1. 与生物体组织不直接接触的材料

这类材料用于制造虽然在医疗卫生部门使用，但不直接与生物体组织接触的医疗器械和用品，如药剂容器、血浆袋、输血输液用具、注射器、化验室用品、手术室用品等。

2. 与皮肤、黏膜接触的材料

用这类材料制造的医疗器械和用品，需要与人体肌肤与黏膜接触，但不与人体内部组织、血液、体液接触，要求无毒、无刺激，有一定的机械强度。如手术用手套、麻醉用品（吸氧管、口罩、气管插管等）、诊疗用品（洗眼用具、耳镜、压舌片、灌肠用具、肠、胃、食道窥镜导管和探头，肛门镜，导尿管等）、绷带、橡皮膏等。人体整容修复材料，例如假肢、假耳、假眼、假鼻等，也都可归入这一类材料中。

3. 与人体组织短期接触的材料

这类材料大多用来制造在手术中短时间使用或暂时替代病变器官的人工脏器。这类材料在使用中需与肌体组织或血液接触，一般要求有较好的生物体适应性和抗血栓性。

4. 长期植入体内的材料

用这类材料制造的人工脏器或医疗器具，一经植入人体内，将伴随终生，不再取出。因此要求有非常优异的生物体适应性和抗血栓性，并有较高的机械强度和稳定的化学、物理性质。

5. 药用高分子材料

这类高分子材料包括低分子药物载体、带有高分子链的药物、具有药效的高分子、药品包装材料。

6.2 生物医用高分子材料条件

医用高分子材料是一类特殊用途的材料，它们在使用过程中，常需与生物肌体、血液、体液等接触，有些还须长期植入体内。由于医用高分子与人们的健康密切相关，因此对进入临床使用阶段的医用高分子材料具有严格的要求，要求其必须具有十分优良的特性。

医用高分子材料，必须具备以下几项基本条件：组织相容性、耐生物老化性（或可生物降解性）及血液适应性。

6.2.1 组织相容性

所谓组织相容性是指机体组织与外来物的相容程度。

1. 机体对外来物的反应

任何异物,即使是无毒的高分子材料进入机体,也必然会受到排斥,引起程度不同和持续时间不同的反应。决定其最终是否被机体接受的因素如下:

高分子材料自身的化学稳定性:如耐老化性能好的聚甲基丙烯酸甲酯、具有化学惰性的聚四氟乙烯和聚硅酮等都具有良好的应用案例。

高分子材料与机体组织的亲和性:如亲水性强的水凝胶、与氨基酸结构近似的聚乳酸等,同机体的反应都相对较小。

"杂化"材料的研究:将生理活性物质或具有高度功能的细胞与高分子材料复合制备的生物体组织和人工脏器材料,均取得了较理想的效果。目前应用较成功的是培养皮肤的代用品,如以骨胶原为原料培养患者的纤维芽细胞,使其形成人工真皮,医学上称为模拟皮肤。再如结合生理活性物质的组织相容性材料,将合成的高分子表面骨胶原化,提高其生物相容性,再利用骨胶原表面的羧基与生物酶的氨基反应,合成出有生物功能的高分子材料。

2. 外来物对机体的影响

外来物对机体的影响包括是否有毒性,是否会与机体发生化学反应,是否会引起炎症、过敏,是否致畸,是否引起癌症等。绝大多数高分子材料本身对机体的负面影响很小,但杂质、残留的单体、低聚物、聚合催化剂以及某些添加剂都有可能对机体产生不良的影响。因此,作为医用高分子,对原料及助剂的选择必须特别慎重,加工制作工艺更加严谨,要对制成物进行萃取,并检测萃取物的种类及浓度,以保证安全性。

高分子材料对机体的影响,还与它的外观形态以及体内的存在方式有关。如使用同一种材料,片状的要比粉末状、泡沫状及纤维状更容易诱发恶性肿瘤。即使同样是片状材料,连续放置要比开孔放置诱发恶性肿瘤的概率高得多。

6.2.2 耐生物老化性或可生物降解性

高分子材料在生物体内与血液、体液接触后的物理、化学性能的下降称为"体内老化"。作为一种需在体内长期存留的高分子材料,其耐生物老化性是十分重要的。影响体内老化的因素主要有以下几点:(1)体液引起的聚合物降解、交联或相变;(2)游离基引起的氧化降解;(3)酶引起的分解;(4)在体液作用下材料中添加剂的溶出;(5)血液、体液中的类脂质、类固醇及脂肪等物质渗入高分子材料,使材料增塑,强度下降。

高分子材料接触生物体的部位不同,对其耐生物老化性的要求有很大差异,并不是任何用途的高分子材料都要有很好的耐老化性。相反,在某些场合当高分子材料发挥了相应的效用以后,反而希望它有生物降解性,能尽快被机体组织分解吸收或排出。在这种情况下,对材料的要求是在降解过程中不产生有害于机体的副产物,如医用缝合线、医用黏合剂、控释药物载体、人工血红蛋白的胶囊、人工皮肤及人工神经等都需应用这一类可生物降解的高分子材料。

从化学反应的角度看,高分子材料降解有如下3种可能的途径:(1)疏水高分子主链上的不稳定键被水解成低分子量的水溶性分子;(2)非水溶性的高分子通过侧链基团的水解、离子化或质子化,变成水溶性聚合物;(3)交联高分子不稳定的交联链被水解掉,变成可溶于水的线型分子。

在固态下高分子链的聚集态可分为结晶态、玻璃态、橡胶态。如果高分子材料的化学组成相同,不同聚集态的降解速度有如下顺序:橡胶态>玻璃态>结晶态,聚集态结构越有序,分子链之间排列越紧密,降解速度越低。

6.2.3 血液适应性

1.血栓的形成

通常,当人体的表皮受到损伤时,流出的血液会自动凝固,称为血栓。实际上,血液在受到下列因素影响时,都可能发生血栓:(1)血管壁特性与状态发生变化;(2)血液的性质发生变化;(3)血液的流动状态发生变化。

根据现代医学的观点,人体内血液循环存在两个对立系统,促使血小板生成和血液凝固的凝血系统,和由肝素、抗凝血酶以及促使纤维蛋白凝胶降解的溶纤酶等组成的抗凝血系统。当材料植入体内与血液接触时,血液的流动状态和血管壁状态都将发生变化,凝血系统开始发挥作用,从而引发血栓。

影响血小板在材料表面黏附的因素:

(1)血小板的黏附与材料表面能有关。

血小板难以黏附于表面能较低的有机硅聚合物,易黏附于尼龙、玻璃等高能表面上。此外,在聚甲基丙烯酸-β-羟乙酯、接枝聚乙烯醇、主链和侧链中含有聚乙二醇结构的亲水性材料表面上,血小板的黏附量都比较少,可能是由于容易被水介质润湿而具有较小的表面能,因此,可以认为,低表面能材料具有较好的抗血栓性。也有观点认为,血小板的黏附与两相界面自由能有更为直接的关系。界面自由能越小,材料表面越不活泼,与血液接触时,与血液中各成分的相互作用力越小,造成血栓的可能性就较小。大量实验表明,除聚四氟乙烯外,临界表面张力小的材料,血小板都不易黏附。

(2)血小板的黏附与材料的含水率有关。

有些高分子材料与水接触后能形成高含水状态(20%~90%及90%以上)的水凝胶。在水凝胶中,由于含水量增加而使高分子的实质部分减少,因此,植入人体后,与血液的接触机会也减少,相应的血小板黏附数减少。实验表明,丙烯酰胺、甲基丙烯酸-β-羟乙酯和带有聚乙二醇侧基的甲基丙烯酸酯与其他单体共聚或接枝共聚的水凝胶,都具有较好的抗血栓性。水凝胶与血液的相容性,与其交联密度、亲水性基团数量等因素有关。含亲水基团太多的聚合物,往往抗血栓性反而不好。因为水凝胶表面不仅对血小板黏附能力小,对蛋白质和其他细胞的吸附能力也均较弱。在流动的血液中,聚合物的亲水基团会不断地由于被吸附的成分被"冲走"而重新暴露出来,形成永不惰化的活性表面,使血液中血小板不断受到损坏。研究表明,抗血栓性较好的水凝胶,其含水率应维持在65%~75%。

(3) 血小板的黏附与材料表面疏水-亲水平衡有关。

无论是疏水性聚合物还是亲水性聚合物,都可在一定程度上具有抗血栓性,材料的抗血栓性,并不简单取决于其是疏水性的还是亲水性的,而是决定于它们的平衡值。亲水-疏水性调节得较合适的聚合物,往往有足够的吸附力吸附蛋白质,形成一层惰性层,从而减少血小板在其上层的黏附。例如,甲基丙烯酸-β-羟乙酯/甲基丙烯酸乙酯共聚物比单纯的聚甲基丙烯酸-β-羟乙酯对血液的破坏性要小;甲基丙烯酸乙酯/甲基丙烯酸共聚物也比单纯的聚甲基丙烯酸对血液的破坏性要小。如用作人工心脏材料的聚醚型聚氨酯,具有微相分离的结构。

(4) 血小板的黏附与材料表面的电荷性质有关。

人体中正常血管的内壁是带负电荷的,而血小板、血球等的表面也是带负电荷的,由于同性相斥,血液在血管中不会凝固。因此,对带适当负电荷的材料表面,血小板难于黏附,有利于材料的抗血栓性。但也有实验表明,血小板中的凝血因子在负电荷表面容易活化。因此,若电荷密度太大,容易损伤血小板,反而造成血栓。

(5) 血小板的黏附与材料表面的光滑程度有关。

由于凝血效应与血液的流动状态有关,血液流经的表面上有任何障碍都会改变其流动状态,因此材料表面的平整度严重影响材料的抗血栓性。已知若材料表面有 3 μm 以上凹凸不平的区域,就会在该处形成血栓。将材料表面尽可能处理得光滑,以减少血小板、细胞成分在表面上的黏附和聚集,是减少血栓形成可能性的有效措施之一。

2. 用生物化学方法来改善血液适应性

(1) 高分子材料表面肝素化。

肝素是一种应用很广的抗凝血材料,其作用机理是催化和增强抗凝血酶与凝血酶的结合而防止凝血。高分子材料表面肝素化研究的关键在于把肝素牢牢地结合在高分子材料的表面,离子型或共价键的结合是有效的结合方法。

离子型的结合是使高分子材料的基体表面与肝素进行离子型聚合,制成含有肝素的亲水高分子材料,肝素可以持续释放出来,起到抗凝血作用。

将肝素通过共价型接枝方法固定在高分子材料表面上以提高其抗凝血性,是使材料的抗凝血性改善的重要途径,肝素慢慢释放,能明显提高抗血栓性。

(2) 在高分子材料表面引进其他活性物质。

生物活性物质中除了肝素有阻抗凝血因子激活的作用外,前列腺素有阻抗血小板黏附的功能,尿激酶有促进纤维蛋白溶解的性能,将它们与高分子材料连接起来,同样具有抗凝血的效果。

(3)伪内膜的形成。

高分子材料植入机体的另一种抗凝血思路是如何利用初期的凝血层阻止凝血向纵深发展,这是一种利用生物膜来实现抗凝血的"杂化"材料。

人们发现,大部分高分子材料的表面容易沉渍血纤蛋白而凝血,如果有意将某些高分子的表面制成纤维林立状态,当血液流过这种粗糙的表面时,迅速形成稳定的凝固血栓膜,但不扩展成血栓,进而诱导形成血管内皮细胞,这样就相当于在材料表面上覆盖了一层光滑的生物层——伪内膜。这种伪内膜与人体心脏和血管一样,具有光滑的表面,从而达到永久性抗血栓的目的。制备这种材料的要点是控制初期血栓膜的厚度,一般采用缓释肝素的方法来加以控制。

6.3　3D/4D 打印医用高分子材料

3D 打印是一项创新技术,已应用于如组织和器官制造,再生医学和药物输送设备等医疗领域。3D 打印技术由于其可根据个人需求打印病人专用的生物装置,提供个性化医疗服务的优势而吸引了越来越多研究者的兴趣。虽然生物材料的三维结构能够成功模拟生理的几何结构,但利用 3D 生物打印技术打印的生物材料大多是静态的,无法随周围动态环境的变化而改变。要解决这一问题,生物材料必须逐渐适应动态的生理环境,而 4D 打印克服了这个问题,并广泛应用于生物医学领域。目前,4D 打印的方法主要有熔融沉积建模(FDM)、立体光刻设备(SLA)、激光直写(DW)和微挤压。下面对 4D 打印在生物医学领域的应用进行了讨论和总结。

6.3.1　生物医学设备与平台

1.支架

使用 4D 打印技术制备的先进材料的结构或功能会随着时间的变化而变化,从而为细胞提供所需的应力,在支架应用方面有巨大潜力。

2016 年,Shida Miao 等人使用 3D 激光打印技术,将一种新型可再生的大豆油环氧丙烯酸酯固化成能够支持人骨髓间充质干细胞(hMSC)生长的智能和高度生物相容性支架(图 6.1)。通过简单地调整打印机填充密度,可以制备多孔支架。激光频率和打印速度对聚合大豆油环氧丙烯酸酯的表面结构有显著影响。形状记忆测试证实,该支架在 18 ℃下固定临时形状,在人体体温(37 ℃)下完全恢复其原始形状,这表明了 4D 打印应用的巨大潜力。细胞毒性分析表明,与传统聚乙二醇二丙烯酸酯(PEGDA)相比,打印支架的 hMSC 黏附和增殖能力明显增强,使用一种新型的、自主开发的桌面立体光刻打印机,用大豆油环氧丙烯酸酯打印生物医学支架,所使用的紫外激光器波长为 355 nm,研究了打印速度和激光频率对打印支架的影响(图 6.2)。

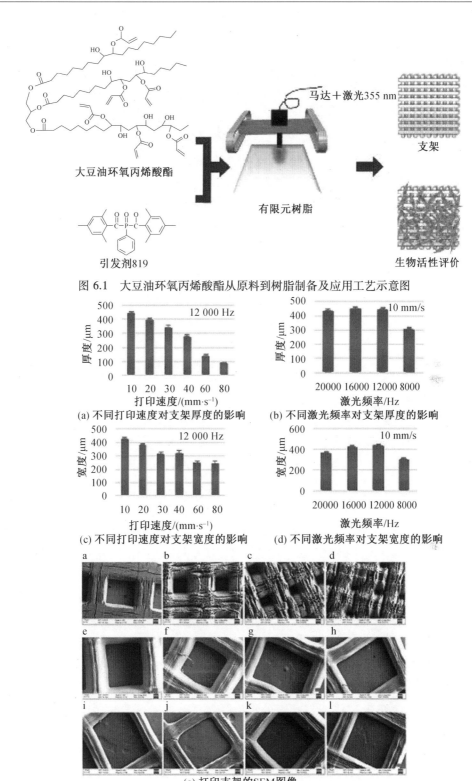

图 6.1 大豆油环氧丙烯酸酯从原料到树脂制备及应用工艺示意图

图 6.2 打印速度和激光频率对打印支架的影响

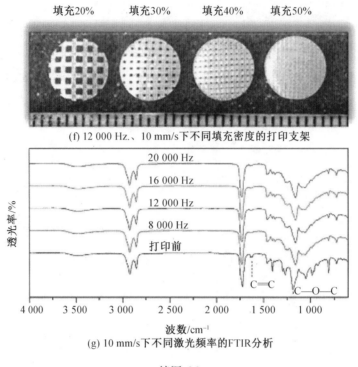

(f) 12 000 Hz、10 mm/s下不同填充密度的打印支架

(g) 10 mm/s下不同激光频率的FTIR分析

续图 6.2

大豆油环氧丙烯酸酯是一种新型的用于生物相容性支架制备的液体树脂。PEGDA是迄今为止研究最多的生物医学支架树脂之一,但是,由于其固有的生物惰性特性给其应用带来了挑战。几乎所有类型的细胞都不能在它的表面有效地附着和生长。聚乳酸和聚PCL是高度生物相容性的聚合物,但由于缺少光敏化学基团,不能直接作为树脂用于立体光刻。在合成聚乳酸和聚PCL基液体树脂用于立体光刻方面,研究者们已经做了大量的工作。基于碳酸三亚甲基酯和己内酯低聚物的大分子已经被用于微体光刻技术开发三维软骨再生支架。PLA低聚物末端功能化的不饱和部分的基团,如甲基丙烯酸酯、丙烯酸酯和富马酸酯基团,主要用于开发光固化树脂。然而,这些大分子聚合物需要加热或用活性稀释剂,如甲基丙烯酸甲酯和丁烷二甲基丙烯酸酯,使液体树脂的黏度降低,满足光刻打印的条件。与这些液体相比,大豆油环氧丙烯酸酯在加工和生物相容性方面都具有优势。大豆油环氧丙烯酸酯在室温下为液体,不需要任何加热和/或反应性稀释剂,打印支架对hMSCs的附着和增殖明显高于PEGDA,与PLA和PCL表现相当。

将大豆油环氧丙烯酸酯(下文简称大豆)与聚乳酸(PLA)和聚己内酯(PCL)的水接触角进行对比,如图6.3(a)所示。大豆的水接触角显著高于聚乳酸,但与聚乳酸的水接触角无统计学差异,用不同激光频率打印的大豆样品之间没有显著差异。与PLA和PCL相比,大豆的压缩模量如图6.3(b)所示。大豆的压缩模量比聚乳酸和聚乳酸都要低,不同激光频率下的大豆样品的压缩模量差异不大。

激光频率对支架厚度和宽度有影响,但不同激光频率印制的大豆样品在FTIR、水接

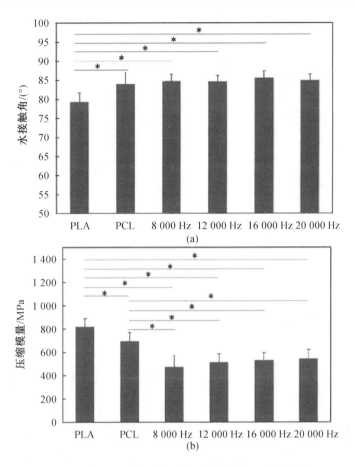

图 6.3 大豆油环氧丙烯酸酯的水接触角和压缩模量

触角、压缩模量和 DSC 分析中没有差异。这可能是由于打印后的样品在 95% 乙醇中浸泡,去除未反应的大豆油环氧丙烯酸酯,剩余的聚合大豆油环氧丙烯酸酯可能有微小的差异,但无法检测。

打印的大豆支架还显示出温度敏感的形状记忆效应。如图 6.4 所示,把样品弯成 U 形并在 37 ℃ 保持 10 min,接下来将温度降低到 -18 ℃,保持 10 min。当施加限制 U 形的机械外力被移除后,会显示出样品的固定或临时形状。8 000 Hz 打印样品的形状固定度最高可达 99%;用 20 000 Hz 打印样品的形状固定度最低,为 92%。当置于 37 ℃ 时,所有样品在 1 min 内完全恢复其初始和永久形状。形状记忆过程如图 6.4 所示,证实了打印的大豆样品具有良好的形状记忆效果。

所制备的支架能否具有良好的形状记忆效果,取决于聚合大豆油环氧丙烯酸酯的 T_g 值。激光打印产生的化学交联键是产生高形状固定性和回复性的主要原因。据报道,共价交联聚合物通常表现出比热塑性弹性体优越的性能。规则 T_g 基聚合物的形状记忆情况如图 6.6 所示。当温度低于其 T_g 时,交联点之间的线段被冻结,形成临时形状。当温度升高到大于 T_g 时,由于化学交联,样品会恢复到原来的形状。对于聚合大豆油环氧丙烯

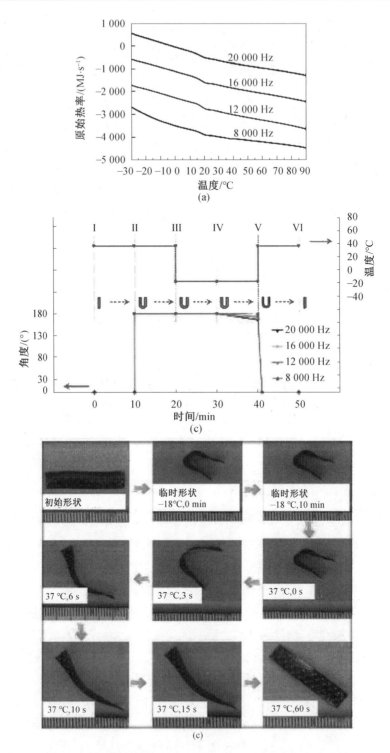

图 6.4　大豆油环氧丙烯酸酯的 DSC 曲线(a),不同激光频率下支架的形状记忆圈(b)及大豆形状记忆效果图(c)

酸酯而言,其特定的残基基团也可能在形状记忆效应中发挥重要作用。如图6.6所示,大豆油中主要有3种脂肪酸残基:硬脂酸、油酸和亚油酸,它们都有链烷烃基团。在18 ℃时,这些基团可能冻结,有利于形状的固定;在37 ℃时,这些残基链的振荡可能有助于完全形状的恢复。在大豆油基聚氨酯中也观察到了垂链基团的作用。

图6.5显示了细胞在不同的填充图案表面上的扩散。所有的样品都表现出良好的hMSC增殖,hMSCs倾向于沿着表面的褶皱结构生长,特别是在填充20%的情况下,这可能表明了一种新的细胞排列方法。

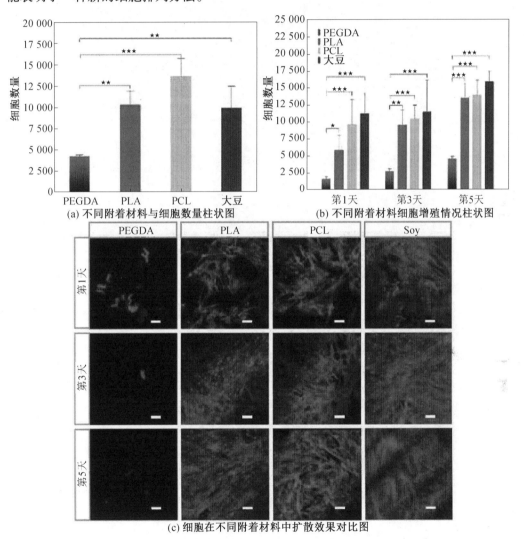

图6.5 hMSC在PEGDA、PLA、PCL和大豆上的附着、增殖,细胞在不同的填充图案表面上的扩散效果图

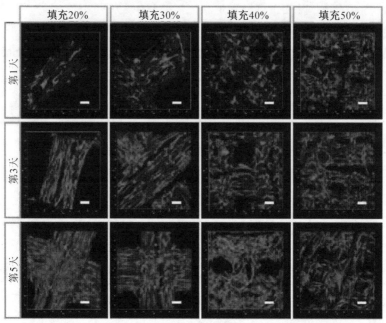

(d) 细胞在不同填充图案表面上的扩散效果图

续图 6.5

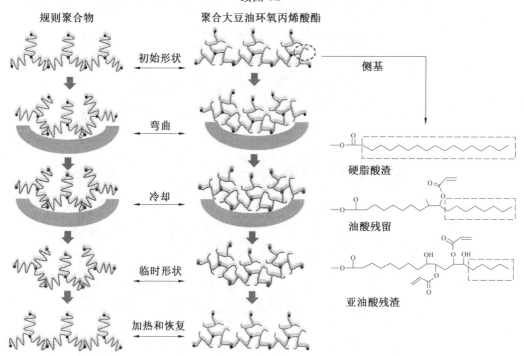

图 6.6 聚合大豆油环氧丙烯酸酯与规则聚合物形状记忆机制区别示意图

生物基化学品作为生物医学支架立体刻蚀的液体树脂受到越来越多的关注,但用于立体刻蚀的大多是石油基的聚合物。聚乳酸和聚 PCL 可以从可再生资源中生产,但如前所述,将聚乳酸和聚PCL改性成光固化树脂是一项烦琐且有毒的工作。植物油中含有不饱和双键包括环氧和其他活性较高的双键,这种双键很容易发生反应并诱导官能团化。大豆环氧丙烯酸酯的应用,启发了其他植物油和生物基化学品作为液体树脂构建生物医学支架的开发应用。

聚己内酯(PCL)是一种生物相容性和临床批准的生物材料,是4D生物打印中最常用的聚合物之一。例如,利用聚己内酯三醇、蓖麻油和多异氰酸酯制备的一系列具有良好生物相容性和可调节形状改变作用的新型形状记忆聚合物。与PCL相比,这些聚合物促使间充质干细胞(MSCs)的黏附、增殖和分化水平更高,具有良好的变形特性和生物相容性,但是目前没有研究表明材料变形的物理刺激是否会损害细胞的活性。尽管恢复温度不超过37 ℃,但在加热过程中必须监测细胞的形态和功能,而这尚未进行研究。为了解决这些可能存在的问题,并提高这些材料在组织工程中的应用,需要更复杂的体外和体内分析。

此外,在组织工程中,已经进行了利用机械刺激来调节细胞以改善最终组织产品的功能的研究。在这方面,W. J. Hendrikson等人使用聚氨酯打印4D形状记忆聚合物,具有可控的随时间变化的形状,刺激细胞的形态变化。在支架变形过程中,植入支架的细胞及其核被机械刺激拉长,在37 ℃时,支架的形状从临时形状恢复到初始形状。它们通过微创手术植入患者体内,可用于组织的再生,这种组织会随着身体活动发生机械变化。

SMP支架是通过熔融挤出制造的,其中FDM与时间控制的热敏SMP形状变化相结合。市售聚氨酯,其转变温度约为34 ℃,用于设计一个定制的担架装置来控制3D打印的支架的变形,获得了0/90°和0/45°两种不同层状构型的3D SMP支架,其中纤维沉积在后续层间的角度分别改变了90°和45°,形成了正方形或多边形的孔隙网络。两种支架的实际纤维间距为(982±11) μm,纤维直径为(171±5) μm,层高为(154±2) μm,符合预期(图6.7)。

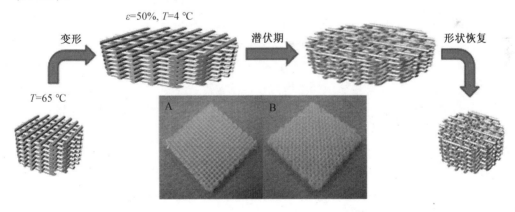

图6.7 4D打印支架的工作原理示意图

在3D支架上进行的热力学分析表明,存储模量(E')和$\tan\delta$与温度有关,随着温度的升高,E'明显下降,这是由玻璃态向橡胶态转变的结果(图6.8),此两种构型转变的起始温度为21.5 ℃。与0/90°支架结构相比,0/45°支架结构的E'更低,表明纤维取向影响支架的力学行为。形状恢复的差异可能是由于不同层的纤维的不同取向,在0/45°配置中,脚手架层的方向与其他层之间有45°差异,与0/90°构型的平方接触面积相比,这也对应于后续层接触纤维之间的菱形接触面积。可能是由于不同层间纤维接触面积的差异,影响了通过测量不同的存储模量形状恢复的差异,这种不同的接触面积也会导致不同的结构刚度这两种支架结构,所用聚氨酯的体积刚度是相同的。

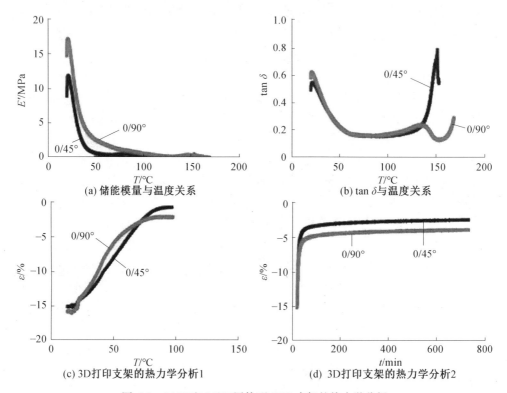

图 6.8 0/45°和0/90°层构型 SMP 支架的热力学分析

对支架形状恢复的实际百分比进行表征,结果显示恢复率为35%时存在相应的应变。用来制造支架的 SM 聚氨酯只支持有限的 hMSCs 附着,通过1-乙基-3-(3-二甲基氨基丙基)碳二亚胺盐酸盐/N-羟基琥珀酰亚胺化学共价结合 I 型胶原进行表面功能化,以改善细胞附着。亚甲蓝染色显示细胞均匀分布在支架上(图6.9)。体外培养14 d 后的细胞存活率评估显示,两种支架上的细胞存活率均为100%,30 ℃培养不影响细胞活力。这些数据表明,3D SMPs 显示了良好的细胞相容性。此外,通过优化形状恢复的编程循环,多种机械刺激可以传递到 SMP 支架上的细胞,从而通过机械传导来指导细胞活性。

目前,支架仅能使细胞变形,单一机械刺激对细胞分化的长期影响预计是最小的。因此,需要进一步的研究来确定更合适的形状记忆聚合物和纳米复合材料,并优化形状恢复的编程周期,以确保各种机械刺激可以应用。

2. 药物递送

目前,可控给药系统越来越受到人们的关注。它有许多优点,包括更好地控制药物浓度、提高生物利用率、延长停留时间、减少副作用、保护药物免受恶劣条件的影响以及减少给药频率。

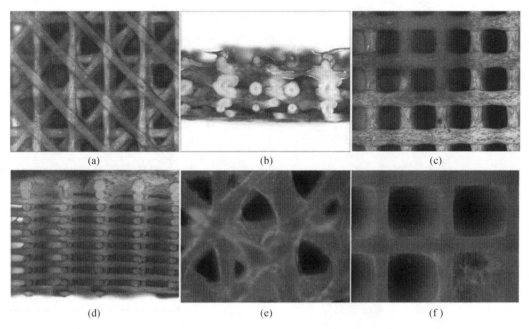

图 6.9 SMP 支架在 37 ℃下体外细胞培养 14 d(a)~(d)及其染色图(e)(f)(比例尺:1 mm)

4D 生物打印材料实现精确控制,以可编程的方式携带和传递药物、生物分子和细胞,通过自我折叠或自我展开,以及溶胀/消溶胀。例如,一种由生物可降解聚富马酸丙烯酯(PPF)和生物相容聚 N-异丙基丙烯酰胺共丙烯酸(pNIPAM-AAc)组成的热响应治疗剂(TG)可促进药物通过其层和孔的可控释放。TGs 在高于 32 ℃的温度下关闭,这使它们在低温状态进入人体时能够自发地抓住组织,这种特性允许 TGs 有效地固定在特定位置,延长药物的释放时间,更好地控制药物浓度和减少药物的副作用。如果该材料应用于临床,炎症性肠病(IBD)和胃肠道(GI)癌症的人类患者可能从这项研究中受益,可避免不恰当的药物传递方式和化疗药物的系统性药物。TG 虽然有很多优点,但其对小肠的影响很小,内窥镜无法接触到。

2019 年,H. Ceylan 等人报道了一种基于磁驱动的、可控的、酶降解的微机器人基水凝胶,它对微环境中的病理标记物作出反应,担任治疗性药物的运送和释放任务。在正常的生理浓度下,基质金属蛋白酶-2(MMP-2)酶可在 118 h 内完全降解为微藻,使其溶解为无毒的产物。微机器人通过肿胀来迅速响应 MMP-2,促进嵌入物分子的释放。除了在完全降解后将药物类型的治疗性载药分子完全输送到给定的微环境,微机器人游泳器还可以释放其他功能性载药分子。从完全降解的微机器人中释放出抗 ErbB2 抗体标记的磁性纳米颗粒,可用于体外靶向标记 SKBR3 乳腺癌细胞,在经过微机器人游泳器的治疗性传递手术后,未来可能对剩余的癌症组织部位进行医学成像。局部病理浓度的 MMP-2 触发微机器人游泳器通过迅速膨胀其水凝胶网络来开启药物释放途径。通过 3D 打印纳米复合磁前驱体,可制造磁响应型微机器人凝胶。前驱体包括了分散在明胶甲基丙烯酰中的氧化铁纳米颗粒。明胶是一种由胶原蛋白衍生的光交联半合成聚合物。明胶还含有 MMP-2 的裂解位点,因此作为一种可降解的微型机器人结构材料。当微游泳细胞网络被酶降解后,抗 ErbB2 抗体标记的磁性造影剂被释放到局部环境中,靶向标记 ErbB2 表达的SKBR3癌细胞,有望对之前的治疗干预和进行后续评估。

当机器人的大小达到微观尺度时,黏性力开始强于惯性力。此时,机器人需要做连续的非互反运动来打破空间和时间的对称性,以产生向前的推力。为了应对同样的挑战,自然界的微生物进化出了复杂的运动策略,比如细菌鞭毛的螺旋旋转和草虫纤毛的搏动,迄今为止,这些都激发了许多合成机器人的设计灵感。受类似机制的启发,作者设计了一种微型机器人(图6.10),微机器人的几何结构包括一个被双螺旋包裹的圆柱形核心,圆柱形核心的两端是圆的,由于双螺旋的手性,微机器人的旋转运动与平移运动是耦合的。微机器人的结构特点主要在于增加体积与表面的比例,使集中治疗的目标在其体积内。以前的设计仅限于简单的螺旋结构,使用的材料产生了非多孔结构,只适用于在机器人的水面上进行货物运输的应用,这对可交付货物的数量造成了很大的限制,影响了微型机器人操作的潜在功效。在水中,在一个最佳区域观察到旋转平移耦合运动,在设计空间范围内产生最大的游泳速度。耦合向长波长和短波长方向减小,因为在这两种情况下,结构失去了几何弹性并收敛到圆柱状,失去了产生向前推力的能力。仿真结果表明,双螺旋结构是一种有利于提高水动力效率和功率要求的设计方案。能量色散X射线分析表明,氧化铁纳米粒子在微机器人内部均匀分布。

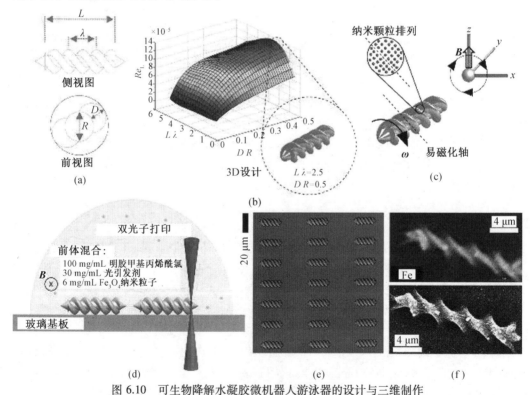

图6.10 可生物降解水凝胶微机器人游泳器的设计与三维制作

(a)双螺旋微游泳器的设计;(b)雷诺数与L/λ和D/R比值的计算流体动力学模拟;(c)磁性纳米颗粒的排列定义了一个垂直于螺旋轴的易磁化轴从而在旋转磁场下旋转运动;(d)双光子打印的三维微机器人;(e)微游泳器阵列的光学显微镜差示干涉对比度图像;(f)能量分散射线光谱仪证实了微游泳者体内均匀地嵌入了氧化铁磁性纳米粒子

基质金属蛋白酶在细胞外环境中工作,通过降解各种细胞外基质成分,在组织重塑中发挥重要作用。这些酶可能是机器人完成指定任务后蛋白水解降解的一个的靶点,据报道,在健康个体中,MMP-2以不同浓度存在,通常在140~200 ng/mL的范围内,这取决于所在的组织类型。在极高的MMP-2浓度(例如100 μg/mL)下,微机器人在37 ℃恒温1 h内能够完全降解(图6.11),完全降解时间是MMP-2初始浓度的函数。考虑到组织特异性蛋白酶和其他的局部条件,对于特定组织的目标应用,微游泳器的降解动力学应进行更密切的研究。若通过在微机器人细胞网络中引入不可降解的甲基丙烯酰聚合物,如聚乙二醇,降解时间可以进一步延长,从而降低酶识别位点的密度。在降解过程中,微机器人对酶产生单向的形状记忆反应,引入MMP-2后,微机器人的体积因浓度而膨胀为超过其初始体积的3倍,随后整个水凝胶网络崩溃。微机器人的肿胀表明MMP-2酶可以扩散到微游泳器中,并开始在微游泳器体内均匀地水解多酚。在膨胀阶段,扩大的孔隙被水分子填满,水分子扩散到聚合物网络的速度比在微机器人表面附近的聚合物水解速度快,这表明了均质或球形腐蚀现象。在体积降解中,水继续扩散直到整个网络饱和。当水的扩散速率超过键的解离反应速率时,在网络崩溃之前可以观察到体系的均匀膨胀。随着降解的继续,聚合物片段开始溶解在水中,质量的损失在整个材料中以均匀的方式变得可见,如图6.11所示为微机器人的显微镜图像。在4 μg/mL MMP-2浓度下,双螺旋的微机器人在前205 min仍然可见,直到微机器人膨胀至约3.5倍的体积。在272 min,表面侵蚀变得明显,随后微机器人迅速降解。考虑到微机器人的形态学变化,微机器人任务以可控方式进行的治疗时间窗出现。在完全降解之前,当微机器人开始膨胀(体积膨胀超过2%被认为是阈值)时,操作寿命就结束了,因为微机器人会由于结构手性的显著丧失而失去导航能力。微机器人在生理环境中的工作寿命约为67 h,完全降解时间为118 h,因此,与导航和定位有关的任务需在工作寿命内完成。

  水凝胶的主要组成部分是水,通常占总质量的90%以上。因此,多孔水凝胶网络可以非常有效地隔离大量的治疗性和诊断性货物,然后通过可控的空间和时间方案响应各种输入信号释放这些货物。如前所述,基质降解促进肿瘤细胞生长、迁移、侵袭、转移和血管生成。因此基质金属蛋白酶的过表达与几乎所有癌症类型相关,例如,血清中MMP-2浓度高于200 ng/mL与结直肠癌患者相关,而其数量在其他癌症类型中很大程度上是未知的。MMP-2可以作为一种有价值的生物标志物,用于检测微机器人所感知和作用的组织的疾病状态。在MMP-2浓度升高时,微机器人的快速膨胀作为初始反应可以作为一种加速药物释放的开关。当水凝胶膨胀时,网孔尺寸增大,被载的药物释放。由于网目大小与溶胀程度相关,MMP-2初始浓度可调节整体的释放动力学。溶胀动力学与初始酶浓度的关系(图6.12),当MMP-2浓度为0.125 μg/mL时,在生理水平附近,溶胀反应在前30 min不明显;当MMP-2浓度为0.250 μg/mL时,溶胀反应在20 min后开始发生。在0.5 μg/mL和1 μg/mL处,一旦酶被引入,溶胀就开始了。一项关于MMP-2介导的肿胀的更详细的研究表明,微机器人在生理条件下保持原来的大小,对病理MMP-2浓度表现出高度的敏感性,这支持了刺激反应自主行为的微机器人。溶液的离子强度和环境的蛋白质含量也对37 ℃下MMP-2介导的微机器人的溶胀率有不同的影响。用膨胀水凝胶控释药物的一个典型局限性是由于水缓慢流入网络导致反应缓慢。然而,由于微机器

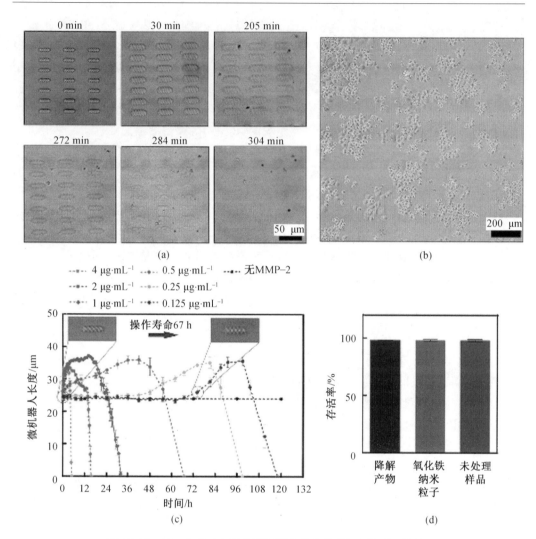

图 6.11 MMP-2 酶对水凝胶微机器人的生物降解（彩图见附录）

(a) 4 μg/L 酶作用下降解微游泳细胞阵列的 DIC 图像；(b) 微生物的酶降解；(c) 活的（绿色）和死的（红色）SKBR3 乳腺癌细胞经微机器人降解产物处理；(d) 以 5 μg/mL 氧化铁纳米颗粒和未处理细胞为对照定量分析其降解产物对小鼠急性毒性的影响

人非常小，扩散长度也非常小，并且具有多孔性，所以响应是非常快速和稳健的。在 1 μg/mL MMP-2 存在的前 30 min 内，微机器人的体积增加了约 60%。作为对高酶浓度的初始反应，这种体积膨胀大大加速了（超过 20%）模型药物类似物染料的释放。在微环境中根据病理线索控制微游泳器的药物释放动力学对于有效地解除疾病是特别有价值的，生物降解对于充分利用水凝胶网络中的药物非常有应用前景。

水凝胶网络的酶崩溃进一步释放出用于提供运动磁力矩的磁性纳米粒子。作者设想，用这些局部释放的磁造影剂对肿瘤细胞进行靶向标记后，可以对之前的治疗释放进行后续评估。在软性可生物降解的微机器人中，治疗和诊断释放能力的结合可以实现半自主和微创的微机器人手术，其中可以通过使用磁造影剂定位剩余的靶细胞来监测治疗干

第6章 3D/4D 打印医用高分子材料

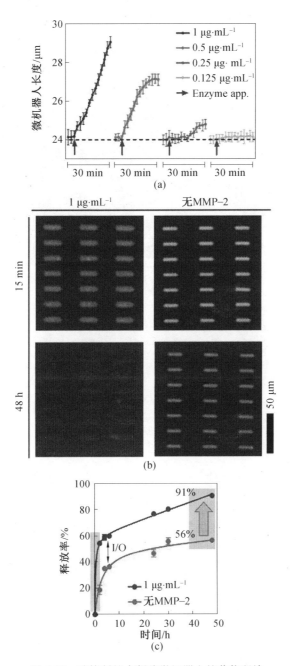

图 6.12 酶控制的水凝胶微机器人的药物释放

(a) MMP-2 浓度的升高会导致微游泳机器人迅速肿胀从而起到加速药物释放的开关的作用;
(b) 装载右旋糖酐微机器人的镭射荧光图像用作模型大分子药物等效物;(c) 在 1 μg/mL MMP-2 下,药物在最初几小时((c)中左侧阴影区域)加速释放归因于肿胀介导的网眼尺寸增加

预的影响。在一种潜在的治疗应用中,微机器人可以注射到肿瘤附近(图 6.13),它们可以通过外部磁场的微轨迹进行远程控制,以实现精确的导航、转向和定位,同时将对周围敏感组织的损害降到最低。尽管微机器人的移动是由外部控制的,但通过控制药物释放

的治疗干预是基于肿瘤微环境的病理信号输入自主实现的。MMP-2酶在病理浓度下触发药物释放的信号,而生理酶浓度仍然低于检测限。MMP-2的浓度也能够调节肿胀动力学,这确保了可能有足够的药物剂量交付和持续延长的时间间隔。基于局部强度的病理信号,空间策略定位的多个微机器人可以调整局部提供的治疗剂量。

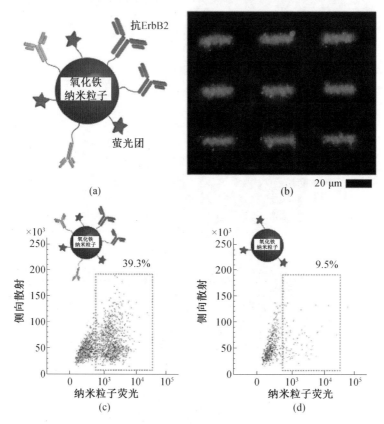

图 6.13 采用微机器人释放用于诊断体内成像靶向细胞标记的磁性纳米粒子
(a) 设计具有荧光团和抗ErbB2抗体功能的50 nm超顺磁氧化铁纳米粒子,用于靶向标记ErbB2的乳腺癌SKBR3细胞;(b) 嵌入纳米粒子的微粒子的荧光图像;(c) 靶向标记SKBR3与抗ErbB2修饰磁纳米粒子释放在MMP-2介导的降解微机器人;(d) 没有ErbB2的情况下,纳米粒子无法靶向SKBR3细胞

人体移动微型机器人是一个飞跃性研究进展,这种机器人能够感知、响应局部微环境,并在复杂的生理环境中根据智能复合材料结构执行特定的诊断或治疗任务。

纳米粒子因其在改善药物溶解度和生物利用率、改变药物分布、改善药代动力学、减少副作用等方面的优势,逐渐用于生物分子载体。据报道,人类肿瘤微环境的pH值在5.7~7.8之间,A. P. Griset等人制备了pH响应的交联纳米结构。这些纳米颗粒在中性pH值下是疏水性的,释放的含量很少。在酸性pH下,不耐酸的保护基团被去除,羟基暴露,纳米粒子变成亲水性,随后膨胀释放其内容物。在初始状态下,交联纳米化合物是疏水的,在细胞内变化化后,转变为亲水结构。在水介质中,水被水凝胶颗粒吸收,导致膨胀,随后释放胶囊。根据体内研究,这种给药模式比传统的紫杉醇给药方式更能有效预防肺癌的发生。

微针(MN)是一种长度为数百微米的微型针,因其微创、无痛和易于使用的特性受到广泛关注,使用MN进行长期药物传递或生物传感的一个重要挑战是其低组织粘连性。在自然界的生物中发现了具有高度组织黏附性的显微结构(如寄生虫的微钩、蜜蜂的刺、豪猪的刺),制造具有如此复杂显微特征的纳米粒子仍然是传统制造方法的挑战。2020年,D. Han等人研究了一种由数字光处理3D打印技术制造的具有生物启发的背面弯曲倒刺以增强组织黏附的MN。利用光固化聚合物中的交联密度梯度,脱溶诱导变形,在MN上形成背面倒刺。倒刺厚度和弯曲曲率由打印参数和材料组成控制。倒立带刺MN的组织黏附力是无刺MN的18倍,有刺的MNs在组织中可以持续释放药物。

为研究在生物组织中插入MN后药物的持续释放情况。设计的主部件直径为400 μm,长度为4 mm,尖端锥角为10°的MN,如图6.14所示,基宽为200 μm、长为450 μm的三角形倒刺,采用微投影光刻(PμSL)制作了三维MN阵列,利用计算机辅助设计软件建立了MN阵列(2×2)的三维模型。3D模型被数字切割成一系列横断面图像,每个数字图像传输到一个数字微镜设备(DMD),以产生图案光(405 nm),然后通过投影透镜,聚焦在光固化前驱体溶液的表面。在投影光的作用下,将液态光固化前驱体溶液转化为图形化的固体层,以一层一层的方式重复这个过程来构建一个3D MN阵列。对于大面积的MN阵列,在打印平面(x轴和y轴)上增加两个移动工作台进行步进重复加工。此外,在PμSL提供的微尺度分辨率下,MN尺寸可以在需要时进一步缩小。使用聚乙二醇丙烯酸,PEGDA250为单体,苯尼双(2,4,6-三甲基苯甲酰)氧化膦光引发剂(PI),苏丹Ⅰ作为光吸收剂,所有这些都具有生物相容性。

插入后,MN上的倒刺需要面向与MN尖相反的方向,以增强组织粘连。然而,即使使用3D打印制造这种复杂的几何形状也是具有挑战性的,由于3D打印的逐层制造的特性,没有前一层支持的结构的任何部分都是无法打印的。在微尺度3D打印中使用支撑结构是不可行的,因为多材料3D打印能力有限的,牺牲的可打印材料也有限。为了克服这一制造挑战,并创建一个背面倒刺增强组织粘连的MN,作者采用了4D打印方法,将水平打印倒刺变形为背面形状。由于固化光集中在前驱体溶液的表面,光聚合在表面开始,并逐渐传播到溶液中。由于光通过溶液时,光的辐照强度会衰减,因此在一层内产生交联的密度梯度,其顶部高度交联,而底部的交联密度较低。因此,一些单体是不交联的,并保留在部分交联的底部。在3D打印期间,将三角形倒刺保持水平,当MN阵列在打印后浸泡在乙醇中进行冲洗时,倒刺底部未固化的单体会扩散出去,在网状结构中留下松散的空间(脱溶过程)。因此,当MN阵列干燥时,倒刺的底部部分收缩,导致倒刺向下弯曲。倒刺的弯曲形状通过使用泛紫外线曝光后固化固定。扫描电子显微镜(SEM)显示了带有倒刺的4D打印MN阵列,如图6.14所示。

生物激发MN的组织黏附主要由背面弯曲倒刺决定,因此,控制倒刺的几何形状,如厚度和弯曲曲率,将有效地控制MN的组织黏附。当光照射前驱体溶液时,光聚合从溶液的顶表面开始,并随时间传播到溶液中,倒刺厚度随时间而增加。同时,在倒刺上沿厚度方向形成了决定倒刺弯曲曲率的交联密度梯度,层的厚度和交联密度取决于前驱体溶液的材料组成。

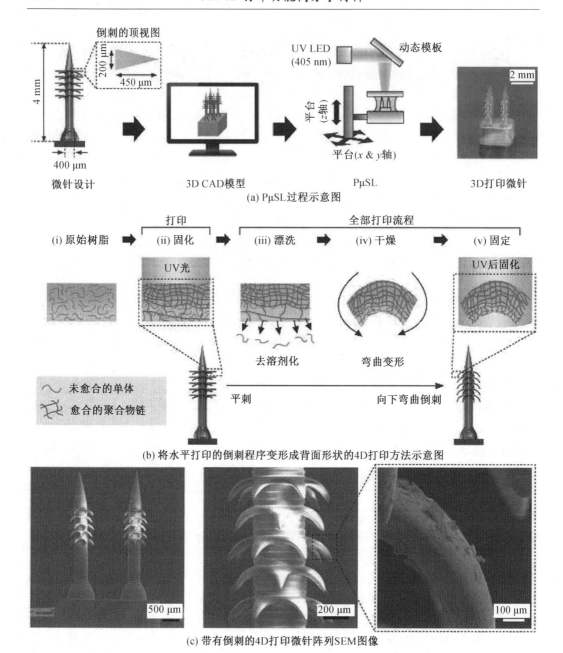

图 6.14 PμSL 生物激发微针阵列的 4D 打印

光照时间(固化时间)和前驱体溶液的材料组成对倒刺厚度和弯曲曲率的影响。通过改变两种化学品光引发剂(PI)和光吸收器(PA)的浓度制备五种不同的前驱体溶液,PI 决定前驱体溶液的反应性,PA 控制光的穿透深度,每个溶液带有一系列由 PμSL 制造的水平倒刺的测试结构(图 6.15)。不同的固化时间(从 0.9 s 到 1.5 s 每次 0.2 s 增量),四个倒刺生长的厚度不同,在打印完后,拍摄光学显微镜图像,测量倒刺的厚度和弯曲曲率($1/R$,R 是曲率半径),如图 6.15 所示。无论 PI 和 PA 浓度如何,厚度都随着固化时间的增加而增加。厚度随 PI 浓度的增加而增加,随 PA 浓度的降低而降低。同时随着固化时间的延长,随着光能的增加,层内交联密度趋于均匀,弯曲曲率随之减小。弯曲曲率随着 PI 浓度的降低而降低,因为更高的前驱体溶液的反应性会导致层内交联密度更均匀。相反,随着 PA 浓度的增加,曲率增加,高 PA 导致光衰减更快,导致层内交联梯度更高。PμSL 提供了控制倒刺的最终尺寸和几何形状的独特能力,决定了 MN 的组织黏附性能。图 6.15 中显示了测试倒刺的厚度和曲率之间的关系。假设具有较高弯曲曲率的倒刺与组织有较高的联锁,从而施加较高的附着力,倒刺越粗,附着力越强,但同时也会使刀尖变得不那么锋利,考虑到必要的几何和机械稳定性,将倒刺厚度设置为 100 μm。

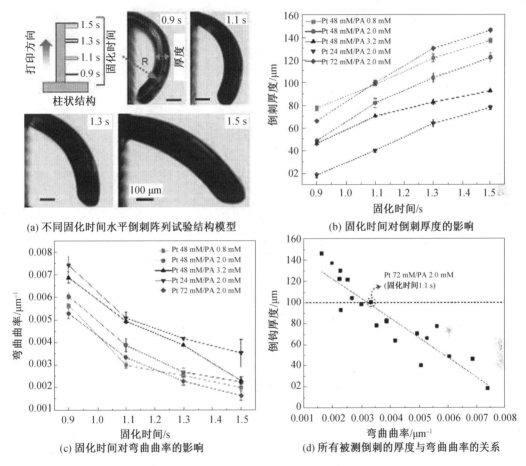

图 6.15 光照射时间(固化时间)和前驱液的材料组成控制倒刺的厚度和弯曲曲率(M 表示 mol/L)

为了评价 MNs 的黏接性能,采用自制的力学性能测试系统(图 6.16)。测试包括两个阶段:渗透和析出。在渗透阶段,用 MN 的尖端刺穿软组织模型(琼脂糖凝胶或鸡肌肉组织)的表面,随着 MN 进入组织模型的深度增加,MN 的压缩力也随之增加。当 MN 的插入停止时,由于组织模型的黏弹性松弛,压缩力开始减小。在压缩力趋于零之前,给出足够的松弛时间(60 s)。在拉拔阶段,由于 MN 和组织模型之间的静摩擦,当 MN 开始从组织模型中退出时,拉伸力首先增大。当 MN 开始从组织模型中滑出时,拉伸力就会下降。

通过在临界点观察到的最大拉拔力(F_{max})来评估 MN 的黏附性能,无倒刺 MN 和有倒刺 MN 的最大拉拔力分别为 0.003 N 和 0.016 N。这表明,从组织模型中提取带有倒刺的 MN 需要 5 倍以上的力。利用高分辨率 PμSL 的独特优势,可以很容易地改变 MN 的几何参数。为了研究 MN 周围倒刺数量对最大拉拔力的影响,设计并制作了 6 种具有不同倒刺数量的 MNs,如图 6.16 所示。随着倒刺数量的增加,最大拉拔力如预期的那样增加。由于每个倒刺与软组织单独联锁,最终的拔出力随倒刺数量线性增加。每增加一个倒刺,增加的拉拔力约为 0.005 N。每根针的最大拉拔力为 0.032 N(±0.003 N),有 6 个倒刺的 MN 比没有倒刺的 MN(0.003±0.001 N)高 10 倍。给定 MN 直径为 400 μm,倒刺底座为 200 μm 的尺寸,一排倒刺最多可容纳 6 个($\pi D = 1256$ μm,200 μm × 6 = 1200 μm)。超过 6 个倒刺时需要减少倒刺的基本宽度,从而减少每个倒刺在拉出过程中所施加的力。这将是一个有用的设计权衡,在后续研究中对所有 MNs 使用了连续 6 个倒刺。采用 5 种行数不同的 MNs,研究行数对拉拔力的影响。结果表明,增加一排倒刺可获得较大的最大拉拔力。每根针的最大拉拔力为 0.054 N(±0.007 N),与无倒刺 MN((0.003±0.001) N)相比,其最大拉拔力提高了 18 倍,而贯入力仅提高了 3.6 倍(从 0.019 N 到 0.069 N)。拉拔力与穿透力的比值也从无倒刺 MN 的 0.2 增加到有倒刺 MN 的 0.78,表明倒刺的向后方向有效地促进了组织黏附。此外,应该注意的是,拉拔力的增加并不与行数成正比。这归因于每个 MN 上相邻的倒刺行可能重叠,这可能导致组织模型的倒刺不完全联锁。此外,当有多行倒刺的 MN 被拉出时,最上面一行损伤组织基质,使得后续行中的倒刺更容易被拉出,因此,采用具有五排倒刺的 MNs 作为优化倒刺 MNs。真皮,位于表皮和皮下之间的皮肤层,含有大量的组织纤维(以琼脂糠凝胶制作非纤维组织模型进行对比)。这些纤维增强了与 MN 的机械联锁,特别是当它有一个不光滑的侧面时,可进一步增加附着力。为了在纤维组织模型中模拟 MNs 的黏附性能,将 MN 阵列(22)插入到鸡肉肌肉组织中,插入深度为 6 mm,测量以相同的 6 mm 位移将 MN 阵列移出时的拉拔力。如图 6.16 所示,无论是无倒刺的还是有倒刺的 MNs,在组织模型中纤维的存在都显著增加了其拉拔力。当使用鸡组织纤维时,带刺 MNs 每针最大拉拔力为 0.176 N(±0.033 N),是无刺 MNs(0.046±0.01 N)的 4 倍左右。所有的倒刺特征保持完整,拔除后没有残留在组织中。这些结果表明,反向倒刺状的 MNs 在插入实际生物膜时表现出较高的附着力。对比各种生物/生物激发型 MNs,在非纤维组织和纤维组织模型中,此带刺 MN 比其他报道的自然和生物激发 MN 表现出更高的黏附强度。采用 PμSL 进一步重复过程可以实现 MN 阵列的放大。当需要的打印区域大于一个投影区域时,可将整个打印区域划分为多个子区域,每个子区域都适合于一个投影区域。对于每一层,在一个子区域打印后,样本水平移动以便打印后的下一个子区域连接到上一个子区域。这个过程重复,直到所有的子区域缝合在一起完成。对所有层执行这个步骤-重复过程,以构建一个缩放的 MN 数组。按照这个步骤,创建一个大面积 6 mm×6 mm 带刺 MN 阵列(6×6)。然后将 MN 阵列插入固定板上的琼脂糖组织样本中,MN 阵列能够举起的质量为 100 g(相当于 1 N)并保持连接到组织模型(图6.16),结果表明,PμSL 能够很容易地将带有倒刺的 MNs 放大成具有高组织黏附力的大面积 MN 阵列。

当 MNs 被用于通过皮肤屏障传递药物时,MNs 的增强作用和持续的组织粘连是至关

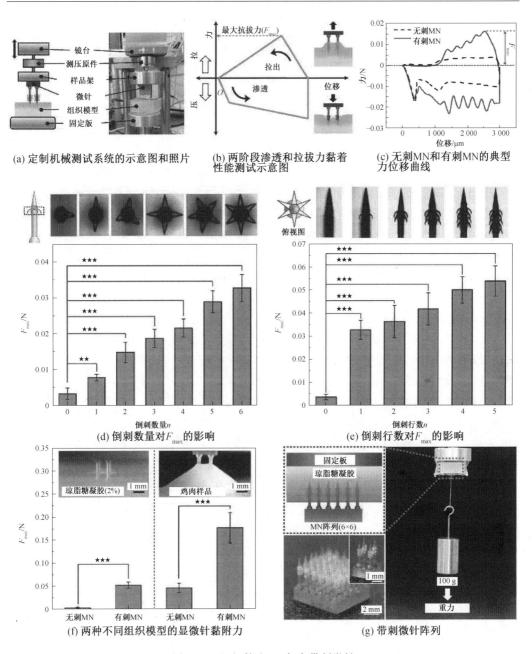

图 6.16 组织粘连 4D 打印带刺微针

重要的。用带有倒刺的 MN 阵列(2×2)进行透皮给药试验,MNs 由一种可吸水的高分子材料制成,它允许水溶液中的小分子通过扩散进出人体,以疏水荧光有机小分子罗丹明 B(RhoB)为模型,研究带刺 MN 阵列的载药和释放能力。

为了测试药物从 MN 阵列的释放动力学,将 RhoB 装入 MN 阵列,在去离子水(DI)中以 2 mg/mL 的 RhoB 溶液中浸泡过夜(15 h)。装载后,MN 阵列用氮气流轻轻干燥。当装载时间为 15 h 时,MN 中心的 RhoB 浓度达到溶液浓度的 99.8%,在针半径范围内浓度分布平缓,从而证实在 15 h 内,针装载了最大质量的 RhoB。将载有 RhoB 的 MN 阵列浸入磷酸盐缓冲盐水(PBS)中,使用荧光分光计在不同时间对溶液中释放的 RhoB 进行定量。裸聚合物基底样品,即没有 MNs 的平面和正方形聚合物基底作为对照,从 MN 阵列基底加载/释放 RhoB。

图 6.17 显示了连续浸泡 3 h 的带刺 MN 阵列的体外 RhoB 释放动力学,这是通过从 MN 阵列和裸聚合物基测量的释放动力学的差异得到的。3 h 内释放总量为 3 μg((2 954±533) ng),1 min 释放量为 50%,100 min 释放量为 90%。在释放 3 h 后,对 MN 阵列进行一夜浴,可进一步释放(115±50) ng 的 RhoB,这相当于在 MNs 中剩余(3.8±0.3)% 的 RhoB,相对于负载的总量,即(3.07±0.57) μg RhoB 在小穿透深度(即靠近外表面)吸附在 MN 的聚合物网络中,当 MN 阵列浸入 PBS 溶液中时,RhoB 迅速溶解,RhoB 深深地加载到 MNs 的聚合物网络中,导致持续释放时间更长。理论计算用浓度为 150 mg/mL 的纳米层 RhoB 沉积在针的外表面,在针芯上加载恒定的浓度为 2 mg/mL 的 RhoB。实验中观察到的较慢的动力学,从理论计算来看,可以归因于理论模型中没有考虑每个针的释放量,通过在可伸缩阵列中选择 MNs 的数量,可以装载/释放更少或更多的药物,以针对特定应用。

以鸡胸肉为组织模型,以 RhoB 为药物模型,采用带刺 MN 阵列(2×2)经皮给药。鸡胸用玻璃纸(一种机械和化学皮肤屏障模型)覆盖,以避免在 MN 插入后从裸露的 MN 基中释放 RhoB。在鸡胸肉中插入装有带刺 MN 阵列,在 0.5、1、3、6 和 24 h 的不同时间插入,定量测定鸡体内释放的 RhoB。图 6.17 为插入后 0.5 h,用 RhoB 负载 MN 阵列处理的鸡胸肉获得的典型荧光显微镜图像。插入到鸡胸肉中的锰纳米粒子释放了 RhoB,而裸 MN 基通过玻璃纸屏障没有观察到 RhoB 的释放。6 h 后,鸡胸肉中释放的 RhoB 总量平均为 2.5 μg。整个数据集的平均 CV 值为 20%,说明在体数据的重现性很好。与 PBS 溶液中 3 μg 释放量相比,鸡胸肉中 RhoB 释放量较小,释放动力学较慢(一阶指数函数拟合最佳实验数据为 2.8 h)。这可以归因于相对于 PBS 溶液,鸡肉组织中自由水的数量更少,RhoB 扩散系数更低。

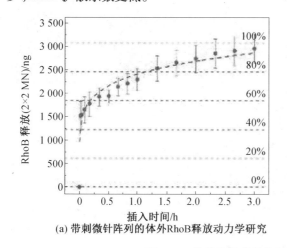

(a) 带刺微针阵列的体外RhoB释放动力学研究

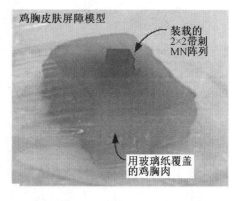

(b) 鸡胸皮肤屏障模型体外释药试验照片

图 6.17　体外和体外药物释放的带刺微针阵列

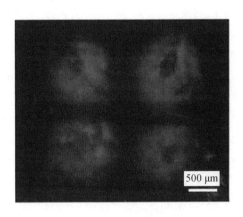 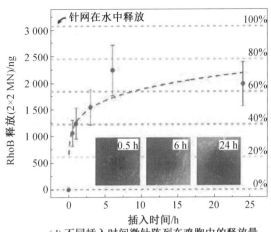

(c) 鸡胸皮肤屏障模型的荧光显微镜图像　　(d) 不同插入时间微针阵列在鸡胸中的释放量

续图 6.17

6.3.2 特定器官和组织

1. 大脑和神经系统

神经系统由大脑、脊髓和周围神经组成,中枢神经(脑和脊髓)或周围神经损伤引起的神经功能障碍严重影响人类的各种能力,尽管已经开发出大量的生物材料用于治疗外周神经损伤,但神经损伤的修复仍然是一个重大挑战。地塞米松是治疗周围神经损伤和抑制炎症的常用药物。具有形状记忆特性的设备,已被用于更好地修复周围神经损伤。例如,一种形状记忆导电支架被开发用于在电场存在下控制释放地塞米松。形状记忆支架可促进嗜铬细胞瘤(PC12)细胞的黏附和增殖,具有良好的导电性,促进细胞信号传导。通过施加电压,可以实现对地塞米松的可控电刺激。

2018 年,S. Miao 等人利用定制的立体打印平台制作了一个 4D 可重编程的神经引导导管。导管由含有 0.8% 石墨烯的大豆油环氧丙烯酸酯(SOEA)组成。利用激光诱导的梯度内应力,实现了 SOEA 在高温和酒精作用下发生形态转变的多重响应的 4D 动态过程。此外,石墨烯的加入有利于调节导管变形的曲率,提高其导电性和神经分化。在体温正常时,神经导管会自动恢复其原始的滚轴形状来包裹被切断的两个神经残端,从而改善残端的整合,并提供引导轴突再生所需的张力。嵌入导管的人骨髓间充质干细胞(hMSCs)表现出高度定向排列,并表现出更高的神经元分化 1(ND1)、神经元特异性烯醇化酶(NSE)和神经元蛋白 2(Ngn2)基因表达。体外研究证实了他们的 4D 生物打印技术在治疗中枢(大脑)和周围神经损伤方面的潜在应用。

与其他 4D 打印技术不同的是,提出了一种将应力诱导的形状变形和形状记忆效应相结合的设计,实现了多重响应的 4D 打印材料。独特的、光诱导的、渐变的内应力,以及随后的溶剂诱导的松弛用来驱动打印后程序配置的自主、可逆的变化。典型的 4D 效应的纳米材料的放大现象,验证了光诱导梯度内应力的机理,使用这种新颖的多重响应 4D 打印技术,可重复编程的神经引导管道证明了 hMSCs 在 SL 诱导、排列整齐的石墨烯表面 4D 杂化结构上,分化为神经类型细胞,为神经再生提供多功能特性。

4D变换的关键特征是曲率在外界刺激下的变化,受此材料制造中的应力松弛现象的启发,作者提出了一种通用的制造诱导 4D 打印技术。固化后的平坦星形结构浸入乙醇中去除未固化墨水后,星形结构动态转化为爪形结构的形状变化(图 6.18)。受这一变形过程的启发,SOEA 的立体平版(打印速度为 40 mm/s,激光频率为 20 000 Hz)4D 打印的打印结构在浸渍过程中发生明显的形状弯曲的变化,可以认为通过打印过程引入的激光诱导梯度内应力作为这 4D 动态变化的主要驱动力。在厚的液体树脂层中,聚合物薄膜在一面光照射下连续固化的正面光聚合过程中,内应力引起的体积收缩现象。通过控制光的穿透,光强度沿样品厚度减小,在树脂中诱导强度梯度。在样品厚度之间形成非均匀的应力场,驱动样品弯曲。这与已报道的正面聚合不同,正面聚合从一侧照射光线,4D SL 打印绘制所需的结构模式与激光头在 SOEA 树脂的表面不同,它是通过模式设计和实现优势扭力等更复杂的形状改变,但激光在树脂中衰减的机理与正面聚合过程中产生的光梯度强度相同,导致内应力驱动形状变化。在正面聚合过程中,样品从基体上剥离而释放内应力,导致形状立即发生变化。该树脂的高黏性特性可以防止内应力的释放和形状的改变,样品浸泡在乙醇中后,黏性的表面溶解,触发内应力释放,驱动动态形状变化过程。

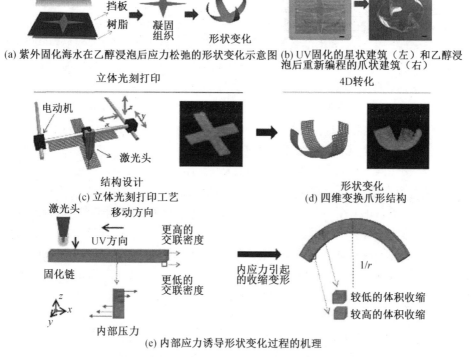

图 6.18 利用应力诱导形状变换的新型 4D 打印技术

弯曲结构在乙醇中停留超过 30 min 后逐渐变平,为了进一步研究这一过程,将打印的 SOEA 单条进行了深入研究,进一步发展了可逆的溶剂诱导 4D 转化的概念。在乙醇刺激下,通过 SL 打印条带的可逆动态变化,这一 4D 可重编程过程如图 6.15 所示,乙醇使样品膨胀,从而使形状发生变化。将直条浸入乙醇中,几秒钟内就能清晰地观察到弯曲,随着时间的增加,弯曲带的曲率逐渐减小。当它从乙醇转移到水时,它的弯曲度超过了 0.35 mm^{-1}。当重复这个过程时,可以观察到一个可逆的、周期性的变化。

当使用 SL 打印体系结构时,由于激光能量的衰减,在打印带表面(正面)的交联密度预期较高,而在相反的表面(反面)的交联密度预期较低。如图 6.19 所示,由 AFM 确定的正面的交联特性与反面的显著不同。因此,上行方向的表面模量为(75.1±9.3) MPa,明显高于下行方向的表面模量为(37.3±5.4) MPa,这支持下方较低的交联密度。当新打印的条放置在乙醇中,4D 形状的变化是内应力驱动的。如果样品仍在乙醇中,乙醇逐渐渗透到打印的疏水性树脂的梯度交联结构中,随后会拉伸样条,从而降低曲率,这是一个典型的分解过程。在将带材浸入水时,由于水的亲水性和高表面张力不能渗透到疏水性树脂中,因此带材中渗透的乙醇被萃取而没有被外部水取代。这一过程是实现曲率恢复的内在机制,是一个典型的脱溶过程。脱溶/分解工艺已被用于发展光图纹聚合物的自组装,其中,脱溶/溶解过程是导致 4D 打印后样品在乙醇/水中的形状可逆变化的原因。特别地,在动态形状变化过程中观察到内应力引起的形状变化和脱溶/溶解过程中,这两种过程之间区别是前者在几秒钟内非常迅速地施加应力而且不可逆,而后者则相对缓慢,大约 30 min,而且可逆。严格地说,内应力引起的形状变化将这项研究带入了 4D 打印领域。可逆脱溶/分解过程是一个多重响应的 4D 特征。随着打印速度的增加,在开始浸在乙醇中时,带材的曲率显著增加。相比之下,在乙醇中浸泡 30 min 后,所有条带在反弹阶段均表现出相似的曲率。以更高速度打印的纸带材在从乙醇到水的过程中仍然显示出更高的曲率。由此推断,打印条带的厚度对其四维曲率起着重要作用。在较低的打印速度下,由于带材厚度的增加,弯曲刚度可能会增加,这使得带材更难弯曲。

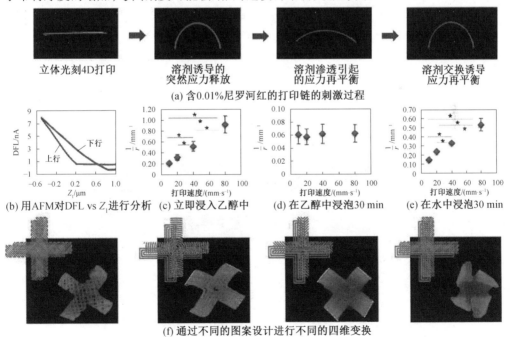

图 6.19 4D 打印单线和花结构(比例尺:1 mm)

4D 结构在乙醇和水浸泡过程中也表现出了可逆的形状变化。乙醇松弛内应力后,这种 4D 花重编程结构在水/空气中是永久稳定的,然而,这种花状结构在乙醇重浸泡较长时间后又逐渐变平。这个动态的形状变化过程是由乙醇的溶解驱动的,它会再次渗透到树脂膨胀,再浸入水中后,从树脂中提取乙醇,在水无法渗透的情况下,缓慢闭合扁平的结构,旋转形成笼状或花蕾状结构。在活性材料设计中,以一种可控的方式来改变其形状以响应环境刺激的可逆性驱动元件是非常有吸引力的,它甚至超越了 4D 领域,具有广泛的应用潜力。此外,4D 花具有优异的形状记忆效果,如图 6.20 所示,实现了额外的热机程序 4D 变形。在外力作用下,花的两个花瓣完全变平,在 18℃下固定临时形状,在 37 ℃ 的环境下,恢复了原来的花朵形状。在打印样品中,使用来自 SOEA 的化学交联网络来设定永久形状,同时使用玻璃化转变温度(T_g)来控制固定临时形状的分子开关片段。SOEA 固化后的 T_g 为 20 ℃。当样品加热到 T_g(37 ℃)以上时,交联点之间的分子段是软的,可以施加变形来设定临时形状,当温度降低到 T_g(18 ℃)以下时,分子片段冻结以固定预先设计的临时形状。当温度恢复到 T_g 以上时,样品将恢复其永久形状,这是由于分子段是软的,因此交联网络恢复到原来的结构形状,如图 6.20 所示。热机械编程形状转换

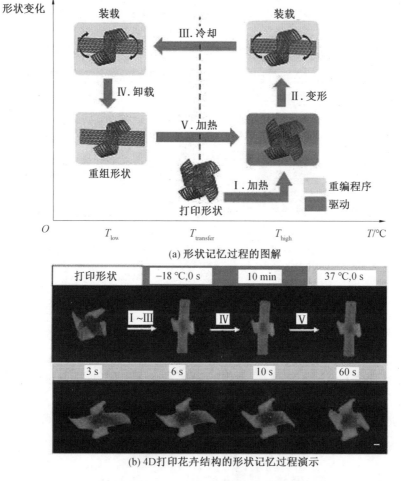

(a) 形状记忆过程的图解

(b) 4D打印花卉结构的形状记忆过程演示

图 6.20　4D 打印形状记忆效果

使额外的功能超过原来的四维效果,促进部分或多余的变化对更复杂的实际应用需求。

为了探索4D打印架构的潜在应用,设计并制作了一种可重编程的神经导管,如图6.21所示,用于修复周围神经损伤。4D神经导管易于制作,不需要任何支撑材料,具有高曲率和高柔韧性,可实现损伤神经的动态自插拔和无缝集成。与未添加石墨烯相比,仅添加0.8%的石墨烯可获得紧密卷曲的管状结构,并可改善受损或切断的两个神经残端的整合,提供指导轴突再生所需的张力。此外,热机械编程形状记忆特性使封闭的导管可以暂时打开和固定,便于外科手术植入导管。此外,石墨烯已被用于增强导管导电性和神经元分化,因此4D打印的石墨烯纳米杂化材料可能为神经再生提供优良的物理和化学信号。通过在4D打印的结构上添加神经分化介质对hMSCs进行神经分化,以充分研究其在神经工程方面的潜力。如图6.21所示,虽然在所有样品上都观察到hMSCs的神经分化,但只在4D打印的体系结构上观察到hMSCs的对齐。很明显,细胞排列起源于打印体系结构的微带方向。神经组织的一个重要特征是高度组织性和结构各向异性的成分。四维导管上的对齐可能更好地再现原生细胞微环境,并对改善神经对齐有影响。通过实时定量聚合酶链反应(rt-qPCR)分析,进一步定量研究了hMSCs在不同样本上的神经分化。分析典型的神经源性基因包括神经元蛋白2(Ngn2)、神经元分化1(ND1)、神经元特异性烯醇化酶(NSE)和Tau蛋白(TAU)。与对照样品相比,4D打印样品的ND1、NSE、Ngn2基因表达量更高。此外,与未添加石墨烯的导管相比,石墨烯导管中的所有神经源性基因表达均上调,其中,通过rt-qPCR证实,4D打印石墨烯导管对神经分化效果最好。尽管关于轴

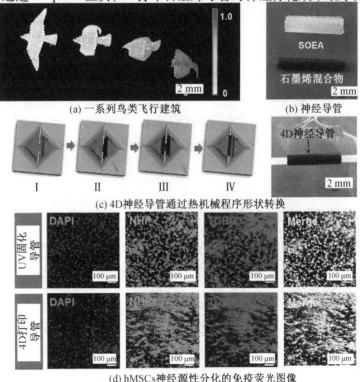

图6.21 增强四维曲率的石墨烯纳米复合材料及4D打印可重编程神经导管

突形成的证据很少,研究表明,间充质干细胞在 4D 排列的石墨烯杂化导管上具有分化为神经细胞类型的高潜力。4D 打印技术为开发包括物理引导和化学线索在内的新型神经导管提供了多功能特性,以及潜在的动态无缝集成的自激能力。

2. 心脏

动脉粥状硬化是心血管疾病的主要原因之一,血管支架已广泛用于治疗心脏病。H. Wei 等人利用激光直写打印技术制备了一种 Fe_3O_4 纳米粒子与聚乳酸结合的磁响应材料。当暴露在磁场中时,纳米复合材料恢复原来的形状以支持血管,从而实现远程驱动和磁引导,其本质是通过磁场产生热量来恢复形状。在临床医学中,磁场频率应控制在 50~100 kHz 之间,避免高温对周围组织造成损伤。

心脏瓣膜病是心脏疾病发病和死亡的重要原因。经导管植入生物假体和机械瓣膜的方法已逐渐成为心脏瓣膜病的主要治疗手段。然而,对于儿科患者来说,这些替代品缺乏自我修复和生长能力,无法适应这些患者心脏瓣膜的生长。目前已有多种具有增长能力的替代方案,例如,同源组织工程心脏瓣膜和聚合物支架来解决这些问题。

M. S. Cabrera 等人采用 FDM 工艺开发了具有生长潜力的聚合物支架。在模拟心脏温度的 37 ℃水浴中,支架逐渐从植入物中推出,自我扩展成预先设计的形状。它显示出清晰的分层结构,降解时,裂纹出现在分层界面,以适应患者的生长。生物降解性已在体外得到证实,但还需要进一步的体内研究。

心肌梗死后的心力衰竭是导致死亡的主要原因,但目前的治疗方法不能恢复心脏功能。利用骨髓源性干细胞治疗急性心肌梗死可减小梗死面积和血运重建,防止心肌梗死复发,改善心功能。然而,使用这种技术将失去大量的干细胞。A. P. Pedron 等人利用光刻技术开发了热响应的、双层的、可降解的聚合物,可减少传输过程中的细胞损失。用于培养细胞的聚合物层是由聚乙二醇和聚乳酸组成的不反应的二丙烯酸酯三嵌段共聚物,另一层是由聚 n-异丙基丙烯酰胺(PIPAAm)组成的刺激响应材料,由于温度反应性膨胀行为,该系统在封装和保护细胞簇方面是有效的。

2020 年,Q. Ge 等人报道了一种简单通用的可以制造高度复杂结构的 3D 打印方法。由高拉伸性和高水含量的水凝胶与各种水不溶性 UV 固化聚合物(包括弹性体、刚性聚合物、丙烯腈丁二烯苯乙烯(ABS)类似聚合物、形状记忆聚合物(SMP)以及其他基于甲基丙烯酸酯的紫外线固化聚合物)组成。这种多材料 3D 打印方法可以有许多应用:通过马蹄形和晶格结构增强的水凝胶复合材料,具有药物输送功能的 4D 打印心血管支架、3D 打印的离子导体以及应变带防脱水弹性层的传感器。

使用数字光处理(DLP)3D 打印机,采用"自下而上"的投影方法,当打印一层水凝胶部件时,将黄色水凝胶前体溶液置于打印阶段的下方,并将相应的 UV 图案照射到水凝胶前体溶液中(图 6.22)。应用空气喷射方法以去除打印部件上的前体溶液残留物,并在材料交换期间将材料污染降至最低。通过交替切换每一层的弹性体和水凝胶前体溶液,最终打印出对角对称的 Kelvin 结构。由于在高度可变形的水凝胶和弹性体之间的界面处形成了牢固的共价键,因此可以将打印的材料压缩 50%,而不会在两种材料之间发现任何断裂现象。

水凝胶前体溶液在图案化的 UV 投影下固化为水凝胶网络结构层。光聚合使丙烯酰

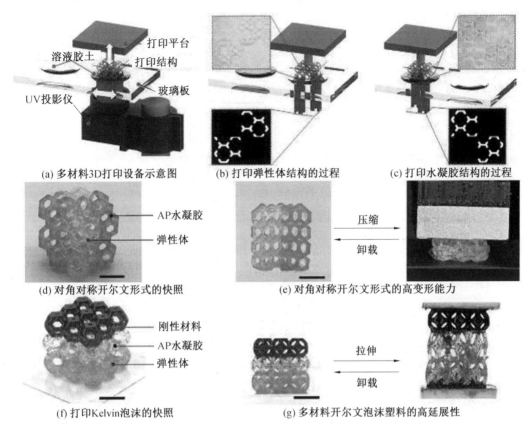

图 6.22 3D 打印水凝胶/其他聚物

胺和 PEGDA 交联以形成化学交联的网络结构。聚合的水凝胶结构中残留有少量未反应的丙烯酰胺和 PEGDA。通过将 UV 图案投影到甲基丙烯酸酯聚合物前体溶液中,将甲基丙烯酸酯聚合物层进一步打印到水凝胶层上。在界面处,甲基丙烯酸酯聚合物中的自由基也可以攻击水凝胶域内的那些未反应的单体和低聚物,导致基于甲基丙烯酸酯的聚合物层和水凝胶层之间的化学键合(图 6.23)。

使用傅立叶变换红外(FTIR)光谱研究了由不同引发剂引发的水凝胶聚合反应的转化(图 6.24)。为了比较聚合的转化率和动力学,使用了另外两种引发剂进行比较:由 APS-TEMED、TPO 和 I2959 引发的 AP 水凝胶的转化率分别为 100%、90% 和 10%。带有 TPO 的水凝胶前体溶液适用于基于 DLP 的 3D 打印(波长通常为 385 nm 或 405 nm),这需要较短的紫外线曝光时间(1 min 以内)来固化一层。带有光引发剂 I2959 的水凝胶前体溶液仅适用于基于 DIW 的 3D 打印,可以先打印出 3D 结构并在甚至更短波长的紫外线照射下进行数小时的后固化,以使水凝胶交联。聚合转化率的差异也反映在交联水凝胶的宏观力学行为上,由 TPO 引发的具有较低的刚度和拉伸性,但它有利于将水凝胶与其他 UV 固化(甲基)丙烯酸酯聚合物黏合。

由 Vero 刚性聚合物增强的水凝胶复合材料,采用了刚性聚合物的马蹄形结构设计来适应水凝胶的大拉伸性(图 6.25)。水凝胶与刚性聚合物之间的牢固结合使复合材料能够发生较大变形而不会发生脱胶,水凝胶-刚性聚合物复合材料的多材料 3D 打印将材料

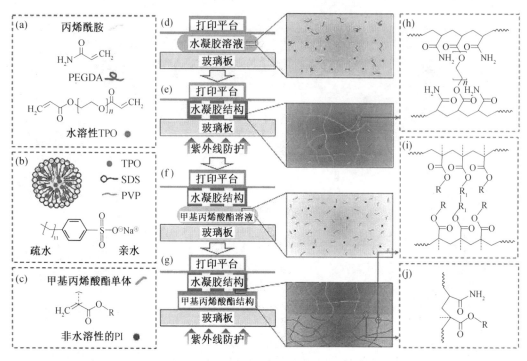

图 6.23 材料结合机理

（a）用于配制 AP 水凝胶溶液的化学品；（b）水溶性 TPO 纳米颗粒示意图；（c）以（甲基）丙烯酸酯为基础的聚合物溶液的可能化学结构；（d）~（g）打印水凝胶-聚合物多材料结构的过程示意图；（h）~（j）交联 AP 水凝胶、AP 水凝胶（甲基）丙烯酸酯聚合物界面、交联（甲基）丙烯酸酯聚合物的化学结构

刚度提高了约 30 倍，并且具有相当好的拉伸性。通过改变刚性微结构调整局部机械性能的能力将大大增强 3D 打印生物材料和组织的功能和性能。

通过 3D 打印技术，将水凝胶整合到 SMP 支架中来将药物释放赋予心血管 SMP 支架功能（图 6.26）。如采用聚二甲基硅氧烷（PDMS）管，其直径在中间变化为较小值，以模拟血管狭窄。该试管充满 37 ℃的磷酸盐缓冲盐水（PBS）溶液，以模拟人体环境。将支架插入 PDMS 管 2 min 后观察到支架的膨胀，在 1 h 后完全膨胀。将支架插入管中后，水凝胶开始将药物释放到水性环境中，水凝胶分别在 2 min、30 min 和 1 h 内释放了总药物的 3%、16% 和 30%，3 h 后，累积释放量达到 90% 左右，在 37 ℃的 PBS 溶液中放置 24 h 后，药物完全释放。

水凝胶的离子电导率是允许其在柔性电子的应用的另一个有前途的性能，然而，传统制造极大地限制了水凝胶结构的几何复杂性，限制所制造的柔性电子设备的可靠性和功能性。具有弹性体的 3D 打印水凝胶解决这一挑战提供了有希望的解决方案。带有弹性体保护层的 3D 离子导电水凝胶晶格结构（图 6.27），该结构可保护结构免于水分蒸发。此外，可以利用具有弹性体的 3D 打印水凝胶的功能来制造更复杂的导电水凝胶集成设备和机器。

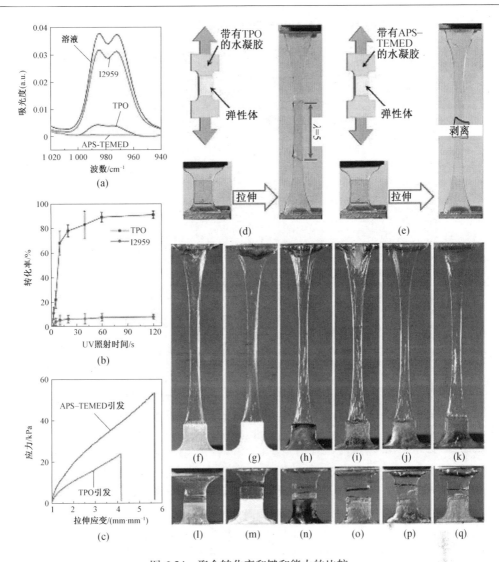

图 6.24 聚合转化率和键和能力的比较

(a) 由水溶性 TPO、I2959 和 APS-TEMED 引发的 AP 水凝胶的红外光谱;(b) 由 TPO 和 I2959 引发 AP 水凝胶的光聚合动力学比较;(c) 由 TPO 和 APS-TEMED 引发的 AP 水凝胶的应力-拉伸性能比较;(d)~(e) 紫外光固化弹性体分别与水溶性 TPO-和 APS-TEMED 引发的水凝胶结合的演示;(f)~(q) 被激活样本的快照

3. 气管

气管支气管是呼吸的通道,它加湿和过滤空气,但也可能因外伤而受伤。支架是扩张人体血管或气管的关键设备,4D 打印技术已经被制造使用各种支架。基于聚合物和纳米复合材料的具有形状记忆功能的支架已应用于气道支架。

2017 年,M. Zarek 等人使用 SLA 技术以甲基丙烯酸聚己内酯为原料制作了热响应气管支架。在人体的体温下,支架会扩张并很好地适应气道结构,不需要手术牵引。气管支气管道的主要作用是输送空气以进行呼吸,但也支持分泌物的清除、体温的调节和空气的

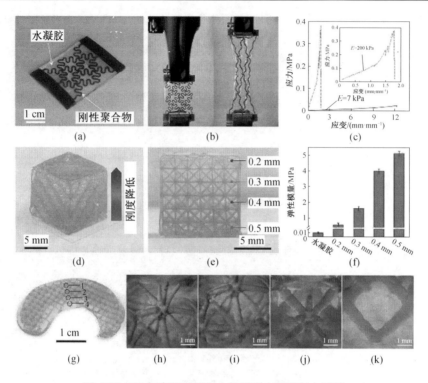

图 6.25 3D 打印的刚性聚合物增强水凝胶复合材料
(a)~(c) 马蹄形刚性聚合物结构增强水凝胶复合材料;(d)~(f) 刚性聚合物
晶格结构增强水凝胶复合材料;(g) 由刚性晶格结构增强的水凝胶制成的半
月板的快照;(h)~(k) 打印半月板中位置 1~4 的显微结构对应的显微图像

过滤。气管-支气管是由主气管和反复分叉的支气管组成的,气管是一个长 12 cm、直径 2 cm 的拱廊状、管状、弯曲的结构。虽然多种疾病可以损害其结构,但许多病理症状可以通过维持呼吸道畅通而机械地缓解,标准的方法是用支架支撑气管,然而,频繁的并发症导致较难保持长期通畅。这些并发症除了增加发病率外,还包括的支架移位和支架骨折。通常情况下,气道支架必须被移除,并且它们的回收常常是因为身体上的创伤。鉴于上述原因,美国食品和药物管理局建议,由于失败的高风险,金属支架只能作为治疗良性气道疾病的最后手段。因此,个性化装置的动机是设计一个完全符合的装置来防止支架移位,通过 C 形的气管突起来确保理想的匹配,从而安全地固定支架。

SMP 的内腔原型是基于平均分子量为 10 000 g/mol 的半结晶甲基丙烯酸聚己内酯 (PCL),PCL 是一种疏水性聚酯,在药物输送、组织工程和医疗设备中有着丰富的使用历史。它在形成交联网络后保持结晶相。结晶相的熔化温度(T_m)决定了驱动温度,并与分子量和熔体黏度有关,后者是 SLA 打印的一个重要参数。当 PCL 植入物可以生物降解时,需要两年多的时间才能将其碎片分解成低分子量的碎片,现实中由于许多临床只需要几个月的气管支架,因此 PCL 因其长期稳定性在这种应用中被排除了,因此,PCL 是这种制造方法的代表模型,其他具有适当的 T_m 的半晶聚合物可以取代它。

BodyParts3D 是一个精心设计的在线人体解剖库,通过每隔 2 mm 的全身 MRI 扫描获得。为了制备基于解剖尺寸的个性化支架,从 BodyParts3D 可获得气管的数字模型。各

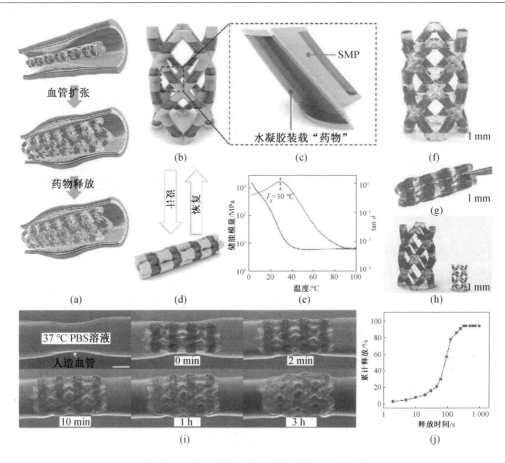

图 6.26 具有药物释放功能的打印 SMP 支架

(a) 打印的 SMP-水凝胶支架的血管扩张和药物释放功能说明;(b) SMP 水凝胶支架的整体设计;(c) 该 SMP 棒被负载药物的水凝胶皮肤包围;(d) SMP 水凝胶程序压缩形状的说明;(e) DMA 结果表明用于打印支架的 SMP 的 T_g 为 30℃;(f)~(h) 打印 SMP 水凝胶支架的快照;(i) 展示形状记忆和药物释放功能的例子;(j) 量化药物释放过程

种开源和专用软件包可用于从不同的高分辨率医学成像方式获取 3D 模型,数字模型进行布尔减法来移除背壁,这样支架就不会干扰食管的正常功能。食管位于气管的后面,沿气管长度的肌肉组织可以收缩以减少管腔横截面,从而增加气流速度。封闭的气道支架可能会阻碍这一功能。3D 打印过程的示意图如图 6.28 所示。打印支架移植物最厚处壁厚约为 3.5 mm,最薄处壁厚约为 1.5 mm,长度约为 7 cm,支架的最大长度受到打印机打印尺寸的限制,但可以通过软件在这些范围内进行缩放。

加入甲基丙烯酸酯末端基团(PCLdMA),用于 SLA 打印的 PCL 二醇。每个端羟基的 PCL 链可以接收至多两个甲基丙烯酸酯端基,这是一个定制网络机械性能的途径。缓蚀剂的作用是减少 X-Y 打印平面的过固化,延长树脂的保质期。光吸收剂的存在是为了减少光源在打印树脂中的穿透深度,用于乳化的墨水包括光引发剂、抑制剂和吸光剂。自由基聚合的氧抑制对由这种结构组成的打印结构没有明显的影响。用异丙醇或丙酮擦除在某些情况下观察到的轻微黏性表面,加热后的交联前驱体黏度为 30 Pa·s,层厚 150 μm,

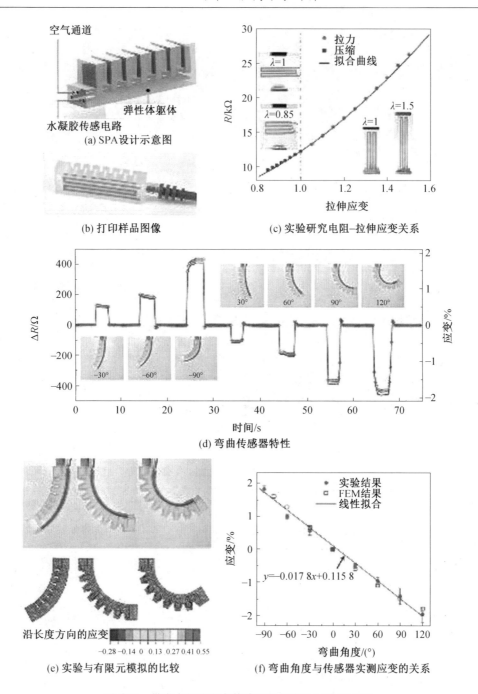

图 6.27 带有水凝胶应变传感器的打印软气动驱动器

打印 7 cm 支架需 6 h。

对打印样品进行形态学和力学表征,如图 6.29 所示,打印前和打印后的 PCLdMA 10 000 样品的热分析图,在交联之前,晶相的 T_m 为 55 ℃,为熔化内热的峰值。交联后,结晶受阻,吸热降低,在 47 ℃ 出现新的更宽更小的峰,分别在 40 ℃ 和 50 ℃ 出现开始峰和偏移峰。通过使熔合焓从 68 J/g 到 31 J/g,定量地测定了交联对结晶的影响。周期性形状

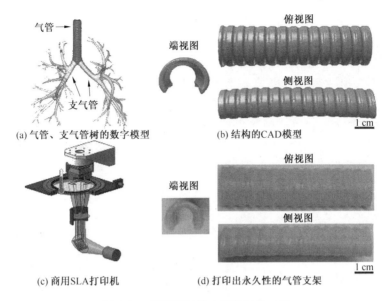

图 6.28　形状记忆气管支架的制备工艺

记忆支架在理论上是可行的,这为热触发机制支架的定位和拆除提供了可能性。

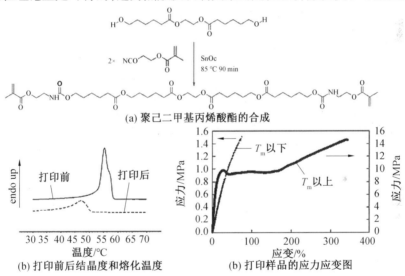

图 6.29　PCL 基墨水的反应图式及热机械表征

形状记忆行为参数应变固定率(R_f)和应变恢复率(R_r),对于甲基丙烯酸化程度为 88% 的打印样品,经过 3 次循环后,R_f 为 99%,R_r 为 98%。打印的 PCL 结构在熔化温度以下是典型的坚硬和坚韧的聚合物材料,在熔化温度以上是 Hookean 弹性体。T_m 上方的力学状态仅与支架的部署有关,T_m 下方支架的力学性能,大约在生理温度(37 ℃)。最后,支架必须提供足够的机械支持,以防止外部压缩,保持气管形状,允许一定的弯曲自由度。针对不同的气管支气管病理,对 PCL 夹板进行有限元分析,显示出了合适的设计参数,其壁厚为 2~3 mm。有两种方法可以用来调整结构的刚度:其中第一种方法是打印细胞结构的支架,同时保持支架的几何形状;第二种方法在分子水平上起作用,它阻碍了晶体的形成。为此,不同分子量的 PCL 二甲基丙烯酸酯混合物,当加入低分子量 PCLdMA 前体的部分时,这些打印的结构物的拉伸模量降低。

形状记忆 4D 气道支架的设计是为了在其临时状态下使用。当形状记忆恢复被触发时,支架就会恢复到原来的形状,与目标解剖结构匹配如图 6.30 所示展示了打印支架的形状记忆行为。这种支架是热驱动的,在体外,通过在一个定制的热室中加热支架来实现这一点。其他体外方法可以使用红外二极管激光或电阻加热来驱动内腔器件。基于病人的安全,最有效的方法是居里调节感应加热,这需要铁磁填充。在基于光固化的 SMP 基体中加入光学不透明填料,如顺磁性氧化铁,这将是一项技术挑战,是未来研究的基础。此外,与传统的气道支架相比,这些装置还需要在动物模型上进行测试。

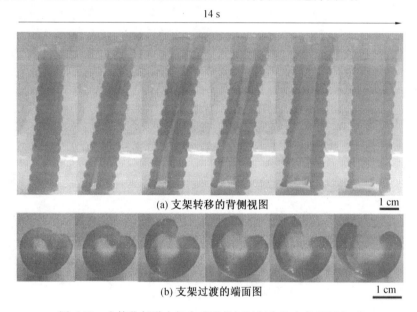

图 6.30　个体化气道支架宏观形状记忆行为的光序列研究

4D 打印是一种刚刚开始探索的技术,作为基本形状记忆热固性加工方法的替代品。4D 打印支架成功地解决了当前气管支架的两个关键缺陷。首先,考虑到个性化支架与拱廊结构和软骨环的位置匹配,预计这种基于定制结构的设计方法将减少移位,这是导致已有气管支架失败的常见原因。此外,通过缩放数字模型,定制的支架可以稍微大一些,以匹配气管,并确保稳定的固定,这是其他腔内支架技术的惯例。其次,缩小后的 SMP 结构使危害更小。显然,基于 PCL 分子量的合理选择的形状记忆结构,可以调节到特定的 T_m,实现非常高的 R_r 和 R_f 值,并覆盖广泛的力学性能。个性化 4D 医疗设备可以被制造成几乎任何几何形状,这一方法预示着形状记忆热定型技术在学术实验室孕育阶段的结束。

R. J. Morrison 等人通过植入由聚己内酯组成的可生物吸收的气道夹板,改善了 3 名儿童气管支气管软化症患者的临床表现,该夹板的形状可以随时间改变,材料也会随时间降解,其降解产物对人体无毒,该种治疗可能避免了夹板植入后的并发症。

可以对气道几何变化的增长以及自然条件下的采用 4D 打印技术设备。原型装置的设计是一个开放的夹板,10 个设计变量允许放置外部的倒塌气道(图 6.31)。通过设计的缝合孔空隙,将气道的墙壁悬挂在支架上。根据哈根-泊肃叶方程,夹板的放置增加了气道半径,并相应地增加了气道内气流,外置也可以保护气道不受压迫。波纹状结构允许纵向弯曲。尽管气流的改善是由于外置夹板和管腔直径的增加,持续性的优势取决于该装置对气道生长的反应能力。引入一个开放的圆筒形设计,通过开放楔形角的置换允许设备与气道的径向增长。该设备的几何程序使构象改变,超出了材料可以实现的选择范围,由于材料降解使设备刚度的降低允许调节气道的生长可能超出了支气管的能力。使用来自患者 CT 扫描的气道图像,这些图像被导入 CAD 建模程序,进行测量,以确定夹板的几何设计参数。通过这一过程,定制设计参数以达到亚毫米级的精度。使用设计参数生成设备设计,将设备设计输出为一系列 2D 图像,用于生成夹板的 3D 模型。此外,最终的 3D 夹板设计吻合患者气道以进行验证。用聚己内酯(PCL)制作夹板,它是一种生物相容性和生物可吸收聚酯,在被吸收前能在体内停留 2~3 年。使用这种制造技术,大约在 4 h 内可以制作 200 个夹板。植入前对器件进行环氧乙烷消毒,由于双侧主支气管软化的存在,患者左侧夹板设计被修改为在圆柱体的开放面加入一个螺旋,以适应右侧夹板和支气管的空间位置。该设计可在 3 h 内完成,并在第二天打印,展示了 3D 打印的适应性和精度。从最初的患者候选球菌评估到该设备的生产,包括成像、CAD 和 3D 激光烧结制造,患者 1 的时间为 2 d,患者 2 的时间为 4 d,患者 3 的时间为 5 d,预测在 3 年内气管直径的最大变化将是 19%。

为了设计一个使用 4D 生物材料的设备,计划材料随着时间的推移降解和扩张该设备制造的气管-支气管树。虽然关于儿科气管主动脉支气管的生物力学特性没有发表的数据,但在以前的工作中已经发现支气管在施加 20 N 的压力下变形 50%,最大弯曲力为 0.3 N(1.5%的压力)。因此,该设备最大压缩允许在 20 N 下小于 50%的变形。然而,相似的弯曲顺应度太低,使得夹板不能有效地维持气道通畅。

气管生长方面的最佳数据来自于青少年患者的正常气管,这为按年龄计算最窄气管直径提供了公式。将这些方程应用于潜在患者的极值范围(3 个月到 15 年),并预测 3 年气管最大直径扩张将为 19%。然而,人体生长中的气管所施加的压力是未知的。带塑性的材料限制半径膨胀约 50%。因此,夹板应允许在最小扩张压力下气管支气管直径扩张 20%。将最小扩张压力定义为主动脉收缩压所产生的压力,假设气管支气管生长所施加的压力至少不等于主动脉的最大压缩压力,否则不能观察到气道的径向生长。假设主动脉收缩压小于 250 mmHg(或 0.03 MPa),夹板表面积为 400 mm^2,定义最大打开位移参数为任何压力下大于 15 N,允许至少 20%的夹板直径扩张。结果证实,满足这些机械标准的设备在临床上的表现符合要求。

4. 动脉

血管置换术是治疗冠状动脉疾病、中风和危及肢体缺血时,修复血栓阻塞或无功能血管的常见手术方法。然而,在没有明显先兆症状的情况下,血管植入失败的风险仍然可能发生。特别是 40%~60%的血管移植物在植入后一年内失败,从而导致发病甚至死亡。密切、及时地监测相关的局部生理信号(如血流压力、移植物血流速度、腔内尺寸变化等)对早期发现血流动力学意义重大的病变至关重要。目前,植入的血液血管束需要在特定的时间间隔内使用复杂的设备(如超声成像设备、血压袖带和增强计算机断层扫描

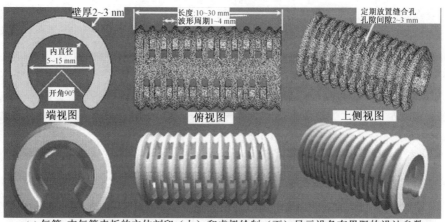

(a) 气管–支气管夹板的立体刻印（上）和虚拟绘制（下）显示设备有界限的设计参数

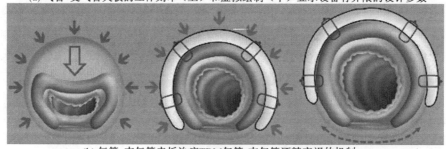

(b) 气管–支气管夹板治疗TBM气管-支气管酒精衰竭的机制

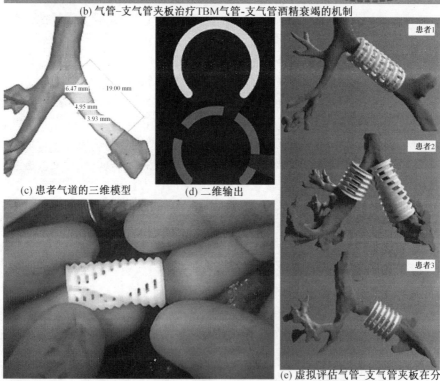

(c) 患者气道的三维模型　　(d) 二维输出

(f) 最终3D打印PCL气管–气管夹板用于治疗患者2左侧支气管

(e) 虚拟评估气管–支气管夹板在分段气道模型上适合所有患者

图 6.31　基于计算图像的 3D 打印气管–支气管夹板

(CT))进行一系列的监视,但这些设备在及时发现并发症和预防失败方面仍然是不够的。移植失败的治疗(如咬合)通常需要复杂的手术,死亡率高达5%,只有25%的失败的移植可以有效地修复。因此,实时监测植入血管移植物是非常必要的,可靠地识别并发症和早期治疗,可以通过一种更安全、侵入性更小的手术(例如,通过血管内手术局部血管成型术)进行。自供电能力对未来智能植入体具有重要意义,实现对人工血管内相关生理信号(如压力)的无电池感知能力是实现实时监测功能、最大限度降低植入体失效风险的理想解决方案。铁电材料具有优异的压电性,是精密压力和运动传感的理想选择。它们也被广泛地用作纳米发电机的关键功能部件通过从身体运动中获取局部能量来实现自供电的可植入电子设备,被认为是一种很有前途的策略。目前的压电植入物都是用简单的几何形状设计的(主要是薄膜和圆盘)作为器官/组织的附件。它们往往与分离和低灵敏度的效果有关,并可能给附着的器官/组织带来额外的负担。理想的做法是将功能作为人工器官/组织的内在特征。增材制造技术的最新进展为制造复杂几何形状的生物植入物提供了可能。然而,迄今为止,只有少数尝试证明使用3D打印制造铁电结构,在长时间极化后仍具有良好的机电耦合性能。由于高均匀电场的要求,可实现打印的结构极为有限。在大型复杂打印品中,成分和结构的不均匀性往往会变得更加严重,这很容易导致击穿(极化失效)。总体来说,目前用于铁电结构的3D打印技术离生产实用的生物部件还很遥远。

2020年,J. Li等人报道了一种电场辅助3D打印技术(图6.32),该技术可以快速打印复杂的自发极化铁电结构,具有高保真度和卓越的压电性能。该打印由嵌入铁电聚偏氟乙烯(PVDF)聚合物基质中的铌酸钾(KNN)铁电颗粒组成,在打印过程中仅需几秒钟就可以极化。制备的铁电结构具有良好的体尺度压电(d_{33} = 12 pC/N 和优异的力/压灵敏度。利用该技术,直接打印出智能人工动脉,能够提供实时精确的血压和血管运动模式,实现对部分闭塞的早期检测。

采用熔丝沉积建模(FDM)技术在电场作用下对打印材料进行熔融和重塑(图6.32)。以体积分数35%功能化铌酸钠钾(KNN)压电陶瓷颗粒(固相反应制备)和体积分数65% PVDF聚合物组成的铁电复合材料为打印材料。KNN基材料是一组具有生物相容性的高性能无铅铁电陶瓷,具有高达400 ℃的高居里温度,使其在高温打印过程中保持铁电相。PVDF是一种柔软的热塑性聚合物,具有优异的打印性、灵活性和可接受的压电性。如图6.32所示,将3-(三甲氧基硅基)甲基丙烯酸丙酯(MPS)共价接枝在KNN颗粒表面(经XPS证实),以改善界面相容性,最大限度地提高其可分性。用磨碎的铁电复合粉末挤压成长丝,制成打印材料。铁电复合材料的特殊打印普适性应用于各种3D几何图形(螺旋型、手性螺旋型、立方堆型)的3D打印,这可能归因于粒子能均匀分布在聚合物基质中,这点可以从SEM图像得到证实。为了对准打印材料的偶极子,在打印芯子和底板之间施加一个0.5~4 kV/mm的可调节电场。有限元模拟结果显示,喷嘴尖端区域集中了相当高的电场。该打印过程是在250 ℃的相对较高温度下进行的,以熔化铁电复合材料,在那里可以预期一个较低的矫顽力场,集中的电场和较高的加工温度有利于铁电偶极子在瞬间对准。随着打印的进行,快速极化技术得以实现。由于KNN铁电粒子和PVDF基体的协同作用,制备的KNN-PVDF复合薄膜具有优异的压电性能。

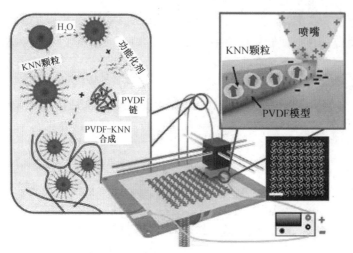
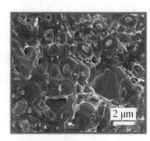
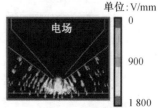

(a) 电场辅助的FDM 3D打印系统示意图

(b) 打印膜的横截面扫描电镜图像

(c) 3D打印过程中喷嘴周围电场的有限元分析仿真

图 6.32 电场辅助 3D 打印

打印物的压电性可以通过 3D 打印参数进行控制,从而实现性能优化。通过改变极化电场,可以很容易地调节打印物的极性。在 $-800 \sim 800$ V 电压下打印单层薄膜 1.5 cm × 1.5 cm,如图 6.33 所示,随着电压($|V_{pp}|$)的绝对值从 0 增加到 800 V,打印膜的压电系数 d_{33} 的绝对值($|d_{33}|$)从 0 逐渐增加到 12 pC/N。在 30 N 力的作用下,输出 V_{pp} 从 60 mV 增加到 2.7 V。极化电压的方向决定了物体的极性,分别在 400 V 和 -400 V 下制备的两个样品,在 30 N 的力作用下,都能产生 1.6 V 的电压输出,而电压信号的相位则完全相反。通过 EFM 相位成像也证实了不同的极性,与正极样品相比,负极样品的表面显示了近 180°相反的相位。

打印速度是影响压电性能的另一个因素。在 800 V 的电压下,当打印速度设置在 10 mm/s 以下时,d_{33} 稳定在 12.1 pC/N 左右。d_{33} 在速度提升到 15 mm/s 时,轻微下降到 11.5 pC/N。当打印速度进一步提高到 25 mm/s 时,d_{33} 急剧下降到 7.2 pC/N。这主要是由于在快速打印速率下缩短了极化时间和减少了偶极子对准。15 mm/s 的打印速度明显优于其他需要 1 mm/s 或以下的打印速度才能实现预期功能的方法。此外,喷嘴温度在 230~290 ℃ 范围内对压电性能的影响可以忽略不计。如图 6.33 所示,在测试温度范围内,压电常数和输出电压分别稳定在 12 pC/N 和 2.6 V。打印温度与压电系数之间没有明显的相关性。因此,电场辅助 3D 打印可以在多种打印条件下有效实现,这使得它可以适用于不同的材料和成分。成功的 3D 打印铁电材料具有优异的力/压灵敏度,为开发具有自供电传感能力的智能人工动脉提供了前景。

如图 6.34 所示,该极化管由厚度为 0.2 mm 的正弦晶格组成,极化方向垂直于表面,打印速度为 10 mm/s。内外两侧涂上生物相容性银浆作为电极,厚度约为 0.05 mm。用 2 mm 厚的聚二甲基硅氧烷(PDMS)包裹圆柱形网络,形成人工动脉结构。尽管铁电复合材料由于陶瓷元件的介入,相比纯 PVDF 具有更高的机械模量,但采用软包正弦波结构设

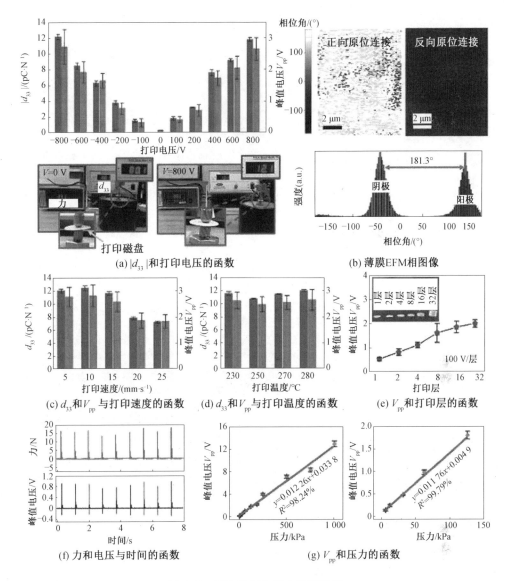

图 6.33 压电控制和压力传感性能

计可以有效地将模量降低到生物组织/器官的水平。拉伸试验和弯曲试验表明,人工动脉具有与组织相当的延展性和柔韧性,其拉伸模量显著降低,为 5.68 MPa(38%),弯曲模量为 10.35 MPa。相比之下,在相同条件下,相同厚度和尺寸打印的非结构复合薄膜和原始 PVDF 薄膜的拉伸模量分别为 1.17 GPa 和 0.76 GPa,弯曲模量分别为 1.32 GPa 和 0.82 GPa。人工动脉的力学性能在人体动脉模量范围内很好地吻合。人工动脉也被认为是生物兼容的,因为它只包含被证明生物兼容的成分(PVDF、KNN 和 PDMS)。首先通过分析打印铁电薄膜顶部和 PDMS 包装表面 3T3 成纤维细胞的活性来检测制备的动脉的生物相容性。采用 3-(4,5-二甲基噻唑基)-2,5-二苯基-2H-四唑溴化铵(MTT)测定细胞代谢活性,作为细胞生长/增殖的参考。打印膜和 PDMS 包装表面的细胞活力在 5 d 内与对照组相比没有显著差异。在荧光显微镜下观察的细胞形态也没有显示出任何显著的组间差异(图6.34)。这些结果证实了人工动脉材料的无毒和生物相容性。

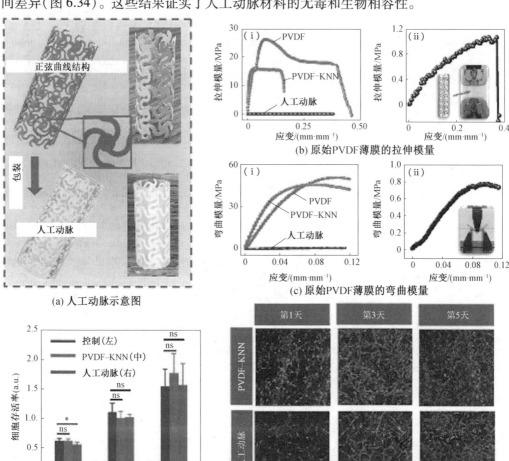

图 6.34 人工动脉的发展及特征

通过构建人工循环系统,实现了3D打印人工动脉的自供电血压感知功能。人工动脉与电脑控制的注射泵集成在一起,以模拟心脏跳动。与注射泵相连的驱动器可编程的往复线性运动将液体从人工动脉中泵进泵出,从而引起人工动脉内的周期性压力变化。如图6.35所示,随着内部压力的变化,铁电壁面会产生纵向应变,从而在两电极之间产生压电电位。当电极连接被切换时,压电响应由相反的输出相位来确定。一般成年人舒张压80 mmHg,收缩压120 mmHg,动脉压在5.33 kPa(40 mmHg)左右波动。基于这些信息,人工动脉系统充满了红色的磷酸盐(PBS)(染料)来模拟血液,和平均压强6 kPa被注射泵应用1 Hz的频率(等于每分钟60次心率)模仿正常的人类活动。如图6.35所示,输出压力振荡产生的$V_{pp} \approx 19.55$ mV,在10 000次循环中具有很高的稳定性。具体来说,在血管扩张的过程中(由于泵入血液而使动脉扩张),产生一个正电压;在血管收缩过程中检测到负电压信号(由于泵出血液导致动脉收缩)。3D打印过程中,电压极化与极化方向一致。为了进一步研究压力敏感性,作者通过改变注射器的泵送量,在人工动脉系统上应用了一系列的ΔP。如图6.35所示,当施加的ΔP从1.5 kPa(11.25 mmHg)增加到30 kPa(225 mmHg)时,V_{pp}相应从8.91 mV增加到77.71 mV。这一体外试验揭示了在人工动脉内进行自供电实时血压传感的能力。

5. 皮肤组织

皮肤是人体最大的器官,是人体抵御病原体和微生物等外部威胁的物理屏障,受伤的皮肤很容易受到感染。愈合过程中,未感染创面的pH值在5.5~6.5之间,感染创面的pH值大于6.5,因此,当伤口的pH值从酸性变为碱性时,一般认为存在细菌感染。目前已有多个行业和学术机构制造不同类型的3D打印形状记忆材料,以减少伤口愈合时间。

皮肤在维持体内平衡和提供保护免受外部环境影响方面起着至关重要的作用。皮肤的高度复杂、分层和分层的结构为外来生物进入身体提供了一个物理屏障,同时调节水分和将小代谢物运输出身体。由物理或化学创伤引起的创伤会严重损害皮肤屏障,损害其生理功能。在损伤导致大量皮肤丢失的情况下,通过移植来替换受损的皮肤,以保护身体的水分流失,并减轻机会性病原体造成的风险就变得至关重要。

皮肤移植也可以极大地促进伤口愈合过程,可能恢复伤口部位的屏障和调节功能。除了移植外,组织工程皮肤还可以作为一个极有价值的体外平台,在透皮和局部药物发现和制剂开发的初期阶段,以高通量的方式评估局部药物的通透性和不良炎症反应。与动物皮肤相比,工程皮肤具有以下几个优点:更好的人类皮肤生理学,减轻伦理担忧,符合新出现的关于动物使用的法规。此外,工程皮肤模型可以提供有效的基本解释,以了解皮肤病的病因,阐明皮肤病进展和治疗的病理生理机制。一些研究在重现人类皮肤的物理屏障特性之外,重现其免疫功能,并取得了一定的成功。这些努力共同促使了一系列广泛的人体皮肤工程方法和可供研究的多种体外皮肤模型的出现。工程皮肤的典型方法是从简化其复杂性开始,并将其表示为两腔室组织。第一个是多层表皮,由活层的基底层、棘层和颗粒层组成,均以不同分化程度的角质形成细胞(KCs)为代表;死亡的角质层由富脂双层基质中终末分化的KCs(角细胞)表示。第二个是真皮,通常由合成底物(如尼龙和聚碳酸酯)或脱细胞基质蛋白支架(如胶原蛋白、糖胺聚糖和纤维蛋白)或分散在蛋白质支架内的死去表皮真皮或成纤维细胞(FBs)代表。皮肤组织工程通常包括通过酶消化从全层或半层皮肤中分离KCs,并将其生长在皮肤替代剂上的气液界面(ALI)上。KCs从培养底面吸收营养,并在培养3~4周的渐进分化过程中被向上推动,这种方法产生的皮肤组织可以很好地模拟人类皮肤的形态学和生物学特征。

虽然传统的组织工程策略已经促进了前几代皮肤移植和模型的设计和发展,但在皮肤组织工程方面仍有很大的改进空间。迄今为止,许多研究都集中在两种类型的细胞的结合上,即KCs和FBs,分别在表皮和真皮层中。皮肤是一个近12个谱系分化细胞和多能干细胞的仓库。虽然可以在皮肤内复制显性结构,但它无法捕捉微小且关键的细胞-细胞相互作用、信号事件,以及皮肤适应性免疫功能。目前,将免疫细胞整合到皮肤中的一个关键限制因素是维持细胞在免疫状态,这可能与它们在特定皮肤层的低效整合,以及缺乏其他功能的细胞有关。当代的皮肤工程方法没有考虑到细胞在单个层中的精确定位问题。然而,这对于在皮肤内复制细胞-细胞和细胞基质相互作用是至关重要的。此外,

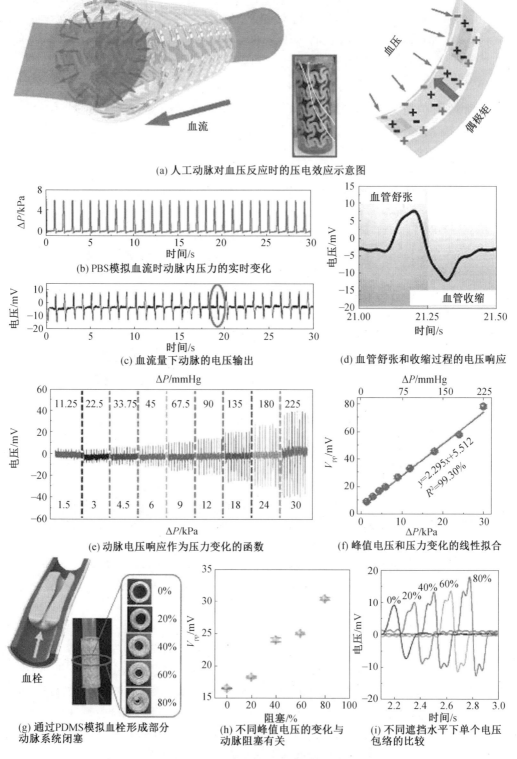

图 6.35 人工动脉系统的体外试验

这些方法需要 3~4 周或更长的潜伏期才能形成完全分化的皮肤,这些模型中可用的吞吐量也相对较低。

3D 打印与传统的皮肤组织工程相比,具有显著的优势。能够分配活细胞,可溶性因子和相变水凝胶,在理想的模式下,同时保持非常高的细胞活力,这种方法在制造 3D 皮肤组织有巨大的潜力。通过在一层一层的组装中精确定位多种类型的基质材料和细胞,各种功能组织可以以适当的结构和细胞组成,以广泛的尺寸、高通量、高度可复制的方式制造。所得皮肤的多层和高度分层结构使它成为一个完美的方法,克服了传统组织工程方案的一些局限性,展示了 3D 生物打印方法的优点和优势。

V. Lee 等人使用 3D 生物打印技术,以 FBs 和 KCs 作为代表细胞类型,在一层一层的组装过程中设计人类皮肤,展示了 3D 的打印人类皮肤的组织学和免疫荧光特性。该研究为人类制造皮肤的进一步开发和工程奠定了基础,使之包含多个皮肤细胞,以及附属和次级结构。

在 3D 多层打印和共培养之前,作者测试了不同分辨率或液滴间距(即每个打印液滴之间的距离)和细胞悬浮液密度,以寻找每种细胞类型的细胞活力和增殖的最佳条件。各种间距的组合(100、150、200、300、400、500 和 750 μm)和细胞悬浮密度(0.5、0.75、1 和 2 百万个细胞/mL 的胎牛血清,0.5、1、2、3 和 5 百万个细胞/mL 的 KCs)测试。每个胶原蛋白层的尺寸保持在 6.6 mm,每个细胞层的尺寸固定在 4 mm×4 mm(图 6.36)。在培养皿上印上一层胶原蛋白,再将 FB 或 KC 细胞悬浮液按所需的密度和液滴间隔放在胶原蛋白上。然后将打印好的胶原细胞构建物置于培养箱中 1 h,轻轻加入培养基。培养 7 d 后,使用 Hoechst 33342 和碘化丙酸染色共聚焦显微镜检测细胞活力,培养液在第 3 天和第 6 天发生变化。

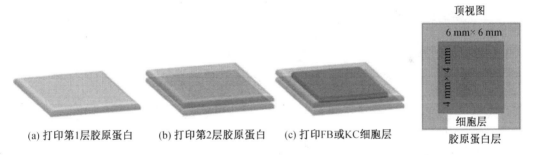

(a) 打印第1层胶原蛋白　　(b) 打印第2层胶原蛋白　　(c) 打印FB或KC细胞层

图 6.36　用于产生单细胞培养的打印方案

发现打印单个细胞类型作为胶原蛋白单层膜用于构建三维皮肤结构,采用如图 6.37 所示的逐层制造方法。在聚 D-赖氨酸镀膜的玻璃底培养皿上构建了嵌有细胞的多层胶原结构。在打印开始前,将碳酸氢钠喷雾蒸气应用于培养皿表面,使第一个打印的胶原蛋白层快速凝胶化,增加其与底面的黏附力。在打印第 1 层胶原蛋白后,将 $NaHCO_3$ 雾化蒸气应用到打印的胶原蛋白层上进行胶凝。静止 1 min 以促进胶原蛋白的相转变为凝胶。打印出来的皮肤结构包含 8 层胶原蛋白,包括 6 层胶原蛋白层与 3 层 FB 层交替,两层胶原蛋白层将堆叠的 FB 层与 KCs 分开。两层 KC,以达到表皮内所需的细胞密度。在完成打印步骤后,将复合结构放入培养箱 1 h(37 ℃,5%CO_2),形成胶原凝胶,然后将整个组织结构浸入培养基中,每3天更换一次。

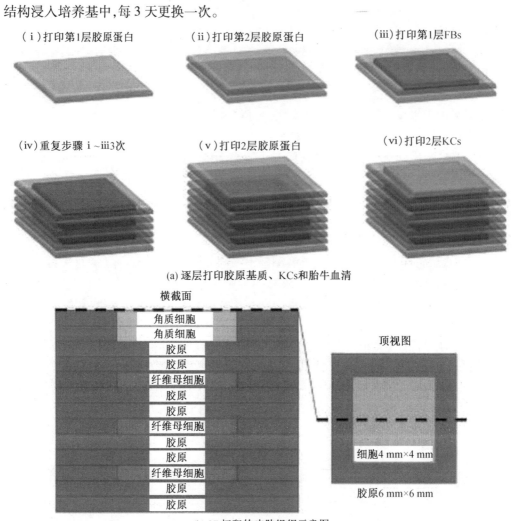

图 6.37 3D 皮肤组织的构建

水凝胶材料也可用于构建三维组织结构,胶原凝胶(Ⅰ型,大鼠尾巴)被用作主要的基质来构建皮肤组织。通常,基质蛋白的凝胶化是通过调节 pH 值或温度或两者兼而有之来实现的。尽管这种方法非常适合薄结构,但由于厚结构(1~3 mm)中的扩散或传热限制,可能导致凝胶和非凝胶基质的异质区域。pH 值或温度的大梯度也可能导致对细胞的不良影响。为了避免这些问题,采用一种方法依赖于打印在培养基中包裹的细胞和蛋白质,使用雾化 $NaHCO_3$ 作为胶原的交联剂。细胞内的培养基和蛋白液滴提供了一种缓冲条件,保护细胞免受潜在的损害,而 $NaHCO_3$ 蒸气提供了一种温和但有效的方法来实现凝胶化。使用温和的压力(1.4~1.5 psi)打印细胞也有助于维持细胞功能。在对照实验中,直接在组织培养板上打印的细胞与手工打印的细胞相比,具有相同的形态、增殖和形成紧密连接的能力。

在皮肤组织工程中,在每一层(表皮和真皮层)中实现具有代表性的细胞密度是获得功能和形态上具有代表性的组织的关键。通过控制两个关键的打印参数来控制每一层的细胞密度：每个液滴中的细胞悬浮密度（细胞/mL）和 3D 基质中单个液滴之间的间距（mm）。为了优化这些打印参数，测试了细胞悬浮液密度和各层液滴间距的各种组合。在 KCs 和 FBs 中，基质的细胞密度与细胞悬浮密度成正比，与液滴间距成反比。不考虑密度和间距的特定组合，可以观察到 KCs 和胎牛血清的细胞活力都非常高。图 6.38 显示了 KCs 和 FBs 在选定测试条件下的生存力测定结果。

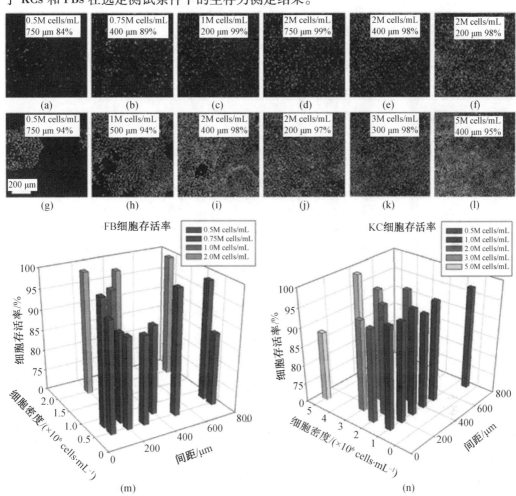

图 6.38 优化打印参数的单个细胞培养（M 为 mol/L）

(a)~(f) 单层打印的胎牛血清的细胞悬浮密度和分辨率（液滴之间的间距）有很大范围的变化；(g)~(l) 单层打印的角质形成细胞（KCs）的细胞悬浮密度和分辨率（液滴之间的间距）有很大范围的变化；(m)~(n) 培养 7 d 后检测各条件下细胞活力。

使用具有多个打印头的多路复用系统可以显著减少皮肤打印所需时间，皮肤组织在培养基中培养，在共聚焦显微镜下成像，FB 核更大、更细长，KCs 的核如预期的那样是扁平和圆形的。根据悬浮密度和液滴间距，胎牛血清在胶原基质中呈稀疏但均匀分布。打印的皮肤结构的高度从 1 100 μm 到 1 400 μm 不等，其中大部分厚度属于包含 FBs 的真皮(图6.39)。胎牛血清在真皮层内增殖并保持稀疏分布,KCs在胶原基质顶部增殖较快,4~7 d后完全覆盖表面,真皮和表皮层未见细胞侵袭。快速增殖的KCs偶尔会扩展到打印组织的边缘之外,不过大多数增殖细胞仍嵌在胶原基质内。在打印的皮肤表面观察到3个密集堆积的KCs细胞层(~30 mm),其细胞核大小没有明显差异。

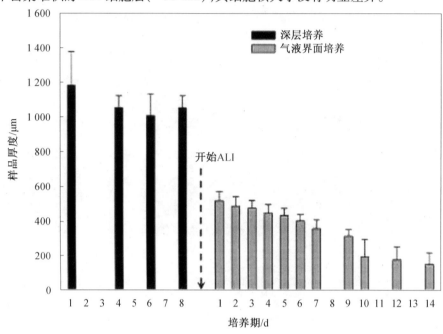

图6.39 打印的皮肤组织的厚度

打印的皮肤组织模型在整个培养过程中可保持形状和尺寸不萎缩,相比之下,人工沉积的传统3D皮肤结构从第2天开始就持续收缩,无法保持其形状或形状。打印的皮肤和手工沉积的皮肤样本在7 d深层培养后的大小和形状变化如图6.40所示。

6.脂肪组织

脂肪组织修复是由于肿瘤切除、外伤及先天性畸形引起的外形缺损患者的临床需要。一种工程脂肪组织替代物能够重建软组织,同时提供足够的体积和形状,在整形外科和再生医学中具有重要价值。通过打印细胞和基质材料,在适当的位置、足够的数量和适当的环境中,以一种确定和有组织的方式打印细胞和基质材料,从而产生促进组织再生和功能恢复的生物替代品,组织打印技术提供了一种独特的前景。组织打印基质材料,通常被称为生物墨水,是这一过程的核心,为细胞功能和组织形成提供合适的线索和信号。各种个体细胞外基质(ECM)成分,如胶原蛋白和纤维蛋白已被用作生物墨水,但天然的ECM提供了许多复杂的线索,使用基于成分的方法很难复制这些线索。ECM为细胞提供多种物理、化学和生物学线索,影响细胞生长和功能,因此合理设计仿生支架应考虑使用ECM。最近的研究表明,组织特异性ECM可以引导细胞反应,促进组织性再生。当脱细胞脂肪组织(DAT)用于制造支架折叠时,细胞反应和功能显著改善。脱细胞作用保留了ECM的自然结构,但去除了可激发免疫反应的细胞和抗原成分。采用物理、化学和生物处理相结

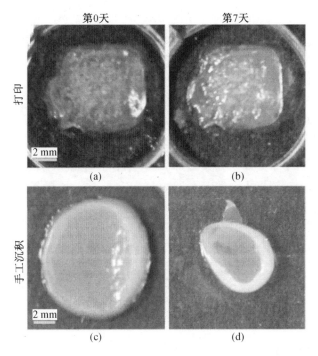

图 6.40 3D 打印皮肤组织

(a)(b) 3D 生物打印和手工沉积制备的皮肤组织的比较表明打印的皮肤样本保留了它们的尺寸和形状;(c)(d) 手工沉积的结构在 7 d 深层培养条件下收缩并形成凹形

合的组织脱细胞技术被认为是制备 ECM 支架的一种有效方法。然而,从组织中获取和加工的 ECM 材料通常缺乏定制的微几何结构,因此细胞分布主要局限于 ECM 支架的表面,只有一小部分细胞能够穿透到内部区域。此外,当 ECM 支架植入时,浸润细胞或种子细胞群的存活主要依靠氧和营养物质的扩散,直到支撑血管网络形成。因此,作者假设 3D 打印的脂肪组织结构具有完整的 ECM 材料和工程孔隙率,通过允许组织浸润和支持目标部位的组织重塑,将为细胞的均匀分布和长期生存提供一个合适的环境。为了成功地再生脂肪组织,选择合适的细胞来源至关重要。脂肪的干细胞(ASCs)似乎是一种有希望的脂肪组织工程来源,由于其自然承诺和分化的潜力,向脂肪形成的谱系。

2015 年,F. Pati 等人设计了一种利用脱细胞脂肪组织(DAT)基质生物墨水封装人类脂肪组织来源的间充质干细胞打印脂肪组织的仿生方法。使用 DAT 生物墨水设计和打印了具有工程孔隙的精确定义和灵活的圆顶状结构,可促进细胞存活率超过 2 周,并诱导标准成脂基因的表达,不需要任何补充的成脂因子。与未打印的 DAT 凝胶相比,打印的 DAT 凝胶表达更强烈的成脂基因。为了评估打印的组织结构对脂肪组织再生的效果,将它们皮下植入小鼠。该构建物不会诱导慢性炎症或细胞毒性移植,但支持阳性组织浸润、建设性组织重塑和脂肪组织形成,直接打印空间按需定制组织类似物是一种很有前途的软组织再生方法。

脂肪组织构建物的生成包括几个步骤,包括脂肪组织去细胞化、DAT 凝胶的制备、细胞封装、打印 3D 构建物,以及凝胶培养(图 6.41)。在获取脂肪组织后,利用物理和化学过程的结合来脱细胞,苏木精和伊红(H&E)染色和DAPI染色的免疫组化分析(图6.42)证实脱细胞过程除去了DAT中的所有细胞成分,包括处理后组织的最深层。DNA定量证实脱细胞后dsDNA大幅减少,DAT中仅剩下(2.9±1.5)%的DNA。免疫染色评价证实了在DAT中存在Ⅳ型胶原。Ⅳ型胶原是基底膜的重要组成部分,可能进一步促进组织性重塑。此外,SDS-PAGE分析显示,使用的DAT中存在各种蛋白质或多肽。DAT是Ⅰ~Ⅵ型胶原、层粘连蛋白、纤维连接蛋白和许多其他生物活性分子的丰富来源。因此,通过使用DAT生物墨水制备组织打印结构,有望获得ECM在组织再生方面的优势。打印脂肪组织结构的一个重要要求是发展DAT生物墨水适合挤出通过沉积喷嘴在丝的形式和随后的凝胶在生理温度下,便于保留生成的3D结构。用胃蛋白酶在酸性溶液中溶解DAT,得到了适于打印的高浓度DAT溶液。在保持温度的情况下($T<15\ ℃$),将溶解的酸性DAT溶液调整到生理pH值,经37 ℃孵育后可转化为凝胶。

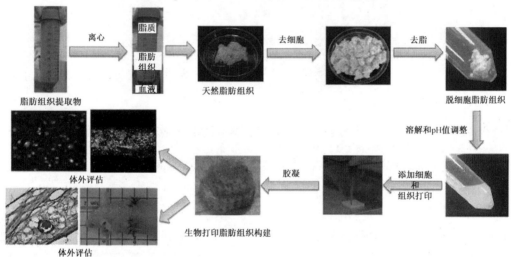

图6.41 脱细胞脂肪组织(DAT)生物制品的制备和圆顶形脂肪组织结构的打印及其体外和体内评估

打印含有hASCs的DAT结构是产生允许细胞均匀分布的有功能脂肪组织的必要过程,细胞在脂肪组织中可以三维连接。为了制造具有聚己内酯(PCL)框架的三维圆顶开放式多孔DAT结构,作者使用了一种内部开发的3D打印系统——多组织/器官构建系统(MtoBS),如图6.42所示。MtoBS可以在特定位置定位聚合物、水凝胶或它们的组合物。为了打印组织结构,首先沉积一层PCL框架,然后将DAT预凝胶置于PCL线之间的每个交替间隙中,形成多孔结构,每一层都重复这个过程。pH调整的DAT预凝胶的热响应性允许在低温下打印具有精确定义但结构灵活的3D结构,在37 ℃培养期间转化为物理交联凝胶。该结构物在体外稳定,不需要化学交联。在整个培养期间,打印的凝胶在沉积位置上保持稳定,没有分离。由于目前治疗临床缺陷的要求通常是在立方厘米的顺序上,重要尺寸的工程脂肪组织构造是必不可少的。利用这种组织打印工艺,可以打印出大体积的圆顶状结构,尺寸为10 mm(直径)和5 mm(高度),用于体外和体内评估。制造圆顶状结构的目的是消除通常在立方体结构中出现的支架角处的应力集中,避免应力诱导的体内组织变性,线宽为 100 μm,以减少结构的整体刚度。通过对含有细胞的 DAT 生物墨水的适当定位,组织打印方法也可能实现对特定要求所需的各种几何形状结构的制造。打印构件的压缩模量为(122.56±20.23) kPa,比天然脂肪组织硬得多,天然脂肪的压缩模量为(19±7) kPa。这种结构体与天然组织的机械性能不匹配可能会引起并发症,影响组织再生过程。未来的研究应该进行以产生具有类似于原生组织的力学特性的打印结构,可以考虑用一种不那么硬的材料来取代 PCL 框架。

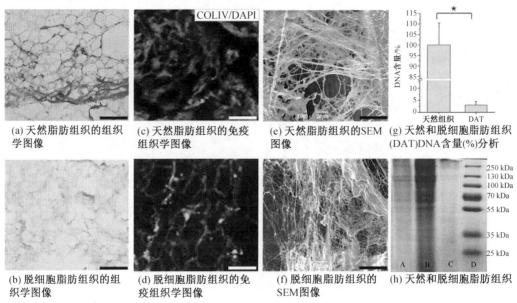

图 6.42 脱细胞过程的评估

在大量打印的结构中实现细胞的长期生存能力是一个重大挑战。为了获得理想的细胞分布和随后的组织形成,在打印出来的结构体中,特别是在结构体的中心部位,应保持长期活力。第 1 天和第 14 天,细胞活力分别为(95.25±2.34)%和(91.43±2.56)%(图 6.43)。而在中央层,第 1 天和第 14 天的细胞活力分别为(93.25±3.34)%和(84.43±2.16)%。因此,与第 1 天相比,第 14 天顶层的细胞活力维持在相近水平,中央层的细胞活力略有下降。该三维开放多孔结构可促进营养物质和氧气在被包裹的细胞内的扩散,从而实现均匀分布和细胞的长期生存。可观察到细胞与细胞之间连接的形成,这种连接模仿了体内条件,对细胞的生存和功能非常重要。

为了评估打印的 hASCs 在 DAT 包埋和在添加或不添加成脂因子的培养基中培养时的分化潜能,用 qRTPCR 分析 mRNA 表达,用免疫组化分析蛋白表达水平。高密度细胞打印是支持脂肪形成的重要步骤。成脂分化已被证明是在高密度条件下诱导的,当细胞增殖停止,细胞变成球形。构建高密度的细胞负载结构,以评估细胞成脂分化。与胶原蛋白和海藻酸盐等生物墨水包埋的细胞相比,DAT 凝胶包埋的细胞表达更多的成脂肪基因。用 DAT 打印的组织结构在不添加生成因子的情况下对诱导脂肪生成的影响,在有(诱导条件)和没有(非诱导条件)外源性脂肪生成因子的情况下培养组织打印结构,为了比较凝胶和 3D 组织打印构建物的分化水平,DAT 凝胶中嵌入的 hASCs 也作为对照培养。

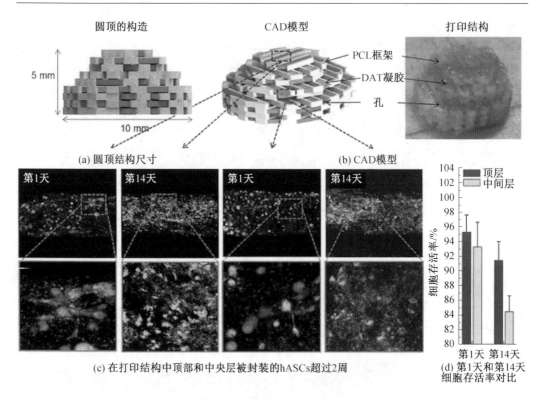

图 6.43 脱细胞脂肪组织(DAT)结构中的细胞活力

仅使用 DAT 的 3D 组织打印构造是否可以在没有任何补充因子的情况下诱导被包裹的 hACSs 的成脂分化。在诱导和非诱导条件下，在组织打印构建物中均观察到主成脂调节因子 PPARγ 和 CEBPα 的表达显著增加，以及早期成脂标记 LPL 的增加(图 6.44)。组织打印构建物中成脂肪基因的表达随时间增加，这一趋势与分化的进展是一致的，证明了结构的脂肪传导性质。此外，在非诱导条件下，组织打印构建物中脂肪生成标记的表达表明，打印的构建物具有脂肪诱导的数据。添加外源性成脂因子后，基因表达水平升高。PPARγ、CEBPα 和 LPL 基因在组织打印构建物中的表达水平在所有时间点均高于 DAT 凝胶。这一差异表明，3D 构建比凝胶更好地培养嵌入细胞，可能是因为打印的 3D 开放多孔结构提供了营养和氧气到嵌入细胞的有效转移。通过使用 DAT 制造具有工程孔隙率的 3D 结构，可以进一步提高脂肪生成和功能的诱导水平。为了证实 hASCs 发生成脂分化，在诱导和非诱导条件下，用免疫细胞化学方法评估蛋白表达水平。在分化成脂肪谱系时，hASCs 表达各种脂肪组织特异性蛋白，如 PPARγ 和 IV 型胶原(COLIV)。PPARγ 和 COLIV 在用 DAT 打印的组织结构中丰富表达。诱导条件下的荧光强度高于非诱导条件下的荧光强度，且与基因表达模式一致。尽管如此，在非诱导条件下培养表达 PPARγ 和 COLIV 的组织打印构建物强调了 DAT 组织打印构建物是脂肪诱导的。

为了评估体内脂肪组织再生，选择四组结构进行对比：(1) PCL 支架；(2) PCL-DAT 混合结构；(3) 组织打印结构；(4) 可注射的 DAT 凝胶包埋细胞。由于组织打印结构是通过平行打印包覆 hASCs 的 PCL 框架和 DAT 凝胶制备的，因此选择不含任何 DAT 凝胶的 PCL 支架作为组之一。选择了成年裸鼠，以允许使用人细胞而不产生排斥反应为基础。

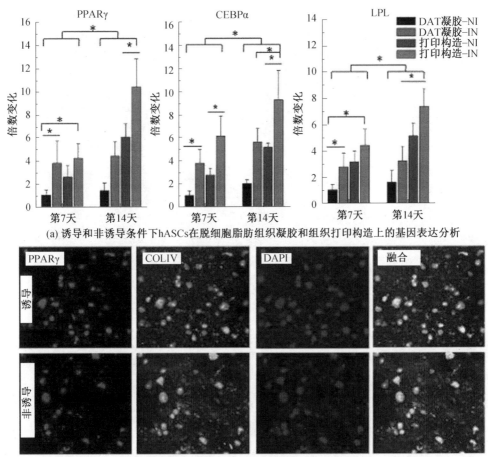

(a) 诱导和非诱导条件下hASCs在脱细胞脂肪组织凝胶和组织打印构造上的基因表达分析

(b) 在诱导和非诱导条件下组织打印共聚焦显微镜图像

图 6.44 在 DAT 结构中 hASCs 成脂分化的评价

在植入研究中,PCL 支架、混合结构和组织打印构件易于操作,并植入到小鼠模型的皮下口袋内。第一周皮肤切口愈合良好,没有任何动物出现明显的不良反应或刺激迹象。2周时,PCL 支架、混合结构和组织打印构件的形状和体积保持了它们的形状和大小。混合结构和组织打印构建体似乎都能在宿主组织中诱导强有力的血管生成反应,血管发育并表现出功能,在腔内可以看到红细胞(图 6.45)。相比之下,PCL 支架表面很少出现血管化现象。H&E 染色显示,2 周时炎症细胞浸润到混合结构和组织打印构件的边缘,但对 PCL 支架的浸润相对较少。一些巨噬细胞明显存在于杂交和组织打印结构中。这一观察提示了动态重塑的发生,归因于 DAT 通过蛋白水解降解。2 周时注射用 DAT 凝胶体积明显减少,并伴有细胞浸润,符合宿主炎症反应。所有的结构中都有胶原结构(Ⅳ型),与常驻细胞或移植细胞一起发展(图 6.44)。2 周时,在杂交结构和组织打印结构中观察到 PPARγ 阳性细胞(即脂肪细胞)的合理数量,它们的存在可能是由于干细胞在 DAT 的诱导下分化为成脂细胞系。

4 周后,与其他治疗相比,在完整的杂交结构和组织打印结构中观察到的炎症细胞浸润较少,这些结构和组织打印结构在宏观上保持了它们的体积。4 周后,在混合结构和组

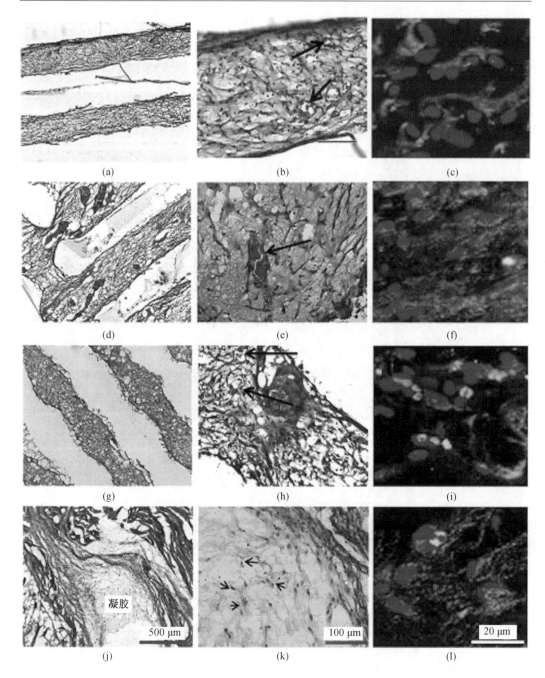

图 6.45 植入体在植入后 2 周的组织学和免疫组化图像
(a)~(c) PCL 框架;(d)~(f) 杂交结构;(g)~(i) 组织打印构造;
(j)~(l) 细胞在 2 周后加入可注射的 DAT 凝胶

织打印结构中形成了功能血管。相比之下,可注射的 DAT 凝胶的体积明显减少。因为大部分在组织重塑时被吸收了,所以导致可检测的 DAT 凝胶很小。胶原结构(Ⅳ型)随着常驻细胞或移植细胞的分布而发展。此外,在 4 周时,所有结构中都观察到大量 PPARγ 阳

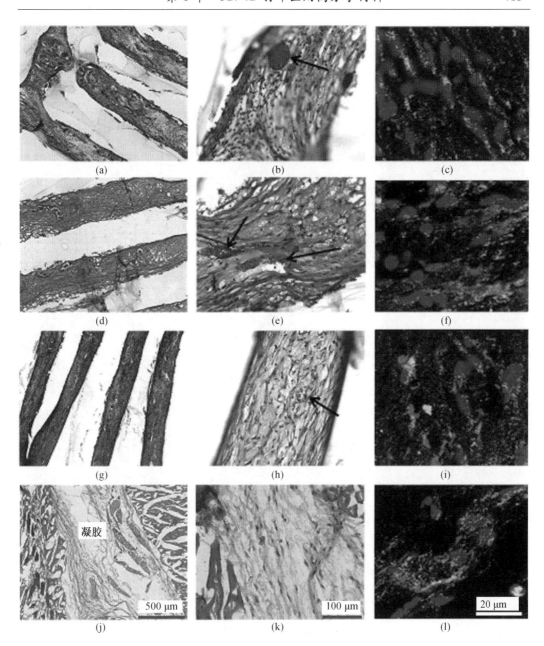

图 6.46 植入体植入后 4 周的组织学和免疫组化图像
(a)~(c) PCL 框架；(d)~(f) 杂交结构；(g)~(i) 组织打印构造；
(j)~(l) 细胞在 2 周后加入可注射的 DAT 凝胶

性细胞,特别是在杂交和组织打印结构中(图 6.46)。12 周时,组织中的胶原纤维与宿主组织中的胶原形成平行排列(图 6.47),这是组织重构的证据。到 12 周时,注射用 DAT 凝胶完全吸收。虽然注射的 DAT 凝胶可以很好地融入宿主组织,但再生组织的体积是最小的。在混合结构和组织打印结构的中心区域可以观察到相当数量的成熟脂肪细胞和功能血管。H&E 组织染色证实了混合结构和组织打印构造与宿主组织的整合,有证据表明

DAT凝胶的重塑和组织浸润。相反,PCL结构中的组织合成比其他结构更密集,可能是由于PCL结构中纤维组织的形成。所有的结构中都有组织良好的胶原结构(Ⅳ型)。此外,大多数细胞在杂交和组织打印构建物中表达PPARγ,这表明构建物中存在促进脂肪组织再生的功能性脂肪细胞。这些结果表明,PCL框架有助于维持再生脂肪组织的体积。

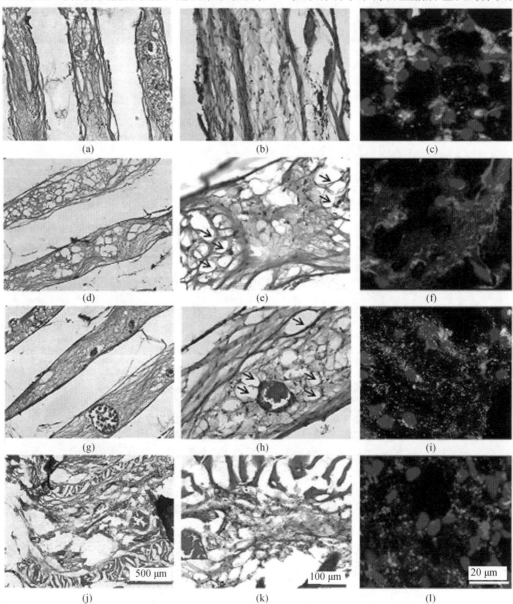

图6.47 植入体在植入后12周的组织学和免疫组化图像
(a)~(c) PCL框架;(d)~(f) 杂交结构;(g)~(i) 组织打印构造;
(j)~(l) 细胞在2周后加入可注射的DAT凝胶

组织打印与整个ECM生物墨水包围生活hASCs被用于产生圆顶形脂肪组织构造。ECM作为基质材料的主要优点是,它通过支持和鼓励植入部位的特定组织形成,而不是形成较低级和功能较差的疤痕组织,从而实现建设性重塑。将脂吸液中的 ECM 材料用于生物墨水的制备。ECMs 内残留的细胞物质在体外会引起细胞相容性问题,并且在植入受体后会引起体内免疫反应。然而,如果核物质减少到足够低的水平,脱细胞的 ECM 可以刺激建设性的组织重建而不引发任何免疫反应。采用的脱细胞过程导致 DNA 的大量减少,预计 DAT 植入受体后不会引起任何炎症反应,但将有助于诱导特定的组织再生。然而,去细胞化过程应尽量减少电解加工部件的损耗。静脉胶原蛋白是一种重要的基底膜成分,它的存在进一步确保了脱细胞过程成功地保留了 ECM 的关键成分。一个完整的基底膜在器官发生和伤口愈合中都是至关重要的,并在组织工程中特别感兴趣。虽然对天然脂肪和脱细胞脂肪组织的 SDS-PAGE 分析可以提供脱细胞前后蛋白质含量的基本对比信息,但不能提供脱细胞组织中所有蛋白质因子的详细信息。最近的一项研究使用 2D 电泳和高分辨率质谱对脱细胞修饰的人类声带黏膜支架进行蛋白质组学分析,在脱细胞修饰的支架中鉴定出大于 200 种独特的蛋白质物种。因此,这种方法制造的脱细胞组织一定含有大量的蛋白质。未来的研究应集中于通过 2D 电泳和高分辨率质谱分析脱细胞脂肪组织中的蛋白质含量,并识别脱细胞过程中是否丢失了任何结构蛋白。此外,这些技术还可以分析脱细胞的程度。

为了准备一个圆顶状的脂肪组织结构,打印 DAT 生物墨水与 PCL 框架。选择 PCL 的原因是,这种生物聚合物得到了美国食品和药物管理局(FDA)的批准,应用于包括长期植入设备和新的组织支架宿主系统。最近,FDA 批准了 PCL 夹板的使用,在紧急使用豁免下,用于治疗经支气管软化症的婴儿。此外,PCL 的热效应导致的细胞死亡不显著。PCL 框架通过防止结构崩溃而发挥重要作用,因此有望促进 data 诱导的组织重塑或修复。热塑性塑料与生物墨水的共沉积已成功地用于骨和软骨组织工程的组织移植。热塑性塑料提供坚固的结构和保持凝胶在适当的位置。这种混合技术还允许使用低黏度的生物墨水来制造精确的结构,从而提高细胞的活力和功能。然而,PCL 的硬度大于脂肪组织的硬度导致打印的组织结构与天然组织的机械性能不匹配,这可能会进一步引起并发症。应努力通过使用刚性的较低材料来代替 PCL,或在结构设计中采用合适的策略来匹配机械性能。然而,植入结构的相当刚度(高于周围组织)需要通过保持多孔结构的开放来维持质量运输来延续重塑过程,这也将维持再生组织的体积,防止结构崩溃周围宿主组织的压力,直到再生组织成熟。像 PCL 这样降解非常缓慢的生物材料的结构的维持将允许组织再生和在重塑过程中维持生物功能,而不损失种植体的体积。

组织打印技术的优点是可以很好地控制移植物的大小和形状,以及细胞的分化水平和定向。然而,营养和氧原从实体移植物内运输到细胞的限制会导致细胞死亡。为了防止细胞死亡和增加移植厚度,我们采用了不同的策略。在圆顶结构中,有可能产生具有工程孔隙的结构,允许在体外长期培养。高细胞活力(80%~90%)和活跃的细胞增殖在整个 2 周的培养期表明圆顶形的大容量打印组织结构与 DAT 凝胶促进营养和氧气的转移。生物反应器的使用可以进一步改善这些大体积组织结构中培养细胞的功能,未来的研究应以这一方向为目标,以评价生物反应器用于组织再生的培养。

强有力的证据表明,ECM 微环境可能通过受体配体相互作用和机械信号事件影响干细胞谱系的承诺和分化,这两种现象可能影响控制细胞反应的关键信号传导途径。这些细胞-细胞间相互作用的复杂性促使研究人员考虑采用组织特异性的方法来重新设计原生干细胞的生态位。近年来的研究强调了组织特异性的优势，即从组织特异性基质中具有更好功能的生成生物支架和促进复杂的组织形成。DAT 组织打印构建物支持 hASCs 的脂肪分化，甚至在没有任何柔软的脂肪形成因子的情况下，并诱导脂肪组织形成。这些发现与 ECM 干细胞并以一种组织特异性的方式维持成熟细胞群表型的发现相似。此外，通过制作三维结构，DAT 的脂肪感应电位进一步增强。

对 PCL 支架、混合结构、组织打印结构和可注射的 DAT 凝胶在裸鼠皮下模型中的体内测试得出了有趣的结果。DAT 凝胶混合打印和组织构建中诱导强烈的血管生成反应，促进更高水平的炎症细胞迁移，可能是因为蛋白水解刺激 DAT 细胞迁移或因为现行的可用性血管生成生长因子增加 DAT 的退化。宏观上看，在 12 周的研究中，注射用 DAT 凝胶的体积大大减少。然而，PCL 支架、杂化结构和组织打印构造的体积在这一时期得到了很好的保存。尽管自体移植已被广泛用于软组织重建，但移植脂肪的体积随时间的保留是一个主要问题，在最初的几个月里，20%~90% 的填充体体积丢失。同样的情况也适用于其他天然和合成生物材料的填充物。构件体积保持稳定，主要是因为 PCL 框架在组织重塑过程中保持了其结构。PCL 具有缓慢的降解速率，有助于维持植入结构的体积，并允许组织再生和在重塑过程中维持生物功能。通过保持多孔结构的开放，PCL 框架保持了质量运输，从而使重塑过程在组织打印结构内继续进行。结构的缓慢退化增强了脂肪组织的重建和体积的维持。然而，本研究中产生的组织打印结构并不是唯一能保留植入结构体积的治疗方法。随着时间的推移，基于数据的结构也能很好地整合到宿主组织中，因为在支架的中央区域可以看到功能血管，在 12 周时可以看到成熟的脂肪细胞。在植入体内形成血管化组织是体内研究的一个重要结果。作者认为 ASCs 和 DAT 在生物打印植入结构的血管化上有协同效应。作者也可以在未使用 ASCs 的杂交构建体中观察到血管组织。脱细胞组织已被观察到具有血管生成潜能。因此，在杂交和组织打印构造的情况下，DAT 有可能诱导宿主周围组织的血管生成进入移植结构。脱细胞脂肪组织已被用作细胞播种和组织工程的支架材料。细胞浸润是使这些支架细胞均匀分布的主要挑战。据报道，大于 100 mm 的孔径需要支持广泛的细胞浸润，允许氧气和营养物质的扩散，并适应体内植入后成熟脂肪细胞的扩张。为了克服这一限制，人们采用了各种各样的方法，例如制造多孔微载体或泡沫。然而，这些多孔结构的力学性能通常较低，无法维持移植后的组织再生。这项研究证明，作者的生物打印结构在本质上是坚固的，可以保持移植结构的体积，并允许组织再生。

本研究解决了目前未满足的需求，人工组织构建通常在立方体里，以治疗临床缺陷的工程生物组织（图 6.48）。生物工程软组织移植有望克服自体组织移植或合成材料的一些缺点。作者的研究在这个方向上又向前迈进了一步，目的是制造解剖相关脂肪组织替代品，以满足体内组织重建所需的组织生产需求。尽管仍处于发展的早期阶段，但这种方法最有希望为软组织再生提供长期的临床解决方案。

7. 骨组织

骨组织是人体不可缺少的组成部分，在保护内脏器官、参与人体新陈代谢方面起着关键作用。骨是一种自我再生的组织，但是自我修复的骨缺损和骨折的大小是有限的。目

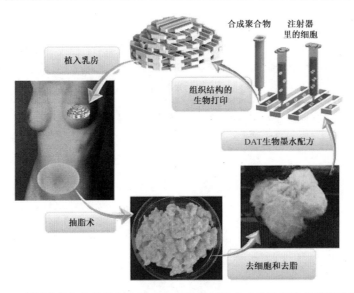

图 6.48 利用生物打印脂肪组织构建乳房肿瘤切除术或乳房切除术后的乳房重建

前,创伤、肿瘤或感染引起的大骨缺损的修复仍然困扰着临床医生。研究人员试图通过制造生物支架来模拟生物组织的结构,为新骨的形成提供良好的条件来克服这一困难。例如,使用 FDM 方法,基于羟基磷灰石/聚乳酸制成的支架具有形状恢复性能,在压缩下呈现临时形状,在加热后能够恢复其初始形状。当温度大于玻璃化转变温度时,由于聚合物链迁移率的改变,支架恢复了原来的形状,并转变为具有更高熵的热力学有利构型。基于这一特点,手术创伤、愈合时间、患者痛苦减少,医疗服务得到改善。

组织工程支架结构与功能的整合对于模拟天然骨组织具有重要意义。然而,层次结构的复杂性、对力学性能的要求以及骨驻留细胞的多样性是构建仿生骨组织工程支架的主要挑战。2020 年,M. Zhang 等人通过基于数字激光处理(DLP)的 3D 打印技术成功制备了具有完整多级结构的哈弗斯骨结构仿制支架。通过改变仿哈弗斯骨结构的参数,可以很好地控制支架的抗压强度和孔隙率。哈弗斯仿骨支架在体外可诱导成骨、血管生成和神经分化,并可在体内加速血管生长和新骨形成。这项研究为通过模拟天然复杂骨组织来实现组织再生,设计具有结构和功能的生物材料提供了新的策略。

由皮质骨结构(包含哈弗斯管和沃克曼管)和松质骨结构组成的哈弗斯仿骨结构,可以通过定制设计轻松控制。由松质骨结构运输骨髓间充质干细胞 MSCs 和由哈弗斯管运输内皮细胞 ECs/血旺细胞 SCs 的多细胞运输系统代表了一种简单但通用的设计。在体内和体外,基于哈弗斯仿骨支架的多细胞传递系统与单细胞传递系统相比具有显著的成骨和血管生成效果。基于此,提出了基于三维结构的共培养平台的概念,并开发了一种基于哈弗斯仿骨支架的多细胞传递系统,将成骨细胞和血管生成/神经生成细胞分布在特定位置,用于活性骨组织工程。

为了复制骨结构并重建细胞成分,研究人员制作了带有哈弗斯管、沃克曼管和松质骨结构的哈弗斯仿骨支架,用于交付成骨和血管生成细胞(图 6.49)。阿氏体生物陶瓷材料因其具有良好的骨传导性和骨诱导能力而被广泛使用。采用基于 DLP 的 3D 打印技术成功制备了 5 种不同数量和直径的哈弗斯管仿骨支架(图 6.50)。哈弗斯管为位于支架外

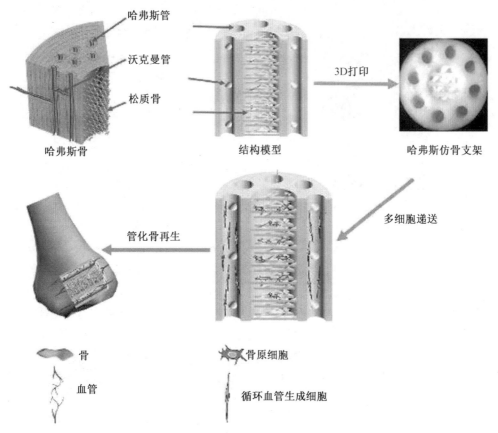

图 6.49 3D 打印与哈弗斯管、沃克曼管和松质骨结构相结合的用于输送成骨和血管生成细胞哈弗斯仿骨支架

周的管状导管,与垂直方向成 20°。哈弗斯管直径可改变为 0.8 mm、1.2 mm 和 1.6 mm。沃克曼管为水平方向与哈弗斯管相连接的环形管。沃克曼管直径设置为 0.8 mm,根据打印分辨率和后处理进行优化。由于哈弗斯管相互连通,用直径 1.6 mm 的一条哈弗斯管代替常规的细胞播种。在支架中部圆柱形孔内设计松质骨网状结构。将同一水平面上的 3 个长方体进行复制,并在垂直方向上以 45°旋转得到网格。将相互连接的哈弗斯管从松质骨结构中分离出来,进行非接触细胞共培养。此外,支架的外周和底部被密封,这样支架就可以用来固定种子细胞。从微观角度看,生物陶瓷支架烧结效果良好,提高了支架的力学性能。松质骨和皮质骨结构表面粗糙度分别为 (12.52 ± 9.17) μm 和 (18.90 ± 17.86) μm。因此,利用基于 DLP 的 3D 打印技术可成功制备具有多种形态的哈弗斯仿骨支架。

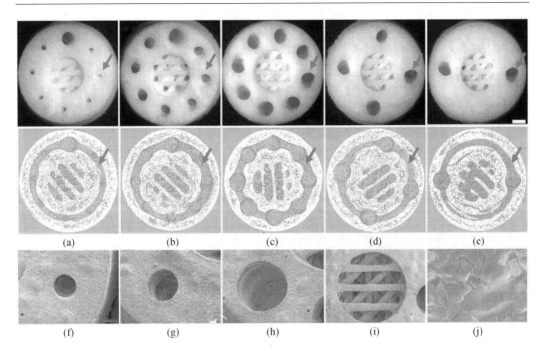

图 6.50 具有皮质骨和松质骨结构的哈弗斯管仿骨生物陶瓷支架的 3D 打印(比例尺:1 mm)
(a)~(e) 光学显微镜图像显示了不同直径(D)和数量(N)的哈弗斯管;(f)~(j) 扫描电镜图像显示了支架的微观结构

为研究支架形态、力学性能和孔隙率之间的关系,设计直径为 10 mm、高度为 11 mm 的支架,分别设置不同数量、不同直径的哈弗斯管和不同数量的沃克曼管。为了探讨哈弗斯管数量对支架力学性能和孔隙率的影响,将支架的哈弗斯管数量分别设计为 2、4 和 8 (图 6.51)。随着哈弗斯管数量的增加,支架的抗压强度降低,支架的孔隙率增加。制备不同直径的哈弗斯管支架,进一步考察其孔隙率和强度。哈弗斯管数量为 8 个组的哈弗斯管直径分别为 0.8、1.2 和 1.6 mm。随着哈弗斯管直径的增大,抗压强度先增强后减小,孔隙率增大,将沃克曼管数目改为 0、1、2、3。随着沃克曼管数量的增加,支架的抗压强度降低,孔隙率增加,表明径向通道对轴向载荷没有贡献。压缩模量也随着沃克曼管数量的增加而降低。为了研究支架的抗弯强度,设计了直径为 10 mm、高度为 25 mm 的支架。支架的抗弯强度随着哈弗斯管数量的增加、哈弗斯管直径的增加和沃克曼管数量的减少而增加。通过调节哈弗斯管数量、哈弗斯管直径和沃克曼管数量,可以很好地控制支架抗压强度 9.67~26.72 MPa、抗弯强度 15.21~21.12 MPa、孔隙率 22.0%~40.3%。

由于患者、年龄和疾病的骨骼结构和强度不同,有必要准备强度可控的哈弗斯仿骨支架。长骨的强度取决于皮质骨,皮质骨的孔隙率是骨质量的一个重要特征。改变皮质骨结构的参数,并通过改变哈弗斯仿骨结构的参数,可以精确地调节哈弗斯仿骨支架的抗压强度和孔隙率;一方面,增加哈弗斯管和沃克曼管的数量分别增加了纵向和横向的通道数量,哈弗斯管直径的增加也增加了通道的体积;另一方面,哈弗斯管可以分散压应力和弯曲应力,从而防止由于局部断裂而导致的过早破坏。这些参数的改变有助于孔隙率的调节,从而导致抗压强度和抗弯强度的改变。通过控制的数量获得哈弗斯管的直径和数量

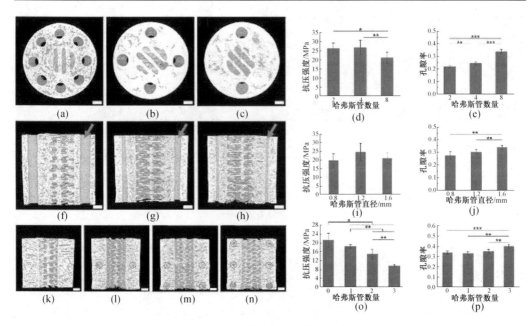

图 6.51　哈弗斯仿骨支架的表征

(a)~(c) 不同数量哈弗斯管支架的显微 CT 图像；(d) 不同哈弗斯管数量脚手架的抗压强度；(e) 不同数量哈弗斯管支架的孔隙率；(f)~(h) 箭头表示不同直径哈弗斯管的支架的显微 CT 图像；(i) 不同直径哈弗斯管支架的抗压强度；(j) 不同直径哈弗斯管支架的孔隙率；(k)~(n) 圆圈表示不同数量沃克曼管的支架的显微 CT 图像；(o) 不同数量沃克曼管支架的抗压强度；(p) 不同数量的沃克曼管支架的孔隙率

在一系列的 9.67~26.72 MPa 抗压强度和抗弯强度的 15.21~21.12 MPa 范围，为支架根据不同患者的需求的优化设计提供了指导。传统的二维共培养系统无法复制体内的三维环境，因此发展了多种三维共培养方法。Transwell 方法提供了一个简单的模型，以非接触方式培养不同类型的细胞供常规使用，微流控装置或支架实现了对细胞分布和数量的精确控制。然而，这些系统并不适合植入骨组织。组织工程支架为细胞共培养提供了三维环境，满足了细胞机械强度的要求。例如，在基于支架的 HBMSC-HUVEC 共培养系统中，共培养的细胞混合在支架上。然而，混合不同类型细胞的共培养方法不能控制不同细胞的空间分布。此外，很难确定共培养细胞是通过直接接触还是旁分泌作用相互作用。成功构建了基于哈弗斯仿骨支架的非接触共培养系统，实现了多细胞空间分布，模拟了天然骨和组织细胞。

利用支架的分层结构，作者成功构建了基于仿哈弗斯仿骨支架的 HBMSC-HUVEC 共培养系统，其中 HBMSCs 生长在支架的松质结构中，HUVEC 生长在哈弗斯管中。无论支架的数量和直径如何，共培养细胞在第 1、3、7、14 天均表现出正常的细胞形态和较高的增殖率。HBMSC-HUVEC 接触共培养细胞在 TCP 支架上的增殖与 HBMSCs 与 HUVECs 的比例和增殖率成正比。此外，HBMSCs 具有较高的增殖率，可能抑制 HUVECs 的扩张。MSC-EC 接触共培养也能抑制 ECs 的增殖。然而，研究结果表明，哈弗斯仿骨支架为细胞分布和增殖提供了更合适的 3D 结构。综上，作者通过基于 DLP 的 3D 打印技术成功制备了具有哈弗斯管、沃克曼管和松质骨结构的哈弗斯仿骨支架。哈弗斯仿骨支架通过根据定制设计改变结构参数,表现出可调节的力学性能和孔隙率。此外,哈弗斯仿骨支架可有效输送成骨细胞、血管生成细胞和神经生成细胞,这些细胞在体内和体外均表现出良好的成骨和血管生成。为组织再生的生物材料的设计提供了一种仿生策略。

参 考 文 献

[1] MIAO S, ZHU W, CASTRO N J, et al. 4D printing smart biomedical scaffolds with novel soybean oil epoxidized acrylate[J]. Scientific Reports, 2016, 6: 27226.

[2] HENDRIKSON W J, ROUWKEMA J, CLEMENTI F, et al. Towards 4D printed scaffolds for tissue engineering: exploiting 3D shape memory polymers to deliver time-controlled stimulus on cultured cells[J]. Biofabrication, 2017, 9(3): 031001.

[3] CEYLAN H, YASA I C, YASA O, et al. 3D-printed biodegradable microswimmer for theranostic cargo delivery and release[J]. ACS Nano, 2019, 13(3): 3353-3362.

[4] SCHROEDER A, HELLER D A, WINSLOW M M, et al. Treating metastatic cancer with nanotechnology[J]. Nature Reviews Cancer, 2012, 12(1): 39-50.

[5] GRISET A P, WALPOLE J, LIU R, et al. Expansile nanoparticles: synthesis, characterization, and in vivo efficacy of an acid-responsive polymeric drug delivery system[J]. Journal of the American Chemical Society, 2009, 131(7): 2469-2471.

[6] HAN D, MORDE R S, MARIANI S, et al. 4D printing of a bioinspired microneedle array with backward-facing barbs for enhanced tissue adhesion[J]. Advanced Functional Materials, 2020, 30(11): 1909197.

[7] KWIECIEN J M, JAROSZ B, OAKDEN W, et al. An in vivo model of anti-inflammatory activity of subdural dexamethasone following the spinal cord injury[J]. Neurologia i Neurochirurgia Polska, 2016, 50(1): 7-15.

[8] ATOUFI Z, ZARRINTAJ P, MOTLAGH G H, et al. A novel bio electro active alginate-aniline tetramer/agarose scaffold for tissue engineering: synthesis, characterization, drug release and cell culture study[J]. Journal of Biomaterials Science, Polymer Edition, 2017, 28(15): 1617-1638.

[9] MIAO S, CUI H, NOWICKI M, et al. Stereolithographic 4D bioprinting of multiresponsive architectures for neural engineering[J]. Adv Biosyst, 2018, 2(9): 1800101.

[10] WEI H, ZHANG Q, YAO Y, et al. Direct-write fabrication of 4D active shape-changing structures based on a shape memory polymer and its nanocomposite[J]. ACS Appl Mater Interfaces, 2017, 9(1): 876-883.

[11] CABRERA M S, SANDERS B, GOOR O, et al. Computationally designed 3D printed self-expandable polymer stents with biodegradation capacity for minimally invasive heart valve implantation: A proof-of-concept study [J]. 3D Printing and Additive Manufacturing, 2017, 4(1): 19-29.

[12] PEDRON S, VAN LIEROP S, HORSTMAN P, et al. Stimuli responsive delivery vehicles for cardiac microtissue transplantation[J]. Advanced Functional Materials, 2011, 21(9): 1624-1630.

[13] GE Q, CHEN Z, CHENG J, et al. 3D printing of highly stretchable hydrogel with diverse UV curable polymers[J]. Sci Adv, 2021, 7(2): 4261.

[14] ZAREK M, MANSOUR N, SHAPIRA S, et al. 4D printing of shape memory-based personalized endoluminal medical devices[J]. Macromol Rapid Commun, 2017, 38(2): 1600628.

[15] MORRISON R J, HOLLISTER S J, NIEDNER M F, et al. Mitigation of tracheobronchomalacia with 3D-printed personalized medical devices in pediatric patients[J]. Science Translational Medicine, 2015, 7(285): 285.

[16] LI J, LONG Y, YANG F, et al. Multifunctional artificial artery from direct 3D printing with built-in ferroelectricity and tissue-matching modulus for real-time sensing and occlusion monitoring[J]. Advanced Functional Materials, 2020, 30(39): 2002868.

[17] LEE V, SINGH G, TRASATTI J P, et al. Design and fabrication of human skin by three-dimensional bioprinting[J]. Tissue Eng Part C Methods, 2014, 20(6): 473-484.

[18] PATI F, HA D H, JANG J, et al. Biomimetic 3D tissue printing for soft tissue regeneration[J]. Biomaterials, 2015, 62: 164-175.

[19] ZHANG M, LIN R, WANG X, et al. 3D printing of Haversian bone-mimicking scaffolds for multicellular delivery in bone regeneration[J]. Sci Adv, 2020, 6(12): 6725.

第 7 章 3D/4D 打印自愈合高分子材料

7.1 自愈合高分子材料概述

7.1.1 自愈合高分子材料简介

高分子材料和高分子复合材料因其成本效益和可获得性在全球得到了广泛的应用，1981 年 D. J. Lloyd 等人提出了自愈合修复材料的概念，即利用材料自身的感知能力，通过对材料中的裂纹产生有效的感应，继而使得材料裂纹得到修复以达到延长材料寿命的目的。传统的自愈合高分子材料通常采用将愈合剂嵌入高分子材料基质中，当高分子材料遇到冲击破裂时，嵌入的愈合剂就会"流出"以修复破损的裂缝。经过数年的发展，目前材料主要通过光、加热、电磁、穿刺等因素触发后产生的单体聚合可逆反应来实现聚合物愈合的实际效果。在理论计算中使用愈合率 R 来表示愈合效果，R 值越大代表愈合效果越好。自愈合高分子材料领域在实际中的应用非常广泛，采用传统的手段将高分子材料中添加增强纤维或其他材料可以大大提高聚合物材料的机械性能，但是这种材料的显著缺点就是抗冲击性差，很容易受到破坏，使用含有愈合剂的增强填料不仅可以增加系统所需要的强度，还可以通过预埋在材料中的修复材料对材料的损伤进行修复。

凝胶是应用广泛且具有代表性的软材料。然而，传统凝胶很容易在应力作用下形成裂纹，这些裂纹的扩展可能会影响凝胶网络结构的完整性，导致功能丧失并缩短凝胶的使用寿命。为了应对这一挑战，能够在损伤后恢复其功能和结构的自愈合凝胶已经成为新型"智能"软材料。Yong Mei Chen 等人概述了目前基于原发性动态化学概念合成自愈合凝胶的策略，介绍了自愈合凝胶的表征方法并分析了影响自愈合特性的关键因素。Yong Mei Chen 还列举了自愈合凝胶的新兴应用，重点是它们在工业中的使用（涂料、密封剂）和生物医学（组织黏合剂、药物或细胞输送剂）方面的应用。正如劳埃德在 1927 年所写的那样，凝胶的胶体状态"是一种容易识别而不易定义的状态"，到目前为止，还没有一个能满足所有的科学需要的定义。从根本上说，凝胶具有至少两种成分的存在，它们共同构成了固定更大液体体积的三维(3D)固体支架。三维网络可以由小分子或大分子形成，网络被大量的流体成分相互渗透，网络和流体之间不存在明显的边界。由于存在宏观尺寸的连续固体结构，凝胶表现出固体的力学性能，并在其自身质量的压力下保持其形式。凝胶分为几种类型，水凝胶是一种特殊的溶胶，它的溶胀剂是水。具有疏水聚合物网络的凝胶被有机溶液膨胀，称为有机凝胶。智能凝胶能够响应外部刺激，如温度、电场、磁场和光。此外,具有优异力学性能的水凝胶也得到了发展。这些独特和可调的特性导致了它们在不同领域的应用,如传感器、驱动器、细胞/药物传递系统、组织工程和再生医学。尽管聚合物凝胶具有优越的性能,但当其在宏观或微观尺度上被裂纹破坏时,其理想的性能往往会恶化甚至丢失。这些裂纹的进一步扩展可能会影响网络结构的完整性和凝胶的力学性能,从而限制其寿命。为了打破这些局限性,人们开发了具有自愈或自修复特性可以在损伤后恢复其功能和结构的新型智能凝胶。例如一种能在低 pH 值下通过氢键自愈的水凝胶已被用作充满腐蚀性酸的容器的密封剂。由于这种特性,自愈合水凝胶还能够治疗胃穿孔,避免胃酸泄漏,因此其作为组织黏合剂具有很大的潜力。由于其具有巨大的潜力,许多基于结构动态化学的概念的制备自愈合凝胶的方法被开发出来。所谓动态化学(Chemical Dynamics,以下简称 CDC)包括动态共价化学和非共价化学。CDC 的主要特点是"动态的"和"可逆的",即动态键有助于动态聚合物网络的制备。动态聚合物网络的一个特征是它们的自愈性,能够发生动态/可逆的键断裂-重组反应。自愈凝胶在损伤后可以融合成原来的形状,进而恢复原来的性能(图 7.1),由于愈合过程是可逆的,基于 CDC 概念的自愈凝胶可以循环多个愈合周期。

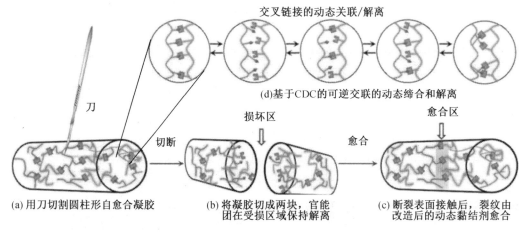

图 7.1　基于 CDC 的自愈合凝胶的自愈机理示意图

郑文慧等人以硫辛酸(TA)、三氯化铁($FeCl_3$)和三氧化铁(Fe_3O_4)为原料,成功合成了一种超快自愈合磁性凝胶,这种磁性凝胶在室温下无须外界刺激即可获得较快的愈合速度和较高的愈合效率。磁性凝胶在高温下经历相变,在室温下恢复成型,从而表现出循环成型特性。

磁性凝胶自愈合的原理如图 7.2 所示。在 TA 体系中加入质量分数 20.0% 的 DIB 对端基进行逆硫化淬火,解决了亚稳问题。引入 Fe(Ⅲ)离子后形成稳定的络合中心,与羧酸形成配位键,形成坚固的配位键以代替薄弱的配位键(图 7.2)。

磁性凝胶是一类很有前途的功能性凝胶。拉曼光谱可用于揭示凝胶的结构特征,当凝胶被切断时,所有的键都会断裂,在断裂处重新相互接触后,凝胶各部分之间的动态离子相互作用使 Fe^{3+} 从一部分迁移到另一部分,S—S 键接触也可以重新连接,从而促使凝

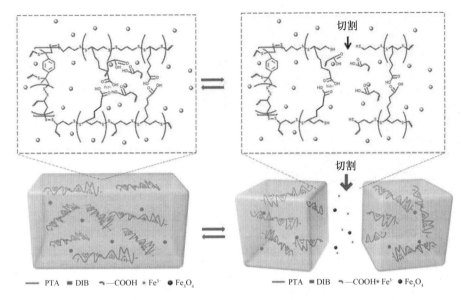

图 7.2　一种愈合速度快的磁性凝胶的结构

胶的愈合。为了量化 TA 凝胶的磁性行为和纳米粒子的分散性,测量了含有一系列不同量的 Fe_3O_4 纳米粒子质量分数样品的典型磁滞回线。如图 7.3(a)所示,凝胶的最大饱和磁化强度为 0.68 emu/g,矫顽力和剩磁强度分别为 8.74 G 和 12.49 emu/g。一般来说,磁性粒子的分散性对凝胶横截面的有效接触面积有明显的影响,直接影响凝胶的愈合。凝胶的 SEM 图像如图 7.3(b)所示,当磁性粒子的质量分数达到 6.6% 时,出现聚集现象,这种聚集会对愈合产生负面的影响。然而,从图 7.3(c)、(d)中可以看出质量分数 3.3% Fe_3O_4 和质量分数 1.6% Fe_3O_4 的凝胶表面几乎没有颗粒团聚,因此在凝胶中加入质量分数 3.3% Fe_3O_4 以探究磁性凝胶的愈合性能,结果表明含质量分数 3.3% Fe_3O_4 的磁性凝胶的最大饱和磁化强度为 0.27 emu/g。

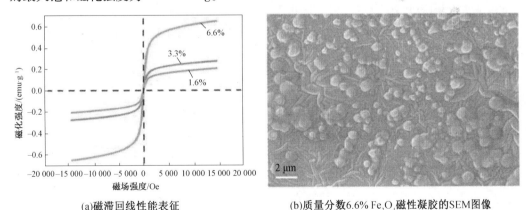

(a) 磁滞回线性能表征　　(b) 质量分数 6.6% Fe_3O_4 磁性凝胶的 SEM 图像

图 7.3　磁性凝胶愈合性能表征

(c) 质量分数3.3% Fe_3O_4 磁性凝胶的SEM图像　　(d) 质量分数1.6% Fe_3O_4 磁性凝胶的SEM图像

续图 7.3

快速愈合是磁性凝胶最具挑战性的特性之一,Fe(Ⅲ)和羧酸的配位对这些愈合特性至关重要。对 3 种不同用量的 $FeCl_3$(与 TA 的摩尔比分别为 1/20、1/10、1/5)的自愈合行为、力学性能与 $FeCl_3$ 浓度的关系进行对比。首先切割凝胶,然后分别接触 5 min、10 min 和 15 min,得到接触式 TA 磁凝胶的应力-应变曲线如图 7.4(c)所示。当 $FeCl_3$ 与 TA 的摩尔比为 1/10(10 min)时,其愈合曲线与原材料基本一致,反映了该比例下良好的愈合能力。但当 $FeCl_3$ 的摩尔比为 1/20 或 1/5 时,固化 10 min 后的测试曲线与原始凝胶有明显差异。$FeCl_3$ 摩尔分数为 1/20、1/10、1/5 凝胶,其平均初应力分别为(96.64±2.54) kPa、(60.19±3.02) kPa、(57.99±2.64) kPa,愈合 10 min 后的愈合应力分别为(82.80±2.55) kPa、(60.54±2.50) kPa、(22.73±2.53) kPa(图 7.4(a))。显然,$FeCl_3$ 摩尔比为 1/10 的凝胶在 10 min 内的平均愈合效率约为 100%。如果 $FeCl_3$ 的摩尔比大于 1∶10,则更多的铁离子和羧基的络合点会导致化学链移动困难,降低愈合性能。当比例低于 1∶10 时,会出现较少的络合点,降低凝胶愈合的驱动力。随着 Fe(Ⅲ)浓度的增加,凝胶的拉伸断裂应力降低(分别为(96.64±2.54) kPa、(60.19±3.02) kPa 和(57.99±2.64) kPa)。凝胶机械强度下降的原因可能是 Fe(Ⅲ)离子和羧基的不饱和络合作用。

弯曲和扭转变形下愈合的凝胶,宏观的自愈合性能如图 7.4(b)所示。当磁性凝胶被切成两块并立即接触时,愈合的凝胶只需 1 min 就可以扭曲和弯曲(图 7.4(b)(Ⅰ))。在愈合 10 min 后,磁性凝胶可以手动拉伸到 600%的超高应变而不会断裂,这表明该凝胶具有优异的愈合性能(图 7.4(b)(Ⅱ))。图 7.4(c)展示了 Fe_3O_4 质量分数分别为 3.3%、0%的 TA 凝胶的力学性能曲线,当应变为 481%(质量分数 0% Fe_3O_4)时,原始应力最大值为 37.62 kPa。含质量分数 3.3% Fe_3O_4 的磁性凝胶的拉伸断裂应力为 60.19 kPa,与非磁性凝胶的拉伸断裂应力有显著差异。显然,加入 Fe_3O_4 后,凝胶的拉伸断裂应力明显提高。放在一起进行对比的实验,形成一条组合的凝胶条,联合凝胶可以手动拉伸以确定其自愈合能力。愈合 120 s 后,98%的凝胶破裂位置发生在非磁性凝胶上,2%的破裂位置发生在愈合界面上。实践证明,掺入适量的纳米 Fe_3O_4 将提高凝胶的机械强度,不影响凝胶的愈合性能(图 7.4(d)),与非磁性凝胶类似,磁性凝胶具有大约 100%的愈合效率。

原位自愈可以定义为两个新段的接触,而非原位自愈定义为两个非新段的接触,对原位和非原位愈合凝胶进行不同愈合时间下的拉伸试验,以探究凝胶的愈合机制。将愈合

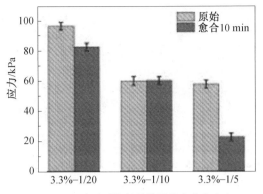

(a) 不同FeCl₃含量磁性凝胶的原始应力和愈合应力直方图

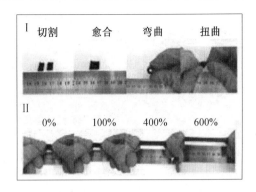

(b) (Ⅰ) 愈合的凝胶经历弯曲和扭曲变形的光学图像；
(Ⅱ) 愈合的水凝胶的拉伸

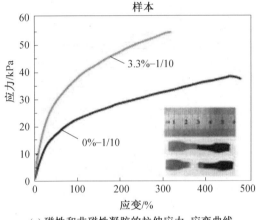

(c) 磁性和非磁性凝胶的拉伸应力-应变曲线

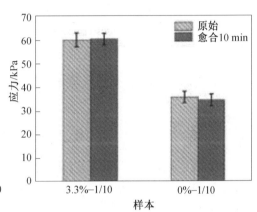

(d) 磁性和非磁性凝胶的原始应力和愈合应力的直方图

图 7.4　磁性凝胶愈合能力、力学性能与 $FeCl_3$ 质量分数的关系

凝胶样品从中部切开（图 7.5(a)(Ⅰ)），将切开的愈合凝胶样品进行原位愈合，在 1 min 后可以延长，不易破裂（图 7.5(a)(Ⅱ)）。非原位愈合凝胶（接触 1 h 后）没有愈合性能，在拉伸下很容易破裂（图 7.5(a)(Ⅲ)）。图 7.5(b) 显示了原位自愈和非原位自愈在愈合效率（10 min 恢复时间）的差异。原位自愈 10 min 后，凝胶的断裂伸长率为 437.10%，断裂拉应力为 (62.33±4.03) kPa（图 7.5(c)）；非原位自愈 10 min 后，凝胶的最大应变为 36.41%，断裂应力为 (25.57±3.47) kPa。原位自愈凝胶的抗拉强度是非原位自愈凝胶的 2.44 倍。此外，初始凝胶强度为 (61.99±3.85) kPa，原位愈合具有良好的愈合效率（约 100%），而非原位愈合效率仅为 41.25%。对于新鲜截面，界面黏性基团、Fe(Ⅲ)-羧酸配位键和不饱和氢键通过非共价相互作用形成新的连接点，并通过二硫动态共价键的重新连接迅速形成较强的界面。对于老化的部分（图 7.5(d)），在自愈合过程中起关键作用的"黏性键"或"未结合的化学键"的数量减少。

在非原位愈合中，非共价修复过程的加速受阻，共价交换反应需要重新连接新断裂的二硫键，导致愈合效率降低。实验表明，磁性凝胶具有智能自愈特性，可优先就地修复。

旋转流变仪测量，以测试频率扫描、应变扫描和温度扫描可将磁性凝胶的结构位置与

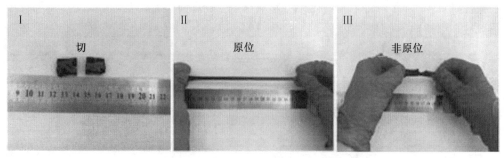

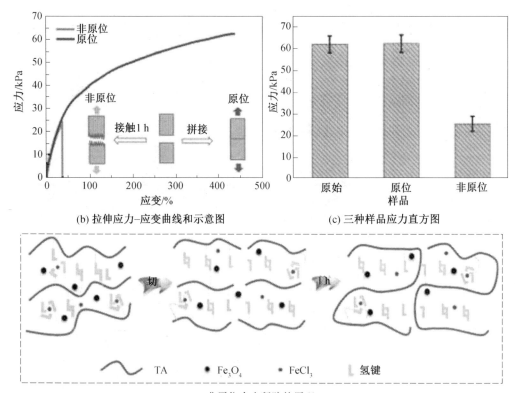

图 7.5 磁性凝胶自愈合智能性测试

快速自愈特性相关联,如图 7.6(a)是在 0.5~100 Hz 范围内的频率(f)扫描实验。动态交联凝胶的模量与频率有关,永久交联凝胶的模量与频率无关。随着频率的增加,G' 和 G'' 之间的差异逐渐减小,证明了凝胶的动态交联。为了确定在高应变下网络失效后磁性凝胶的力学性能的恢复,图 7.6(b)显示了凝胶在连续应变扫描、低(0.5%)和高(300%)交替振荡激励下的 G' 和 G''。当磁性凝胶经历 200 s 的大振幅振荡剪切($g = 300\%$,$f = 0.5$ Hz)时,G' 值降低,表明网络疏松($\tan\delta \equiv G''/G' \approx 0.19$)。在减小振幅($g = 0.5\%$,$f = 0.5$ Hz)时,G' 迅速恢复到原始值,磁凝胶恢复到初始状态($\tan\delta \equiv G''/G' \approx 0.19$),表明凝胶内部网络恢复迅速,证实了动态凝胶的自愈特性。图 7.6(c)显示,在 25~65 ℃ 范围内,G' 的值始终大于 G''。随着温度的升高($T \geq 65$ ℃),储能模量降低,凝胶变得更软。

储能模量和损耗模量相似,反应体系为半固态。改变温度可以反映化学键可逆性的宏观表现。在 90 ℃时,二硫键的不稳定导致网络的不稳定性,使固体凝胶发生相变。当温度较低(25 ℃)时,形成凝胶网络,可以稳定保持形状。凝胶可以被模制成许多几何形状(图 7.6(d))还可以多次重复使用,以实现循环利用和节约资源。研究人员引入了一种新的"构件"概念。这些"积木"可以用来在磁性条件下构建平面或三维形状,然后愈合成一个整体结构。通过注射器将液体凝胶挤入硅油中,制成不同大小的凝胶珠,这些凝胶微珠可以构建成任何形状。图 7.6(e)示出了磁性凝胶微珠和非磁性微珠在没有外力的情况下顺序排列,120 s 后,凝胶的微珠串在磁铁的作用下被拾起并移动,这种现象不仅反映了凝胶的愈合,也表明了凝胶在磁场作用下的可控性。在磁场下凝胶颗粒可以很容易地被塑造成规定图案。将固定的圆形磁体放置在表面皿下,这些磁性凝胶颗粒可以自动形成与磁体相同的图案,磁化 5 min 后移除磁体,凝胶颗粒形成的图案仍可以保持。

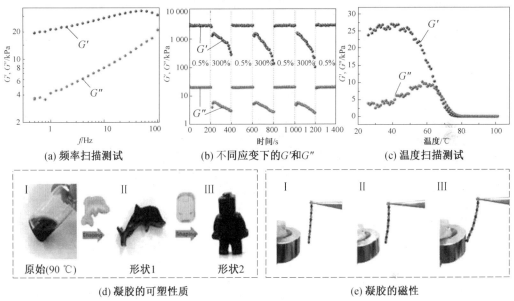

图 7.6　磁性凝胶的结构位置与快速自愈特性的实验

7.1.2　自愈合高分子材料测试方法

无论是物理自愈合凝胶还是化学自愈合凝胶,凝胶网络的动态平衡都是通过物理相互作用或化学键的解离和重组来实现的。这意味着聚合物链的官能团必须以允许凝胶受损区域的物理相互作用或化学反应的形式存在于凝胶网络中。自愈合凝胶系统具有两个重要特征。首先,在损伤后它们可以在裂缝区域或其周围产生一种"流动相",填充和桥接受损区域以自愈合,这需要凝胶具有良好的流动性来产生"流动相"。与聚合物相比,水凝胶网络由于所含的溶剂有助于在裂缝周围形成"流动相",使其在实现自愈合性能方面具有独特的优势。其次,自愈凝胶是自主或者非自主自愈取决于它们是否需要额外的外部能量干预(例如热、光、pH 或催化剂的触发)来恢复其原始结构和性质。评估受损凝胶的愈合能力更侧重于凝胶形态和机械性能的恢复。以下介绍几种表达凝胶自愈后情况的手段。

数字监控(例如,使用数码相机)是在宏观水平上监视两片刀切凝胶的重新连接和融合的常规方法,通过使用光学显微镜和扫描电子显微镜(SEM)仔细跟踪凝胶表面缺口的闭合情况,可以显著提高空间分辨率。原子力显微镜(AFM)可以通过提供凝胶表面划痕的连续图像来监控自愈合过程,在整个愈合过程中跟踪凝胶表面切割或裂缝的深度和宽度的细节。扫描电化学显微镜(SECM)基于记录样品表面微电极测量的电化学电流,被广泛应用于定性和定量监测水凝胶的愈合过程,SECM 可以用于原位跟踪修复过程,通过检测空间和时间分辨的电化学信号来提供三维形貌数据和图像。除了形态学外,还可以通过检测力学性能(包括拉伸强度、压缩强度和流变学)来监测其愈合能力。愈合效率(HE)可以定义为愈合的凝胶(Mh)和原始凝胶(MP)的应力或模量之比,即 HE = Mh/MP。楔形应变压缩决定了楔形柱塞在关节表面产生的黏合强度,适用于表征柔软和易碎的样品,也可以使用凝胶内部三维结构的流变学评估,主要定量评估损伤或自愈合的程度。

7.2　自愈合高分子材料自愈合机制

本节重点介绍基于非共价相互作用的动态网络制备物理自愈合凝胶的方法,包括疏水相互作用、主客体相互作用、氢键、结晶、聚合物-纳米复合相互作用和多种分子间相互作用,如图 7.7 所示。

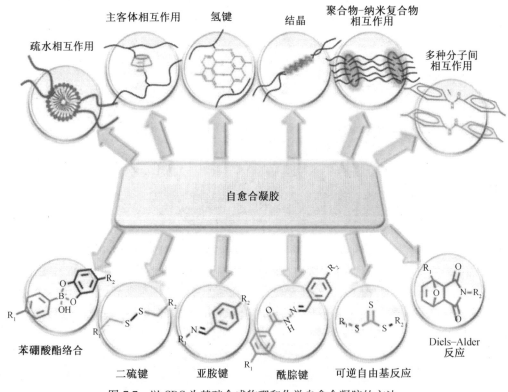

图 7.7　以 CDC 为基础合成物理和化学自愈合凝胶的方法

7.2.1 物理作用

1. 疏水相互作用

在自愈合水凝胶的形成中,疏水相互作用起到了主导作用。含有疏水单体单元的高分子链会形成疏水链间的缔合作用,形成具有瞬时交联的网络结构。近年来,通过表面活性剂胶束之间的疏水相互作用进行交联用于构建自愈合水凝胶的方法被广泛应用。在这个体系中,疏水交联在网络中的可逆解离和缔合作用赋予了水凝胶自愈合性能。比如,在NaCl存在下通过在十二烷基硫酸钠(SDS)的胶束溶液中将疏水性单体甲基丙烯酸硬脂基酯(C18)与亲水性单体丙烯酰胺(AAm)(PAAm-co-C18)共聚,可以获得基于胶束的水凝胶,它的特殊性在于两块破裂的胶束水凝胶样品只需按压几秒钟就可以愈合,自愈合水凝胶的愈合效率接近100%,并且能够承受与原始水凝胶相同的外加应变,最大拉伸应变为3 600%(图7.8(a)、(b))。表面活性剂胶束对于基于胶束的水凝胶的自愈合和机械

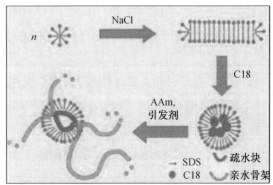

(a) 疏水单体C18与亲水性AAm共聚形成胶束水凝胶

(b) 胶束切开和融合照片

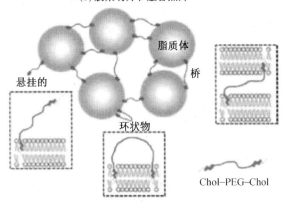

(c) 水凝胶网络三种结合模式

图7.8 基于疏水相互作用的胶束和脂质体自愈合水凝胶

性能很重要。从水凝胶网络中提取胶束后,其自愈合行为消失,这是因为纯 C18 链(无胶束)之间的疏水相互作用太强而无法表现出可逆性。此外,用十六烷基三甲基溴化铵(CTAB)-十二烷基硫酸钠(SDS)混合胶束替换 SDS 胶束,可以得到机械强度较高的自愈合水凝胶。与 SDS 胶束相比,CTAB-SDS 胶束水凝胶的最大拉伸应变为 5 000%,这是因为混合胶束具有较高的溶解性和疏水性。这种可伸展的胶束自愈合系统为组织工程(如人造肌肉)设计坚韧的自愈合水凝胶提供了理想的候选材料。

还有一种基于脂质体的新型自愈合水凝胶。该凝胶源自脂质体与胆固醇(Chol)端基封端的聚乙二醇(PEG)(Chol-PEG-Chol)的聚合物链之间的疏水相互作用。所述脂质体水凝胶呈现三种可能的 Chol-PEG-Chol 的结合方式(图 7.8(c)):

(1) 两个 Chol-PEG-Chol 端基插入到两个不同脂质体颗粒双层中的"桥式"。
(2) 两个 Chol-PEG-Chol 端基插入到单个脂质体颗粒双层中的"环式"。
(3) Chol-PEG-Chol 嵌入物中只有一个胆固醇端基的"悬挂式"。

通过流变学恢复试验表明,含有 Chol-PEG-Chol 的胆固醇基团可以动态地抽出并插入到脂质体的双层中,脂质体水凝胶在 100%甚至 1 000%的应变下分解为溶胶状态后可以迅速恢复到凝胶状态。

2. 主客体相互作用

主体与客体之间的相互作用是另一种重要的物理键,由于两种相应化合物之间的多种动态相互作用(包括疏水相互作用、氢键、π-π 堆积等)的结合,已广泛用于设计自愈合凝胶。

环糊精(CD)的疏水内腔可容纳客体分子的疏水结合位点,被广泛用于制备主客体凝胶。疏水空腔可以包裹各种客体分子,Masaki Nakahata 等人报道了一种以 6-氨基-β-环糊精(6β-CD)为主体分子,二茂铁(FC)为客体基团的氧化还原响应型自愈合水凝胶。由聚丙烯酸(PAA)6β-CD 和 PAA-FC 快速混合形成透明水凝胶如图 7.9(a)所示。氧化还原响应型 FC 衍生物通过氧化还原刺激使水凝胶发生可逆的溶胶-凝胶相变。FC 对 CD 具有高亲和力,而 FC^+ 对 β-CD 的亲和力较低。用刀片切割的两半 PAA-6β-CD/PAA-FC 水凝胶在自修复 24 h 后即可完全愈合(图 7.9(b))。流变恢复试验表明,当对凝胶施加 0.1%~200%交替应变时,在 200%应变下凝胶网络发生破坏;而当应变降至0.1%时,被破坏的水凝胶网络的储能模量在 20 s 内可恢复到原值的 90%。另外,对接头表面进行楔形应变压缩的机械恢复试验表明,接头表面的黏结强度恢复了 84%的断裂应力。此外,通过主体丙烯酰胺修饰的 CD 单体和客体单体 n-adaman-1-yl-丙烯酰胺的相互作用聚合包合物,可将愈合率进一步提高到 99%。

冠醚也可以作为宿主基团。侧基二苯并(24)冠 8(DB24C8)改性的聚甲基丙烯酸甲酯(PMMA)(PMMA-DB24C8)可以通过两种交联剂交联,即分别具有苯基和环己基端基的双胺,得到 PMMA-DB24C8-苄基和 PMMA-DB24C8-环己基凝胶(图 7.9(c))。PMMA-DB24C8-苄基凝胶在 30 s 内恢复了初始储能模量和损耗模量值的 95%;而 PMMA-DB24C8-环己基凝胶由于主客体相互作用、静电相互作用和氢键的共同作用,在大约10 s 内可以完全恢复到初始储能模量和损耗模量值。

此外,X. Yan 等人通过基于冠醚的识别技术,开发了一系列由低分子量单体组装而

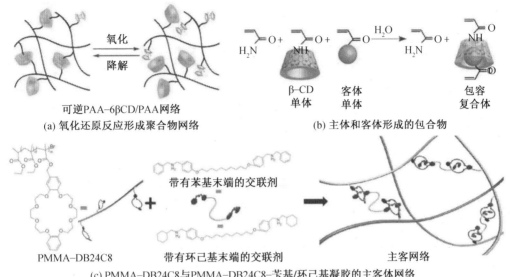

图 7.9 基于主客体相互作用的自愈合水凝胶

成的自愈合超分子凝胶。由于可逆的主客体相互作用以及低分子量胶凝剂的高迁移率，这些凝胶表现出优异的自愈合性能。

3. 氢键

氢键是制备物理自愈合凝胶时最广为人知、最常用的物理相互作用之一。常见的例子如松散交联的水凝胶可以通过聚(丙烯酰基-6-氨基己酸)(PA6ACA)侧链的端羧基和己酸酰胺基团之间的氢键作用实现自愈合性能。

PA6ACA 水凝胶的愈合性能具有 pH 依赖性。两个分离的 PA6ACA 水凝胶片段在 pH≤3 时 2 s 内即可迅速自愈合，愈合后的水凝胶强度足以承受反复拉伸，这是由于末端羧基在低 pH 值下质子化使得它们在界面之间与其他末端羧基或酰胺基产生氢键而发生愈合作用。当暴露在高 pH(pH>9)溶液中时，愈合后的水凝胶片段在拉伸作用下再次分离，这是因为在碱性环境中末端羧基的去质子化引起静电斥力，阻止氢键的形成(图 7.10(a))。

这一方法被推广到基于 PA6ACA 的分子结构设计自愈合凝胶。S. Jiang 等人通过将 PA6ACA 的侧链改为聚(羧基甜菜碱丙烯酰胺)(PAAZ)，开发了两性离子自愈合水凝胶，该凝胶在生理 pH(7.4)下可以实现自愈合性能。因为 PAAZ 既有带正电基团也有带负电基团，不同的带电基团可以通过静电吸引轻易地穿过两个破碎的水凝胶之间的界面，在生理条件下形成两性离子对，产生自愈合的水凝胶。通过 2-(二甲氨基)甲基丙烯酸乙酯(DMAEMA)和 2-(3-(6-甲基-4-氧基-1,4-二氢嘧啶-2-基)甲基丙烯酸乙酯(SCMHBMA)的共聚制备了基于氢键的自愈合水凝胶。由 SCMHBMA 中的 2-脲-4-嘧啶(UPy)单元之间可逆的氢键作用，赋予了聚(DMAEMA-co-SCMHBMA)水凝胶的自愈合能力(图 7.10(b))。

在酸性条件下，水凝胶会发生溶解，当溶液的 pH 升高到碱性(pH>8)时，UPy 单元发生氢键的二聚作用，溶液转变为凝胶状态。此外，愈合凝胶还可以通过 SCMHBMA 共聚

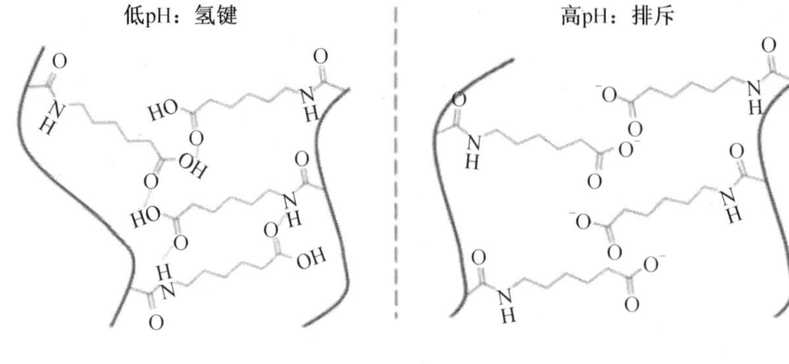

低pH：氢键　　　　　　　　　高pH：排斥

(a) PA6ACA水凝胶的自愈机制

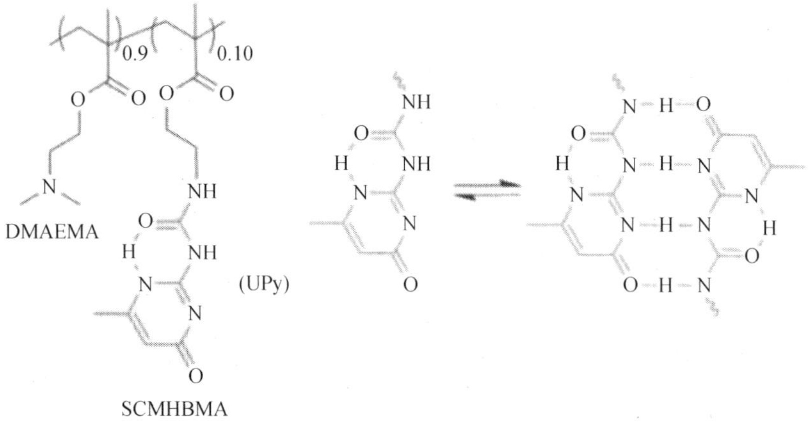

(b) 聚(DMAEMA-co-SCMHBMA)的化学结构和UPy二聚的动态多价氢键

图 7.10　氢键型 PA6ACA 和聚(DMAEMA-co-SCMHBMA)自愈合水凝胶

不同单体制备，诸如甲基丙烯酸 2-羟乙酯(HEMA)、甲基丙烯酸 2-(2-甲氧基乙氧基)乙酯(MEO2MA)或 N-异丙基丙烯酰胺(NIPAAm)，这表明 UPy 单元的动态可逆性能可被用于制备具有不同功能和特性的自愈合材料。

4. 结晶

聚乙烯醇(PVA)水凝胶可以通过冻结-解冻方法利用氢键结晶实现交联。通过调节游离羟基和结晶氢键的数量，可以实现 PVA 水凝胶的愈合行为。Yue Zhao 等人将 PVA 质量分数提高到 35%，在足够的游离羟基数量和 PVA 链的迁移性之间取得适当的平衡，获得了自修复的 PVA 水凝胶。该水凝胶自修复行为源于 PVA 链通过剪切界面的扩散和氢键的重塑(图 7.11)。PVA 自愈合水凝胶具有成本低、易于制备和生物相容性等优点，为其广泛的应用奠定了基础。

5. 聚合物-纳米复合相互作用

聚合物/无机纳米颗粒(黏土和氧化石墨烯)的网络结构构成的杂化纳米复合材料(NC)水凝胶也具有自愈合能力。通过简单地将树枝状大分子(G_3-黏合剂：3 代)、黏土纳米片和聚丙烯酸酯(ASAP)混合在水溶液中，可制备一种自愈合树枝状大分子(SDM)水凝胶。SDM 水凝胶的制备过程如下：将剥离的黏土纳米片均匀分散在 ASAP 水溶液

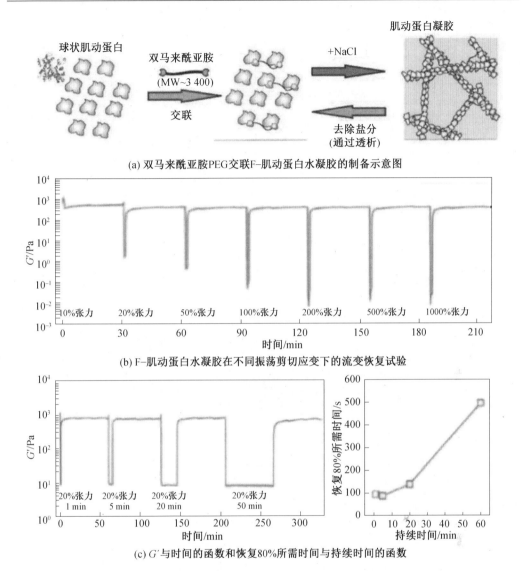

图 7.11 肌动蛋白自愈水凝胶

中,其中黏土纳米片的正电荷边缘部分被阴离子 ASAP 包裹,然后在水溶液中加入 G_3-黏合剂形成 SDM 水凝胶。通过静电作用,G_3-黏合剂末端的多个胍基与黏土纳米片上的氧阴离子基团之间形成盐桥,促进了 SDM 水凝胶的凝胶化和自愈合。

与 SDM 水凝胶类似,在黏土纳米片表面聚合的聚 N,N-二甲基丙烯酰胺(PDMAAm)、聚(N-异丙基丙烯酰胺)(PNIPAAm)等长链缠绕聚合物构成的纳米复合水凝胶也表现出良好的自愈合性能。在黏土纳米片材的水溶液中,DMAAm 或 NIPAAm 可通过自由基聚合制备自愈合 D-NC 或 N-NC 水凝胶。水凝胶的自愈合能力主要归因于网络中的非共价相互作用,即黏土表面与聚合物链之间以及聚合物链之间的氢键。即使切割表面放置较长时间(例如 120 h),NC 水凝胶仍表现出自愈合能力,远远长于 SDM 水凝胶(1 min)(图 7.12)。

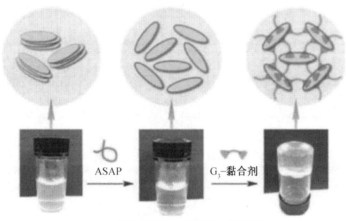

(a) 树枝状大分子(G_3-黏合剂)的示意图结构

(b) SDM水凝胶制造程序的插图和光学图像

图 7.12 基于聚合物-纳米复合相互作用的树枝状自愈合水凝胶

具有切割面的 D-NC 水凝胶可以在 37 ℃下接触切割表面 48 h 自愈合。随着黏土含量的增加，D-NC 水凝胶的自愈合性能下降，这是因为相邻黏土纳米片间聚合物链长的减小导致了聚合物链间缠绕相互作用的减弱。此外，尽管 N-NC 水凝胶在机械损伤后也观察到了类似的自愈合行为，但它们在高温(50 ℃或 80 ℃)条件下去不能自愈合，这是因为 N-NC 水凝胶中的 PNIPAAm 链在低临界溶液温度(LCST)(32 ℃)以上转变为疏水收缩状态(卷曲-球状转变)。通过将 D-NC 和 N-NC 水凝胶的几种不同切割段在 25 ℃下反应 48 h，D-NC 和 N-NC 水凝胶可以交替连接在一起形成完整的 N-NC/D-NC 水凝胶。紧密结合的 N-NC/D-NC 水凝胶由于结合了不同性质的水凝胶截面而表现出一些行为。当温度高于 PNIPAAm 聚合物的 LCST 时(50 ℃) N-NC/D-NC 水凝胶浸入水中，N-NC段变得不透明和收缩，而 D-NC 段保持透明和肿胀。N-NC/D-NC 水凝胶即使在反复温度变化后也能保持其完整性(图 7.13)。

其他纳米薄片也被用来开发自愈合纳米复合水凝胶。Q. Wang 等人以过氧化石墨烯为多官能团引发中心和交联中心，制备了具有韧性的自愈合 GO 纳米复合水凝胶。PAAM 高分子链与 GO 片层之间通过原位接枝聚合在过氧化石墨烯表面形成了较强的共价键。同时，由于 GO 膜含有羟基、环氧基、羰基和羧基等官能团，大量的 PAAM 聚合链会物理吸附在 GO 膜上形成氢键，使水凝胶具有自愈合性能。GO 纳米复合水凝胶的拉伸强度为

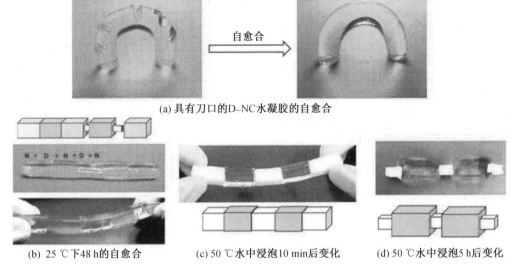

(a) 具有刀口的D-NC水凝胶的自愈合

(b) 25 ℃下48 h的自愈合　　(c) 50 ℃水中浸泡10 min后变化　　(d) 50 ℃水中浸泡5 h后变化

图 7.13　基于聚合物-纳米复合材料相互作用的 PDMAAm 和 PNIPAAm 自愈合水凝胶

0.35 MPa、伸长率为 4 900%，常温下的愈合效率为 88%。

6. 多种分子间相互作用

一种凝胶超分子凝胶是由低分子凝胶剂在溶剂中通过可逆的非共价相互作用自组装而成的。多种分子间相互作用的物理性质，包括氢键、π-π 堆积和疏水相互作用，是形成超分子网络的综合驱动力。对于一些超分子凝胶，网络结构中被破坏的非共价键可以在愈合后重新建立。因此，通过小分子/低聚凝胶剂的超分子自组装形成了多种类型的自愈合凝胶。此外，低分子量凝胶剂可以改善凝胶网络的流动性，这有助于从接触损坏的界面产生"流动相"，增强愈合能力。

Z. Xu 等人设计了低分子量的凝胶剂，含有硝基苯并恶二唑（NBD）的胆固醇（Chol）衍生物，在吡啶-甲醇混合溶液中可形成自愈合的有机凝胶（Chol-NBD 凝胶）（图 7.14（a））。

氢键和 π-π 堆积是促进凝胶剂自组装的主要驱动力。Chol 具有刚性和扁平的骨架结构，显示出强烈的形成具有特定取向的聚集体的倾向。实验结果表明，Chol-NBD 凝胶具有显著的自愈合性能，用刀切割的三段凝胶可以立即融合成连续的凝胶。

此外，M. Yoshida 等人创建了一种低聚电解质作为多功能凝胶剂以制备自愈合的低聚电解质水凝胶，分子结构如图 7.14（b）所示。低聚电解质之间可以采用氢键、阳离子-π 相互作用和 π-π 相互作用等多种物理相互作用来实现自愈合。

7.2.2　化学作用

在传统的化学凝胶中，通过共价键交联的网络是不可逆的，因此制备的凝胶不具备自愈合性能。动态共价化学为制备化学自愈合凝胶提供了一种很有借鉴价值的策略。在这种方法中，化学自愈合凝胶含有可逆的动态共价键，有无特定刺激（热、光或 pH）都可以在受损区域周围重塑新的共价键，最终实现凝胶的愈合。通过苯基硼酸酯络合、二硫键、

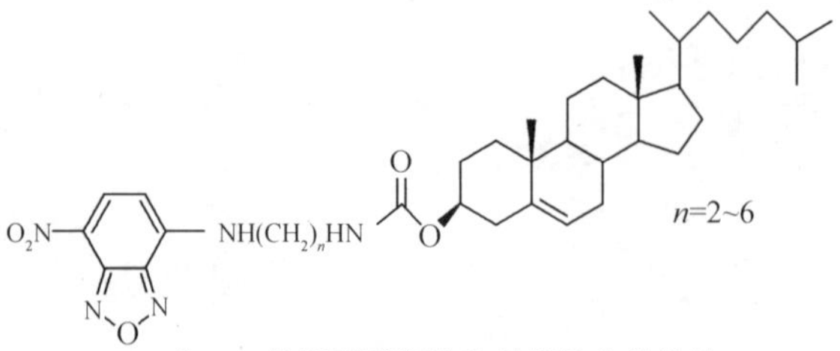

(a) 含NBD的胆固醇衍生物的凝胶化学结构

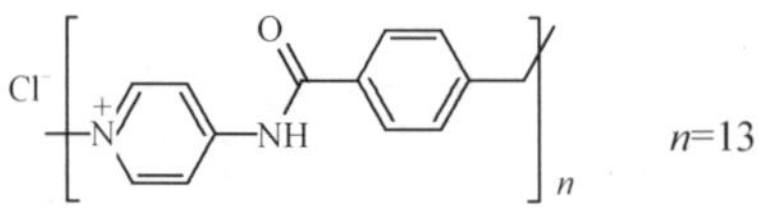

(b) 含NBD的低聚电解质的分子结构

图 7.14 胶凝剂的化学结构

亚胺键、酰腙键、可逆自由基反应以及 Diels-Alder(DA) 反应动态共价相互作用, 合成各种自愈合凝胶。

1. 苯硼酸酯络合

二醇与硼酸可以在水溶液中发生络合作用形成可逆的硼酸酯, 该络合作用的稳定性取决于溶液 pH 值。P. F. Kiser 等人利用苯基硼酸(PBA)和水杨基异羟肟酸(SHA)形成的可逆硼酸酯络合作用(PBA-SHA)制备了自愈合水凝胶(PBA-SHA)(图 7.15(a))。选用中性聚 2-羟丙基甲基丙烯酰胺(PHPMA)和带负电荷的聚丙烯酸(PAA)作为主链对 PBA 和 SHA 进行改性, 分别得到基于 PHPMA 的 PBA-SHA 水凝胶和基于 PAA 的 PBA-SHA 水凝胶。这两种水凝胶网络中 PBA-SHA 复合物存在可逆的硼酸酯, 使得水凝胶网络在酸性环境中的动态重构和自愈合性能。

P. B. Messersmith 的研究小组在碱性 pH 的条件下, 通过将邻苯二酚衍生的聚乙二醇(CPEG)与 1,3-苯二硼酸(BDBA)在磷酸盐缓冲溶液(PBS)中络合制备了自愈合水凝胶。游离 BDBA 的存在(经 ^{11}B-核磁共振证实)证明了游离 BDBA 与水凝胶中的硼酸酯复合物之间存在动态平衡。因此, 在 pH = 9.0 时硼酸与邻苯二酚之间的动态络合作用赋予了水凝胶自愈合能力。当大变形(1 000% 应变)时, 凝胶在 100 s 内几乎完全恢复其 G'。当 pH 值从碱性(pH = 9.0)降至中性(pH = 7.0)或酸性(pH = 3.0)时, 水凝胶由凝胶状态转变为溶胶状态。上述例子表明, 基于苯基硼酸酯络合物的水凝胶的自愈合能力强烈依赖于 pH 的变化(图 7.15)。

2. 二硫键

二硫键是以硫醇/二硫键动态交换反应为基础, 对 pH 或氧化还原电位敏感的动态共价键。到目前为止, 已经构建了一系列二硫键动态聚合物, 并已经开发出了一种由含二硫键的环氧树脂制成的自愈合橡胶, 该自愈合橡胶具有的明显优点包括诸如在常温下完全恢复外观和力学性能。

2012 年, 一种基于硫醇/二硫代氧化还原可逆交换反应构建自愈合有机凝胶膜的方法被提出。在该体系中, 由于特性黏度较低, 因此需要选用流动性较好的多臂星形聚合物作为凝胶剂。在支化聚合物的末端修饰硫醇/二硫基团, 以确保它们可用于交换反应, 从

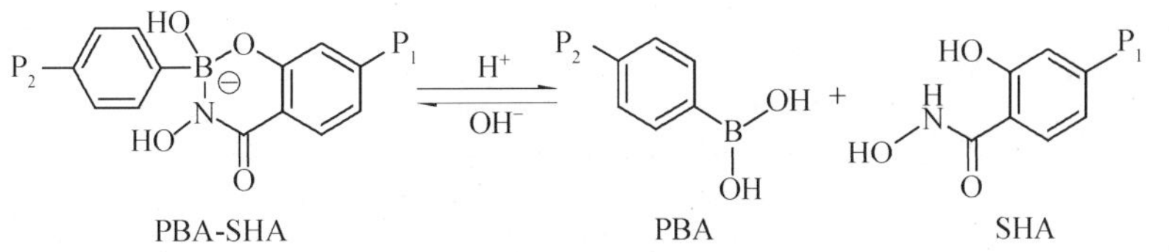

(a) 动态pH响应型PBA-SHA键

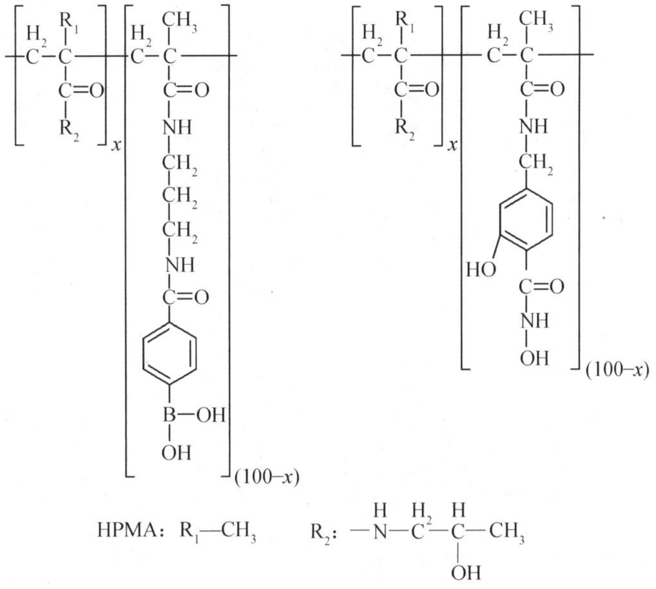

(b) 含有PBA或SHA部分的线性PHPMA或PAA聚合物的示意图

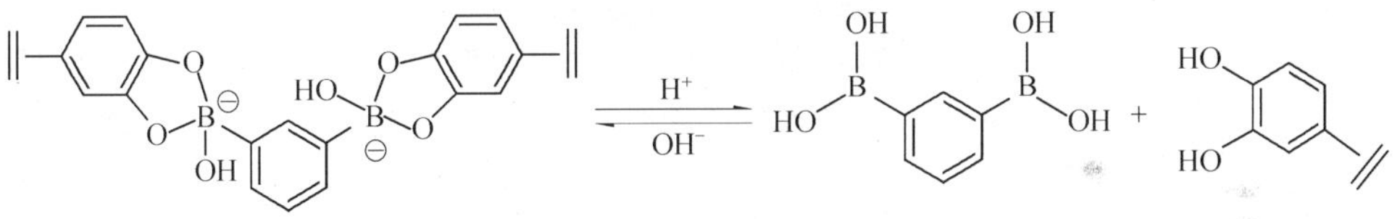

(c) 邻苯二酚和1,3-苯二硼酸在20 ℃水溶液中的pH依赖性键

图 7.15　凝胶剂化学结构

而实现快速的自愈合过程。

在氧化型催化剂(I_2或$FeCl_3$)的存在下,通过S—S键交联的SH型官能化星形聚合物的溶液沉积在硅片上,形成了通过S—S键交联的可逆有机凝胶膜(图7.16(a))。AFM测试表明,厚度为1.5 mm、宽度为2.5 mm的切割凝胶膜可在20 min内愈合。然而切口宽度为5 mm和10 mm的凝胶膜仅在2 h内部分愈合,这表明愈合效率强烈地依赖于受损区域的宽度(图7.16(b))。

3.亚胺键(席夫碱)

亚胺键(通常被称为席夫碱)可以被用作动态交联剂来制备自愈合水凝胶。Y. Zhang等人利用芳香族席夫碱键制备了自愈合动态壳聚糖-聚乙二醇水凝胶,其主要原理是壳聚糖链上的胺基被苯甲醛改性的螺旋聚乙二醇交联,形成水凝胶。在这种情况下,芳香型

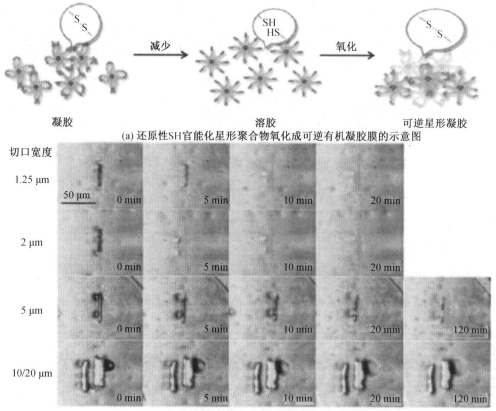

图 7.16 基于二硫键的硫醇/二硫化物氧化还原自愈合有机凝胶

席夫碱是首选,因为它比脂肪族席夫碱相对稳定,不仅能维持动态性质的同时也能改善了水凝胶的力学性能。亚胺键的解偶联和重新偶联动态地发生在水凝胶网络中,赋予水凝胶自愈合能力。在自愈合试验中,两种不同颜色的半圆形水凝胶(其中一种被罗丹明 B 染色)之间的边界变得模糊,甚至在水凝胶中间穿孔在 2 h 后完全消失。此外,通过流变恢复试验证实了水凝胶力学性能的恢复,将振幅降低到 20% 后,凝胶的力学性能 G' 恢复到原值。

自愈合的壳聚糖-聚乙二醇水凝胶对许多化学或生物刺激也很敏感,它们可以触发亚胺键的动态结合/解离,甚至导致水凝胶的最终分解。事实上,除了壳聚糖外,许多生物大分子(如明胶、蛋白质和多肽)都含有胺基。利用这些生物医用聚合物可以开发出更多基于亚胺键的自愈合水凝胶(图 7.17)。

4. 酰腙键

酰腙键是醛和肼反应生成的亚胺键之一,可以用于制备例如机械或荧光可调动态聚合物等具有不同功能的动态共价聚合物。通过聚氧乙烯(PEO)两端的酰肼与三[(4-甲酰基苯氧基)甲基]乙烷中的醛基缩合,可以制备具有酰腙键交联的自愈合有机凝胶(图 7.18(a))。在以冰醋酸为催化剂的聚合物网络中,酰腙键的断裂和再生是可逆的,接触 7 h 会导致破裂的凝胶板熔融。

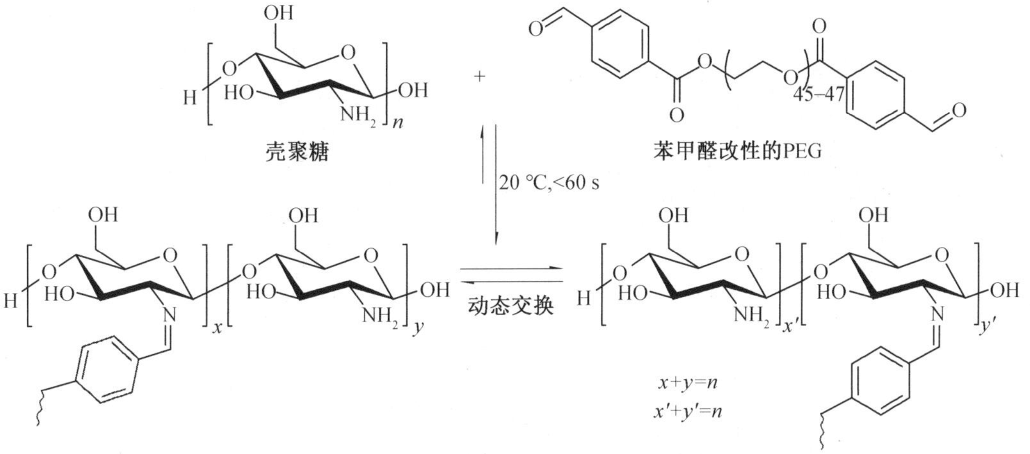

(a) 交联制备的壳聚糖-聚乙二醇水凝胶

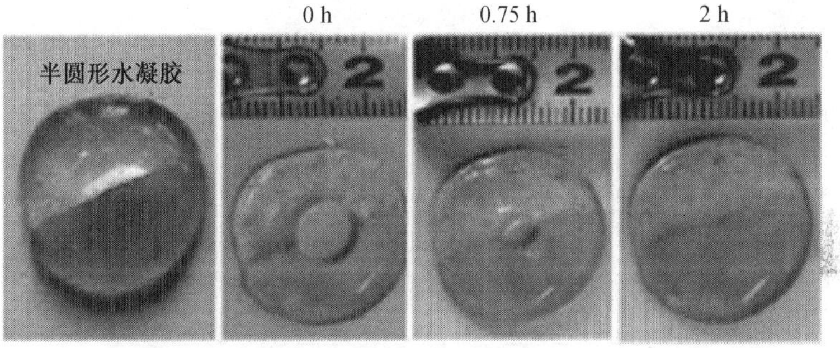

(b) 两种不同的半圆形水凝胶和在联合凝胶中间打孔的自愈合过程

图 7.17 亚胺键基自愈合水凝胶

HG1G2 是一种同时含有酰腙和二硫键作为多动态键的自愈合水凝胶,它是通过在室温下将三臂端醛 PEO(G1)和二硫代二丙酸二肼(G2)简单地混合在纯水中而制备的(图 7.18(b))。在酸性条件(pH = 6)和碱性条件(pH = 9)下接触 48 h,3 块切胶分别发生酰腙交换反应和二硫键交换反应,可完全融合成一个完整的 HG1G2 水凝胶板。在中性条件下(pH = 7),由于动态酰腙和二硫键都被动力学地"锁定",不能实现自愈合行为。

但是如果加入苯胺作为催化剂,酰腙交换反应将在中性条件下"解锁"。拉伸实验表明,3 片含催化苯胺的 HG1G2 水凝胶板在 48 h 内自愈合成为一个完整的水凝胶板,自愈合率为 450%。此外,HG1G2 水凝胶的自愈合性能是可重复的。通过将多个动态键结合到一个系统中可以形成水凝胶。

5. 可逆自由基反应

基于可逆自由基反应的凝胶在光照射下表现出自愈合行为。Y. Amamoto 等人开发了一种通过三硫代碳酸酯(TTC)单元的动态共价重新洗牌进行自愈合的系统,该系统可以在紫外线照射下进行可重复的自愈合。以丙烯酸丁酯(BA)为单体,通过可逆加成-断裂链转移聚合(RAFT)制备的具有 TTC 单元的自愈合有机凝胶,TTC 在茴香醚中可以兼具链转移剂和交联剂的双重作用(图 7.19(a))。有机凝胶的自愈合机理可以进行如下解释:在紫外光照射下,TTC 单元在氮气气氛中通过键均解在反应链末端产生碳自由基,碳

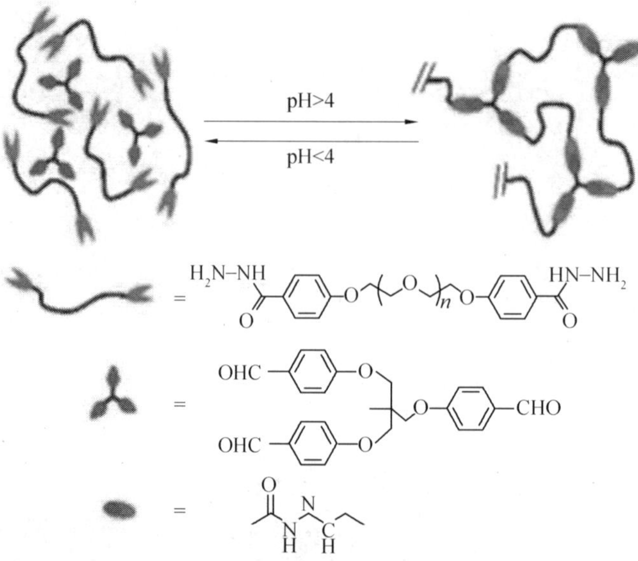

(a) 可逆聚合物网络

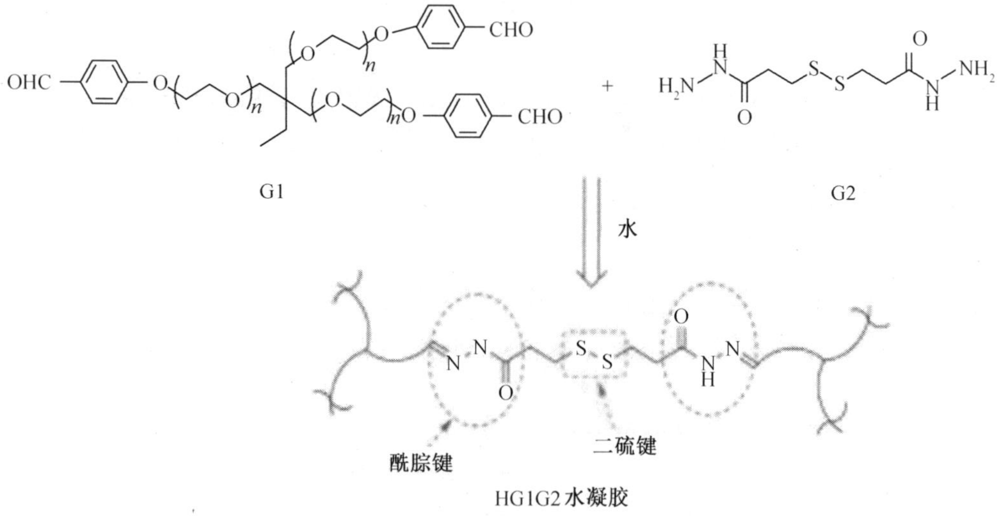

G1 + G2

水

酰腙键 　二硫键

HG1G2 水凝胶

(b) HG1G2 水凝胶含有酰腙键和二硫键

图 7.18 酰腙基自愈性凝胶

自由基通过交联网络的扩散允许链的重排和基于重排反应的新主链的形成。

在进一步的研究中,基于硫代二硫化物(TDS)单元被证明只能在可见光下自愈合,而不能在紫外线照射下愈合,因为 TDS 可以在可见光下进行简并交换(图 7.19(b))。TDS 交联聚氨酯有机凝胶可由 TDS 二元醇、四乙二醇、三乙醇胺和六亚甲基二异氰酸酯聚合而成。在以二月桂酸二丁基锡为引发剂的 N,N-二甲基甲酰胺溶剂中,室温下两份有机凝胶在商用台灯下放置 12 h 后融合成完整的有机凝胶,机械拉伸强度与原有机凝胶基本相同。

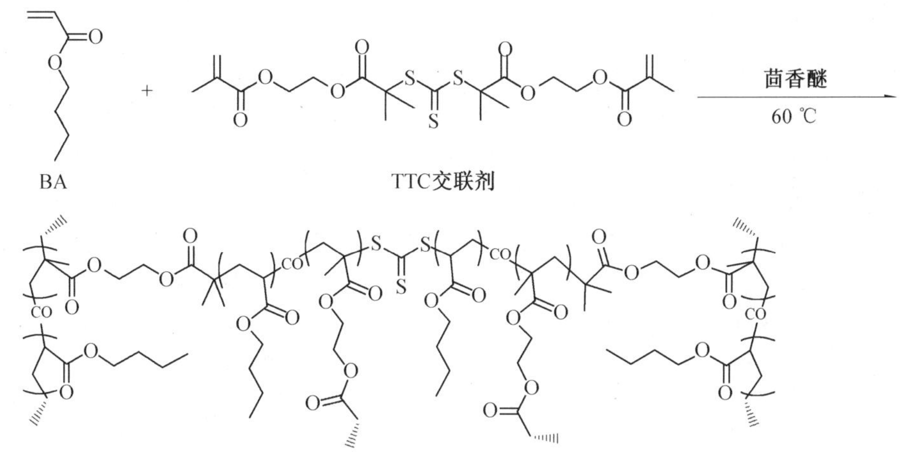

(a) 以丙烯酸正丁酯为单体，在茴香醚中与TTC通过RAFT共聚交联而成的凝胶

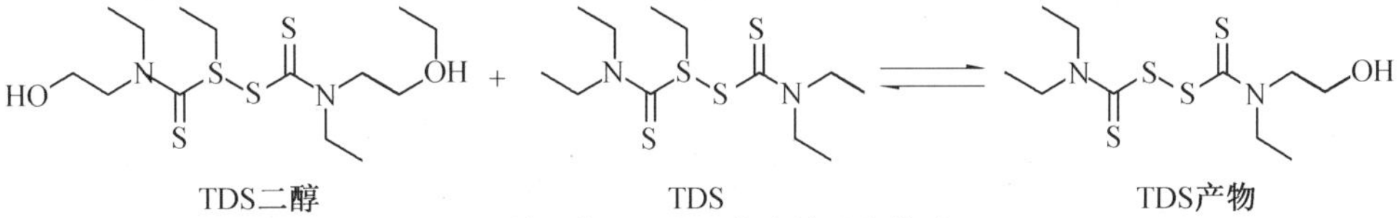

(b) TDS单元在可见光下的洗牌反应模型

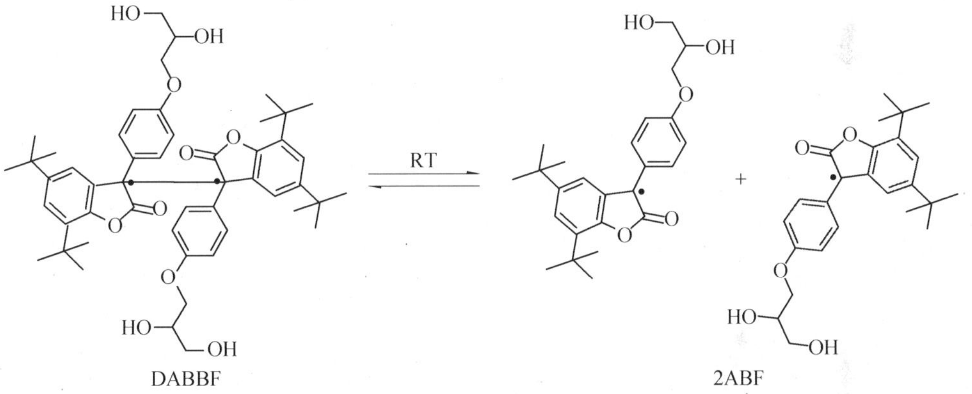

(c) DABBF和ABF的热力学平衡

图 7.19　基于可逆自由基反应的自愈合有机凝胶

二芳基二苯并呋喃酮(DABBF)作为一种新型的动态共价键单元,合成一种具有室温下即能自主自愈能力的动态有机凝胶。采用 DABBF 和甲苯-2,4-二异氰酸酯封端的聚丙二醇在 1,4-二氧六环中聚合的原理制备了自愈合有机凝胶(DABBF 单元作为可逆交联点)。DABBF 是芳基苯并呋喃酮(ABF)的二聚体,ABF 的两个氧不敏感的自由基只需要空气就能达到热力学平衡状态结合在一起形成一个 C—C 键。在室温条件下,用少量 DMF(防止 PPG 的氨基甲酸酯单元形成氢键)润湿的两片有机凝胶的新鲜切割表面在 24 h后几乎消失,自愈合水凝胶可以被拉伸而不断层。在室温下,用少量 DMF(防止 PPG 的氨基甲酸酯单元形成氢键)润湿的两片有机凝胶的切割表面几乎消失(图 7.19(c))。这些凝胶即使在分离 5 d 后也能自愈合,这表明愈合性能略微取决于受损表面的新鲜度,拉伸试验表明,愈合时间越长,愈合效率越高。

6. Diels-Alder 反应

DA 反应作为"触发化学"反应之一,具有选择性高、产率高、无副反应和副产物等优点,在各种功能凝胶的制备中起着至关重要的作用。此外,DA 反应的热可逆性双烯和亲双烯分子形成的 DA 键在加热时可以断裂并达到新的平衡是一个有趣的特征。基于上述优点,DA 反应已发展成为合成自愈合水凝胶的最著名的化学反应之一。

A. A. Kavitha 以聚(甲基丙烯酸糠酯)(PFMA)为二烯与亲双烯的双马来酰亚胺(BM)在二氯甲烷中交联的方法,得到了一种热可逆的自愈合有机水凝胶膜实验证明(图 7.20)。PFMA-BM 膜表面的缺口在 120 ℃时缓慢恢复。由于通过环加成反应形成了新的 DA 键,缺口通过热处理 4 h 完全修复。此外,高温增强了裂口的流动性并且达到了新的平衡。

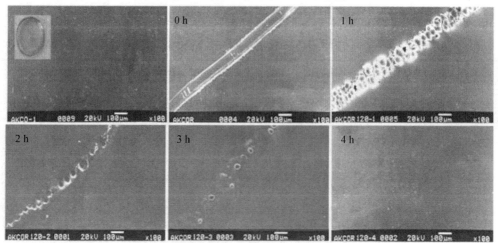

(a) 通过DA反应制备热可逆的PFMA-BM凝胶

(b) 经刀切后的PFMA-BM凝胶在120 ℃下分别固化0~4 h的SEM图像

图 7.20 DA 反应型 PFMA-BM 有机水凝胶膜

基于右旋聚乙二醇(Dex-L-PEG)的可逆 DA 反应形成的自愈合水凝胶。以富烯修饰的细胞相容性右旋糖酐为二烯,以二氯马来酸修饰的聚乙二醇为亲二烯基团制备了 Dex-L-PEG 自愈合水凝胶。这些化学反应为得制备在 pH=7.4,37 ℃的条件下自愈合的水凝胶提供了理论基础。在愈合过程中的划痕水凝胶的 SECM 图像序列可以在 2D 和 3D

中产生,这表明水凝胶表面划痕的纵向深度在 37 ℃下 7 h 后几乎自愈(图 7.21)。

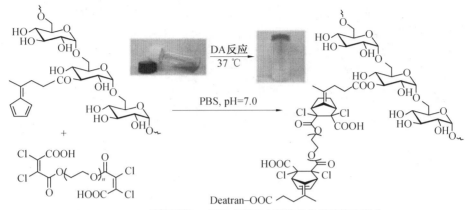

(a) 通过可逆DA反应交联的水凝胶的化学结构和照片

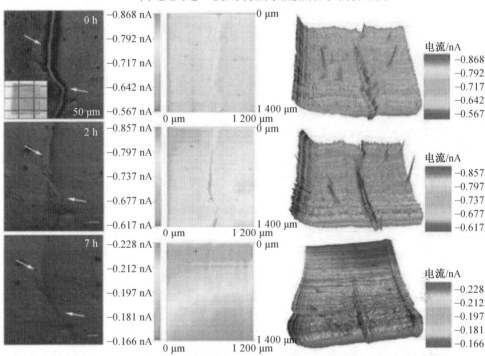

(b) 水凝胶表面有划痕的2D和3D SECM图像以及相应的光学显微镜图像

图 7.21 DA 反应型 Dex-L-PEG 水凝胶(比例尺:50 mm)

目前,只有有限的动态共价键被用于合成化学自愈合水凝胶。许多其他属于动态共价化学的可逆反应,如酯交换和酰胺交换反应,目前未被应用于制备自愈合。

自愈合水凝胶的进步已经通过满足设计一系列物理和化学自愈合水凝胶得以实现。与化学自愈合水凝胶相比物理自愈合水凝胶具有一些优势。尽管共价键的键能通常高于物理相互作用的能。但某些物理自愈合水凝胶的机械性能优于化学自愈合水凝胶,比如GO 纳米自愈后复合水凝胶、PVA 水凝胶和基于胶束的水凝胶均可以表现出高机械强度和大拉伸应变。虽然单一物理相互作用的成键能远低于化学键的成键能,但多个物理相互作用的协同作用可能导致具有更高机械性能的自愈合水凝胶。

此外,大多数物理上的自愈合水凝胶能够在没有外界刺激的情况下自主愈合,而化学自愈合水凝胶通常需要外界刺激才能触发其可逆反应,比如苯硼酸酯的交换反应是由酸引发的、可逆的 DA 反应需要加热、自由基反应的引发需要光刺激等。而物理自愈合水凝胶的自主愈合为恢复凝胶结构和功能提供了一种更为简便的方法。

目前还有一种基于可逆金属离子-配体配位的自愈合水凝胶。Z. Nie 等人通过金属离子-配体相互作用使铁离子与 PAA 链配位形成了一种基于游离铁离子和可逆离子的自愈合能力的水凝胶。A. Banerjee 的团队通过改变两亲体的链长可以调节金属水凝胶的自愈合性能和刚度,合成了一系列基于两亲性酪氨酸与 Ni^{2+} 相互作用的超分子金属水凝胶,为进一步设计和制备自愈合水凝胶提供了新的途径。

7.3 3D/4D 打印自愈合高分子材料

三维打印技术(3D),又称增材制造技术(AM),近年来在不同的研究领域受到了广泛关注。近年来,3D 打印和智能材料的融合带来了四维(4D)打印的新概念,在外部刺激下,3D 打印组件的形状和属性可以随着时间的函数变化。4D 打印可以通过使用水凝胶、形状记忆聚合物(SMP)在 3D 打印过程中产生的内应力来实现。

7.3.1 自主自愈合高分子材料

2017 年 M. Ali Darabi 等人报道了一种基于物理和化学交联网络的机械和电自愈合水凝胶。通过聚丙烯酸羧基与铁离子之间的动态离子相互作用,实现了水凝胶的自主自愈合。在化学和物理交联网络和聚吡咯网络的导电纳米结构之间建立合理的平衡,可以得到具有块状导电性、机械和电学自愈合性能(2 min 内 100% 机械恢复)、超伸长性(1 500%)和压力敏感性的双网络水凝胶。CSH 水凝胶在人体运动检测中的应用和 3D 打印性能进一步揭示了 CSH 水凝胶的实用潜力(图 7.22)。

研究人员通过两步法合成了具有物理和化学交联网络的水凝胶。第一步,将聚吡咯(PPy)接枝到双键修饰的壳聚糖(DCH)上,形成聚吡咯(PPy)接枝壳聚糖(DCH-PPy)。第二步,在 DCH-PPy 和铁离子存在下丙烯酸(AA)单体进行化学聚合,与物理和化学交联的聚合物形成聚丙烯酸(PAA)双网络。PAA 的羧基和 PPy 的 NH 基团与铁离子之间的可逆离子相互作用可以实现自主自愈合性能(2 min 内 100% 的机械恢复;30 s 内 90% 的效率的电恢复)。这种水凝胶的另一个特点是可注射性,打印 CSH 水凝胶被证实可以实现。非共价键和可逆键可以分别通过引入和移除外力来破坏和重塑。此外,还揭示了目前的 CSH 水凝胶具有快速电阻响应监测人体运动的能力。由于与壳聚糖的偶联,PPy-壳聚糖复合物在溶液中更加稳定。相比之下,使用 PPy(不含壳聚糖的相同配方制备)作为水凝胶溶液中的导电成分会导致 PPy 的自聚并最终聚集。

为了研究聚吡咯对弹性模量和机械强度的影响,分别制备直径为 10 mg、15 mg 和 20 mg DCH-PPy 的试样进行压缩试验,测得弹性模量分别为 E = 774 kPa、498 kPa 和 237 kPa(试验速度 = 20 mm/min),机械强度和弹性模量都随着 DCH-PPy 质量的增加而

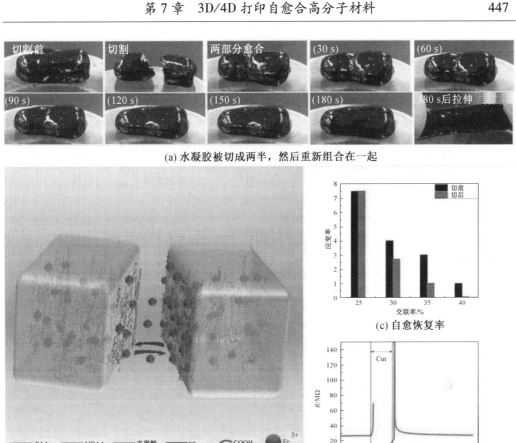

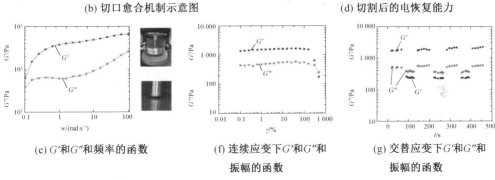

图 7.22 H2010h1 水凝胶的自愈性能

降低(图 7.23(a))。PPy 被用来辅助改善导电性和自愈合性能(图 7.23(b))。根据观察和实验,不使用 PPy 的水凝胶明显更坚固。虽然 PPy 被认为是一个硬段,但由于 PPy 和主体凝胶之间的氢键和离子键比水凝胶中存在的共价键弱,因此它并没有增加水凝胶的强度,此外,铁和 PAA 网络的离子交联对凝胶的模量也有很大贡献。由于 PPy 与 Fe^{3+} 有相互作用,在水凝胶网络中引入 PPy 后,PPy 取代了 PAA 的羧基,因此 PAA 离子交联网络密度降低(图 7.23(c))。

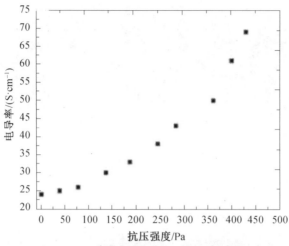

(a) H2010h1水凝胶的导电性对抗压强度的影响

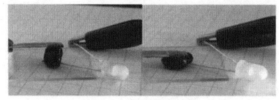

(b) 加压导电

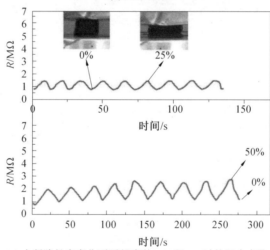

(c) 水凝胶长度变化到原长度的25%和50%时的阻力变化

图 7.23　H2010h1 水凝胶在压缩载荷作用下的阻力变化

3D 打印技术可以被应用实现一种实时人体运动监测系统。目前的可穿戴和灵活的设备用于人体运动检测,数据通过蓝牙显示在智能手机中(图 7.24)。传感器贴在胸部进行呼吸监测,记录与吸气和呼气相关的电变化。深呼吸信号比慢呼吸信号频率高、幅度大。另外,CSH 传感器也可以记录手腕脉搏;每个周期代表一个脉搏。还可以描述食指和二头肌运动阻力的相对变化,峰和谷分别表示伸展和放松时的肌肉。图 7.24(d) 显示了附着在食指上的 CSH 水凝胶条和 3D 打印水凝胶。采集手指反复弯曲 20°、45° 和 90°

时的阻力变化。两种样机均能高效、高精度地监测小角度和大角度。在这项研究中,采用物理和化学交联相结合的方法,在保持机械稳定性和导电性能的同时,还能达到最高的自愈效率(切割后 2 min 内机械完全恢复,30 s 内电恢复 90%)。损伤后的自主可重复自愈合能力和剪切稀释性使这些水凝胶能够用作 3D 打印材料。聚吡咯(PPy)网络的导电纳米结构在应变和压力传感器件中实现了新的应用。制作一种可伸展的无线人体运动检测器。通过收集呼吸、脉搏和肌肉运动阻力的相对变化,结果符合人体生理方面规律。考虑到卓越的传感性能,再加上自愈性、3D 可打印性和可伸缩性,这种设备的实用功能性优于之前报道的任何一种设备。

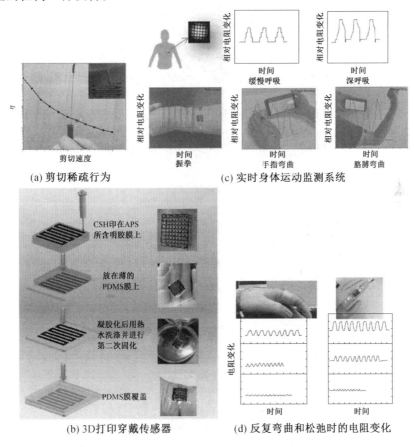

图 7.24　3D 打印表征、制备和应用

2019 年 R. Eslami-Farsani 等人报道了一种通过 3D 打印的方法生成三维血管网络的方法。在此之前,微血管基自愈合复合材料的蠕变行为尚未报道。这项工作通过对嵌入微血管愈合系统的玻璃纤维增强环氧复合材料的拉伸和蠕变行为进行了深入研究。

他们采用了基于 VAT 聚合技术的数字光处理(DLP)方法制作了 3D 微血管网络。制造的网络结构由两个分别用于包含树脂和固化剂的子网络组成。整体网络的尺寸为 37 mm×12.6 mm×6.6 mm,组成网络的管内径为 650 μm,厚度为 100 μm,拉伸试件的宽度及厚度分别为 13 mm 和 7 mm,如图 7.25 所示。为了制作试件,需要在微血管网络中填充树脂和硬化剂,用树脂预浸渍玻璃纤维粗纱,沿拉伸试件的纵向嵌入硅模中,将与愈合剂相同环氧型的环氧树脂倒入模具中,试样在室温下养护 48 h 后即制作完成。将制作的试件分成 4 类加以探究:第一类是未嵌入 3D 网络且无初始损伤的对照试件;第二类是具有嵌入 3D 网络且没有初始冲击的试件;第三类是具有空的三维网络且经过初始冲击损伤后不进行愈合处理立刻进行力学测试的受损试件;第四类是植入三维网络标本且经过初始冲击后损伤,愈合 3 d 和 7 d 后进行力学测试的损伤愈合样本。

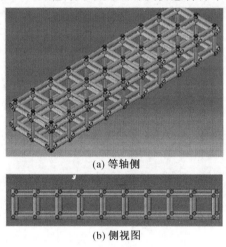

(a) 等轴侧

(b) 侧视图

图 7.25　微血管网络示意图

通过对嵌入微血管网络和不嵌入微血管网络的试样进行拉伸试验以探究三维血管网络对玻璃纤维/环氧复合材料力学性能的影响,如图 7.26 所示。由于网络的存在,复合材料的抗拉强度降低了 38%,考虑嵌入网络的尺寸和复合材料的尺寸,发现微血管网络可以起到应力集中区的作用,可以降低复合材料的拉伸强度,此外,树脂富集区的产生是影响试件强度的另一个破坏性参数。

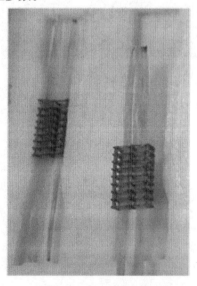

图 7.26　标本内植入微血管网和玻璃粗纱

通过对比不同类型的试件在拉伸强度和破坏时的应变方面的差异探究拉伸试验的愈合效率。对试件进行低速冲击使复合材料产生内部损伤,使试样分别愈合3 d和7 d,复合材料的愈合效率可以用愈合试件的强度与对照试件的强度之比来计算。结果表明,微血管愈合系统的效率分别为80%和89%。愈合3 d后试件未显示出最大强度,7 d固化完成后,试件的愈合效率最高,如图7.27所示。

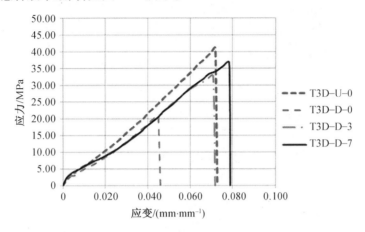

图7.27 自愈合试件的应力-应变图

为了研究试样的表面性能,对复合材料的端口进行了力学测试,并用扫描电子显微镜对其断口进行了观察,如图7.28所示。可以看出,玻璃纤维在破坏过程中被完全从环氧树脂中拔出,在没有愈合系统的试件中,纤维与基体之间的界面破坏明显,另一方面,在愈合了7 d的标本中,由于愈合剂的存在,纤维和周围基质之间产生了牢固的黏合。此外,通过对愈合后试件断口的观察中可以看出,与纯环氧树脂光滑的断口相比,由于试件内部微裂纹的产生与微裂纹的愈合,因此试样断口粗糙。

除了对样品进行了拉伸实验外。通过试样在90 ℃下承受12.3 MPa的恒定拉压力对其蠕变行为进探究。试件的破坏首先发生在聚合物基体中,然后发生在嵌入的玻璃纤维中,未损伤试件的失效时间为42 min,损试件的失效试件为23 min。对于愈合7 d的样品,在恒定应力和温度下,复合材料的愈合效率(相对于失效时间)计算为83%。

2019年S. Kee等报道了一种通过3D打印方法制备的热电三元复合材料,它既具有自愈合性能,又具有可伸缩性能。三元复合薄膜在黏弹性变形过程中具有稳定的热电性能,最高可达35%的拉伸应变。在被切割完全切断后,复合膜以大约1 s的快速响应时间自动恢复其热电性能。使用这种自愈和溶液可处理的复合材料,3D打印热电发电机被制造出来,即使在重复切割和自愈之后,它也保持了85%以上的初始功率输出。这种方法的出现代表着在实现无损和真正可穿戴的3D打印有机热电材料方面迈出了重要的一步。

利用滴注法制备的三元复合自支撑膜的力学性能,有关化学结构和制造工艺的信息如图7.29所示。如图7.29(a)所示为使用和不使用表面活性剂的独立式复合膜的应力-

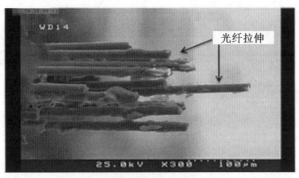

(a) 无愈合系统

(b) 有愈合系统

图 7.28　标本断裂面

应变曲线。当不含表面活性剂的复合膜在相对较低的拉伸应变(小于8%)和较高的拉伸强度(约35 MPa)下断裂时,复合膜的伸长点提高了4倍,拉伸强度和弹性模量(分别为 3 MPa和8 MPa)显著降低。蠕变恢复分析实验(图7.29(b))显示可拉伸三元复合材料的流变特性。结果表明,复合膜表现出软组织和软骨中典型的黏弹性特征。自支撑复合膜不仅具有很高的变形能力,而且具有优异的自愈性。自立式 PEDOT:PSS 薄膜仅混合二甲基亚砜或离子液体(1-乙基-3-甲基咪唑四氰硼酸盐,EMIM TCB),并用甲醇(MeOH)或浓硫酸(H_2SO_4)进行后处理。在所有情况下,当这些不含表面活性剂的薄膜被剃须刀片切割损坏时,都不会显示自愈合性能和恢复电性能(图7.29(c))。相反,即使在重复切割下,复合膜也能自动恢复到 10^{-3} A 的初始电流水平,响应时间约为 1 s(图7.29(d))。这种自愈合行为和响应时间取决于薄膜厚度和切割宽度。在膜厚大于 20 μm、切割宽度小于 100 μm 的情况下观察到了自愈合行为。如图7.29(e)所示,连接到复合膜的发光二极管(LED)在切割过程中和切割后不会熄灭。这一结果突出了切割过程中胶片的快速愈合特性。此外,当使用聚二甲基硅氧烷(PDMS)作为支撑衬底的复合膜被完全分成两部分并重新连接时,测量电流恢复到其原始水平的时间如图7.29(f)所示。图7.29(g)显示了自立式复合膜在切割、重新贴合和手指轻轻按压前后的电阻随拉伸应变的变化。在这两种情况下,出现高达35%应变的相同电气行为,而不会出现严重的电阻增加。这一结果表明,电学特性可以保持在这个应变范围内,回收的复合膜仍保持其机械伸长性。

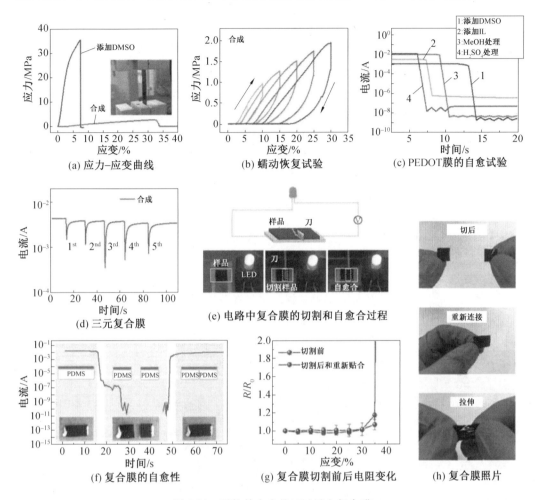

图 7.29 可拉伸自愈的三元导电复合膜

热电薄膜随 DMSO 混合 PEDOT:PSS 与表面活性剂的比例变化如图 7.30 所示,随着表面活性剂加入量的增加,S 基本保持不变,而 σ 则随着表面活性剂加入量的增加而明显降低。常数 S 随表面活性剂比的增加而增加,表明表面活性剂不影响 PEDOT:PSS 的掺杂水平和状态。表面活性剂含量较低的样品自愈效果较差(图 7.30),表面活性剂的比例越高,即 1∶3 和 1∶5 时,自愈效果越明显。与无表面活性剂的样品(室温下为 0.98 W/(m·K))相比,复合薄膜的面内导热系数(κ,室温下为 0.27 W/(m·K))要低得多,这与之前报道的面内测量得到的值一致,这种低 κ 可以归因于表面活性剂诱导的显性非晶相。原始薄膜(即切割前测量的薄膜)的 σ 为 137 S/cm,切割后 σ 恢复到 94 S/cm,与初始 σ 值相比大约恢复了 70%。与此相反,在室温下,原始薄膜的初始 S 为 13.4 μ·V/K,切割后其值保持不变(图 7.30)。

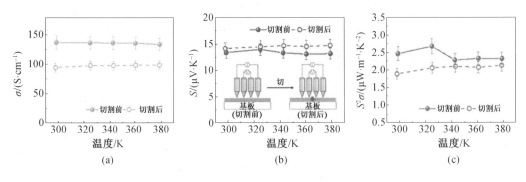

图 7.30　自愈合可伸缩复合膜的热电性能

为了研究者能够通过 3D 打印制造 TEGs。制备由十支电性串联和热性并联的复合薄膜组成的热电复合材料研究这种自愈合热电复合材料的发电特性。基于复合材料的溶液可加工性,图 7.31(a)所示为 3D 打印机设置和打印过程,此过程重复 25 次后可得到较厚的薄膜。在图 7.31(b)所示的红外热像图中,可以看到 TEG 内部的温度梯度水平。各支的热流是均匀的,说明 3D 打印层可以获得相同的热导率。图 7.31(c)是使用可变负载电阻器测量电流和电压评估 TEG 发电性能的测量装置示意图。输出电压和功率作为电流输出的函数的曲线图以及切割每条 3D 打印柱时监控最大功率输出得到的归一化输出功率与切割次数的关系如图 7.31(d)所示。

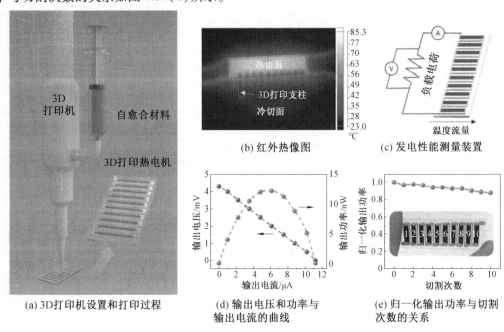

图 7.31　自愈合 3D 打印 TEGs 的演示

为了证明自愈合和可变形 TEG 在有人体热量的环境下的实际应用,测量了在柔性塑料基板上制造的 TEG 的输出电压。用涂有乳胶手套的手指产生温度梯度,如图 7.32(a)、(b)所示。在 ΔT 约为 7 K 的情况下,产生了 0.6 mV 的稳定输出电压(图 7.32(c))。此外,还测量了复合膜的电阻随弯曲半径的变化(图 7.32(d))。将弯曲半径减小到 0.5 mm

时,电阻变化可以忽略不计,从而验证了其作为柔性和耐磨衬垫的潜力。在低温热电应用方面,目前的技术可以制备室温热电材料的触摸式传感器和温度传感器。此外,还可以通过加入 3D 框架支撑聚合物或水凝胶作为自愈合软基材料来实现垂直型耐磨和无损伤 TEGS 的演示。

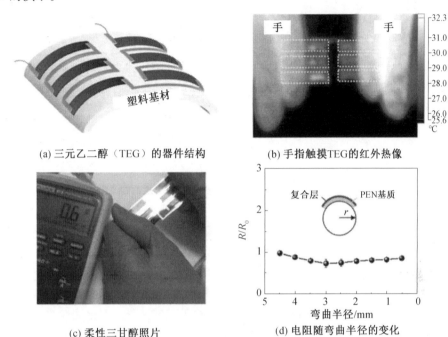

(a) 三元乙二醇(TEG)的器件结构　　(b) 手指触摸TEG的红外热像

(c) 柔性三甘醇照片　　(d) 电阻随弯曲半径的变化

图 7.32　演示三甘醇和基于体温的操作

2020 年郑文慧等人利用双网络水凝胶基质(PVA-B-TA)和导电碳纳米管研制了一种新型的高度可伸缩、可愈合、可穿戴和高灵敏度的应变传感器。该水凝胶应变传感器由动态硼酸键-聚乙烯醇的氢键和铁(Ⅲ)-硫辛酸(TA)的配位组成。此外,PVA 的羟基与硼酸盐离子之间的动态交联可以作为牺牲键,通过内部断裂显著地耗散能量,互穿的韧性第二网络承受较大的变形,从而获得高的延伸性。在可伸缩水凝胶中加入碳纳米管,通过碳纳米管之间界面电阻的变化来传感变形,实现应变传感器的应用。该传感性能能够成功地检测出人体的关节运动,为人体运动监测、软机器人、娱乐等领域的应用奠定了基础。PVA-B-TA/CNTs 导电复合水凝胶是通过 Fe^{3+} 与 TA 链上的羧基以及 PVA 与硼砂链之间的配位键交联而制备的(图 7.33)。

制备的过程是:首先,Fe^{3+} 与 TA 的羧基形成配位键,取代水溶液中的一些弱氢键,形成 PVA-B-TA/CNTs 导电复合水凝胶。在上述溶液中加入 CNTs 和 PVA 后,在高温下通过氢键的物理交联形成 PVA 网络。由于二硫键的动态交换,TA 中的五元二硫键引发开环聚合,聚合物链可以转移到 PVA 网络的间隙水相中。最后,将硼砂引入到上述混合物中,与 PVA 的羟基形成交联中心,形成双网络水凝胶。PVA-硼砂网络可以作为牺牲键,通过内部断裂来显著地耗散能量,而互穿的韧性 TA-Fe^{3+} 网络可以承受较大的变形,实现高伸长性。在 PVA-B-TA 和 PVA-B-TA/CNTs 水凝胶的红外光谱中,峰位于 3 425 cm^{-1}

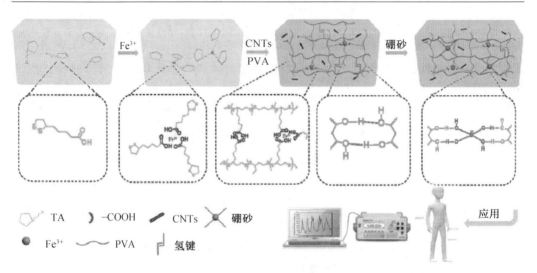

图 7.33　PVA-B-TA/CNTs 水凝胶的制备及分子结构

和 3 420 cm^{-1}，对应于—OH 基团的对称伸缩振动，并向更高的波数移动，表明 PVA、硼砂和 TA 之间存在氢键。聚乙烯醇在 2 932 cm^{-1} 处的峰可归因于 C—H 的伸缩振动。在 1 715 cm^{-1} PVA 处的吸收峰为未水解酯基（C═O）。在 1 646 cm^{-1} 和 1 652 cm^{-1} 的吸收峰来自铁(Ⅲ)-羧酸配位键的羰基。

采用 X-射线衍射(XRD)图谱证实了 TA 和共聚物（图 7.34）的结晶峰。PVA-B-TA 共聚物和 PVA-B-TA/CNTs 水凝胶中纯 TA 结晶峰的消失表明 TA 已完全聚合。由于微晶聚乙烯醇的存在，聚乙烯醇及其共聚物的结晶峰为 19.5°。同时，在所有的共聚物样品中都没有发现氧化铁峰，这表明共聚物网络中以铁(Ⅲ)-羧基络合物的形式均匀分布。为了研发一种极具伸缩性和可愈性的 PVA-B-TA/CNTs 水凝胶应变传感器，研究人员对不含 CNTs 水凝胶(PVA-B-TA)的性能进行了测试。通过调整 TA 的质量比和 FeCl$_3$ 的摩尔比，确定了自愈式应变传感器的最佳合成条件，得到了一系列具有不同拉伸和自愈性能的水凝胶。图 7.34(a)、(b)展示了 PVA-硼砂和 PVA-B-TA 水凝胶的 SEM 图像。图中可以观察到三维多孔聚合物网络，这非常有利于快速响应和延伸性。此外，PVA-B-TA 水凝胶表面平坦，断裂处有拉痕，表明 PVA-B-TA 水凝胶具有较强的韧性。如图 7.34(c)所示，PVA-B-TA 水凝胶的最佳条件的断裂伸长率约为 2 000%，约为 PVA-硼砂水凝胶单一网络(630%)的 3 倍。PVA-B-TA 的愈合率约为(94±0.7)%，PVA-硼砂的愈合率约为(96±0.8)%。一是水凝胶中的动态化学键，包括氢键、动态共价二硫键和铁(Ⅲ)-羧酸配位键，使网络能够通过分级能量耗散机制伸展，这 3 个化学键是可逆的，从而提高了愈合能力；二是双网络水凝胶具有高密度的交联位点，导致聚合物链高度折叠，链条之间距离的减小使得链条更容易滑动。为了直观地掌握双网络水凝胶的愈合过程，用典型光学方法记录了 PVA-B-TA 水凝胶的愈合过程如图 7.34(d)所示。

为了了解 PVA-B-TA 水凝胶的结构排列、弹性响应和稳定性，采用扫频和应变振幅扫描试验测量了储能模量 G' 和损耗模量 G'' 随频率和应变的变化。图 7.35(a)显示了水凝胶的 G' 和随频率的变化（f = 0.01~100 Hz）。随着 f 的增大，G' 和 G'' 之间的差异变大。动态交联水凝胶的模量与频率有关，永久性交联水凝胶的模量与频率无关。因此，PVA-B-

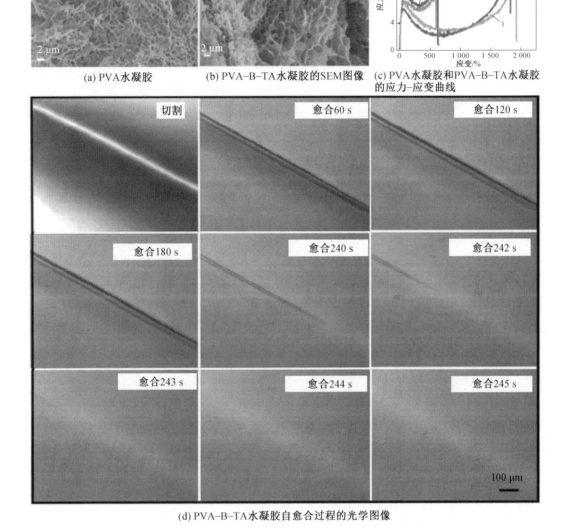

图 7.34 PVA 水凝胶和 PVA-B-TA 水凝胶性能对比图

TA 水凝胶和 PVA-硼砂水凝胶都是动态交联的。如图 7.35(b)所示,应变振幅扫描评估了 PVA-B-TA 水凝胶和 PVA-硼砂水凝胶的弹性响应。在临界应变区以上 G' 值迅速下降,表明水凝胶网络坍塌。PVA-B-TA 水凝胶的临界应变值大于 PVA-硼砂水凝胶的临界应变值表明 PVA-B-TA 水凝胶可以承受更大的应力而不会发生网络坍塌。也就是说,这种水凝胶更具延展性。如图 7.35(c)、(d)所示,PVA-硼砂水凝胶和 PVA-B-TA 水凝胶的应变振幅振荡进一步证明了自愈过程。这两种水凝胶先承受小振幅($\gamma = 0.5\%, f = 0.5\ \text{Hz}$),再承受大振幅($\gamma = 100\%, f = 0.5\ \text{Hz}$)的振荡力后,$G'$ 值迅速下降,表明两个水凝胶网络是疏松的($\tan\sigma^1 \equiv G''/G' \approx 2.01, \tan\sigma^2 \equiv G''/G' \approx 1.41$)。在振幅降低到初始值后，$G'$ 值也迅速恢复到初始值，水凝胶的状态也恢复到原来的状态（$\tan\sigma^1\approx 0.57$，$\tan\sigma^2\approx 0.50$），说明两种水凝胶的内部网络恢复较快，可以实现动态水凝胶的自愈能力。

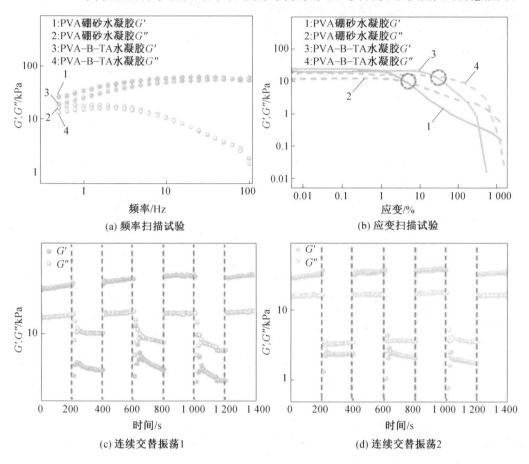

图 7.35 水凝胶的自愈能力测试

研究人员为了确定 PVA-B-TA/CNTs 水凝胶应变传感器的自愈能力，记录了水凝胶在愈合 1 min 后的弯曲和扭转行为的光学图像，如图 7.36(a) 所示。应变传感器（愈合 5 min）可以手动拉伸到 1 100% 的超高应变而不会断裂，直观地证明了 PVA-B-TA/CNTs 水凝胶应变传感器的快速愈合能力（图 7.36(b)）。对 G' 和 G'' 进行了频率扫描和应变幅度扫描，以评估其结构排列和自愈性能。应变传感器的流变测试结果与 PVA-B-TA 水凝胶相似，表明应变传感器内部组成发生动态交联。应变幅度振荡也被测量，用以证明自愈合性能。从图 7.36(c) 可以看出，G' 和 G'' 也经历了周期性的变化，在 25 ℃ 下依次施加 0.01% 和 100% 的交替应变，表明 PVA-B-TA/CNTs 水凝胶应变传感器的内部网络迅速恢复，证实了动态水凝胶的自愈能力。

研究人员为了进一步探索应变传感器的电导率恢复情况。PVA-B-TA/CNTs 水凝胶首先被完全分离，在不施加任何外力的情况下将分离的两部分快速组装在一起。图 7.37(a) 显示了 DM3068 测量的切割和愈合过程中应变传感器实时电阻随时间的变化。当应变传感器被切断时，电路断开，电阻变为无穷大。当两个破裂的水凝胶在没有任何外部帮

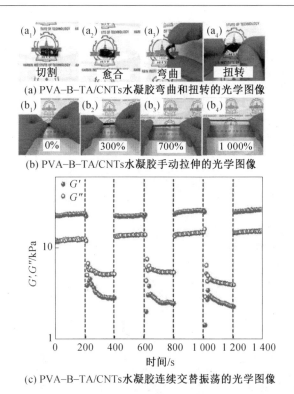

图 7.36 PVA-B-TA/CNTs 水凝胶应变传感器的自愈能力测试

助的情况下结合在一起时,电阻首先迅速下降并在 4 s 内逐渐恢复到原始状态的(93 ± 0.7)%,随着应变传感器中游离离子的转移,原始电阻高于恢复值。图 7.37(b)说明了在同一位置的 4 个循环中的连续切割修复过程。在这些循环过程中,应变传感器的实时电阻相对稳定。在每个切割-愈合过程中都获得了高的传导性愈合效率。在约 4 s 的 4 个循环中,平均效率为(93 ± 0.7)%,表明该应变传感器具有显著的、可重复性的电愈合性能。应变传感器与指示灯串联在一个完整的电路中。如图 7.37(c)所示,指示灯 LED 灯泡由 10 V 电源成功点亮。当它变暗的时候应变传感器完全分裂,电路断开。当两个断开的部分放在一起时,电路通过自愈特性恢复到原来的状态,指示灯可以再次点亮。这说明 PVA-B-TA/CNTs 水凝胶在电子器件自愈方面具有广阔的应用前景。

为了评估应变传感器的拉伸性能、灵敏度和耐磨性,将试验机和 DM3068 相结合来实现这些性能。PVA-B-TA 水凝胶的高延伸性使自愈式 PVA-B-TA/CNTs 水凝胶应变传感器保持原状,应变为 1 350%。当应变传感器拉伸时,增加的拉伸应变导致碳纳米管在水凝胶中的接触面积减小电子转移隧穿延长,从而导致导电网络的变形和断裂。电阻变化大是应变传感应用的重要要求,也是实现高灵敏度的前提条件。PVA-B-TA/CNTs 水凝胶应变传感器的灵敏度可以用量规因子(GF)来表示。GF 定义为($\Delta R/R_0$)/ε,其中 $\Delta R/R_0$ 为相对电阻变化,ε 为实时应变。通常,脆性或延伸性差的导电材料由于其脆性和延伸性差而具有较高的 GF。该应变传感器的 GF 在 100% 应变时为 0.46,在 1 350% 应变时上升到 11.50,高于其他软应变传感器和压阻式电子应变传感器。在严重的机械变形下,它们表现出了低延伸性。如图 7.38(a)所示,在初始状态下 PVA-B-TA/CNT 水凝胶

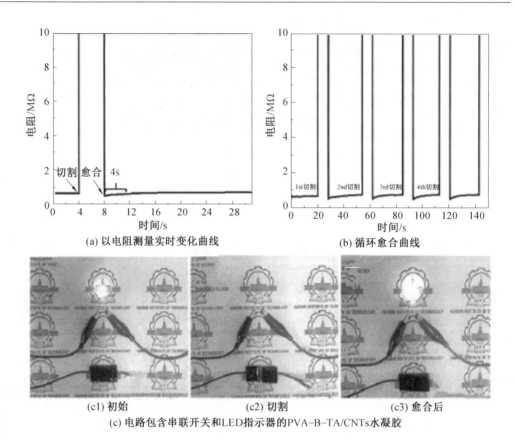

图 7.37 应变传感器的电导率恢复实验

中的电阻值较小,碳纳米管的丰度相互重叠。随着 PVA-B-TA/CNTs 水凝胶的拉伸,相邻碳纳米管之间的接触面积减小,电阻逐渐增大。这表明当拉伸应变小于 800% 时,接触电阻效应起着关键作用;当应变大于 800% 时,相对电阻变化主要由碳纳米管导电通道之间的隧道效应主导,这是由于碳纳米管之间的连接被破坏。由于 PVA-B/CNTs 水凝胶的延伸性较差,只表现出接触电阻效应。此外,研究人员还深入研究 PVA-B-TA/CNTs 在不同碳纳米管浓度下的相对电阻-应变变化曲线。结果表明,随着碳纳米管浓度的增加,相对电阻变化-应变曲线的应变转折点变大,这是因为碳纳米管的断裂需要较大的伸长率。为测量 PVA-B-TA/CNTs 水凝胶应变传感器的电稳定性,采用双面透明胶带作为弹性衬底,PVA-B-TA/CNTs 水凝胶作为导体,对传感器施加 1 000% 的拉伸应变,以大约 10 s 的周期重复施加拉伸应变进行测试,测量释放状态下的电阻。在最初的 100 次应变测试中,传感器的电阻几乎保持不变。但是,传感器的水分损失可能会影响传感器在长期循环中的稳定性。因此,寻找完美的长寿命包装材料是一项艰巨的任务。此外,研究人员还探究了水凝胶/胶带传感器在 1 000% 应变交替拉伸-释放循环下的相对电阻变化,并观察到明显的滞后现象。基于以上优点,该传感器被用于在逼真的环境中探索实时的人体运动。通过在皮肤或衣服上安装应变传感器,可以检测人体关节运动(食指、肘关节和膝关节)的弯曲变形。图 7.38(b)显示了当食指反复弯曲时,水凝胶/胶带应变传感器的响应行为,应变传感器对运动做出快速而重复的响应。图7.38(c)、(d)显示了粘贴肘关节和膝关节的应变传感器的相对电阻变化,可以显示不同的弯曲方向和角度,并显示出重复性好、清晰的信号。PVA-B-TA/CNTs水凝胶可以检测不同角度的手指弯曲。上述研究证实了可扩展性和灵敏度传感器在可穿戴电子设备、人机交互和健康监测方面的巨大潜力。

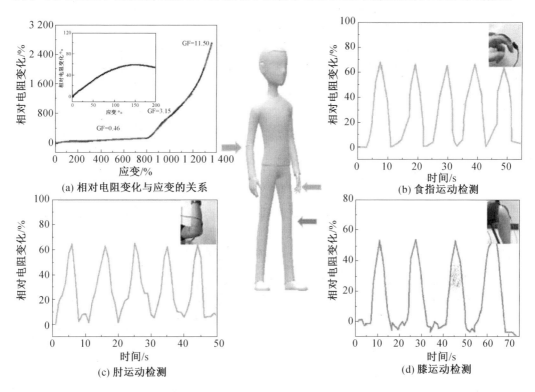

图7.38 应变传感器的拉伸性能、灵敏度和耐磨性的测试

7.3.2 非自主自愈合高分子材料

软机器人领域的最新研究使得变形非自主自愈合高分子材料到了广泛应用。N. G. Cheng 等人报道了一种新型热可调复合材料,即一种涂有蜡的柔性开孔泡沫,它可以达到很大的刚度、强度和体积范围。复合材料具有自愈合性能,在加载循环之间加热可以修复已塑性变形的蜡。图7.39给出了这样的例子:如何将这种涂蜡的蜂窝状固体分别用作机器人锁定接头或变形支架。对于将蜡涂层的织物用作机器人应用的自愈膜,也提出了类似的观点。蜡涂层的复合材料的骨架可以是多孔的固体,例如无序的无规骨架或有序的点阵结构,其几何形状类似于微框架、桁架和其他有序的结构。因此,研究人员探究了两种类型的多孔固体样品:商用聚氨酯泡沫和内部3D打印的点阵。研究人员表征了这些多孔固体复合材料的有效模量,并展示了优于其他可调刚度机理的多个有利特征:蜡包被的多孔固体能够改变体积和形状,即使在大变形后(由于软胞状实体中局部结构的可逆屈曲行为),它们也可以恢复其原始形状;本构材料便宜且可商购;并且它们的自愈合功能允许多次循环使用。最后,研究人员提出一个最小模型,即与实验数据进行比较。蜡之

所以被选为热活性成分,是因为它能在相对较低的温度下湿润大范围的材料,并在固态和液态之间进行转换,从而实现可变形构型和刚性构型之间的高能效转换。图7.39(a)~(e)显示了各种样品的未涂覆和涂覆横截面的图像。蜡倾向于在规则的格子顶点中积累(图7.39(b)、(d)、(e)),而不规则的蜡块悬浮在聚氨酯泡沫中。

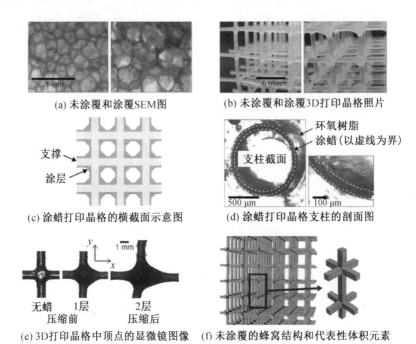

图7.39 各试样未涂覆和涂覆截面图像

为了探测材料的刚度,研究人员对聚氨酯泡沫(图7.40(a))和打印晶格复合材料(图7.40(b))在未涂覆和涂覆状态下进行了压缩测试。对涂覆聚氨酯泡沫的应力与应变曲线的分析反映了材料力学性能的减弱,在屈服点之后立即出现了大约0.02的应变,这可能是由于由蜡裂或泡沫支柱分层引起的局部失效。涂层聚氨酯泡沫的稳定平台应力和屈服应力之间的相对差异并不像涂层打印晶格那样显著,这表明涂层聚氨酯泡沫在软化后仍然保持了很大的强度。

P. Qu等报道了一种具有速率传感能力的高度可伸缩、可回收、自愈合的聚硅氧烷弹性体。该弹性体由具有硼/氧配位键和氢键的动态双网络组成,克服了传统固体-液体材料的结构不稳定性。它表现出一定的附着力、机械坚固性和优异的断裂伸长率(高达1 171%)。在80 ℃热处理2~4 h后,损伤材料的力学性能几乎完全恢复。由于弹性体具有"固体-液体"的性质,因此它具有不可替代的功能,即可以通过与多壁碳纳米管共混后的电阻变化来感知不同的速率。这种速率敏感弹性体可以在室温下通过3D打印进行自主化设计。通过BA与PDMS-OH在高温下的缩合反应合成PBS,PBS是一种"固体和液体"材料,它的储能模量(G')和损耗模量(G'')都是随频率变化而变化。PBS(M_n = 7 325 g/mol)在室温放置12 h后变为扁平(图7.41(a)),表明PBS结构的不稳定性和不可逆形变。为改善其结构不稳定性,使其具有优异的力学性能和自愈性能,将其设计成动

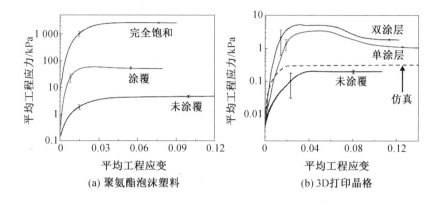

图 7.40 平均工程应力-工程应变响应曲线

态双网络结构。PBS 是第一个网络,由 NH_2-NH_2-PDMS 反应制备的 PDMS 是第二个网络。图 7.41(b)是该材料的结构设计和制备工艺。PBS 具有动态的物理交联结构,其主链的交联是由 Si—O—B(—O—Si)—O—Si 键形成的。由于末端氨基与异氰酸酯的反应,在 PDMS 网络中存在动态可逆氢键,超分子物理相互作用对弹性体的力学性能起着至关重要的作用。此外,PBS 中的硼原子可以与其他主链上的氧原子相互作用,在两个网络之间形成动态的配位键。这种相互作用起到网络交联点的作用,使两个网络相容和相互渗透,稳定材料的结构。图 7.41(c)显示了 BA、PDMS-OH 和 PBS 的 FTIR 光谱。BA 的红外光谱中 3 224 cm^{-1} 和 780~890 cm^{-1} 吸收峰分别属于 B—O—H 和 B—O 基团的振动。从 PDMS-OH 和 PBS 的红外光谱可以看出,在 1 005~1 080 cm^{-1} 范围内的峰对应于 Si—O 基团的振动。863 cm^{-1} 和 2 965 cm^{-1} 对应—CH_3 和—Si$(CH_3)_2$ 的伸缩振动峰。Si—O—B 在 1 340 cm^{-1} 特征峰的存在清楚地验证了 PBS 的存在。在 892 cm^{-1} 处有一个微弱的特征峰,其末端为 B—O—H。它可以形成动态氢键,但网络中硼原子的形态仍然主要是 Si—O—B。图 7.41(d)是 PBS、PDMS 和 PBS/PDMS-x 的傅里叶变换红外光谱。在 PDMS 谱中,1 645 cm^{-1} 是 C═O 的伸缩振动峰,同时在 3 333 cm^{-1} 和 1 560 cm^{-1} 对应于—NH 的振动,均表现为尿素基团的形成。PBS/PDMS-x 同时具有 Si—O—B、C═O 和—NH 特征峰,证明其在网络中表明保留了这种共用的特性。

为了探究动态硼-氧键和氢键的存在使弹性体在受损时能够自愈合的情况,研究人员探究了 PBS 含量不同时 PDMS 凝胶状态。如图 7.42(a)所示剪切的 PBS/PDMS-1.5 可以在 60 ℃下无外力地愈合。愈合 8 h 后,其自愈合效率可达到 83%。在较高的温度下(例如在 80 ℃下),其自愈效果可以得到改善。图 7.42(b)、(c)显示了在 80 ℃修复后的 PBS/PDMS-1.5 的机械性能和 PBS/PDMS-x 的自愈合效率。当 PDMS 的含量较低时(例如 PBS/PDMS-2.0 和 PBS/PDMS-1.5),凝胶在 2 h 后几乎完全愈合,仍具有良好的机械性能。但是,在高温的影响下一部分交联点会解离,加热时间过长可能会减慢交联点的重构速度,当其恢复 4 g 时自愈合效率分别降低至 63.5% 和 89.8%(图 7.42(b))。当 PDMS 含量增加时,PBS/PDMS-1.0 和 PBS/PDMS-0.5 的 4 h 自愈合效率优于 2 h,自愈合效率分别为 84.2% 和 98.4%,显示出良好的自愈合性能(图 7.42(c))。弹性体的自愈过程可以通过扫描电子显微镜观察,如图 7.42(d)所示,在 80 ℃下 4 h 后,断裂表面基本愈合,证

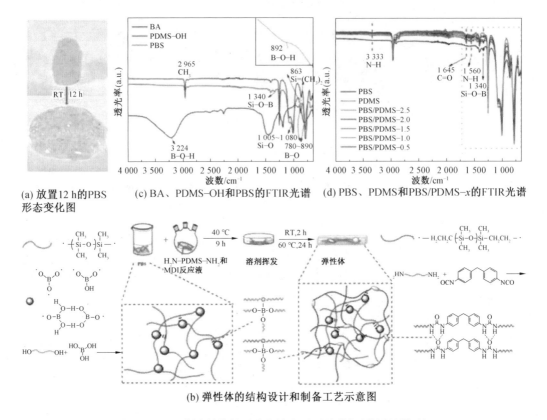

图 7.41 PBS 凝胶结构的不稳定性和不可逆形变(彩图见附录)

明了弹性体的自愈合特性。

B. Zhang 等人报道了一种两步聚合策略以开发 3D 打印可再处理热固性材料(3DPRT)。将打印的 3D 结构改造成新的任意形状,通过在损坏的部位简单地 3D 打印新材料来修复损坏的部件,回收不需要的打印部件,以便材料可以重新利用。

为了研究热处理对自愈合水凝胶力学性能的影响,研究人员对 3D 打印带材样品进行了动态力学分析(DMA)测试,分别在 180 ℃热处理 0、0.5、1、2、4、6 和 8 h 处理样品进行性能测试。图 7.43(a)、(b)显示了储能模量和 tan δ 随温度的变化,其中储能模量描述了材料的弹性响应,tan δ 的峰值表示玻璃化转变温度(T_g)。

随着热处理时间从 0 增加到 4 h,橡胶模量(高温下的较低模量平台)从 2 MPa 逐渐增加到 20 MPa(图 7.43(c)显示了热处理时间与橡胶模量的关系)的条件下。经过 4 h 的热处理后,DCB 达到动态平衡,超过这一平衡后,橡胶模量没有明显增加。如图 7.43(b)、(c)所示,DCB 的增加导致橡胶模量的上升,额外交联剂的引入限制了链段的流动性,导致 T_g 的增加,使 tan δ 的峰移动到更高的温度。增加的 T_g 将玻璃态拉伸到高温区,将室温下弹性模量为 7.4 MPa 的柔性材料转变为弹性模量为 900 MPa 的刚性材料(图 7.43(d))。在 3D 打印的开尔文泡沫上放置 100 g 质量砝码,不进行热处理,验证了这种机械性能的变化(图 7.43(e)~(g))。如图 7.43(f)所示,未经处理的结构不能承受质量,导致样品变形严重。经过 4 h 的热处理后,结构的刚度显著增加,使其能够支撑 100 g 的质量

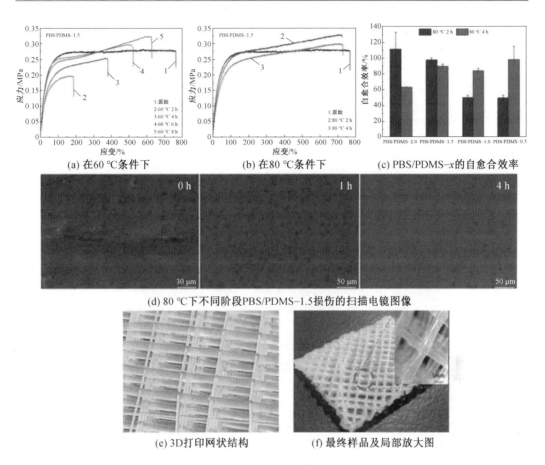

图 7.42 PBS/PDMS-1.5 在不同愈合阶段的应力-应变曲线

而没有任何明显的变形(图 7.43(g))。热处理时这种显著增加的刚度促进了 3D 打印结构的可重塑。利用这一特性将 3D 打印与传统的制造方法(如成型、压制和热成型)相结合,可以提高制造能力并缩短制造时间。在图 7.43(h)中展示了这一概念。研究人员没有直接 3D 打印立式结构,而是在厚度方向打印了一条带有字母 SUTD 的薄条,从而最大限度地减少了层数,进而缩短了打印时间。这条带子随后被热成型成 3D 立方体和波浪形状,如果直接打印它们,需要更长的打印时间。

通过科学家的积极努力,各种自愈合材料已经被开发出来,例如生物相容性脂质体基水凝胶、肽基水凝以及可注射壳聚糖-聚乙二醇水凝胶在细胞培养、组织工程和药物输送方面具有广阔的应用前景。更有趣的是,这种水凝胶还可以用来开发复杂的软结构,最终可以用作软驱动器和机器人设备。接下来将介绍一些目前广泛使用的应用。

1. 涂料/密封胶

基于氢键的 PA6ACA 水凝胶在低 pH 值下具有自愈合能力,已被开发于一系列工业应用。PA6ACA 水凝胶涂层在低 pH 缓冲液作用下,300 μm 宽的裂缝可在数秒内自愈合(图 7.44(a)、(b))。因此,人们只需在裂缝处喷涂低 pH 缓冲液即可对水凝胶涂层进行修复。由于 PA6ACA 水凝胶能够通过疏水性相互作用黏在各种塑料上,因此它们也可以

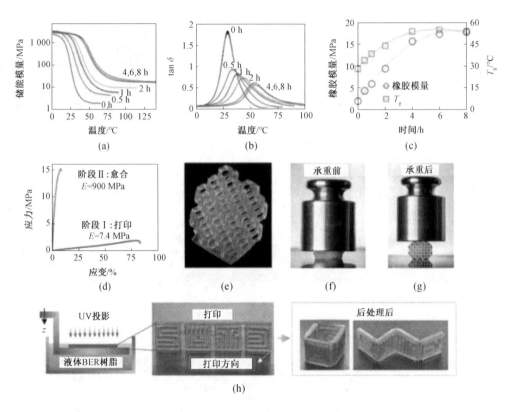

图 7.43　3D 打印可再加工热固性的可重复性(比例尺:1 mm)

(a)~(c) 交流电动态机械分析(DMA)试验,研究热处理对可再加工热固性打印样品机械性能的影响;(d) 打印样品在 180 ℃热处理 4 h 前后的单轴拉伸测试;(e)(f)(g) 分别是热处理前中后 12 h 后的硬度变化;(h) 演示了 3D 打印与传统热成形相结合以扩大能力和缩短制造时间

用作密封胶(图 7.44(c))。这种水凝胶可以密封了填充了 HCl 的聚丙烯容器的孔,防止了任何酸的泄漏(图 7.44(d))。

2.组织黏合剂

自愈合水凝胶可用作组织黏合剂,比如 PA6ACA 水凝胶对兔胃黏膜具有良好的黏附能力,其黏附力足以支持其自身质量(图 7.44(e))。因此,PA6ACA 水凝胶有望作为黏液胶治疗胃癌穿孔。此外,它还可以储存和释放四环素等药物,达到治疗目的(图 7.44(f))。PA6ACA 水凝胶在含腐蚀性酸环境中具有广泛的应用前景,可促进 pH 生物组织的快速自愈。

3.药物/细胞递送

可注射水凝胶作为一种液体注射并即刻凝胶化的制造手段,以其独特的适应不规则缺损的优势有望成为囊化治疗药物(细胞治疗和药物输送)的控释材料。传统的凝胶速度较慢的可注射水凝胶可能会导致物质丢失(细胞/药物)和从目标部位扩散,极快凝胶导致凝胶的过早固化的问题可以通过使用自愈合水凝胶来解决。

在开发了生物相容性壳聚糖-聚乙二醇自愈合水凝胶作为具有自配对和药物输送能

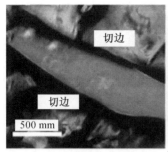
(a) 聚苯乙烯表面上PA6ACA涂层的切口

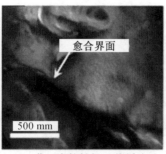
(b) 伤口在接触低pH值缓冲液后愈合

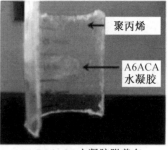
(c) PA6ACA水凝胶附着在聚丙烯表面

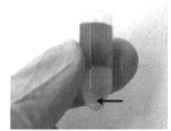
(d) 箭头表示用PA6ACA水凝胶密封的聚丙烯盐酸容器上的孔

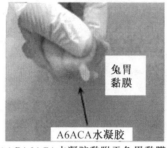
(e) PA6ACA水凝胶黏附于兔胃黏膜

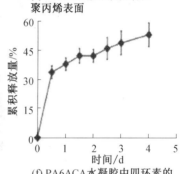
(f) PA6ACA水凝胶中四环素的累积释放量随时间的变化

图7.44 自愈性PA6ACA水凝胶的应用

力的新可注射生物材料之后,进一步开发了一系列具有广泛用途的功能性自愈合壳聚糖-聚乙二醇水凝胶,如用于细胞治疗载体的乙二醇壳聚糖(GCS)水凝胶和用于可远程控制的药物输送系统的磁性自愈性水凝胶。在pH适宜的条件下,壳聚糖被具有更好溶解性的GCS取代。基于GCS的自愈性水凝胶在体外可以均匀包裹细胞,从针头注射后,破碎的水凝胶碎片可以在目标部位形成完整的凝胶(图7.45(a))。该策略可以降低注射过程中早期凝固堵塞导管的风险,还可以防止由缓慢凝胶化造成的物质损失。

此外磁性自愈合水凝胶可以提高药物输送系统的远程可控性。具有磁性的自愈性水凝胶碎片可以很容易地引导,进而实现自愈性和磁性遥控。羧基修饰的Fe_3O_4纳米颗粒嵌入到壳聚糖-PEG自愈合水凝胶中为水凝胶提供了自愈合和磁性的双重功能,分散的磁性自愈合水凝胶碎片在外加磁场下一起移动,几分钟后即可融合成完整的凝胶(图7.45(b)、(c))。

这种类型的水凝胶也可以被磁铁遥控在30 min内通过中间有障碍物的狭窄通道。由于磁性和自愈特性具有很好的协同效应,经过处理后的水凝胶仍然保持了完整的形状。这些研究表明,自愈合材料为将来广泛的工业和临床实用应用提供了一种行之有效的解决方案。

2021年郑文慧等人设计并构建了一种柔性可穿戴导电、具有防冻、保湿功能的热塑性、长期稳定性和抗压性的有机水凝胶传感器。为了获得导电性好的新型双网络有机水凝胶,需要利用硫辛酸聚合物(聚(TA)-氢键(由羧基形成)和聚乙烯醇-硼酸酯(PVA-PB)键来掺杂羧基碳纳米管(CNTs)。H_2O和EG可以与PVA链形成氢键,诱导PVA结

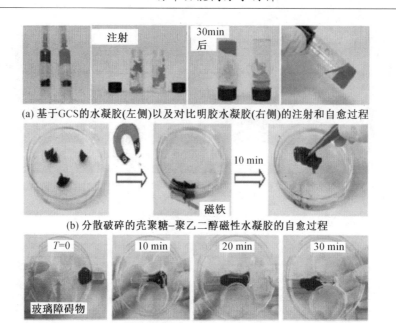

图 7.45 壳聚糖-聚乙二醇自愈合水凝胶的应用

晶,从而提高导电有机水凝胶的机械强度。此外,EG 的加入降低了有机水凝胶的凝固点。双网络 PVA-B-TA-CNTs 导电有机水凝胶具有良好的抗冻、保湿、回弹和稳定能力,图 7.46 展示了防冻导电有机水凝胶的愈合和冻结过程。

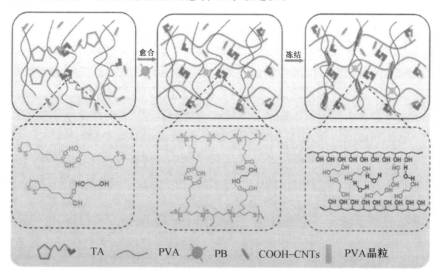

图 7.46 PVA-B-TA-CNTs 有机水凝胶的示意图

除了自缠绕结构,聚(TA)还可以通过氢键与 PVA 相互作用。TA 浓度对弹性有机水凝胶的力学性能有很大影响。如图 7.47(a)、(b)所示,有机水凝胶的压应力随着 TA 质量分数的增加而提高。PVA-B-TA-CNTs 有机水凝胶在 60% 压缩应变下表现出 70 kPa 的压缩应力。含质量分数25%TA的PVA-B-TA-CNTs有机水凝胶的压应力可达到175 kPa，几乎是PVA-B-TA-CNTs有机水凝胶的2倍。为了进一步研究钽质量分数对有机水凝胶抗压能力的影响，研究人员给不同的样品施加相同的压力。当TA的质量分数为0%和10%时，有机水凝胶在压缩时易于破裂。然而，当TA质量分数大于25%时，有机水凝胶即使在80%的压缩下也不容易破裂。它们机械性能的提高可归因于交联网络密度的增加和复合有机水凝胶中氢键相互作用的增强。可逆的聚(TA)网络也为双网络有机水凝胶提供了更有效的能量耗散机制，以消耗压缩应力并进一步提高其韧性。研究人员选择了含有质量分数25%TA的有机水凝胶作为考察其在压力传感器中应用的最佳比例。为了进一步证明其机械性能，研究人员将PVA-B-TA-CNTs有机水凝胶在50%压缩应变下进行了400次压缩循环的疲劳滞后试验（图7.47(c)）。该双网状结构具有轻微的塑性变形（200次时为3.6%，400次时为10%）时，表现出最佳双网状结构的稳定性。在手指按压过程中，PVA-B-TA-CNTs有机水凝胶在抬起手指后可以迅速反弹到初始状态（图7.47(d)）。当有机水凝胶打结时，没有断裂现象（图7.47(e)）。与PVA-B-CNTs有机水凝胶相比，双网状结构具有优异的变形能力。

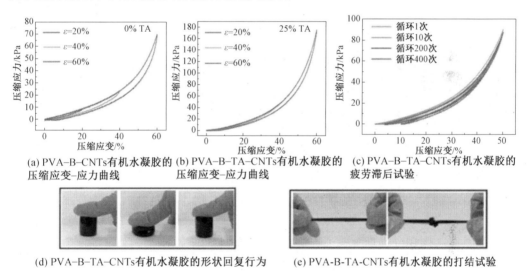

(a) PVA-B-CNTs有机水凝胶的压缩应变-应力曲线
(b) PVA-B-TA-CNTs有机水凝胶的压缩应变-应力曲线
(c) PVA-B-TA-CNTs有机水凝胶的疲劳滞后试验
(d) PVA-B-TA-CNTs有机水凝胶的形状回复行为
(e) PVA-B-TA-CNTs有机水凝胶的打结试验

图7.47 水凝胶的力学性能（彩图见附录）

为了研究PVA-B-TA-CNTs有机水凝胶的耐冻性和保湿性能，研究人员制备了不同质量比的H_2O/EG有机水凝胶，并对其进行了流变性能测试。如图7.48(a)所示，当温度降至0 ℃以下时，导电水凝胶的储能模量（G'）会突然增加。在-10 ℃的温度下，由于水分子被冻结，因此导电水凝胶很容易在压力下破裂或扭曲（图7.48(b)、(c)）。而PVA-B-TA-CNTs有机水凝胶（H_2O/EG = 1∶2）的G'在45~-60 ℃范围内基本保持不变，说明该有机水凝胶可以于-60 ℃仍保持未冷冻状态，机械强度稳定（图7.48(d)、(e)）。有机水凝胶也可以在-60 ℃下大幅度加压和扭曲。当在有机水凝胶中加入其他质量比的水/乙二醇时，操作温度下限有所提高。不同H_2O/EG比（分别为1∶2，1∶1，2∶1）的PVA-B-TA-CNTs有机水凝胶分别在-60 ℃、-40 ℃、25 ℃下弯曲时无损伤。由于EG对H_2O的抑冰作用，PVA-BTA-CNTs有机水凝胶具有优异的抗冻性能。

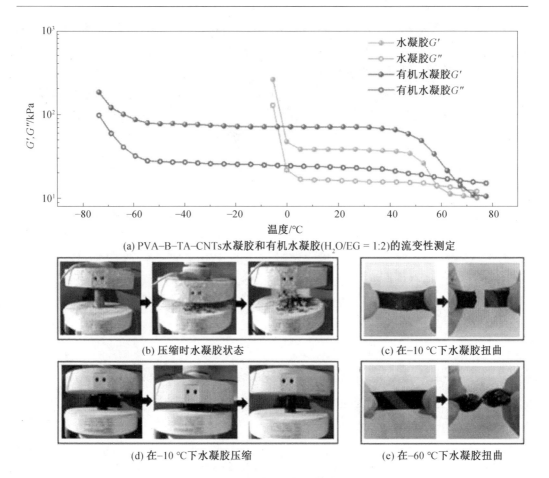

图 7.48 水凝胶流变性能测试

除了上述防冻性能外,有机水凝胶的保湿、稳定和不干燥特性对于压力传感器的应用也是至关重要的。水在水凝胶中的蒸发会影响其柔韧性和回弹性。为了比较 PVA-B-TA-CNTs 水凝胶和有机水凝胶的保湿性能,研究人员将它们的圆柱形样品放置在恒温(25 ℃)和相对湿度(32%)中,记录它们的质量变化。如图 7.49(a)所示,水凝胶在放置 108 h 后保水性较差,相反 PVA-B-TA-CNTs 有机水凝胶(H_2O/EG = 1∶2)由于其较低的蒸汽压表现出良好的保水性。如图 7.49(b)所示,质量变化((W_0-W_t)/$W_0×100\%$)表明,PVA-B-TA-CNTs 水凝胶在储存 108 h 后失去了约 80% 的初始质量,而 PVA-B-TA-CNTs 有机水凝胶(H_2O/EG = 1∶2)在相同时间储存后仅损失了约 10% 的初始质量。研究人员制备了含有不同质量比的 H_2O/EG 的有机水凝胶,通过记录储存 30 d 后的尺寸和质量变化来进行失重率的实验(图 7.49(c)、(d))。结果表明,失重主要取决于 H_2O/EG 的质量比。失重值随 EG 的增加而减小,当 H_2O/EG 质量比为 2∶1、1∶1 和 1∶2 时,失重率分别为 48%、30% 和 28%。这一现象可以解释为,一方面,EG 可以降低有机水凝胶中水分子的蒸气压;另一方面,EG、H_2O 和聚合物网络之间的强氢键也阻止了 H_2O 的蒸发。当 H_2O 和 EG 的质量比约为 1∶2 时,有机水凝胶的压应力和拉应力增大,断裂伸长率降低。这意味着 EG 质量分数越高,氢键越多,晶体密度越高。因此,当 H_2O/EG 的质量比为 1∶2 时,可制得防冻、保湿、稳定的有机水凝胶。

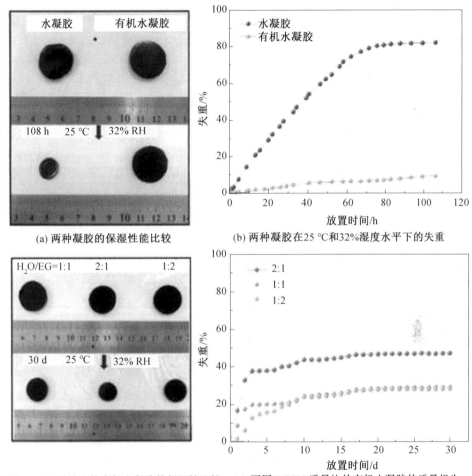

(a) 两种凝胶的保湿性能比较　(b) 两种凝胶在 25 ℃和 32%湿度水平下的失重

(c) 不同 H_2O/EG 质量比的有机水凝胶的保湿性比较　(d) 不同 H_2O/EG 质量比的有机水凝胶的质量损失

图 7.49　水凝胶保持性能测试

由于动态可逆交联的存在,PVA-B-TACNTs 有机水凝胶具有注射和热塑性特征。PVA-B-TA-CNTs 有机水凝胶在 80 ℃下为溶胶态,冻结后可恢复到凝胶状态。流变学测量证实了这一现象(图 7.50)。PVA-B-TA-CNTs 有机水凝胶的溶胶状态可以在低温下注射到模具中,各种 3D 形状(金鱼、花和叶子)可以重复成型,进一步显示了 3D 打印优异的加工性和重塑性能。研究人员为了揭示其自愈特性,采用 PVA-B-TA-CNTs 有机水凝胶作为导电材料连接 LED 指示器和 6 V 电源。切割 PVA-B-TA-CNTs 有机水凝胶后,LED 指示器在开路状态下熄灭。当两部分放在一起加热到 80 ℃,然后冷却到-20 ℃时,有机水凝胶可以完全愈合,再次点亮 LED,有机水凝胶显示出极高的传导愈合效率。此外,研究人员还对愈合后的有机水凝胶进行了 5 次压应力和拉应力测试,以检验其愈合能力。拉伸应变和压缩应变的平均愈合效率直方图显示愈合效率分别为(98.1±0.92)%和(98.8±0.70)%。当加热到 80 ℃时,氢键和晶区被破坏。在冻结过程中,新的氢键和结晶区再次形成,有机水凝胶的断裂部分重新结合在一起。这些试验验证了未来 PVA-B-

TA-CNTs 有机水凝胶在自愈合柔性压力传感器中的应用潜力。

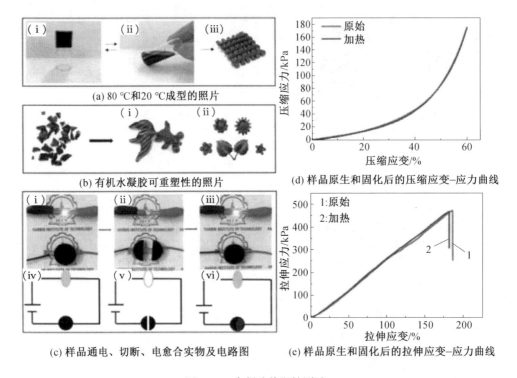

图 7.50 水凝胶热塑性测试

参 考 文 献

[1] LLOYD D J, PLEASS W B. The absorption of water by gelatin[J]. Biochemical Journal, 1927, 21(6): 1352-1367.

[2] WEI Z, YANG J H, ZHOU J, et al. Self-healing gels based on constitutional dynamic chemistry and their potential applications[J]. Chemical Society Reviews, 2014, 43(23): 8114-8131.

[3] CHEN Y, DONG K, LIU Z, et al. Double network hydrogel with high mechanical strength: Performance, progress and future perspective[J]. Science China Technological Sciences, 2012, 55(8): 2241-2254.

[4] KOTOBUKI N, MURATA K, HARAGUCHI K. Proliferation and harvest of human mesenchymal stem cells using new thermoresponsive nanocomposite gels[J]. Journal of Biomedical Materials Research Part A, 2013, 101A(2): 537-546.

[5] ICHIJO H, HIRASA O, KISHI R, et al. Thermo-responsive gels[J]. Radiation Physics and Chemistry, 1995, 46(2): 185-190.

[6] QI H, MÄDER E, LIU J. Electrically conductive aerogels composed of cellulose and carbon nanotubes[J]. Journal of Materials Chemistry A, 2013, 1(34): 9714-9720.

[7] SHI Z, PHILLIPS G O, YANG G. Nanocellulose electroconductive composites[J]. Nanoscale, 2013, 5(8): 3194-3201.

[8] KOTANEN C N, WILSON A N, DONG C, et al. The effect of the physicochemical properties of bioactive electroconductive hydrogels on the growth and proliferation of attachment dependent cells[J]. Biomaterials, 2013, 34(27): 6318-6327.

[9] LI Y, HUANG G, ZHANG X, et al. Magnetic hydrogels and their potential biomedical applications[J]. Advanced Functional Materials, 2013, 23(6): 660-672.

[10] ILG P. Stimuli-responsive hydrogels cross-linked by magnetic nanoparticles[J]. Soft Matter, 2013, 9(13): 3465-3468.

[11] XU F, WU C-A M, RENGARAJAN V, et al. Three-dimensional magnetic assembly of microscale hydrogels[J]. Advanced Materials, 2011, 23(37): 4254-4260.

[12] SHIGEKURA Y, CHEN Y M, FURUKAWA H, et al. Anisotropic polyion-complex gels from template polymerization[J]. Advanced Materials, 2005, 17(22): 2695-2699.

[13] YAO Y, CHI X, ZHOU Y, et al. A bola-type supra-amphiphile constructed from a water-soluble pillar[5]arene and a rod-coil molecule for dual fluorescent sensing[J]. Chemical Science, 2014, 5(7): 2778-2782.

[14] LI Z, WEI Z, XU F, et al. Novel phosphorescent hydrogels based on an Ir^{III} metal complex[J]. Macromolecular Rapid Communications, 2012, 33(14): 1191-1196.

[15] PHADKE A, ZHANG C, ARMAN B, et al. Rapid self-healing hydrogels[J]. Proceedings of the National Academy of Sciences, 2012, 109(12): 4383-4388.

[16] ZHENG W, LI Y, WEI H, et al. Rapidly self-healing, magnetically controllable, stretchable, smart, moldable nanoparticle composite gel[J]. New Journal of Chemistry, 2020, 44(25): 10586-10591.

[17] DENG G, TANG C, LI F, et al. Covalent cross-linked polymer gels with reversible sol-gel transition and self-healing properties[J]. Macromolecules, 2010, 43(3): 1191-1194.

[18] ZHANG Y, TAO L, LI S, et al. Synthesis of multiresponsive and dynamic chitosan-based hydrogels for controlled release of bioactive molecules[J]. Biomacromolecules, 2011, 12(8): 2894-2901.

[19] KAVITHA A A, SINGHA N K. "Click chemistry" in tailor-made polymethacrylates bearing reactive furfuryl functionality: A new class of self-healing polymeric material[J]. ACS Applied Materials & Interfaces, 2009, 1(7): 1427-1436.

[20] YOON J A, KAMADA J, KOYNOV K, et al. Self-healing polymer films based on thiol-disulfide exchange reactions and self-healing kinetics measured using atomic force microscopy[J]. Macromolecules, 2012, 45(1): 142-149.

[21] YU X, CAO X, CHEN L, et al. Thixotropic and self-healing triggered reversible rheology switching in a peptide-based organogel with a cross-linked nano-ring pattern[J]. Soft Matter, 2012, 8(12): 3329-3334.

[22] WEI Z, YANG J H, DU X J, et al. Dextran-based self-healing hydrogels formed by reversible Diels-Alder reaction under physiological conditions[J]. Macromolecular Rapid Communications, 2013, 34(18): 1464-1470.

[23] BURATTINI S, GREENLAND B W, CHAPPELL D, et al. Healable polymeric materials: A tutorial review[J]. Chemical Society Reviews, 2010, 39(6): 1973-1985.

[24] HARADA A, KOBAYASHI R, TAKASHIMA Y, et al. Macroscopic self-assembly through molecular recognition[J]. Nature Chemistry, 2011, 3(1): 34-37.

[25] YAMAGUCHI H, KOBAYASHI Y, KOBAYASHI R, et al. Photoswitchable gel assembly based on molecular recognition[J]. Nature Communications, 2012, 3(1): 603.

[26] TUNCABOYLU D C, SAHIN M, ARGUN A, et al. Dynamics and large strain behavior of self-healing hydrogels with and without surfactants[J]. Macromolecules, 2012, 45(4): 1991-2000.

[27] RAO Z, INOUE M, MATSUDA M, et al. Quick self-healing and thermo-reversible liposome gel[J]. Colloids and Surfaces B: Biointerfaces, 2011, 82(1): 196-202.

[28] AKAY G, HASSAN-RAEISI A, TUNCABOYLU D C, et al. Self-healing hydrogels formed in catanionic surfactant solutions[J]. Soft Matter, 2013, 9(7): 2254-2261.

[29] TUNCABOYLU D C, ARGUN A, SAHIN M, et al. Structure optimization of self-healing hydrogels formed via hydrophobic interactions[J]. Polymer, 2012, 53(24): 5513-5522.

[30] TUNCABOYLU D C, SARI M, OPPERMANN W, et al. Tough and self-healing hydrogels formed via hydrophobic interactions[J]. Macromolecules, 2011, 44(12): 4997-5005.

[31] NAKAHATA M, TAKASHIMA Y, YAMAGUCHI H, et al. Redox-responsive self-healing materials formed from host-guest polymers[J]. Nature Communications, 2011, 2(1): 511.

[32] ZHANG M, XU D, YAN X, et al. Self-healing supramolecular gels formed by crown ether based host-guest interactions[J]. Angewandte Chemie International Edition, 2012, 51(28): 7011-7015.

[33] KAKUTA T, TAKASHIMA Y, NAKAHATA M, et al. Preorganized hydrogel: Self-healing properties of supramolecular hydrogels formed by polymerization of host-guest-monomers that contain cyclodextrins and hydrophobic guest groups[J]. Advanced Materials, 2013, 25(20): 2849-2853.

[34] CUI J, CAMPO A D. Multivalent H-bonds for self-healing hydrogels[J]. Chemical Communications, 2012, 48(74): 9302-9304.

[35] ZHANG H, XIA H, ZHAO Y. Poly(vinyl alcohol) hydrogel can autonomously self-heal[J]. ACS Macro Letters, 2012, 1(11): 1233-1236.

[36] NOWAK A P, BREEDVELD V, PAKSTIS L, et al. Rapidly recovering hydrogel scaffolds from self-assembling diblock copolypeptide amphiphiles[J]. Nature, 2002, 417(6887): 424-428.

[37] SANO K-I, KAWAMURA R, TOMINAGA T, et al. Self-repairing filamentous actin hydrogel with hierarchical structure[J]. Biomacromolecules, 2011, 12(12): 4173-4177.

[38] WANG Q, MYNAR J L, YOSHIDA M, et al. High-water-content mouldable hydrogels by mixing clay and a dendritic molecular binder[J]. Nature, 2010, 463(7279): 339-343.

[39] HARAGUCHI K, UYAMA K, TANIMOTO H. Self-healing in nanocomposite hydrogels[J]. Macromolecular Rapid Communications, 2011, 32(16): 1253-1258.

[40] DONG S, LUO Y, YAN X, et al. A dual-responsive supramolecular polymer gel formed by crown ether based molecular recognition[J]. Angewandte Chemie International Edition, 2011, 50(8): 1905-1909.

[41] DONG S, ZHENG B, XU D, et al. A crown ether appended super gelator with multiple stimulus responsiveness[J]. Advanced Materials, 2012, 24(24): 3191-3195.

[42] YAN X, COOK T R, POLLOCK J B, et al. Responsive supramolecular polymer metallogel constructed by orthogonal coordination-driven self-assembly and host/guest interactions[J]. Journal of the American Chemical Society, 2014, 136(12): 4460-4463.

[43] YAN X, XU D, CHEN J, et al. A self-healing supramolecular polymer gel with stimuli-responsiveness constructed by crown ether based molecular recognition[J]. Polymer Chemistry, 2013, 4(11): 3312-3322.

[44] YAN X, XU D, CHI X, et al. A multiresponsive, shape-persistent, and elastic supramolecular polymer network gel constructed by orthogonal self-assembly[J]. Advanced Materials, 2012, 24(3): 362-369.

[45] BAI T, LIU S, SUN F, et al. Zwitterionic fusion in hydrogels and spontaneous and time-independent self-healing under physiological conditions[J]. Biomaterials, 2014, 35

(13): 3926-3933.

[46] WANG T, ZHENG S, SUN W, et al. Notch insensitive and self-healing PNIPAm-PAM-clay nanocomposite hydrogels[J]. Soft Matter, 2014, 10(19): 3506-3512.

[47] HARAGUCHI K, FARNWORTH R, OHBAYASHI A, et al. Compositional effects on mechanical properties of nanocomposite hydrogels composed of poly(N,N-dimethylacrylamide) and clay[J]. Macromolecules, 2003, 36(15): 5732-5741.

[48] HARAGUCHI K, TAKEHISA T. Nanocomposite hydrogels: A unique organic - inorganic network structure with extraordinary mechanical, optical, and swelling/deswelling properties[J]. Advanced Materials, 2002, 14(16): 1120-1124.

[49] CONG H-P, WANG P, YU S-H. Stretchable and self-healing graphene oxide - polymer composite hydrogels: A dual-network design[J]. Chemistry of Materials, 2013, 25(16): 3357-3362.

[50] STEED J W. Supramolecular gel chemistry: Developments over the last decade[J]. Chemical Communications, 2011, 47(5): 1379-1383.

[51] YAN X, LI S, COOK T R, et al. Hierarchical self-assembly: Well-defined supramolecular nanostructures and metallohydrogels via amphiphilic discrete organoplatinum(II) metallacycles[J]. Journal of the American Chemical Society, 2013, 135(38): 14036-14039.

[52] LLOYD G O, STEED J W. Anion-tuning of supramolecular gel properties[J]. Nature Chemistry, 2009, 1(6): 437-442.

[53] STEED J W. Anion-tuned supramolecular gels: A natural evolution from urea supramolecular chemistry[J]. Chemical Society Reviews, 2010, 39(10): 3686-3699.

[54] SANGEETHA N M, MAITRA U. Supramolecular gels: Functions and uses[J]. Chemical Society Reviews, 2005, 34(10): 821-836.

[55] YU X, CHEN L, ZHANG M, et al. Low-molecular-mass gels responding to ultrasound and mechanical stress: towards self-healing materials[J]. Chemical Society Reviews, 2014, 43(15): 5346-5371.

[56] OZAWA T, ASAKAWA T, OHTA A, et al. New fluorescent probes applicable to aggregates of fluorocarbon surfactants[J]. Journal of Oleo Science, 2007, 56(11): 587-593.

[57] ISHIGURO K, ANDO T, GOTO H. Novel application of 4-nitro-7-(1-piperazinyl)-2,1,3-benzoxadiazole to visualize lysosomes in live cells[J]. BioTechniques, 2008, 45(4): 465-468.

[58] XU Z, PENG J, YAN N, et al. Simple design but marvelous performances: molecular

gels of superior strength and self-healing properties[J]. Soft Matter, 2013, 9(4): 1091-1099.

[59] YOSHIDA M, KOUMURA N, MISAWA Y, et al. Oligomeric electrolyte as a multifunctional gelator[J]. Journal of the American Chemical Society, 2007, 129(36): 11039-11041.

[60] ROBERTS M C, MAHALINGAM A, HANSON M C, et al. Chemorheology of phenylboronate-salicylhydroxamate cross-linked hydrogel networks with a sulfonated polymer backbone[J]. Macromolecules, 2008, 41(22): 8832-8840.

[61] ROBERTS M C, HANSON M C, MASSEY A P, et al. Dynamically restructuring hydrogel networks formed with reversible covalent crosslinks[J]. Advanced Materials, 2007, 19(18): 2503-2507.

[62] HE L, FULLENKAMP D E, RIVERA J G, et al. pH responsive self-healing hydrogels formed by boronate – catechol complexation[J]. Chemical Communications, 2011, 47(26): 7497-7499.

[63] JAY J I, LANGHEINRICH K, HANSON M C, et al. Unequal stoichiometry between crosslinking moieties affects the properties of transient networks formed by dynamic covalent crosslinks[J]. Soft Matter, 2011, 7(12): 5826-5835.

[64] CANADELL J, GOOSSENS H, KLUMPERMAN B. Self-healing materials based on disulfide links[J]. Macromolecules, 2011, 44(8): 2536-2541.

[65] PEPELS M, FILOT I, KLUMPERMAN B, et al. Self-healing systems based on disulfide-thiol exchange reactions[J]. Polymer Chemistry, 2013, 4(18): 4955-4965.

[66] ZHANG Y, YANG B, ZHANG X, et al. A magnetic self-healing hydrogel[J]. Chemical Communications, 2012, 48(74): 9305-9307.

[67] DOWLUT M, HALL D G. An improved class of sugar-binding boronic acids, soluble and capable of complexing glycosides in neutral water[J]. Journal of the American Chemical Society, 2006, 128(13): 4226-4227.

[68] PIZER R, BABCOCK L. Mechanism of the complexation of boron acids with catechol and substituted catechols[J]. Inorganic Chemistry, 1977, 16(7): 1677-1681.

[69] ASHER S A, ALEXEEV V L, GOPONENKO A V, et al. Photonic crystal carbohydrate sensors: Low ionic strength sugar sensing[J]. Journal of the American Chemical Society, 2003, 125(11): 3322-3329.

[70] PAUGAM M-F, VALENCIA L S, BOGGESS B, et al. Selective dopamine transport using a crown boronic acid[J]. Journal of the American Chemical Society, 1994, 116(24):

11203-11204.

[71] PIZER R, RICATTO P J. Thermodynamics of several 1∶1 and 1∶2 complexation reactions of the borate ion with bidentate ligands. ^{11}B NMR spectroscopic studies[J]. Inorganic Chemistry, 1994, 33(11): 2402-2406.

[72] PLEASANTS J C, GUO W, RABENSTEIN D L. A comparative study of the kinetics of selenol/diselenide and thiol/disulfide exchange reactions[J]. Journal of the American Chemical Society, 1989, 111(17): 6553-6558.

[73] LEI Z Q, XIANG H P, YUAN Y J, et al. Room-temperature self-healable and remoldable cross-linked polymer based on the dynamic exchange of disulfide bonds[J]. Chemistry of Materials, 2014, 26(6): 2038-2046.

[74] NAGY P. Kinetics and mechanisms of thiol-disulfide exchange covering direct substitution and thiol oxidation-mediated pathways[J]. Antioxidants & Redox Signaling, 2013, 18(13): 1623-1641.

[75] KEMP M, GO Y-M, JONES D P. Nonequilibrium thermodynamics of thiol/disulfide redox systems: A perspective on redox systems biology[J]. Free Radical Biology and Medicine, 2008, 44(6): 921-937.

[76] MESSENS J, COLLET J-F. Thiol-disulfide exchange in signaling: disulfide bonds as a switch[J]. Antioxid Redox Signal, 2013, 18(13): 1594-1596.

[77] DHANARAJ C J, JOHNSON J, JOSEPH J, et al. Quinoxaline-based Schiff base transition metal complexes: Review[J]. Journal of Coordination Chemistry, 2013, 66(8): 1416-1450.

[78] ENGEL A K, YODEN T, SANUI K, et al. Synthesis of aromatic Schiff base oligomers at the air/water interface[J]. Journal of the American Chemical Society, 1985, 107(26): 8308-8310.

[79] SKENE W G, LEHN J-M P. Dynamers: polyacylhydrazone reversible covalent polymers, component exchange, and constitutional diversity[J]. Proceedings of the National Academy of Sciences, 2004, 101(22): 8270-8275.

[80] MAEDA T, OTSUKA H, TAKAHARA A. Dynamic covalent polymers: Reorganizable polymers with dynamic covalent bonds[J]. Progress in Polymer Science, 2009, 34(7): 581-604.

[81] APOSTOLIDES D E, PATRICKIOS C S, LEONTIDIS E, et al. Synthesis and characterization of reversible and self-healable networks based on acylhydrazone groups[J]. Polymer International, 2014, 63(9): 1558-1565.

[82] DENG G, LI F, YU H, et al. Dynamic hydrogels with an environmental adaptive self-healing ability and dual responsive sol-gel transitions[J]. ACS Macro Letters, 2012, 1(2): 275-279.

[83] FOCSANEANU K-S, SCAIANO J C. The persistent radical effect: From mechanistic curiosity to synthetic tool[J]. Helvetica Chimica Acta, 2006, 89(10): 2473-2482.

[84] AMAMOTO Y, KAMADA J, OTSUKA H, et al. Repeatable photoinduced self-healing of covalently cross-linked polymers through reshuffling of trithiocarbonate units[J]. Angewandte Chemie International Edition, 2011, 50(7): 1660-1663.

[85] AMAMOTO Y, OTSUKA H, TAKAHARA A, et al. Self-healing of covalently cross-linked polymers by reshuffling thiuram disulfide moieties in air under visible light[J]. Advanced Materials, 2012, 24(29): 3975-3980.

[86] IMATO K, NISHIHARA M, KANEHARA T, et al. Self-healing of chemical gels cross-linked by diarylbibenzofuranone-based trigger-free dynamic covalent bonds at room temperature[J]. Angewandte Chemie International Edition, 2012, 51(5): 1138-1142.

[87] FRENETTE M, ALIAGA C, FONT-SANCHIS E, et al. Bond dissociation energies for radical dimers derived from highly stabilized carbon-centered radicals[J]. Organic Letters, 2004, 6(15): 2579-2582.

[88] FRENETTE M, MACLEAN P D, BARCLAY L R C, et al. Radically different antioxidants: Thermally generated carbon-centered radicals as chain-breaking antioxidants[J]. Journal of the American Chemical Society, 2006, 128(51): 16432-16433.

[89] SCAIANO J C, MARTIN A, YAP G P A, et al. A carbon-centered radical unreactive toward oxygen: Unusual radical stabilization by a lactone ring[J]. Organic Letters, 2000, 2(7): 899-901.

[90] GACAL B, DURMAZ H, TASDELEN M A, et al. Anthracene-maleimide-based Diels-Alder "click chemistry" as a novel route to graft copolymers[J]. Macromolecules, 2006, 39(16): 5330-5336.

[91] GANDINI A. The furan/maleimide Diels-Alder reaction: A versatile click-unclick tool in macromolecular synthesis[J]. Progress in Polymer Science, 2013, 38(1): 1-29.

[92] GANDINI A, SILVESTRE A, COELHO D. Reversible click chemistry at the service of macromolecular materials. Part 4: Diels-Alder non-linear polycondensations involving polyfunctional furan and maleimide monomers[J]. Polymer Chemistry, 2013, 4(5): 1364-1371.

[93] MOSES J E, MOORHOUSE A D. The growing applications of click chemistry[J]. Chemi-

cal Society Reviews, 2007, 36(8): 1249-1262.

[94] IMAI Y, ITOH H, NAKA K, et al. Thermally reversible IPN organic-inorganic polymer hybrids utilizing the Diels-Alder reaction [J]. Macromolecules, 2000, 33(12): 4343-4346.

[95] OSSIPOV D A, HILBORN J. Poly(vinyl alcohol)-based hydrogels formed by "click chemistry"[J]. Macromolecules, 2006, 39(5): 1709-1718.

[96] ADZIMA B J, KLOXIN C J, BOWMAN C N. Externally triggered healing of a thermoreversible covalent network via self-limited hysteresis heating[J]. Advanced Materials, 2010, 22(25): 2784-2787.

[97] CHEN X, DAM M A, ONO K, et al. A thermally re-mendable cross-linked polymeric material[J]. Science, 2002, 295(5560): 1698-1702.

[98] LUO X, OU R, EBERLY D E, et al. A thermoplastic/thermoset blend exhibiting thermal mending and reversible adhesion[J]. ACS Applied Materials & Interfaces, 2009, 1(3): 612-620.

[99] OEHLENSCHLAEGER K K, MUELLER J O, BRANDT J, et al. Adaptable hetero Diels-Alder networks for fast self-healing under mild conditions[J]. Advanced Materials, 2014, 26(21): 3561-3566.

[100] PETERSON A M, JENSEN R E, PALMESE G R. Room-temperature healing of a thermosetting polymer using the Diels-Alder reaction[J]. ACS Applied Materials & Interfaces, 2010, 2(4): 1141-1149.

[101] NALLURI S K M, BERDUGO C, JAVID N, et al. Biocatalytic self-assembly of supramolecular charge-transfer nanostructures based on n-type semiconductor-appended peptides[J]. Angewandte Chemie International Edition, 2014, 53(23): 5882-5887.

[102] NALLURI S K M, ULIJN R V. Discovery of energy transfer nanostructures using gelation-driven dynamic combinatorial libraries[J]. Chemical Science, 2013, 4(9): 3699-3705.

[103] HOLTEN-ANDERSEN N, HARRINGTON M J, BIRKEDAL H, et al. pH-induced metal-ligand cross-links inspired by mussel yield self-healing polymer networks with near-covalent elastic moduli[J]. Proceedings of the National Academy of Sciences, 2011, 108(7): 2651-2655.

[104] ZHENG B, WANG F, DONG S, et al. Supramolecular polymers constructed by crown ether based molecular recognition[J]. Chemical Society Reviews, 2012, 41(5): 1621-1636.

[105] TERECH P, YAN M, MARÉCHAL M, et al. Characterization of strain recovery and "self-healing" in a self-assembled metallo-gel[J]. Physical Chemistry Chemical Physics, 2013, 15(19): 7338-7344.

[106] WEI Z, HE J, LIANG T, et al. Autonomous self-healing of poly(acrylic acid) hydrogels induced by the migration of ferric ions[J]. Polymer Chemistry, 2013, 4(17): 4601-4605.

[107] BASAK S, NANDA J, BANERJEE A. Multi-stimuli responsive self-healing metallo-hydrogels: tuning of the gel recovery property[J]. Chemical Communications, 2014, 50(18): 2356-2359.

[108] DARABI M A, KHOSROZADEH A, MBELECK R, et al. Skin-inspired multifunctional autonomic-intrinsic conductive self-healing hydrogels with pressure sensitivity, stretchability, and 3D printability[J]. Advanced Materials, 2017, 29(31): 1700533.

[109] ESLAMI-FARSANI R, KHALILI S M R, KHADEMOLTOLIATI A, et al. Tensile and creep behavior of microvascular based self-healing composites: Experimental study[J]. Mechanics of Advanced Materials and Structures, 2021, 28(4): 384-390.

[110] KEE S, HAQUE M A, CORZO D, et al. Self-healing and stretchable 3D-printed organic thermoelectrics[J]. Advanced Functional Materials, 2019, 29(51): 1905426.

[111] ZHENG W, LI Y, XU L, et al. Highly stretchable, healable, sensitive double-network conductive hydrogel for wearable sensor[J]. Polymer, 2020, 211: 123095.

[112] CHENG N G, GOPINATH A, WANG L, et al. Thermally tunable, self-healing composites for soft robotic applications[J]. Macromolecular Materials and Engineering, 2014, 299(11): 1279-1284.

[113] SHEPHERD R F, STOKES A A, NUNES R M D, et al. Soft machines that are resistant to puncture and that self seal[J]. Advanced Materials, 2013, 25(46): 6709-6713.

[114] QU P, LV C, QI Y, et al. A highly stretchable, self-healing elastomer with rate sensing capability based on a dynamic dual network[J]. ACS Applied Materials & Interfaces, 2021, 13(7): 9043-9052.

[115] ZHANG B, KOWSARI K, SERJOUEI A, et al. Reprocessable thermosets for sustainable three-dimensional printing[J]. Nature Communications, 2018, 9(1): 1831.

[116] MOLINARO G, LEROUX J-C, DAMAS J, et al. Biocompatibility of thermosensitive chitosan-based hydrogels: an in vivo experimental approach to injectable biomaterials[J]. Biomaterials, 2002, 23(13): 2717-2722.

[117] GUPTA D, TATOR C H, SHOICHET M S. Fast-gelling injectable blend of hyaluronan

and methylcellulose for intrathecal, localized delivery to the injured spinal cord[J]. Biomaterials, 2006, 27(11): 2370-2379.

[118] MARTENS T P, GODIER A F G, PARKS J J, et al. Percutaneous cell delivery into the heart using hydrogels polymerizing in situ[J]. Cell Transplant, 2009, 18(3): 297-304.

[119] ZHENG W, XU L, LI Y, et al. Anti-freezing, moisturizing, resilient and conductive organohydrogel for sensitive pressure sensors[J]. Journal of Colloid and Interface Science, 2021, 594: 584-592.

附录 部分彩图

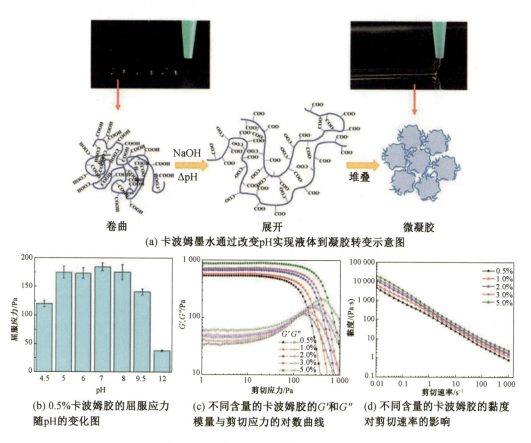

(a) 卡波姆墨水通过改变pH实现液体到凝胶转变示意图

(b) 0.5%卡波姆胶的屈服应力随pH的变化图

(c) 不同含量的卡波姆胶的G'和G''模量与剪切应力的对数曲线

(d) 不同含量的卡波姆胶的黏度对剪切速率的影响

图 3.80 卡波姆作为流变改性剂的表征

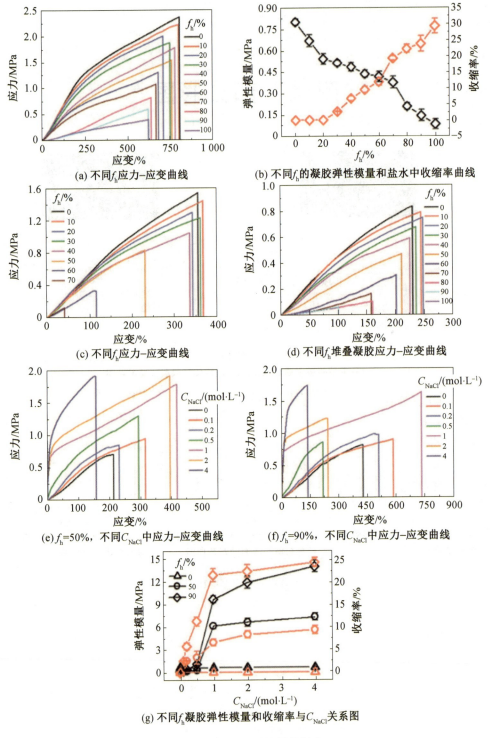

图 3.85 f_h 对纤维性能的影响

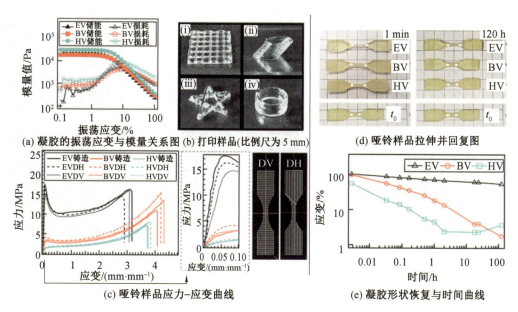

图 3.99 未固化离子凝胶和后固化样品的机械特性

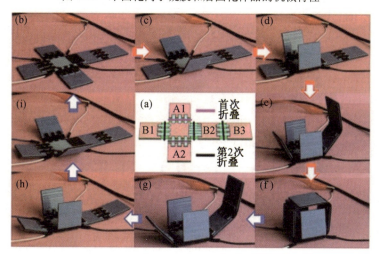

图 5.11 折叠盒的设计示意图及折叠和展开过程照片

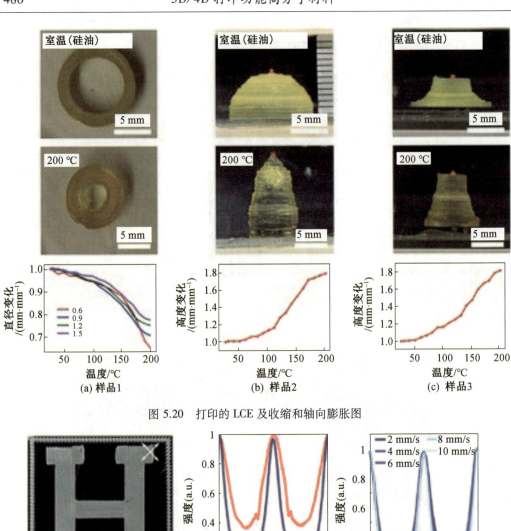

图 5.20 打印的 LCE 及收缩和轴向膨胀图

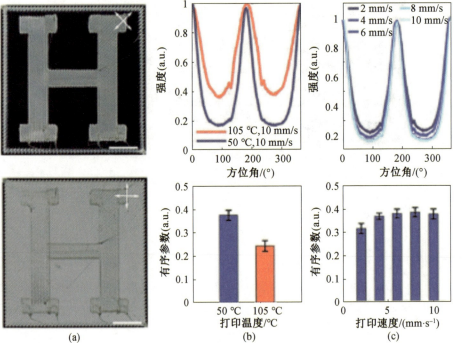

图 5.27 Director 的空间编程

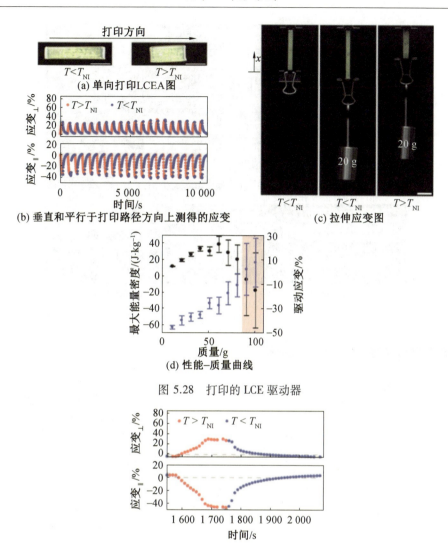

图 5.28 打印的 LCE 驱动器

图 5.31 LCEA 在 T_{NI} 上下循环时的时间响应

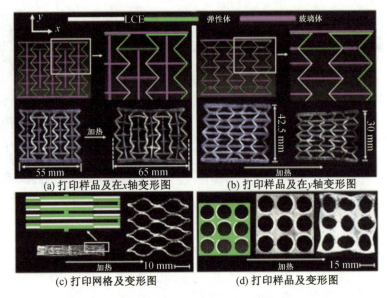

图 5.49 打印平台照片,快速制造平整结构和收缩结构

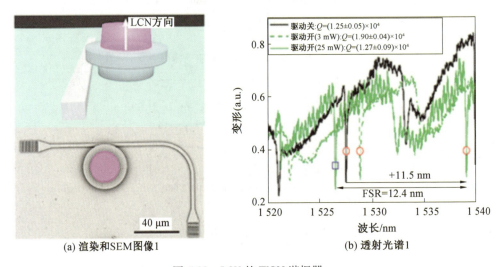

图 5.98 LCN 的 WGM 谐振器

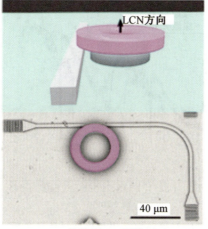

(c) 渲染和SEM图像2

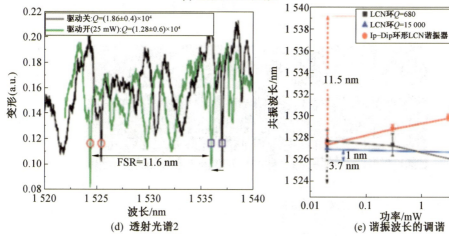

(d) 透射光谱2

(e) 谐振波长的调谐

续图 5.98

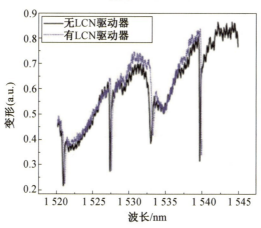

图 5.99 在 LCN 驱动器集成之前和之后,测量同一光子电路的透射光谱

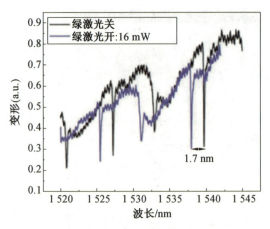

图 5.100 不带 LCN 驱动器的 Ip-Dip 环形谐振器在绿色激光激发下的透射光谱的测量,对于 16 mW 的激光功率,折射率随温度发生负向变化,因此检测到谐振谷的蓝移(1.7 nm)

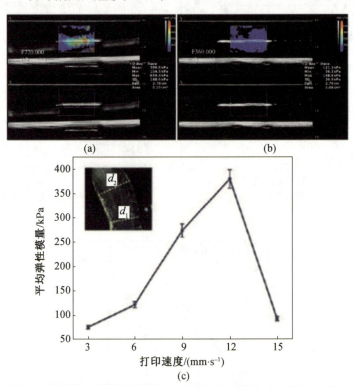

图 5.106 超声测得的灯丝打印样品和机械参数

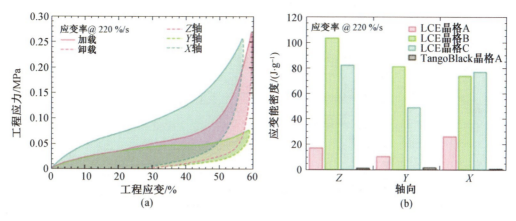

图 5.121 通过观察应变能密度来比较不同晶格的阻尼能力

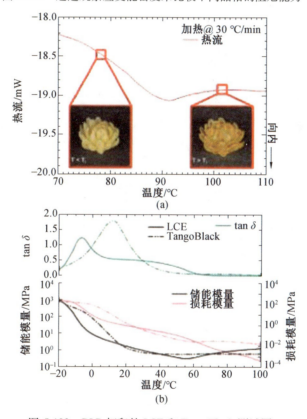

图 5.122 DLP 打印的 LCE 和 TangoBlack 测试图

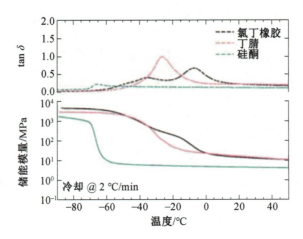

图 5.123 氯丁橡胶、丁腈和硅酮的典型 DMA 图,显示了储能模量和损耗比 ($\tan\delta$),这些 DMA 测试使用 $n = 3$

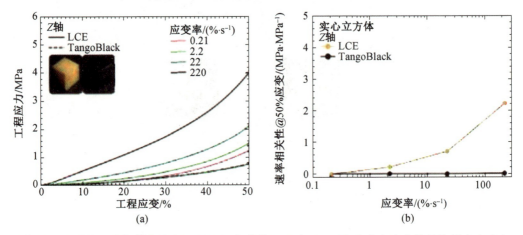

图 5.124 在单轴压缩载荷下测试了 DLP 3D 打印的 LCE 和 TangoBlack 实心立方体结构及应力响应 ($n = 1$)

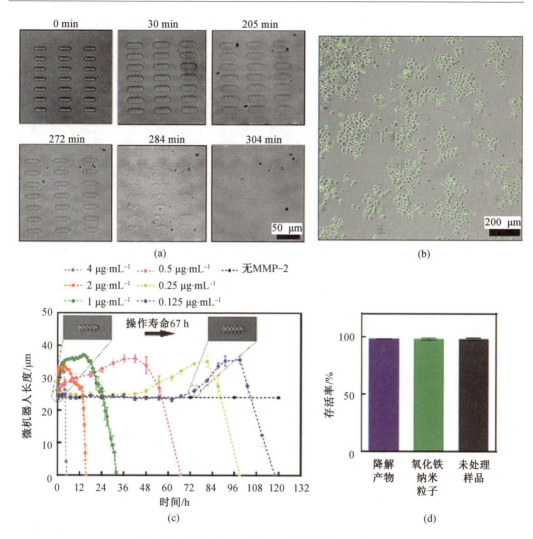

图 6.11 MMP-2 酶对水凝胶微机器人的生物降解

(a) 4 μg/L 酶作用下降解微游泳细胞阵列的 DIC 图像;(b) 微生物的酶降解;(c) 活的(绿色)和死的(红色)SKBR3 乳腺癌细胞经微机器人降解产物处理;(d) 以 5 μg/mL 氧化铁纳米颗粒和未处理细胞为对照定量分析其降解产物对小鼠急性毒性的影响

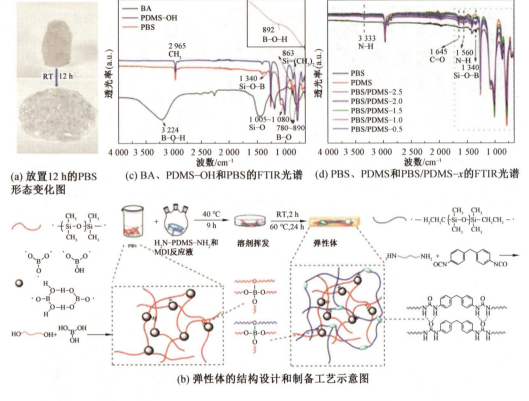

图 7.41 PBS 凝胶结构的不稳定性和不可逆形变

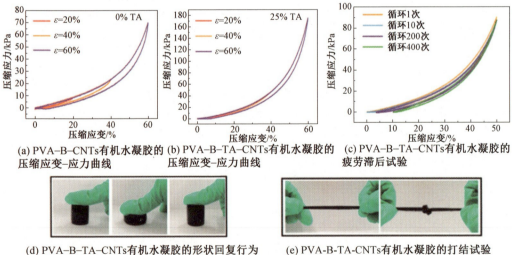

图 7.47 水凝胶的力学性能